课前引导实例：制作简单卧室

典型实例：制作茶几　　　　　　　　　　　页码：59　　典型实例：制作一组石膏　　　　　　　　　页码：59

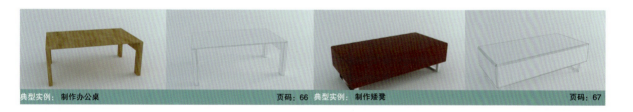

典型实例：制作圆桌　　　　　　　　　　　页码：60　　典型实例：制作单人沙发　　　　　　　　　页码：65

典型实例：制作办公桌　　　　　　　　　　页码：66　　典型实例：制作矮凳　　　　　　　　　　　页码：67

课后拓展实例：制作简单客厅　　　　　　　　　　　　　　　　　　　　　　　　　　　　　　页码：68

精彩案例

课前引导实例：制作木栈道景观　　　　　　　　　　　　　　　　　　　　页码：72

典型实例：制作推拉门　　　　　　　　　页码：79　典型实例：制作落地窗　　　　　　　　　页码：80

典型实例：制作螺旋楼梯　　　　　　　　　页码：81　典型实例：制作盆栽　　　　　　　　　页码：86

典型实例：制作护栏　　　　　　　　　页码：87　课后拓展实例：制作户型展示　　　　　　　　　页码：88

课前引导实例：制作简单卧室　　　　　　　　　　　　　　　　　　　　页码：97

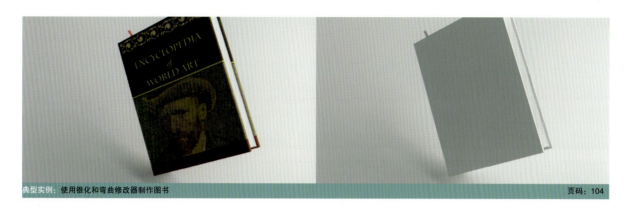

典型实例：使用锥化和弯曲修改器制作图书　　　　　　　　　　　　页码：104

典型实例：使用专业优化修改器优化雕塑模型　　　　　　　　　　页码：105

典型实例：使用噪波和涡轮平滑修改器制作花瓶　　　　　　　　　页码：106

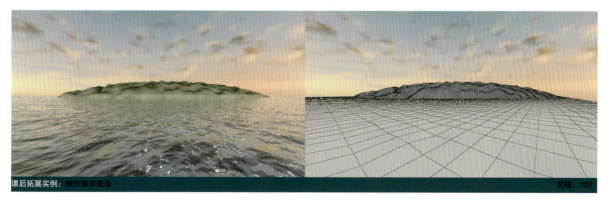

课后拓展实例：制作海洋孤岛　　　　　　　　　　　　　　　　　页码：107

课前引导实例：制作书柜模型　　　页码：110　　典型实例：制作倒角文字　　　页码：115

典型实例：制作创意Logo　　　页码：117　　典型实例：制作晾衣架　　　页码：123

典型实例：制作台历　　　页码：124

课后拓展实例：制作桌椅模型　　　页码：127

课前引导实例：制作树木　　　页码：130

典型实例：制作轮胎标记　　　　　页码：133　典型实例：制作破碎的酒杯　　　　　页码：139

典型实例：制作冰激凌　　　　　页码：144　典型实例：制作螺丝刀　　　　　页码：145

课后拓展实例：制作电视机　　　　　页码：147

课前引导实例：制作篮球　　　　　页码：150

典型实例：制作排球　　　　　页码：158　典型实例：制作创意台灯　　　　　页码：172

典型实例：制作轮胎　　　　　页码：173　典型实例：制作液晶电视　　　　　页码：176

精彩案例

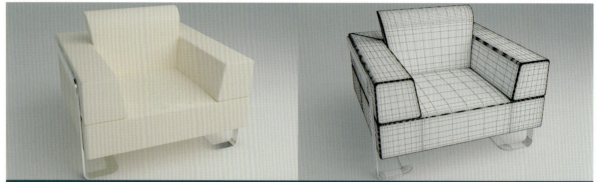

课后拓展实例：制作单人沙发 页码：179

课前引导实例：制作宝石材质 页码：182 典型实例：制作光盘材质 页码：196

典型实例：制作镂空铁门 页码：210 课后拓展实例：制作卡通材质 页码：213

课前引导实例：燃烧的蜡烛 页码：216 典型实例：制作"多维／子对象"材质 页码：221

典型实例：制作"无光／投影"材质　　页码：223　　典型实例：制作"光线跟踪"材质　　页码：224

典型实例：制作沙发贴图效果　　页码：239　　课后拓展实例：破旧的墙壁　　页码：241

课前引导实例：动画场景日光效果表现　　页码：245　　典型实例：制作落地灯灯光效果　　页码：251

典型实例：制作墙壁射灯灯光效果　　页码：251　　典型实例：制作灯光焦散效果表现　　页码：258

典型实例：制作游泳池日光效果表现　　　　页码：260　课后拓展实例：海景房日光效果表现　　　　页码：262

课前引导实例：制作客厅景深效果　　　　页码：265　课后拓展实例：制作直升机运动模糊效果　　　　页码：273

课前引导实例：制作雾气弥漫的雪山　　　　页码：276　典型实例：制作燃烧的火堆　　　　页码：284

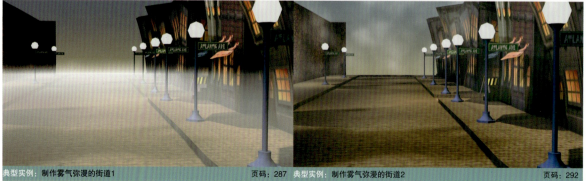

典型实例：制作雾气弥漫的街道1　　　　页码：287　典型实例：制作雾气弥漫的街道2　　　　页码：292

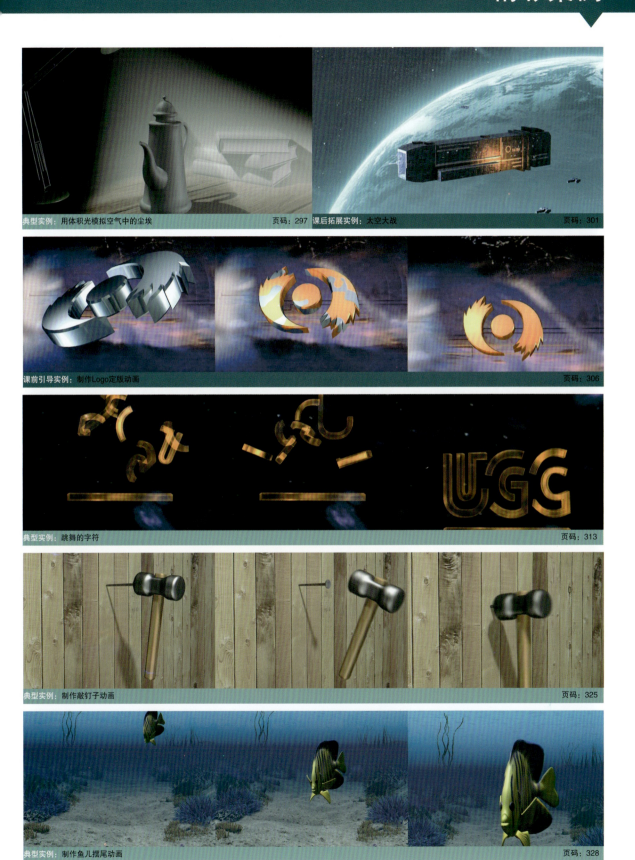

典型实例：用体积光模拟空气中的尘埃 　　　　页码：297　课后拓展实例：太空大战 　　　　页码：301

课前引导实例：制作Logo定版动画 　　　　页码：306

典型实例：跳舞的字符 　　　　页码：313

典型实例：制作敲钉子动画 　　　　页码：325

典型实例：制作鱼儿摆尾动画 　　　　页码：328

精彩案例

典型实例：制作时空传送器动画　　　　　　　　　　　　　　　页码：331

课后拓展实例：翩眼头的圆柱　　　　　　　　　　　　　　　　页码：333

课前引导实例：制作蝴蝶飞舞动画　　　　　　　　　　　　　　页码：336

典型实例：用链接约束制作机械臂动画　　　　　　　　　　　　页码：345

典型实例：用注视约束制作人物眼神动画　　　　　　　　　　　页码：346

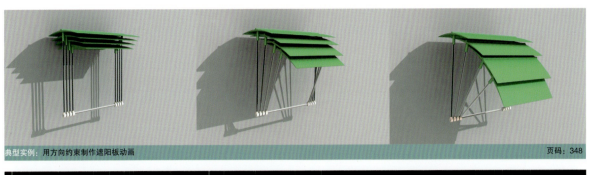

典型实例：用方向约束制作遮阳板动画　　　　　　　　　　　　　　页码：348

典型实例：用音频控制器制作下雨闪电动画　　　　　　　　　　　　页码：351

典型实例：用噪波控制器制作镜头震动动画　　　　　　　　　　　　页码：354

典型实例：用弹簧控制器制作摇摆的南瓜灯　　　　　　　　　　　　页码：358

课后拓展实例：掉落的硬币　　　　　　　　　　　　　　　　　　　页码：361

精彩案例

课前引导实例：深水炸弹 | 页码：364

典型实例：用粒子阵列制作海底冒泡动画 | 页码：375

典型实例：用超级喷射制作烟花爆炸动画 | 页码：376

典型实例：用粒子流源制作花生长动画 | 页码：380

典型实例：用粒子流源制作吹散文字动画 | 页码：385

典型实例：使用风制作烟雾飘散动画　　页码：395

典型实例：使用全泛方向导向器制作药物过滤动画　　页码：396

课后拓展实例：制作绚烂的礼花动画　　页码：397

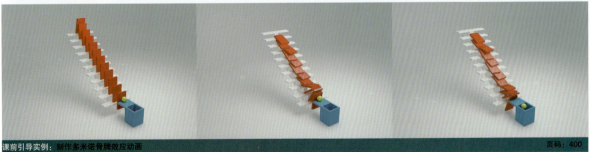

课前引导实例：制作多米诺骨牌效应动画　　页码：400

典型实例：制作摩托车碰撞动力学刚体动画　　页码：404

精彩案例

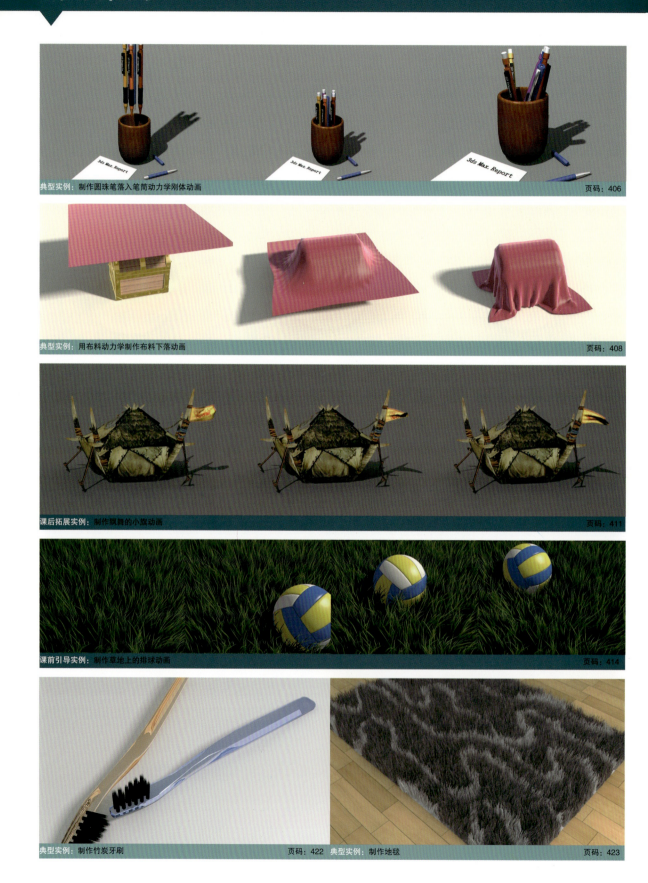

典型实例：制作圆珠笔落入笔筒动力学刚体动画　　　　页码：406

典型实例：用布料动力学制作布料下落动画　　　　页码：408

课后拓展实例：制作飘舞的小旗动画　　　　页码：411

课前引导实例：制作草地上的排球动画　　　　页码：414

典型实例：制作竹炭牙刷　　　　页码：422　典型实例：制作地毯　　　　页码：423

典型实例：制作仙人掌　　　　　页码：423　　课后拓展实例：制作毛笔　　　　　页码：424

课前引导实例：山脉日景表现　　　　　页码：430　　课后拓展实例：室外建筑表现　　　　　页码：440

课前引导实例：会客室空间效果表现　　　　　页码：442　　典型实例：制作玻璃材质　　　　　页码：450

精彩案例

典型实例：制作金属材质　　页码：451　典型实例：制作室内布光　　页码：457

典型实例：制作室外空间表现　　页码：458　典型实例：卧室渲染表现　　页码：463

典型实例：别墅渲染表现　　页码：464　课后拓展实例：日式庭院景观表现　　页码：465

Autodesk

3ds Max 2015 中文版

从入门到精通

来阳 成健 编著

人民邮电出版社

北 京

图书在版编目（CIP）数据

3ds Max 2015中文版从入门到精通 / 来阳，成健编
著. -- 北京 : 人民邮电出版社，2017.1（2022.7重印）
ISBN 978-7-115-43810-2

Ⅰ. ①3… Ⅱ. ①来… ②成… Ⅲ. ①三维动画软件
Ⅳ. ①TP391.41

中国版本图书馆CIP数据核字(2016)第253052号

内 容 提 要

本书详细地介绍了 3ds Max 2015 的软件功能，帮助用户快速掌握 3ds Max 2015 的使用方法。全书共 20 章，分别讲述了软件界面构造、模型制作、摄影机、材质贴图、灯光构造、环境与效果、粒子系统、动力学、动画技术、毛发技术、渲染技术和 VRay 渲染器等方面的内容，并提供了大量的功能操作演示、功能实例、练习实例、概括性实例和技巧说明。

本书注重动手能力的提升，全书的重点在于操作的演示，操作原理阐述明确，步骤详细。另外，本书内容全面，结构清晰，语言通俗易懂，所有案例都具有非常高的技术含量，实用性强，便于读者学以致用。无论是在三维制作方面具有一定经验和水平的专业人士，还是对 3ds Max 感兴趣的初学者，都可以在本书中找到适合自己的内容。

本书的配套学习资源包括案例文件、素材文件、PPT 课件和视频教学，读者可以通过在线方式获取这些资源，具体方法请参看本书前言。

本书适合作为各大中专院校三维专业的基础课程教材和广大三维制作爱好者的自学用书。另外，本书所有实例都是用中文版 3ds Max 2015 和 VRay 3.0 制作完成的，请读者注意。

◆ 编　著　来 阳　成 健
　　责任编辑　张丹丹
　　责任印制　陈　犇

◆ 人民邮电出版社出版发行　　北京市丰台区成寿寺路 11 号
　　邮编　100164　　电子邮件　315@ptpress.com.cn
　　网址　https://www.ptpress.com.cn
　　涿州市京南印刷厂印刷

◆ 开本：787×1092　1/16　　　　　彩插：8
　　印张：29.25　　　　　　　　　　2017 年 1 月第 1 版
　　字数：925 千字　　　　　　　　2022 年 7 月河北第 13 次印刷

定价：69.90 元

读者服务热线：(010)81055410　印装质量热线：(010)81055316
反盗版热线：(010)81055315
广告经营许可证：京东市监广登字 20170147 号

前 言 Preface

3ds Max是Autodesk公司推出的一款三维动画制作软件，其优点是简单易学、操作快捷、支持导入的文件格式多，并有强大的第三方插件，这使3ds Max深受广大艺术家及相关行业人员的喜爱，成为业界的佼佼者。利用该软件可以进行精密的三维建模、流畅的动画设置和逼真的渲染输出，为专业人士带来了全新、便捷的操作体验。

全书从实用角度出发，全面、系统地讲解了中文版3ds Max 2015的所有应用功能，基本上涵盖了全部工具、面板、对话框和菜单，涉及**界面构造、模型制作、摄影机、材质贴图、灯光构造、环境与效果、粒子系统、动力学、动画技术、毛发技术、渲染技术**以及**VRay效果图表现**等内容。

为了能使读者在快速高效地掌握3ds Max 2015的软件功能的同时熟练掌握实战技能，本书在编排上做了精心设计。全书将重心偏向操作性，避免了冗繁的参数解释，对于每一个常用功能，都有实际的操作演示；对于每一步演示，都做了详细的原理解释。全书结构遵循"课前引导实例→软件功能（操作演练）→典型实例→即学即练→课后拓展实例"这一结构，力求通过实战演练使读者快速高效地掌握软件功能。在内容叙述上，本书注重**"授人以鱼不如授人以渔"**的原则，将重心放在了制作原理、制作方法上，对于具体步骤也都解释了为什么。

本书共20章。第1~5章、第11~12章、第18~20章的内容由长春科技学院视觉艺术学院来阳编写；第6~10章、第13~17章的内容由成健编写。在本书的编写过程中，特别感谢长春科技学院视觉艺术学院李文成院长及东北师范大学美术学院导师组的大力支持，在此表示诚挚的感谢。

由于编写时间和精力有限，书中难免会有不妥之处，恳请广大读者批评指正。最后，非常感谢您选用了这套教材，衷心希望这套教材能让您有所收获。

本书所有的学习资源文件均可在线下载（**或在线观看视频教程**），扫描右侧或封底的"资源下载"二维码，关注"数艺社"的微信公众号即可获得资源文件下载方式。资源下载过程中如有疑问，可通过邮箱szys@ptpress.com.cn与我们联系。在学习的过程中，如果遇到问题，也欢迎您与我们交流，我们将竭诚为您服务。

资源下载

编者
2016年10月于长春

目录

3ds Max 2015中文版
从入门到精通

3ds Max 2015中文版
从入门到精通

3ds Max

第 1 章 熟悉 3ds Max 2015

本章知识索引

知识名称	作用	重要程度	所在页
3ds Max 2015概述	认识软件	低	P12
3ds Max 2015的应用范围	了解相关产品	中	P12
3ds Max 2015的工作界面	熟悉软件界面	高	P13

1.1 3ds Max 2015概述

随着科技的发展和时代的不断进步,计算机已经成为人们工作和生活中不可缺少的重要工具,越来越多的可视化数字媒体产品飞速地融入到人们的生活中来。多种多样的软件技术配合不断更新换代的计算机硬件正在迅速发展,人们通过家用计算机也可以完成以往只能在高端配置的工作站上制作的高品质静态及动态图像产品。

一直以来,Autodesk公司的3ds Max软件都是国内应用最广泛的专业三维动画软件之一。该软件基于Windows操作系统,功能强大,易于学习掌握,其友好、便于操作的工作方式更是得到了广大公司及艺术家的高度青睐。自1996年推出的3D Studio MAX 1.0到2014年推出的最新版本3ds Max 2015,3ds Max系列软件已经经历了十多个不同的版本升级,每一次升级都会带来令用户惊讶的新功能体验。作为Autodesk公司开发的动画软件,3ds Max可以为产品展示、建筑表现、园林景观设计、游戏、电影和运动图形的设计人员提供一套全面的 3D建模、动画、渲染以及合成的解决方案,应用领域非常广泛。可以毫不夸张地说,各行各业都或多或少会使用到3ds Max软件制作出来的精美产品。图1-1所示为3ds Max 2015的软件启动显示界面。

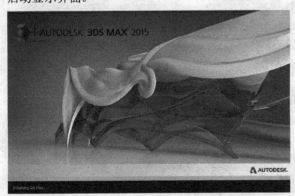

图1-1

3ds Max 2015为用户提供二维图形建模、网格建模和多边形建模等多种类型的建模方式,配合强大的VRay渲染器,可以轻松制作出极为真实的效果图作品;新增的"填充"功能更是为用户提供了一种非常快速的人群表现解决方案,以及更加完善的视觉表现需求。下面举例来简单介绍一下该软件的主要应用领域。

1.2 3ds Max 2015的应用范围

1.2.1 建筑表现

有人类的地方就会有建筑,建筑不仅为人类提供了生活和工作的场所,同时也代表了一定地区经济文化发展的进程。随着经济的发展和人们对自身居住空间环境的认识,人们已经开始追求在保证正常的生活条件下,努力提高居住及工作环境的美感及舒适度,相应地使城市规划、土地管理、建筑设计、风景园林和环艺设计等一众学科蓬勃发展,越来越被人们所了解、重视。配合Autodesk公司的Auto CAD产品,3ds Max可以更加精准地制作出用于土地规划、楼房设计、道路设计、景观设计和古建修复等项目的建筑表现产品,如图1-2~图1-5所示。

图1-2   图1-3

图1-4   图1-5

1.2.2 动画制作

与传统的手绘二维动画片相比,三维动画片无论是在表现形式上,还是在制作流程上均体现出了其明显的优势。动画师使用三维软件所提供的灯光、材质和动力学计算等功能,可以在极大减轻其工作量的条件下制作出极具真实质感和符合物理现象规律的动画效果。所以越来越多的动画片制作开始使用三维软件,如图1-6和图1-7所示。

图1-6   图1-7

1.2.3 工业设计

使用3ds Max可以以非常真实的画面质感来表现出工业产品设计的最终结果，如汽车设计、手机设计和装饰品设计等，如图1-8~图1-10所示。

图1-8　　　　　　　　图1-9

图1-10

1.2.4 影片特效

在很多的影片拍摄过程中，大量的镜头特效都需要使用3ds Max来帮助实现。如在大街上拍摄一段枪战镜头时，可能需要封路来完成拍摄，封路不仅会影响正常的道路通行，也增加了拍摄的成本，而使用3ds Max制作出的三维街景则可以在不影响人们正常生活的条件下完成影片镜头的制作。另外，使用三维特效也可以制作出摄影机根本无法拍摄出来的虚拟特效场面。如电影《2012》中城市道路被毁，楼房倒塌的镜头效果，如图1-11~图1-14所示。

图1-11　　　　　　　　图1-12

图1-13　　　　　　　　图1-14

1.2.5 游戏美工

一款游戏能否成功，不仅要有精彩的剧情、便于上手的操作和合理的关卡，还要有可以征服玩家视觉的美术设定，这几部分要素缺一不可。在多元化游戏同时快速发展的今天，美术设定的重要性更是不言而喻。无论是角色、场景和道具，还是技能的华丽特效均离不开3ds Max，游戏中的视觉特效在游戏的宣传上也显得尤为重要，如图1-15~图1-18所示。

图1-15　　　　　　　　图1-16

图1-17　　　　　　　　图1-18

1.3　3ds Max 2015的工作界面

安装好3ds Max 2015软件后，可以通过双击桌面上的图标来启动软件，或者在"开始"菜单中执行"Autodesk>Autodesk 3ds Max 2015>3ds Max 2015-Simplified Chinese"命令，如图1-19所示。

学习使用3ds Max 2015时，首先应熟悉软件的操作界面与布局，为以后的创作打下基础。3ds Max 2015的界面主要包括软件的

图1-19

标题栏、菜单栏、主工具栏、视图工作区、命令面板、时间滑块、轨迹栏、动画关键帧控制区、动画播

放控制区和Maxscript迷你脚本听侦器等部分。图1-20所示为软件3ds Max 2015打开之后的界面。

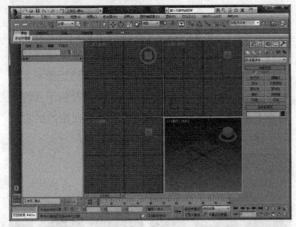

图1-20

1.3.1 "欢迎使用3ds Max"对话框

安装好3ds Max 2015后，第一次打开软件会弹出"欢迎使用3ds Max"对话框，其中包含"学习""开始"和"扩展"3个选项卡。

1. "学习"选项卡

"学习"选项卡中包含"1分钟启动影片"和"更多学习资源"这两方面内容。其中，"更多学习资源"又包含"3ds Max学习频道""3ds Max 2015中的新功能""Autodesk学习途径"及"示例场景/示例内容"这4方面内容。图1-21所示为"学习"选项卡为初次接触该软件的用户提供的一些软件学习资源。

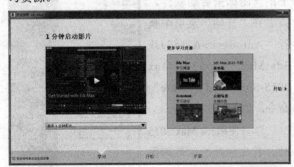

图1-21

在"1分钟启动影片"下方的图片上单击鼠标左键，即可进入Autodesk官方网站查看相对应的教学视频，如图1-22所示。在"更多1分钟影片"下拉列表中，还有更多的教学视频可供用户选择，如图1-23所示。

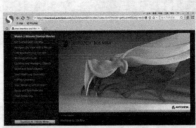

图1-22　　　　　　图1-23

执行"3ds Max 2015中的新功能"命令，可以进入Autodesk官方中文网站查看3ds Max 2015中的新功能，如图1-24所示。

执行"Autodesk学习途径"命令，可以进入Autodesk官方英文网站查看有关3ds Max 2015的一些英文教程，如图1-25所示。

图1-24　　　　　　图1-25

2. "开始"选项卡

单击"欢迎使用3ds Max"对话框下方的"开始"命令，可以切换至"开始"选项卡，这里主要包含显示"最近使用的文件"及创建"新场景"两个部分，如图1-26所示。

单击"浏览"按钮　浏览...　即可弹出"打开文件"对话框，在此可以选择硬盘中的任意Max文件并将其打开，如图1-27所示。

图1-26　　　　　　图1-27

3. "扩展"选项卡

单击"欢迎使用3ds Max"对话框下方的"扩展"命令，可以切换至"扩展"选项卡，在此可以通过单击相应的图标来访问Autodesk官方认可的一些网站，这些网站可以提供一些免费的3ds Max扩展应用程序、Maxscript脚本及植物模型来下载，同时也提供一些需要付费的3ds Max扩展应用程序可供用户购买，如图1-28所示。

"欢迎使用3ds Max"对话框在默认状态下，每次启动3ds Max软件时均会弹出。若希望不再弹出该对话框，可以取消"欢迎使用3ds Max"对话框左下方的"在启动时显示此欢迎屏幕"选项，如图1-29所示。

图1-28

图1-29

关闭该对话框后，还可以通过执行菜单栏"帮助>欢迎屏幕"命令再次打开"欢迎使用3ds Max"对话框，如图1-30所示。

图1-30

技巧与提示
"欢迎使用3ds Max"对话框中的大部分功能均需要计算机连接上互联网时才可以使用。

1.3.2 标题栏

标题栏位于软件界面的最上方，在3ds Max 2015的标题栏中，包含软件图标、当前软件的版本号、快速访问工具栏和信息中心4部分，如图1-31所示。

图1-31

1.软件图标

单击软件界面左上方软件图标可以弹出一个用于管理文件的下拉菜单。主要包括"新建""重置""打开""保存""另存为""导入""导出""发送到""参考""管理"和"属性"这11个常用命令，如图1-32所示。

图1-32

2.当前软件版本号

标题栏的中心位置即当前使用软件的版本号，如图1-33所示。

图1-33

3.快速访问工具栏

软件标题栏左侧为快速访问工具，主要包括文件或场景的"新建""打开""保存""撤销""重做"和"工作区设置"这几个部分。此外，还可以通过单击"工作区"右侧的"自定义快速访问工具栏"下拉按钮来设置"快速访问工具栏"内的图标按钮，如图1-34所示。

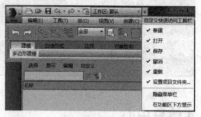
图1-34

工具解析

- **"新建"按钮**：单击可以新建场景。
- **"打开"按钮**：单击可以打开场景。
- **"保存"按钮**：保存当前文件。
- **"撤销"按钮**：撤销一步操作。
- **"重做"按钮**：重做一步操作。

技巧与提示
撤销场景操作的快捷键为Ctrl+Z。重做场景操作的快捷键为Ctrl+Y。

3ds Max 2015为用户提供了4种工作区可以选择，分别为"工作区：默认""默认+增强型菜单""备用布局"和"视口布局选项卡预设"，如图1-35所示。图1-36~图1-39所示分别为这4种工作区的3ds Max 2015操作界面。

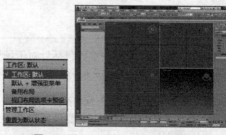
图1-35 　　　　　　　　图1-36

图1-37

图1-38

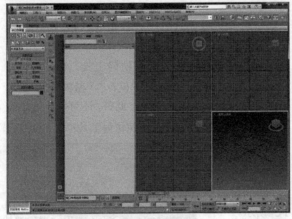
图1-39

4.信息中心

右侧的信息中心主要包括搜索、访问Subscription服务、通讯中心、收藏夹、访问Autodesk Exchange网站和在线帮助，如图1-40所示。

图1-40

1.3.3 菜单栏

菜单栏紧位于标题栏的下方，包含3ds Max的大部分命令。最前面的图标为应用程序按钮，之后分别为编辑、工具、组、视图、创建、修改器、动画、图形编辑器、渲染、自定义、MAXScript和帮助这几个分类，如图1-41所示。

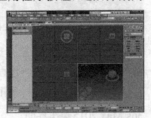
图1-41

1.菜单命令介绍

编辑："编辑"菜单中主要包括针对于场景基本操作所设计的命令，如"撤销""重做""暂存""取回"和"删除"等常用命令，如图1-42所示。

工具："工具"菜单中主要包括管理场景的一些命令及对物体的基础操作，如图1-43所示。

图1-42　　　　　　图1-43

组：在"组"菜单中可以将场景中的物体设置为一个组合，并进行组的编辑，如图1-44所示。

视图："视图"菜单里的命令主要控制视图的显示方式及视图的相关参数设置，如图1-45所示。

图1-44　　　　　　图1-45

创建："创建"菜单里的命令主要包括在视口中创建各种类型的对象，如图1-46所示。

修改器："修改器"菜单里包含了所有修改器列表中的命令，如图1-47所示。

图1-46　　　　　　图1-47

动画："动画"菜单主要用来设置动画，其中包括正向动力学、反向动力学及骨骼等设置的使用，如图1-48所示。

图形编辑器："图形编辑器"菜单以图形化视图的方式来表达场景中各个对象之间的关系，如图1-49所示。

图1-48 图1-49

渲染:"渲染"菜单中包括"渲染""环境"和"效果"等命令,主要用来设置渲染参数,如图1-50所示。

自定义:"自定义"菜单中的命令允许用户更改一些设置,这些设置包括制定个人爱好的工作界面及3ds Max系统设置,如图1-51所示。

图1-50 图1-51

MAXScript:"MAXScript"菜单中为程序开发人员提供了工作的环境,在这里可以新建、测试及运行自己编写的脚本语言来辅助工作,如图1-52所示。

帮助:"帮助"菜单中主要是3ds Max的一些帮助信息,可以供用户参考学习,如图1-53所示。

图1-52 图1-53

2.菜单栏命令的基础知识

在菜单栏中单击命令打开下拉菜单时,可以发现某些命令后面有相应的快捷键提示,如图1-54所示。

下拉菜单的命令后面带有省略号,表示使用该命令会弹出一个独立的对话框;弹出对话框后,再次在下拉菜单中查看该命令,会发现该命令前有一个"√"号显示,如图1-55所示。

图1-54 图1-55

下拉菜单的命令后面有一个黑色的小三角箭头图标,表示该命令还有子命令可选,如图1-56所示。

下拉菜单中的部分命令为灰色不可使用状态,表示在当前的操作中,没有合适的对象可以使用该命令。如场景中没有选择任何对象,就无法激活"克隆"命令,因为3ds Max无法判断要克隆场景中的哪一个对象,如图1-57所示。

图1-56 图1-57

1.3.4 主工具栏

菜单栏的下方就是主工具栏,主工具栏由一系列的图标按钮组成,当用户的显示器分辨率过低时,主工具栏上的图标按钮显示不全,将光标移动至工具栏上,待光标变成抓手工具时,即可左右移动主工具栏来查看其他未显示的工具图标,如图1-58所示。

仔细观察主工具栏上的图标按钮,注意有些图标按钮的右下角若有一个小三角形的标志,表示当前图标按钮包含多个类似命令。切换其他命令时,需要鼠标长按当前图标按钮，则会显示出其他命令来，如图1-59所示。

图1-58　　　　　　　　　图1-59

主工具栏可以以拖曳的方式更改为浮动窗口。具体操作如下，当光标移动至主工具栏的最前方位置时，如图1-60所示，按住鼠标即可将主工具栏拖曳而出。拖曳出来的主工具栏如图1-61所示。

图1-60

图1-61

技巧与提示
主工具栏可以通过快捷键Alt+6来进行显示与隐藏的切换。

在主工具栏的空白处单击鼠标右键，可以看到3ds Max 2015在默认状态下未显示的其他多个工具栏。除主工具栏外，还有"笔刷预设"工具栏、"轴约束"工具栏、"层"工具栏、"状态集"工具栏、"附加"工具栏、"渲染快捷方式"工具栏、"捕捉"工具栏、"动画层"工具栏、"容器"工具栏和"MassFX"工具栏这10个工具栏，如图1-62所示。

图1-62

1. "笔刷预设"工具栏

"笔刷预设"工具栏：当用户对"可编辑多边形"进行"绘制变形"时，即可激活此工具栏来设置笔刷的效果，如图1-63所示。

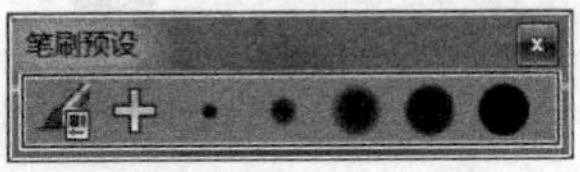

工具解析

图1-63

- **笔刷预设管理器**：
打开"笔刷预设管理器"对话框，可从中添加、复制、重命名、删除、保存和加载笔刷预设。

- **添加新建预设**：通过当前笔刷设置将新预设添加到工具栏，在第一次添加时系统会提示您输入笔刷的名称。如果尝试超出笔刷预设 (50) 的最大数，则会出现警告对话框。该按钮后面提供了默认的5种大小不同的笔刷。

2. "轴约束"工具栏

当鼠标状态为移动工具时，可通过该工具栏内的图标命令来设置需要进行操作的坐标轴，如图1-64所示。

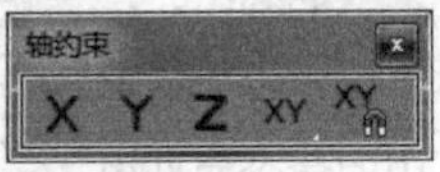

工具解析

图1-64

- **变换Gizmo *x*轴约束**：限制到*x*轴。
- **变换Gizmo *y*轴约束**：限制到*y*轴。
- **变换Gizmo *z*轴约束**：限制到*z*轴。
- **变换Gizmo *xy*平面约束**：限制到*xy*平面。
- **在捕捉中启用轴约束切换**：启用此选项并通过"移动 Gizmo"或"轴约束"工具栏使用轴约束移动对象时，会将选定的对象约束为仅沿指定的轴或平面移动。禁用此选项后，将忽略约束，并且可以将捕捉的对象平移任何尺寸。

3. "层"工具栏

对当前场景中的对象进行设置层的操作，设置完层后，可以通过选择层名称来快速在场景中选择物体，如图1-65所示。还可以通过"层管理器"快速对层内的对象进行隐藏、冻结等操作，如图1-66所示。

图1-65 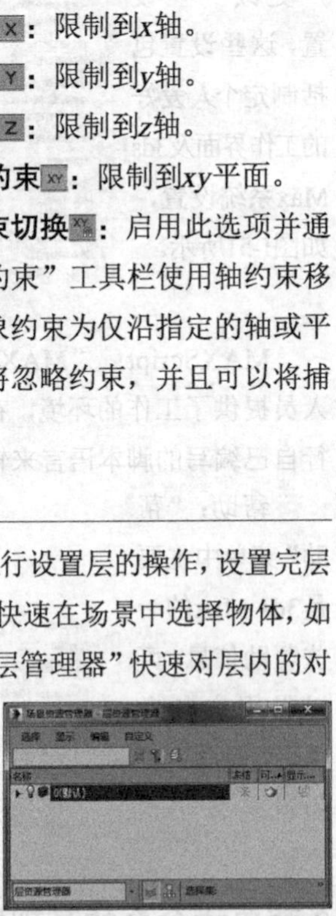　　　　　　　　　图1-66

工具解析

- **层管理器** ：弹出层管理器对话框。
- **图层列表** 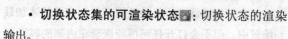 ：可以通过层工具栏使用层列表，该列表显示层的名称及其属性。单击属性图标即可控制层的属性。只需从列表中将其选中即可使层成为当前层。
- **新建层** ：使用"创建新层"将创建一个新层，该层包含当前选定的对象。
- **将当前选择添加到当前层** ：可以将当前对象选择移动至当前层。
- **选择当前层中的对象** ：将选择当前层中包含的所有对象。
- **设置当前层为选择的层** ：可将当前层更改为包含当前选定对象的层。

4. "状态集"工具栏

"状态集"工具栏：提供对"状态集"功能的快速访问，如图1-67所示。

工具解析

图1-67

- **状态集** ：单击此工具可以弹出"状态集"对话框，如图1-68所示。
- **切换状态集的活动状态** ：切换状态定义，即为该状态和所有嵌套其中的状态的录制的所有属性更改。

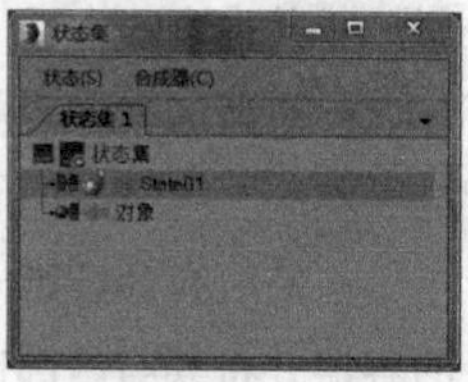

图1-68

- **切换状态集的可渲染状态** ：切换状态的渲染输出。
- **显示或隐藏状态集列表** 对象 ：此下拉列表将显示与"状态集"对话框相同的层次。使用它可以激活状态，也可以访问其他状态集控件。
- **将当前选择导出至合成器链接** ：单击以指定使用 SOF 格式的链接文件的路径和文件名。如果选择现有链接文件，"状态集"将使用现有数据，而不是覆盖该文件。

5. "附加"工具栏

"附加"工具栏：包含多个用于处理3ds Max场景的工具，如图1-69所示。

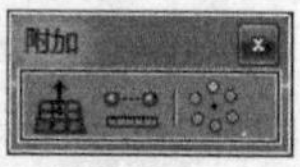

工具解析

- **自动栅格** ：开启自动栅格有助 图1-69
于在一个对象上创建另一个对象。

- **测量距离** ：测量场景中两个对象之间的距离。
- **阵列** ："阵列"命令将显示"阵列"对话框，使用该对话框可以基于当前选择创建对象阵列。
- **快照** ：快照会随时间克隆设置了动画的对象。
- **间隔工具** ：使用"间隔"工具可以基于当前选择沿样条线或一对点定义的路径分布对象。
- **克隆并对齐工具** ：使用"克隆并对齐"工具可以基于当前选择将源对象分布到目标对象的第二选择上。

6. "渲染快捷方式"工具栏

"渲染快捷方式"工具栏：可以进行渲染预设窗口设置，如图1-70所示。

工具解析

图1-70

- **渲染预设窗口A** ：
单击此按钮可以激活预设窗口A，需提前将预设指定给该按钮。
- **渲染预设窗口B** ：单击此按钮可以激活预设窗口B，需提前将预设指定给该按钮。
- **渲染预设窗口C** ：单击此按钮可以激活预设窗口C，需提前将预设指定给该按钮。
- **渲染预设** ：用于从预设渲染参数集中进行选择，或加载或保存渲染参数设置。

7. "捕捉"工具栏

"捕捉"工具栏：主要可以在此设置精准捕捉的方式，如图1-71所示。

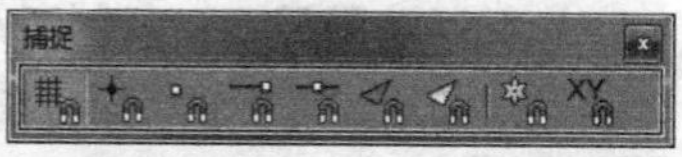

工具解析

图1-71

- **捕捉到栅格点切换** ：
捕捉到栅格交点。默认情况下，此捕捉类型处于启用状态。
- **捕捉到轴切换** ：捕捉到对象的轴。
- **捕捉到顶点切换** ：捕捉到对象的顶点。
- **捕捉到端点切换** ：捕捉到网格边的端点或样条线的顶点。
- **捕捉到中点切换** ：捕捉到网格边的中点和样条线分段的中点。
- **捕捉到边/线段切换** ：捕捉沿着边（可见或不可见）或样条线分段的任何位置。
- **捕捉到面切换** ：在面的曲面上捕捉任何位置。
- **捕捉到冻结对象切换** ：可以捕捉到冻结对

象上。

- **在捕捉中启用轴约束切换**：启用此选项并通过"移动 Gizmo"或"轴约束"工具栏使用轴约束移动对象时，会将选定的对象约束为仅沿指定的轴或平面移动。

8. "动画层"工具栏

"动画层"工具栏：进行动画层相关设置的工具栏，如图1-72所示。

图1-72

工具解析

- **启用动画层**：单击该按钮可以打开"启用动画层"面板。

- **选择活动层对象**：选择场景中属于活动层的所有对象。

- **动画层列表**：为选定对象列出所有现有层。列表中的每个层都含有切换图标，用于启用和禁用层以及从控制器输出轨迹包含或排除层。通过从列表中选择来设置活动层。

- **动画层属性**：打开"层属性"对话框，该对话框可为层提供全局选项。

- **添加动画层**：打开"创建新动画层"对话框，可以指定与新层相关的设置。执行此操作将为具有层控制器的各个轨迹添加新层。

- **删除动画层**：移除活动层以及它所包含的数据。删除前将会出现提示确认对话框。

- **复制动画层**：复制活动层的数据，并启用"粘贴活动动画层"和"粘贴新层"。

- **粘贴活动动画层**：用复制的数据覆盖活动层控制器类型和动画关键点。

- **粘贴新建层**：使用复制层的控制器类型和动画关键点创建新层。

- **塌陷动画层**：只要活动层尚未禁用，就可以将它塌陷至其下一层。如果活动层已禁用，则已塌陷的层将在整个列表中循环，直到找到可用层为止。

- **禁用动画层**：从所选对象移除层控制器。基础层上的动画关键点还原为原始控制器。

9. "容器"工具栏

"容器"工具栏：用于提供处理容器的命令，如图1-73所示。

图1-73

工具解析

- **继承容器**：将磁盘上存储的源容器加载到场景中。

- **利用所选内容创建容器**：创建容器并将选定对象放入其中。

- **将选定项添加到容器中**：打开拾取列表，从中选择要向其添加场景中的选定对象的容器。

- **从容器中移除选定对象**：将选定的对象从其所属容器中移除。

- **加载容器**：将容器定义加载到场景中并显示容器的内容。

- **卸载容器**：保存容器并将其内容从场景中移除。

- **打开容器**：使容器内容可编辑。

- **关闭容器**：将容器保存到磁盘并防止对其内容进行任何进一步编辑或添加操作。

- **保存容器**：保存对打开的容器所做的任何编辑。

- **更新容器**：从所选容器的 MAXC 源文件中重新加载其内容。

- **重新加载容器**：将本地容器重置到最新保存的版本。

- **使所有内容唯一**：选中"源定义"框中显示的容器并将其与内部嵌套的任何其他容器转换为唯一容器。

- **合并容器源**：将最新保存的源容器版本加载到场景中，但不会打开任何可能嵌套在内部的容器。

- **编辑容器**：允许编辑来源于其他用户的容器。

- **覆盖对象属性**：忽略容器中各对象的显示设置，并改用容器辅助对象的显示设置。

- **覆盖所有锁定**：仅对本地容器"轨迹视图"和"层次"列表中的所有轨迹暂时禁用锁定。

10. "MassFX"工具栏

"MassFX"工具栏：3ds Max的MassFX提供了用于为项目添加真实物理模拟的工具集，使用此工具栏可以快速访问"MassFX工具"面板，对场景中的物体设置动画模拟，如图1-74所示。

图1-74

工具解析

- **世界参数** ⬚：打开"MassFX 工具"对话框并定位到"世界参数"面板。
- **模拟工具** ⬚：打开"MassFX 工具"对话框并定位到"模拟工具"面板。
- **多对象编辑器** ⬚：打开"MassFX 工具"对话框并定位到"多对象编辑器"面板。
- **显示选项** ⬚：打开"MassFX 工具"对话框并定位到"显示选项"面板。
- **将选定项设置为动力学刚体** ⬚：将未实例化的 MassFX 刚体修改器应用到每个选定对象，并将"刚体类型"设置为"动力学"，然后为对象创建单个凸面物理图形。如果选定对象已经具有 MassFX 刚体修改器，则现有修改器将更改为动力学，而不重新应用。
- **将选定项设置为运动学刚体** ⬚：将未实例化的 MassFX 刚体修改器应用到每个选定对象，并将"刚体类型"设置为"运动学"，然后为每个对象创建一个凸面物理图形。如果选定对象已经具有 MassFX 刚体修改器，则现有修改器将更改为运动学，而不重新应用。
- **将选定项设置为静态刚体** ⬚：将未实例化的 MassFX 刚体修改器应用到每个选定对象，并将"刚体类型"设置为"静态"。为对象创建单个凸面物理图形。如果选定对象已经具有 MassFX 刚体修改器，则现有修改器将更改为静态，而不重新应用。
- **将选定对象设置为mCloth对象** ⬚：将未实例化的 mCloth 修改器应用到每个选定对象，然后切换到"修改"面板来调整修改器的参数。
- **从选定对象中移除mCloth** ⬚：从每个选定对象移除 mCloth 修改器。
- **创建刚体约束** ⬚：将新 MassFX 约束辅助对象添加到带有适合于刚体约束的设置的项目中。刚体约束使平移、摆动和扭曲全部锁定，尝试在开始模拟时保持两个刚体在相同的相对变换中。
- **创建滑块约束** ⬚：将新 MassFX 约束辅助对象添加到带有适合于滑动约束的设置的项目中。滑动约束类似于刚体约束，但是启用受限的 Y 变换。
- **创建转枢约束** ⬚：将新 MassFX 约束辅助对象添加到带有适合于转枢约束的设置的项目中。转枢约束类似于刚体约束，但是"摆动 1"限制为 100 度。
- **创建扭曲约束** ⬚：将新 MassFX 约束辅助对象

添加到带有适合于扭曲约束的设置的项目中。扭曲约束类似于刚体约束，但是"扭曲"设置为无限制。

- **创建通用约束** ⬚：将新 MassFX 约束辅助对象添加到带有适合于通用约束的设置的项目中。通用约束类似于刚体约束，但"摆动 1"和"摆动 2"限制为 45 度。
- **建立球和套管约束** ⬚：将新 MassFX 约束辅助对象添加到带有适合于球和套管约束的设置的项目中。球和套管约束类似于刚体约束，但"摆动 1"和"摆动 2"限制为 80 度，且"扭曲"设置为无限制。
- **创建动力学碎布玩偶** ⬚：设置选定角色作为动力学碎布玩偶。其运动可以影响模拟中的其他对象，同时也受这些对象影响。
- **创建运动学碎布玩偶** ⬚：设置选定角色作为运动学碎布玩偶。其运动可以影响模拟中的其他对象，但不会受这些对象的影响。
- **移除碎布玩偶** ⬚：通过删除刚体修改器、约束和碎布玩偶辅助对象，从模拟中移除选定的角色。
- **将模拟实体重置为其原始状态** ⬚：停止模拟，将时间滑块移动到第一帧，并将任意动力学刚体的变换设置为其初始变换。
- **开始模拟** ⬚：从当前模拟帧运行模拟。默认情况下，该帧是动画的第一帧，它不一定是当前的动画帧。如果模拟正在运行，会使按钮显示为已按下，单击此按钮将在当前模拟帧处暂停模拟。
- **开始没有动画的模拟** ⬚：与"开始模拟"类似，只是模拟运行时时间滑块不会前进。
- **将模拟前进一帧** ⬚：运行一个帧的模拟并使时间滑块前进相同量。

1.3.5 Ribbon工具栏

Ribbon工具栏包含"建模""自由形式""选择""对象绘制"和"填充"5部分，如图1-75所示。

图1-75

1.建模

单击"显示完整的功能区"图标 ⬚ 可以向下展开Ribbon工具栏。执行"建模"命令，可以看到与多边形建模相关的命令，如图1-76所示。当光标未选择几何体时，该命令区域呈灰色显示。

图1-76

当光标选择几何体时，单击相应图标进入多边形的子层级后，此区域可显示相应子层级内的全部建模命令，并以非常直观的图标形式可见。图1-77所示为多边形边界层级内的命令图标。

图1-77

 技巧与提示

　　"建模"选项卡内的所有命令与3ds Max的多边形建模命令完全一样。在本书后面的章节部分将为读者详细讲解它们的使用方法。

2.自由形式

　　执行"自由形式"命令，其内部的命令图标如图1-78所示。需选择物体才可激活相应图标命令显示，通过"自由形式"选项卡内的命令可以用绘制的方式来修改几何形体的形态。

图1-78

3.选择

　　执行"选择"命令，其内部的命令图标如图1-79所示。前提需要选择多边形物体并进入其子层级后可激活图标显示状态。未选择物体时，此命令内部为空。

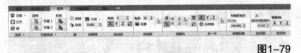

图1-79

4.对象绘制

　　执行"对象绘制"命令，其内部命令图标如图1-80所示。此区域的命令允许我们为鼠标设置一个模型，以绘制的方式在场景中或物体对象表面上进行复制绘制。图1-81所示为以小长方体为笔刷绘制对象，在茶壶表面及场景中进行绘制的结果。

图1-80

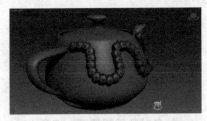

图1-81

5.填充

　　执行"填充"命令，其内部命令图标，如图1-82所示。

图1-82

　　3ds max 2015为设计师们添加了一个重要的人物群组动画功能——"填充"。使用这一功能，可以快速地制作大量人群的走动和闲聊场景。尤其是在建筑室内外的动画表现上，更少不了角色这一元素。角色不仅可以为画面添加活泼的生气，还可以作为所要表现建筑尺寸的重要参考依据。

　　在3ds Max中制作角色模型是很烦琐的一项工作，学习完整的动画用角色还要包括角色的骨骼装配、蒙皮、表情动画、毛发和布料动力学等一系列的知识点。与建筑表现效果图和建筑室内外动画表现相比，角色动画可以说是另一门新的学科。

　　使用"填充"命令可以快速地在场景中创建运动中的人群，创建的方式主要分为创建流和创建空闲区域两种。使用创建流可以创建沿设置好宽度的路径来回走动的人流，并且可以调整男女比例及走动方向。使用创建空闲区域则可以创建一定区域内站着或坐着聊天的人群，如图1-83所示。

图1-83

1.3.6 场景资源管理器

　　"场景资源管理器"提供无模式对话框来查看、排序、过滤和选择对象，还一起提供了其他功能，用于重命名、删除、隐藏和冻结对象，创建和修改对象层次以及编辑对象属性，如图1-84所示。

　　3ds Max 2015对场景资源管理器进行了一些功能上的更新，如能够停靠对话框和更新的关联菜单。现在，每个工作台都包括一个默认的名为"工作台场景资源管理器"的停靠"场景资源管理器"。此外，"场景资源管理器"可以在两种不同的模式之间切换：按对象层次或按层列出场景内容。两种模式均为编辑层次和层提供拖放功能，如图1-85所示。

图1-84　　　　　　　　　　图1-85

1.3.7 工作视图

在3ds Max 2015的工作界面中，工作视图区域占据了软件的大部分界面空间，有利于工作的进行。

1.工作视图之间的切换

默认状态下，工作视图分为顶视图、前视图、左视图和透视图4种，如图1-86所示。

图1-86

 技巧与提示

可以单击软件界面右下角的"最大化视口切换"按钮将默认的4个视口区域切换至1个视口区域。

当视口区域为1个时，可以通过按相应的快捷键来进行各个操作视口的切换。

切换至顶视图的快捷键是T。

切换至前视图的快捷键是F。

切换至左视图的快捷键是L。

切换至透视图的快捷键是P。

将光标移动至视口的左上方，在相应视口提示的字上单击可弹出下拉列表，从中也可以选择即将要切换的操作视图。从此下拉列表中也可以看出后视图和右视图无快捷键，如图1-87所示。

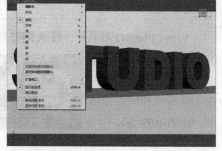

图1-87

2.工作视图布局

单击软件界面左下方的"创建新的视口布局选项卡"按钮 ，可以弹出标准视口布局面板，里面包含3ds Max 2015预先设置好的12种视口布局方式，如图1-88所示。

图1-88

当操作视口不是一个视口时，可以将光标移动至视口之间的交界处，当光标变成双向箭头或者十字箭头时，可以根据自己的操作需求任意更改视口的大小，如图1-89所示。

当光标移动至操作视口之间的交界处时，单击鼠标右键可弹出"重置布局"命令。选择此命令可使操作视口恢复到初始状态，如图1-90所示。

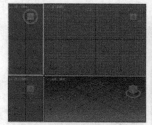

图1-89　　　　　　　　　　图1-90

3.工作视图的显示样式

3ds Max 2015为用户提供了多种工作视图的显示方式，除了"线框"及"明暗处理"这两种显示方式，还有"一致的色彩""粘土"和"样式化"等。

打开本书附带学习资源"场景文件>CH01>01.max"文件。通过单击"摄影机"视图左上角的文字命令以弹出下拉列表进行选择切换，此处文字命令的默认显示样式为"真实"，如图1-91所示。

图1-91

图1-92所示为场景中物体以"明暗处理"方式显示的视图结果。

图1-93所示为场景中物体以"一致的色彩"方式显示的视图结果。

图1-92　　　　　　　　　　　图1-93

图1-94所示为场景中物体以"边面"方式显示的视图结果。

图1-95所示为场景中物体以"一致的色彩"方式显示的视图结果。

图1-94　　　　　　　　　　　图1-95

图1-96所示为场景中物体以"隐藏线"方式显示的视图结果。

图1-97所示为场景中物体以"线框"方式显示的视图结果。

图1-96　　　　　　　　　　　图1-97

图1-98所示为场景中物体以"边界框"方式显示的视图结果。

图1-99所示为场景中物体以"粘土"方式显示的视图结果。

图1-98　　　　　　　　　　　图1-99

图1-100所示为场景中物体以"样式化>石墨"方式显示的视图结果。

图1-101所示为场景中物体以"样式化>彩色铅笔"方式显示的视图结果。

图1-100　　　　　　　　　　　图1-101

图1-102所示为场景中物体以"样式化>墨水"方式显示的视图结果。

图1-103所示为场景中物体以"样式化>彩色墨水"方式显示的视图结果。

图1-102　　　　　　　　　　　图1-103

图1-104所示为场景中物体以"样式化>亚克力"方式显示的视图结果。

图1-105所示为场景中物体以"样式化>彩色蜡笔"方式显示的视图结果。

图1-104　　　　　　　　　　　图1-105

图1-106所示为场景中物体以"样式化>技术"方式显示的视图结果。

图1-106

> **技巧与提示**
> 按快捷键F3，可以使场景中的物体在"线框"与"明暗处理""真实"等以实体方式显示的模式中相互切换。
> 按快捷键F4，则可以控制场景中的物体是否进行"边面"显示。

4.ViewCube

ViewCube 3D 导航控件提供了视口当前方向的视觉反馈，让用户可以调整视图方向以及在标准视图与等距视图间进行切换，如图1-107所示。

图1-107

第1步：3ds Max 2015启动后，打开本书附带学习资源"场景文件>CH01>02.max"。可以看到，ViewCube图标默认位于"透视"视图的右上角位置，只有当光标位于ViewCube 图标上方时，它才变成活动状态，并且为不透明显示，如图1-108所示。

第2步：当光标移离ViewCube 图标时，则会变成非活动状态，图标呈半透明显示，这样不会遮挡"透视"视图中的对象，如图1-109所示。

第3步：当 ViewCube 为非活动状态时，可以控制其不透明度级别以及大小显示它的视口和指南针显示。这些设置位于"视口配置"对话框的"ViewCube"面板上。在ViewCube图标上单击鼠标右键，在下拉列表中选择"配置"命令，即可在弹出的"视口配置"对话框中对ViewCube的属性进行更改，如图1-110和图1-111所示。

图1-108　　　　　　　　　图1-109

图1-110

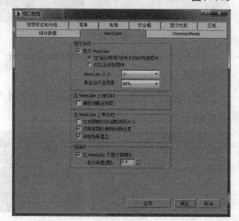

图1-111

技巧与提示

控制ViewCube图标显示与隐藏的快捷键为Alt+Ctrl+V。

也可以通过单击工作视图左上角的"+"命令，在弹出的下拉菜单中执行"ViewCube>显示ViewCube"命令，来控制ViewCube图标的显示与隐藏，如图1-112所示。

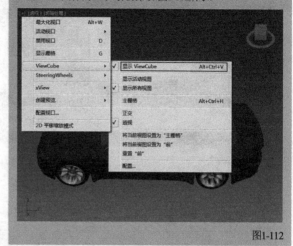

图1-112

5.SteeringWheels

SteeringWheels 3D 导航控件也可以说是"追踪菜单"，通过它们可以使用户从单一的工具访问不同的 2D 和 3D 导航工具。SteeringWheels 可分成多个称为"楔形体"的部分，轮子上的每个楔形体都代表一种导航工具，可以使用不同的方式平移、缩放或操纵场景的当前视图。SteeringWheels 也称作"轮子"，它可以通过将许多公用导航工具组合到单一界面中来节省用户的时间，第一次在"透视"视图中显示SteeringWheels时，SteeringWheels将随着光标的位置而进行移动，如图1-113所示。

图1-113

单击"透视"视图左上角的"+"命令，在弹出的下拉菜单中执行"SteeringWheels>配置"命令，即可弹出"视口配置"对话框，如图1-114所示。单击"SteeringWheels"选项卡，即可对SteeringWheels的属性进行详细设置，如图1-115所示。

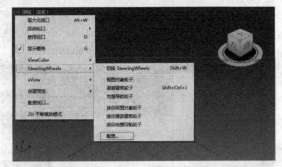

图1-114

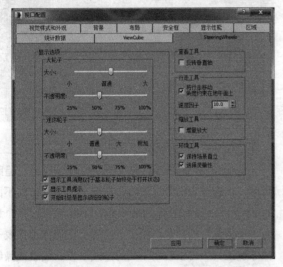

图1-115

3ds Max 2015为用户提供了多种SteeringWheels的显示方式，可使不同用户根据自己的工作需要来选择并显示SteeringWheels。SteeringWheels的显示方式有6种。

第1步：3ds Max 2015启动后，打开本书附带学习资源"场景文件>CH01>03.max"，如图1-116所示。

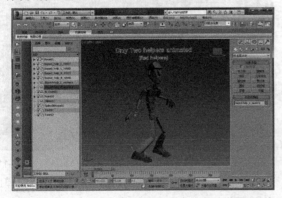

图1-116

第2步：单击"透视"视图左上角的"+"按钮，在弹出的下拉菜单中，可以执行"SteeringWheels>切换SteeringWheels"命令下方的6个不同轮子名称来进行SteeringWheels的显示方式切换，如图1-117所示。

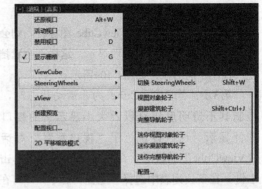

图1-117

图1-118所示为SteeringWheels显示为"视图对象轮子"。

图1-119所示为SteeringWheels显示为"漫游建筑轮子"。

图1-118　　　　　　图1-119

图1-120所示为SteeringWheels显示为"完整导航轮子"。

图1-121所示为SteeringWheels显示为"迷你视图对象轮子"。

图1-120　　　　　　图1-121

图1-122所示为SteeringWheels显示为"迷你漫游建筑轮子"。

图1-123所示为SteeringWheels显示为"迷你完整导航轮子"。

图1-122　　　　　　图1-123

技巧与提示

控制SteeringWheels图标显示与隐藏的快捷键为Shift+W。

也可以通过单击工作视图左上角的"+"命令,在弹出的下拉菜单中执行"SteeringWheels>显示SteeringWheels"命令,来控制SteeringWheels图标的显示与隐藏,如图1-124所示。

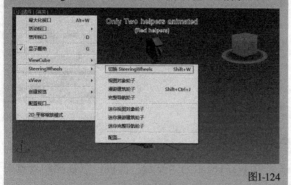

图1-124

当在"视口配置"对话框中对SteeringWheels设置"开始时总是显示锁定的轮子"时,3ds Max 2015在下次启动时,SteeringWheels会以固定的位置显示与工作视图的左下方,同时,光标移动至SteeringWheels上还会弹出"首次接触气球"。"首次接触气球"主要为用户介绍轮子的用途以及使用它们的方法。设置如图1-125所示,"首次接触气球"打开如图1-126所示。

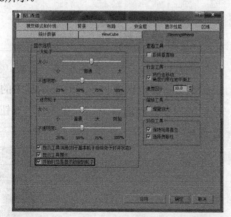

图1-125

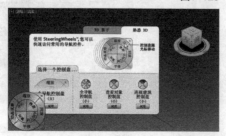

图1-126

1.3.8 命令面板

3ds Max 2015软件界面的右侧即为"命令"面板。命令面板由"创建"面板、"修改"面板、"层次"面板、"运动"面板、"显示"面板和"实用"程序面板这6个面板组成。

1.创建面板

图1-127所示为"创建"面板,可以创建7种对象,分别是"几何体""图形""灯光""摄影机""辅助对象""空间扭曲"和"系统"。

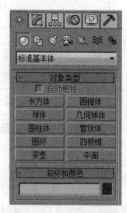

图1-127

参数解析

· **"几何体"按钮**:不仅可以用来创建"长方体""椎体""球体"和"圆柱体"等基本几何体,也可以创建出一些现成的建筑模型,如"门""窗""楼梯""栏杆"和"植物"等模型。

· **"图形"按钮**:主要用来创建样条线和NURBS曲线。

· **"灯光"按钮**:主要用来创建场景中的灯光。

· **"摄影机"按钮**:主要用来创建场景中的摄影机。

· **"辅助对象"按钮**:主要用来创建有助于场景制作的辅助对象,如对模型进行定位、测量等功能。

· **"空间扭曲"按钮**:使用空间扭曲功能可以在围绕其他对象的空间中产生各种不同的扭曲方式。

· **"系统"按钮**:系统将对象、链接和控制器组合在一起,以生成拥有行为的对象及几何体。包含"骨骼""环形阵列""太阳光""日光"和"Biped"这5个按钮。

2.修改面板

图1-128所示为"修改"面板，用来调整所选择对象的修改参数，当光标未选择任何对象时，此面板里命令为空。

图1-128

3.层次面板

图1-129所示为"层次"面板，可以在这里访问调整对象间的层次链接关系，如父子关系。

图1-129

参数解析

• **"轴"按钮** 轴 ：该按钮下的参数主要用来调整对象和修改器中心位置，以及定义对象之间的父子关系和反向动力学IK的关节位置等。

• **"IK"按钮** IK ：该按钮下的参数主要用来设置动画的相关属性。

• **"链接信息"按钮** 链接信息：该按钮下的参数主要用来限制对象在特定轴中的变换关系。

4.运动面板

图1-130所示为"运动"面板，主要用来调整选定对象的运动属性。

图1-130

5.显示面板

图1-131所示为"显示"面板，可以控制场景中对象的显示、隐藏和冻结等属性。

图1-131

6.实用程序面板

图1-132所示为"实用程序"面板，这里包含很多的工具程序，在面板里只是显示其中的部分命令，其他的程序可以通过单击"更多..."按钮 更多... 来进行查找。

图1-132

个别面板命令过多显示不全时，可以上下拖动整个命令面板来显示出其他命令，也可以将光标放置于命令面板的边缘处以拖曳的方式将命令面板更改为两个或者更多，如图1-133所示。

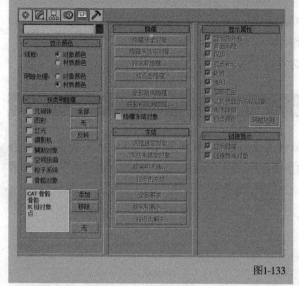

图1-133

1.3.9 时间滑块和轨迹栏

时间滑块位于视口区域的下方，用来拖动以显示不同时间段内场景中物体对象的动画状态。默认状态下，场景中的时间帧数为100帧，帧数值可根据将来的动画制作需要随意更改。当按住时候滑块时，可以在轨迹栏上迅速拖动以查看动画的设置，在轨迹栏内的动画关键帧可以很方便地进行复制、移动及删除操作，如图1-134所示。

图1-134

按快捷键Ctrl+Alt+鼠标左键，可以保证时间轨迹右侧的帧位置不变而更改左侧的时间帧位置。

按快捷键Ctrl+Alt+鼠标中键，可以保证时间轨迹的长度不变而改变两端的时间帧位置。

按快捷键Ctrl+Alt+鼠标右键，可以保证时间轨迹左侧的帧位置不变而更改右侧的时间帧位置。

1.3.10 提示行和状态栏

提示行和状态栏可以显示出当前有关场景和活动

命令的提示和操作状态，它们位于时间滑块和轨迹栏的下方，如图1-135所示。

图1-135

1.3.11 动画控制区

动画控制区具有可以用于在视口中进行动画播放的时间控件。使用这些控制可随时调整场景文件中的时间来播放并观察动画，如图1-136所示。

图1-136

工具解析

· ：这一区域为设置动画的模式，有自动关键点动画模式与设置关键点动画模式两种可选。

· **新建关键点的默认入/出切线** ：可设置新建动画关键点的默认内/外切线类型。

· **打开过滤器对话框** ：关键点过滤器可以设置所选择物体的哪些属性可以设置关键帧。

· **转至开头** ：转至动画的初始位置。

· **上一帧** ：转至动画的上一帧。

· **播放动画** ：单击后会变成停止动画的按钮图标。

· **下一帧** ：转至动画的下一帧。

· **转至结尾** ：转至动画的结尾。

· **帧显示** ：当前动画的时间帧位置。

· **时间配置** ：单击弹出"时间配置"对话框，可以进行当前场景内动画帧数的设定等操作。

1.3.12 视口导航

视口导航区域允许用户使用这些按钮在活动的视口中导航场景，位于整个3ds Max 2015界面的右下方，如图1-137所示。

图1-137

参数解析

· **缩放** ：控制视口的缩放，使用该工具可以在透视图或正交视图中通过拖曳鼠标的方式来调整对象的显示比例。

- **缩放所有视图**：使用该工具可以同时调整所有视图中对象的显示比例。
- **最大化显示选定对象**：最大化显示选定的对象，快捷键为Z。
- **所有视图最大化显示选定对象**：在所有视口中最大化显示选定的对象。
- **视野**：控制在视口中观察的"视野"。
- **平移视图**：平移视图工具，快捷键为鼠标中键。
- **环绕子对象**：单击此按钮可以进行环绕视图操作。
- **最大化视口切换**：控制一个视口与多个视口的切换。

1.4 知识小结

本章主要为大家简单介绍了3ds Max 2015的概述和软件的应用范围，并详细讲解了3ds Max 2015的软件界面组成。读者在掌握了软件的应用范围后，应有目的地学习本书的各个小节。通过对本章内容的学习，读者可以为将来的软件操作打下坚实的基础。

3ds Max

第 2 章 3ds Max 2015 基本操作

本章知识索引

知识名称	作用	重要程度	所在页
选择对象	熟悉软件的基本操作	中	P32
变换对象	移动、旋转和缩放对象	高	P37
克隆、快照、镜像、阵列和间隔工具	掌握软件复制对象的多种方式	中	P42
3ds Max文件存储	学习3ds Max的文件存储	高	P48

本章实例索引

2.1 选择对象

本节知识概要

知识名称	作用	重要程度	所在页
选择对象工具	在复杂的场景中选择对象	低	P32
区域选择	对多个对象进行整体选择	中	P32
窗口与交叉模式选择	判断选框边界对对象是否有效	高	P32
按名称选择	根据对象名称进行选择	中	P33
选择集	对场景中的多个对象设置集合	低	P33
对象组合	对场景中的多个对象设置分组	中	P34

大多数情况下，在对象上执行某个操作或者执行场景中的对象之前，首先要选中它们。因此，选择操作是建模和设置动画过程的基础。3ds Max是一种面向操作对象的程序，这说明 3D 场景中的每个对象都带有一些指令，这些指令会告诉 3ds Max 用户可以通过它执行操作。这些指令随对象类型的不同而异。因为每个对象可以对不同的命令集作出响应，所以可通过先选择对象然后选择命令来应用命令。这种工作模式类似于"名词－动词"的工作流，先选择对象（名词），然后选择命令（动词）。因此，正确快速地选择物体、对象在整个3ds Max操作中显得尤为重要。

3ds Max 2015为我们提供了选择对象的多种方式，如"选择对象"工具、变换系列工具、"场景资源管理器"和"按名称选择"工具等。通过"选择过滤器"还可以按照场景中对象的不同类型来选择相应的对象。如果需要对多个对象进行一样的操作，可以将这些对象设置为一个组合，以方便一次性选择，再进行下面的流程处理。接下来通过具体的操作，来学习常用的选择对象方法。

2.1.1 选择对象工具

"选择对象"按钮是3ds Max 2015所提供的重要的工具之一，方便用户在复杂的场景中选择单一或者多个对象。当用户想要选择一个对象并且又不想移动它时，这个工具就是最佳选择。"选择对象"按钮

是3ds Max软件打开后的默认鼠标工具，其命令图标位于主工具栏上，如图2-1所示。

知识讲解
图2-1

• **"选择对象"按钮**：选择场景中的对象。

2.1.2 区域选择

3ds Max 2015还为用户提供了多种区域选择的方式，以帮助用户方便快速地选择一个区域内的所有对象。"区域选择"共有"矩形选择区域"按钮、"圆形选择区域"按钮、"围栏选择区域"按钮、"套索选择区域"按钮和"绘制选择区域"按钮这5种类型可选，如图2-2所示。

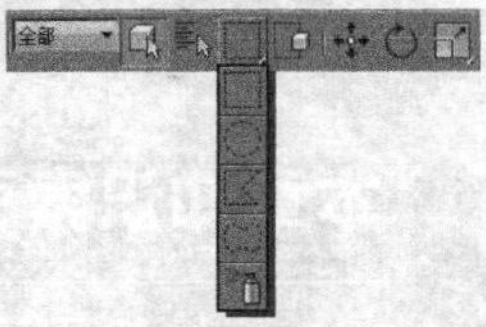

知识讲解

• **"矩形选择区域"按钮**：拖动鼠标以选择矩形区域。
图2-2

• **"圆形选择区域"按钮**：拖动鼠标以选择圆形区域。

• **"围栏选择区域"按钮**：通过交替使用鼠标移动和单击操作，可以画出一个不规则的选择区域轮廓。

• **"套索选择区域"按钮**：拖动鼠标将创建一个不规则区域的轮廓。

• **"绘制选择区域"按钮**：在对象或子对象上拖动鼠标，以便将其纳入到所选范围之内。

2.1.3 窗口与交叉模式选择

3ds Max 2015在选择多个物体对象时，提供"窗口"与"交叉"两种模式进行选择。默认状态下为"交叉"选择，在使用"选择对象"按钮绘制选框选择对象时，选择框内的所有对象以及与所绘制选框边界相交的任何对象都将被选中。

知识讲解

• **"窗口"按钮**：只能选择所选区域内的对象或子对象。

• **"交叉"按钮**：选择区域内的所有对象或子对象，以及与区域边界相交的任何对象或子对象。

2.1.4 按名称选择

在3ds Max 2015中可以通过使用"按名称选择"命令打开"从场景选择"对话框,使用户无需单击视口便可以按对象的名称来选择对象,具体操作步骤如下。

第1步:主工具栏上可以通过单击"按名称选择"按钮来进行对象的选择,这时会打开"从场景选择"对话框,如图2-3所示。默认状态下,当场景中有隐藏的对象时,"从场景选择"对话框内不会出现隐藏对象的名字,但是可以从"场景资源管理器"中查看被隐藏的对象。在3ds Max 2015中,更加方便的名称选择方式为直接在"场景资源管理器"中选择对象的名字即可,如图2-4所示。

图2-3 　　　　　　　　　图2-4

技巧与提示

"按名称选择"命令的快捷键为H。

第2步:通过在"从场景选择"对话框内文本框中输入所要查找对象的名称时,只需要输入首字符即可将场景中所有与此首字符相同的名称对象同时选中,如图2-5所示。

第3步:"从场景选择"对话框内还提供了"全选"按钮、"全部不选"按钮和"反选"按钮,可以在窗口中全选、全部不选和反选对象。

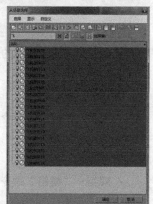

图2-5

第4步:在显示对象类型栏中,还可以通过单击相对应图标的方式来隐藏指定的对象类型,如图2-6所示。

工具解析

图2-6

- **"显示几何体"按钮**:显示场景中的几何体对象名称。

- **"显示图形"按钮**:显示场景中的图形对象名称。

- **"显示灯光"按钮**:显示场景中的灯光对象名称。

- **"显示摄影机"按钮**:显示场景中的摄影机对象名称。

- **"显示辅助对象"按钮**:显示场景中的辅助对象名称。

- **"显示空间扭曲"按钮**:显示场景中的空间扭曲对象名称。

- **"显示组"按钮**:显示场景中的组名称。

- **"显示对象外部参考"按钮**:显示场景中的对象外部参考名称。

- **"显示骨骼"按钮**:显示场景中的骨骼对象名称。

- **"显示容器"按钮**:显示场景中的容器名称。

- **"显示冻结对象"按钮**:显示场景中被冻结的对象名称。

- **"显示隐藏对象"按钮**:显示场景中被隐藏的对象名称。

- **"显示所有"按钮**:显示场景中所有对象的名称。

- **"不显示"按钮**:不显示场景中的对象名称。

- **"反转显示"按钮**:显示当前场景中未显示的对象名称。

2.1.5 选择集

3ds Max 2015可以为当前选择的多个对象设置集合,随后通过从列表中选取其名称来重新选择这些对象。

在场景中选择多个对象后,单击主工具栏上的"编辑命名选择集"按钮,在弹出的"命名选择集"对话框中单击"创建新集"按钮,然后输入名称即可完成集的创建。同时,在"命名选择集"对话框中,还可以根据对应的图标按钮来进行删除选择集、在选择集中添加或减去对象等操作,如图2-7所示。

图2-7

工具解析

- **"创建新集"按钮**:创建新的集合。

- **"删除集合"按钮**:删除现有集合。

- **"在集中添加选定对象"按钮**:可以集中新

添加选定的对象。

- **"在集中减去选定对象"按钮** —：可以集中减去选定的对象。
- **"选择集内的对象"按钮** ：选择集合中的对象。
- **"按名称选择对象"按钮** ：根据名称来选择对象。
- **"高亮显示选定对象"按钮** ：高亮显示出选择的对象。

2.1.6 对象组合

当场景中的物体众多时，可以对它们进行分组操作。将对象分组后，可以视其为单个的对象，通过在视口中单击组中的任意一个对象来选择整个组。并且，组是可以随时打开或者关闭的，通过打开组，仍然可以选择组内的单个物体而无需分解整个组合，具体操作如下。

第1步：选中视口中的多个物体，单击菜单栏"组"＞"组"命令，在弹出的对话框中输入组的名称即可创建组合，如图2-8所示。

图2-8

第2步：创建组完成后，通过视口左侧的"场景资源管理器"可以查看组的显示，如图2-9所示。

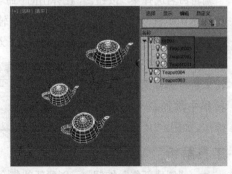

图2-9

第3步：当选中组对象时，执行菜单栏"组>打开"命令，可以将该组打开并可以选择组内的单个对

象，如图2-10所示。

图2-10

第4步：当组打开后，单击菜单栏"组>关闭"即可关闭打开的组，如图2-11所示。

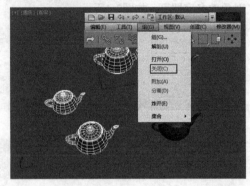

图2-11

参数解析

- **组**：可将对象或组的选择集组成为一个组。
- **打开**：使用"打开"命令可以暂时对组进行解组，并访问组内的对象。
- **关闭**："关闭"命令可重新组合打开的组。对于嵌套组，关闭最外层的组对象将关闭所有打开的内部组。
- **解组**："解组"命令可将当前组分离为其组件对象或组。
- **炸开**：解组组中的所有对象，无论嵌套组的数量如何；这与"解组"不同，后者只解组一个层级。
- **分离**：可从对象的组中分离选定对象。
- **附加**：可使选定对象成为现有组的一部分。

典型实例：使用选择对象工具来选择场景中的对象

场景位置	场景文件>CH02>01.max
实例位置	无
实用指数	★☆☆☆☆
学习目标	熟练使用"选择对象"工具来选择场景中的物体对象。

下面通过一个场景来练习如何使用"选择对象"按钮 来选择场景中的模型对象。

01 3ds Max 2015启动后，打开本书附带学习资源"场景文件>CH02>01.max"。鼠标默认下的状态即为"选择对象"工具，对应主工具栏上的图标为。使用"选择对象"工具，可以在场景中以鼠标单击物体对象的方式将对象选中，如图2-12所示。

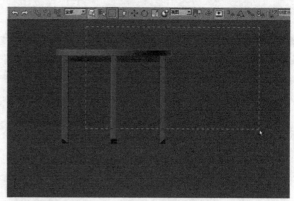

图2-14

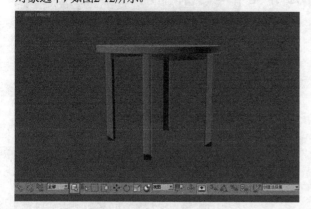

图2-12

02 "选择对象"图标工具的左侧即为"选择过滤器"。通过"选择过滤器"可以预先设置好要选择对象的类型，以免误选到其他对象。"选择过滤器"的默认选项为"全部"，即可选择场景中任何类型的对象，如图2-13所示。

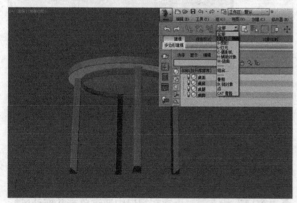

图2-13

典型实例：使用区域选择来选择场景中的对象

场景位置	场景文件>CH02>01.max
实例位置	无
实用指数	★☆☆☆☆
学习目标	熟练使用不同的"区域选择"命令来选择场景中的对象。

01 当场景中的物体过多而需要大面积选择时，可以以按下鼠标的状态拖动出一片区域来对对象进行选择。默认状态下，主工具栏上所激活的区域选择类型为"矩形选择区域"，如图2-14所示。

技巧与提示

要想取消所选对象，只需在视口中的空白区域单击鼠标即可，快捷键为Ctrl+D。

选择场景中的所有对象的快捷键为Ctrl+A。

加选对象：如果当前选择了一个对象，还想增加选择其他对象，可以按住Ctrl键来加选其他的对象。

减选对象：如果当前选择了多个对象，想要减去某个不想选择的对象，可以按住Alt键来进行减选对象。

反选对象：如果当前选择了某些对象，想要反向选择其他对象，可以按快捷键Ctrl+I来进行反选。

孤立选择对象：是一种类似于隐藏其他未选择对象的操作方式。使用这一命令，可以将选择的对象单独显示出来，以方便对其进行观察操作，其对应的快捷键为Alt+Q。

02 在主工具栏中的"矩形选择区域"按钮上单击并保持鼠标为一直按下去的状态，即可弹出选择区域的下拉列表。从下拉列表中的图标可以看出，除了"矩形选择区域"按钮◻以外，还有"圆形选择区域"按钮◻、"围栏选择区域"按钮◪、"套索选择区域"按钮◻和"绘制选择区域"按钮◻这4种类型。

技巧与提示

当鼠标为变换状态时，第一次按快捷键Q，可以将鼠标的状态更改为"选择对象"，再次按快捷键Q，则可以不断更换选择区域的类型。

03 当"圆形选择区域"按钮◻被激活时，按住鼠标并拖动即可在视口中以圆形的方式来选择对象，如图2-15所示。

04 当"围栏选择区域"按钮◪被激活时，按住鼠标并拖动即可在视口中以绘制直线选区的方式来选择对象，如图2-16所示。

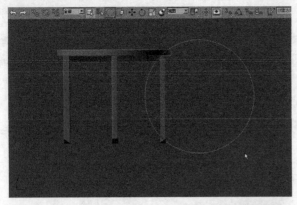

图2-15

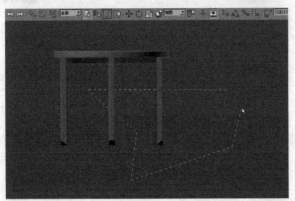

图2-16

05 当"套索选择区域"按钮 被激活时，按住鼠标并拖动即可在视口中以绘制曲线选区的方式来选择对象，如图2-17所示。

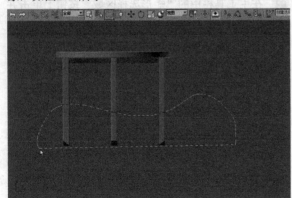

图2-17

06 当"绘制选择区域"按钮 被激活时，按住鼠标并拖动即可在视口中以笔刷绘制选区的方式来选择对象，如图2-18所示。

07 使用"绘制选择区域"按钮 来进行对象的选择时，笔刷的大小在默认情况下可能较小，这时需要对笔刷的大小进行合理的设置。在主工具栏的"绘制选择区域"按钮 上单击鼠标右键，可以打开"首选项设置"面板。在"常规"选项卡内，找到"场景选择"选项组中的"绘制选择笔刷大小"参数，即可进行调整，如图2-19所示。

图2-18

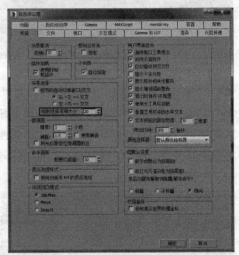

图2-19

典型实例：使用"窗口/交叉"选择来选择场景中的对象

场景位置	场景文件>CH02>01.max
实例位置	无
实用指数	★☆☆☆☆
学习目标	熟练使用不同的"窗口/交叉"选择来选择场景中的对象。

01 单击"窗口/交叉"图标 ，可将选择的方式切换至"窗口"状态 。再次在视口中通过单击并拖动鼠标的方式来选择对象，这时只能选中完全在选择区域内部的对象，如图2-20所示。

图2-20

02 除了可以在主工具栏上切换"窗口"与"交叉"的选择模式外，也可以根据鼠标的选择方向自动在"窗口"与"交叉"之间进行选择上的切换。在菜单栏上找到"自定义">"首选项"命令，即可打开"首选项设置"面板。在"常规"选项卡下的"场景选择"选项组中，启用"按方向自动切换窗口/交叉"复选框，如图2-21所示。

图2-21

03 在"首选项设置"面板中，默认的状态为从右至左选择即"交叉"模式，从左至右旋转为"窗口"模式，此选项可以按自己的习惯进行设置。

即学即练：在"场景资源管理器"中选择场景中的对象

场景位置	场景文件>CH02>02.max
实例位置	无
实用指数	★☆☆☆☆
学习目标	熟练使用3ds Max2015为我们提供的"场景资源管理器"。

在本实例中，打开场景文件，通过软件界面左侧的"场景资源管理器"面板来对场景中的物体对象进行选择练习，如图2-22所示。

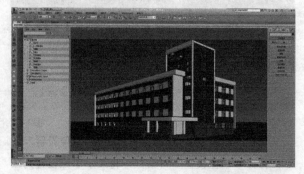

图2-22

2.2 变换对象

本节知识概要

知识名称	作用	重要程度	所在页
变换操作切换	在场景中快速设置变换操作命令	高	P37
精确地变换对象	对场景中的对象进行精确变换	中	P38

3ds Max 2015为用户提供了多个用于对场景中的对象进行变换操作的按钮，分别为"选择并移动"按钮 、"选择并旋转"按钮 、"选择并均匀缩放"按钮 、"选择并非均匀缩放"按钮 、"选择并挤压"按钮 和"选择并放置"按钮 ，如图2-23所示。使用这些工具可以很方便地改变对象在场景中的位置、方向及大小，并且是在进行项目工作时，鼠标所保持的最常用状态。

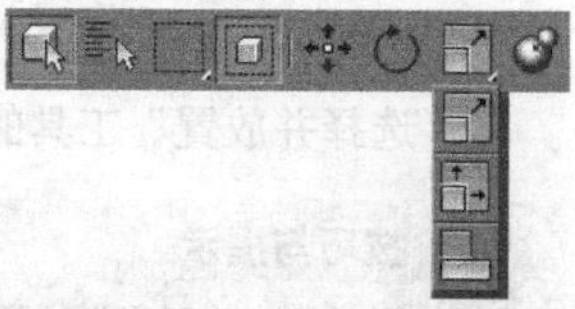

图2-23

2.2.1 变换操作切换

3ds Max 2015为用户提供了多种变换操作的切换方式，下面详细讲解这些切换变换操作的相关技巧。

1.使用主工具栏上的按钮切换变换操作

3ds Max 2015使用户可以很方便地在主工具栏上，通过单击"选择并移动"按钮 、"选择并旋转"按钮 、"选择并均匀缩放"按钮 、"选择并非均匀缩放"按钮 、"选择并挤压"按钮 和"选择并放置"按钮 来进行变换操作的切换，如图2-24所示。

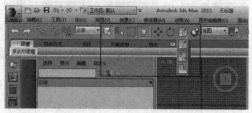

图2-24

2.使用右键四元菜单切换变换操作

除了使用主工具栏上的按钮来进行变换操作的切

换，3ds Max还提供了通过鼠标右键弹出的四元菜单来选择相应的命令进行同样的变换操作切换，如图2-25所示。

图2-25

3.使用快捷键切换变换操作

3ds Max为用户提供了相应的快捷键来进行变换操作的切换，使习惯使用快捷键来进行操作的用户可以非常方便地切换这些命令。

"选择并移动"工具的快捷键是W。
"选择并旋转"工具的快捷键是E。
"选择并缩放"工具的快捷键是R。
"选择并放置"工具的快捷键是Y。

技巧与提示

对场景中的对象进行变换操作时，可以通过按快捷键＋来放大变换命令的控制柄显示状态；同样，按快捷键一可以缩小变换命令的控制柄显示状态，如图2-26和图2-27所示。

图2-26

图2-27

2.2.2 精确地变换对象

通过变换控制柄可以很方便地对场景中的物体进行变换操作，但是在精确性上不容易进行控制。这就需要用户通过一些方法对物体的变换操作加以掌控。

1.通过更改显示单位来精准地变换对象

3ds Max允许用户更改场景中的显示单位以有助于精确地变换对象，如果只是将显示单位由"毫米"设置为"厘米"，则意义不大，因为用户可以轻易地对"毫米""厘米"和"米"这几个单位在心中进行换算。而如果将显示单位由"毫米"更改为"英尺"

或"英寸"时，那么更改显示单位则显得尤为重要。下面通过一个实例学习如何更改3ds Max中的单位。

第1步：启动3ds Max 2015后，单击并执行"自定义>单位设置"菜单栏命令，如图2-28所示。

第2步：在弹出的"单位设置"对话框的"显示单位比例"组中选择合适的单位，如图2-29所示。

图2-28

图2-29

第3步：在"显示单位比例"组中，选择"美国标准"的默认单位"英尺"，单击"确定"按钮以关闭该对话框，如图2-30所示。

图2-30

第4步：在场景中，单击"创建"面板中的"茶壶"按钮，在场景中绘制出一个茶壶物体，如图2-31所示。

第5步：在"修改"面板中，设置茶壶的"半径"值为1英尺，并按回车键，如图2-32所示。

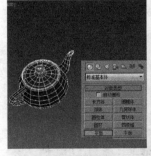
图2-31
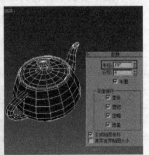
图2-32

第6步：再次执行菜单栏"自定义>单位设置"命令，打开"单位设置"对话框，将显示单位设置为厘米，如图2-33所示。

第7步：在"修改"面板中，查看茶壶的"半径"值，显示为30.48cm，可以看到数值符合"英尺"与"厘米"这两个单位之间的换算，即1英尺=30.48厘米，如图2-34所示。

 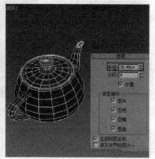

图2-33　　　　　　　　　图2-34

2.通过捕捉设置来精准地变换对象

"捕捉"有助于创建或变换对象时精确控制对象的尺寸和放置。使用"捕捉"时，应先单击"捕捉"按钮以激活捕捉命令。3ds Max提供了"2D捕捉"按钮、"2.5D捕捉"按钮、"3D捕捉"按钮、"角度捕捉"按钮、"百分比捕捉"按钮和"微调器捕捉"按钮这几个命令，如图2-35所示。下面通过一个实例来学习如何使用捕捉工具来辅助我们建模。

图2-35

第1步：打开本书附带学习资源"场景文件>CH02>03.max"，如图2-36所示。

图2-36

第2步：单击主工具栏上的"选择并移动"按钮，将鼠标切换至选择并移动状态。同时，单击主工具栏上的"3D捕捉"按钮，当光标移动至操作视口中的栅格上时，可以发现光标呈现出捕捉的状态，如图2-37所示。

图2-37

第3步：在视口中选择并单击调味瓶模型，移动时可以看到在选择的对象上显示出一条从原始位置拉伸至新目标位置的绿色橡皮筋线，如图2-38所示。

图2-38

第4步：在创建面板中，单击"长方体"按钮，在视口中捕捉栅格，绘制出一个长方体，如图2-39所示。

第5步：选中长方体，在修改面板设置其"长度分段"和"宽度分段"的值均为2，如图2-40所示。

图2-39　　　　　　图2-40

第6步：将光标移动至主工具栏上的"3D捕捉"按钮上，单击鼠标右键，即可弹出"栅格和捕捉设置"对话框，如图2-41所示。

图2-41

第7步：在"栅格和捕捉设置"对话框中，可以看到在默认状态下，系统只对"栅格点"进行捕捉。勾选"顶点"选项后，即可将3ds Max设置为同时捕捉"栅格点"和"顶点"，勾选完成后，单击对话框右上角的"关闭"按钮，关闭对话框，如图2-42所示。

图2-42

第8步：选择并单击场景中的调味瓶模型，即可很方便地将调味瓶模型移动至长方体的任意顶点上，如图2-43所示。

图2-43

技巧与提示

在"栅格和捕捉设置"对话框中设置的捕捉选项与在"捕捉"工具栏中设置的捕捉选项的结果是相同的，如图2-44所示。

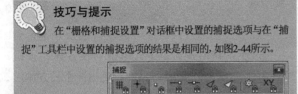

图2-44

典型实例：选择并对场景中的对象进行变换操作

场景位置	场景文件>CH02>04.max
实例位置	无
实用指数	★☆☆☆☆
学习目标	熟练选择并对场景中的对象进行变换操作

01 打开本书附带学习资源"场景文件>CH02>04.max"，如图2-45所示。

02 单击主工具栏上的"选择并移动"按钮，即可对场景中的物体进行位移操作，同时被选择的物体上会出现移动控制柄，如图2-46所示。

03 在主工具栏上，单击"选择并旋转"按钮，可以对场景中的物体进行旋转操作，同时被选择的物体上会显示出旋转的控制柄，如图2-47所示。

图2-45

图2-46

图2-47

04 在主工具栏上，单击"选择并均匀缩放"按钮，可以对场景中的物体进行缩放操作，同时被选择的物体上会显示出缩放的控制柄，如图2-48所示。

05 在主工具栏上，单击"选择并放置"按钮，可以对场景中的物体进行放置操作，同时当光标移动至场景中所选择的物体上时，光标的形状会变成放置的状态，如图2-49所示。

图2-48

图2-49

技巧与提示

当单击"选择并均匀缩放"按钮对物体进行均匀缩放时，光标处于缩放控制柄的不同位置时，所产生的操作结果也不同。

当光标位于缩放控制柄上的其中一个轴向时，会激活当前轴，这时对物体进行操作作为单轴向缩放，如图2-50所示。

当光标位于缩放控制柄上的外三角区域时，会激活对应的两个轴，这时对物体进行操作为双轴向缩放，如图2-51所示。

当光标位于缩放控制柄上的内三角区域时，会激活3个轴，这时对物体进行操作为等比例缩放，如图2-52所示。

图2-50

图2-51

图2-52

典型实例: 通过输入数值的方式来精确地变换对象

场景位置	场景文件>CH02>05.max
实例位置	无
实用指数	★☆☆☆☆
学习目标	熟练掌握通过输入数值的方法来精确的变换对象

01 打开本书附带学习资源"场景文件>CH02>05. max",如图2-53所示。

图2-53

02 在主工具栏上单击"选择并移动"按钮，选择场景中的酒杯组合，则会在所选择的对象上出现移动控制柄，如图2-54所示。

03 在主工具栏上的"选择并移动"按钮上单击鼠标右键，即可弹出"移动变化输入"对话框，如图2-55所示。

图2-54 图2-55

04 在"移动变化输入"对话框中的"偏移: 世界"组中，设置"x"的值为10cm，并按回车键，即可对所选择的酒杯组合向x轴方向做出移动10cm的操作，同时，在"移动变化输入"对话框中"绝对: 世界"组中，观察"x"轴的数值在原有的基础上增加了10cm。操作的前后结果对比如图2-56和图2-57所示。

图2-56 图2-57

技巧与提示

"移动变化输入"对话框中的"偏移: 世界"组内的3个数值，在设置完成数值并按回车键后，将回归为0。

05 "移动变化输入"对话框还可以通过单击鼠标右键，在弹出的四元菜单上选择并单击"移动"命令后面的"设置"按钮来打开，如图2-58所示。

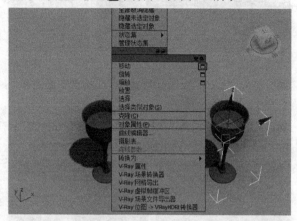

图2-58

技巧与提示

在场景中选择好物体，在3ds Max软件界面下方的"状态栏"中的"坐标区域"部分也可以进行同样的变换操作，如图2-59所示。

图2-59

06 上述的操作对于"旋转"和"缩放"操作也同样适用，读者可以自行适用该场景进行变换对象的练习。

典型实例: 使用"卷尺"工具来精准测量对象

场景位置	场景文件>CH02>06.max
实例位置	无
实用指数	★☆☆☆☆
学习目标	熟练掌握"卷尺"工具的使用方法

3ds Max为用户提供了非常方便的测量工具，可以在场景中测量任意两点之间的距离。通过测量的数据，可以辅助我们进行精准变换对象的操作，下面通过一个实例来学习这一工具的具体使用方法。

01 打开本书附带学习资源"场景文件>CH02>06. max"，如图2-60所示。

02 按快捷键L，将视口切换至左视图，单击"创建"面板上的"辅助对象"按钮，如图2-61所示。

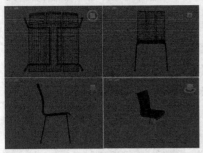

图2-60　　　　图2-61

03 单击"卷尺"按钮 ，在场景中创建出一个卷尺，如图2-62所示。

04 可以在"卷尺"的"参数"卷展栏内查看卷尺的"长度"，即当前场景中椅子的长度为36.942，如图2-63所示。

图2-62　　　　图2-63

05 在使用卷尺来测量对象时，还可以打开捕捉工具，以辅助我们精准测量。将光标移动至主工具栏上的"3D捕捉"按钮 上，并单击鼠标右键，即可弹出"栅格和捕捉设置"对话框，设置捕捉选项仅为"顶点"，如图2-64所示。

06 按快捷键S，打开捕捉开关，单击"卷尺"按钮 ，在场景中捕捉椅子的底部，测量椅子腿对角线的长度，如图2-65所示。

图2-64　　　　图2-65

07 可以在"卷尺"的"参数"卷展栏内查看卷尺的"长度"，即当前场景中椅子腿对角线的长度为27.7，如图2-66所示。

图2-66

在3ds Max中，物体因应用了变换命令而产生的旋转及缩放操作，可以通过对应的设置来还原，使物体回到最初的方向及大小。下面通过一个实例来练习这一操作的具体步骤，如图2-67所示。

图2-67

2.3 克隆、快照、镜像、阵列和间隔工具

本节知识概要

知识名称	作用	重要程度	所在页
克隆	在场景中快速复制单个或多个对象	高	P42
快照	用于沿动画路径根据预先设置的间隔复制对象	中	P43
镜像	对场景中的物体以任意轴对其进行对称复制	高	P43
阵列	在视口中创建出三个维度的重复对象	中	P44
间隔工具	对场景中对象沿路径进行多个复制	中	P45

在场景模型的制作过程中，复制物体是一项必不可少的基本操作。为此，3ds Max为用户提供了多种复制类型的命令以对应不同的模型复制要求。下面详细为大家讲解"克隆""快照""镜像""阵列"和"间隔工具"这些命令，以用于根据场景中的特殊需求来复制对象。

2.3.1 克隆

克隆对象是3ds Max中的基本操作，使用这一命令可以很方便地复制出场景中的对象，同时"克隆"也是3ds Max为用户提供多种复制物体方法的其中之一，对于在场景中创建出大量相同的对象来讲极为有用。3ds Max为用户提供了多种方式来进行克隆对象的操作，用户可以使用任意一种方式作为自己的工作习惯。

1.使用菜单栏命令克隆对象

　　"克隆"命令位于菜单栏上的"编辑"菜单下，选择场景中的对象，执行菜单栏"编辑>克隆"命令，即可弹出"克隆选项"对话框，对所选择的对象进行复制操作，如图2-68所示。

图2-68

> **技巧与提示**
> "克隆"命令的快捷键为Ctrl+V，也可按住Shift键，以拖曳的方式在场景中复制物体。

2.使用四元菜单命令克隆对象

　　3ds Max在鼠标右键的四元菜单中同样提供"克隆"命令以方便用户选择操作。选择场景中的对象，单击鼠标右键，在弹出的四元菜单中即可选择并单击"克隆"命令，对所选择的对象进行复制操作，如图2-69所示。

图2-69

3.克隆选项对话框

　　"克隆选项"对话框是对场景中的对象执行"克隆"操作时所弹出的对话框。在"克隆选项"对话框中，可以设置是以"复制""实例"还是"参考"的方式克隆出新的物体并设置克隆物体的"副本数"，如图2-70所示。

图2-70

知识讲解

　　• **复制**：创建一个与原始对象完全无关的克隆对象，修改任意对象时，均不会影响另外一个对象。

　　• **实例**：创建出与原始对象完全可交互影响的克隆对象，修改实例对象与修改原对象的效果完全相同。

　　• **参考**：克隆对象时，创建与原始对象有关的克隆对象。参考对象之前 更改对该对象应用的修改器的参数时，将会更改这两个对象。但是，新修改器可以应用于参考对象之一。因此，它只会影响应用该修改器的对象。

　　• **副本数**：用于设置克隆出对象的数目。

2.3.2 快照

　　"快照"可以用于在任意时间帧上复制对象，也可以用于沿动画路径根据预先设置的间隔复制对象，其命令面板如图2-71所示。

图2-71

知识讲解

　　① "快照"组

　　• **单个**：在当前帧克隆对象的几何体。

　　• **范围**：沿着帧的范围上的轨迹克隆对象的几何体。使用"从"/"到"设置指定范围，并使用"副本"设置指定克隆数。

　　• **从/到**：指定帧的范围以沿该轨迹放置克隆对象。

　　• **副本**：指定要沿轨迹放置的克隆数。这些克隆对象将均匀地分布在该时间段内，但不一定沿路径跨越空间距离。

　　② "克隆方法"组

　　• **复制**：克隆选定对象的副本。

　　• **实例**：克隆选定对象的实例，不适用于粒子系统。

　　• **参考**：克隆选定对象的参考，不适用于粒子系统。

　　• **网格**：在粒子系统之外创建网格几何体，适用于所有类型的粒子。

2.3.3 镜像

　　"镜像"命令可以对场景中的物体以任意轴对其进行对称复制，通过"不克隆"选项，"镜像"命令还可以将所选择的对象翻转或是移动到新的方向。镜像具有交互式对话框。更改设置时,可以在活动视口中看到效果;也就是说,会看到镜像显示的预览,其命令面板如图2-72所示。

图2-72

知识讲解

① "镜像轴"组

• X/Y/Z/XY/YZ / ZX:选择其一可指定镜像的方向。

• 偏移:指定镜像对象轴点距原始对象轴点之间的距离。

② "克隆当前选择"组

• 不克隆:在不制作副本的情况下,镜像选定对象。

• 复制:将选定对象的副本镜像到指定位置。

• 实例:将选定对象的实例镜像到指定位置。

• 参考:将选定对象的参考镜像到指定位置。

2.3.4 阵列

"阵列"可以在视口中创建出重复的对象,这一工具可以给出所有3个变换和在所有3个维度上的精确控制,包括沿着一个或多个轴缩放的能力。下面通过一个实例来详细讲解"阵列"操作的具体步骤。

第1步:打开本书附带学习资源"场景文件>CH02>08.max",如图2-73所示。

图2-73

第2步:执行菜单栏"工具>阵列"命令,即可弹出"阵列"对话框,"阵列"对话框中包含"阵列变换:世界坐标(使用轴点中心)""对象类型""阵列维度"和"预览"4个选项组,如图2-74所示。

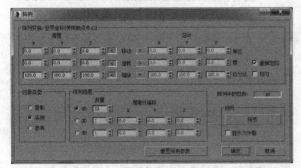

图2-74

第3步:在"阵列维度"组中可以看到,默认状态下,1D的"数量"值为10,即在场景中原地已经将所选择的对象阵列为10个对象,设置"阵列变换:世界坐标(使用轴点中心)"组中的x为10,单击"预览"按钮,如图2-75所示。之后在视口中可以查看阵列的结果,如图2-76所示。

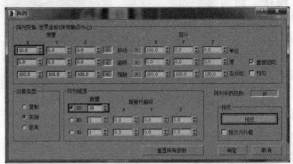

图2-75

图2-76

第4步:在"阵列"对话框中,将"阵列维度"组中选择为2D,并设置2D"数量"的值为3,"增量行偏移"y方向的值为5,如图2-77所示。阵列结果如图2-78所示,在视口中的y方向阵列出3排酒杯的模型。

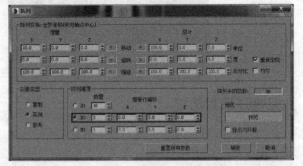

图2-77

图2-78

第5步：在"阵列"对话框中，将"阵列维度"组中选择为3D，并设置3D"数量"的值为2，"增量行偏移"z方向的值为8，如图2-79所示。阵列结果如图2-80所示，在视口中的z方向阵列出两排酒杯的模型。

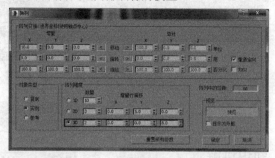

图2-79

第6步：阵列设置完成后，单击"阵列"对话框下方的"确定"按钮 确定 即可完成阵列操作。

图2-80

> **技巧与提示**
>
> "阵列"命令还可以通过单击"附加"工具栏上的"阵列"按钮 来完成执行，如图2-81所示。

图2-81

"阵列"工具的命令面板如图2-82所示。

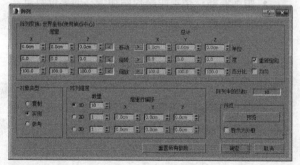

图2-82

知识讲解

① "阵列变换"组

• **增量 x/y/z 微调器**：该边上设置的参数可以应用于阵列中的各个对象。

• **总计 x/y/z 微调器**：该边上设置的参数可以应用于阵列中的总距、度数或百分比缩放。

② "对象类型"组

• **复制**：将选定对象的副本阵列化到指定位置。

• **实例**：将选定对象的实例阵列化到指定位置。

• **参考**：将选定对象的参考阵列化到指定位置。

③ "阵列维度"组

• **1D**：根据"阵列变换"组中的设置，创建一维阵列。

• **2D**：创建二维阵列。

• **3D**：创建三维阵列。

• **阵列中的总数**：显示将创建阵列操作的实体总数，包含当前选定对象。

④ "预览"组

• **"预览"按钮** 预览 ：启用时，视口将显示当前阵列设置的预览，更改设置将立即更新视口。如果更新减慢拥有大量复杂对象阵列的反馈速度，则启用"显示为外框"。

• **显示为外框**：将阵列预览对象显示为边界框而不是几何体。

• **"重置所有参数"按钮** 重置所有参数 ：将所有参数重置为其默认设置。

2.3.5 间隔工具

"间隔工具"可以沿着路径进行复制对象，路径可以由样条线或者两个点来进行定义。下面我们通过一个实例来详细讲解"间隔工具"操作的具体步骤。

第1步：打开本书附带学习资源"场景文件>CH02>09.max"，如图2-83所示。

第2步：执行菜单栏"工具>对齐>间隔工具"命令，打开"间隔工具"对话框，如图2-84所示。

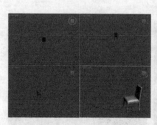

图2-83　　　　　　　图2-84

第3步：选择场景中的凳子模型，单击"间隔工具"对话框中的"拾取路径"按钮 拾取路径 ，在视口中拾取样条线，即可看到系统完成了3个凳子的复制，并且凳子模型使用样条线作为路径进行摆放，如图2-85所示。

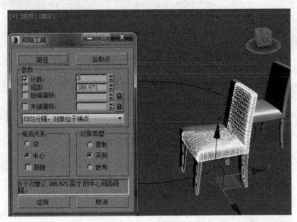

图2-85

第4步：在"间隔工具"对话框的"参数"组中，设置"计数"的值为10，在"前后关系"组中勾选"跟随"选项，如图2-86所示。即可看到复制出的凳子方向沿着路径而改变，如图2-87所示。

图2-86   图2-87

第5步：设置完成后，单击"间隔工具"对话框下方的"应用"按钮 应用 ，即可完成凳子的复制操作。

第6步：使用"间隔工具"还可以通过拾取点的方式来进行复制对象，选择场景中的凳子模型，单击"拾取点"按钮 拾取点 ，在视口中任意处单击两次，视口中会出现一条蓝色的线后，凳子将沿着鼠标从单击的第1个点~第2个点之间的直线上进行复制，如图2-88和图2-89所示。

图2-88   图2-89

第7步：设置完成后，单击"间隔工具"对话框下方的"应用"按钮 应用 ，完成凳子模型的复制，单击"间隔工具"对话框下方的"关闭"按钮 关闭 ，关闭"间隔工具"对话框，结束"间隔工具"的使用。

技巧与提示

"间隔工具"对话框也可以通过单击"附加"工具栏上的"间隔工具"按钮 打开，如图2-90所示。

"间隔工具"对话框打开的快捷键是Shift+I。

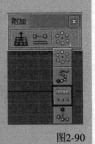

图2-90

"间隔工具"的命令面板如图2-91所示。

知识讲解

• **"拾取路径"按钮**

拾取路径 ：单击此按钮，然后单击视口中的样条线作为路径使用。3ds Max 会将此样条线用作分布对象所沿循的路径。

图2-91

• **"拾取点"按钮** 拾取点 ：单击它，然后单击起始点和结束点以在构造栅格上定义路径。也可以使用对象捕捉指定空间中的点。3ds Max 使用这些点创建作为分布对象所沿循的路径的样条线。

① **"参数"组**

• **计数**：要分布的对象的数量。

• **间距**：指定对象之间的间距。

• **始端偏移**：指定距路径始端偏移的单位数量。

• **末端偏移**：指定距路径末端偏移的单位数量。

② **"前后关系"组**

• **边**：使用此选项指定通过各对象边界框的相对边确定间隔。

• **中心**：使用此选项指定通过各对象边界框的中心确定间隔。

• **跟随**：启用此选项可将分布对象的轴点与样条线的切线对齐。

③ **"对象类型"组**

• **复制**：将选定对象的副本分布到指定位置。

• **实例**：将选定对象的实例分布到指定位置。

• **参考**：将选定对象的参考分布到指定位置。

典型实例：学习克隆命令	
场景位置	场景文件>CH02>10.max
实例位置	无
实用指数	★☆☆☆☆
学习目标	熟练学习使用"克隆"命令

01 打开本书附带学习资源"场景文件>CH02>10. max",如图2-92所示。

02 单击主工具栏上的"选择并移动"按钮，选择场景中的订书器模型，并按住Shift键，将图标移至要复制的对象位置，松开鼠标弹出"克隆选项"对话框，如图2-93所示。

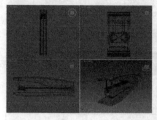

图2-92   图2-93

03 单击"克隆选项"对话框下方的"确定"按钮
，即可完成克隆命令，复制出另一个订书器的模型；单击"取消"按钮 则取消克隆操作。

04 选择场景中的订书器模型，按快捷键Ctrl+V，则为原地克隆所选择的对象，同样也会弹出"克隆选项"对话框，单击"确定"按钮 完成复制后，需要手动将重合的对象单独移动显示出来，如图2-94所示。

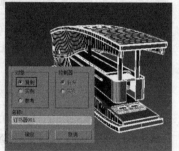

图2-94

典型实例：用快照工具制作冰激凌筒

场景位置	场景文件>CH02>11.max
实例位置	无
实用指数	★☆☆☆☆
学习目标	熟练学习使用"快照"工具

01 打开本书附带学习资源"场景文件>CH02>11. max"，如图2-95所示。

02 本场景中的文件预先设置好了路径动画。用户可以拖动3ds Max下方的时间滑块来观察这一段动画，如图2-96~图2-98所示。

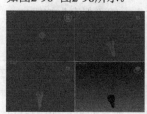

图2-95   图2-96

图2-97   图2-98

03 选择场景中的冰激凌模型，执行菜单栏"工具>快照"命令，如图2-99所示。

04 在弹出的"快照"对话框中，选择"范围"选项，设置复制出来的"副本"的值为15，如图2-100所示。

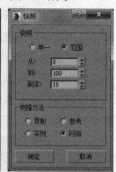

图2-99   图2-100

05 设置完成后，单击"确定"按钮，即可在视口中观察使用"快照"命令后的复制结果，如图2-101所示。

图2-101

典型实例：用镜像工具复制雕像

场景位置	场景文件>CH02>12.max
实例位置	无
实用指数	★☆☆☆☆
学习目标	熟练学习使用"镜像"工具

01 打开本书附带学习资源"场景文件>CH02>12. max"，如图2-102所示。

02 对场景中对象执行"镜像"操作有两种方式，一是选择好对象，执行菜单栏"工具>镜像"命令即可，如图2-103所示。

图2-102   图2-103

03 二是选择好对象,单击主工具栏上的"镜像"按钮 ,如图2-104所示。

图2-104

04 执行完"镜像"命令操作后,会弹出"镜像:世界坐标"对话框,同时,在视口中观察所选择的雕像模型呈现出翻转的状态,如图2-105所示。

05 在"镜像:世界坐标"对话框中,"克隆当前选择"组中选择"复制"选项,观察视口,可以发现在场景中以复制新对象的方式将原始模型进行了左右对称复制,如图2-106所示。

图2-105 图2-106

06 在"镜像:世界坐标"对话框中,"镜像轴"组中选择"XY"选项,观察视口,可以发现在场景中新复制出来的对象与原始对象呈现出左右及前后翻转的状态,如图2-107所示。

07 在"镜像:世界坐标"对话框中,将相应的参数设置完成后,即可单击对话框下方的"确定"按钮 确定 结束镜像操作,场景中会将设置镜像时产生的镜像预览作为镜像的结果生成于视口中,如图2-108所示。

图2-107 图2-108

即学即练:用镜像工具复制餐椅

场景位置	场景文件>CH02>13.max
实例位置	无
实用指数	★☆☆☆☆
学习目标	熟练使用"镜像"工具来制作模型

为了使读者熟练掌握复制对象的相关技巧,本章为读者准备了一个实例以供练习。通过该实例,可以使读者快速掌握3ds Max的基本操作,如图2-109。

图2-109

2.4 3ds Max文件存储

本节知识概要

知识名称	作用	重要程度	所在页
保存文件	保存场景文件	高	P48
另存为文件	将当前场景文件另存至其他路径	中	P49
保存增量文件	以当前文件的名称后添加数字后缀的方式不断对工作中的文件进行存储	中	P49
保存选定对象	将场景中的选定对象保存为单独文件	中	P49
归档	将当前文件、文件中所使用的贴图文件及其路径名称整理并保存为一个ZIP压缩文件	高	P50
自动备份	设置时间间隔自动保存备份文件	低	P50
资源收集器	将当前文件所使用到的所有贴图及IES光度学文件以复制或移动的方式放置于指定的文件夹内	高	P50

使用3ds Max进行工作时,应养成良好的存储习惯以应对突然发生的停电、死机等意外状态。3ds Max为用户提供了多种保存文件的方式,如保存、另存为、保存增量文件、自动备份、存档场景及资源收集器等。

2.4.1 保存文件

3ds Max为用户提供了多种保存文件的途径以供使用,主要有以下几种方法。

第1种:单击"标题栏"上的"保存"按钮 ,即可完成当前文件的存储,如图2-110所示。

图2-110

第2种:单击"标题栏"上的软件图标 ,在弹出的下拉菜单中单击"保存"命令即可,如图2-111所示。

第3种：按快捷键Ctrl+S，可以完成当前文件的存储。

图2-111

2.4.2 另存为文件

"另存为"文件是3ds Max中最常用的存储文件方式之一，使用这一功能，可以在确保不更改原文件的状态下，将新改好的Max文件另存为一份新的文件，以供下次使用。单击"标题栏"上的软件图标，在弹出的下拉菜单中单击"另存为"命令，如图2-112所示。

执行"另存为"命令后，3ds Max 2015会弹出"文件另存为"对话框，如图2-113所示。

图2-112

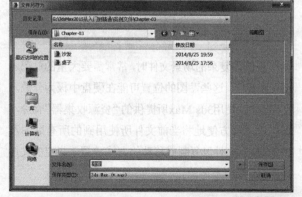

图2-113

技巧与提示

单击"标题栏"上的软件图标，在弹出的下拉菜单中执行"另存为"命令，与执行"另存为 >另存为"命令的效果是相同的。

在"保存类型"下拉列表中，3ds Max 2015为用户提供了多种不同的保存文件版本以供选择，用户可根据自身需要将3ds Max 2015的文件另存为3ds Max 2012文件、3ds Max 2013文件、3ds Max 2014文件或3ds Max 角色文件，如图2-114所示。

图2-114

2.4.3 保存增量文件

3ds Max为用户提供了一种叫作"保存增量文件"的存储方法，即以当前文件的名称后添加数字后缀的方式不断对工作中的文件进行存储，主要有以下两种方式可以选择使用。

第1种：单击"标题栏"上的软件图标，在弹出的下拉菜单中执行"另存为>保存副本为"命令，如图2-115所示。

第2种：将当前工作的文件用"另存为"的方式存储时，在弹出的"另存为"对话框中，单击"+号"按钮，即可将当前文件保存为增量文件，如图2-116所示。

图2-115

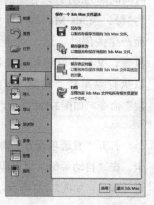

图2-116

2.4.4 保存选定对象

"保存选定对象"功能可以允许用户将一个复杂场景中的某个模型或者某几个模型单独选择，单击"标题栏"上的软件图标，在弹出的下拉菜单中执行"另存为>保存选定对象"命令，即可将仅将选择的对象单独保存为一个另外的独立文件，如图2-117所示。

图2-117

技巧与提示

"保存选定对象"命令需要在场景中先选择好要单独保存出来的对象，才可激活该命令。

2.4.5 归档

使用"归档"命令可以将当前文件、文件中所使用的贴图文件及其路径名称整理并保存为一个ZIP压缩文件。

单击"标题栏"上的软件图标，在弹出的下拉菜单中执行"另存为>归档"命令，即可完成文件的归档操作，如图2-118所示。在归档处理期间，3ds Max还会显示出日志窗口，使用外部程序来创建压缩的归档文件，如图2-119所示。处理完成后，3ds Max会将生成的ZIP文件存储在指定的路径文件夹内。

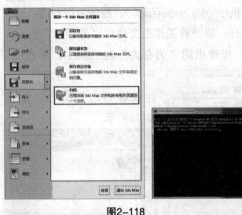

图2-118　　　　　　　　图2-119

2.4.6 自动备份

3ds Max在默认状态下为用户提供"自动备份"的文件存储功能，备份文件的时间间隔为5分钟，存储的文件为3份。当3ds Max程序因意外而产生关闭时，这一功能尤为重要。文件备份的相关设置可以执行菜单栏"自定义>首选项"命令，如图2-120所示。

图2-120

打开"首选项设置"对话框，单击"文件"选项卡，在"自动备份"组里即可对自动备份的相关设置进行修改，如图2-121所示。

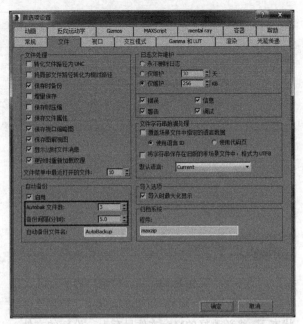

图2-121

自动备份所保存的文件通常位于"文档>3ds Max>autoback"文件夹内，如图2-122所示。

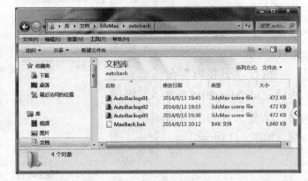

图2-122

2.4.7 资源收集器

在制作复杂的场景文件时，常常需要大量的贴图应用于模型上，这些贴图的位置可能在硬盘中极为分散，不易查找。使用3ds Max所提供的"资源收集器"命令，则可以非常方便地将当前文件所使用到的所有贴图及IES光度学文件以复制或移动的方式放置于指定的文件夹内，如图2-123所示。

工具解析

• **输出路径：**显示当前输出路径，使用"浏览"按钮　浏览　可以更改此选项。

- **"浏览"按钮** 浏览：单击此项可显示用于选择输出路径的 Windows 文件对话框。

"资源选项"组

- **收集位图/光度学文件**：打开时，"资源收集器"将场景位图和光度学文件放置到输出目录中，默认设置为启用。

- **包括 MAX 文件**：启用时，"资源收集器"将场景自身（.max 文件）放置到输出目录中。

- **压缩文件**：打开时，将文件压缩到 ZIP 文件中，并将其保存在输出目录中。

- **复制/移动**：选择"复制"可在输出目录中制作文件的副本。选择"移动"可移动文件（该文件将从保存的原始目录中删除），默认设置为"复制"。

- **更新材质**：打开时，更新材质路径。

- **"开始"按钮** 开始：单击以根据此按钮上方的设置收集资源文件。

图2-123

典型实例：使用资源收集器来整理场景文件

场景位置	无
实例位置	实例文件>CH02>典型实例：使用资源收集起来整理场景文件.max
实用指数	★☆☆☆☆
学习目标	熟练使用"资源收集器"来整理场景文件

01 打开本书附带学习资源"实例文件>CH02>典型实例：使用资源收集起来整理场景文件.max"，如图2-124所示。

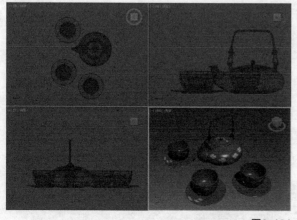

图2-124

02 在"命令"面板中，单击"实用程序"按钮 ，将"命令面板"切换至"实用程序"面板，如图2-125所示。

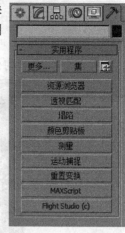

图2-125

03 单击"更多"按钮 更多... ，在弹出的"实用程序"对话框中，选择"资源收集器"命令，并单击"确定"按钮 确定 ，如图2-126所示，即可在"实用程序"面板中打开"资源收集器"的"参数"卷展栏，如图2-127所示。

图2-126   图2-127

04 单击"参数"卷展栏内的"浏览"按钮 浏览 ，即可在硬盘中重新为文件的输出路径指定位置。勾选"资源选项"组内的"收集位图/光度学文件"和"包括MAX文件"这两个选项，单击"开始"按钮 开始 ，即可完成3ds Max对当前文件的整理。

即学即练：对场景文件进行归档操作

场景位置	无
实例位置	实例文件>CH02>即学即练：对场景文件进行归档操作.max
实用指数	★☆☆☆☆
学习目标	熟练使用3ds Max2015为我们提供的"归档"命令来整理文件

在本实例中，练习使用3ds Max提供的"归档"命令来整理场景文件，如图2-128所示。

图2-128

3ds Max

第 3 章 创建基本体

本章知识索引

知识名称	作用	重要程度	所在页
创建标准基本体	熟悉软件标准基本体的创建方式及参数调整	高	P55
创建扩展基本体	熟悉软件扩展基本体的创建方式及参数调整	中	P61

本章实例索引

3.1 基本体概述

3ds Max 2015在"创建"面板的下拉菜单列表中提供了"标准基本体"和"扩展基本体"这两个选项，如图3-1所示。在这两个选项中，包含可以创建出简单几何形体的按钮，灵活使用它们可以制作出一些常见模型。

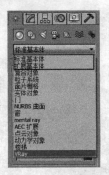

图3-1

3.2 课前引导实例: 制作简单卧室

场景位置	无
实例位置	实例文件>CH03>课前引导实例: 制作简单卧室.max
实用指数	★★★☆☆
学习目标	熟练使用"标准基本体"和"扩展基本体"内的按钮来创建对象

本节主要讲解如何使用"标准基本体"和"扩展基本体"所提供的对象来制作一个简单的室内场景。图3-2所示为最终完成效果和线框图。

图3-2

01 打开3ds Max 2015，使用"长方体"工具 长方体 在场景中创建一个长方体作为空间的地面，然后在"修改"面板中设置"长度"为300cm、"宽度"为500cm、"高度"为-5cm，如图3-3所示。

02 以同样的方式制作出空间两侧的墙体，墙体参数及制作完成后的效果如图3-4所示。

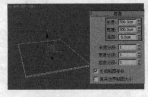

图3-3　　　　　　　图3-4

03 空间的窗户部分则可以通过创建多个长方体来进行拼接制作，各长方体参数及拼接效果如图3-5~图3-8所示。

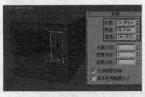

图3-5　　　　　　　图3-6

图3-7　　　　　　　图3-8

04 选择作为空间地面的长方体，按住Shift键，将鼠标向上拖曳复制出一个长方体用来制作空间的顶面结构，如图3-9所示。

图3-9

05 以同样的方式创建出一个长方体来制作空间的窗框，参数调整如图3-10所示；然后按住Shift键拖曳鼠标复制出窗框的其他部分，制作完成的空间效果如图3-11所示。

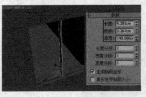

图3-10　　　　　　　图3-11

06 在"扩展基本体"下拉列表内，单击"切角长方体"按钮，在场景中创建一个切角长方体用来制作床的主体部分，如图3-12所示。

07 选择切角长方体，按住Shift键，将鼠标向上拖曳复制出一个切角长方体用来制作床垫结构，并适当调整切角长方体的参数，如图3-13所示。

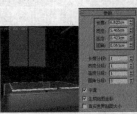

图3-12　　　　　　　图3-13

08 单击"切角圆柱体"按钮，在场景中创建一个切角圆柱体用来制作床的枕头部分，如图3-14所示。

09 调整枕头的参数设置，如图3-15所示，最终制作完成效果如图3-16所示。

图3-14　　　　　　　　　　图3-15

图3-16

3.3 创建标准基本体

本节知识概要

知识名称	作用	重要程度	所在页
长方体	进行建模工作时所常用的基本形体之一	高	P55
圆锥体	进行建模工作时所常用的基本形体之一	高	P56
球体	进行建模工作时所常用的基本形体之一	高	P57
几何球体	进行建模工作时所常用的基本形体之一	中	P58
茶壶	进行建模工作时所常用的基本形体之一	低	P58

　　3ds Max一直以来都为用户提供了一整套标准的基本几何体及扩展基本体以解决简单形体的构建。通过这一系列基础形体资源，可以使用户非常容易地在场景中以拖曳的方式创建出简单的几何体，如长方体、圆锥体、球体和圆柱体等。这一建模方式作为3ds Max中最简单的几何形体建模，是非常易于学习和操作的。

　　3ds Max 2015中"创建"面板内的"标准基本体"为用户提供了用于创建10种不同对象的按钮，分别为"长方体"按钮 长方体 、"圆锥体"按钮 圆锥体 、"球体"按钮 球体 、"几何球体"按钮 几何球体 、"圆柱体"按钮 圆柱体 、"管状体"按钮 管状体 、"圆环"按钮 圆环 、"四棱锥"按钮 四棱锥 、"茶壶"按钮 茶壶 和"平面"按钮 平面 ，如图3-17所示。

图3-17

3.3.1 长方体

　　使用"长方体"按钮 长方体 可以快速在场景中创建出不同规格的长方体或者立方体。使用该工具，可轻易制作出类似盒子、箱子及四方形空间等模型，其参数面板如图3-18所示。

图3-18

知识讲解

· **长度/宽度/高度：** 设置长方体对象的长度、宽度和高度。

· **长度分段/宽度分段/高度分段：** 设置沿着对象每个轴的分段数量。

　　第1步：在"创建"面板中，选择"标准基本体"类型，单击"长方体"按钮 长方体 ，即可在操作视图中拖动鼠标来创建长方体。创建时，首先定义"长方体"的底面，之后松开鼠标，向上移动鼠标再定义"长方体"的高度。同时，可通过"命令"面板来观察所创建出的"长方体"的"长度""宽度"及"高度"属性，如图3-19所示。

图3-19

💡 **技巧与提示**

　　创建完成"长方体"后，可以发现"创建"面板上"长方体"按钮 长方体 一直处于黄色被按下的状态，这时仍然可以以拖曳鼠标的方式创建出其他的"长方体"。如果希望关闭"长方体"的创建命令，可以在视口中单击鼠标右键，结束当前操作。

第2步：在"创建方法"卷展栏中，有"立方体"和"长方体"两种方法可选，如图3-20所示。在默认状态下，"创建方法"选择为"长方体"，将"创建方法"选择为"立方体"后，即可在视口中创建出立方体，如图3-21所示。

图3-20　　　　　　　　　　　图3-21

第3步：创建"长方体"时，也可以通过"键盘输入"卷展栏来分别定义所要创建长方体的"长度""宽度"和"高度"属性以及长方体位于三维空间的坐标位置。设置完成后，单击"键盘输入"卷展栏内的"创建"按钮　创建　即可在视口中创建出长方体，如图3-22所示。

第4步："长方体"创建完成后，还可在"参数"卷展栏内重新调整长方体的"长度""宽度"和"高度"值，以及设置"长度分段""宽度分段"和"高度分段"来改变长方体的布线结构。图3-23所示为长方体的"高度分段"值为1和5的效果对比。

图3-22　　　　　　　　　　　图3-23

3.3.2 圆锥体

使用"圆锥体"按钮　圆锥体　可以快速在场景中创建任意大小的圆锥体或者圆台。"圆锥体"的参数包含两个半径值，当两个半径值的大小完全一样时，所创建出来的圆锥体即为圆柱体，其参数面板如图3-24所示。

图3-24

知识讲解

• **半径 1/半径 2**：设置圆锥体的第1个半径和第2个半径。

• **高度**：设置沿着中心轴的维度。

• **高度分段**：设置沿着圆锥体主轴的分段数。

• **端面分段**：设置围绕圆锥体顶部和底部的中心的同心分段数。

• **边数**：设置圆锥体周围边数。

• **启用切片**：启用"切片"功能。

• **切片起始位置/切片结束位置**：分别用来设置从局部x轴的零点开始围绕局部z轴的度数。

第1步：在"创建"面板中，选择"标准基本体"类型，单击"圆锥体"按钮　圆锥体　，即可在操作视图中拖动鼠标来创建"圆锥体"。首先定义"圆锥体"的底面，之后松开鼠标，向上移动鼠标再定义"圆锥体"的高度，然后再定义"圆锥体"上面圆形的半径。同时，可通过"命令"面板来观察所创建出的圆锥体的两个半径值及高度属性。创建完成后，可以通过单击鼠标右键来取消继续创建"圆锥体"命令，如图3-25所示。

第2步：在创建圆锥体时，在"创建"面板中"创建方法"卷展栏内有"边"和"中心"两种方法可以选择。如果以"边"为创建方法，则在创建"圆锥体"底面的过程中，其底面的中心点位置随着鼠标的移动位置而不断发生改变，如图3-26所示。

图3-25　　　　　　　　　图3-26

第3步：创建"圆锥体"也可以像创建长方体那样使用"键盘输入"的方式来进行形体的创建。

第4步：在"参数"卷展栏中，使用"边数"属性可以控制"圆锥体"底面的构成线段数量，如图3-27所示，太少的边数值会影响"圆锥体"的形体表现。

第5步：在"参数"卷展栏中，勾选"启用切片"后，可以激活"切片起始位置"和"切片结束位置"这两个参数以创建具有部分结构的"圆锥体"模型，如图3-28所示。

图3-27　　　　　　　图3-28

3.3.3 球体

"球体"是"标准基本体"中应用较多的几何形体。使用"球体"按钮 ▢ 球体 ，配合材质纹理贴图可以快速地制作出形体类似于球体的三维模型，如地球、篮球和水晶球等模型，其参数面板如图3-29所示。

图3-29

知识讲解

- **半径**：指定球体的半径。
- **分段**：设置球体多边形分段的数目。
- **平滑**：混合球体的面，从而在渲染视图中创建平滑的外观。
- **半球**：过分增大该值将"切断"球体，如果从底部开始，将创建部分球体。值的范围可以从 0.0~1.0，默认值为0.0，可以生成完整的球体。设置为0.5可以生成半球，设置为1.0会使球体消失。
- **切除**：通过在半球断开时将球体中的顶点和面"切除"来减少它们的数量，默认设置为启用。
- **挤压**：保持原始球体中的顶点数和面数，将几何体向着球体的顶部"挤压"，直到其体积越来越小。

第1步：在"创建"面板中，选择"标准基本体"类型，单击"球体"按钮 ▢ 球体 ，即可在操作视口中拖动鼠标来创建"球体"。创建完成后，可以通过单击鼠标右键来取消继续创建"球体"命令，如图3-30所示。

第2步：在"参数"卷展栏内，通过设置"半径"属性可以更改所创建出"球体"的大小，如图3-31所示。

第3步：通过设置"分段"属性可以更改所创建出球体的表面细分。"分段"值越大，构成"球体"

的面数量就越多，"球体"表面看上去就越光滑，如图3-32所示。

第4步：在"参数"卷展栏中，启用"平滑"复选框，可以使"球体"的外观看起来光滑；取消"平滑"复选框的勾选，则球体会呈现出鲜明的棱边，对比结果如图3-33所示。

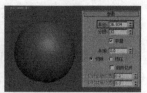

图3-30　　　　　　　图3-31

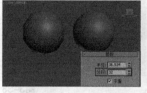
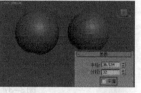

图3-32　　　　　　　图3-33

> **技巧与提示**
>
> "分段"值并不是越大越好。3ds Max中，场景里的面数量越多，操作起来就会越慢，当模型及其面数达到一定数量时，3ds Max甚至会出现无法响应的状态。所以，在创建"球体"时，"分段"数值调整到"球体"看起来光滑就好，以满足视觉需要。另外，当"分段"数值达到一定程度再增大时，"球体"的表面看起来基本上无显著变化。

第5步：通过"半球"参数可以控制"球体"的完整性。当该数值为0时，"球体"是完整的，数值越大，球体缺的部分就越多。图3-34所示为从左至右分别是"半球"值为0、0.3、0.7时的"球体"形态。

第6步："半球"属性的计算方式有"切除"和"挤压"两种，这两种方式决定了半球分段数的生成方式。选择"切除"后，可以将"球体"切掉一部分，"球体"的分段保持了原来的形态。而选择"挤压"之后，"球体"的分段则显得比以前密集了一些，对比结果如图3-35和图3-36所示。

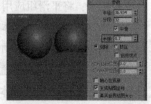

图3-34

图3-35　　　　　　　图3-36

第7步：使用"启用切片"属性允许在创建"球体"的时候，创建出具有部分结构的不完整球形几何形体，如图3-37所示。

第8步：在默认状态下，所创建出来的"球体"，其坐标轴位于"球体"的中心。通过勾选"轴心在底部"命令，可以把"球体"的轴心点设置在球体的底部，也就是说，其坐标轴位置不变，而"球体"则看上去向上移动了一些。对比结果如图3-38所示，可以看到当勾选"轴心在底部"时，球体的底部位于栅格上方。

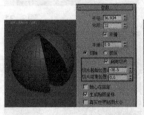 

图3-37　　　　　　　　图3-38

3.3.4 几何球体

"几何球体"与"球体"在形态上极为接近，与"球体"不同的是，其表面的细分网格是由多个规则的小三角面所拼接而成的，其参数面板如图3-39所示。

知识讲解

• **半径**：设置几何球体的大小。

图3-39

• **分段**：设置几何球体中的总面数。

• **四面体**：基于4个面的四面体。

• **八面体**：基于8个面的八面体。

• **二十面体**：基于20个面的二十面体。

• **平滑**：将平滑组应用于球体的曲面。

• **半球**：创建半个球体。

• **轴心在底部**：设置轴点位置。

第1步：在"创建"面板中，选择"标准基本体"类型，单击"几何球体"按钮 几何球体 ，即可在操作视口中拖动鼠标来创建几何球体。创建完成后，可以通过单击鼠标右键来取消继续创建"几何球体"命令，如图3-40所示。

第2步：展开"参数"卷展栏，在"基点面类型"组中，可以选择所创建出"几何球体"的类型，

分别有"四面体""八面体"和"二十面体"3种可选。在默认状态下，所创建出来的"几何球体"类型为二十面体，如图3-41所示。

图3-40　　　　　　　　图3-41

第3步：勾选"半球"复选框，则可以得到"几何球体"的半球模型，如图3-42所示。

图3-42

3.3.5 茶壶

"茶壶"的参数面板如图3-43所示。

知识讲解

• **半径**：从茶壶的中心到壶身周界的距离；可确定总体大小。

• **分段**：茶壶零件的分段数。

• **平滑**：启用后，混合茶壶的面，从而在渲染视图中创建平滑的外观。

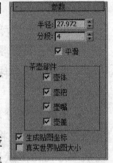

图3-43

• **壶体**：显示茶壶是否具有壶体结构。

• **壶把**：显示茶壶是否具有壶把结构。

• **壶嘴**：显示茶壶是否具有壶嘴结构。

• **壶盖**：显示茶壶是否具有壶盖结构。

第1步：在"创建"面板中，选择"标准基本体"类型，单击"茶壶"按钮 茶壶 ，即可在操作视口中拖动鼠标来创建茶壶。创建完成后，可以通过单击鼠标右键来取消继续创建"茶壶"命令，如图3-44所示。

图3-44

第2步：展开"参数"卷展栏，通过"半径"参数可以设置茶壶的大小，如图3-45所示。

第3步：通过勾选"茶壶部件"组内的命令可以设置茶壶的相应结构显示状态，如图3-46所示。

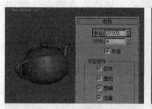 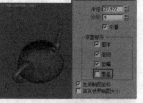

图3-45　　　　　　　　　图3-46

3.3.6 其他标准基本体

在"标准基本体"的创建命令中，3ds Max 2015除了上述所讲解的4种按钮，还有"圆柱体"按钮 圆柱体 、"管状体"按钮 管状体 、"圆环"按钮 圆环 、"四棱锥"按钮 四棱锥 和"平面"按钮 平面 这5个按钮。由于这些按钮所创建对象的方法及参数设置与前面所讲述的内容基本相同，故不在此重复讲解，这5个按钮所对应的模型形态如图3-47所示。

图3-47

典型实例：制作茶几

场景位置	无
实例位置	实例文件>CH03>典型实例：制作茶几.max
实用指数	★★★☆☆
学习目标	熟练使用"标准基本体"内的"长方体"按钮来制作模型

本实例中我们通过使用"标准基本体"分类中的"长方体"按钮 长方体 来制作一个茶几的模型。图3-48所示为本实例的最终完成效果，图3-49所示为本实例的线框图。

图3-48　　　　　　　　　图3-49

01 在"创建"面板中，单击"长方体"按钮 长方体 ，然后在场景中拖曳鼠标创建一个长方体作为茶几的底座，并调整其"长度"为25.984，"宽度"为25.984，"高度"为1.181，如图3-50所示。

02 切换到前视图，然后选择所创建的长方体，按住Shift键，将长方体沿y轴向上拖曳复制出一个长方

体，如图3-51所示，最后调整长方体的大小，如图3-52所示。

图3-50

图3-51　　　　　　　　　图3-52

03 继续向上复制出一个长方体，然后修改"长度"为50.0cm、"宽度"为2.0cm、"高度"为17.0cm，将其作为支撑结构，具体位置如图3-53所示。

04 选中上一步的长方体，然后按住Shift键，单击旋转命令，拖曳复制出茶几另一个方向的支撑结构，位置如图3-54所示。

图3-53　　　　　　　　　图3-54

05 选择作为茶几底座的长方体，向上复制一个用来制作茶几的桌面部分，如图3-55所示，茶几模型制作完成效果如图3-56所示。

图3-55　　　　　　　　　图3-56

典型实例：制作一组石膏

场景位置	无
实例位置	实例文件>CH03>典型实例：制作一组石膏.max
实用指数	★★★☆☆
学习目标	熟练使用"标准基本体"内的对象来制作模型

本实例中我们通过使用"标准基本体"分类中的一些按钮来制作一组石膏的模型。图3-57所示为本实例的最终完成效果，图3-58所示为本实例的线框图。

图3-57　　　　　　　　　图3-58

01 在"创建"面板中,单击"四棱锥"按钮 四棱锥 ,在场景中创建一个四棱锥,如图3-59所示。

02 在"修改"面板中,调整四棱锥的参数,如图3-60所示。

 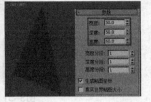

图3-59　　　　　　　　图3-60

03 在"创建"面板中,单击"长方体"按钮 长方体 ,在场景中创建一个长方体,如图3-61所示。

04 在"修改"面板中,调整长方体的参数,如图3-62所示。

图3-61　　　　　　　　图3-62

05 按快捷键A,打开"角度捕捉"功能,旋转长方体的y轴为-45°,并调整长方体的至图3-63所示位置,制作出石膏单体。

06 在"创建"面板中,单击"圆锥体"按钮 圆锥体 ,在场景中创建一个圆锥体,如图3-64所示。

 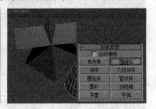

图3-63　　　　　　　　图3-64

07 在"修改"面板中,调整圆锥体的参数,如图3-65所示。

08 在"创建"面板中,单击"圆柱体"按钮 圆柱体 ,在场景中创建一个圆柱体,如图3-66所示。

图3-65　　　　　　　　图3-66

09 在"修改"面板中,调整圆柱体的"半径"值为15.0、"高度"值为60.0、"边数"值为6,并关闭"平滑"选项,如图3-67所示。最终石膏组合的完成效果如图3-68所示。

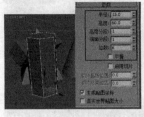 

图3-67　　　　　　　　图3-68

典型实例:制作圆桌

场景位置	无
实例位置	实例文件>CH03>典型实例:制作圆桌.max
实用指数	★★★☆☆
学习目标	熟练使用"标准基本体"内的"圆柱体"来制作模型

本实例中我们通过使用"标准基本体"分类中的"圆柱体"按钮来制作一个圆桌的模型,本实例的最终完成效果如图3-69所示。本实例的线框图,如图3-70所示。

图3-69　　　　　　　　图3-70

01 在"创建"面板中,单击"圆柱体"按钮 圆柱体 ,在场景中创建一个圆柱体,如图3-71所示。

02 在"修改"面板中,调整圆柱体的参数,如图3-72所示,制作出圆桌的底座结构。

 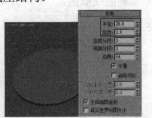

图3-71　　　　　　　　图3-72

03 选中该圆柱体,按住Shift键,将鼠标向上拖曳复制出一个圆柱体,用来制作圆桌的支撑结构,并调整其参数,如图3-73所示。

04 选中前面所创建的任意一个圆柱体,按住Shift键,将鼠标向上拖曳复制出另一个圆柱体,用来制作圆桌桌面的支撑结构,并调整其参数,如图3-74所示。

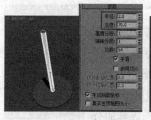
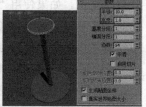

| 图3-73 | 图3-74 |

05 选中上一步的圆柱体，然后按住Shift键，将鼠标向上拖曳复制出一个新圆柱体，用来制作圆桌的桌面，并调整其参数，如图3-75所示。最终制作完成的圆桌模型如图3-76所示。

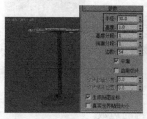

| 图3-75 | 图3-76 |

即学即练：制作五斗柜

场景位置	无
实例位置	实例文件>CH03>即学即练：制作五斗柜.max
实用指数	★★★☆☆
学习目标	熟练使用"标准基本体"内的"长方体"来制作模型

本实例中我们通过使用"标准基本体"分类中的"长方体"按钮 长方体 来制作一个五斗柜的模型。图3-77所示为本实例的最终完成效果，图3-78所示为本实例的线框图。

| 图3-77 | 图3-78 |

3.4 创建扩展基本体

本节知识概要

知识名称	作用	重要程度	所在页
异面体	进行建模工作时所常用的基本形体之一	低	P61
环形结	进行建模工作时所常用的基本形体之一	低	P62
切角长方体	进行建模工作时所常用的基本形体之一	高	P63
软管	进行建模工作时所常用的基本形体之一	低	P81

3ds Max 2015中"创建"面板内的"扩展基本体"为用户提供了用于创建13种不同对象的按钮，分别为"异面体"按钮 异面体 、"环形结"按钮 环形结 、"切角长方体"按钮 切角长方体 、"切角圆柱体"按钮 切角圆柱体 、"油罐"按钮 油罐 、"胶囊"按钮 胶囊 、"纺锤"按钮 纺锤 、L-Ext按钮 L-Ext 、"球棱柱"按钮 球棱柱 、C-Ext按钮 C-Ext 、"环形波"按钮 环形波 、"软管"按钮 软管 和"棱柱"按钮 棱柱 ，如图3-79所示。

图3-79

3.4.1 异面体

使用"异面体"按钮 异面体 可以在场景中创建出一些表面结构看起来很特殊的三维模型，其参数面板如图3-80所示。

知识讲解

① "系列"组

• **四面体:** 创建一个四面体。

• **立方体/八面体:** 创建一个立方体或八面体。

• **十二面体/二十面体:** 创建一个十二面体或二十面体。

• **星形 1/星形 2:** 创建两个不同的类似星形的多面体。

② "系列参数"组

图3-80

• **P/Q:** 为多面体顶点和面之间提供两种方式变换的关联参数。

③ "轴向比率"组

• **P/Q/R:** 控制多面体一个面反射的轴。

• 重置 **"重置"按钮:** 将轴返回为其默认设置。

操作演练

第1步：在"扩展基本体"中单击"异面体"按钮 异面体 ，接着拖曳光标在场景中创建一个异面体模型，如图3-81所示。

第2步：在"参数"卷展栏中的"系列"组内，可以看到"异面体"为用户提供了"四面体""立方体/八面体""十二面体/二十面体""星形1"和"星形2"这5个系列可选，默认状态下设置为"四面体"。图3-82所示分别为这5个系列中其他4个系列的模型显示结果。

图3-81　　　　　　　　　图3-82

第3步：将异面体设置为"四面体"后，可以通过调整"系列参数"中的P值与Q值来得到形状各异的几何形体，如图3-83所示。

第4步：在"轴向比率"组中，调整P、Q、R的值，可以使当前"异面体"的面数增加以产生新的棱角。单击"重置"按钮 重置 可以快速将"轴向比率"的各项数值恢复成默认状态，如图3-84所示。

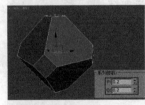

图3-83　　　　　　　　　图3-84

第5步："顶点"组内的选项决定了"异面体"的内部顶点数，其中使用"中心"和"中心和边"会增加对象中的顶点数，因此增加了模型的面数。最下方的"半径"值可以控制当前选择的异面体的半径大小，如图3-85所示。

图3-85

3.4.2　环形结

"环形结"可以用来模拟制作绳子打结的模型，其参数面板如图3-86所示。

知识讲解

①"基础曲线"组

• 结/圆：使用"结"时，环形将基于其他各种参数自身交织。如果使用"圆"，基础曲线是圆形，如果在其默认设置中保留"扭曲"和"偏心率"这样的参数，则会产生标准环形。

• 半径：设置基础曲线的半径。

• 分段：设置围绕环形周界的分段数。

• P / Q：描述上下（P）和围绕中心（Q）的缠绕数值。

• 扭曲数：设置曲线周围的星形中的"点"数。

• 扭曲高度：设置指定为基础曲线半径百分比的"点"的高度。

②"横截面"组

• 半径：设置横截面的半径。

• 边数：设置横截面周围的边数。

• 偏心率：设置横截面主轴与副轴的比率。值为1将提供圆形横截面，其他值将创建椭圆形横截面。

• 扭曲：设置横截面围绕基础曲线扭曲的次数。

• 块：设置环形结中的凸出数量。

• 块高度：设置块的高度，作为横截面半径的百分比。

• 块偏移：设置块起点的偏移，以度数来测量。

第1步：在"扩展基本体"中，单击"环形结"按钮 环形结 ，拖曳鼠标在场景中创建一个"环形结"，移动鼠标并单击可以确定"环形结"的半径，创建完成后，可以单击鼠标右键结束"环形结"的创建命令，如图3-87所示。

第2步："环形结"在"创建方法"卷展栏内有"直径"和"半径"两种方式可选。创建"环形结"时，也可以通过预先在"键盘输入"卷展栏内设置相应参数来确定"环形结"的基本属性及生成位置后，单击"创建"按钮 创建 在视口中生成模型，如图3-88所示。

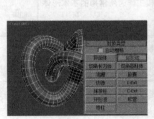

图3-87　　　　　　　图3-88

图3-86

第3步：在"基础曲线"组中，P值和Q值可以分别控制环形结的缠绕数量，将P值设置为2.0，Q值设置为1.0，观察"环形结"的形态如图3-89所示。

第4步：在"横截面"组中，调整"偏心率"可以设置"环形结"的横截面半径为椭圆形。图3-90所示为偏心率分别是0.5和1.35两个数值后的"环形结"模型对比结果。

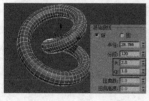

图3-89   图3-90

第5步："横截面"组中的"扭曲"可以控制"环形结"横截面的扭曲程度，如图3-91所示。

第6步："横截面"组中的"块"和"块高度"可以用来调整"环形结"中块的数量及起伏高度。这两个参数需要一同设置才会看出效果，"块偏移"则可以控制"环形结"中块的位置，如图3-92所示。

图3-91   图3-92

第7步："平滑"组为用户提供了"全部""侧面"和"无"3种方式来显示"环形结"的模型效果。图3-93所示为3种方式从左至右的显示结果。

图3-93

第8步："环形结"工具为我们提供了"结"和"圆"两种方式可选，当选择"环形结"的基础曲线类型为"圆"时，"环形结"看起来更像是一个圆环体。图3-94和图3-95所示分别为环形结是"结"与"圆"的形态对比。

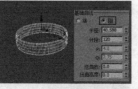

图3-94   图3-95

第9步：当选择"环形结"的基础曲线类型为"圆"时，可以激活"扭曲数"和"扭曲高度"两个参数属性。调整这两个属性后的结果如图3-96所示。

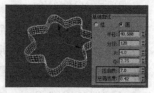

图3-96

3.4.3 切角长方体

使用"切角长方体"按钮 切角长方体 可以快速制作出具有倒角效果或圆形边的长方体模型。常常被用来制作床垫、沙发等边角圆滑的几何形体，其参数面板如图3-97所示。

图3-97

知识讲解

• **长度/宽度/高度**：设置切角长方体的相应维度。

• **圆角**：切开切角长方体的边，值越高切角长方体边上的圆角越精细。

• **长度分段/宽度分段/高度分段**：设置沿着相应轴的分段数量。

• **圆角分段**：设置长方体圆角边时的分段数，添加圆角分段将增加圆形边。

• **平滑**：混合切角长方体的面的显示，从而在渲染视图中创建平滑的外观。

第1步：在"扩展基本体"中，单击"切角长方体"按钮 切角长方体 ，在场景中拖动鼠标来确定长方体的底面大小，向上移动鼠标可以确定长方体的高度，向左平移鼠标可以确定"切角长方体"的圆角半径，如图3-98所示。

第2步："切角长方体"的"圆角"值越大，边缘的弧形部分就越大。配合适当的"圆角分段"数值可以得到圆角非常平滑的切角长方体。反之，如果"圆角"值为0.0，则切角长方体为普通的长方体造型，如图3-99所示。

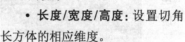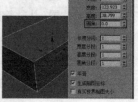

图3-98   图3-99

3.4.4 软管

使用"软管"按钮 软管 可以制作出一个用于连接两个对象的弹性对象，因而可以反映出这两个对象的运动，其参数面板如图3-100所示。

知识讲解

①"端点方法"组

• **自由软管**：如果只是将软管用作一个简单的对象，而不绑定到其他对象，则选择此选项。

• **绑定到对象轴**：如果使用"绑定对象"组中的按钮将软管绑定到两个对象，则选择此选项。

②"绑定对象"组

• **顶部**：显示"顶"绑定对象的名称。

• 拾取顶部对象 **"拾取顶部对象"按钮**：单击该按钮，然后选择"顶"对象。

图3-100

• **张力**：确定当软管靠近底部对象时顶部对象附近的软管曲线的张力。

• **底部**：显示"底"绑定对象的名称。

• 拾取底部对象 **"拾取底部对象"按钮**：单击该按钮，然后选择"底"对象。

③"可用软管参数"组

• **高度**：用于设置软管未绑定时的垂直高度或长度，不一定等于软管的实际长度。仅当选择了"自由软管"时，此选项才可用。

④"常规软管参数"组

• **分段**：软管长度中的总分段数。当软管弯曲时，增大该选项的值可使曲线更平滑，默认设置为45。

• **启用柔体截面**：如果启用，则可以为软管的中心柔体截面设置以下4个参数。如果禁用，则软管的直径沿软管长度不变。

• **起始位置**：从软管的始端到柔体截面开始处占软管长度的百分比。默认情况下，软管的始端指对象轴出现的一端，默认设置为10.0%。

• **结束位置**：从软管的末端到柔体截面结束处占软管长度的百分比。默认情况下，软管的末端指与对象轴出现的一端相反的一端，默认设置为90.0%。

• **周期数**：柔体截面中的起伏数目。可见周期的数目受限于分段的数目。如果分段值不够大，不足以支持周期数目，则不会显示所有周期，默认设置为5。

• **直径**：周期"外部"的相对宽度。如果设置为负值，则比总的软管直径要小；如果设置为正值，则比总的软管直径要大。默认设置为-20.0%，范围设置为-50.0%~500%。

• **平滑**：定义要进行平滑处理的几何体。

⑤"软管形状"组

• **圆形软管/长方形软管/D截面软管**：系统所提供的3种软件横截面以供用户选择使用，内置的参数可以分别用来设置软管的横截面形状大小。

第1步：在"扩展基本体"中，单击"软管"按钮 软管 即可在视口中创建出"软管"对象，如图3-101所示。

第2步：展开"软管参数"卷展栏，在"端点方法"组里提供有"自由软管"和"绑定到对象轴"两种方式可选，默认状态下"端点方法"选择为"自由软管"，如图3-102所示。

图3-101　　　　　　图3-102

第3步：当"端点方法"选择为"绑定到对象轴"时，可激活"绑定对象"组内的命令。通过单击"拾取顶部对象"按钮和"拾取底部对象"按钮可以将"软管"的"顶部"和"底部"分别固定在场景中的另外两个对象上，如图3-103所示。

第4步：移动场景中"软管"被绑定的任意对象，可以看到"软管"的形态也随之发生变化，如图3-104所示。

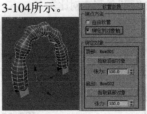

图3-103　　　　　　图3-104

第5步：通过设置"公用软管参数"组内的"周期数"值，可以控制"软管"的节数量，如图3-105所示。

第6步：在"平滑"方式上，"软管"提供了"全部""侧面""无"和"分段"这4种方式可供用户选择。图3-106~图3-109所示分别为这4种方式的"软管"形体显示。

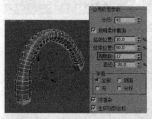

图3-105　　　　　　　　　图3-106

图3-107　　　图3-108　　　图3-109

第7步：在"软管形状"组中，"软管"提供了"圆形软管""长方形软管"和"D截面软管"3种方式可选，如图3-110所示。使用这3种不同方式所创建出来的"软管"模型分别如图3-111~图3-113所示。

图3-110　　　　　　　　　图3-111

图3-112　　　　　　　　　图3-113

3.4.5 其他扩展基本体

在"扩展基本体"的创建命令中，3ds Max 2015除了上述所讲解的4种按钮，还有"切角圆柱体"按钮 切角圆柱体 、"油罐"按钮 油罐 、"胶囊"按钮 胶囊 、"纺锤"按钮 纺锤 、L-Ext按钮 L-Ext 、"球棱柱"按钮 球棱柱 、C-Ext按钮 C-Ext 、"环形波"按钮 环形波 和"棱柱"按钮 棱柱 这9个按钮。由于这些按钮所创建对象的方法及参数设置与前面所讲述的内容基本相同，故不再讲解它们的创建方式，这9个对象创建完成后如图3-114所示。

图3-114

典型实例：制作单人沙发

场景位置	无
实例位置	实例文件>CH03>典型实例：制作单人沙发.max
实用指数	★★★☆☆
学习目标	熟练使用"标准基本体"和"扩展基本体"内的按钮来创建对象

下面通过一个实例来讲解如何使用"标准基本体"和"扩展基本体"所提供的对象来制作一个单人沙发的模型。图3-115所示为本实例的最终完成效果，图3-116所示为本实例的线框图。

图3-115　　　　　　　　　图3-116

01 在"创建"面板中，单击"长方体"按钮 长方体 ，在场景中创建一个长方体作为沙发的腿，并调整其"长度"和"宽度"的值为7.0，"高度"的值为42.0，如图3-117所示。

02 按快捷键W，使用"移动"工具，调整长方体的位置后，然后按住Shift键，以拖曳的方式为"实例"复制一个长方体制作出沙发的另一个腿，如图3-118所示。

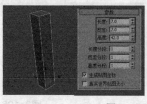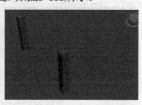

图3-117　　　　　　　　　图3-118

03 以相同的操作方式制作沙发另一侧的两条腿，如图3-119所示。

04 选择其中一个长方体，然后按住Shift键，以"旋转"的方式复制出一个长方体，并调整旋转的角度为90°，如图3-120所示。

图3-119　　　　　　　　　图3-120

05 在"修改"面板中，调整复制出来的长方体的"高度"，如图3-121所示，并调整其位置作为沙发腿部的横梁部分。

06 使用相同的方式制作出沙发腿部的其他横梁结构，制作完成的效果如图3-122所示。

图3-121　　　　　　　　　图3-122

07 在"创建"面板的下拉列表选择为"扩展基本体"，接下来使用"扩展基本体"内的命令来制作沙发的主体部分，如图3-123所示。

图3-123

08 单击"切角长方体"按钮，在场景中创建一个切角长方体作为沙发的坐垫，将其置于中部，如图3-124所示。

09 选择场景中的切角长方体，按住Shift键，拖曳复制出一个切角长方体。在"修改"面板中，调整切角长方体的"长度""宽度""高度"及"圆角"值，制作出沙发的扶手部分，如图3-125所示。

 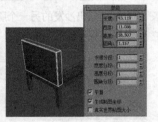

图3-124　　　　　　　　　图3-125

10 按住Shift键，拖曳复制出一个切角长方体。在"修改"面板中，调整切角长方体的"长度""宽度""高度"及"圆角"值，制作出沙发的扶手细节部分，参数参考如图3-126所示。

11 沙发的扶手结构制作完成后，按住Shift键，复制出另一侧的沙发扶手部分，如图3-127所示。

12 以相同的方式复制旋转并调整适当的参数制作出沙发的靠背部分后，本实例的沙发模型便制作完成

了，制作完成的效果如图3-128所示。

图3-126　　　　　　　　　图3-127

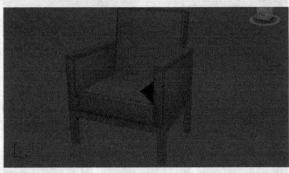

图3-128

典型实例：制作办公桌

场景位置	无
实例位置	实例文件>CH03>典型实例：制作办公桌.max
实用指数	★★★☆☆
学习目标	熟练使用"扩展基本体"内的按钮来创建对象

本实例通过使用"扩展基本体"分类中的对象来制作一个办公桌的模型。图3-129所示为本实例的最终完成效果，图3-130所示为本实例的线框图。

图3-129　　　　　　　　　图3-130

01 启动3ds Max 2015后，将"创建"面板的下拉列表选择为"扩展基本体"，单击"切角长方体"按钮 切角长方体 ，在场景中创建一个切角长方体作为办公桌的桌面结构，如图3-131所示。

02 在"修改"面板中，调整切角长方体的"长度"值为22.5，"宽度"值为35.3，"高度"值为0.35，"圆角"值为0.025，如图3-132所示。

图3-131　　　　　　　　　图3-132

03 单击"切角长方体"按钮 切角长方体 ，在"透视"视图中，再次创建一个切角长方体，用来制作办公桌的桌腿结构，如图3-133所示。

04 在"修改"面板中，调整切角长方体的"长度"值为3.0，"宽度"值为1.3，"高度"值为13.5，"圆角"值为0.025，如图3-134所示。

 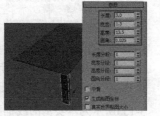

图3-133　　　　　　　　　图3-134

05 调整完成后，按住Shift键，以拖曳的方式复制出其他的桌腿结构，如图3-135所示。

06 单击"切角长方体"按钮 切角长方体 ，在"透视"视图中，创建一个切角长方体，用来制作办公桌的桌腿之间的横梁结构，如图3-136所示。

图3-135　　　　　　　　　图3-136

07 在"修改"面板中，调整切角长方体的"长度"值为16.5，"宽度"值为0.7，"高度"值为3.7，"圆角"值为0.025，如图3-137所示。

08 调整完成后，按住Shift键，以拖曳的方式复制出另一侧桌腿之间的横梁结构，如图3-138所示。

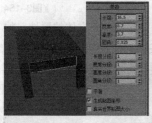 

图3-137　　　　　　　　　图3-138

09 制作完成后，选择所有的切角长方体，执行"组>组"菜单命令，如图3-139所示。在弹出的"组"对话框中，设置组合的名称为"办公桌"，单击"确定"按钮 确定 ，即可将它们设置为一个组合，如图3-140所示。模型最终效果如图3-141所示。

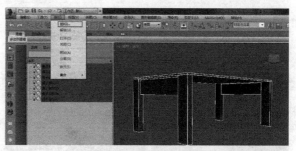

图3-139

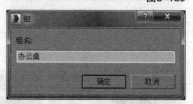

图3-140

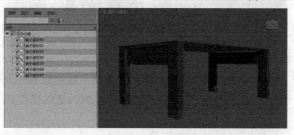

图3-141

典型实例：制作矮凳

场景位置	无
实例位置	实例文件>CH03>典型实例：制作矮凳.max
实用指数	★★☆☆☆
学习目标	熟练使用"扩展基本体"内的按钮来创建对象

本实例通过使用"扩展基本体"分类中的对象来制作一个矮凳的模型。图3-142所示为本实例的最终完成效果，图3-143所示为本实例的线框图。

 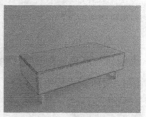

图3-142　　　　　　　　　图3-143

01 在"创建"面板中，单击"切角长方体"按钮 切角长方体 ，在场景中创建一个切角长方体作为矮凳的坐垫部分，如图3-144所示。

02 在"修改"面板中，调整切角长方体的参数，如图3-145所示，控制坐垫的形态。

03 单击"C-Ext"按钮 C-Ext ，在场景中创建一个C-Ext对象作为矮凳的凳腿部分，如图3-146所示。

04 在"修改"面板中，调整C-Ext对象的参数，如图3-147所示，控制凳腿的形态，将其旋转并移动至坐垫的底部。

图3-144

图3-145

图3-146

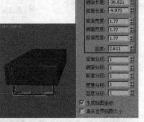
图3-147

05 按住Shift键，以拖曳的方式复制出矮凳的另外一侧凳腿结构，如图3-148所示。本实例的最终模型效果如图3-149所示。

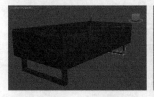
图3-148

图3-149

即学即练：制作药品

场景位置	无
实例位置	实例文件>CH03>即学即练：制作药品.max
实用指数	★★★☆☆
学习目标	熟练使用"扩展基本体"内的对象来制作模型

本实例中，通过使用"标准基本体"分类中的对象来制作一组药品的模型。图3-150所示为最终完成效果，图3-151所示为线框图。

图3-150

图3-151

3.5 知识小结

本章主要详细讲解了"创建"面板下拉列表中"标准基本体"和"扩展基本体"内的按钮，对这些按钮熟练掌握，就可以制作出一些简单的实用模型。

3.6 课后拓展实例：制作简单客厅

场景位置	无
实例位置	实例文件>CH03>课后拓展实力：制作简单客厅.max
实用指数	★★★☆☆
学习目标	熟练使用"扩展基本体"内的对象来创建简单场景

在本节中，我们通过一个实例来复习本章的内容，使用"扩展基本体"所提供的对象来制作一个简单场景。图3-152所示为本实例的最终完成效果，图3-153所示为本实例的线框图，图3-154所示为本实例的模型结构拆分图。

图3-152

图3-153

01 打开3ds Max 2015，在场景中创建一个切角长方体，如图3-154所示。

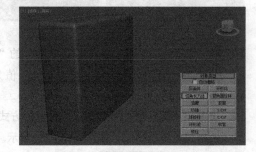
图3-154

02 在"修改"面板中，调整切角长方体的属性，如图3-155所示，制作出沙发的一侧扶手。

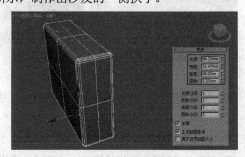
图3-155

03 在场景中创建一个切角长方体，并调整其"修改"面板中的参数，如图3-156所示，制作出沙发的底座。

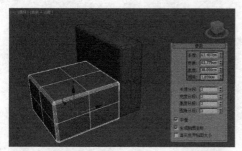

图3-156

04 以同样的方式制作出沙发的靠背部分，参数如图3-157所示。

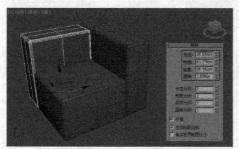

图3-157

05 按住Shift键，以拖曳的方式复制出沙发另一侧的扶手，如图3-158所示。

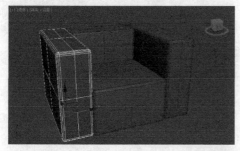

图3-158

06 在场景中创建一个切角圆柱体用来制作沙发的腿部结构，参数如图3-159所示。

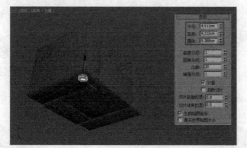

图3-159

07 按住Shift键，分别复制出3个切角圆柱体，完成整个沙发模型的制作，如图3-160所示。

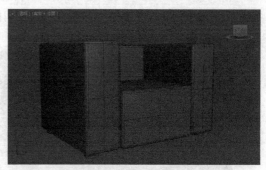

图3-160

08 在场景中创建一个C-Ext对象并旋转，用来制作一个简约式的茶几，如图3-161所示。

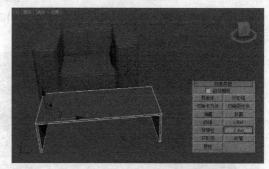

图3-161

09 在"修改"面板中，调整C-Ext对象的属性参数，如图3-162所示，控制好茶几的形态。

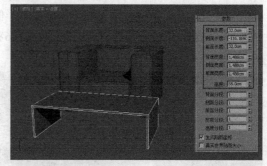

图3-162

10 在场景中创建一个L-Ext对象，用来丰富简约式的茶几的细节，并调整参数，如图3-163所示，完成茶几的制作。

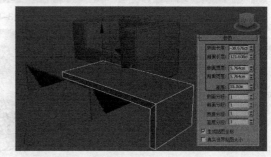

图3-163

11 在场景中创建一个长方体，用来制作空间的地面，并调整参数，如图3-164所示。

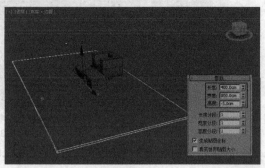

图3-164

12 在场景中创建一个长方体，用来制作空间的墙体，并调整参数，如图3-165所示。

图3-165

13 按住Shift键，分别移动复制出空间的另一侧墙体及棚顶结构，最终空间的完成效果如图3-166和图3-167所示。

图3-166

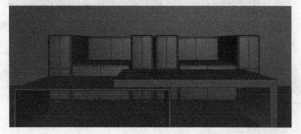

图3-167

3ds Max

第 4 章 创建建筑对象

本章知识索引

知识名称	作用	重要程度	所在页
门、窗和楼梯	学习门、窗和楼梯模型的创建	高	P73
AEC扩展	学习植物、栏杆和墙体模型的创建	中	P82

本章实例索引

4.1 建筑对象概述

3ds Max 2015为用户提供了一系列的建筑对象，可以很方便地帮助用户快速制作出可用于室内外摆放的植物模型、阳台处的栏杆、跃层中采用的楼梯以及多种可选择使用的门和窗户，如图4-1所示。

这些对象位于"创建"面板中的下拉列表里，有"AEC扩展""楼梯""门"和"窗"4种类型可选，如图4-2所示。

图4-1　　　　　　　　图4-2

4.2 课前引导实例：制作木栈道景观

场景位置	无
实例位置	实例文件>CH04>课前引导实例：制作木栈道景观.max
实用指数	★★★★☆
学习目标	熟练使用3ds Max 2015为我们提供的建筑对象来制作场景

在本节中，我们通过一个实例来讲解如何使用多个建筑对象组合成一个简单的景观。图4-3所示为本实例的最终完成效果。

图4-3

第1步：启动3ds Max 2015软件后，在"创建"面板中，将下拉列表切换至"楼梯"，单击"直线楼梯"按钮 直线楼梯 ，在场景中创建一个直线楼梯，如图4-4所示。

第2步：在"修改"面板中，单击展开"参数"卷展栏，设置"类型"为"落地式"，设置"长度"

为1000、"宽度"为2300，设置"梯级"组内的"总高"值为107.568、"竖板高"值为35.856、"竖板数"值为3，如图4-5所示。

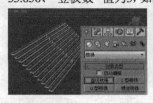

图4-4　　　　　　　　图4-5

第3步：在"创建"面板中，将下拉列表切换至"AEC扩展"，单击"栏杆"按钮 栏杆 ，在场景中创建一个栏杆，如图4-6所示。

第4步：在"修改"面板中，单击展开"栏杆"卷展栏，在"上围栏"组内，设置栏杆的"剖面"为"方形"，"深度"值为10，"宽度"值为10，"高度"值为80。在"下围栏"组内，设置栏杆的"剖面"为"方形"，"深度"值为5，"宽度"值为5，如图4-7所示。

图4-6　　　　　　　　图4-7

第5步：单击展开"立柱"卷展栏，设置栏杆立柱的"剖面"为"方形"，"深度"为10，"宽度"为10，如图4-8所示。

第6步：单击"立柱"卷展栏内的"立柱间距"按钮 ，在弹出的"立柱间距"对话框内，设置"计数"的值为7，如图4-9所示。

图4-8　　　　　　　　图4-9

第7步：单击展开"栅栏"卷展栏，设置栏杆栅栏"立柱"组内的"剖面"为"方形"，"深度"为3，"宽度"为3，如图4-10所示。

第8步：单击"栅栏"卷展栏内的"支柱间距"按钮 ，在弹出的"支柱间距"对话框内，设置"计数"的值为3，完成栏杆的制作，如图4-11所示。

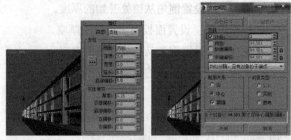

图4-10   图4-11

第9步：在"创建"面板中，将下拉列表切换至"AEC扩展"，单击"植物"按钮 [植物]，在场景中创建一个垂柳，如图4-12所示。

第10步：在"修改"面板中，设置树的"高度"为375，"修剪"值为0.4，调整树枝的长短，如图4-13所示。

图4-12   图4-13

第11步：按住Shift键，以拖曳的方式复制出一排垂柳，并在"修改"面板中更改"修剪"值调整出垂柳不同的枝叶形态，如图4-14所示。

第12步：在场景中栏杆的另一侧创建一棵"美洲榆"，如图4-15所示。

图4-14   图4-15

第13步：按住Shift键，以拖曳的方式复制出其他的植物，并在修改面板中调整植物的"高度"，以完成道路边上绿植的摆放，如图4-16所示。本实例的最终完成效果如图4-17所示。

图4-16   图4-17

4.3 门、窗和楼梯

本节知识概要

知识名称	作用	重要程度	所在页
门	创建门模型	高	P73
窗	创建常用窗户模型	高	P76
楼梯	创建常用楼梯模型	中	P77

3ds Max 2015在"创建"面板中的下拉列表中提供了"门"和"窗"这两个选项，用户可以很方便地使用它们在场景中创建出具有大量细节的门窗模型，并且这些模型均可以设置为打开、部分打开或关闭，并且可以记录门窗打开闭合的动画。

4.3.1 门

3ds Max 2015提供了"枢轴门" [枢轴门]、"推拉门" [推拉门]和"折叠门" [折叠门]这3个按钮，如图4-18所示。

图4-18

1.门对象公共参数

3ds Max 2015为用户所提供的这3种门模型位于"修改"面板内的参数基本上相同，在此以"枢轴门"为例，来讲解门对象的公共参数，如图4-19所示。

打开"参数"卷展栏，如图4-20所示。

图4-19

知识讲解

- **高度**：设置门装置的总体高度。
- **宽度**：设置门装置的总体宽度。
- **深度**：设置门装置的总体深度。
- **打开**：设置门的打开程度。
- **创建门框**：这是默认启用的，以显示门框。禁用此选项可以禁用门框的显示。
- **宽度**：设置门框与墙平行的宽度，仅当启用了"创建门框"时可用。
- **深度**：设置门框从墙投影的深度。仅当启用了"创建门框"时可用。
- **门偏移**：设置门相对于门框的位置。
- **生成贴图坐标**：为门指定贴图坐标。

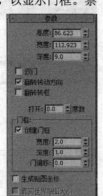

图4-20

- **真实世界贴图大小**：控制应用于该对象的纹理贴图材质所使用的缩放方法。

"页扇参数"卷展栏展开后如图4-21所示。

知识讲解

- **厚度**：设置门的厚度。
- **门挺/顶梁**：设置顶部和两侧的面板框的宽度，仅当门是面板类型时，才会显示此设置。

图4-21

- **底梁**：设置门脚处的面板框的宽度，仅当门是面板类型时，才会显示此设置。
- **水平窗格数**：设置面板沿水平轴划分的数量。
- **垂直窗格数**：设置面板沿垂直轴划分的数量。
- **镶板间距**：设置面板之间的间隔宽度。

"镶板"组

- **无**：门没有面板。
- **玻璃**：创建不带倒角的玻璃面板。
- **厚度**：设置玻璃面板的厚度。
- **有倒角**：选择此选项可以具有倒角面板。
- **倒角角度**：指定门的外部平面和面板平面之间的倒角角度。
- **厚度1**：设置面板的外部厚度。

- **厚度2**：设置倒角从该处开始的厚度。
- **中间厚度**：设置面板内面部分的厚度。
- **宽度1**：设置倒角从该处开始的宽度。
- **宽度2**：设置面板的内面部分的宽度。

 技巧与提示

门的参数除了以上所讲的公共知识外，每一种类型的门均有其自身的特点，下面进行分开讲解。

2.枢轴门

"枢轴门"非常适合用来模拟住宅里安装在卧室上的门，枢轴门在"修改"面板中提供了3个特定的复选框参数，如图4-22所示。

知识讲解

- **双门**：制作一个双门。

图4-22

- **翻转转动方向**：更改门转动的方向。
- **翻转转枢**：在与门面相对的位置上放置门转枢，此选项不可用于双门。

第1步：在"创建"面板中，将下拉列表选择为"门"，单击"枢轴门"按钮 枢轴门 ，即可在场景中创建出一个枢轴门，如图4-23所示。

第2步：在"修改"面板中，单击展开"参数"卷展栏，通过调整"高度""宽度"及"深度"的值可以控制门的大小，如图4-24所示。

图4-23 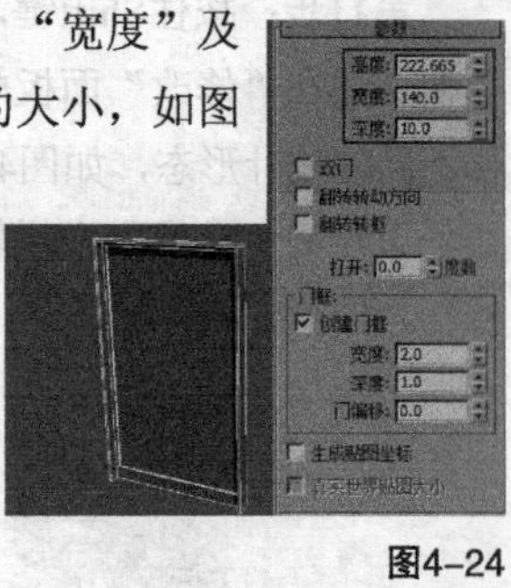   图4-24

第3步：可以通过勾选"双门"复选框来控制门是否为对开，如图4-25所示。

第4步：调整"打开"参数，即可控制门的打开程度，如图4-26所示。

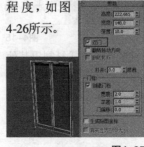

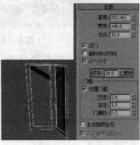

图4-25   图4-26

第5步：勾选"翻转转动方向"选项，可以控制门的打开方向，如图4-27所示。

第6步：取消"双门"选项，可激活"翻转转枢"复选框，通过勾选"翻转转枢"复选框可以控制门的转枢位置，如图4-28所示。

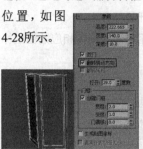 

图4-27　　　　　　　　　图4-28

第7步："门框"组内提供了"宽度""深度"和"门偏移"3个参数用来控制门框的结构，取消"创建门框"复选框则使所创建出来的门无门框结构，如图4-29所示。

第8步：单击展开"页扇参数"卷展栏，调整"厚度"值可以更改门的厚度，更改前后的对比结果如图4-30所示。

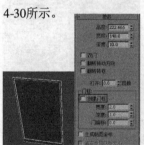 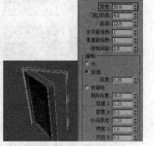

图4-29　　　　　　　　　图4-30

第9步：调整"门挺/顶梁"的值可以更改门的门挺和顶梁的宽度，更改前后的对比结果如图4-31所示。

第10步：调整"底梁"的值可以更改门的底梁宽度，更改前后的对比结果如图4-32所示。

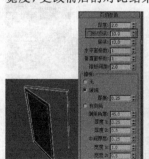 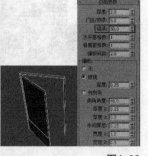

图4-31　　　　　　　　　图4-32

第11步：通过调整"水平窗格数"和"垂直窗格数"的值可以更改门内两个方向的窗格数量，如图4-33所示。

第12步：调整"镶板间距"的值可以控制水平和垂直两个方向上窗格的宽度，更改前后的对比结果如图4-34所示。

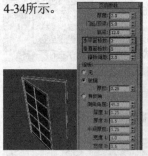 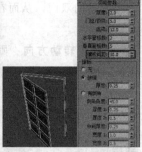

图4-33　　　　　　　　　图4-34

第13步：通过调整"镶板"内的"无""玻璃"及"有倒角"这3个选项可以控制门的表面结构，图4-35所示分别为"镶板"是"无""玻璃"及"有倒角"这3种方式下的门模型展示结果。

图4-35

3.推拉门

"推拉门"一般常见于厨房或者阳台上，指门可以在固定的轨道上左右来回滑动。推拉门一般由两个或两个以上的门页扇组成，其中一个为保持固定的门页扇，另外的则为可以移动的门页扇。推拉门在"修改"面板中提供了两个特定的复选框参数，如图4-36所示。

知识讲解

图4-36

• **前后翻转**：更改哪个元素位于前面，是与默认设置相比较而言的。

• **侧翻**：将当前滑动元素更改为固定元素，反之亦然。

4.折叠门

由于"折叠门"在开启的时候需要的空间较小，所以在家装设计中"折叠门"比较适合用来作为在卫生间安装的门。该类型的门有两个门页扇，两个门页扇之间设有转枢，用来控制门的折叠，并且可以通过"双门"参数调整"折叠门"为4个门页扇。折叠门在"修改"面板中提供了3个特定的复选框参数，如图4-37所示。

知识讲解

• **双门**：将该门制作成有4
个门元素的双门，从而在中心处
汇合。

• **翻转转动方向**：默认情况
下，以相反的方向转动门。

• **翻转转枢**：默认情况下，在相反的侧面转枢门。当
"双门"处于启用状态时，"翻转转枢"不可用。

图4-37

4.3.2 窗

使用"窗"系列工具可以快速在场景中创建出
具有大量细节的窗户模型，这些窗户模型的主要区
别基本上在于打开的方式。窗的类
型分为6种："遮篷式窗""平开
窗""固定窗""旋开窗""伸出
式窗"和"推拉窗"。这6种窗除
了"固定窗"无法打开，其他5种
类型的窗户均可设置为打开，如图
4-38所示。

图4-38

1.遮篷式窗

3ds Max 2015所提供的6种窗户
对象，其位于修改面板中的参数也
大多相同，非常简单。在此以"遮
篷式窗"为例，来讲解窗对象的参
数，"遮篷式窗"的参数面板设
置，如图4-39所示。

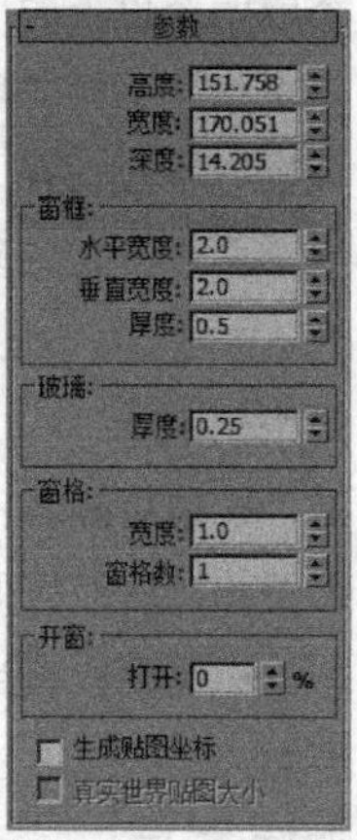

知识讲解

• **高度/宽度/深度**：分别控制
窗户的高度/宽度/深度。

① "窗框"组

• **水平宽度**：设置窗口框架水
平部分的宽度，该设置也会影响窗宽度的玻璃部分。

• **垂直宽度**：设置窗口框架垂直部分的宽度，该
设置也会影响窗高度的玻璃部分。

• **厚度**：设置框架的厚度，该选项还可以控制窗
框中遮篷或栏杆的厚度。

② "玻璃"组

• **厚度**：指定玻璃的厚度。

图4-39

---

③ "窗格"组

• **宽度**：设置窗格的宽度。

• **窗格数**：设置窗格的数量。

④ "开窗"组

• **打开**：设置窗户打开的百分比。

• **生成贴图坐标**：使用已经应用的相应贴图坐标
创建对象。

• **真实世界贴图大小**：控制应用于该对象的纹理
贴图材质所使用的缩放方法。

"遮篷式窗"的创建步骤如下。

第1步：在"创建"面板中，将下拉列表选择为
"窗"，单击"遮篷式窗"按钮 遮篷式窗 ，即可在场
景中创建出一个遮篷式窗，如图4-40所示。

第2步：在"修改"面板中，单击展开"参数"卷展
栏，通过调整"高度""宽度"及"深度"
的值可以控制"遮篷式窗"的大小，调整
前后对比效果如图4-41所示。

图4-40 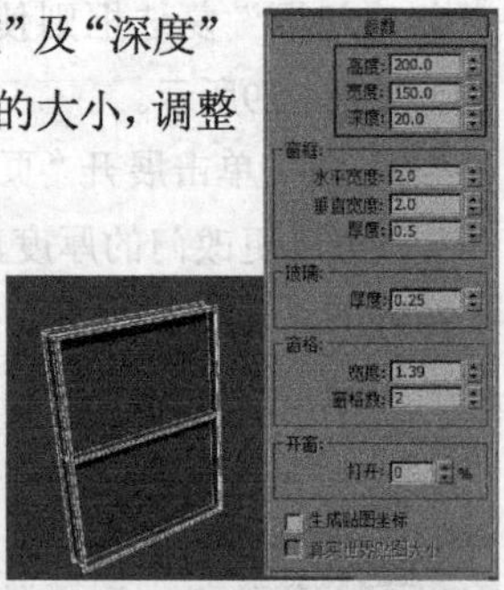　　　　　　　　　　图4-41

第3步：在"窗框"组中，通过调整"水平宽度""垂
直宽度"和"厚度"的值可以控制遮篷式窗的窗框结构
大小及厚度，调整前后对比结果如图4-42所示。

第4步：在"玻璃"组中，可以调整"厚度"值来控
制窗户玻璃的厚度，调整前后对比结果如图4-43所示。

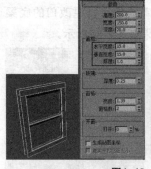 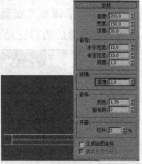

图4-42　　　　　　　　　　图4-43

第5步：在"窗格"组中，调整"宽度"值可以
控制窗格的宽度，调整前后对比结果如图4-44所示。

第6步：调整"窗格数"可以控制窗户的窗格数
量，调整前后对比结果如图4-45所示。

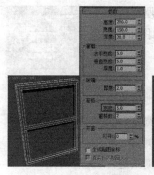

图4-44 　　　　　　图4-45

第7步：在"开窗"组中，调整"打开"的百分比可以控制窗户打开的程度，如图4-46所示。

图4-46

2.其他窗户介绍

"平开窗"有一到两扇像门一样的窗框，它们可以向内或向外转动。与"遮篷式窗"只有一点不同就是"平开窗"可以设置为对开的两扇窗，如图4-47所示。

"固定窗"无法打开，其特点为可以在水平和垂直两个方向上任意设置格数，如图4-48所示。

图4-47 　　　　　　图4-48

"旋开窗"的轴垂直或水平位于其窗框的中心，其特点是无法设置窗格数量，只能设置窗格的宽度及轴的方向，如图4-49所示。

"伸出式窗"有3扇窗框，其中两扇窗框打开时像反向的遮篷，其窗格数无法设置，如图4-50所示。

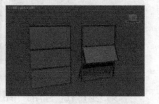

图4-49 　　　　　　图4-50

"推拉窗"有两扇窗框，其中一扇窗框可以沿着垂直或水平方向滑动，类似于火车上的上下推动打开式窗户。其窗格数允许用户在水平和垂直两个方向上任意设置数量，如图4-51所示。

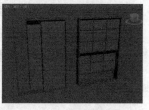

图4-51

4.3.3 楼梯

3ds Max 2015允许用户创建4种不同类型的楼梯。将"创建"面板的下拉列表选择为"楼梯"，即可看到楼梯所提供的"直线楼梯"按钮 直线楼梯 、"L型楼梯"按钮 L型楼梯 、"U型楼梯"按钮 U型楼梯 和"螺旋楼梯"按钮 螺旋楼梯 ，如图4-52所示。

图4-52

1.L型楼梯

3ds Max 2015所提供的4种楼梯，其"修改"面板中的参数结构非常相似，并且比较简单。下面以最为常用的"L型楼梯"为例来为大家详细讲解其参数设置及创建方法。其参数面板如图4-53所示，共有"参数""支撑梁""栏杆"和"侧弦"4个卷展栏。

图4-53

"参数"卷展栏展开效果如图4-54所示。

知识讲解

① "类型"组

• **开放式**：设置当前楼梯为开放式踏步楼梯。

• **封闭式**：设置当前楼梯为封闭式踏步楼梯。

• **落地式**：设置当前楼梯为落地式踏步楼梯。

② "生成几何体"组

• **侧弦**：沿着楼梯的梯级的端点创建侧弦。

图4-54

- **支撑梁**：在梯级下创建一个倾斜的切口梁，该梁支撑台阶或添加楼梯侧弦之间的支撑。
- **扶手**：为楼梯创建左扶手和右扶手。
- **扶手路径**：创建楼梯上用于安装栏杆的左路径和右路径。

③ "布局"组

- **长度1**：控制第一段楼梯的长度。
- **长度2**：控制第二段楼梯的长度。
- **宽度**：控制楼梯的宽度，包括台阶和平台。
- **角度**：控制平台与第二段楼梯的角度，范围为-90°～90°。
- **偏移**：控制平台与第二段楼梯的距离，相应调整平台的长度。

④ "梯级"组

- **总高**：控制楼梯段的高度。
- **竖板高**：控制梯级竖板的高度。
- **竖板数**：控制梯级竖板数。

⑤ "台阶"组

- **厚度**：控制台阶的厚度。
- **深度**：控制台阶的深度。

"支撑梁"卷展栏展开效果如图4-55所示。

图4-55

知识讲解

"参数"组

- **深度**：控制支撑梁离地面的深度。
- **宽度**：控制支撑梁的宽度。
- **"支撑梁间距"按钮**：单击该按钮时，将会显示"支撑梁间距"对话框，用来设置支撑梁的间距。
- **从地面开始**：控制支撑梁是否从地面开始。

"栏杆"卷展栏展开效果如图4-56所示。

图4-56

知识讲解

"参数"组

- **高度**：控制栏杆离台阶的高度。
- **偏移**：控制栏杆离台阶端点的偏移。
- **分段**：指定栏杆中的分段数目，值越高，栏杆显示越平滑。

- **半径**：控制栏杆的厚度。

"侧弦"卷展栏展开效果如图4-57所示。

知识讲解

"参数"组

- **深度**：设置侧弦离地板的深度。
- **宽度**：设置侧弦的宽度。
- **偏移**：设置地板与侧弦的垂直距离。
- **从地面开始**：设置侧弦是否从地面开始。

图4-57

"L型楼梯"按钮 L型楼梯 可以使我们快速创建两段不同方向的楼梯连接，并且可以根据需要来设置两段楼梯之间的夹角度数，具体创建步骤如下。

第1步：将创建"几何体"面板的下拉列表选择为"楼梯"，然后在"对象类型"内单击"L型楼梯"按钮 L型楼梯 ，即可在场景中创建出一段L型楼梯的模型，如图4-58所示。

第2步：在"修改"面板中，楼梯提供了3种"类型"可选。在"类型"组中有"开放式""封闭式"和"落地式"3个单选框，默认状态下选择为"开放式"，如图4-59所示。

图4-58　　　　　　　　图4-59

第3步：选择"开放式"是指创建一个开放式的梯级竖板楼梯；选择"封闭式"则创建一个封闭式的梯级竖板楼梯；选择"落地式"是创建一个带有封闭式梯级竖板和两侧有封闭式侧弦的楼梯。图4-60所示从左至右分别为这3种不同类型的L型楼梯模型展示结果。

第4步：在"生成几何体"组中，可以通过勾选"侧弦""扶手"或"扶手路径"这些复选框来控制楼梯模型的细节表现，如图4-61所示。

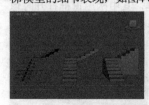
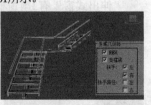

图4-60　　　　　　　　图4-61

第5步：在"布局"组里，可以通过调整L型楼梯的"长度1"和"长度2"属性来控制L型楼梯两段楼梯的不同长度；调整"角度"值则可以控制L型楼梯两段楼梯之间的夹角，如图4-62所示。

第6步：调整"偏移"值则可以控制两段楼梯之间的间距，如图4-63所示。

图4-62　　　　　　图4-63

第7步：在"梯级"组中，可以通过调整"总高""竖板高"或"竖板数"来控制楼梯的高度及台阶数量，如图4-64所示。

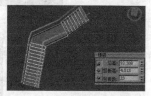

图4-64

第8步：当楼梯的"类型"选择为"开放式"后，则可以激活"台阶"组中的"厚度"和"深度"这两个参数。图4-65和图4-66所示分别为调整了"台阶"组中的"厚度"和"深度"这两个参数的前后对比结果。

图4-65　　　　　　图4-66

第9步：单击展开"支撑梁"卷展栏，在"参数"组中，可以调整"深度"和"宽度"来控制楼梯支撑梁的细节表现。图4-67和图4-68所示分别为调整了支撑梁的"深度"和"宽度"这两个参数的前后对比结果。

图4-67　　　　　　图4-68

第10步：单击"支撑梁间距"按钮 ，还可以通过弹出的"支撑梁间距"对话框来控制支撑梁的数量，如图4-69所示。

图4-69

第11步：单击展开"栏杆"卷展栏，调整"高度"可控制栏杆离台阶的高度；"偏移"可控制栏杆离台阶端点的偏移；"分段"可指定栏杆中的分段数目，值越高，栏杆显示越平滑；"半径"则用来控制栏杆的厚度。图4-70和图4-71所示分别为调整了栏杆"分段"及"半径"这两个参数的前后对比结果。

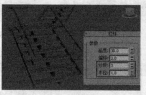

图4-70　　　　　　图4-71

第12步：单击展开"侧弦"卷展栏，在"参数"组中，可以通过调整"深度""宽度"和"偏移"来控制楼梯侧弦结构的细节表现。图4-72和图4-73所示分别为调整了侧弦"深度"和"宽度"的对比结果展示。

图4-72　　　　　　图4-73

2.其他楼梯介绍

3ds Max 2015除了提供常用的"L型楼梯"之外，还提供了"直线楼梯""U型楼梯"和"螺旋楼梯"以供用户选择使用，其他3种楼梯的造型非常简单直观，参数与"L型楼梯"基本相同，大家可以自行尝试创建并使用，如图4-74所示。

图4-74

典型实例：制作推拉门

场景位置	场景文件>CH04>02.max
实例位置	实例文件>CH04>典型实例：制作拖拉门.max
实用指数	★☆☆☆☆
学习目标	熟练使用"推拉门"按钮来制作模型

以上我们学习了建筑类对象的创建方法及修改方式，下面通过一个别墅的实例来讲解如何为现有的建筑添加一个大小合适的门模型。本实例的门模型最终完成效果如图4-75所示。

01 3ds Max 2015启动后，打开本书附带学习资源"场景文件>CH04>02.max"，如图4-76所示。

02 在"创建"面板中，单击"推拉门"按钮 推拉门 ，并按快捷键S，打开"捕捉"；在别墅墙体的门框处，创建一个折叠门，如图4-77所示。

图4-75

图4-76

图4-77

03 打开"修改"面板，展开"参数"卷展栏，取消"创建门框"选项，如图4-78所示。

04 单击展开"页扇参数"卷展栏，调整"门挺/顶梁"的值为5cm，调整"底梁"的值为5cm，控制推拉门的边框厚度，如图4-79所示。

图4-78

图4-79

05 按快捷键T，将视图切换至"顶"视图，观察推拉门的玻璃厚度。默认状态下，玻璃的"厚度"值为0.25时，其比例基本符合当前模型的大小，故不对其再进行调整，如图4-80所示。

06 按快捷键C，回到"摄影机"视图，即可观察到新创建门模型在整个别墅模型中的比例关系，最终完成效果如图4-81所示。

图4-80

图4-81

典型实例：制作落地窗

场景位置	场景文件>CH04>03.max
实例位置	实例文件>CH04>典型实例：制作落地窗.max
实用指数	★☆☆☆☆
学习目标	熟练使用"落地窗"按钮来制作模型

在本实例中通过创建一个落地窗来讲解如何为现有的建筑添加窗模型，本实例的最终完成效果如图4-82所示。

图4-82

01 3ds Max 2015启动后，打开本书附带学习资源"场景文件>CH04>03.max"，如图4-83所示。

图4-83

02 在"创建"面板中，将下拉列表选择为"窗"，单击"固定窗"按钮 固定窗 ，并按快捷键S，打开"捕捉"，在平层墙体的窗框处创建一个固定窗，如图4-84所示。

03 在"修改"面板中，设置"窗框"组内的"水平宽度""垂直宽度"和"厚度"的值均为0.01m，如图4-85所示。

图4-84

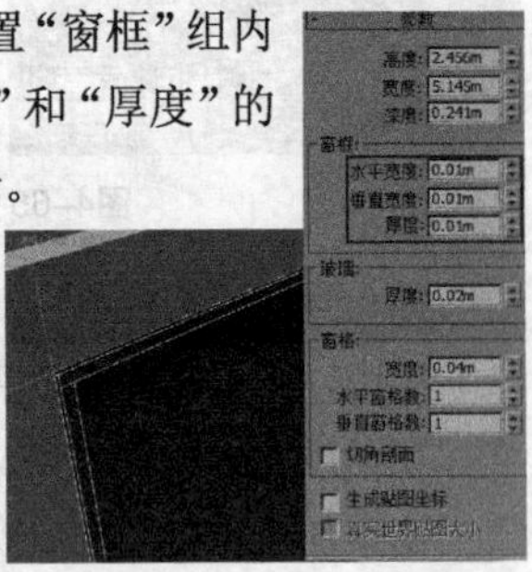

图4-85

04 在"玻璃"组中，设置玻璃的"厚度"值为0.02m，并在"顶"视图中观察窗户模型玻璃部分的比例，如图4-86所示。

图4-86

05 在"窗格"组内，设置"宽度"值为0.05m，"水平窗格数"的值为6，如图4-87所示。落地窗创建完成后，效果如图4-88所示。

图4-87　　　　　　　　图4-88

典型实例：制作螺旋楼梯

场景位置	无
实例位置	实例文件>CH04>典型实例：制作螺旋楼梯.max
实用指数	★★★☆☆
学习目标	熟练使用"螺旋楼梯"按钮来制作模型

本实例中通过创建一个圆形的螺旋楼梯，来详细讲解螺旋楼梯的创建方法，最终完成效果如图4-89所示。

图4-89

01 启动3ds Max 2015，将"创建"面板的下拉列表选择为"楼梯"，单击"螺旋楼梯"按钮 螺旋楼梯 ，即可在场景中创建出一段螺旋楼梯的模型，如图4-90所示。

02 在"修改"面板中，单击展开"参数"卷展栏，调整"布局"组内的"半径"值为97，"宽度"值为80，如图4-91所示。

图4-90　　　　　　　　图4-91

03 在"梯级"组中，先设置"竖板数"的值为24，然后单击"枢轴竖板数"按钮，将"竖板数"数值锁定，调整"总高"的值为380，如图4-92所示。

04 调整完楼梯的高度后，设置"布局"组内的"旋转"值为1.6，将提高螺旋楼梯的旋转圈数，如图4-93所示。

图4-92　　　　　　　　图4-93

05 单击展开"支撑梁"卷展栏，设置"参数"组内的"深度"值为10，如图4-94所示。

06 在"生成几何体"组中，勾选"侧弦"选项，螺旋楼梯则生成侧弦结构，如图4-95所示。

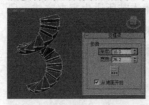

图4-94　　　　　　　　图4-95

07 单击展开"侧弦"卷展栏，调整"参数"组内的"深度"值为40，"宽度"值为3，"偏移"值为0，可以控制螺旋楼梯的侧弦结构，如图4-96所示。

图4-96

08 在"生成几何体"组中，勾选"中柱"选项，并在"中柱"卷展栏内设置"半径"值为7.5，创建出螺旋楼梯的中柱结构，如图4-97所示。

图4-97

09 在"生成几何体"组中，勾选"扶手"的"内表面"和"外表面"选项，显示出螺旋楼梯的扶手结构，如图4-98所示。

10 单击展开"栏杆"卷展栏，设置"参数"组内的"高度"值为30，"偏移"值为0，"分段"值为9，"半径"值为2，如图4-99所示，制作出扶手的细节。本实例的最终完成效果如图4-100所示。

图4-98

图4-99　　　　　　　　图4-100

即学即练：制作台阶

场景位置	无
实例位置	实例文件>CH04>典型实例：制作台阶.max
实用指数	★★☆☆☆
学习目标	熟练使用"直线楼梯"按钮来制作模型

在本实例中，尝试使用本节所讲内容来完成一段台阶的制作，最终完成结果如图4-101所示。

图4-101

4.4 AEC扩展

本节知识概要

知识名称	作用	重要程度	所在页
植物	创建植物模型	低	P82
栏杆	创建栏杆模型	中	P84
墙	创建墙模型	中	P86

"AEC扩展"所提供的对象主要为建筑、工程等领域中的使用而设计，包含"植物"按钮 植物 、"栏杆"按钮 栏杆 和"墙"按钮 墙 ，如图4-102所示。其中的植物可作为室内设计中窗外植物的表现，而栏杆则可以用来模拟室内落地式窗前的护栏。

图4-102

4.4.1 植物

使用"植物"按钮 植物 可以快速地在场景中创建高质量的地表植物，每种植物均可根据需要来设置需要全部显示还是只显示树干、树枝和树叶等部分，并可通过单击新建种子命令来获取更为随机的不同形态植物。3ds Max 2015为用户提供了孟加拉菩提树、棕榈、苏格兰松树、丝兰、针松、美洲榆、垂柳、大戟属植物、芳香蒜、大丝兰、樱花和橡树共12种不同类型的植物可选。单击"植物"按钮 植物 ，可以在下方"收藏的植物"卷展栏内根据

图样来挑选合适的植物，如图4-103所示。

此外，单击"收藏的植物"卷展栏内的"植物库"按钮 植物库... ，则可查看各种类型植物的学名、类型、简单描述及构成模型的面数，如图4-104所示。

图4-103

图4-104

植物的参数面板设置展开效果如图4-105所示。

知识讲解

- **高度**：控制植物的近似高度，3ds Max 将对所有植物的高度应用随机的噪波系数。因此，在视口中所测量的植物实际高度并不一定等于在"高度"参数中指定的值。

- **密度**：控制植物上叶子和花朵的数量。值为1表示植物具有全部的叶子和花；值为0.5表示植物具有一半的叶子和花；值为0表示植物没有叶子和花。

- **修剪**：只适用于具有树枝的植物。删除位于一个与构造平面平行的不可见平面之下的树枝。值为 0 表示不进行修剪；值为 0.5 表示根据一个比构造平面高出一半高度的平面进行修剪；值为 1 表示尽可能修剪植物上的所有树枝。3ds Max 从植物上修剪何物取决于植物的种类，如果是树干，则永不会进行修剪。

图4-105

- **"新建"按钮** 新建 ：随机产生一个种子值，改变当前植物的形态。

- **种子**：介于0~16,777,215的值，表示当前植物可能的树枝变体、叶子位置以及树干的形状与角度。

- **生成贴图坐标**：对植物应用默认的贴图坐标，默认设置为启用。

①"显示"组

• **树叶/树干/果实/树枝/花/根**：控制植物的叶子、果实、花、树干、树枝和根的显示。选项是否可用取决于所选的植物种类，例如，如果植物没有果实，则 3ds Max 将禁用选项，禁用选项会减少所显示的顶点和面的数量。

②"视口树冠模式"组

• **未选择对象时**：未选择植物时以树冠模式显示植物。

• **始终**：始终以树冠模式显示植物。

• **从不**：从不以树冠模式显示植物。

③"详细程度等级"组

• **低**：以最低的细节级别渲染植物树冠。

• **中**：对减少了面数的植物进行渲染。3ds Max 减少面数的方式因植物而异，但通常的做法是删除植物中较小的元素，或减少树枝和树干中的面数。

• **高**：以最高的细节级别渲染植物的所有面。

在场景中创建植物的具体操作步骤如下。

第1步：将"创建"面板的下拉列表选择为"AEC扩展"，单击"植物"按钮 植物 后，在下方的"收藏的植物"卷展栏中，选择并单击"苏格兰松树"图样，即可在场景中以单击的方式创建出一棵苏格兰松树的植物模型，如图4-106所示。

图4-106

第2步：在"修改"面板中，设置"参数"卷展栏中的"高度"值可以控制植物的整体大小，调整前后的对比效果如图4-107所示。

第3步：设置"参数"卷展栏中的"密度"值可以控制植物上叶子和花朵的数量。值为1表示植物具有全部的叶子和花；值为0.5表示植物具有一半的叶子和花；值为0表示植物没有叶子和花。图4-108所示为"密度"值调整为0.2的植物模型效果对比。

第4步："修剪"值只适用于具有树枝的植物。删除位于一个与构造平面平行的不可见平面之下的树枝。值为0表示不进行修剪；值为1表示尽可能修剪植物上的所有树枝。3ds Max 从植物上修剪何物取决于植物的种类，如果是树干，则永不会进行修剪。如

图4-109所示，为"修剪"值调整为0.8的植物模型结果对比。

第5步：调整"种子"的数值可以改变当前植物的形态，以确保植物在场景中的唯一性，图4-110所示为"种子"数值调整前后的植物模型结果对比。同时，也可以通过单击"新建"按钮 新建 来随机更改"种子"值。

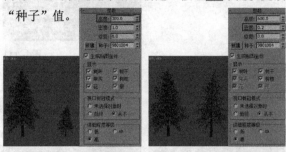

图4-107   图4-108

图4-109   图4-110

第6步：在"显示"组中可以控制当前植物的"树叶""树干""果实""树枝""花"和"根"的显示。这些属性的控制同植物的类型有很大关系，就当前我们创建的孟加拉菩提树模型来讲，模型中并没有花的结构，所以是否勾选"花"复选框则无任何效果。图4-111所示为取消"树叶"显示前后的植物模型对比效果。

第7步："视口树冠模式"组为植物模型的显示方式提供了"未选择对象时""始终"和"从不"3种方式可选。在 3ds Max 中，植物的树冠是覆盖植物最远端（如叶子或树枝和树干的尖端）的一个壳。该术语源自"森林树冠"。如果要创建很多的植物并希望优化显示性能，则可使用以下合理的参数。由于此设置只适用于植物在视口中的表示方法，因此，它对 3ds Max 渲染植物的方式毫无影响。图4-112所示，为当"视口树冠模式"选择为"始终"时的植物模型显示效果对比。

第8步："详细程度等级"组内对植物模型的显示效果提供了"低""中"和"高"3种方式可供用户选择，当

"详细程度等级"选择为"低"时,3ds Max则以最低的细节级别渲染植物树冠,此设置在默认状态下选择为"高"。如图4-113所示,为"详细程度等级"选择为"低"时的植物模型效果对比。

图4-111

图4-112

图4-113

4.4.2 栏杆

使用"栏杆"按钮 栏杆 可以在场景中以拖曳的方式创建任意大小的栏杆,并且还允许我们通过拾取栏杆路径的方式来创建不规则路径的栏杆,在制作花园的围栏、落地式窗户前的防护栏时非常方便。

栏杆的参数设置面板展开效果如图4-114所示,包含"栏杆""立柱"和"栅栏"3个卷展栏。

图4-114

1. "栏杆"卷展栏

"栏杆"卷展栏展开效果如图4-115所示。

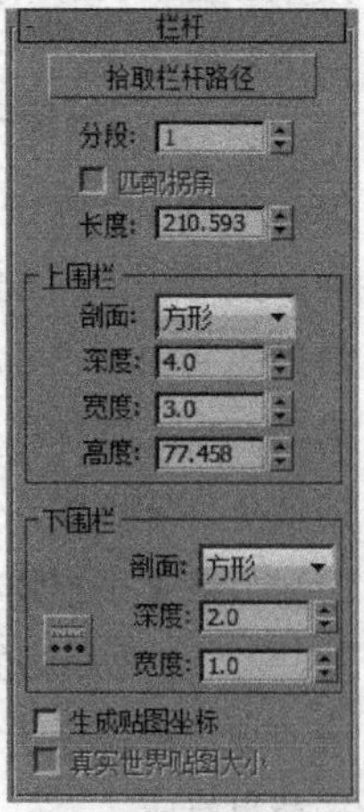

知识讲解

• **"拾取栏杆路径"按钮** 拾取栏杆路径：然后单击视口中的样条线,将其用作栏杆路径。

• **分段**：设置栏杆对象的分段数。只有使用栏杆路径时,才能使用该选项。

• **匹配拐角**：在栏杆中放置拐角,以便与栏杆路径的拐角相符。

图4-115

• **长度**：设置栏杆对象的长度。

① "上围栏"组

• **剖面**：设置上围栏的横截剖面,有"无""方形"和"圆形"3个选项可选。

• **深度/宽度/高度**：分别设置上围栏的深度/宽度/高度。

② "下围栏"组

• **剖面**：设置下围栏的横截剖面,有"无""方形"和"圆形"3个选项可选。

• **深度/宽度**：分别设置下围栏的深度/宽度。

• **"下围栏间距"按钮** ：设置下围栏的间距。

2. "立柱"卷展栏

"立柱"卷展栏展开如图4-116所示。

知识讲解

• **剖面**：设置立柱的横截剖面,有"无""方形"和"圆形"3个选项可选。

图4-116

• **深度/宽度**：分别设置立柱的深度/宽度。

• **延长**：设置立柱在上栏杆底部的延长。

3. "栅栏"卷展栏

"栅栏"卷展栏展开如图4-117所示。

知识讲解

• **类型**：设置立柱之间的栅栏类型为"无""支柱"或"实体填充"。

① "支柱"组

• **剖面**：设置立柱的横截剖面,有"方形"和"圆形"两个选项可选。

• **深度/宽度**：分别设置立柱的深度/宽度。

• **延长**：设置立柱在上栏杆底部的延长。

• **底部偏移**：设置支柱与栏杆对象底部的偏移量。

② "实体填充"组

• **厚度**：设置实体填充的厚度。

• **顶部偏移**：设置实体填充与上栏杆底部的偏移量。

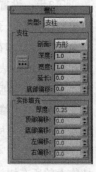

• **底部偏移**：设置实体填充与栏杆对象底部的偏移量。

• **左偏移**：设置实体填充与相邻左侧立柱之间的偏移量。

• **右偏移**：设置实体填充与相邻右侧立柱之间的偏移量。

图4-117

创建栏杆的具体操作步骤如下。

第1步：将"创建"面板的下拉列表选择为"AEC扩展"，单击"栏杆"按钮 栏杆 后，即可在场景中以拖曳的方式创建出一个栏杆，如图4-118所示。

第2步：在"修改"面板中，单击展开"栏杆"卷展栏，通过单击"拾取栏杆路径"按钮 拾取栏杆路径 可以以场景中的线作为栏杆的路径以创建出弯曲的栏杆模型，如图4-119所示。

图4-118　　　　　　图4-119

第3步：调整"分段"值可以控制弯曲栏杆的光滑程度，如图4-120所示。

第4步：在"上围栏"组中，"剖面"为用户提供了"无""圆形"和"方形"3种选项以控制栏杆的上围栏剖面形态。如图4-121所示，从左至右分别为"上围栏"的"剖面"是"无""圆形"和"方形"这3种选项的栏杆模型对比效果。

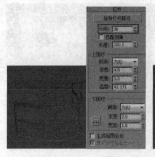 

图4-120　　　　　　图4-121

第5步：调整"上围栏"组内的"深度"值可以控制栏杆上围栏的高度，如图4-122所示。

第6步：调整"上围栏"组内的"宽度"值可以控制栏杆上围栏的宽度，如图4-123所示。

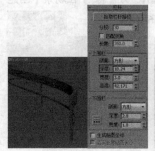 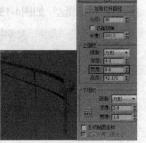

图4-122　　　　　　图4-123

第7步：调整"上围栏"组内的"高度"值可以控制栏杆的高度，如图4-124所示。

第8步：同样，"下围栏"组内的"剖面""深度"及"宽度"分别用来控制栏杆下围栏所对应的属性。单击"下围栏间距"按钮 可以弹出"下围栏间距"对话框，如图4-125所示。

图4-124　　　　　　图4-125

第9步：在"下围栏间距"对话框中，可以调整"计数"的值来控制栏杆的下围栏数量。图4-126所示为"计数"值调整为3的栏杆模型显示效果。

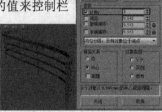

图4-126

第10步：单击展开"立柱"卷展栏，可以通过单击"立柱间距"按钮 弹出"立柱间距"对话框，设置栏杆立柱的数量，图4-127所示为"立柱间距"对话框中"计数"值为5的栏杆模型显示效果。

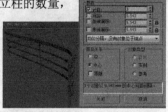

图4-127

第11步：单击展开"栅栏"卷展栏，在栅栏的"类型"上有"无""支柱"和"实体填充"3个选项可选。默认状态下"类型"选择为"支柱"，当"类型"选择为"实体填充"后，栏杆的模型效果如图4-128所示。

第12步：当栏杆的"类型"选择为"实体填充"后，可激活"实体填充"组，通过调整"顶部偏移"和"底部偏移"的值来控制实体填充后的栅栏效果，如图4-129所示。

第13步：调整"左偏移"和"右偏移"的值可以控制栅栏效果，如图4-130所示。

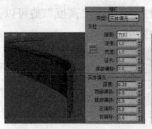

图4-128

图4-129

图4-130

4.4.3 墙

"墙"按钮 墙 允许我们事先设置好所要创建墙体的宽度和高度，之后在场景中通过单击鼠标的方式来不断创建出连成一片的墙体模型。单击"墙"按钮 墙 ，即可看到下方的"键盘输入"卷展栏和"参数"卷展栏，如图4-131所示。

"键盘输入"卷展栏展开如图4-132所示。

图4-131

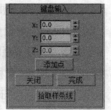

图4-132

知识讲解

• **X/Y/Z**：设置墙分段在活动构造平面中的起点的x轴/y轴/z轴坐标位置。

• **"添加点"按钮** 添加点 ：根据输入的x轴、y轴和z轴坐标值添加点。

• **"关闭"按钮** 关闭 ：结束墙对象的创建，并在最后一个分段的端点与第一个分段的起点之间创建分段，以形成闭合的墙。

• **"完成"按钮** 完成 ：结束墙对象的创建，使之呈端点开放状态。

• **"拾取样条线"按钮** 拾取样条线 ：将样条线用作墙路径。单击它，然后单击视口中的样条线以用作墙路径。

"参数"卷展栏

"参数"卷展栏展开如图4-133所示。

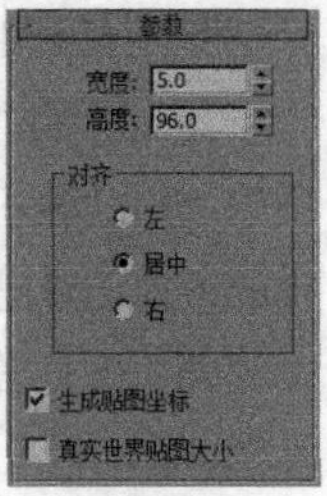

知识讲解

• **宽度**：设置墙的厚度。

• **高度**：设置墙的高度。

"对齐"组

• **左**：根据墙基线（墙的前边与后边之间的线，即墙的厚度）的左侧边对齐墙。

• **居中**：根据墙基线的中心对齐墙。

• **右**：根据墙基线的右侧边对齐墙。

• **生成贴图坐标**：对墙应用贴图坐标，默认设置为启用。

• **真实世界贴图大小**：控制应用于该对象的纹理贴图材质所使用的缩放方法。

图4-133

典型实例：制作盆栽	
场景位置	场景文件>CH04>04.max
实例位置	实例文件>CH04>典型实例：制作盆栽.max
实用指数	★☆☆☆☆
学习目标	熟练使用"植物"按钮来制作模型

在本实例中，我们使用"植物"按钮 植物 来制作一个简单的盆栽模型，本实例模型最终完成效果如图4-134所示。

图4-134

01 3ds Max 2015启动后，打开本书学习资源"场景文件>CH04>04.max"，里面有一个花盆的模型，如图4-135所示。

02 下面我们为花盆里添加植物。在"创建"面板中，单击"植物"按钮 植物 ，在"创建"面板下方出现的"收藏的植物"卷展栏中选择"芳香蒜"，在场景中创建一个芳香蒜模型，如图4-136所示。

图4-135

图4-136

03 在"修改"面板中，调整"参数"卷展栏内的"高度"值为15cm，缩小植物的形体，如图4-137所示。

图4-137

04 按快捷键W，使用"移动"工具，将植物移动至花盆模型的上方，如图4-138所示。完成后的最终效果如图4-139所示。

图4-138　　　　　　图4-139

典型实例：制作护栏

场景位置	无
实例位置	实例文件>CH04>典型实例：制作护栏.max
实用指数	★★☆☆☆
学习目标	熟练使用"栏杆"按钮来制作模型

在本实例中，我们使用"栏杆"按钮 栏杆 来制作一段护栏模型，本实例模型最终完成效果如图4-140所示。

图4-140

01 3ds Max 2015启动后，在"创建"面板中，单击"栏杆"按钮 栏杆 ，在场景中创建一段栏杆，如图4-141所示。

02 在"修改"面板中，单击展开"栏杆"卷展栏，设置"上围栏"组内的"深度"值为4.0，"宽度"值为5.0，"高度"值为50.0，如图4-142所示。

图4-141　　　　　　图4-142

03 在"下围栏"组内，设置"剖面"为"圆形"，如图4-143所示。

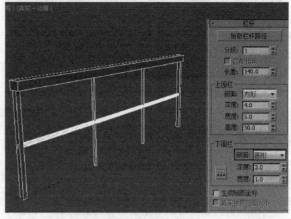

图4-143

04 单击"下围栏"组内的"下围栏间距"按钮 ，设置下围栏的"计数"值为3，如图4-144所示。

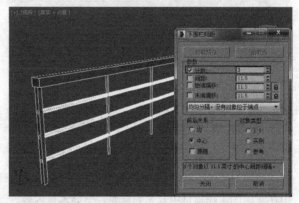

图4-144

05 展开"栅栏"卷展栏，设置"支柱"组内的"深度"值为2.0，"宽度"值为2.0，如图4-145所示。护栏制作完成后的效果如图4-146所示。

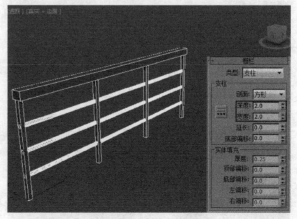

图4-145

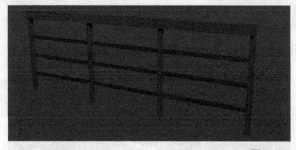

图4-146

即学即练：制作墙体

场景位置	无
实例位置	实例文件>CH04>即学即练：制作墙体.max
实用指数	★★☆☆☆
学习目标	熟练使用"墙"按钮来制作模型

在本实例中，尝试用本节所讲内容完成一个墙体的制作，最终完成效果如图4-147所示。

图4-147

4.5 知识小结

本章主要讲解了在3ds Max 2015中创建我们所需要的建筑对象的方法。这一部分知识虽然容易掌握，但在实际的工作项目中却尤为重要。学会本章内容，读者可以轻松地创建出建筑用的相关模型。

4.6 课后拓展实例：制作户型展示

场景位置	无
实例位置	实例文件>CH04>课后拓展实例：制作户型展示.max
实用指数	★★★☆☆
学习目标	熟练使用建筑对象来创建简单户型展示效果

在本节中，我们通过一个实例来讲解如何使用多个建筑对象组合成一个简单的景观，图4-148所示为本实例的最终完成效果。

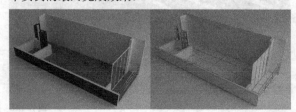

图4-148

01 启动3ds Max 2015后，在"创建"面板中，将下拉列表切换至"AEC扩展"，单击"墙"按钮 墙 ，在顶视图中创建一面墙体，如图4-149所示。

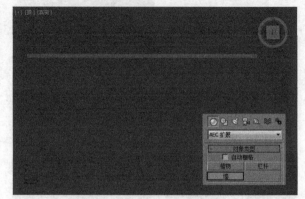

图4-149

02 以同样的方式，多次单击"墙"按钮 墙 ，在"顶"视图中绘制出其他的墙体结构，如图4-150所示。

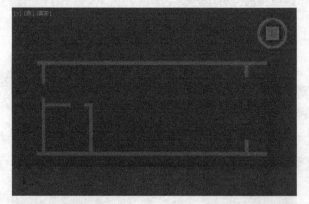

图4-150

03 选择任意墙体，在"修改"面板中，单击"附加"按钮 附加 ，将其他墙体合并为一个墙体对象，如图4-151所示。

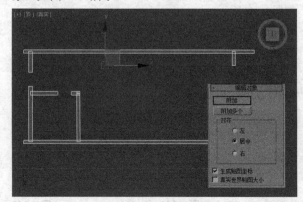

图4-151

04 单击进入墙体的"分段"子层级,在"透视"视图中,选择如图4-152所示的墙体分段,将其"高度"值设置为96.0,如图4-152所示。

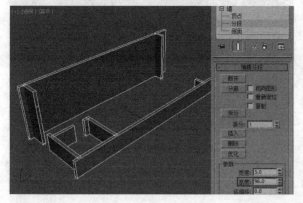

图4-152

05 在"创建"面板中,将下拉列表切换至"窗",单击"固定窗"按钮 固定窗 ,并按快捷键S,打开"捕捉开关",在"透视"视图中窗户位置处创建一个固定窗,如图4-153所示。

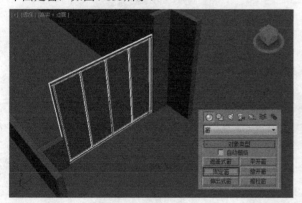

图4-153

06 在"修改"面板中,调整"窗格"组内的"宽度"值为1.0,"水平窗格数"为4,"垂直窗格数"为1,完成窗户结构的模型调整,如图4-154所示。

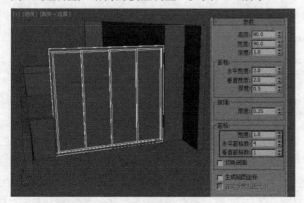

图4-154

07 在"创建"面板中,将下拉列表切换至"门",单击"枢轴门"按钮 枢轴门 ,在"透视"视图中门的位置处创建一个门模型,如图4-155所示。

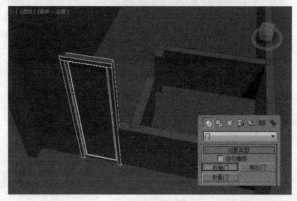

图4-155

08 在"修改"面板中,设置门模型的"厚度"为1.0,"门挺/顶梁"的值为1.0,"底梁"的值为2.0,"水平窗格数"的值为2,"垂直窗格数"的值为4,"镶板间距"的值为1.0,并将"镶板"选择为"有倒角"选项,如图4-156所示。

图4-156

09 以同样方式在户型的另一个门的位置处创建同样的门模型,如图4-157所示。

10 在"创建"面板中,将下拉列表切换至"AEC扩展",单击"栏杆"按钮 栏杆 ,在"透视"视图中栏杆的位置处创建一个栏杆模型,如图4-158所示。

图4-157

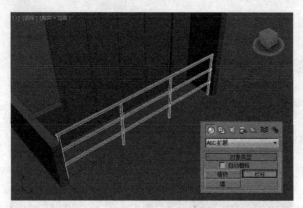

图4-158

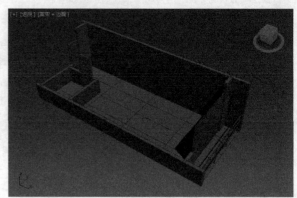

图4-161

11 在"修改"面板中，单击展开"栏杆"卷展栏，调整"上围栏"组内的"深度"值为1.0，"宽度"值为1.0，调整"下围栏"组内的"深度"值为1.0，"高度"值为1.0，并单击"下围栏"间距按钮 ⅲ，在弹出的"下围栏间距"对话框中，设置"计数"的值为2，完成栏杆的创建，如图4-159所示。

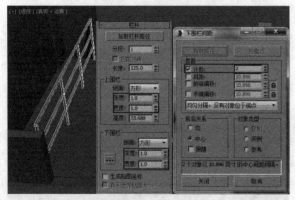

图4-159

12 在"顶"视图中，按快捷键S打开"捕捉开关"，单击"平面"按钮，为户型绘制出地面，如图4-160所示。户型展示完成后的效果如图4-161所示。

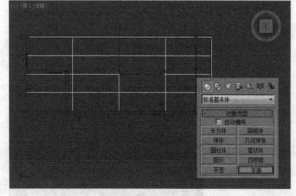

图4-160

3ds Max

第5章 使用编辑修改器建模

本章知识索引

知识名称	作用	重要程度	所在页
编辑修改器的基本方法	掌握修改器的操作方法	中	P92
常用修改器	学习常用修改器的功能，掌握具体使用方法	高	P99

本章实例索引

5.1 编辑修改器的基本方法

在3ds Max 2015中，使用强大的修改器可以为几何形体添加更多的编辑命令以便重新塑性，如图5-1所示。有些修改器还可以以不同的先后顺序添加在物体上得到不同的几何形状。修改器的添加位于"命令"面板中的"修改"面板上，也就是我们创建完物体后，修改其自身参数的地方。在操作视口中选择的对象类型不同，那么修改器的命令也会有所不同，如有的修改器是仅仅针对于图形起作用的，如果在场景中选择了几何体，那么相应的修改器命令就无法在"修改器列表"中找到。再如当我们对图形应用了修改器后，图形就转变成了几何体，这样即使选择的是最初的图形对象，也无法再次添加仅对图形起作用的修改器了。

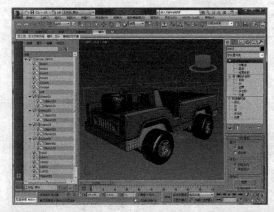

图5-1

修改器不仅可以辅助用户建模，在制作角色动画时还可以用来绑定"骨骼"对象及制作表情动画，如图5-2所示。在进行动力学模拟时，如制作布料动画也需要使用到修改器来制作完成，如图5-3所示。

图5-2

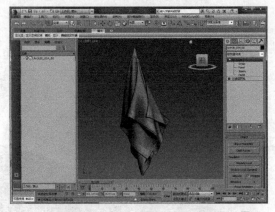

图5-3

5.1.1 修改器堆栈

修改器堆栈是"修改"面板上各个修改命令叠加在一起的列表，在修改器堆栈中，可以查看选定的对象及应用于对象上的所有修改器，并包含累积的历史操作记录。我们可以向对象应用任意数目的修改器，包括重复应用同一个修改器。当开始向对象应用对象修改器时，修改器会以应用它们时的顺序"入栈"。第一个修改器会出现在堆栈底部，紧挨着对象类型出现在它上方。

使用修改器堆栈时，单击堆栈中的项目，就可以返回到进行修改的那个点。然后可以重做决定，暂时禁用修改器，或者删除修改器，完全丢弃它。也可以在堆栈中的该点插入新的修改器。所做的更改会沿着堆栈向上摆动，更改对象的当前状态。

当场景中的物体添加了多个修改器后，若希望更改特定修改器里的参数，就必须到修改器堆栈中查找。修改器堆栈里的修改器可以在不同的对象上应用复制、剪切和粘贴。修改器名称前面的电灯泡图标还可以控制取消所添加修改器的效果，当电灯泡显示为白色时，修改器将应用于其下面的堆栈。当电灯泡显示为灰色时，将禁用修改器。单击即可切换修改器的启用/禁用状态；不想要的修改器也可以在堆栈中删除掉。图5-4所示为一个应用了多个修改器的修改器堆栈例子。

图5-4

在修改器堆栈的底部，第一个条目一直都是场景中选择物体的名字，并包含自身的属性参数。单击此条目可以修改原始对象的创建参数，如果没有加添新的修改器，那么这就是修改器堆栈中唯一的条目。

当所添加的修改器名称前有"+"号时，说明此修改器内包含子层级级别，子层级的数目最少为一个，最多不超过5个，如图5-5所示。

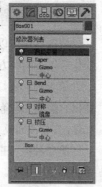

图5-5

 技巧与提示

所有修改器子层级的快捷键对应的都是数字键：1、2、3、4、5。

参数解析

在修改器堆栈列表的下方有5个按钮。

· **"锁定堆栈"按钮**：用于将堆栈锁定到当前选定的对象，无论之后是否选择该物体对象或者其他对象，修改面板始终显示被锁定对象的修改命令。

· **"显示最终结果"按钮**：当对象应用了多个修改器时，激活显示最终结果后，即使选择的不是最上方的修改器，但是视口中的显示结果仍然为应用了所有修改器的最终结果。

· **"使唯一"按钮**：当此按钮为可激活时，说明场景中可能至少有一个对象与当前所选择对象为实例化关系，或者场景中至少有一个对象应用了与当前选择对象相同的修改器。

· **"移除修改器"按钮**：删除当前所选择的修改器。

· **"配置修改器集"按钮**：单击可弹出"修改器集"菜单。

 技巧与提示

删除修改器不可以在选中修改器名称上按Delete键，这样会删除选择的对象本身而不是修改器。正确做法应该是单击修改器列表下方的"移除修改器"按钮来删除修改器，或者在修改器名称上单击鼠标右键选择"删除"命令。

5.1.2 加载及删除修改器

在3ds Max中，加载于操作对象之上的修改器可以随时添加新的修改器命令或者删除现有的修改器命令，下面我们来详细学习修改器加载及删除的使用方法。

第1步：3ds Max 2015启动后，打开本书学习资源"场景文件>CH05>01.max"，如图5-6所示。

第2步：在视口中单击选择雕塑模型，可以看到当前模型的布线特别密实，构成模型的面数也较多，如图5-7所示。

图5-6　　　　　　　　图5-7

第3步：在"修改"面板中，单击"修改器列表"旁边方向向下的黑色小三角图标，即可弹出"修改器列表"，如图5-8所示。

第4步：在下拉列表中，选择"优化"命令，即可完成对当前对象修改器的添加操作，如图5-9所示。

 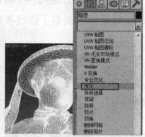

图5-8　　　　　　　　图5-9

第5步："优化"修改器添加完成后，在修改器堆栈中即可看到相对应的命令位于雕塑模型上。观察视口中的雕塑模型，可以发现模型的面数显著减少了，如图5-10所示。同时，修改器面板出现的参数为对应添加修改器中的属性，如图5-11所示。

图5-10　　　　　　　　图5-11

第6步："优化"修改器的作用是在保持模型形态的基础上，减少构成模型的面的数量。若移除该修改器，可以单击以选择"修改"面板上的"优化"修改器，再次单击"移除修改器"按钮，即可删除该修改器，如图5-12所示。

图5-12

5.1.3 修改器的顺序

3ds Max中对象在"修改"面板中所添加的修改器按依次添加的顺序排列。这个顺序如果颠倒的话可能会对当前对象产生新的结果或者是不正确的影响。图5-13和图5-14所示分别为同一对象使用两个相同的修改器命令，只是因为调整了修改器命令的上下位置而产生的不同结果。

图5-13　　　　　　　　　　图5-14

在3ds Max中，应用了某些类型的修改器，会对当前对象产生"拓扑"行为。所谓"拓扑"，即指有的修改器命令会对物体的每个顶点或者面指定一个编号，这个编号是当前修改器内部使用的，这种数值型的结构称作拓扑。单击产生拓扑行为修改器下方的其他修改器时，如果可能对物体的顶点数或者面数产生影响，导致物体内部编号的混乱，则非常有可能在最终模型上出现错误的结果。因此，当我们试图执行类似的操作时，3ds Max会出现"警告"对话框来提示用户，如图5-15所示。

图5-15

5.1.4 编辑修改器和可编辑对象

修改器是可以复制并在多个物体上粘贴的，具体操作有以下两种方式。

第一种：在修改器名称上单击鼠标右键，然后在弹出的菜单中选择"复制"命令，可以在场景中选择其他物体，在修改面板上单击鼠标右键进行"粘贴"。

第二种：可直接将修改器以拖曳的方式拖到视口中的其他对象上。

在3ds Max中进行复杂模型的创建时，可以将对象直接转换为可编辑的对象，并在其子对象层级中进行编辑修改。根据转换为可编辑对象类型的不同，其子对象层级的命令也各不相同。具体操作可以在操作视口中选择对象，单击鼠标右键选择右下方的"转换为"命令来进行不同对象类型的转换，如图5-16所示。

图5-16

当对象类型为可编辑网格时，其修改面板中的子对象层级为顶点、边、面、多边形和元素，如图5-17所示。

当对象类型为可编辑多边形时，其修改面板中的子对象层级为顶点、边、边界、多边形和元素，如图5-18所示。

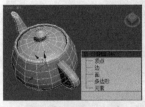
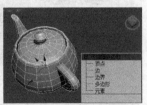

图5-17　　　　　　　　　　图5-18

当对象类型为可编辑面片时，其修改面板中的子对象层级为顶点、边、面片、元素和控制柄，如图5-19所示。

当对象类型为可编辑样条线时，其修改面板中的子对象层级为顶点、线段和样条线，如图5-20所示。

图5-19　　　　　　　　图5-20

当对象类型为NURBS曲面时，其修改面板中的子对象层级为曲线CV和曲线，如图5-21所示。

当对象转换为可编辑对象时，可以在视口操作中获取更有效的操作命令，缺点为丢失了对象的初始创建参数；当对象使用添加修改器时，优点为保留创建参数，但是由于命令受限以至于工作的效率难以提高。

在多个对象一同选中的情况下，也可以为它们添加统一的修改器命令进行操作，这时，单击选择任意对象，观察其修改面板中的修改器堆栈，发现其命令为斜体字方式显示，如图5-22所示。

图5-21　　　　　　　　图5-22

5.1.5 塌陷对象

当制作完成模型并确定所应用的所有修改器均不再需要进行改动时，就可以将修改器的堆栈进行塌陷。塌陷之后的对象，会失去所有修改器命令及调整参数而仅仅保留模型的最终结果，此操作的优点是简化了模型的多余数据，使模型更加稳定，同时也节省了系统的资源。下面我们通过一个实例来学习塌陷对象的具体操作步骤。

第1步：3ds Max 2015启动后，打开本书学习资源"场景文件>CH05>02.max"，如图5-23所示。

第2步：选择排球模型，可以看到排球模型在修改器堆栈上有多个修改命令，如图5-24所示。

图5-23　　　　　　　　图5-24

第3步：如果只是希望在其众多修改器命令中的某一个命令上塌陷该命令，则可以在当前修改器上单击鼠标右键，在弹出的下拉列表中选择"塌陷到"命令，如图5-25所示。

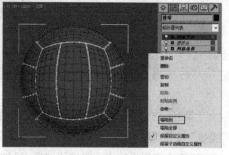

图5-25

第4步：在弹出的"警告：塌陷到"对话框中，会出现简单的提示，警告用户此操作会在所选对象的堆栈中移除部分项目，如图5-26所示。

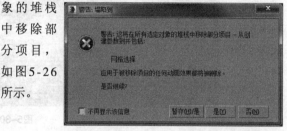

图5-26

第5步：在"警告：塌陷到"对话框内的下方单击"是"按钮，即可在修改面板中可以查看"塌陷到"命令应用后的修改器堆栈结果，排球模型由原来的5个修改器变成了当前所显示的2个修改器，如图5-27所示。

图5-27

第6步：选择场景中的排球模型，如果希望塌陷所有的修改器命令，则可以在修改器名称上单击鼠标右键选择"塌陷全部"命令，如图5-28所示。

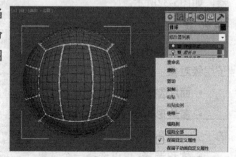

图5-28

第7步：这时会弹出"警告：塌陷全部"对话框，警告用户接下来的操作将在所有选定对象的堆栈中移除所有的项目，并包括创建参数以及应用于创建或修改器参数的任何动画效果，并提问"是否继续？"，如图5-29所示。

图5-29

第8步：在"警告：塌陷全部"对话框内的下方单击"是"按钮，即可在修改面板中可以查看"塌陷全部"命令应用后的修改器堆栈结果。排球模型组上的所有修改器均塌陷完毕，无任何修改器，如图5-30所示。

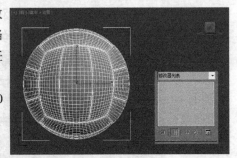

图5-30

5.1.6 修改器的分类

修改器有很多种，在"修改"面板中的"修改器列表"里，3ds Max 2015将这些修改器默认分为了"选择修改器""世界空间修改器"和"对象空间修改器"3部分，如图5-31所示。

1.选择修改器

"选择修改器"集合中包含"网格选择""面片选择""多边形选择"和"体积选择"4种修改器，如图5-32所示。

参数解析

• **网格选择**：选择网格物体的子层级对象。

• **面片选择**：选择面片子对象。

• **多边形选择**：选择多边形物体的子层级对象。

• **体积选择**：可以选择一个对象或多个对象选定体积内的所有子对象。

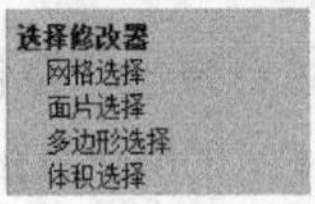

图5-32　　　　图5-31

2.世界空间修改器

"世界空间修改器"集合中的命令，其行为与特定对象空间扭曲一样。它们携带对象，但像空间扭曲一样对其效果使用世界空间而不使用对象空间。世界空间修改器不需要绑定到单独的空间扭曲 Gizmo，使它们便于修改单个对象或选择集，如图5-33所示。

参数解析

图5-33

• **Hair和Fur（WSM）**：用于为物体添加毛发并编辑，该修改器可应用于要生长毛发的任何对象，既可以应用于网格对象，也可以应用于样条线对象。

• **摄影机贴图（WSM）**：使摄影机将UVW贴图坐标应用于对象。

• **曲面变形（WSM）**：该修改器的工作方式与路径变形（WSM）相似。

• **曲面贴图（WSM）**：将贴图指定给 NURBS 曲面，并将其投影到修改的对象上。将单个贴图无缝地应用到同一 NURBS 模型内的曲面子对象组时，曲面贴图显得尤其有用，它也可以用于其他类型的几何体。

• **点缓存（WSM）**：该修改器可以将修改器动画存储到硬盘文件中，然后再次从硬盘读取播放动画。

• **细分（WSM）**：提供用于光能传递处理创建网格的一种算法。

• **置换网格（WSM）**：用于查看置换贴图的效果。

• **贴图缩放器（WSM）**：用于调整贴图的大小，并保持贴图的比例不变。

• **路径变形（WSM）**：以图形为路径，将几何形体沿所选择的路径产生形变。

• **面片变形（WSM）**：可以根据面片将对象变形。

3.对象空间修改器

对象空间修改器直接影响对象空间中对象的几何体，如图5-34所示。此集合中的命令数量最多，在下一节我们将详细为大家讲解。

图5-34

5.2 课前引导实例: 制作简单卧室

场景位置	无
实例位置	实例文件>CH05>课前引导实例: 制作简单卧室.max
实用指数	★★★★☆
学习目标	熟练使用修改器来修改对象,使之成为我们需要的模型

在本节中,我们通过一个实例来讲解如何使用多个修改器来制作一个简单的室内场景。图5-35所示为本实例的最终完成效果。

图5-35

01 打开3ds Max 2015,在场景中创建一个长方体来确定室内空间的大小,并调整长方体的"长度"为4.3m, "宽度"为5.0m, "高度"为2.2m,如图5-36所示。

02 在"修改"面板中,为长方体添加"网格选择"修改器,如图5-37所示。

图5-36　　　　　　　　　　　图5-37

03 进入"网格选择"修改器内的"多边形"子层级,选择如图5-38所示的面,继续添加"删除网格"修改器,即可将选中的面删除,如图5-39所示。

图5-38　　　　　　　　　　　图5-39

04 在"修改器列表"中继续添加"壳"修改器。单击展开"参数"卷展栏,设置"外部量"的值为0.02m,即可为墙体添加厚度,完成室内空间的制作,如图5-40所示。

05 下面进行双人床的制作。在场景中创建一个切角长方体,并设置其"长度"为1.883m, "宽度"为1.582m,

"高度"为0.314m, "圆角"为0.011m, "长度分段"为8, "宽度分段"为10, "高度分段"为6, "圆角分段"为3,如图5-41所示。

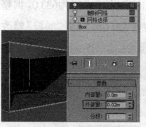

图5-40　　　　　　　　　　　图5-41

06 在"修改"面板中,为其添加FFD 3×3×3修改器,如图5-42所示。

07 在FFD 3×3×3修改器的"控制点"子层级中,调整床体的形态至如图5-43所示,完成床体的制作。

图5-42　　　　　　　　　　　图5-43

08 选择床体,按住Shift键,向上以拖曳的方式复制一个切角长方体用来制作床垫,在修改器堆栈中,选择并单击"FFD 3×3×3"修改器,单击"从堆栈中移除修改器"按钮,删除"FFD 3×3×3"修改器,并在"修改"面板中设置其"长度"为1.75m, "宽度"为1.42m, "高度"为0.3m, "圆角"为0.01m,如图5-44所示。

09 按快捷键L,进入"左"视图,在场景中创建一个切角圆柱体用来制作床的枕头。在"修改"面板中,设置其"半径"为0.1m, "高度"为0.6m, "圆角"为0.015m, "高度分段"为30, "圆角分段"为4, "边数"为35, "端面分段"为1,如图5-45所示。

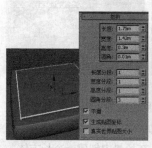
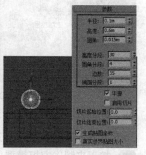

图5-44　　　　　　　　　　　图5-45

10 选择切角圆柱体,在"修改器列表"内选择并添加"噪波"修改器,用来制作枕头的细节,如图5-46所示。

11 在"修改"面板中,单击展开"噪波"修改器下的"参数"卷展栏,调整"噪波"组内的"比例"值为633.0,调整"强度"组内的x值为0.1m,y值为0.1m,观察"噪波"修改器对枕头模型所产生的细节影响,如图5-47所示。

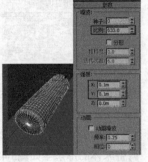

图5-46　　　　　　　　　图5-47

12 按住Shift键,移动复制另一个枕头并将其移动至如图5-48所示位置处。

13 在"顶"视图中,创建一个圆柱体用来制作床腿,如图5-49所示。

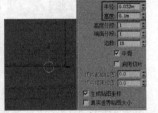

图5-48　　　　　　　　　图5-49

14 选择圆柱体,在"修改器列表"中查找并添加"对称"修改器,如图5-50所示。

15 在"修改"面板中,单击进入"对称"修改器的子层级"镜像",在场景中移动"镜像"坐标至如图5-51所示,对称出床的另一侧床腿结构。

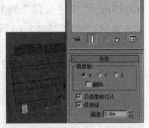

图5-50　　　　　　　　　图5-51

16 以同样的方式制作对称出床的另两条床腿结构,完成双人床的模型制作,如图5-52所示。

17 接下来制作衣柜模型。在场景中创建一个长方体,在"修改"面板中,调整其"长度"为2.6m,"宽度"为

0.45m,"高度"为2m,"长度分段"为4,如图5-53所示。

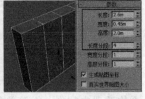

图5-52　　　　　　　　　图5-53

18 在"修改器列表"中,选择并添加"网格选择"修改器,并在其"多边形"子层级内选择如图5-54所示的两个面。

19 在"修改器列表"中选择并添加"面挤出"修改器,调整其"参数"卷展栏内的"比例"值为97.0,如图5-55所示。

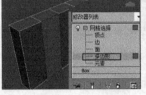

图5-54　　　　　　　　　图5-55

20 再次添加"面挤出"修改器,调整其"参数"卷展栏内的"数量"值为10.0,挤出刚刚选择的面,如图5-56所示。

21 在场景中创建一个长方体用来制作衣柜的把手,如图5-57所示。

图5-56　　　　　　　　　图5-57

22 按住Shift键,以拖曳的方式复制出另一个扶手,完成衣柜的制作,如图5-58所示。整个场景完成后如图5-59所示。

图5-58　　　　　　　　　图5-59

5.3 常用修改器

5.3.1 弯曲修改器

"弯曲"修改器，顾名思义，是对模型进行弯曲变形的一种修改器，"弯曲"修改器参数设置如图5-60所示。

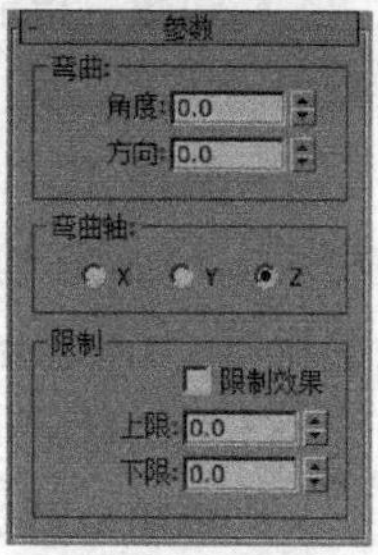

参数解析

① "弯曲"组

• **角度**：从顶点平面设置要弯曲的角度。范围为 -999,999.0 ~ 999,999.0。

图5-60

• **方向**：设置弯曲相对于水平面的方向，范围为 -999,999.0 ~ 999,999.0。

"弯曲轴"组

• **X/Y/Z**：指定要弯曲的轴，注意此轴位于弯曲Gizmo 并与选择项不相关，默认值为z轴。

② "限制"组

• **限制效果**：将限制约束应用于弯曲效果，默认设置为禁用状态。

• **上限**：以世界单位设置上部边界，此边界位于弯曲中心点上方，超出此边界弯曲不再影响几何体。默认值为 0，范围为 0~999,999.0。

• **下限**：以世界单位设置下部边界，此边界位于弯曲中心点下方，超出此边界弯曲不再影响几何体。默认值为 0，范围为 -999,999.0~0。

5.3.2 拉伸修改器

使用"拉伸"修改器可以对模型产生拉伸效果的同时还会产生对模型挤压的效果，"拉伸"修改器参数设置如图5-61所示。

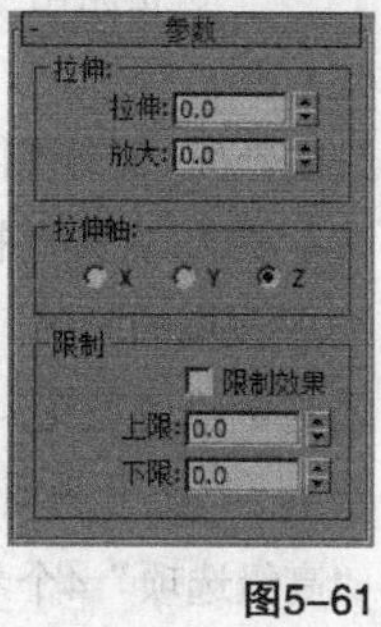

参数解析

① "拉伸"组

• **拉伸**：为对象的3个轴设置基本缩放数值。

• **放大**：更改应用到副轴的缩放因子。

图5-61

② "拉伸轴"组

• **X/Y/Z**：可以使用"参数"卷展栏的"拉伸

轴"组中的选项，来选择将哪个对象局部轴作为"拉伸轴"，默认值为z轴。

③ "限制"组

• **限制效果**：限制拉伸效果，在禁用"限制效果"后，就会忽略"上限"和"下限"中的值。

• **上限**：沿着"拉伸轴"的正向限制拉伸效果的边界。"上限"值可以是 0，也可以是任意正数。

• **下限**：沿着"拉伸轴"的负向限制拉伸效果的边界。"下限"值可以是 0，也可以是任意负数。

> **技巧与提示**
>
> 从修改器的参数设置上来看，"拉伸"修改器和"弯曲"修改器内的参数基本上非常相似，与这两个修改器参数相似的修改器还有"锥化"修改器、"扭曲"修改器和"倾斜"修改器。读者可以自行尝试并学习这几个修改器的使用方法。

5.3.3 噪波修改器

使用"噪波"修改器可以对对象从3个不同的轴向来施加强度，使物体对象产生出随机性较强的噪波起伏效果。使用这一修改器，常常用来制作起伏的水面、高山或飘扬的小旗等效果，"噪波"修改器参数设置如图5-62所示。

参数解析

① "噪波"组

• **噪波**：控制噪波的出现及其由此引起的在对象的物理变形上的

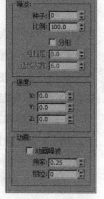

图5-62

影响。默认情况下，控制处于非活动状态直到更改设置。

• **种子**：从设置的数中生成一个随机起始点，在创建地形时尤其有用，因为每种设置都可以生成不同的配置。

• **比例**：设置噪波影响（不是强度）的大小。较大的值产生更为平滑的噪波，较小的值产生锯齿现象更严重的噪波。默认值为100。

• **分形**：根据当前设置产生分形效果，默认设置为禁用。

如果启用"分形"，那么就可以使用下列选项。

• **粗糙度**：决定分形变化的程度，较低的值比较高的值更精细。范围为0~1.0，默认值为0。

• **迭代次数**：控制分形功能所使用的迭代（或是八度音阶）的数目。较小的迭代次数使用较少的分形能量并生成更平滑的效果。迭代次数为1.0与禁用"分形"效果一致。范围为1.0~10.0，默认值为6.0。

②"强度"组

• **强度**：控制噪波效果的大小，只有应用了强度后噪波效果才会起作用。

• **X、Y、Z**：沿着3条轴的每一个来设置噪波效果的强度。至少为这些轴中的一个输入值以产生噪波效果，默认值为 0.0、0.0、0.0。

③"动画"组

• **动画**：通过为噪波图案叠加一个要遵循的正弦波形，控制噪波效果的形状。这使得噪波位于边界内，并加上完全随机的阻尼值。启用"动画噪波"后，这些参数影响整体噪波效果。但是，可以分别设置"噪波"和"强度"参数动画；但并不需要在设置动画或播放过程中启用"动画噪波"。

• **动画噪波**：调节"噪波"和"强度"参数的组合效果，下列参数用于调整基本波形。

• **频率**：设置正弦波的周期。调节噪波效果的速度，较高的频率使得噪波振动得更快；较低的频率产生较为平滑和更温和的噪波。

• **相位**：移动基本波形的开始和结束点。默认情况下，动画关键点设置在活动帧范围的任意一端。通过在"轨迹视图"中编辑这些位置，可以更清楚地看到"相位"的效果，选择"动画噪波"以启用动画播放。

5.3.4 晶格修改器

使用"晶格"修改器可以将模型的边转化为圆柱形结构，并在顶点上产生可选的关节多面体。使用它可基于网格拓扑创建可渲染的几何体结构，或作为获得线框渲染效果的一种方法，"晶格"修改器参数设置如图5-63所示。

参数解析

①"几何体"组

• **几何体**：指定是否使用整个对象或选中的子对象，并显示它们的结构和关节这两个组件。

②"支柱"组

• **支柱**：提供影响几何体结构的控件。

• **半径**：指定结构半径。

• **分段**：指定沿结构的分段数目。当需要使用后续修改器将结构或变形或扭曲时，增加此值即可。

• **边数**：指定结构周界的边数目。

• **材质 ID**：指定用于结构的材质 ID。使结构和关节具有不同的材质 ID，这会很容易将它们指定给不同的材质。

• **忽略隐藏边**：仅生成可视边的结构。禁用时，将生成所有边的结构，包括不可见边，默认设置为启用。

• **末端封口**：将末端封口应用于支柱。

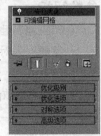

图5-63

• **平滑**：将平滑应用于支柱。

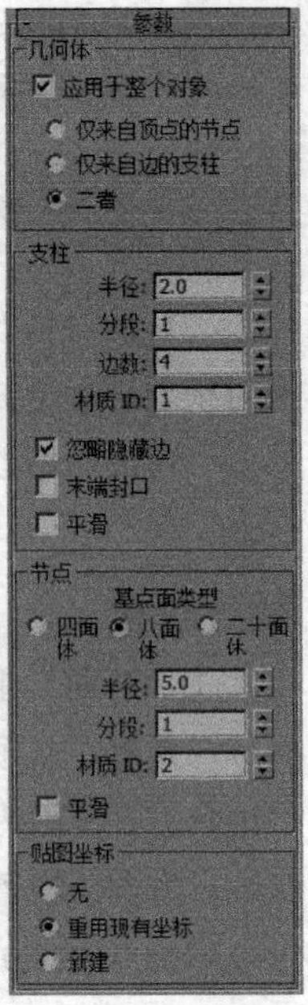

③"节点"组

• **节点**：提供影响关节几何体的控件。

• **基点面类型**：指定用于关节的多面体类型。

• **四面体**：使用四面体。

• **八面体**：使用八面体。

• **二十面体**：使用二十面体。

• **半径**：设置关节的半径。

• **分段**：指定关节中的分段数目，分段越多，关节形状越像球形。

• **材质 ID**：指定用于结构的材质 ID。

• **平滑**：将平滑应用于节点。

5.3.5 专业优化修改器

"专业优化"修改器可用于选择对象并以交互方式对其进行优化，在减少模型顶点数量的同时保持模型的外观，使得优化模型减少场景内存要求，并提高视口显示的速度和缩短渲染的时间。"专业优化"修改器参数设置如图5-64所示，有"优化级别""优化选项""对称选项"和"高级选项"4个卷展栏。

图5-64

1. "优化级别"卷展栏

"优化级别"卷展栏展开如图5-65所示。

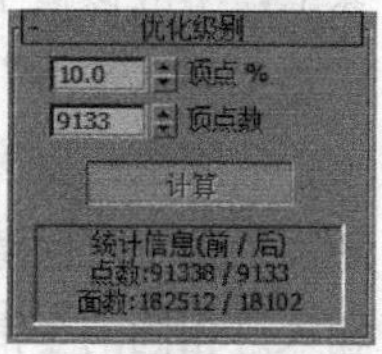

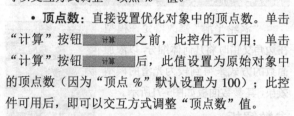

图5-65

参数解析

• **顶点%**：将优化对象中的顶点数设置为原始对象中顶点数的百分比，默认设置为100.0%。单击"计算"按钮 计算 之前，此控件不可用；单击"计算"后，可以交互方式调整"顶点%"值。

• **顶点数**：直接设置优化对象中的顶点数。单击"计算"按钮 计算 之前，此控件不可用；单击"计算"按钮 计算 后，此值设置为原始对象中的顶点数（因为"顶点%"默认设置为100）；此控件可用后，即可以交互方式调整"顶点数"值。

• **"计算"按钮** 计算 ：单击以应用优化。

• **"状态"窗口**：此文本窗口显示"专业优化"状态。单击"计算"按钮 计算 之前，此窗口显示"修改器就绪"。单击"计算"按钮 计算 并调整优化级别后，此窗口显示说明操作效果的统计信息："之前"和"之后"的顶点数和面数。

2. "优化选项"卷展栏

"优化选项"卷展栏展开如图5-66所示。

参数解析

① "优化模式"组

• **压碎边界**：在进行优化对象时不考虑边缘或面是否位于边界上。

• **保护边界**：在进行优化对象时将保护那些边缘位于对象边界上的面。不过，高优化级别仍然可能导致边界面被移除。如果对多个相连对象进行优化，则这些对象之间可能出现间隙。

• **排除边界**：在进行优化对象时从不移除带边界边缘的面。这会减少能够从模型移除的面数，但可确保在优化多个互连对象时不会出现间隙。

② "材质和UV"组

• **保持材质边界**：启用时，"专业优化"修改器将保留材质之间的边界。属于具有不同材质的面的点将被冻结，并且在优化过程中不会被移除，默认设置为启用。

• **保持纹理**：启用时，优化过程中将保留纹理贴图坐标。

• **保持UV边界**：仅当启用"保持纹理"时，此控件才可用。启用时，优化过程中将保留UV贴图值之间的边界。

③ "顶点颜色"组

• **保持顶点颜色**：启用时，优化将保留顶点颜色数据。

• **保持顶点颜色边界**：仅当启用"保持顶点颜色"时，此控件才可用。启用时，优化将保留顶点颜色之间的边界。

图5-66

3. "对称选项"卷展栏

"对称选项"卷展栏展开如图5-67所示。

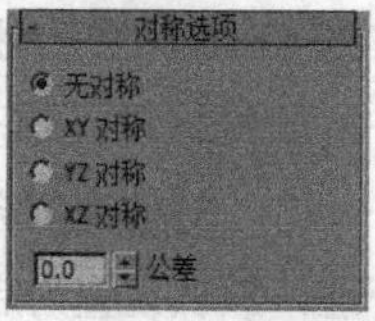

参数解析

• **无对称**："专业优化"修改器不会尝试进行对称优化。

图5-67

• **XY对称**："专业优化"修改器尝试进行围绕XY平面对称的优化。

• **YZ对称**："专业优化"修改器尝试进行围绕YZ平面对称的优化。

• **XZ对称**："专业优化"修改器尝试进行围绕XZ平面对称的优化。

• **公差**：指定用于检测对称边缘的公差值。

4. "高级选项"卷展栏

"高级选项"卷展栏展开如图5-68所示。

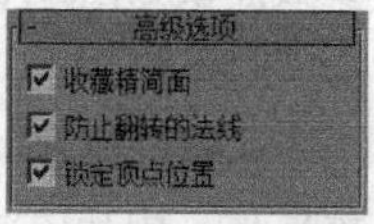

参数解析

图5-68

• **收藏精简面**：当一个面所形成的三角形是等边三角形或接近等边三角形时，该面就是"精简"的。启用"收藏精简面"，优化时将验证移除一个面不会产生尖锐的面。经过此测试后，所优化的模型会更均匀一致。默认设置为启用。

• **防止翻转的法线**：启用时，"专业优化"修改器将验证移除一个顶点不会导致面法线翻转。禁用时，则不执行此测试，默认设置为启用。

• **锁定顶点位置**：启用该选项后，优化不会改变从网格移除的顶点的位置。

5.3.6 对称修改器

"对称"修改器用来进行构建模型的另一半，其参数面板如图5-69所示。

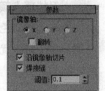

图5-69

参数解析

"镜像轴"组

• **X/Y/Z**：指定执行对称所围绕的轴，可以在选中轴的同时在视口中观察效果；

• **翻转**：如果想要翻转对称效果的方向请启用翻转。

• **沿镜像轴切片**：启用"沿镜像轴切片"使镜像Gizmo在定位于网格边界内部时作为一个切片平面。当Gizmo位于网格边界外部时，对称反射仍然作为原始网格的一部分来处理。如果禁用"沿镜像轴切片"，对称反射会作为原始网格的单独元素来进行处理，默认设置为启用。

• **焊接缝**：启用"焊接缝"确保沿镜像轴的顶点在阈值以内时会自动焊接。

• **阈值**：阈值设置的值代表顶点在自动焊接起来之前的接近程度，默认设置是0.1。

5.3.7 平滑修改器

"平滑"修改器用来对模型产生一定的平滑作用，通过将面组成平滑组，平滑消除几何体的面，其参数面板如图5-70所示。

图5-70

参数解析

• **自动平滑**：如果选中"自动平滑"，则使用通过该选项下方的"阈值"设置指定的阈值来自动平滑对象。"自动平滑"基于面之间的角设置平滑组。如果法线之间的角小于阈值的角，则可以将任何两个相接表面输入进相同的平滑组。

• **禁止间接平滑**：如果将"自动平滑"应用到对象上，不应该被平滑的对象部分变得平滑，然后启用"禁止间接平滑"来查看它是否纠正了该问题。

• **阈值**：以度数为单位指定阈值角度。如果法线之间的角小于阈值的角，则可以将任何两个相接表面输入进相同的平滑组。

• **"平滑组"组**：32个按钮的栅格表示选定面所使用的平滑组，并用来为选定面手动指定平滑组。

5.3.8 涡轮平滑修改器

"涡轮平滑"修改器允许模型在边角交错时将几何体细分，以添加面数的方式来得到较为光滑的模型效果，其参数面板如图5-71所示。

图5-71

参数解析

① "主体"组

• **迭代次数**：设置网格细分的次数。增加该值时，每次新的迭代会通过在迭代之前对顶点、边和曲面创建平滑差补顶点来细分网格。修改器会细分曲面来使用这些新的顶点，默认值为1，范围为0~10。

• **渲染迭代次数**：允许在渲染时选择一个不同数量的平滑迭代次数应用于对象。启用渲染迭代次数，并使用右边的字段来设置渲染迭代次数。

• **等值线显示**：启用该选项后，3ds Max仅显示等值线，即对象在进行光滑处理之前的原始边缘。使用此项的好处是减少混乱的显示。

• **明确的法线**：允许涡轮平滑修改器为输出计算法线，此方法要比3ds Max用于从网格对象的平滑组计算法线的标准方法更快速。

② "曲面参数"组

• **平滑结果**：对所有曲面应用相同的平滑组。

• **材质**：防止在不共享材质ID的曲面之间的边创建新曲面。

• **平滑组**：防止在不共享至少一个平滑组的曲面之间的边上创建新曲面。

③ "更新选项"组

• **始终**：更改任意"涡轮平滑"设置时自动更新对象。

• **渲染时**：只在渲染时更新对象的视口显示。

- **手动**：仅在单击"更新"后更新对象。
- **"更新"按钮** 更新 ：更新视口中的对象，仅在选择"渲染"或"手动"时才起作用。

5.3.9 切片修改器

"切片"修改器可以用来对模型进行形体上的剪切，其参数面板如图5-72所示。

参数解析

- **优化网格**：沿着几何体相交处，使用切片平面添加新的顶点和边。
- **分割网格**：沿着平面边界添加双组顶点和边，产生两个分离的网格。
- **移除顶部**：删除"切片平面"上所有的面和顶点。
- **移除底部**：删除"切片平面"下所有的面和顶点。

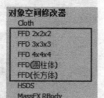

图5-72

5.3.10 FFD修改器

FFD修改器可以对模型进行变形修改，以较少的控制点来调整复杂的模型。在3ds Max 2015中，FFD修改器包含了5种类型，分别为FFD 2×2×2修改器、FFD 3×3×3修改器、FFD 4×4×4修改器、FFD（长方体）修改器和FFD（圆柱体）修改器，如图5-73所示。

图5-73

FFD修改器的基本参数几乎都相同，因此在这里选择FFD（长方体）修改器中的参数进行讲解，其参数面板如图5-74所示。

参数解析

① "尺寸"组

- **"设置点数"按钮** 设置点数 ：弹出"设置FFD尺寸"对话框，其中包含 3 个标为"长度""宽度"和"高度"的微调器、"确定"按钮 确定 和"取消"按钮 取消 ，如图5-75所示。指定晶格中所需控制点数目，然后单击"确定"按钮以进行更改。

② "显示"组

- **晶格**：将绘制连接控制点的线条以形成栅格。
- **源体积**：控制点和晶格会以未修改的状态显示。

③ "变形"组

- **仅在体内**：只变形位于源体积内的顶点。

- **所有顶点**：变形所有顶点，不管它们位于源体积的内部还是外部。
- **衰减**：决定着 FFD 效果减为零时离晶格的距离。
- **张力/连续性**：调整变形样条线的张力和连续性。

④ "选择"组

- **"全部X"按钮** 全部X／**"全部Y"按钮** 全部Y／**"全部Z"按钮** 全部Z：选中沿着由该按钮指定的

图5-74　　　　　　　　图5-75

局部维度的所有控制点。通过打开2个按钮，可以选择两个维度中的所有控制点。

⑤ "控制点"组

- **"重置"按钮** 重置 ：将所有控制点返回到它们的原始位置。
- **"全部动画"按钮** 全部动画 ：默认情况下，FFD晶格控制点将不在"轨迹视图"中显示出来，因为没有给它们指定控制器。但是在设置控制点动画时，给它指定了控制器，则它在"轨迹视图"中可见。
- **"与图形一致"按钮** 与图形一致 ：在对象中心控制点位置之间沿直线延长线，将每一个 FFD 控制点移到修改对象的交叉点上，这将增加一个由"补偿"微调器指定的偏移距离。
- **内部点**：仅控制受"与图形一致"影响的对象内部点。
- **外部点**：仅控制受"与图形一致"影响的对象外部点。
- **偏移**：受"与图形一致"影响的控制点偏移对象曲面的距离。
- **"关于"按钮** 关于 ：单击此按钮可以弹出显示版权和许可信息的About FFD对话框，如图5-76所示。

图5-76

典型实例：使用拉伸和弯曲修改器制作盆栽

场景位置	场景文件>CH05>03.max
实例位置	实例文件>CH05>典型实例：抵用拉伸和弯曲修改器制作盆栽.max
实用指数	★★★☆☆
学习目标	学习"拉伸"修改器和"弯曲"修改器来制作模型

本实例中，我们将使用"拉伸"修改器和"弯曲"修改器来制作一个盆栽的模型。图5-77所示为本实例的最终完成效果。

图5-77

01 3ds Max 2015启动后，打开本书学习资源"场景文件>CH05>03.max"，本文件中包含一个简单的花盆模型和一片叶子模型，如图5-78所示。

02 在场景中选择叶子模型，在"修改器列表"中，为其选择并添加"拉伸"修改器，控制叶片的长短形态，如图5-79所示。

图5-78 图5-79

03 在"修改"面板中，单击展开"拉伸"修改器内的"参数"卷展栏，调整"拉伸"的值为0.4，即可在视图中观察叶片形态的变化，如图5-80所示。

04 选择叶子模型，在"修改器列表"中，为其选择并添加"弯曲"修改器，控制叶片的弯曲形态，如图5-81所示。

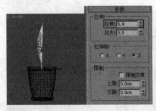 

图5-80 图5-81

05 在"修改"面板中，单击展开"弯曲"修改器内的"参数"卷展栏，调整"角度"的值为68.5，即可在视图中观察叶片形态的弯曲程度变化，如图5-82所示。

06 在"透视"视图中，单击鼠标右键，在弹出的快捷菜单中执行"移动"命令，移动叶片模型至如图5-83所示的位置处，完成花盆里一片叶子模型的位置摆放。

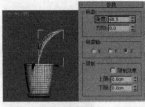 

图5-82 图5-83

07 单击鼠标右键，在弹出的快捷菜单中执行"旋转"命令，并按快捷键Shift，旋转复制出第二片叶片模型，如图5-84所示。

图5-84

08 在"修改"面板中，调整第二片叶子模型"拉伸"修改器内的"拉伸"值为-0.3，调整"弯曲"修改器内的"角度"值为27.0，即可更改叶片的形态，如图5-85所示。重复以上操作多次，最终完成的盆栽模型效果如图5-86所示。

图5-85 图5-86

典型实例：使用锥化和弯曲修改器制作图书

场景位置	无
实例位置	实例文件>CH05>典型实例：抵用锥化和弯曲修改器制作图书.max
实用指数	★★★☆☆
学习目标	学习使用"锥化"修改器和"弯曲"修改器来制作模型

本实例中我们将使用"锥化"修改器和"弯曲"修改器来制作一个盆栽的模型，本实例的最终完成效果如图5-87所示。

图5-87

01 启动3ds Max 2015，在场景中"创建"面板下拉列表的"扩展基本体"中单击C-Ext按钮 C-Ext，在场景中创建出一个C-Ext物体，如图5-88所示。

02 打开"修改"面板，在"参数"卷展栏中，调整"背面长度""侧面长度""前面长度""背面宽度""侧面宽度""前面宽度"和"高度"的值至如图5-89所示，制作出书的硬皮结构。

图5-88　　　　　　　图5-89

03 按快捷键E，使用"旋转"操作将制作完成的书皮在x轴上旋转90.0°，如图5-90所示。

04 在"创建"面板下拉列表的"标准基本体"中，单击"长方体"按钮 长方体，在场景中创建出一个长方体，用来制作出书页的结构，如图5-91所示。

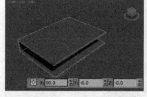

图5-90　　　　　　　图5-91

05 打开"修改"面板，在"参数"卷展栏中，调整长方体的"高度分段"值为12，如图5-92所示。

06 在"修改器列表"中，为长方体添加"锥化"修改器，如图5-93所示。

图5-92　　　　　　　图5-93

07 在"锥化"修改器的"参数"卷展栏中，调整"锥化"组中的"曲线"值为-0.1，制作出书页的细节，如图5-94所示。

08 在"创建"面板 中，单击"平面"按钮 平面，在场景中创建出一个平面物体，用来制作出书签的结构，如图5-95所示。

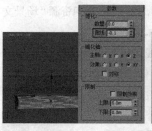

图5-94　　　　　　　图5-95

09 打开"修改"面板，展开"参数"卷展栏，调整平面的"长度"为0.018m，"宽度"为0.002m，"长度分段"值为13，"宽度分段"的值为1，如图5-96所示。

10 在"修改器列表"中，为平面添加"弯曲"修改器，如图5-97所示。

图5-96　　　　　　　图5-97

11 单击展开"弯曲"修改器的"参数"卷展栏，调整"弯曲"组内的"角度"值为-59.0，"方向"值为90.0，并选择"弯曲轴"为Y，如图5-98所示，制作出书签的弯曲细节。本实例制作完成后，最终效果如图5-99所示。

图5-98　　　　　　　图5-99

典型实例：使用专业优化修改器优化雕塑模型

场景位置	场景文件>CH05>04.max
实例位置	实例文件>CH05>典型实例：使用专业优化器优化雕塑模型.max
实用指数	★☆☆☆☆
学习目标	学习使用"专业优化"修改器来优化模型

本实例中我们将使用"专业优化"修改器来优化一个雕塑的模型。图5-100所示为本实例的优化前后的对比效果。

图5-100

01 3ds Max 2015启动后，打开本书学习资源"场景文件>CH05>04.max"，如图5-101所示。

02 从场景中的模型布线可以看出构成头像模型的面数较多，如需减少该头像模型的面数则可以考虑为模型添加"专业优化"修改器，如图5-102所示。

图5-101　　　　　图5-102

03 添加完成后，在"优化级别"卷展栏中，单击"计算"按钮 计算 开始优化，如图5-103所示。

04 "计算"完成后，在"计算"按钮 计算 的下方文本框内显示有优化之后的模型"统计信息"的前后对比数据结果。默认状态下，"统计信息"的前后对比数据相同，如图5-104所示。

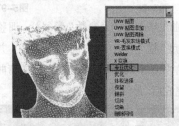

图5-103　　　　　图5-104

05 调整"优化级别"卷展栏内的"顶点"百分比数值为10.0，即可控制模型顶点的构成数量，完成模型优化。同时，"顶点数"内的值也会相应产生变动，如图5-105所示。

06 图5-106所示为头像模型使用了"专业优化"修改器前后的布线疏密结果对比。

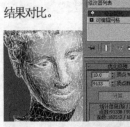

图5-105　　　　　图5-106

典型实例：使用噪波和涡轮平滑修改器制作花瓶

场景位置	无
实例位置	实例文件>CH05>典型实例：使用噪波和涡轮平滑修改器制作花瓶.max
实用指数	★☆☆☆☆
学习目标	学习使用"噪波"修改器和"涡轮平滑"修改器来制作模型

本实例中我们将使用"噪波"修改器和"涡轮平滑"修改器来制作一个创意花瓶的模型，图5-107所示为本实例的最终渲染效果。

图5-107

01 3ds Max 2015启动后，单击"管状体"按钮 管状体 ，在场景中创建一个管状体来制作花瓶，如图5-108所示。

02 在"修改"面板中，调整管状体"参数"卷展栏内的"半径1"值为30.0，"半径2"值为26.0，"高度"为130.0，"高度分段"为25，"端面分段"为1，"边数"为43，制作出花瓶的基本形态，如图5-109所示。

图5-108　　　　　图5-109

03 在"修改器列表"中，为管状体选择并添加"噪波"修改器，如图5-110所示。

04 在"修改"面板中，选择"噪波"修改器，单击展开"参数"卷展栏，调整"噪波"组内的"比例"值为32.0，调整"强度"组内的x值为10.0，y值为10.0，z值为1.0，制作出花瓶瓶身的细节，如图5-111所示。

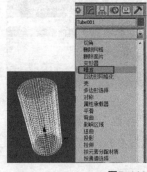
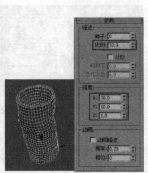

图5-110　　　　　图5-111

05 在"修改器列表"中，为管状体选择并添加"涡轮平滑"修改器，并设置"涡轮平滑"卷展栏内的"迭代次数"值为1，增加花瓶的平滑程度，如图5-112所示。

06 在场景中创建一个异面体，并在其"修改"面板中设置为"星形1"，调整"系列参数"组内的P值为0.01，Q值为0.01，用来装饰花瓶模型，如图5-113所示。

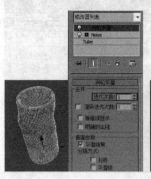

图5-112　　　　　　图5-113

07 在"修改器列表"中为异面体选择并添加"涡轮平滑"修改器，并设置"迭代次数"值为2，如图5-114所示。

08 按住Shift键移动复制出3个异面体，并摆放至如图5-115所示位置处，为花瓶添加适量细节，并在"修改"面板中，修改异面体的"半径"值，使之大小不一，本实例的最终完成效果如图5-116所示。

图5-114

图5-115　　　　　　图5-116

即学即练：使用多种修改器来制作排球

场景位置	无
实例位置	实例文件>CH05>即学即练：使用多种修改器制作排球.max
实用指数	★★☆☆☆
学习目标	学习多种修改器叠加使用来制作模型

在本实例中，使用"网格选择"修改器、"面挤出"修改器和平滑类修改器制作一个排球模型。图5-117所示为最终渲染结果。

图5-117

5.4 知识小结

本章主要为读者讲解了3ds Max 2015中修改器的使用方法以及常用修改器内的重要参数，并通过一些典型实例来详细说明修改器在具体项目中的应用技巧。通过这些实例，读者可以熟练掌握这些修改器的使用方法以制作出简单的模型。

5.5 课后拓展实例：制作海洋孤岛

场景位置	无
实例位置	实例文件>CH05>课后拓展实例：制作海洋孤岛.max
实用指数	★★☆☆☆
学习目标	熟练使用"弯曲"修改器和"噪波"修改器来制作景观模型

在本节中，我们通过一个实例练习之前所学习的修改器来制作一个简单的景观场景。图5-118所示为本实例的最终完成效果。

图5-118

01 打开3ds Max 2015，在场景中创建一个平面来制作海洋，如图5-119所示。

02 在"修改"面板中，调整平面的"长度"为2000.0，"宽度"为2000.0，"长度分段"为1000，"宽度分段"为1000，如图5-120所示。

图5-119　　　　　　图5-120

03 为平面添加"噪波"修改器，在其"参数"卷展栏内，调整"噪波"组内的"比例"值为20.0，"强度"组内的z值为3.0，为平面添加起伏细节，完成海洋模型的制作，如图5-121所示。

04 在场景中创建一个平面用来制作小岛，在"修改"面板中设置"长度"为700.0，"宽度"为1600.0，"长度分段"为100.0，"高度分段"为100.0，如图5-122所示。

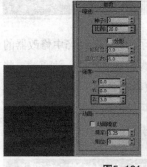

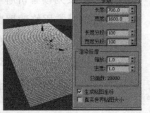

| 图5-121 | 图5-122 |

05 在"修改"面板中，为其选择并添加"弯曲"修改器，如图5-123所示。

06 设置"弯曲"修改器的"角度"值为37.0，"弯曲轴"选择为X，如图5-124所示。

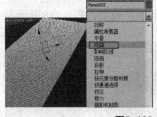

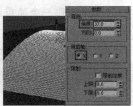

| 图5-123 | 图5-124 |

07 再次添加一个"弯曲"修改器，在"修改"面板中，设置弯曲的"角度"为-100.0，"方向"为90.0，"弯曲轴"选择为Y，如图5-125所示。

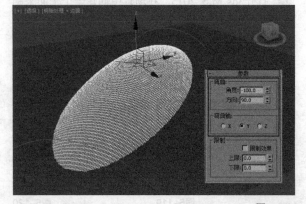

图5-125

08 在"修改"面板中，选择并添加"噪波"修改器，设置"比例"为53.0，设置"强度"组内的z值

为30.0，制作出小岛的起伏细节，如图5-126所示。场景完成后，最终模型效果如图5-127所示。

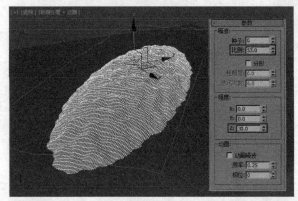

图5-126

图5-127

3ds Max

第 6 章　使用二维图形建模

本章知识索引

知识名称	作用	重要程度	所在页
创建二维图形	熟悉软件标准二维图形的创建方式及参数调整	高	P111
编辑样条线	熟练掌握编辑样条线修改器中常用的命令	高	P118

本章实例索引

实例名称	所在页
课前引导实例：制作书柜模型	P110
典型实例：制作倒角文字	P115
典型实例：制作酒杯	P116
典型实例：制作创意Logo	P117
即学即练：制作自行车	P118
典型实例：制作晾衣架	P123
典型实例：制作台历	P124
典型实例：制作椅子	P126
即学即练：制作茶几	P127
课后拓展实例：制作桌椅模型	P127

6.1 二维图形概述

在3ds Max中，使用二维图形建模是一种常用的建模方法。使用二维图形建模时，通常是要配合一些如编辑样条线、挤出、倒角、倒角剖面、车削和扫描等编辑修改器来实现。

二维样条线是一种矢量图形，可以由其他绘图软件产生，如Illustrator、Freehand、CorelDraw和AutoCAD等，将所创建的矢量图形以ai或dwg格式存储后，就可以直接导入到3ds Max中使用了。

如果要掌握二维图形建模方法，就要学会建立和编辑二维图形。3ds Max 2015提供了丰富的二维图形建立工具和编辑命令，在本章中将详细讲述这些内容。

6.2 课前引导实例：制作书柜模型

场景位置	无
实例位置	实例文件>CH06>课前引导实例：制作书柜模型.max
实用指数	★★★☆☆
学习目标	熟练使用"样条线"和"编辑样条线"修改器中的命令来创建对象

本节为读者安排了一套书柜效果图的模型实例，实例制作过程将演示二维图形的建立与编辑方法，以及二维图形编辑修改器的操作技巧等。图6-1所示为本实例的最终完成效果，图6-2所示为本实例的线框图。

图6-1　　　　　　　　　图6-2

01 使用"矩形"命令在顶视图中创建一个"矩形"对象，并调整矩形的"长度"为8.0cm，"宽度"为25.0cm，如图6-3所示。

图6-3

02 将"矩形"转换为可编辑样条线，并在"线段"与"样条线"次物体级下编辑其形态，如图6-4和图6-5所示。

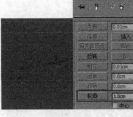

图6-4　　　　　　　　　图6-5

03 编辑完成后为其添加"挤出"编辑修改器，如图6-6所示。

04 在场景中创建一个"长方体"模型，然后按住Shift键，拖曳复制一些长方体用来制作书柜的隔断，如图6-7所示。

图6-6　　　　　　　　　图6-7

05 使用"矩形"和"圆"命令，并通过"可编辑样条线"命令为书柜制作柜门，并为其添加"倒角"编辑修改器，如图6-8~图6-11所示。

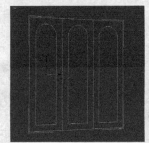

图6-8　　　　　　　　　图6-9

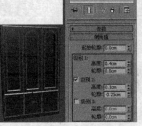

图6-10　　　　　　　　　图6-11

06 使用"长方体"命令，在"前"视图中创建一个长方体对象，并设置其不透明参数，以此来制作书柜的玻璃，如图6-12所示。

07 使用"线"命令，在"左"视图中创建一根样条线，并编辑其形态，如图6-13所示。

图6-12　　　　　　　　　　图6-13

08 为其添加"车削"编辑修改器，以此来制作书柜的门拉手，如图6-14所示。

09 按住Shift键，使用"选择并移动"  工具，将门拉手复制并调整它们的位置，最终效果如图6-15所示。

图6-14　　　　　　　　　　图6-15

6.3 创建二维图形

本节知识概要

知识名称	作用	重要程度	所在页
矩形	进行建模工作时所常用的基本形体之一	高	P111
弧	进行建模工作时所常用的基本形体之一	中	P112
文本	进行建模工作时所常用的基本形体之一	高	P113
线	进行建模工作时所常用的基本形体之一	高	P114
截面	进行建模工作时所常用的基本形体之一	低	P114

创建二维图形与创建三维几何体的命令工具一样，也是通过调用"创建"主命令面板中的创建命令来实现的。单击"创建"命令面板 中的"图形"命令按钮 ，即可打开二维图形的创建命令面板，如图6-16所示。

图6-16

从"图形"命令面板"样条线"类型下可以看到12种命令按钮，单击这些按钮后，即可在场景中绘制图形。

在3ds Max中共有3种类型的图形，分别为"样条线""NURBS曲线"和"扩展样条线"。在许多方面，它们是相同的，可以相互转化，如图6-17所示。

图6-17

"NURBS曲线"从3ds Max 4.0版本后基本就不再更新了，因为有更专业的"NURBS曲线"建模软件Rhinoceros（犀牛），所以本章就不再进行讲述了。

可以通过具体参数建立和调整的标准几何图形被称为规则二维图形。规则二维图形包括"样条线"命令面板中的10种图形，分别为"矩形"按钮 矩形 、"圆"按钮 圆 、"椭圆"按钮 椭圆 、"弧"按钮 弧 、"圆环"按钮 圆环 、"多边形"按钮 多边形 、"星形"按钮 星形 、"文本"按钮 文本 、"螺旋线"按钮 螺旋线 、"卵形"按钮 卵形 和"扩展样条线"命令面板中的5种图形，分别为"墙矩形"按钮 墙矩形 、"通道"按钮 通道 、"角度"按钮 角度 、"T形"按钮 T形 和"宽法兰"按钮 宽法兰 ，如图6-18和图6-19所示。

图6-18　　　　　　　　　　图6-19

由于规则二维图形所具备的设置参数只是长、宽和半径之类的参数，因此规则二维图形的建立和设置比较简单。在接下来的操作中将为读者讲述规则二维图形的创建方法。

6.3.1 矩形

使用"矩形"按钮 矩形 可以快速在场景中创建出不同规格的矩形二维图形。该工具通常配合"编辑样条线"修改器使用，可以制作出各种不同形状的二维图形，其参数面板如图6-20所示。

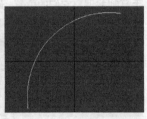

图6-20

知识讲解

• **长度/宽度/高**：设置矩形对象的长度和宽度。

• **角半径**：设置矩形对象的圆角效果。

第1步：在"图形"面板中，选择"样条线"类型，单击"矩形"按钮 矩形 ，即可在操作视图中拖动鼠标来创建矩形，如图6-21所示。

图6-21

> 💡 **技巧与提示**
>
> 在单击并拖动鼠标创建矩形时，若同时按住Ctrl键，可将样条线约束为正方形。

第2步：创建矩形之后，可以通过设置"参数"卷展栏对矩形图形进行更改，如图6-22所示。

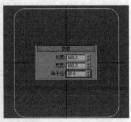

图6-22

> 💡 **技巧与提示**
>
> 创建完成"矩形"后，可以发现"图形"面板上"矩形"按钮 矩形 一直处于黄色被按下的状态，这时仍然可以以拖曳鼠标的方式创建出其他的"矩形"，如果希望关闭"矩形"的创建命令，可以在视口中单击鼠标右键，结束当前操作即可。

6.3.2 弧

使用"弧"按钮 弧 可以快速在场景中创建出大小不一的弧形。该工具通常配合"编辑样条线"修改器使用，以制作出各种不同形状的二维图形，其参数面板如图6-23所示。

图6-23

知识讲解

• **半径**：设置弧形的半径。

• **从/到**：设置弧形的起始和结束端位置。

• **饼形切片**：勾选此复选框后，以扇形形式创建闭合样条线。

• **反转**：勾选此复选框后，弧形的起始点和端点的位置将进行互换，但形状不会发生变化。

第1步：在"图形"面板中，选择"样条线"类型，单击"弧"按钮 弧 ，即可在操作视图中拖动鼠标来创建弧。创建时，单击鼠标左键并拖动，之后松开鼠标，向上移动鼠标再定义"弧"的弧度，如图6-24所示。

图6-24

> 💡 **技巧与提示**
>
> 要创建"弧"时，选择"创建方法"卷展栏中的"端点 > 端点 > 中间"单选按钮 端点-端点-中央，将首先指定"弧形"的两个端点，然后指定中间的点。而选择"中间 > 端点 > 端点"单选按钮 中间-端点-端点，将首先指定"弧"的中间点，然后指定两个端点。

第2步：创建"弧"样条线之后，可以在"参数"卷展栏中对以下参数进行更改，其中"半径"参数可以指定弧形的半径大小，"从"和"到"参数可以设置"弧"的起点和终点所在的度数，如图6-25和图6-26所示。

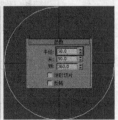

图6-25

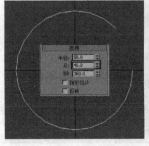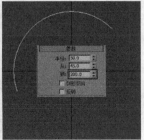

图6-26

第3步：在"参数"卷展栏中勾选"饼形切片"复选框后，起点和端点将与中心点连接，以扇形形式创建闭合样条线，如图6-27所示。

第4步：当勾选"反转"复选框后，可以将开放的弧形样条线的一个顶点放置到弧形的相反末端，该选项的作用和"样条线"子对象层级上的"反转"命令是一致的，如图6-28所示。

图6-27　　　　　　　　　图6-28

6.3.3 文本

使用"文本"按钮 文本 可以快速在场景中创建出不同字体效果的文本图形，"文本"是一个比较重要的工具，我们经常使用文本工具来制作栏目包装动画中的一些定版字，其参数面板如图6-29所示。

图6-29

知识讲解

• **字体列表**：在字体下拉列表中可以选择不同的字体效果。

• **I斜体样式按钮**：切换斜体文本。

• **U下划线样式按钮**：切换下划线文本。

• **左侧对齐按钮**：将文本与边界框左侧对齐。

• **居中按钮**：将文本与边界框的中心对齐。

• **右侧对齐按钮**：将文本与边界框右侧对齐。

• **分散对齐按钮**：分隔所有文本行以填充边界框的范围。

• **大小**：设置文本高度。

• **字间距**：调整字间距（字母间的距离）。

• **行间距**：调整行间距（行间的距离）。只有图形中包含多行文本时才起作用。

• **文本编辑框**：可以输入多行文本。在每行文本之后按 Enter 键可以开始下一行。

第1步：在"图形"面板中，选择"样条线"类型，单击"文本"按钮 文本 ，即可在操作视图中拖动鼠标来创建文本，如图6-30所示。

图6-30

第2步：在"文本"图形的"参数"卷展栏中，可用的设置包括字体、字间距、行间距、对齐、多行及手动更新选项。图6-31所示为文本"参数"卷展栏中设置字体、大小和文本内容。

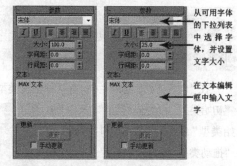

从可用字体的下拉列表中选择字体，并设置文字大小

在文本编辑框中输入文字

图6-31

第3步：图6-32所示为文本"参数"卷展栏中设置字体的样式和对齐方式。

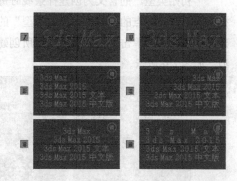

图6-32

第4步：在"参数"卷展栏中，"字间距"参数用于控制字文本间的距离；"行间距"参数用于调整文本行间的距离，只有图形中包含多行文本时，"行间距"才会起作用，如图6-33所示。

图6-33

6.3.4 线

"线"工具是3ds Max中最常用的二维图形绘制工具。由于"线"工具绘制出的图形是非参数化的，用户使用该工具时可以随心所欲地建立所需图形，如果要创建一条样条线，可参照图6-34所示的方法进行创建。

图6-34

💡 **技巧与提示**

在创建样条线时，按住Shift键可创建完全直线的图形。

在"创建方法"卷展栏中，有两种创建类型，分别为"初始类型"和"拖动类型"，其中"初始类型"中分为"角点"和"平滑"，"拖动类型"中为分"角点""平滑"和"Bezier（贝塞尔）"，如图6-35所示。

图6-35

"初始类型"的含义为创建样条线时每次单击鼠标左键所创建的点的类型，"拖动类型"的含义为创建样条线时每次单击并拖动鼠标左键所创建的点的类型，如图6-36所示。

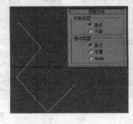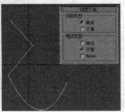

图6-36

6.3.5 截面

使用"截面"按钮 截面 可以将一个平面与三维模型相交的交线处所形成的图形创建成为一个样条线图形，所创建出的样条线图形还可以再次进行编辑。接下来，将通过一个简单的小实例来为读者讲述该工具的使用方法，其参数面板如图6-37所示。

图6-37

第1步：在场景中创建一个"茶壶"物体，如图6-38所示。

第2步：在前视图中创建一个"截面"物体，这时我们可以看到在"茶壶"与"截面"物体的交界处出现了一条黄线，如图6-39所示。

图6-38　　　　　　图6-39

第3步：单击"截面参数"卷展栏中的 创建图形 "创建图形"按钮，在打开的"命名截面图形"对话框中为截面指定一个名称，并单击"确定"按钮确认，如图6-40所示。

图6-40

第4步：选择"茶壶"，然后按Delete键将其删除，这时我们在场景中就看到了刚才生成的"截面"图形，如图6-41所示。

图6-41

6.3.6 其他二维图形

在"样条线"命令面板中，3ds Max 2015除了上述所讲解的5种按钮，还有"圆"按钮 圆 、"椭圆"按钮 椭圆 、"圆环"按钮 圆环 、"多边形"按钮 多边形 、"星形"按钮 星形 、"螺旋线"按钮 螺旋线 、"卵形"按钮 卵形 和"扩展样条线"命令面板中的5种图形，分别为"墙矩形"按钮 墙矩形 、"通道"按钮 通道 、"角度"按钮 角度 、"T形"按钮 T形 和"宽法兰"按钮 宽法兰 这12种按钮。由于这些按钮所创建对象的方法及参数设置与前面所讲述的内容基本相同，故不在此重复讲解，这12个按钮所对应的模型形态如图6-42所示。

图6-42

6.3.7 二维图形的公共参数

无论是规则的二维图形还是不规则的二维图形，都拥有二维图形的基本属性，用户可以根据建模需要对二维图形的基本属性进行设置。在"渲染"和"插值"卷展栏中提供了这些基本属性的设置选项，如图6-43所示。

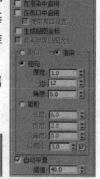

图6-43

默认情况下二维图形是不能被渲染的，但是"渲染"卷展栏中可以更改二维图形的渲染设置，使线框图形能以三维形体的方式进行渲染。为了能在视图中也看到最后渲染时的效果，我们一般会把"在渲染中勾选"和"在视口中勾选"前面的复选框都勾选，如图6-44所示。

样条线被渲染时的横截面分为两种，分别为"径向"和"矩形"，当选择"径向"时，样条线的截面是圆形的且像一根圆管；当选择"矩形"时，样条线的截面是矩形的，如图6-45所示。

图6-44   图6-45

技巧与提示

"渲染"卷展栏的其他参数请观看配套丛书视频教学中的内容，会有详细的讲解。

"插值"卷展栏中的参数可以控制样条线的生成方式。在3ds Max中所有的样条线都被划分为近似真实曲线的较小直线，样条线上的每个顶点之间的划分数量称为"步数"，使用的"步数"越多，显示的曲线越平滑，如图6-46所示。

图6-46

但是如果"步数"过多，由该二维图形生成的三维模型的面也会随之增多，这样会耗费过多的系统资源导致工作效率降低。所以，当勾选"插值"卷展栏

中的"优化"复选框后，可以从样条线的直线线段中删除不需要的步数，从而生成形状和速度均为最佳状态的图形，如图6-47所示。

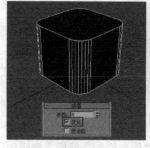
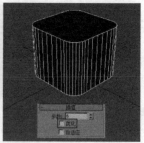

图6-47

勾选"自适应"复选框后，"步数"参数和"优化"复选框均会变为不可用状态，这时系统会根据二维图形不同的部位造型要求自动计算生成所需要的点，如图6-48所示。

图6-48

典型实例：制作倒角文字

场景位置	无
实例位置	实例文件>CH06>典型实例：制作倒角文字.max
实用指数	★★★☆☆
学习目标	熟练使用"倒角"修改器来制作模型

本实例中，我们通过使用"文本"工具和"倒角"修改器来制作倒角文字的效果，倒角文字经常用来制作栏目包装中的一些定版字，是非常实用的一种建模方式，图6-49所示为本实例的最终完成效果，图6-50所示为本实例的线框图。

图6-49   图6-50

01 在"创建"面板下单击"图形"按钮 ，然后设置图形类型为"样条线"，接着单击"文本"按钮 文本 ，在前视图中点击鼠标左键创建出一个默认的"文本"图形，如图6-51所示。

02 选择文本图形，进入"修改"面板，然后在"参数"

卷展栏设置"字体"为"方正综艺简体",接着在"文本"输入框中输入文字"倒角字",具体参数设置及字母效果如图6-52所示。

图6-51　　　　　　　　　　图6-52

03 选择文本对象,然后在"修改器列表"下选择"倒角"修改器,接着在"倒角值"卷展栏下参照如图6-53所示的参数进行设置,这样就可以得到一侧产生倒角效果的文字。

04 如果我们让文字两边都产生倒角的效果,请参照如图6-54所示的参数进行设置。

图6-53　　　　　　　　　　图6-54

05 创建倒角模型时,如果设置的倒角轮廓数值过大或过小,可能会出现交叉或收缩在一起的现象,这时可勾选"相交"选项组中的"避免线相交"复选框来避免这类情况的发生;在"分离"参数栏中可设置边之间所保持的距离,如图6-55所示。

06 选择文本对象,按住Shift键对文本对象进行移动复制,然后对复制出的文本对象进行位置和角度的调整,得到最终效果如图6-56所示。

图6-55　　　　　　　　　　图6-56

💡 **技巧与提示**

一般情况下,我们并不提倡通过勾选"避免线相交"复选框的方法来纠正模型相交的错误,因为这样做会极大地消耗系统资源,我们一般会通过减小数值或者为图形添加"编辑多边形"编辑修改器来对图形进行修改设置,具体方法请参见丛书配套的视频教学。

典型实例:制作酒杯

场景位置	无
实例位置	实例文件>CH06>典型实例:制作酒杯.max
实用指数	★★☆☆☆
学习目标	熟练使用"样条线"中的"线"对象制作模型

在本实例中,我们将使用"样条线"中的"线"对象和"车削"修改器来制作一个酒杯模型,在使用"车削"编辑修改器建模时,是通过让一个二维图形围绕某一个轴向旋转来形成三维对象的。图6-57所示为本实例的最终完成效果,图6-58所示为本实例的线框图。

图6-57　　　　　　　　　　图6-58

01 在"创建"面板下单击"图形"按钮,然后设置图形类型为"样条线",接着单击"线"按钮，最后在前视图中创建酒杯的剖面二维图形,如图6-59所示。

02 将选择的"顶点"的属性转化为Bezier并调整其形态,如图6-60和图6-61所示。

图6-59

图6-60　　　　　　　　　　图6-61

03 通过"顶点"次层级中的"圆角"命令,对选择的顶点分别进行圆角处理,如图6-62和图6-63所示。

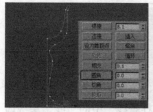
图6-62

图6-63

04 选择线对象,在"修改器列表"中为其添加"车削"编辑修改器。在"方向"选项组中,由x、y、z3个轴向的选择按钮组成,可以通过单击这3个按钮来确定旋转的轴向,而"对齐"选项组中的"最小"、中心和"最大"分别表示旋转中心轴的对齐方式,在这个实例中,我们选择"方向"为"Y"轴,"对齐"方式为"最小",得到的效果如图6-64所示。

图6-64

05 "度数"参数用来设置旋转的度数,当"度数"设定为360°时,该二维图形将绕定义的轴旋转一周;当"度数"值小于360°时,将产生一个不足360°的旋转体。图6-65所示为设置了不同"度数"参数值后,对象显示的效果。

图6-65

06 勾选"焊接内核"复选框后,可对轴心重合的顶点进行焊接精减,得到结构更简单、更平滑的模型,如图6-66所示。

图6-66

07 勾选"翻转法线"复选框后,将翻转当前对象的所有面的法线;"分段"参数用来设置旋转产生的图形分段数。图6-67所示为不同分段数的效果。

图6-67

08 按住Shift键对酒杯对象进行移动复制,然后对其进行位置的调整,最终效果如图6-68所示。

图6-68

典型实例:制作创意Logo

场景位置	无
实例位置	实例文件>CH06>典型实例:制作创意Logo.max
实用指数	★★☆☆☆
学习目标	熟练使用"样条线"中的"截面"对象制作一些特殊效果

在本实例中我们将使用"样条线"中的"截面"对象来制作一个Logo模型,"截面"对象还经常被用来制作室内效果图中的墙踢脚线。图6-69所示为本实例的最终完成效果,图6-70所示为本实例的线框图。

图6-69

图6-70

01 在"创建"面板下单击"几何体"按钮,然后设置几何体类型为"扩展基本体",接着单击"环形节"按钮 环形结 ,最后在视图中创建"环形节"对象,如图6-71所示。

图6-71

02 在"创建"面板下单击"图形"按钮,然后设置图形类型为"样条线",接着单击"截面"按钮 截面 ,最后在前视图中创建"截面"对象,如图6-72所示。

03 选择"截面"对象,按住Shift键向下拖曳复制多个"截面",如图6-73所示。

图6-72

图6-73

04 进入"修改"面板，选择每一个"截面"对象，单击"创建图形"按钮 创建图形 ，以此来创建"环形节"对象当前位置的截面图形，如图6-74所示。

05 完成后选择所有"截面"对象，按Delete键将其删除，效果如图6-75所示。

图6-74　　　　　　　图6-75

06 选择每一个产生的截面图形，在"渲染"卷展栏下，勾选"在渲染中启用"和"在视口中启用"前的复选框，让其可以在视图和渲染中可见，设置完成后效果如图6-76所示。

07 在视图中选择"环形节"对象，进入"修改"面板，在"修改器列表"中为其添加"切片"修改器，然后在"切片参数"卷展栏下选择"移除底部"选项，将"环形节"的下半部分删除掉，如图6-77所示。

图6-76　　　　　　　图6-77

💡 **技巧与提示**

　　如果在视图中对二维图形的选择不方便，我们可以单击主工具栏上的"选择过滤器"，在下拉列表中选择"图形"选项 S-图形 ▼ ，这样就可以方便对二维图形进行选择了。

08 创意Logo制作完成后效果如图6-78所示。

图6-78

即学即练：制作自行车

场景位置	无
实例位置	实例文件>CH06>即学即练：制作自行车.max
实用指数	★★☆☆☆
学习目标	熟练使用倒角修改器、"样条线"中的"线"对象制作一些特殊效果

　　在本实例中，使用前面所学的倒角修改器来制作一个自行车坐垫模型，"样条线"中的"线"层级即可快速制作出自行车模型的弯曲支架部件，图6-69所示为本实例的最终完成效果，图6-70所示为本实例的线框图。

图6-79　　　　　　　图6-80

6.4 编辑样条线

　　二维图形对象不仅可以进行整体的编辑，还可以进入到其子对象层级进行编辑，这样可以改变其局部形态。二维对象包含3个子对象，分别为"顶点""线段"和"样条线"，如图6-81所示。下面将对这3个子对象及其编辑方法进行详细的介绍。

图6-81

6.4.1 转化为可编辑样条线

　　3ds Max提供的样条线对象，不管是规则和不规则图形，都可以被塌陷成一个可编辑样条线对象。在执行了塌陷操作之后，参数化的图形将不能再访问之前的创建参数，其属性名称在堆栈中会变为"可编辑样条线"，并拥有3个子对象层级。

　　将二维图形塌陷为"可编辑样条线"的方法有两种。第一种方法，选择想要塌陷的二维图形，进入"修改"命令面板，在修改堆栈中单击鼠标右键，从弹出的快捷菜单中选择"可编辑样条线"选项，如图6-82所示。

图6-82

第二种方法,选择想要塌陷的二维图形,在视图中任意位置单击鼠标右键,在弹出的四联菜单中选择转换为>转换为可编辑样条线,如图6-83所示。

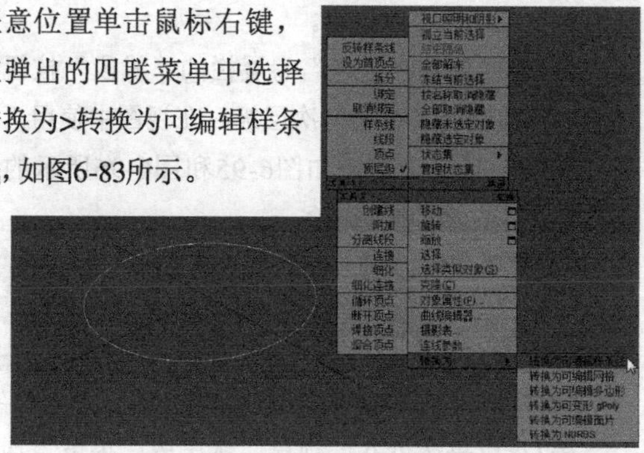

图6-83

将二维图形转换为"可编辑样条线"后,我们就可以进入到"修改"命令面板的修改堆栈中,对这3个子对象进行"位移""旋转"和"缩放"等一系列操作,以此来编辑成我们所需要的形态。当我们单击"顶点"子对象层级或者单击"选择"卷展栏下的 "顶点"按钮时,该子对象变为了黄色,这说明我们进入到了该子对象层级,再次单击该子对象,我们就又回到了物体层级。用同样的方法,我们可以在进入到任意子对象层级中进行操作,如图6-84所示。

图6-84

6.4.2 顶点

"顶点"子对象是二维图形最基本的子对象类型,也是构成其他子对象的基础。顶点与顶点相连,就构成了线段,线段与线段相连就构成了样条线。在3ds Max中,顶点有4种类型,分别为"角点""平滑"、Bezier和"Bezier角点"。其中,Bezier和"Bezier角点"可以更改顶点的操纵手柄来改变曲线的弯曲效果,如图6-85所示。

图6-85

"顶点"的这4种类型之间可以相互转换,选择想要转换的顶点,在视图任意位置单击鼠标右键,在弹出的四联菜单中就可以更改顶点的类型,如图6-86所示。

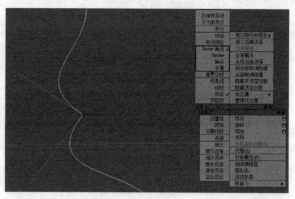

图6-86

6.4.3 线段

"线段"子对象控制的是组成样条曲线的线段,即样条曲线上两个顶点中间的部分,如图6-87所示。在"线段"子对象层级,用户可以对"线段"子对象进行移动、旋转、缩放或复制等操作,并可以使用针对于"线段"子对象层级的编辑命令。

图6-87

6.4.4 样条线

"样条线"子对象为二维图形中独立的样条曲线对象,它是一组相连线段的集合。在"样条线"子对象层级,用户可以对"样条线"子对象进行移动、旋转、缩放或复制操作,并使用针对于"样条线"子对象层级的编辑命令,如图6-88所示。

图6-88

接下来将通过一组实例操作,使读者掌握 "可编辑样条线"对象的3个次物体层级中的一些常用命令。

第1步:打开本书学习资源"场景文件>CH06>01.max",该场景中有一个"平面"对象,并为"平面"对象指定一张标志的贴图,如图6-89所示。

第2步:进入前视图中按F3键,使对象以"明暗处理"

的方式显示，然后进入"图形"命令面板，单击"圆环"按钮 圆环 ，在视图中依据标志外轮廓的厚度创建出一个"圆环"对象，并勾选"插值"卷展栏下"自适应"选项前面的复选框，如图6-90所示。

图6-89　　　　　　　图6-90

技巧与提示

为了方便操作，场景中的"平面"对象已经被"冻结"，如果想对"平面"对象进行操作，请"解冻"该对象。

第3步：选择"圆环"对象，在视图中任意位置单击鼠标右键，在弹出的四联菜单中选择"转换为可编辑样条线"命令，如图6-91所示

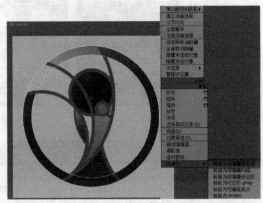

图6-91

第4步：单击"选择"卷展栏中的"顶点"按钮进入对象的"顶点"次层级，然后单击"几何体"卷展栏上的"优化"按钮 优化 ，接着将光标移到样条曲线上，在如图6-92所示的位置处单击鼠标左键，在单击的位置就会出现一个新的顶点，如图6-92所示。

图6-92

技巧与提示

利用"优化"命令可以使用单击的方法为样条曲线添加顶点，并且添加的顶点不会改变样条曲线的形状。

第5步：用同样的方法，在图6-93和图6-94所示

的位置添加新的顶点，并在视图中的任意位置单击鼠标右键结束该命令的使用。

第6步：单击"选择"卷展栏的"线段"按钮，进入样条曲线的"线段"次层级，在视图中使用"选择并移动"工具选择如图6-95和图6-96所示的线段，并按Delete键将其删除。

图6-93　　图6-94　　图6-95　　图6-96

第7步：再次进入"顶点"次层级，单击"几何体"卷展栏中的"连接"按钮 连接 ，在图6-97所示的位置单击并拖曳鼠标，从一个顶点拖曳到另一个顶点，这两个顶点之间将会出现一条线段。

图6-97

技巧与提示

使用"连接"命令时，必须保证两个顶点是不封闭的样条线的端点。

第8步：用同样的方法，在图6-98和图6-99所示的位置将对应的顶点之间连线起来。

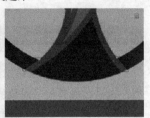

图6-98　　　　　　　图6-99

第9步：在"几何体"卷展栏中单击"创建线"按钮，在图6-100所示的位置创建线段，创建完毕后单击鼠标右键结束当前命令。

图6-100

第10步：选择上一步中创建的3个顶点，在视图中单击鼠标右键，在弹出的四联菜单中选择Bezier，将顶点的属性由"角点"改为"Bezier"，如图6-101所示。

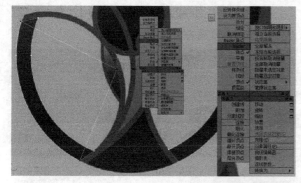

图6-101

第11步：使用"选择并移动"命令调节顶点位置和控制手柄到如图6-102所示的效果。

图6-102

第12步：单击"选择"卷展栏中的"样条线"按钮，进入对象的"样条线"次层级，在视图中选择上一步创建的样条曲线，并单击"几何体"卷展栏下的"轮廓"按钮，在样条线对象上单击并拖曳鼠标或在"轮廓"按钮右侧的参数栏中输入数值，均可创建出轮廓线，如图6-103所示。

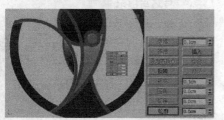

图6-103

技巧与提示

创建顶点时，要遵循用最少的点创建出最圆滑的曲线这样一个原则，因为这样不但方便曲线的调节，而且还可以节省系统资源。

第13步：使用同样的方法制作其余4根样条曲线，如图6-104所示。

第14步：再次进入"样条线"次层级，选择如图6-105所示的样条曲线。

图6-104

图6-105

第15步：单击"几何体"卷展栏中的"布尔"按钮 ，保持按钮右侧的"并集"按钮 为激活状态，然后在视图中依次拾取另外4个样条线，如图6-106和图6-107所示。

图6-106　　　　图6-107

第16步：这时我们发现有些顶点的位置不太正确，再次进入"顶点"次层级来修改它们的位置，如图6-108和图6-109所示。

图6-108　　　　图6-109

第17步：单击"图形"命令面板中的"圆环"按钮，  在如图6-110所示的位置创建两个圆环对象。

图6-110

第18步：选择前面编辑完成的样条曲线，单击"几何体"卷展栏中的"附加"按钮 附加 ，将鼠标移动到场景中的圆环对象上单击鼠标左键，将两个圆环对象依次添加到整体的样条曲线中，如图6-111和图6-112所示。

图6-111　　　　图6-112

第19步：进入"样条线"次层级，单击"几何体"卷展栏中的"修剪"按钮，将鼠标移至如图6-113所示的位置，将多余的线段修剪掉，得到的效果如图6-114所示。

第24步：用同样的方法，将如图6-120和图6-121所示的样条线分离为单独的对象。

图6-120　　　　　　　　图6-121

技巧与提示

在分离当前3个样条线时，也要勾选"复制"复选框。

第25步：选择如图6-122所示的样条曲线，单击"附加"按钮 ，将下面的样条线合并为同一个对象。

图6-122

技巧与提示

由于两个样条线都不是闭合的对象，这样为对象添加如"挤出"修改器后，得到的就是一个"片"而不是一个带有厚度的实体，如图6-123所示。

图6-123

第26步：进入"顶点"次层级，框选如图6-124所示的顶点，单击"几何体"卷展栏中的"焊接"按钮，将所选顶点进行焊接。

图6-124

技巧与提示

"焊接"命令可以将选择的两个顶点焊接为一个顶点，"焊接"命令也只能将两个顶点进行焊接，多个顶点是不能焊接在一起的。如果两个顶点之间的距离太远，可以适当增大"焊接"按钮后面的数值再进行焊接操作。

图6-113　　　　　　　　图6-114

第20步：使用同样的方法，将其他多余的线段都修剪掉，最终效果如图6-115所示。

第21步：因为图标的颜色不是同一种，所以想要单独指定颜色就要把整体的样条曲线分离成不同的单独的对象，选择如图6-116所示的样条线，单击"几何体"卷展栏下的"分离"按钮  分离 ，将选择的样条曲线分离出去，在弹出的对话框中指定样条线的名称后单击确定按钮。

图6-115　　　　　　　　图6-116

第22步：用同样的方法，将如图6-117和图6-118所示的样条线都分离为单独的对象

图6-117　　　　　　　　图6-118

第23步：选择中间的样条曲线并进入"线段"次层级，选择如图6-119所示的线段，勾选"分离"按钮下方的"复制"复选框，单击"分离"按钮 分离 。

图6-119

技巧与提示

在分离"线段"或"样条线"对象时勾选"复制"复选框，那么在分离所选对象的同时会继续保留原始样条曲线的"线段"或"样条线"。

第27步：在修改列表中，为其添加"挤出"编辑修改器，并调节挤出修改器"参数"卷展栏中的"数量"参数，如图6-125所示。

第28步：用同样的方法为场景中其他的对象都添加"挤出"编辑修改器，最后效果如图6-126所示

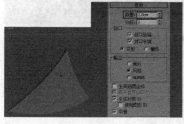

图6-125　　　　图6-126

第29步：选择场景中有错误的对象并进入其"顶点"次层级，接着在场景中框选所有的顶点，使用"焊接"命令将所有的顶点进行焊接，这样重合在一起而没有焊接的顶点就会被焊接在一起，从而形成闭合的样条线，如图6-127所示。

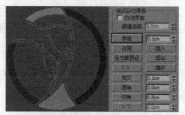

图6-127

💡 技巧与提示

　　这时我们发现场景中有些对象出现了之前讲过的一些错误，即只挤出了一个"片"而没有挤出一个实体对象，这是由于我们之前进行过一个"布尔"和"修剪"命令造成的，下面我们就来修改这些错误。

第30步：在修改堆栈中单击"挤出"编辑修改器，回到"挤出"编辑修改器层级，这时得到的结果就是正确的了，效果如图6-128所示。

图6-128

💡 技巧与提示

　　因为所选对象的"顶点"太多，我们并不知道具体有哪些顶点需要焊接，这时我们就可以选择所有的顶点一块进行焊接，需要注意的是"焊接"按钮后面的数值不宜设置过大，否则可能会将一些不应该焊接的顶点焊接到一起。

第31步：用同样的方法，再次修改场景中有错误的对象，如图6-129所示。

第32步：进入"几何体"命令面板，单击"球体"按钮 [球体] ，在如图6-130所示的位置创建一个球体。

图6-129　　　　图6-130

第33步：设置"参数"卷展栏中"半球"命令后面的数值为0.9，如图6-131所示。

第34步：为各个对象指定对应的颜色，最后效果如图6-132所示。

图6-131　　　　图6-132

典型实例：制作晾衣架

场景位置	无
实例位置	实例文件>CH06>典型实例：制作晾衣架.max
实用指数	★★★☆☆
学习目标	熟练使用"编辑样条线"修改器中的常用命令来制作模型

　　本实例中我们通过使用"样条线"分类中的各种二维图形和"编辑样条线"修改器来制作一个晾衣架模型，图6-133所示为本实例的最终完成效果，图6-134所示为本实例的线框图。

图6-133　　　　图6-134

01 在"创建"面板下单击"图形"按钮 ，然后设置图形类型为"样条线"，接着单击"圆"按钮 [圆] ，在前视图中创建一个"圆"对象，并设置其"半径"为16.0cm，如图6-135所示。

图6-135

02 选择"圆"对象将其转换为可编辑样条线后,进入"线段"子层级中选择如图6-136所示的边按Delete键将其删除,完成后的效果如图6-137所示。

图6-136　　　　　　　图6-137

03 进入"顶点"子层级,在如图6-138所示的位置,使用"优化"命令添加一个"顶点"。

04 使用"移动"工具,调整至如图6-139所示"顶点"的位置。

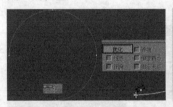

图6-138　　　　　　　图6-139

05 使用"圆角"命令,对如图6-140所示的"顶点"进行圆角处理。

06 用同样的方法,在视图中再创建一个"圆"对象,并调整其形态,如图6-141所示。

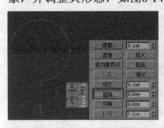

图6-140　　　　　　　图6-141

技巧与提示

为了让创建出的"弧"为水平的,可以在创建时打开捕捉功能,并设置捕捉方式为"栅格点"。

07 单击"弧"按钮，在视图中创建一个"弧"对象,如图6-142所示。

08 单击"线"按钮，在视图中创建一条直线,如图6-143所示。

图6-142　　　　　　　图6-143

09 单击"圆"按钮，在视图中创建一个"圆"对象,编辑其形态后通过镜像复制的方式得到另一边,如图6-144和图6-145所示。

图6-144　　　　　　　图6-145

10 在视图中选择最下方的"线"对象并进入"修改"面板,单击"附加"按钮,然后单击场景中所有的样条线对象,将所有样条线对象合并为一个物体,如图6-146和图6-147所示。

图6-146　　　　　　　图6-147

11 在"渲染"卷展栏下,勾选"在渲染中启用"和"在视口中启用"前的复选框,并设置"厚度"为5cm,然后勾选"插值"卷展栏下"自适应"前的复选框,如图6-148所示。

12 复制两个晾衣架并调整其位置和角度,最终效果如图6-149所示。

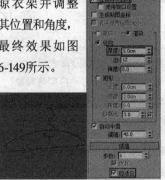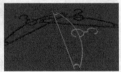

图6-148　　　　　　　图6-149

典型实例：制作台历

场景位置	无
实例位置	实例文件>CH06>典型实例：制作台历.max
实用指数	★★★☆☆
学习目标	熟练使用"编辑样条线"修改器中的常用命令来制作模型

　　本实例中我们通过使用"样条线"分类中的各种二维图形和"编辑样条线"修改器来制作一个台历模型,图6-150所示为本实例的最终完成效果,图6-151所示为本实例的线框图。

图6-150　　　　　　　图6-151

01 在"创建"面板下单击"图形"按钮，然后设置图形类型为"样条线"，接着单击"矩形"按钮 矩形，在前视图中创建一个"矩形"对象，并设置其"长度"为240.0cm，宽度为200.0cm，如图6-152所示。

02 选择"矩形"对象，将其转换为可编辑的样条线，然后进入其"线段"子层级，选择矩形最上面的线段，然后设置"拆分"值为1后单击"拆分"按钮，这样就可以在选择边的中间位置加入一个顶点，如图6-153所示。

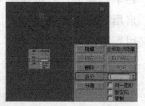

图6-152　　　　　　　　图6-153

03 选择矩形最上面的两个顶点，按Delete键将其删除，如图6-154和图6-155所示。

图6-154　　　　　　图6-155

04 选择矩形剩余的3个顶点，将其设置为"角点"，然后使用"圆角"命令对其进行圆角处理，如图6-156和图6-157所示。

05 进入"样条线"子层级，使用"轮廓"命令对样条线进行扩边处理，如图6-158所示。

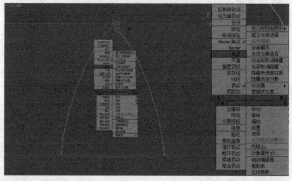

图6-156

图6-157　　　　　　　　图6-158

06 选择矩形在"修改器列表"中为其添加"挤出"修改器，并设置数量为400.0cm，如图6-159所示。

07 在左视图中创建两个矩形物体，大矩形的"长度"为235.0cm，"宽度"为360.0cm，小矩形的"长度"为8.0cm，"宽度"为8.0cm，如图6-160和图6-161所示。

图6-159

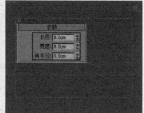

图6-160　　　　　　　　图6-161

08 按住Shift键，将小矩形复制出多个，如图6-162所示。

图6-162

09 选择大的矩形，将其转换为可编辑样条线，然后使用"附加"命令将所有的小矩形都结合为一个物体，完成后在"修改器列表"中为其添加"挤出"修改器，并设置"数量"值为4cm，如图6-163和图6-164所示。

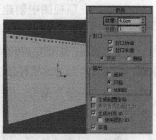

图6-163　　　　　　　　图6-164

10 使用移动和旋转工具调整其位置和角度后，效果如图6-165所示。

11 在前视图中创建一个"螺旋线"对象，并设置其参数如图6-166所示。

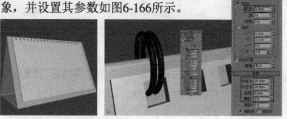

图6-165　　　　　　　　图6-166

125

12 按住Shift键，对螺旋线物体进行复制，并调整其位置，制作完成后台历的效果如图6-167所示。

图6-167

典型实例：制作椅子

场景位置	无
实例位置	实例文件>CH06>典型实例：制作椅子.max
实用指数	★★★☆☆
学习目标	熟练使用"编辑样条线"修改器中的常用命令来制作模型

本实例中，我们通过使用"样条线"分类中的各种二维图形和"编辑样条线"修改器来制作一个椅子模型，图6-168所示为本实例的最终完成效果，图6-169所示为本实例的线框图。

图6-168　　　　　　　图6-169

01 在"创建"面板下单击"图形"按钮，然后设置图形类型为"样条线"，接着单击"矩形"按钮 矩形 ，在顶视图中创建一个"矩形"对象，并设置其"长度"为15.0cm，"宽度"为8.0cm，以此作为椅子的腿，如图6-170所示。

02 将其转换为可编辑样条线后并进入"线段"子层级，使用"拆分"命令，将如图6-171所示的边拆分成3段。

 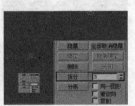

图6-170　　　　　　　图6-171

03 进入"顶点"子层级并使用移动工具，调节矩形顶点的位置，如图6-172所示。

04 使用"圆角"命令对矩形所有的顶点进行圆角处理，完成后的效果如图6-173所示。

图6-172　　　　　　　图6-173

05 在"渲染"卷展栏下，勾选"在渲染中启用"和"在视口中启用"前的复选框，并设置"厚度"为0.35cm，如图6-174所示。

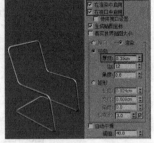

图6-174

06 在前视图中再创建一个"矩形"对象，并设置其参数，如图6-175所示。

图6-175

07 将其转换为可编辑多样条线后并进入"线段"子层级，使用"拆分"命令对如图6-176所示的边进行拆分，完成后调节顶点的位置，效果如图6-177所示。

图6-176　　　　　　　图6-177

08 在"修改器列表"中为其添加"挤出"修改器，并设置"数量"为5.75cm，如图6-178所示。

09 使用同样的方法，制作出椅子的后背，如图6-179所示。

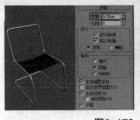 

图6-178　　　　　　　图6-179

10 在"创建"面板中，单击"圆柱体"按钮 圆柱体 ，在场景中创建一个圆柱体，如图6-180所示。

11 将圆柱体再复制3个，并调整它们的位置和旋转角度，最终椅子制作完成后的效果如图6-181所示。

图6-180　　　　　　　　图6-181

即学即练：制作茶几

场景位置	无
实例位置	实例文件>CH06>即学即练：制作茶几.max
实用指数	★★☆☆☆
学习目标	熟练使用"编辑样条线"修改器中的常用命令来制作模型

本实例中，通过使用"样条线"分类中的各种二维图形和"编辑样条线"修改器来制作茶几脚架模型，图6-182所示为本实例的最终完成效果，图6-183所示为本实例的线框图。

图6-182　　　　　　　　图6-183

6.5 知识小结

本章主要详细讲解了创建二维图形并利用各种修改器将二维图像转换成想要的三维效果。其中"可编辑样条线"在对三维模型的创建及修改中极其常用，通过对这些工具和命令的熟练掌握，可以对读者的模型制作起到事半功倍的作用。

6.6 课后拓展实例：制作桌椅模型

场景位置	无
实例位置	实例文件>CH06>课后拓展实例：制作桌椅模型.max
实用指数	★★☆☆☆
学习目标	熟练使用"编辑样条线"修改器中的常用命令来制作模型

本节为读者安排了一组椅子效果图的模型实例，实例制作过程将演示二维图形的建立与编辑方法，以

及二维图形编辑修改器的操作技巧等。通过该实例可以使读者将本章的知识更好地应用于实际工作中。图6-184所示为本实例的最终完成效果，图6-185所示为本实例的线框图。

图6-184　　　　　　　　图6-185

01 在顶视图中创建一个"矩形"二维图形并转换为"可编辑样条线"，然后进入"线段"次层级，删除下面的线段，再使用"拆分" 拆分 命令对"矩形"两边的线段进行加点，如图6-186所示。

图6-186

02 进入"顶点"子层级，在透视图中使用移动工具对"顶点"进行位置操作，如图6-187所示。

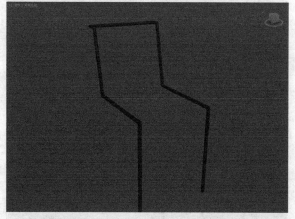

图6-187

03 使用"圆角" 圆角 命令对所需要的顶点进行圆角处理并使用"线"工具制作椅子的两根后腿，如图6-188所示。

图6-188

04 在前视图中，根据椅子的宽度创建一个"矩形"二维图形，然后将其转换为"可编辑样条线"并进入"样条线"子层级，使用"轮廓" 轮廓 命令对"矩形"进行扩边操作，如图6-189所示。

05 为"矩形"添加"挤出"编辑修改器，然后根据椅面和椅背的形态，使用位移、旋转工具并配合Shift键复制出多个"矩形"物体，如图6-190所示。

06 用同样的方法制作出餐桌模型，如图6-191所示。

图6-189

图6-190

图6-191

07 选择椅子模型，使用位移、旋转工具并配合Shift键复制出另外3个椅子模型，最终效果如图6-192所示。

图6-192

3ds Max

第 7 章 使用复合对象建模

本章知识索引

本章实例索引

7.1 复合对象概述

复合对象建模是一种特殊的建模方法，该建模方法可以将两个或两个以上的物体通过特定的合成方式合并为一个物体，以创建出更复杂的模型。对于合并的过程，不仅可以反复调节，还可以记录成动画，实现特殊的动画效果。

随着3ds Max软件的升级，有很多的复合对象工具已经被淘汰了。如"变形"工具，现在有更强大的"变形"编辑修改器，再如"连接"工具，现在有更强大的"编辑多边形"编辑修改器，所以本章将介绍目前来说常用的几种复合对象的创建方法。

7.2 课前引导实例：制作树木

场景位置	场景文件>CH07>01.max
实例位置	实例文件>CH07>课前引导实例：制作树木.max
实用指数	★★★☆☆
学习目标	熟练使用"散布"中的命令来创建对象

本节为读者安排了一棵树木的制作实例，实例演示了离散工具的使用方法，通过该实例可以使读者更好地掌握本章所学内容。图7-1所示为本实例的最终完成效果，图7-2所示为本实例的线框图。

图7-1　　　　　　　　　　图7-2

01 打开本书学习资源"场景文件>CH07>01. max"，该场景中有一个树干对象，两个树枝对象，一个树叶对象，如图7-3所示。

02 在场景中选择"树干"对象，进入"修改"命令面板，在修改堆栈中为其添加"编辑多边形"修改器，然后进入"多边形"次层级，在场景中选择所需要的面，如图7-4所示。

技巧与提示

选择树干上的面目的在于让树枝只散布到选择的面上，也就是树枝只生长在树干的上半部分，否则树枝会生长在整个树干上。

图7-3　　　　　　　　　　图7-4

03 选择"树叶01"对象，进入"复合对象"命令面板，单击"散布"按钮　散布　，这时会出现"散布"的创建参数，如图7-5所示。

04 单击"拾取分布对象"卷展栏中的"拾取分布对象"按钮　拾取分布对象　，然后在场景中单击"树干"对象，将"树枝01"对象散布到"树干"对象上，并设置散布的数量为30，如图7-6所示。

图7-5　　　　　　　　　　图7-6

05 在"分布对象参数"选项组，取消"垂直"前面的复选框并勾选"仅使用选定面"前面的复选框，如图7-7所示。

06 在"变换"卷展栏中进行如图7-8所示的设置。

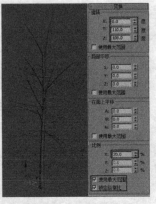

图7-7　　　　　　　　　　图7-8

07 在"显示"卷展栏中，勾选"隐藏分布对象"复选框，如图7-9所示。

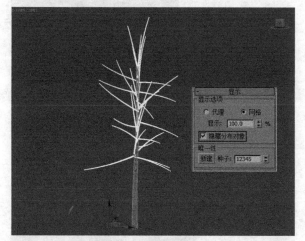

图7-9

08 用同样的方法将"树枝02"对象散布到"树枝01"对象上，如图7-10和图7-11所示。

图7-10　　　　　　图7-11

09 用同样的方法将"树叶"对象散布到"树枝02"对象上，最终效果如图7-12和图7-13所示。

图7-12　　　　　　图7-13

7.3 创建复合对象

在"创建"命令面板中单击"几何体"按钮，在"几何体"次面板的下拉列表中选择"复合对象"选项，进入"复合对象"创建面板。"对象类型"卷展栏中的按钮有些是灰色的，这表示当前选定的对象不符合该复合对象的创建条件，如图7-14所示。

图7-14

7.3.1 散布

"散布"复合对象能够将选定的源对象通过散布控制，分散、覆盖到目标对象的表面。通过"修改"命令面板可以设置对象分布的数量和状态，并且还可以设置散布对象的动画，接下来将通过一组实例操作，为读者讲解"散布"复合对象的创建及设置方法。

第1步：打开本书学习资源"场景文件>CH07>02.max"，该场景中有一个地面物体和一个小草物体，如图7-15所示。

第2步：在场景中选择"小草"对象，进入"复合对象"创建面板，在"对象类型"卷展栏下单击"散布"按钮　散布　，这时在"复合对象"命令面板中会出现"散布"的创建参数，如图7-16所示。

图7-15　　　　　　图7-16

第3步：在"拾取分布对象"卷展栏中点击"拾

取分布对象"按钮 拾取分布对象 ，然后在场景中单击"地
面"对象，
小草对象会
分布在地面
对象的表面
上，如图7-17
所示。

图7-17

第4步：在"源对象参数"选项组中，可以指定
散布的源对象的重复数，如图7-18所示。

图7-18

第5步：通过"基础比例"参数可以设置源对象
的比例，同时也影响所有散布对象。通过设置"顶点
混乱度"参数，可以对源对象的顶点应用随机扰动，
使其形状更为不规则，如图7-19所示。

图7-19

> **技巧与提示**
>
> 在"分布对象参数"选项组中，有9种"分布方式"
> 来设置源对象的排列方式，读者可以自行切换尝试。需要注
> 意的是，如果场景中分布对象的网格数目较多，应该尽量避
> 免使用"所有顶点""所有边的中点"和"所有面的中心"
> 这3种分布方式，否则很容易引起软件的崩溃。

第6步："变换"卷展栏提供了各种变换控制方
法，用于对散布的对象进行修改操作，还可以将它
们的变化指定为动画。如想让小草物体在地面上方

向和大小都随机一
些，可以按照如图
7-20所示的参数进
行设置。

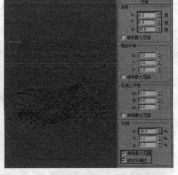

图7-20

第7步："显示"卷展栏用来控制场景中分布对
象的显示情况，这样可以合理地节约系统资源，加快
运算速度。在"显示选项"选项组中选择"代理"
单选按钮后，场
景中显示的散布
分子将以简单的
方块来代替，但
并不影响最后渲
染的效果，如图
7-21所示。

图7-21

第8步：在"显示选项"选项组中，将"显示"参数栏
中的参数设置为
25，场景中显示的
散布对象将变少，
但并不影响最后
渲染的效果，如图
7-22所示。

图7-22

7.3.2 图形合并

"图形合并"复合对象能够将一个二维图形投影
到三维对象表面，从而产生相交或相减的效果，该工
具常用于对象表面的镂空文字或花纹的制作。

在创建"图形合并"复合对象时，需要一个三
维对象、一个或多个二维图形。二维图形可以是封闭
的，也可以是开放的，但如果使用开放的二维图形，
形成的子对象将无法形成封闭的面。在完成了图形的
合并后，利用"面挤出"编辑修改器将原对象的表面
进行凹进或凸出设置，如图7-23所示。

图7-23

接下来将通过一组实例，向读者讲解"图形合并"复合对象的创建及设置方法。

第1步：打开本书学习资源"场景文件>CH07>03.max"，该场景中有一个球体模型和一个文本文字，如图7-24所示。

第2步：选择"球体"对象，在"复合对象"命令面板中单击"图形合并"命令按钮 图形合并 ，这时在"复合对象"命令面板中会出现"图形合并"的创建参数，如图7-25所示。

图7-24　　　　　　　　图7-25

第3步：在"拾取操作对象"卷展栏中单击"拾取图形"按钮 拾取图形 ，并在视图中选择"文本"对象。当"参数"卷展栏的"操作对象"列表框中出现所有合并对象的名称后，说明合并操作成功，如图7-26所示。

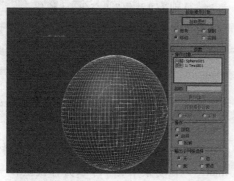

图7-26

第4步：在"操作"选项组中，"合并"选项为默认的选择状态，表示图形与网格对象的曲面合并。选择"饼切"单选按钮 饼切 ，可以将投影图形内部的网格对象切除，当勾选"反转"复选框时，将会把投影图形外部的所有网格面切除，如图7-27所示。

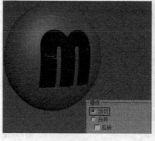

图7-27

第5步：进入"修改"命令面板，在"修改器列表"中为其添加"面挤出"修改器，然后在"参数"卷展栏中设置"数量"值为0.5，"比例"值为96.0，最终效果如图7-28所示。

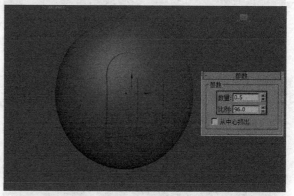

图7-28

典型实例：制作轮胎标记

场景位置	场景文件>CH07>04.max
实例位置	实例文件>CH07>典型实例：制作轮胎标记.max
实用指数	★★★☆☆
学习目标	熟练使用"图形合并"工具来制作模型

本实例中我们通过使用"图形合并"工具来制作轮胎上的标识文字效果，图7-29所示为本实例的最终完成效果，图7-30所示为本实例的线框图。

图7-29　　　　　　　　图7-30

01 打开本书学习资源"场景文件>CH07>04.max",该场景中有一个轮胎模型和一个文本文字,如图7-31所示。

02 选择文本文字,对其添加"弯曲"修改器,效果如图7-32所示。

图7-31   图7-32

03 选择"轮胎"对象,在"复合对象"命令面板中单击"图形合并"命令按钮 [图形合并] ,这时在"复合对象"命令面板中会出现"图形合并"的创建参数,如图7-33所示。

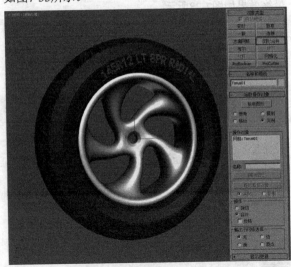

图7-33

04 在"拾取操作对象"卷展栏中单击"拾取图形"按钮 [拾取图形] ,并在视图中选择"文本"对象。当"参数"卷展栏的"操作对象"列表框中出现所有合并对象的名称后,说明合并操作成功,如图7-34所示。

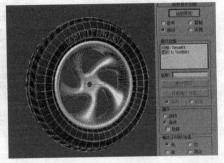

图7-34

05 为其设置"多维/子对象"材质后,最终效果如图7-35所示。

图7-35

7.3.3 使用布尔运算

"布尔"命令能够对两个或两个以上的对象进行交集、并集和差集的运算,从而对基本几何体进行组合,创建出新的对象形态。在布尔运算中,这两个对象被称为"操作对象",一个叫操作对象A,一个叫操作对象B,如图7-36所示。

操作对象A   操作对象B

图7-36

执行"布尔"操作后,在"参数"卷展栏的"操作"选项组中提供了布尔运算的5种操作类型,分别为"并集""交集""差集(A-B)""差集(B-A)"和"切割",如图7-37所示。

图7-37

在学习布尔运算知识之前,首先让我们了解一下3ds Max中布尔运算的5种类型。

第1步:打开本书学习资源"场景文件>CH07>05.max",该场景中有一个长方体模型和一个圆环模型,如图7-38所示。

第2步：在场景中选择长方体对象，进入"复合对象"创建面板，在"对象类型"卷展栏下单击"布尔"按钮 布尔 ，这时在"复合对象"命令面板中会出现"布尔"的创建参数，如图7-39所示。

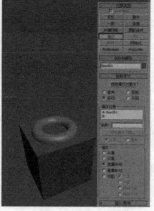

图7-38   图7-39

第3步：在"参数"卷展栏的"操作"选项组中选择"并集"运算类型，然后单击"拾取操作对象B"按钮 拾取操作对象B 在视图中拾取圆环对象，这时两个相交的通过中间交叉部分被合为一体，交叉部分将被删除，如图7-40所示。

第4步：选择"交集"运算类型后，这种类型的布尔对象可以将两个对象相交的部分保留，不相交的部分删除，如图7-41所示。

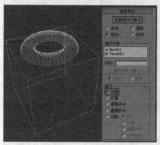

图7-40   图7-41

第5步：选择"差集（A-B）"运算类型后，将两个对象进行相减处理，得到切割后的造型。以"操作对象B"为裁切对象，"操作对象A"为被裁切对象，通过布尔运算将从"操作对象A"上裁掉"操作对象A"与"操作对象B"的相交部分，如图7-42所示。

第6步：选择"差集（B-A）"运算类型后，该类型的布尔对象与"差集（A-B）"类型的布尔效果相反。以"操作对象A"为裁切对象，"操作对象B"为被裁切对象，通过布尔运算将从"操作对象B"上裁掉"操作对象B"与"操作对象A"的相交部

分，如图7-43所示。

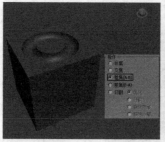

图7-42   图7-43

第7步：选择"切割"运算类型后，操作对象B在操作对象A上进行切割，切割方式不是将对象B的几何形态赋予对象A，而是将对象B与对象A相交部分的形状作为辅助面进行切割。"切割"类型还包括4种"切割"方式，分别为"优化""分割""移除内部"和"移除外部"，如图7-44所示。

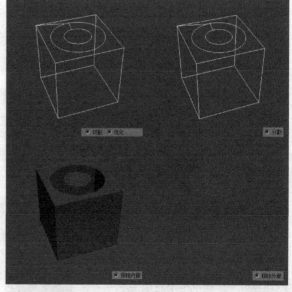

图7-44

7.3.4 对执行过布尔运算的物体进行编辑

经过布尔运算之后的对象，可以进入"修改"命令面板对其进行编辑，本节将为读者讲解编辑布尔运算对象的方法。

第1步：重新打开本书学习资源中的"场景文件>CH07>05.max"文件，并进行布尔运算操作，如图7-45所示。

图7-45

第2步：进入"修改"命令面板，在"参数"卷展栏下的"操作对象"参数组中可以看到有两个对象A:Box001和B:Torus001，选择任意一个对象，发现它们的名称又出现在修改堆栈中，这时可以重新调节它们的参数，如图7-46所示。

图7-46

第3步：在"布尔"命令面板的"显示/更新"卷展栏中包含"显示"和"更新"两个选项组，在"显示"选项组中分别有3个单选按钮，这3个单选按钮控制着布尔运算中对象在视图中的显示状态，它不会影响最终的渲染效果，如图7-47所示。

图7-47

第4步：在"修改"命令面板的堆栈中，单击"布尔"名称前的"+"展开按钮，并选择"操作对象"选项组中的任意对象，即可进入布尔运算的子对象编辑状态，如图7-48所示。

图7-48

技巧与提示

在进行多个物体或连续多次布尔运算时，常会出现无法计算或计算错误的情况，这是原始物体经过布尔运算后产生布局混乱造成的。所以在进行布尔运算过程中，还应遵守一些合理的操作原则以减少错误的产生，具体方法请参见本书配套的视频教学。

7.3.5 ProBoolean

ProBoolena是3ds Max 9.0版本时新增的一个工具，在3ds Max 9.0之前，ProBoolean是作为3ds Max的一个布尔运算插件存在的，名字叫作PowerBoolean（超级布尔运算）。3ds Max 9.0的ProBoolean被植入到了软件中，成为了软件自带的一个工具，可见ProBoolean的重要作用。ProBoolean与前面章节学过的传统布尔运算工具相比更有优势，甚至可以完全取代传统的布尔运算工具，ProBoolean的创建参数面板，如图7-49所示。

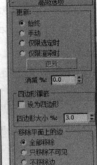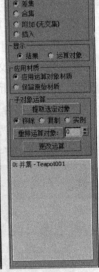

图7-49

"参数"卷展栏下的其他运算方式与传统的布尔运算方式的结果相差不大。"合并"运算方式是将对象组合到单个对象中，而不移除任何几何体，只在对象相交的位置创建新边。选择"合并"运算方式的结果，如图7-50所示。

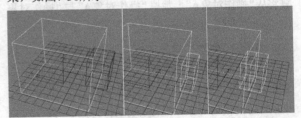

图7-50

"附加"运算模式是将两个或多个单独的实体合并成单个布尔型对象，而不更改各实体的拓扑。实质上，操作对象在整个合并成的对象内仍为单独的元素。选择"附加"运算方式的结果，如图7-51所示。

"插入"运算模式是先从第一个操作对象减去第二个操作对象的边界体积，然后再组合这两个对象。实际上，插入操作会将第一个操作对象视为液体体积，因此，如果插入的操作对象存在孔或存在使"液体"进入其体积的某些其他特征，则液体会进入相应的空处。一个已放入液体中的"碗"，如果碗上有洞或发生了倾斜，则液体会进入"碗"内，如图7-52所示。

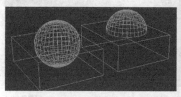
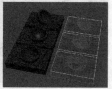

图7-51   图7-52

 技巧与提示

关于ProBoolean的其他参数，请参见本书配套的视频教学内容。

典型实例：制作管道

场景位置	场景文件>CH07>06.max
实例位置	实例文件>CH07>典型实例：制作管道.max
实用指数	★★☆☆☆
学习目标	熟练使用ProBoolean工具来制作模型

本实例中，我们通过使用ProBoolean工具来制作一个管道模型，图7-53所示为本实例的最终完成效果，图7-54所示为本实例的线框图。

图7-53   图7-54

01 打开本书学习资源"场景文件>CH07>06.max"，该场景中有两个管道模型和两个剪切对象。本实例需要将管道合并，然后使用剪切对象将其剪切，使用传统的布尔操作方法，每次只能执行一次操作，使模型创建变得很麻烦，而使用ProBoolean建模方法，可以一次执行所有的操作。

02 在场景中选择"管道01"对象，进入"复合对象"创建面板，在"对象类型"卷展栏下单击ProBoolean按钮 ProBoolean ，这时在"复合对象"命令面板中会出现ProBoolean的创建参数，如图7-55所示。

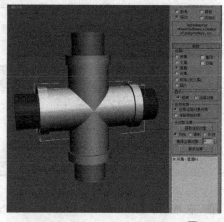

图7-55

03 在"参数"卷展栏内的"运算"选项组中选择"并集"单选按钮 ⊙并集，然后在"拾取布尔对象"卷展栏内激活"开始拾取"按钮 开始拾取 ，在视图中拾取"管道02"对象，将两个对象合并，如图7-56所示。

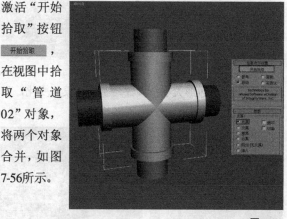

图7-56

04 选择"参数"卷展栏内的"差集"单选按钮 ⊙差集，在视图中单击"剪切对象01"对象，剪切管道，如图7-57和图7-58所示。

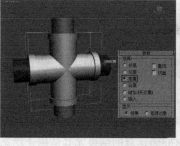

图7-57   图7-58

05 在视图中单击"剪切对象02"对象，继续剪切管道，在不退出ProBoolean命令的情况下，一次组合了多个对象，最终效果如图7-59所示。

06 ProBoolean还可以自动将布尔结果细分为四边形面，有助于使对象生成更完美的光滑效果。进入"修改"命令面板，为"管道01"对象添加一个"涡轮平滑"修改器，由于未设置细分，所以光滑效果很不理想，如图7-60所示。

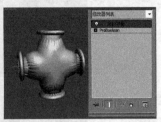

图7-59 图7-60

07 在堆栈中选择ProBoolean选项，显示ProBoolean编辑参数，在"高级选项"卷展栏内选择"设为四边形"复选框，这时光滑效果较之前的效果好了很多，如图7-61所示。

图7-61

08 设置"四边形大小"参数，观察对象的变化，如图7-62和图7-63所示。

图7-62 图7-63

> **技巧与提示**
> "四边形大小"参数值越小，得到的效果越精细，但是消耗的系统资源也越多。

7.3.6 ProCutter

ProCutter与ProBoolean有相似的地方，或者说ProCutter是一种特殊的ProBoolean，其主要目的是分裂或细分体积。ProCutter运算的结果尤其适用于动态模拟中，在动态模拟中，对象炸开，或由于外力或另一对象使对象破碎。下面将通过一组实例操作，为读者讲解ProCutter的相关知识。

第1步：打开本书学习资源"场景文件>CH07>07.max"，该场景中有一个作为"墙面"的立方体对象，两个作为"切割器"的对象，这两个"切割器"是多个立方体对象使用ProBoolean进行"并集"计算后的结果，如图7-64所示。

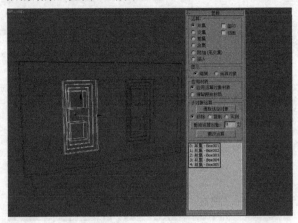

图7-64

第2步：在场景中选择"切割器01"对象，进入"复合对象"创建面板，在"对象类型"卷展栏下单击ProCutter按钮 ProCutter ，这时在"复合对象"命令面板中会出现ProCutter的创建参数，如图7-65所示。

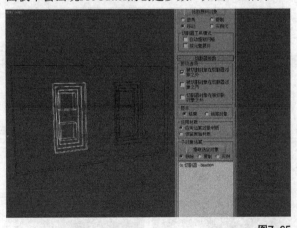

图7-65

第3步：在"切割器拾取参数"卷展栏内激活"拾取切割器对象" 拾取切割器对象 按钮，然后在场景中单击"切割器02"对象，使该对象也定义为切割器对象，如图7-66所示。

图7-66

第4步，激活"拾取原料对象"按钮 拾取原料对象 ，然后在场景中单击"墙面"对象，得到的结果如图7-67所示。

图7-67

我们可以把"切割器"对象理解为一把"刀"，而"原料"对象可以理解为要被这把"刀"切割的物体。上面挖窗户的小实例用ProBoolean也可以实现，只是操作的顺序略有不同。ProCutter特殊的地方在于，在切割对象的同时，还可以把对象拆分为几个独立的物体。下面将通过一组实例操作，使读者了解这方面的内容。

典型实例：制作破碎的酒杯

场景位置　场景文件>CH07>08.max
实例位置　实例文件>CH07>典型实例：制作破碎的酒杯.max
实用指数　★★☆☆☆
学习目标　熟练使用ProCutter工具来制作模型

本实例中，我们通过使用ProCutter工具来制作破碎的酒杯模型效果。图7-68所示为本实例的最终完成效果，图7-69所示为本实例的线框图。

图7-68　　　　　　　　图7-69

01 打开本书学习资源"场景文件>CH07>08.max"，该场景中包含一个"酒杯"对象和两个"切割器"对象，这两个"切割器"是用画线工具制作并添加了"挤出"修改器，如图7-70所示。

图7-70

02 选择"切割器01"对象，使用前面章节的方法，将"切割器02"也定义为切割器对象，如图7-71所示。

图7-71

03 在"切割器拾取参数"卷展栏下，勾选"切割器工具模型"项目组中"自动提取网格"和"按元素展开"前面的复选框，在"切割器参数"卷展栏中勾选"被切割对象在切割器对象之外"和"被切割对象在切割器对象之内"前面的复选框，然后激活"拾取原料对象"按钮 拾取原料对象 ，在场景中单击"酒杯"对象，这样酒杯就被分了3部分，如图7-72所示。

图7-72

04 按Delete键将当前选择的"切割器"对象删除，并移动酒杯的3个部分，我们发现酒杯的3个部分已经被分离开了，如图7-73所示。

图7-73

技巧与提示

使用同样的方法，可以将酒杯对象切割得更碎一些，然后配合3ds Max 2015的MassFX动力学工具，就可以制作酒杯摔碎的动画效果了。关于ProBoolean和ProCutter其他参数的含义，请参见本书配套的视频教学内容。

即学即练：制作色子

场景位置　无
实例位置　实例文件>CH07>即学即练：制作色子.max
实用指数　★★☆☆☆
学习目标　熟练使用ProBoolena工具来制作模型

本实例中，通过使用ProBoolena工具来制作一个色子的模型效果。图7-74所示为本实例的最终完成效果，图7-75所示为本实例的线框图。

图7-74   图7-75

7.4 创建放样对象

放样造型起源于古代的造船技术，以龙骨为路径，在不同截面处放入木板，从而产生船体模型。这种技术被应用于三维建模领域，就是放样操作。在建模工具层出不穷的今天，放样工具仍有着它鲜明的优点，如图7-76所示。

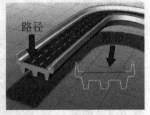

图7-76

创建放样对象完全依赖二维图形，任何二维图形都可以作为放样对象的截面和路径资源来使用，但并不是所有的二维图形都可以满足放榜的要求。图7-77和图7-78所示为一些不符合放榜路径要求的二维图形。

图7-77   图7-78

7.4.1 创建简单的放样对象

在创建放样对象之前，必须首先准备好路径和截面，一个作为放样的路径，另一个作为放样的截面。接下来将通过一组实例操作，使读者先了解一下如何创建简单的放样对象。

第1步：打开本书学习资源"场景文件>CH07>08.max"，并在视图中选择"直线"作为放样图形的路径，如图7-79所示。

图7-79

第2步：进入"复合对象"创建面板，在"对象类型"卷展栏下单击"放样"按钮 放样，这时在"放样"命令面板中会出现"放样"的创建参数，如图7-80所示。

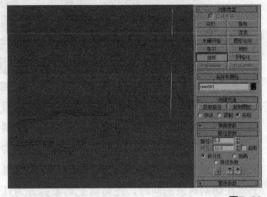

图7-80

第3步：单击"创建方法"卷展栏中的"获取图形"按钮 获取图形，将光标移动到视图中作为截面的星形对象上，光标将转变为"获取图形"捕捉状态图标，随即单击鼠标选择该图形，完成创建放样对象的操作，如图7-81和图7-82所示。

图7-81   图7-82

技巧与提示

如果我们最初选择了星形对象，那么应该在"创建方法"卷展栏中选择"获取路径"。所以应该选择"获取路径"还是"获取图形"，这主要取决于我们的操作顺序。

7.4.2 使用多个截面图形进行放样

在一条路径上放置多个截面可以创建出复杂的放样对象。使用多个截面图形创建对象的重点在于设置不同的路径参数，通过不同的路径参数拾取不同的截面。图7-83所示为"路径参数"卷展栏，图7-84所示为多截面放样的效果。

知识讲解

• **路径**：通过输入值或拖动微调器来设置路径的

级别。

- **捕捉：**用于设置沿着路径图形之间的恒定距离。
- **启用：**当启用"启用"选项时，"捕捉"处于活动状态。
- **百分比：**将路径级别表示为路径总长度的百分比。
- **距离：**将路径级别表示为路径第一个顶点的绝对距离。
- **路径步数：**将图形置于路径步数和顶点上，而不是作为沿着路径的一个百分比或距离。

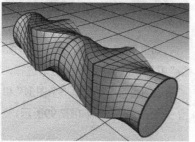

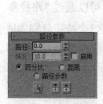

图7-83　　　　　　　　　　　　　　图7-84

- **"拾取图形"按钮：**将路径上的所有图形设置为当前级别。当在路径上拾取一个图形时，将禁用"捕捉"，且路径设置为拾取图形的级别，会出现黄色的 X。"拾取图形"仅在"修改"面板中可用。
- **"上一个图形"按钮：**从路径级别的当前位置上沿路径跳至上一个图形上。黄色 X 出现在当前级别上，单击此按钮可以禁用"捕捉"。
- **"下一个图形"按钮：**从路径层级的当前位置上沿路径跳至下一个图形上。黄色 X 出现在当前级别上，单击此按钮可以禁用"捕捉"。

典型实例：制作罗马柱

场景位置：　场景文件>CH07>09.max
实例位置：　实例文件>CH07>典型实例：制作罗马柱.max
实用指数：　★★★☆☆
学习目标：　熟练使用"放样"工具来制作模型

本实例中，通过使用"放样"工具的多截面放样功能来制作一个罗马柱的模型效果。图7-85所示为本实例的最终完成效果，图7-86所示为本实例的线框图。

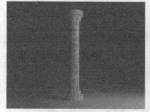

图7-85　　　　　　　　　　　图7-86

01 打开本书学习资源"场景文件>CH07>09.max"，该场景中包含一个作为路径的直线对象，3个作为截面的"圆"图形，还有一个也是作为截面的"星形"图形，如图7-87所示。

02 在场景中选择直线对象，进入"复合对象"创建面板，在"对象类型"卷展栏下单击"放样"按钮 放样 ，这时在"放样"命令面板中会出现"放样"的创建参数，如图7-88所示。

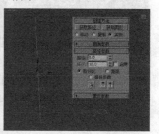

图7-87　　　　　　　　　　　图7-88

03 单击"创建方法"卷展栏中的"获取图形"按钮 获取图形 ，然后在视图中单击"圆1"对象，得到的效果如图7-89所示。

04 调整"路径参数"卷展栏中的"路径"参数值为5.0，设置下一个截面在路径上的位置，这时我们发现有个黄色的X形符号在路径上移动了一点，如图7-90所示。

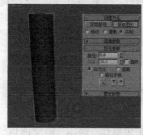

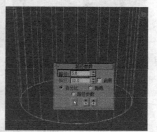

图7-89　　　　　　　　　　　图7-90

05 单击"获取图形"按钮 获取图形 ，在视图中再次拾取"圆1"对象，如图7-91所示。

06 将"路径"参数设置为5.5，然后在视图中拾取"圆2"对象，如图7-92所示。

图7-91　　　　　　　　　　　图7-92

07 将"路径"参数设置为10.0，然后在视图中再次拾取"圆2"对象，如图7-93所示。

08 将"路径"参数设置为10.5，然后在视图中拾取"圆3"对象，如图7-94所示。

图7-93　　　　　　　　　图7-94

09 将"路径"参数设置为11.0，然后在视图中拾取"星形"对象，这样罗马柱下面的部分就制作完成了，如图7-95所示。

10 用同样的方法，将"路径"参数分别设置为"89""89.5""90""94.5"和"95"，再依次拾取"星形""圆3""圆2""圆2"和"圆3"，最终的效果如图7-96所示。

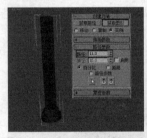

图7-95　　　　　　　　　图7-96

7.4.3　编辑放样对象

当创建完成放样对象后，可以在"修改"命令面板中对其进行编辑。放样对象的路径、截面图形都是可以编辑的，甚至可以在路径上插入新的截面图形。下面将介绍编辑放榜对象的方法。

"曲面参数"卷展栏包含控制放样对象表面渲染方式的选项，在"曲面参数"卷展栏的"平滑"选项组中有两个复选框，分别控制着放样对象的表面是否光滑。图7-97所示的左面的对象为勾选了"平滑长度"后的效果，右面的对象为勾选了"平滑宽度"后的效果，后面的对象为两个选项都勾选后的效果。

"路径"数值设置的是下一次"获取图形"时截面被拾取时所在路径上的位置。"路径"数值计算的方式有3种，分别是"百分比""距离"和"路径

步数"，这3种方式的含义大同小异，都是设置截面在路径从起始点到终点之间所在的位置，如图7-98所示。

图7-97　　　　　　　　　图7-98

如果要选择放样对象上的截面，可以通过"路径参数"卷展栏底部的3个按钮来选择，这3个按钮分别为 "拾取图形"、 "上一个图形"和 "下一个图形"，如图7-99所示。

图7-99

"蒙皮参数"卷展栏中包含许多选项，这些选项可以调整放样对象网格的复杂性，还可以通过控制面数来优化网格。

图7-100所示为是否勾选"封口始端"和"封口末端"的效果。

图7-100

图7-101所示为将左边对象"图形步数"设置为0，右边对象"图形步数"设置为4时的效果。

图7-101

图7-102所示为将左图"路径步数"设置为1，右图"图形步数"设置为5时的效果。

图7-102

图7-103所示为左边对象勾选"优化图形"复选框后的效果，右边对象取消勾选"优化图形"复选框后的效果。

图7-103

图7-104所示为左图对象勾选"优化路径"复选框后的效果，右边对象取消勾选"优化路径"复选框后的效果。

图7-104

图7-105所示为左图对象勾选"恒定横截面"复选框后的效果，右图对象取消勾选"恒定横截面"复选框后的效果。

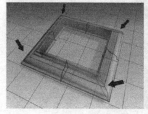

图7-105

图7-106所示为左边对象取消勾选"线性插值"复选框后的效果，右边对象勾选"线性插值"复选框后的效果。

在"变形"卷展栏中，提供了5种变形方法，分别为"缩放""扭曲""倾斜""倒角"和"拟合"，如图7-107所示。

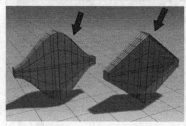

图7-106

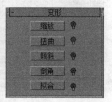

图7-107

除拟合变形比较特殊外，其余4个有着相同的参数和使用方法，图7-108所示为"缩放变形曲线"对话框。

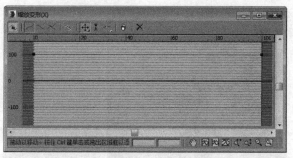

图7-108

7.4.4 放样对象的子对象

当放样对象完成后，对象效果可能不尽如人意，可能需要对截面图形和路径图形进行更改，这时就需要通过放样对象的子对象来修改截面图形或路径图形。接下来将通过一组实例操作，向读者讲解如何编辑放样对象的子对象。

第1步：打开本书学习资源"场景文件>CH07>10.max"，观察场景模型会发现该对象的顶部产生了扭曲现象，如图7-109所示。下面我们通过修改放样对象的子对象来调整该对象的形态。

第2步：选择放样对象后，进入"修改"命令面板，在修改器堆栈中展开Loft选项，可以看到放样对象的两个子对象层级，即"图形"和"路径"。选择"图形"选项，可以进入"图形"子对象层级进行编辑，如图7-110所示。

图7-109 图7-110

第3步：单击"图形命令"卷展栏中的"比较"按钮 比较 ，打开"比较"窗口，在窗口中单击 "拾取图形"按钮，然后在视图中依次拾取对象的两个截面，如图7-111所示。

第4步：拾取图形后，在"比较"窗口中会显示出拾取的所有横截面图形，以及各图形的第一个顶点。通过比较可以看出，因为一个横截面的第一顶点没有与其他横截面图形的第一顶点对齐，所以模型上产生了扭曲，如图7-112所示。

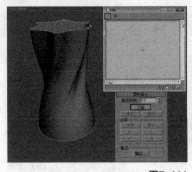
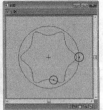

图7-111　　　　　　图7-112

第5步：使用 "选择并旋转"工具，在视图中调整第一顶点没有对齐的横截面图形的角度，校正模型的扭曲现象，如图7-113所示。

第6步：单击"重置"按钮 ，将撤销使用"选择并旋转"或"选择并缩放"工具执行的图形旋转和绽放操作。单击"删除"按钮 ，可将当前选定的图形从放样对象中删除。通过"对齐"选项组中的各个对齐按钮，可针对路径对齐选定图形，如图7-114所示。

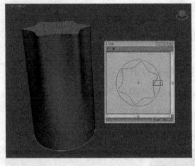
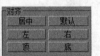

图7-113　　　　　　图7-114

第7步：选择放样对象的其中一个截面图形，在"输出"选项中单击"输出"按钮 ，可以重新将放样对象的截图图形输出为样条线对象，如图7-115所示。

第8步：在堆栈栏中选择"路径"选项，进入"路径"子对象层级，"路径命令"卷展栏中仅包含了一个"输出"命令。通过该命令，可以将放样对象中的路径输出为单独的二维图形，如图7-116所示。

图7-115　　　　　　图7-116

144

场景位置　场景文件>CH07>11.max
实例位置　实例文件>CH07>典型实例：制作冰激凌.max
实用指数　★★☆☆☆
学习目标　熟练使用"放样"工具来制作模型

本实例中，我们通过使用"放样"工具中的"缩放"和"扭曲"命令来制作一个冰激凌的模型效果，图6-117所示为本实例的最终完成效果，图6-118所示为本实例的线框图。

图7-117　　　　　　图7-118

01 打开本书学习资源"场景文件>CH07>11.max"，选择甜筒对象，在"变形"卷展栏中单击"缩放"按钮 ，将弹出"缩放变形"曲线窗口，如图7-119所示。

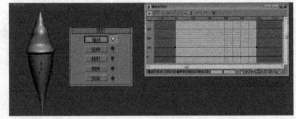

图7-119

02 缩放变形可以改变截面图形在x轴和y轴上的缩放比例，使放样对象发生变形。使用 "加点"命令，在曲线上加入两个"角点"，如图7-120所示。

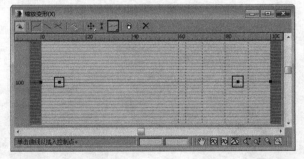

图7-120

03 选择对应的"角点"在下方输入框中输入数值，以使该"角点"移动到路径上的精确位置，如图7-121和图7-122所示。

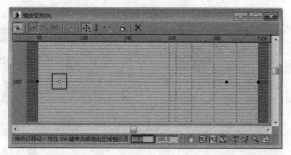

图7-121

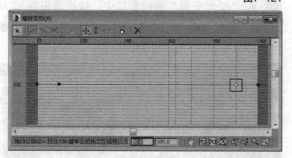

图7-122

04 选择两边的"角点",使用 ⊕ "移动"工具将其移动到合适的位置,如图7-123所示。

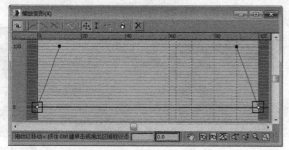

图7-123

05 选择所有的"角点"并单击鼠标右键,在弹出的菜单中选择"Bezier-角点",并调节控制手柄直到"甜筒"对象变为合适的形态,如图7-124和图7-125所示。

06 单击"扭曲"按钮 扭曲 ,打开"扭曲变形"曲线窗口,用前面的方法对扭曲变形曲线的形状进行编辑,使甜筒对象的上半部分产生扭曲的效果,如图7-126所示。

图7-124

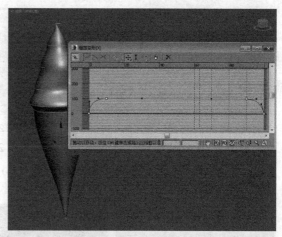

图7-125

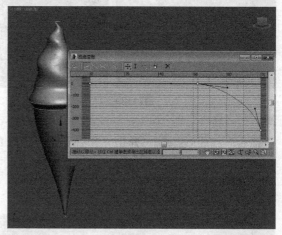

图7-126

技巧与提示

右侧的 💡 "灯泡"按钮如果为按下状态,表示正在发生作用,否则不产生影响,但内部的设置仍保留。

典型实例:制作螺丝刀

场景位置	场景文件>CH07>12.max
实例位置	实例文件>CH07>典型实例:制作螺丝刀.max
实用指数	★★☆☆☆
学习目标	熟练使用"放样"工具来制作模型

本实例中,通过使用"放样"工具中的"拟合"命令来制作一个螺丝刀的模型效果,拟合变形是将一个放样对象在x轴平面和y轴平面上同时受到两个图形的挤压限制,最终压制成模型。这是变形放样中功能最强大的一个,当截面图形放置到路径上后,仍需要两个压模图形,它们被转入拟合变形器中,转化为控制线形。图7-127所示为本实例的最终完成效果,图7-128所示为本实例的线框图。

图7-127

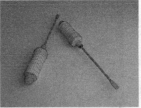
图7-128

01 打开本书学习资源"场景文件>CH07>12.max",使用提供的路径和截面图形创建放样对象,如图7-129和图7-130所示。

图7-129

图7-130

02 在"修改"命令面板的"变形"卷展栏中单击"拟合"按钮 拟合 ,弹出"拟合变形"曲线窗口,如图7-131所示。

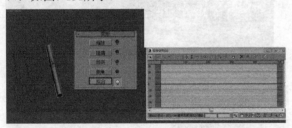
图7-131

03 在"拟合变形"曲线窗口中单击 "均衡"按钮,取消该按钮的激活状态,激活 "显示x轴"按钮,然后单击 "获取图形"按钮,在视图中选择截面图形,如图7-132所示。

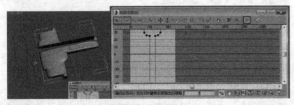
图7-132

04 这时对象出现了不正确的变形,这是由于"拟合"对象的方向发生了错误的变化,可以通过 "水平镜像"、 "垂直镜像"、 "逆时针旋转90°"和 "顺时针旋转90°"等按钮进行调整,这里我们选择

"逆时针旋转90°",如图7-133所示。

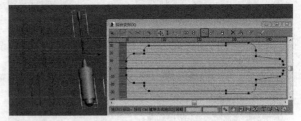
图7-133

05 在"拟合变形"曲线窗口中,依次单击 "显示y轴"按钮和 "获取图形"按钮,完毕后在视图中选择截面图形,如图7-134所示。

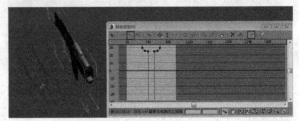
图7-134

06 在"拟合变形"曲线窗口中单击 "逆时针旋转90°"按钮,最终效果如图7-135所示。

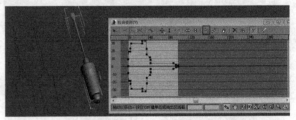
图7-135

即学即练:制作窗帘

场景位置	无
实例位置	实例文件>CH07>即学即练:制作窗帘.max
实用指数	★★☆☆☆
学习目标	熟练使用"放样"工具来制作模型

本实例中,通过使用"放样"工具来制作一个窗帘的模型效果。图7-136所示为最终完成效果,图7-137所示为线框图。

图7-136

图7-137

7.5 知识小结

本章主要详细讲解了"几何体"面板下拉列表中"复合物体"面板中的一些常用命令,所谓复合对象就是指利用两种或两种以上二维图形或三维模型复合生成一种新的三维造型的建模方法。通过对这些工具和命令的熟练掌握,可以对读者的模型制作起到事半功倍的作用。

7.6 课后拓展实例:制作电视机

场景位置	场景文件>CH07>13.max
实例位置	实例文件>CH07>课后拓展实例:制作电视机.max
实用指数	★★☆☆☆
学习目标	熟练使用"放样"和"布尔"工具制作模型

本节为读者安排了一台电视机的制作实例,实例演示了"放样"和"布尔"工具的使用方法,通过该实例可以使读者更好地掌握本章所学内容。图6-138所示为本实例的最终完成效果,图6-139所示为本实例的线框图。

图7-138　　　　　　　图7-139

01 打开本书学习资源"场景文件>CH07>13.max",该场景中有一个用作路径的"直线"对象和一个截面对象,如图7-140所示。

图7-140

02 使用放样工具,制作电视机的立面形态,如图7-141所示。

图7-141

03 通过"放样"中的"拟合"工具,对电视机的"y轴"进行约束,得到电视机的整体外形,如图7-142所示。

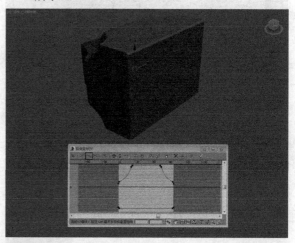

图7-142

04 使用截面图形,在"修改"命令面板的修改堆栈上加入"挤出"修改器,为电视机制作"底座",如图7-143所示。

图7-143

05 使用"布尔"工具，挖出电视机的屏幕和音箱部分，如图7-144和图7-145所示。

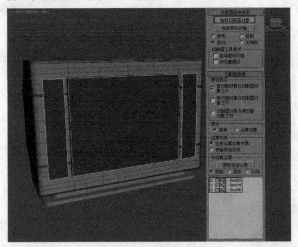

图7-144

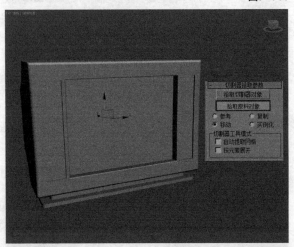

图7-145

06 创建"平面"对象并配合"晶格"修改器制作电视机的音箱，如图7-146所示。

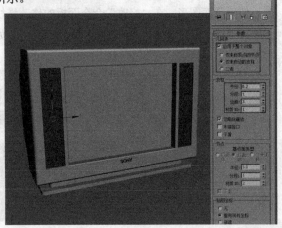

图7-146

07 创建"平面"对象并配合"弯曲"修改器制作电视机的屏幕，完成的最终效果如图7-147所示。

图7-147

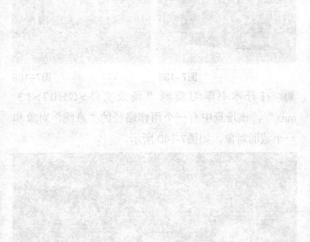

3ds Max

第 8 章 多边形建模技术

本章知识索引

知识名称	作用	重要程度	所在页
了解多边形建模	熟悉多边形建模的工作模式	高	P152
编辑多边形对象的子对象	熟练掌握多边形对象5个子对象层级中的常用命令	高	P158

本章实例索引

8.1 多边形建模概述

多边形建模是一种常用的建模方法，该建模方法可以进入到子对象层级对模型进行编辑，从而实现更为复杂的效果，不仅可以创建出家具、楼房等相对简单的模型，还可以创建出汽车甚至人物角色这种带有复杂曲面的模型。图8-1所示为使用多边形建模方法创建的模型效果。本章将为读者详细介绍多边形建模技术。

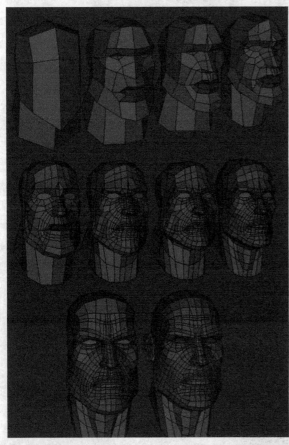

图8-1

8.2 课前引导实例：制作篮球

场景位置	无
实例位置	实例文件>CH08>课前引导实例：制作篮球.max
实用指数	★★★☆
学习目标	熟练使用"多边形建模"中的命令来创建对象

本节为读者安排了一个篮球的制作实例，实例演示了3ds Max多边形建模工具中的一些常用命令。图

8-2所示为本实例的最终完成效果，图8-3所示为本实例的线框图。

图8-2 　　　　　　　　　图8-3

01 在场景中建立一个"球体"对象，设置其"半径"为50.0，"分段"为32，如图8-4所示。

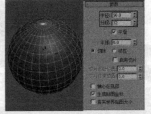

图8-4

02 在场景中单击鼠标右键，在弹出的四联菜单中选择"转换为可编辑多边形"，这样就可以进入球体的5个子对象层级对其进行形态的编辑了，如图8-5所示。

图8-5

03 进入"修改"命令面板，单击"选择"卷展栏下的"顶点"按钮　进入其"顶点"子对象层级，然后选择如图8-6所示的顶点，按Delete键将其删除，只留下原来球体的八分之一，效果如图8-7所示。

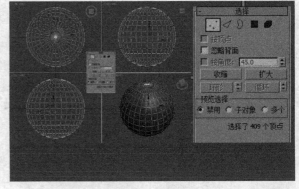

图8-6

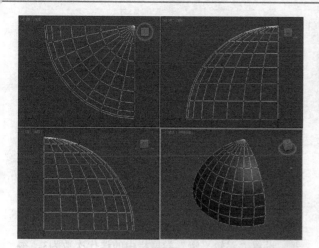

图8-7

04 单击"编辑几何体"卷展栏中的"切割"按钮 切割 ，在如图8-8所示的位置切割出一个新的线段。

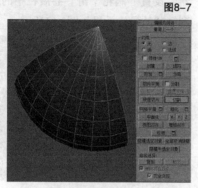

图8-8

05 单击"选择"卷展栏中的"边"按钮 ，在视图中选择如图8-9所示的边，然后"编辑边"卷展栏中"切角"右边上"设置"按钮，在弹出的快捷菜单中设置"边切角量"为0.4，设置完成后单击 "确定"按钮，效果如图8-10所示。

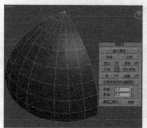
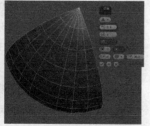

图8-9   图8-10

06 进入"顶点"子层级，单击"编辑顶点"卷展栏中的"目标焊接"命令 目标焊接 ，将如图8-11所示的顶点进行焊接。

07 进入"边"子层级，选择如图8-12所示的边，然后按Ctrl键，单击"编辑边"卷展栏中的"移除"按钮 移除 将其移除掉。

图8-11   图8-12

技巧与提示

这里需要注意的是，"移除"并不等于"删除"，在"移除"时按住Ctrl键，可以在移除边的同时，将该边上的点一同移除。

08 用同样的方法，将如图8-13所示的边也进行"切角"处理，设置"切角量"为0.4。

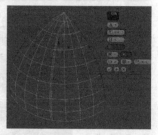

图8-13

09 进入"顶点"子层级，选择如图8-14所示的顶点，单击"编辑顶点"卷展栏中的"焊接"命令，在弹出的菜单中设置"焊接阈值"为0.2，将选择的顶点进入焊接，如图8-15所示。

图8-14   图8-15

技巧与提示

如果要焊接的顶点之间的距离太远，可以适当将"焊接阈值"的值设置稍微大一些，以此来焊接这些顶点。

10 使用"切割"工具，参照如图8-16所示进行切割。

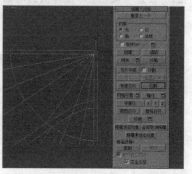

图8-16

11 在"修改器列表"中为其添加"对称"修改器，在"参数"卷展栏中设置"镜像轴"为x轴，并勾选"翻转"前面的复选框，如图8-17所示。

12 使用同样的方法，再次添加两个"对称"修改器，设置不同的对称轴向，这样就得到了一个完整的球体，如图8-18所示。

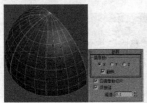 

图8-17　　　　　　　　　图8-18

13 再次将其"转换为可编辑多边形"，如图8-19所示。完成后进入"多边形"子层级，选择如图8-20所示的面。

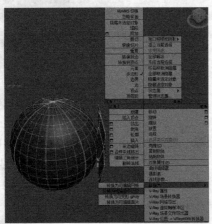

图8-19

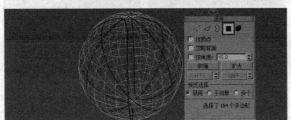

图8-20

14 单击"编辑多边形"卷展栏中"挤出"命令后面的"设置"按钮，在弹出的对话框中设置挤出方向为"局部法线"，"挤出高度"为-1，如图8-21~图8-23所示。

图8-21

图8-22　　　　　　　　　图8-23

15 完成后单击"应用并继续"按钮，对选择的面继续进行挤出操作，设置"挤出高度"为1.0，设置完成后，单击☑"确定"按钮，如图8-24所示。

16 在"修改器列表"中为其添加"涡轮平滑"修改器，设置"涡轮平滑"卷展栏中的迭代次数为3，得到篮球的最终效果如图8-25所示。

 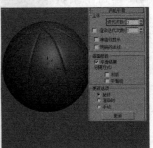

图8-24　　　　　　　　　图8-25

8.3 了解多边形建模

3ds Max中的多边形建模技术非常强大，相比Autodesk公司旗下的另外两款主流三维动画软件Maya和Softimage来说，3ds Max的多边形建模技术也有自己明显的优势，再加上在3ds Max 2010版本时新增的"石墨"工具的配合，使3ds Max的多边形建模技术更加完善和强大。

3ds Max的多边形建模方式大体分为两种，一种为将模型转化为"可编辑网格"，另一种方法为将模型转化为"可编辑多边形"。这两种建模方式在功能及使用上几乎是一致的。不同的是"编辑网格"是由三角面构成的框架结构，而"编辑多边形"既可以是三角网格模型，也可以是四边，还可以是更多，如图8-26和图8-27所示为两种不同的建模方式。

本节将为读者介绍多边形建模的相关知识，包括多边形建模的工作模式、多边形的子对象及子对象的编辑命令。

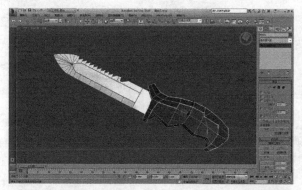

图8-26

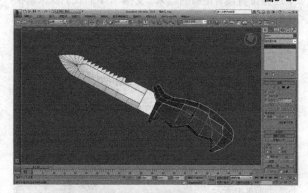

图8-27

8.3.1 多边形建模的工作模式

可编辑多边形对象包括顶点、边、边界、多边形和元素5个子对象层级，用户可以对任何一个子对象进行深层的编辑操作。接下来将通过一组实例操作，使读者大概了解一下多边形建模的工作模式。

第1步：进入创建命令面板，单击"圆柱体"按钮 圆柱体，在场景在创建一个圆柱对象，设置其"半径"为20.0，"高度"为60.0，"边数"为11，如图8-28所示。

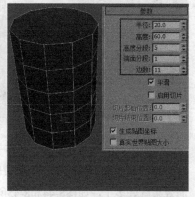

图8-28

第2步：选择"圆柱"对象，在场景中单击鼠标右键，在弹出的四联菜单中将"圆柱"对象转化为可编辑边形对象，如图8-29所示。

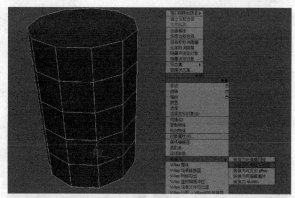

图8-29

> **技巧与提示**
>
> 也可以不将对象转化为"可编辑多边形"对象，而是为对象添加"编辑多边形"修改器，这样做的好处是可以保留原始物体的创建参数。

第3步：进入对象"多边形"次层级，在场景中选择需要的"面"，再单击"挤出"命令后面的 "设置"按钮，在弹出的对话框中设置"高度"为1，为选择的"面"挤出一定的厚度，如图8-30所示。

图8-30

第4步：参数设置完成后，单击 "确定"按钮，然后使用"移动"和"缩放"工具调整"面"的位置和形态，如图8-31所示。

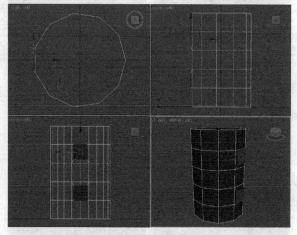

图8-31

第5步：用同样的方法再将"面"挤出两次，如图8-32所示。

第6步：在场景中选择所需的"面"，使用"桥"命令将两个面之间连接，如图8-33和图8-34所示。

第7步：进入"点"次层级，使用"移动"工具调整点的位置，如图8-35所示。

图8-32   图8-33

图8-34   图8-35

第8步：进入"多边形"次层级，在场景中选择杯子最上面的面，单击"插入"命令右边的 ■ "设置"按钮，在弹出的对话框中设置"数量"为1.5，设置完成后单击 ☑ "确定"按钮，如图8-36所示。

第9步：使用"挤出"命令，将"面"向下挤出一定的厚度，设置完成后单击 ☑ "确定"按钮，如图8-37所示。

图8-36   图8-37

第10步：单击"倒角"命令后面的 ■ "设置"按钮，在弹出的对话框中设置"高度"为-6.0，"轮廓"为-2.0，将"面"进行倒角处理，如图8-38所示。

第11步：设置完成后单击 ⊕ "应用并继续"按钮，在不退出"倒角"命令的前提下，对"面"再次进行倒角处理，使本子的底部更圆润一些，如图8-39所示。

图8-38   图8-39

第12步：设置完成后单击 ☑ "确定"按钮退出"倒角"命令。单击"选择"卷展栏中的"多边形"按钮使其回到物体层级，并在修改堆栈中加入"涡轮平滑"修改器，并将"迭代次数"设置为2，效果如图8-40所示。

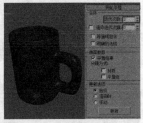

图8-40

这时我们发现杯子的口部和底部太过圆润，这是由于这些位置没有足够的边来"支撑"，下面我们就来解决这个问题。

第1步：进入杯子"编辑多边形"的"点"次层级，在"编辑几何体"卷展栏中单击"切片平面"按钮，这时会在场景中出现一个黄色的"平面"，如图8-41所示。

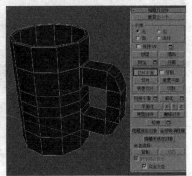

图8-41

第2步：使用"移动"工具将"平面"移动到接近杯子口部的位置并单击"切片"按钮，然后再次单击"切片平面"按钮退出"切片平面"命令，这时会在杯子口部的位置加入了一圈线，如图8-42和8-43所示。

图8-42   图8-43

第3步：用同样的方法，在杯子底部也加入一圈线，完成后回到"涡轮平滑"修改器层级，这时杯子的效果就好多了，如图8-44和8-45所示。

 技巧与提示

    "编辑多边形"命令其实就是在对象的5个次层级之间来回切换，在不同的层级中会有不同的针对当前层级的命令，熟练使用这些命令，我们就可以做出复杂又漂亮的模型了。

图8-44　　　　　　　　图8-45

典型实例：制作床头柜

场景位置	无
实例位置	实例文件>CH08>典型实例：制作床头柜.max
实用指数	★★★☆☆
学习目标	熟练使用"多边形建模"中的命令来创建对象

本实例中，我们通过使用"编辑多边形"工具制作一个床头柜的模型，图8-46所示为本实例的最终完成效果，图8-47所示为本实例的线框图。

图8-46　　　　　　　　图8-47

01 使用"长方体"工具 长方体 ，在顶视图中创建一个长方体，设置其"长度"为120.0，"宽度"为240.0，"高度"为140.0，"长度分段"为1，"宽度分段"为3，"高度分段"为4，如图8-48所示。

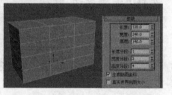

图8-48

02 将其转换为可编辑的多边形后，进入其"顶点"层级，然后在前视图中使用"选择并缩放"工具，将顶点调节成如图8-49所示的效果。

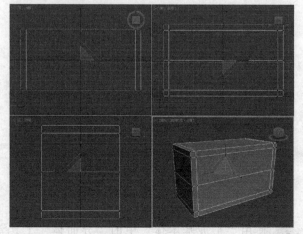

图8-49

03 进入其"多边形"层级后，选择如图8-50所示的面，单击"挤出"命令后面的"设置"按钮，设置"高度"为-100.0，如图8-50所示。

04 使用同样的方法，将如图8-51所示的面挤出2.0的厚度。

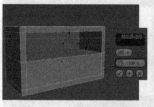
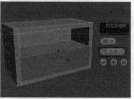

图8-50　　　　　　　　图8-51

05 进入"边"层级，选择如图8-52所示的边，单击"切角"命令后面的"设置"按钮，然后设置"边切角量"为8.0，"连接边分段"为4，当前模型效果如图8-53所示。

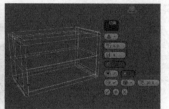

图8-52　　　　　　　　图8-53

06 进入"边"层级，选择如图8-54所示的边，单击"切角"命令后面的"设置"按钮，然后设置"边切角量"为0.5，"连接边分段"为1。

图8-54

07 使用同样的方法，选择如图8-55所示的边对其进行切角，"边切角量"为0.5，"连接边分段"为1，效果如图8-56所示。

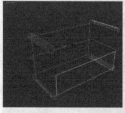

图8-55　　　　　　　　图8-56

08 选择如图8-57所示的边，单击"连接"命令右侧的"设置"按钮，然后设置"分段"为1，"滑块"为-83，如图5-58所示。

图8-57　　　　　　　　图8-58

09 选择如图8-59所示的边，单击"挤出"命令后面的"设置"按钮，设置"高度"为-0.5，"宽度"为0.5，如图8-60所示。

图8-59　　　　　　　　图8-60

10 使用"圆柱体"工具 圆柱体 ，在视图中创建几个圆柱体作为床头柜抽屉的拉手，最终的模型效果如图8-61所示。

图8-61

8.3.2 塌陷多边形对象

在3ds Max中，有两种方法可以对物体进行多边形编辑。一种方法是将对象塌陷为可编辑的多边形，另一种方法是为对象添加"编辑多边形"编辑修改器。其中，将对象塌陷为可编辑多边形的方式有两种，第1种也是最常用的一种为选择要塌陷的对象，在视图中任意位置单击鼠标右键，在弹出的四联菜单中选择"转换为可编辑的多边形"命令，将其塌陷为多边形对象，如图8-62所示。

图8-62

第2种方式为选择要塌陷的对象，进入"修改"命令面板，在修改堆栈中单击鼠标右键，在弹出的快捷菜单中选择"可编辑多边形"，如图8-63所示。

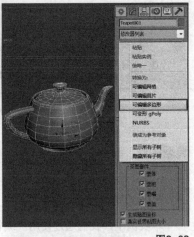

图8-63

另一种对物体进行多边形编辑的方法是为对象添加"编辑多边形"修改器，选择要进行多边形编辑的对象，进入"修改"命令面板中，单击修改器下拉列表，选择"编辑多边形"编辑修改器，如图8-64所示。

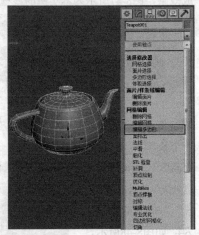

图8-64

典型实例：制作足球

场景位置	无
实例位置	实例文件>CH08>典型实例：制作足球.max
实用指数	★★☆☆☆
学习目标	熟练使用"多边形建模"中的命令来创建对象

本实例中，我们通过使用"编辑网格"和"编辑多边形"工具来制作一个足球的模型效果，图8-65所示为本实例的最终完成效果，图8-66所示为本实例的线框图。

图8-65　　　　　　　　图8-66

01 使用"扩展基本体"中的"异面体"工具

异面体 在场景中创建一个异面体，在"参数"卷展栏下设置"系列"为"十二面体 / 二十面体"，在"系列参数"选项组下设置P为0.33，最后设置"半径"为50.0，如图8-67所示。

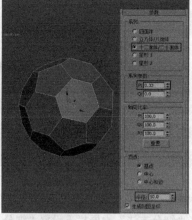

图8-67

02 在场景中单击鼠标右键，在弹出的四联菜单中选择"转换为可编辑网格"，如图8-68所示。

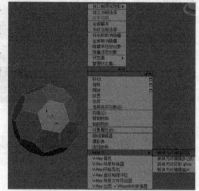

图8-68

03 进入"多边形"层级，在场景中选择所有的面，然后在"编辑几何体"卷展栏下的"炸开"选项组中选择"元素"单选按钮，单击"炸开"按钮，这样就可以把所有的面都炸成单独的元素了，如图8-69和图8-70所示。

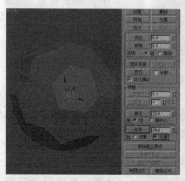

图8-69　　　　图8-70

技巧与提示

　　在这里我们之所以将模型转换为可编辑网格，而不是转换为可编辑多边形，正是因为"炸开"这个命令只在"可编辑网格"中存在。

04 为模型添加一个"涡轮平滑"修改器，并设置"迭代次数"为2，如图8-71所示。

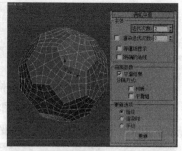

图8-71

技巧与提示

　　添加"涡轮平滑"修改器后，模型的外形没有发生任何变化，在这里只是为了让模型的表面有更多的分段数。

05 为模型添加一个"球形化"修改器，然后在"参数"卷展栏下设置"百分比"为100，如图8-72所示。

06 这次将模型转换为可编辑多边形，进入"多边形"层级，然后选择所有的面，单击"倒角"命令后面的"设置"按钮，最后设置"高度"为1.0、"轮廓"为-0.5，如图8-73所示。

图8-72　　　　　　　　图8-73

技巧与提示

　　如果想保留模型的修改器堆栈，可以不将其转换为可编辑多边形，而是为其添加一个"编辑多边形"修改器，这样方便我们回到前面的步骤进行参数的修改，如图8-74所示。

图8-74

07 为模型添加一个"网格平滑"修改器，然后在"细分方法"卷展栏下设置"细分方法"为"四边形输出"，在"细分量"卷展栏下设置"迭代次数"为2，完成最终模型效果，如图8-75所示。

图8-75

典型实例：制作排球

场景位置	无
实例位置	实例文件>CH08>典型实例：制作排球.max
实用指数	★★☆☆☆
学习目标	熟练使用"多边形建模"中的命令来创建对象

本实例中，通过使用"编辑网格"和"编辑多边形"工具来制作一个排球模型效果，图8-76所示为本实例的最终完成效果，图8-77所示为本实例的线框图。

图8-76　　　　　　　　图8-77

01 使用"立方体"工具在场景中创建一个立方体，设置它的长、宽、高都为50.0，分段数都为3，如图8-78所示。

图8-78

02 将立方体转换为可编辑网格后，进入其"多边形"层级，在视图中选择如图8-79所示的面，然后在"编辑几何体"卷展栏下的"炸开"选项组中选择"元素"单选按钮，单击"炸开"按钮。

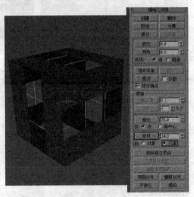

图8-79

03 为模型添加一个"涡轮平滑"修改器，并设置"迭代次数"为2，如图8-80所示。

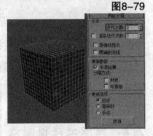

图8-80

04 为模型添加一个"球形化"修改器，然后在"参数"卷展栏下设置"百分比"为100.0，如图8-81所示。

05 将模型转换为可编辑多边形，进入"多边形"层级，然后选择所有的面，单击"倒角"命令后面的"设置"按钮，最后设置"高度"为1.0，"轮廓"为-0.5，如图8-82所示。

图8-81　　　　　　　　图8-82

06 为模型添加一个"网格平滑"修改器，然后在"细分方法"卷展栏下设置"细分方法"为"四边形输出"，在"细分量"卷展栏下设置"迭代次数"为2，完成最终模型效果，如图8-83所示。

图8-83

即学即练：制作化妆品瓶子

场景位置	无
实例位置	实例文件>CH08>即学即练：制作化妆品瓶子.max
实用指数	★★★☆☆
学习目标	熟练使用"多边形建模"中的命令来创建对象

本实例中，通过使用"编辑多边形"工具来制作一个化妆品瓶子的模型效果。图8-84所示为最终完成效果，图8-85所示为线框图。

图8-84　　　　　　　　图8-85

8.4 编辑多边形对象的子对象

将物体塌陷为可编辑多边形对象后，就可以对可编辑多边形对象的顶点、边、边界、多边形和元素这5个次物体级分别进行编辑。可编辑多边形的参数设置面板包括6个卷展栏，分别是"选择"卷展栏、"软选择"卷展栏、"编辑几何体"卷展栏、"细分曲面"卷展栏、"细分置换"卷展栏和"绘制变形"

卷展栏，如图8-86所示。

图8-86

需要注意的是，在进入了不同的次物体级别后，可编辑多边形的参数设置面板也会发生相应的变化，如在"选择"卷展栏上单击"顶点"按钮，进入"顶点"次物体级后，在参数设置面板中就会增加两个对顶点进行编辑的卷展栏，如图8-87所示。

图8-87

而如果进入"边"或"多边形"次物体级以后，又会增加对边和多边形进行编辑的卷展栏，如图8-88和图8-89所示。

图8-88　　　　图8-89

8.4.1 多边形对象的公共命令

在将物体转换为"可编辑的多边形"后，不管进入顶点、边、边界、多边形和元素的哪个次物体级，都有一些公共的命令，下面我们将详细讲解这些命令的使用方法。

1. "选择"卷展栏

当选择一个多边形对象后，进入"修改"命令面板，在"选择"卷展栏中包含相关子对象的选择命令。"按顶点"复选框在除"顶点"之外的其他4个次物体级中都能启用。在"选择"卷展栏中单击"多边形"按钮，进入"多边形"次物体级，勾选"按顶点"复选框后，只需选择子对象的顶点，即可选择顶点四周的相应面，如图8-90和图8-91所示。

图8-90　　　　　　　　图8-91

勾选"忽略背面"复选框后，只能选中法线指向当前视图的子对象。如勾选该复选框后，在前视图中框选如图8-92所示的顶点，但只能选择正面的顶点，而背面不会被选择到，图8-93所示是在左视图中的效果；如果取消勾选该复选框，在前视图中同样框选相同区域的顶点，则背面的顶点也会被选择，图8-94所示是在顶视图中的观察效果。

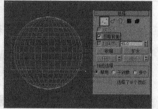

图8-92

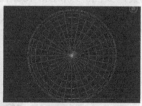

图8-93　　　　　　　　图8-94

"按角度"复选框只有在"多边形"次物体级下才能勾选，当勾选了"按角度"复选框后，可以根据面的转折度来选择子对象。如果单击长方体的一个侧面，且角度值小于90.0，则仅选择该侧面，因为所有侧面相互成90度角。但如果角度值为90.0或更大，将选择所有长方体的所有侧面。使用该功能，可以加快连续区域的选择速度。该参数栏中的参数决定了转折角度的范围，图8-95和图8-96所示为转折角度为45.0和80.0时不同的选择效果。

图8-95　　　　　　　　图8-96

下面将通过一组实例操作，为读者介绍可编辑多边形特有的几种选择命令。

第1步：在"几何体"命令面板中单击"球体"按钮 球体 ，在视图中创建一个球体对象，并将其塌陷为可编辑多边形，在前视图中框选如图8-97所示的面。

第2步：单击"收缩"按钮 收缩 ，可以从选择集的最外围开始缩小选择集，当选择集无法再缩小的时候，将取消选择集，如图8-98所示。

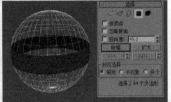

图8-97　　　　　　　　　　图8-98

💡 技巧与提示

　如果在"多边形"层级选择了所有的多边形，那么单击"收缩"按钮 收缩 时，将无法缩小选择集。

第3步：当再次选择一个子对象集合后，单击"扩大"按钮，可以在外围方向上扩大选择子对象集，如图8-99和图8-100所示。

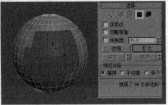

图8-99　　　　　　　　　　图8-100

第4步：进入"边"次物体级，选择如图8-101所示的"边"子对象然后单击"环形"命令按钮，这时与当前选择边平行的边会同时被选中，结果如图8-102所示，这个命令只能用于边或边界次物体级。

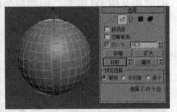

图8-101　　　　　　　　　　图8-102

第5步：当选择了一条边后，单击"环形"按钮右侧的微调按钮 后，可以将当前选择移动到相同环上的其他边，如图8-103和8-104所示。

💡 技巧与提示

　这个命令只能用于边或边界次物体级。选择某条"边"然后按住Shift键的同时单击同一环形中的另一条边，可以快速选择与当前边平行的边。

图8-103　　　　　　　　　　图8-104

第6步："循环"与"环形"命令功能相似，选择子对象后，单击"循环"按钮，将沿被选择的子对象形成一个环形的选择集，如图8-105和图8-106所示。

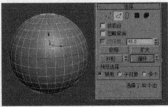

图8-105　　　　　　　　　　图8-106

预览选择选项组中有3个单选按钮，分别是"禁用""子对象"和"多个"，默认是选择了"禁用"模式，如图8-107所示。

图8-107

如果切换到"子对象"模式，不管当前在哪个次物体级中，根据鼠标的位置，可以在当前子对象层级预览。例如进入"多边形"次物体级，当鼠标在球体上移动时，光标下面的子对象就会用黄色高亮显示。这时如果单击鼠标左键，就会选择高亮显示的对象，如图8-108所示。

若要在当前层级选择多个子对象，按住键盘的Ctrl键，将鼠标移动到高亮显示的子对象处，然后单击鼠标左键以全选高亮显示的子对象，如图8-109所示。

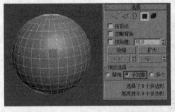

图8-108　　　　　　　　　　图8-109

💡 技巧与提示

　按住快捷键Ctrl+Alt，可以减选高亮显示的子对象。

如果选择"多个"模式，无论当前在哪个次物体层级中，根据光标的位置，也可以预览其他层级的对象。例如，如果当前在"多边形"层级，这时将光标放在边上，那么就会高亮显示边，然后单击激活边子对象层级并选中此边，如图8-110和图8-111所示。

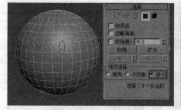 

图8-110　　　　　图8-111

2."软选择"卷展栏

"软选择"是以选中的子对象为中心向四周扩散，以放射状的方式来选择子对象。在对选择的部分子对象进行变换时，可以让子对象以平滑的方式进行过渡。另外，可以通过控制"衰减""收缩"和"膨胀"的数值来控制所选子对象区域的大小及对子对象控制力的强弱，并且"软选择"卷展栏还包含了绘制软选择的工具，如图8-112所示。

图8-112

"使用软选择"复选框控制是否开启"软选择"功能。启用后，选择一个或一个区域的子对象，那么会以这个子对象为中心向外选择其他对象。下面将通过一组实例操作，为读者讲解"软选择"卷展栏的具体使用方法。

第1步：在"几何体"命令面板中单击"茶壶"按钮 茶壶 ，在视图中创建一个茶壶对象，并将其塌陷为可编辑多边形，在视图中选择如图8-113所示的"顶点"对象。

第2步：勾选"使用软选择"选项前面的复选框，那么软选择就会以当前选择的顶点为中心向外进行扩展选择，如图8-114所示。

图8-113　　　　　图8-114

技巧与提示

在用"软选择"选择子对象时，选择的子对象是以红、橙、黄、绿、蓝5种颜色进行显示的。最初选择的子对象处于中心位置显示为红色，表示这些子对象是完全选择，在操作这些子对象时，它们将被完全影响，然后橙、黄、绿、蓝表示对影响力依次减弱。

第3步：使用"选择并移动"工具沿着y轴移动该对象后，结果如图8-115所示。

图8-115

第4步：按快捷键Ctrl+Z，返回先前的操作状态。勾选"边距离"复选框后，可以将软选择限制到指定的面数。例如，鸟的翅膀折回到它的身体，用"软选择"选择翅膀尖端会影响到身体上的顶点，但是如果启用了"边距离"功能，就不会影响身体上的顶点了。图8-116和图8-117所示。为勾选"边距离"复选框，茶壶盖子上面的顶点即可不受影响。

 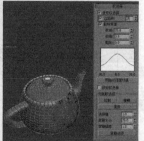

图8-116　　　　　图8-117

第5步：勾选"影响背面"复选框后，那些与选定对象法线方向相反的子对象也会受到相同的影响。图8-118和图8-119所示为勾选和取消勾选"影响背面"复选框时的效果。

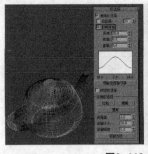
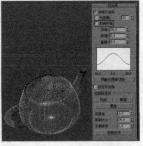

图8-118　　　　　　　图8-119

第6步："衰减"参数用来设置影响区域的距离，默认值为20.0。"衰减"数值越高，软选择的影响范围就越大。图8-120和图8-121所示为将"衰减"设置为10.0和40.0时的选择效果对比。

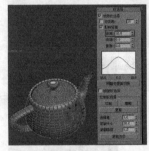

图8-120　　　　　　　图8-121

第7步："收缩"和"膨胀"参数都是来调节软选择时，红、橙、黄、绿、蓝5种影响力平滑过渡的缓急程度。图8-122和图8-123所示为调节"收缩"和"膨胀"参数后的效果。

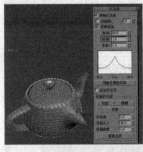

图8-122　　　　　　　图8-123

💡 **技巧与提示**

单击主工具栏上的"选择并操纵"按钮🔧，在视图中弹出一个小的对话框，在这个对话框中可以快速调节"衰减""收缩"和"膨胀"等参数，如图8-124所示。

图8-124

第8步："明暗处理面切换"按钮 明暗处理面切换 用于切换颜色渐变的模式，如图8-125所示。

第9步：勾选"锁定软选择"复选框，这时在视图中选择其他子对象时，当前选择的子对象并不会被替换掉，如图8-126所示。

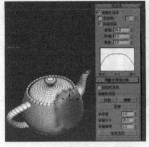

图8-125　　　　　　　图8-126

第10步：单击"绘制软选择"选项组中的"绘制"按钮 绘制 时，可以选择"笔刷"工具，使用这个工具可以在视图中绘制我们想要的软选择区域，如图8-127所示。

第11步：单击"模糊"按钮 模糊 在视图中进行绘制，可以使之前绘制的软选择区域过渡得更为平滑，如图8-128所示。

图8-127　　　　　　　图8-128

第12步：单击"复原"按钮 复原 在视图中进行绘制，可以将之前软选择的区域还原，如图8-129所示。

第13步："选择值"参数可以调节"绘制"或"复原"时软选择受力的大小。如当设置"选择值"为1.0时，在场景中绘制软选择后，被选择的子对象的颜色更趋向于橙红色；如果设置"选择值"为0.1时，这时选择的子对象的颜色更趋向于蓝色，如图8-130和图8-131所示。

第14步："笔刷大小"参数可以调节当前"绘制"或"复原"时笔刷的大小，也就是在视图中绘制软选择的范围的大小，如图6-132所示。

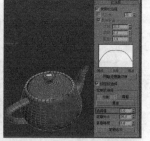

图8-129　　　　　　　　　　图8-130

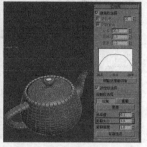

图8-131　　　　　　　　　　图8-132

第15步："笔刷强度"参数设置是"绘制"或"复原"时到达"选择值"设置的数值的速度。例如，将"选择值"设置为1.0"笔刷强度"设置为0.1，这时在场景中绘制软选择后，单击鼠标一次，被选择的子对象的受力值为0.1，也就是更趋于蓝色；而当"笔刷强度"设置为1.0时，单击鼠标一次，被选择的子对象的受力值为1，也就是更趋于橙红色。

技巧与提示

按住Ctrl+Shift键，单击鼠标左键并拖动，可以快速调节"笔刷大小"参数值；按住Alt+Shift键，单击鼠标左键并拖动，可以快速调节"笔刷强度"参数值。

第16步：单击"笔刷选项"按钮 笔刷选项 ，可以打开"绘制选项"对话框，在该对话框中可以设置笔刷更多的属性，如图8-133所示。

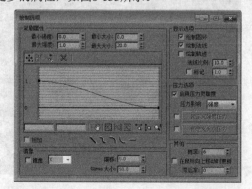

图8-133

3. "编辑几何体"卷展栏

"编辑几何体"卷展栏下的工具适用于所有子对象级别，主要用来全局修改多边形几何体，如图8-134所示。

图8-134

下面将通过一组实例操作，来为读者讲解"编辑几何体"卷展栏的一些常用命令。

第1步：打开本书学习资源"场景文件>CH08>01.max"，该场景中有一个茶壶对象，选择茶壶对象将其塌陷为可编辑多边形，然后进入该对象的"顶点"子对象层级，在"编辑几何体"卷展栏中选择"约束"选项组中的"边"单选按钮，如图8-135所示。

第2步：移动模型中的"顶点"子对象，发现顶点只能沿着当前顶点所连接的边滑动，而不能移动至模型边界以外的地方；如果选择"约束"选项组中的"面"选项，那么顶点只能在所在的曲面上移动，如图8-136所示。

图8-135　　　　　　　　　　图8-136

第3步：在上一步操作中我们发现，在移动"顶点"子对象的时候，对象贴图发生了扭曲，如果勾选"保持UV"选项前面的复选框，这时再移动顶点，贴图就不会发现扭曲了，如图8-137所示。

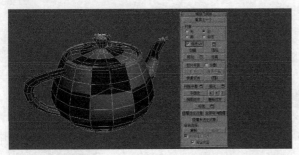

图8-137

第4步：单击"创建"按钮 创建 然后在视图空白处单击鼠标左键，在"顶点"次物体级下可以创建"顶点"子对象，在"多边形"次物体级下单击鼠标左键3次以上，可以创建一个"多边形"子对象，如图8-138和图8-139所示。

图8-138　　　　　　　　　　图8-139

第5步：选择如图8-140所示的"顶点"子对象后，单击"塌陷"按钮 塌陷 ，可以将选择的顶点塌陷为一个"顶点"，如图8-141所示。

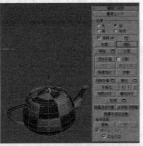

图8-140　　　　　　　　　　图8-141

技巧与提示

除了"元素"次物体级，在其他任意4个次物体级中选择了子对象，都可以将选择的子对象塌陷为一个"顶点"。

第6步：无论是在物体级别还是任何次物体级下，都可以使用"附加"命令将其他几何体甚至二维图形添加到当前选择的对象中，使之成为一个对象。单击"附加"按钮，然后在视图中单击想要添加的对象就可以了。如果想一次性添加多个对象，可以

单击"附加"命令后面的"附加列表"按钮，在弹出的面板中选择想要添加的对象，单击"附加"按钮 附加 ，如图8-142和图8-143所示。

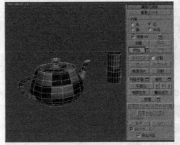

图8-142　　　　　　　　　　图8-143

第7步："分离"命令与"附加"命令的作用正好相反，是把子对象分离成另一个单独的对象，或者分离成当前对象的一个"元素"。选择想要分离的子对象，单击"分离"按钮，在弹出的对话框中设定将要分离对象的名称，然后单击"确定"按钮 确定 ，如图8-144所示。

第8步：如果在"分离"对话框中勾选"分离到元素"选项，则选择的子对象将被分离成当前对象的一个"元素"，图8-145所示为勾选"分离到元素"选项后的结果。

图8-144　　　　　　　　　　图8-145

第9步：如果在"分离"对话框中勾选"以克隆对象分离"选项，刚会以复制的形式将选择的子对象分离成一个单独的对象，图8-146所示为勾选"以克隆对象分离"选项后的结果。

图8-146

第10步：进入对象"顶点"次物体级，然后单击"切片平面"按钮 切片平面 ，这时在视图中会出一个黄色的"平面"，同时在"平面"处为对象添加了一圈的"顶点"，如图8-147所示。

图8-147

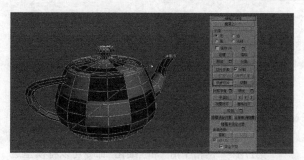

图8-151

第11步：这时我们在视图中可以对该"平面"进行位移、旋转等操作，新添加的点的位置也随着"平面"对象位置和角度的改变而改变，如图8-148所示。

第12步：把"平面"对象调节到我们希望的位置和角度，单击下方的"切片"按钮 切片 ，就可以为对象添加一圈新的"顶点"了，再次单击"切片平面"按钮 切片平面 ，结束该命令的操作，如图8-149所示。

图8-148　　　　　　　图8-149

技巧与提示

如果对"切片平面"移动或者旋转后，单击"重置平面"按钮 重置平面 ，可将"切片平面"对象还原到初始的形态。

第13步：如果在单击"切片"按钮之前，勾选"分割"选项前面的复选框，那么在对对象切片的同时，会在切线处把对象分割成两个"元素"，如图8-150所示。

图8-150

第14步：单击"快速切片"按钮 快速切片 ，在视图中任意位置单击鼠标左键，移动光标时将出现一条通过网格的线，再次单击鼠标后，可以将当前对象进行快速切片操作，如图8-151所示。

技巧与提示

在"顶点""边"和"边界"次物体级下，可以使用"切片平面"命令为整个对象进行切片操作。如果只想在特定的区域进行切片，如一面墙上只想在特定的区域进行切片，然后制作窗户模型，可以进入"多边形"或"元素"级别下，选择想要切片的区域，再使用"切片平面"命令，如图8-152所示。

图8-152

技巧与提示

如果只想在特定的区域进行切片，可以进入"多边形"或"元素"级别下，选择想要切片的区域，再使用"快速切片"命令。

第15步："切割"命令是一个非常常用的命令，使用该命令可以在对象上任意切线，然后再对对象进行整体编辑。单击"切割"按钮 切割 ，在模型上单击起点，并移动光标，然后再单击，再移动和单击，以便创建新的连接边，单击鼠标右键退出当前切割操作，如图8-153所示。

第16步："切割"命令可以在顶点、边和面上切线，光标的形态也不一样，如图8-154~图8-156所示。

图8-153　　　　　　　图8-154

图8-155　　　　　　　　　图8-156

第17步："网格平滑"和"细化"命令可以将模型进行平滑或者细化操作，如图8-157和图8-158所示。

图8-157　　　　　　　　　图8-158

技巧与提示

如果要为对象进行平滑或细化操作，我们习惯上一般都是为对象添加"网格平滑"或"细化"编辑修改器。

第18步：单击"平面化"按钮 ，可以使整个对象或者选定的子对象"压"成一个平面，单击后面的"X""Y""Z"按钮 x y z，可以强制对象沿着某一个轴向"压"成一个平面，如图8-159所示，将茶壶对象沿着"z"轴"压"成一个平面。

图8-159

技巧与提示

"平面化"命令在某些时候还是比较有用的，例如我们制作了一个杯子模型，发现杯子底部的一些点高低不平没在同一个平面上，我们就可以选择这个顶点，然后单击"平面化"命令右边的"z"轴按钮，这样就可以快速地使这些点在同一个平面上，而不用去移动每个顶点了。

第19步：单击"视图对齐"按钮 视图对齐，可以将当前选择对象与当前窗口所在的平面对齐。而单击"栅格对齐"按钮 栅格对齐，可以将当前选择对象与当前栅格平面对齐，如图8-160和图8-161所示。

图8-160　　　　　　　　　图8-161

第20步：单击"松弛"按钮 松弛，可以规格化网格空间，模型对象的每个顶点将朝着邻近对象的平均位置移动，达到松弛的效果，如图8-162所示。

图8-162

技巧与提示

例如，我们制作了一个山地模型，发现模型上面有很多顶点太过尖锐，这时就可以选择这些顶点，然后进行松弛处理，但我们习惯上还是为选择对象添加"松弛"编辑修改器来制作松弛效果。

第21步：单击"隐藏选定对象"按钮 隐藏选定对象，可以将选定的子对象隐藏，或者单击"隐藏未选定对象"按钮 全部取消隐藏，可以将未被选择的子对象隐藏，如图希望将隐藏的子对象全部显示出来，可以单击"全部取消隐藏"按钮 隐藏未选定对象。图8-163所示为隐藏了一部分选择的"多边形"子对象。

图8-163

技巧与提示

"隐藏选定对象"命令主要是为了方便视图上的操作，例如，制作了一个人物的头部模型，我们想要编辑口腔内部的顶点，但这时可能面部的一些面会妨碍操作，这时就要选择这些面先将其隐藏起来。

4."细分曲面"卷展栏

对模型编辑完成后，我们要对模型进行平滑处理以得到最终的模型效果。"细分曲面"卷展栏中的参数就可以将平滑的效果应用于多边形对象，但是我们更习惯于直接为模型添加"网格平滑"或"涡轮平滑"修改器，这样在后期的操作上会更方便一些。"细分曲面"卷展栏中的参数设置与"网格平滑"编辑修改器中的参数设置基本一致，关于"细分曲面"卷展栏中的参数请参见"网格平滑"编辑修改器章节。

5."细分置换"卷展栏

"细分置换"卷展栏主要设置对象在赋予了置换贴图后的效果，具体参数设置请参见丛书配套的视频教学内容。

> **技巧与提示**
>
> 如果要为对象制作置换效果，例如，使用"置换贴图"的方法使一个"平面"对象有凸起有凹陷，以这些来制作"山地"模型，我们则更习惯于使用"置换"编辑修改器来制作。

6."绘制变形"卷展栏

"绘制变形"卷展栏主要是利用"笔刷"工具，通过"绘制"的方式来使模型凸起或凹陷，这有点像用刻刀雕刻一件艺术品一样。下面将通过一组实例操作，来为读者讲解一下该卷展栏的一些常用命令。

第1步：在"几何体"命令面板中单击"几何球体"按钮 几何球体 ，在视图中创建一个几何球体对象，并将其塌陷为可编辑多边形。进入"修改"命令面板，在"绘制变形"卷展栏中单击"推／拉"命令按钮 推/拉 ，将鼠标指针放置到模型上，这时出现笔刷图标，如图8-164所示。

第2步：在模型上单击或拖动鼠标，可以将模型上的顶点向外拉出，如图8-165所示。

图8-164　　　　　　　图8-165

第3步：使用"松弛"命令 松弛 可以将靠的太近的顶点推开，或将离得太远的顶点拉近，基本上与"松弛"编辑修改器的效果相同，如图8-166所示。

第4步：单击"复原"按钮 复原 后，通过绘制可以逐渐擦除"推／拉"或"松弛"的效果，如图8-167所示。

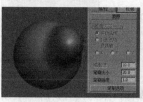

图8-166　　　　　　　图8-167

> **技巧与提示**
>
> "推／拉方向"选项组可以设置笔刷绘制时模型被推拉的方向。下面的"推／拉值""笔刷大小"和"笔刷强度"参数与"软选择"卷展栏中"绘制软选择"选项组中的参数值基本一致。

第5步：使用"绘制变形"卷展栏对模型进行修改后，单击"提交"按钮 提交 ，可以将我们之前的操作确认并应用到对象上，如果单击"取消"按钮 取消 ，将取消我们之前的操作。

> **技巧与提示**
>
> "绘制变形"工具像是一个简单的雕刻软件，如果对这方面感兴趣想要深入了解这方面的内容，建议学习更专业的雕刻软件ZBrush或者MudBox，这些软件是专业的雕刻绘画软件，在功能上更加强大。

8.4.2 编辑"顶点"子对象

在多边形对象中，顶点是非常重要的，顶点可以确定其他子对象，也可以创建孤立的顶点，并使用孤立的顶点创建其他类型的子对象。下面将为读者讲解针对顶点子对象的编辑命令。

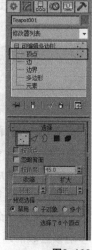

选择一个多边形对象后，进入"修改"命令面板，在编辑修改器堆栈中单击"可编辑多边形"名称前的"+"展开按钮，然后选择"顶点"选项或者单击"选择"卷展栏中的"顶点"按钮，即可进入"顶点"子物体层级，如图8-168所示。

图8-168

进入"顶点"子对象后，在"修改"命令面板中将会增加一个"编辑顶点"卷展栏，如图8-169所示。该卷展栏中的命令按钮全部是用来编辑"顶点"子对象的。

图8-169

下面将通过一组实例操作，来为读者讲解一下该卷展栏的一些常用命令。

第1步：在"几何体"命令面板中单击"球体"按钮 球体 ，在视图中创建一个球体对象，并将其塌陷为可编辑多边形。进入其"顶点"子对象层级，选择如图8-170所示的顶点。

第2步：单击"编辑顶点"卷展栏中的"移除"命令按钮 移除 ，可将选择的"顶点"子对象移除，如图8-171所示。

图8-170　　　　　　　　　　图8-171

 技巧与提示

移除与使用Delete键删除是不同的。

移除顶点：选择一个或多个顶点以后，单击"移除"按钮 移除 或按Backspace键即可移除顶点，但也只能是移除顶点，而与顶点相邻的面仍然存在。

删除顶点：选择一个或多个顶点以后，按Delete键可以删除顶点，这时与顶点相邻的面也会消失，删除位置也会形成空洞，如图8-172所示。

图8-172

第3步：选择模型中的某一个"顶点"子对象，单击"断开"命令按钮 断开 ，可以在选择点的位置创建更多的顶点，选择点周围的表面将不再共用同一个顶点，每个多边形表面在此位置会拥有独立的顶点，执行完这个命令后，不能直接看到效果，选择并移动该区域的顶点时，对象中连续的表面会产生分裂，如图8-173所示。

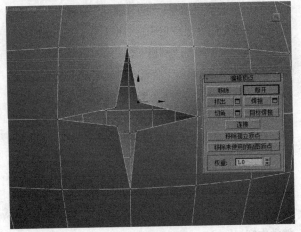

图8-173

第4步："焊接"命令与"断开"命令的作用正好相反，是将两个或多个选择的顶点"焊接"为一个顶点，选择图8-174所示的顶点，单击"焊接"命令按钮右侧的设置按钮 ，在打开的"焊接"助手面板中设置"焊接阈值"参数，顶点之前的距离小于该阈值将会被焊接，而大于该阈值将不会被焊接，如图8-175所示。

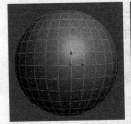

图8-174　　　　　　　　　　图8-175

第5步：单击"目标焊接"命令按钮 目标焊接 ，在视图中单击某一顶点，这时移动鼠标指针会拖出一条虚线，然后将鼠标移动到想要焊接的顶点上再次单击，这时可以将初次单击的顶点焊接到第二次单击的顶点上，如图8-176和图8-177所示。单击鼠标右键结束该命令的操作。

图8-176　　　　　　　　　　图8-177

第6步：单击"挤出"命令按钮将 挤出 其激活，然后将鼠标指针移动至对象中的某个顶点上，当鼠标指针改变形态后，单击并拖曳鼠标，即可对该顶点执行挤出操作，如图8-178和图8-179所示。

图8-178　　　　　　　　　图8-179

第7步：如果要精确控制挤出的效果，可以单击"挤出"命令按钮后的"设置"按钮，打开"挤出顶点"助手界面，如图8-180所示，"宽度"参数控制着底部面的尺寸，"高度"参数控制顶点挤出的高度。

图8-180

第8步：选择模型中的某一个顶点后，单击"切角"命令按钮 切角 ，单击并拖动鼠标会对选择顶点进行切角处理，单击按钮右侧的"设置"按钮后，打开"切角助手"界面，可以通过设置其中的参数调整切角的大小，还可以通过启用"打开切角"控件，将被切角的区域删除，如图8-181和图8-182所示。

图8-181　　　　　　　　　图8-182

第9步：选择两个顶点，单击"连接"命令按钮 连接 ，所选择的顶点之间将产生新的边，如图8-183和图8-184所示。

图8-183　　　　　　　　　图8-184

第10步：在"编辑顶点"卷展栏下方有一个"权重"参数栏，用于设置所选择顶点的权重，当在"细分曲面"卷展栏中启用"使用NURMS"复选框后，

就可以通过调整"权重"参数栏中的参数，观察调整后的顶点效果，如图8-185和图8-186所示。

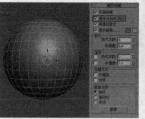 

图8-185　　　　　　　　　图8-186

8.4.3 编辑"边"子对象

"边"子对象层级中的有些命令与"顶点"子对象层级中的命令相似，在这里不再重复介绍，读者可参见"顶点"子对象的参数介绍。

"边"子对象由两个顶点确定，通过3条或3条以上的边可组成一个平面，当进入"边"子对象层级后，在"修改"命令面板下将增加一个"编辑边"卷展栏，如图8-187所示。该卷展栏中的命令按钮全部是用来编辑"边"子对象的。

图8-187

下面将通过一组实例操作，来为读者讲解一下该卷展栏的一些常用命令。

第1步：在"几何体"命令面板中单击"圆柱体"按钮 圆柱体 ，在视图中创建一个圆柱对象，并将其塌陷为可编辑多边形。进入其"边"子对象层级，在"编辑边"卷展栏中单击"插入顶点"命令按钮 插入顶点 后，可手动对可视边界进行细分，在边界上单击可以加任意数量的点，单击鼠标右键结束该命令的操作，如图8-188所示。

图8-188

第2步：选择如图8-189所示的边，单击"移除"按钮 移除 ，可将选择的边移除，但这时再进入"顶点"子层级，我们发现被移除边的顶点还继续留在原地，如图8-190所示。

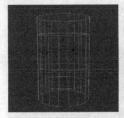
图8-189

图8-190

第3步：按Ctrl+Z键返回上一步的操作，这时按Ctrl键再单击"移除"按钮 移除 ，然后再进入"顶点"子层级，我们发现被移除边的顶点就一同被删除掉了，如图8-191所示。

第4步：进入"多边形"子对象层级，选择如图8-192所示的面将其删除，再次进入"边"子对象层级，选择要进行桥接的边，单击"桥"按钮 桥 后，可创建新的多边形来连接对象中选定的多边条，如图8-193和图8-194所示。

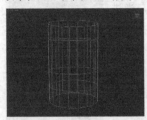
图8-191

图8-192

图8-193

图8-194

第5步：单击"桥"命令按钮右侧的"设置"按钮 后，在弹出的"跨越边"助手界面中可以设置桥接后的分段数、平滑等参数，如图8-195所示。

图8-195

第6步：选择如图8-196所示的边，单击"连接"命令按钮 连接 ，这时可在选择边的中间位置创建一圈的边，如图8-197所示。

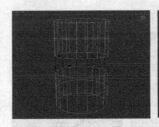
图8-196

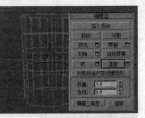
图8-197

第7步：单击"连接"按钮右侧的"设置"按钮 ，可以打开"连接边"助手界面，在该界面中可以调节"分段""收缩"和"滑块"参数，如图8-198所示。

第8步：选择如图8-199所示的边，单击"利用所选内容创建图形"命令按钮 利用所选内容创建图形 ，可以弹出"创建图形"对话框，在该对话框中可以设置图形名称以及设置图形类型。如果选择"平滑"类型，则生成平滑的样条线；如果选择"线性"类型，则生成样条线的形状与选择边的形状保持一致，最后单击"确定"按钮 确定 ，这样就可以将选择的边创建为样条线图形了，如图8-200和图8-201所示。

图8-198

图8-199

图8-200

图8-201

第9步：单击"编辑三角形"按钮 编辑三角形 ，多边形内部隐藏的会以虚线的形式显示出来，单击多边形的顶点并拖动到对角的顶点位置，鼠标指针会显示"+"图标，松开鼠标后四边形内部边的划分方式会改变，如图8-202和图8-203所示。

图8-202

图8-203

第10步：通过单击"旋转"按钮，可以更方便快捷地改变多边形的细分方式，只需单击虚线形式的对角线即可，再次单击即可恢复到初始位置，如图8-204所示。

图8-204

8.4.4 编辑"边界"子对象

"边界"是多边形对象开放的边，可以理解为孔洞的边缘。在"边界"子对象层级中，包含与"顶点"和"边"子对象相同的命令参数，这里就不重复介绍了。

进入"边界"子对象层级，在"修改"命令面板下将会出现"编辑边界"卷展栏，如图8-205所示。

图8-205

选择如图8-206所示的边界，单击"封口"命令按钮后，会沿"边界"子对象出现一个新的面，形成封闭的多边形对象，如图8-207所示。

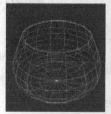
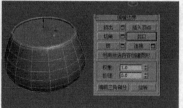

图8-206　　　　　　　　　　图8-207

"边界"子层级下的"桥"命令比"边"子对象级下的"桥"命令参数更多，可以设置更复杂的桥接效果，选择如图8-208所示的边界，单击"桥"命令按钮右侧的"设置"按钮，在弹出的"跨越边"助手界面中可以设置更多的"桥"参数，如图8-209所示。

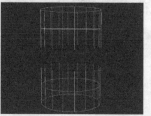

图8-208　　　　　　　　　　图8-209

8.4.5 编辑"多边形和元素"子对象

由于"多边形"和"元素"子对象的编辑命令基本相同，因此在本小节将综合介绍这两个子对象的编辑命令。

进入"多边形"子对象层级，在"修改"命令面板下将会出现"编辑多边形"卷展栏，如图8-210所示。

图8-210

下面将通过一组实例操作，来为读者讲解该卷展栏的一些基本参数。

第1步：在"几何体"命令面板中单击"茶壶"按钮，在视图中创建一个茶壶对象，并将其塌陷为可编辑多边形，进入其"多边形"子对象层级，在视图中选择如图8-211所示的"多边形"对象。

第2步：单击"挤出"命令按钮，将鼠标指针移动至需要挤出的面上，单击并拖动鼠标，即可执行挤出操作，如图8-212所示。

图8-211　　　　　　　　　　图8-212

第3步：如果需要对挤出的面进行更为精确的挤出操作，可以单击"挤出"命令按钮右侧的"设置"按钮，打开"挤出多边形"助手界面，在该界面中可以设置"挤出高度"和"挤出类型"等参数，如图8-213所示。

第4步：在"挤出类型"选项组中，分别有"组""局部法线"和"按多边形"3个选项，选择"组"选项后，将根据面选择集的平均法线方向挤出多边形，选择"局部法线"选项后，将沿着多边形自身的法线方向挤出，而如果选择"按多边形"选项后，则每一个多边形将单独被挤出，如图8-214~图8-216所示。

图8-213　　　　　　　　　　图8-214

图8-215　　　　　　图8-216

技巧与提示

在操作上，我们一般都是习惯先选择想要挤出或倒角的面，然后单击命令后面的"设置"按钮□，直接打开助手界面进行参数设置。

第5步：单击"轮廓"命令按钮，可以在视图中对选择的面进行"轮廓"操作，如图8-217所示。

图8-217

技巧与提示

"轮廓"命令与直接使用"选择并绽放"工具□对面进行绽放是不同的，"轮廓"命令不会改变内部的多边形，只会改变外边的大小。

第6步：选择面，单击"倒角"命令按钮右侧的"设置"按钮□，打开"倒角助手"界面，可对选择的多边形进行挤出和轮廓处理，如图8-218所示。

第7步："插入"命令可以在产生新轮廓边时产生新的面，单击"插入"按钮右侧的"设置"按钮□，在打开的"插入助手"界面中对"数量"参数进行设置，如图8-219所示。

图8-218　　　　　　图8-219

第8步："从边旋转"命令是一个特殊的工具，可以指定多边形的一边条作为旋转轴，让选择的多边形沿着旋转轴旋转并产生新的多边形，单击"拾取"按钮□，然后在视图中单击一条边作为旋转轴，如图8-220所示。

第9步："沿样条线挤出"命令可以让选择的多边形沿着一根样条线的走向挤出新的多边形。创建一根样条线对象，选择如图8-221所示的多边形。

图8-220　　　　　　图8-221

第10步：单击"沿样条线挤出"命令按钮沿样条线挤出，然后在视图中单击该样条线，结果如图8-222所示。

图8-222

第11步：如果想要精确调节沿样条线挤出后的面的形状，可以单击"沿样条线挤出"命令按钮右侧的"设置"按钮□，打开"沿样条线挤出"助手，在该助手界面中可以精细地调节沿样条线挤出后的面的形状，如图8-223所示。

图8-223

典型实例：制作创意台灯

场景位置	无
实例位置	实例文件>CH08>典型实例：制作创意台灯.max
实用指数	★★★☆☆
学习目标	熟练使用"编辑多边形"工具来制作模型

本节为读者安排了一个创意台灯的制作，实例操作过程为读者演示了多边形建模的操作方法与编辑技巧。图8-224所示为本实例的最终完成效果，图8-225所示为本实例的线框图。

图8-224　　　　　　图8-225

01 使用"圆柱体"工具圆柱体，在视图中创建一个圆柱体，设置其"半径"为10.0，"高度"为100.0，"高度分段"为10，如图8-226所示。

02 将圆柱体转换为可编辑的多边形后进入"顶点"层级，使用"选择并移动"工具 ⊕ 和"选择并均匀缩放"工具 ⊞ 调整顶点的位置和形态，效果如图8-227所示。

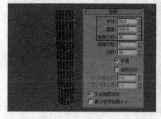 

图8-226　　　　　　　　　图8-227

03 进入"边"层级，选择如图8-228所示的边，单击"编辑边"卷展栏下"连接"命令右侧的"设置"按钮 ⊡，设置"分段"为6，如图8-229所示。

图8-228　　　　　　　　　图8-229

04 进入"顶点"层级，调整顶点的位置和形态至如图8-230所示的效果。

05 使用同样的方法，在模型的其他位置添加横向的边，然后调整顶点的位置和形态至如图8-231所示的效果，完成为其添加"涡轮平滑"修改器，效果如图8-232所示。

06 使用"圆锥体"工具 ▭圆锥体 ，在场景中创建一个圆锥体作为灯罩，设置其"半径1"为22.0，"半径2"为12.0，"高度"为25.0，"高度分段"为1，"边数"为48，如图8-232所示。

图8-230　　　　　　　　　图8-231

图8-232　　　　　　　　　图8-233

07 将圆锥体转换为可编辑的多边形后，进入"多边形"层级，选择如图8-234所示的面，按Delete键将其删除，如图8-235所示。

图8-234　　　　　　　　　图8-235

08 进入其"边界"层级，选择如图8-236所示的边界，按住Shift键的同时，使用"选择并移动"工具沿z轴向上拖曳，效果如图8-237所示。

图8-236　　　　　　　　　图8-237

09 使用同样的方法，选择灯罩下面的边界，进行移动复制，至此台灯模型制作完毕，最终模型效果如图8-238所示。

图8-238

典型实例：制作轮胎

场景位置	无
实例位置	实例文件>CH08>典型实例：制作轮胎.max
实用指数	★★★☆☆
学习目标	熟练使用"编辑多边形"工具来制作模型

本实例中，我们通过使用"编辑多边形"工具来制作一个轮胎模型效果，图8-239所示为本实例的最终完成效果，图8-240所示为本实例的线框图。

图8-239　　　　　　　　　图8-240

01 使用"管状体"工具 ▭管状体 ，在前视图中创建一个管状体，设置其"半径1"为75.0，"半径2"

为65.0，"高度"为-47.0，"高度分段"为3，"边数"为10，如图8-241所示。

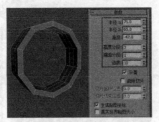

图8-241

02 将管状体转换为可编辑的多边形后进入"顶点"层级，选择如图8-242所示的顶点，使用"选择并移动"工具 ✥ 调整顶点的位置，效果如图8-243所示。

图8-242 图8-243

03 选择如图8-244所示的面，单击"编辑多边形"卷展栏中"挤出"命令右侧的"设置"按钮 ▣，设置挤出方式为"局部法线"，设置"高度"为-7，如图8-245所示。

图8-244 图8-245

04 在前视图中再创建一个管状体，设置其"半径1"为20.0，"半径2"为10.0，"高度"为-20.0，"高度分段"为1，"边数"为10，如图8-246所示

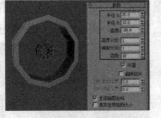

图8-246

05 选择大的管状体物体，单击"编辑几何体"卷展栏中的"附加"按钮 附加 ，然后在场景中单击小的管状体，将这两个物体合并成一个物体，如图8-247所示。

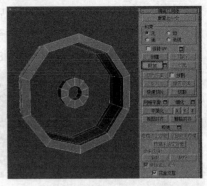

图8-247

06 进入"多边形"层级，选择如图8-248所示的面，然后按Delete将其删除，如图8-249所示。

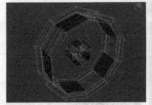
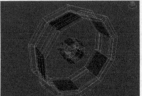

图8-248 图8-249

07 进入"边界"层级，选择如图8-250所示的边界，单击"编辑边界"卷展栏中"桥"命令右侧的"设置"按钮 ▣ ，设置"分段"为2，如图8-251所示。

图8-250 图8-251

08 进入"顶点"层级，使用"选择并移动"工具 ✥ 和"选择并旋转"工具 ⟳ 调整顶点的位置，效果如图8-252所示。

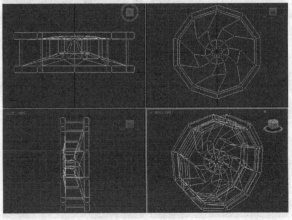

图8-252

09 进入"边"层级，选择如图8-253所示的边，单击"编辑边"卷展栏中"连接"命令右侧的"设置"按钮■，设置"分段"为1，如图8-254所示。

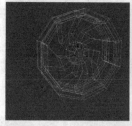

图8-253　　　　　　　　图8-254

10 使用"选择并移动"工具■和"选择并均匀缩放"工具■调节边的位置和形状，然后再使用"连接"命令加入一条边，调整形态后效果如图8-255所示。

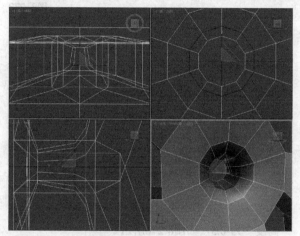

图8-255

11 选择如图8-256所示的边，单击"编辑边"卷展栏中"切角"命令右侧的"设置"按钮■，设置"边切角量"为0.25，如图8-257所示。

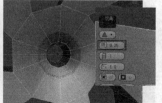

图8-256　　　　　　　　图8-257

12 为轮毂添加一个"涡轮平滑"修改器，设置"迭代次数"为3，模型效果如图8-258所示。

13 使用"圆环"工具 ▭ 圆环 在前视图中创建一个圆环物体，设置其"半径1"为85.0，"半径2"为22.0，"分段"为50，如图8-259所示。

图8-258　　　　　　　　图8-259

14 使用"选择并均匀缩放"工具■，沿y轴对轮胎进行缩放，如图8-260所示。

图8-260

15 将模型转换为可编辑的多边形后进入"边层级"，选择如图8-261所示的边，然后使用"选择并旋转"工具■和"选择并均匀缩放"工具■调节边的位置和形状，如图8-262所示。

图8-261　　　　　　　　图8-262

16 进入"多边形"层级选择如图8-263所示的面，单击"编辑多边形"卷展栏中"倒角"命令右侧的"设置"按钮■，设置倒角类型为"按多边形"，"高度"为1.0，"轮廓"为-1.5，效果如图8-264所示。

图8-263　　　　　　　　图8-264

17 进入"边"层级，选择如图8-265所示的边，单击"编辑边"卷展栏中"挤出"命令右侧的"设置"按钮■，设置"高度"为-1.0，"宽度"为0.5，如图8-266所示。至此整个轮胎模型制作完成，最终的模型效果如图8-267所示。

175

图8-265　　　　　　　　　　图8-266

图8-267

典型实例：制作液晶电视

场景位置	无
实例位置	实例文件>CH08>典型实例：制作液晶电视.max
实用指数	★★★☆☆
学习目标	熟练使用"编辑多边形"工具来制作模型

本节为读者安排了一台液晶电视的模型制作，实例操作过程为读者演示了多边形建模的操作方法与编辑技巧。图8-268所示为本实例的最终完成效果，图8-269所示为本实例的线框图。

图8-268　　　　　　　　　　图8-269

01 使用"长方体"工具 ，在前视图中创建一个长方体，设置其"长度"为26.0，"宽度"为40.0，"高度"为1.3，如图8-270所示。

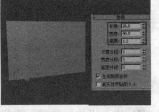

图8-270

02 将立方体转换为可编辑的多边形后进入"边"层级，选择如图8-271所示的边，单击"编辑边"卷展栏下"切角"命令右侧的"设置"按钮，设置"边

切角量"为0.4，"连接边分段数"为5，效果如图8-272所示。

图8-271　　　　　　　　　　图8-272

03 使用同样的方法，将下面的两条边也进行"切角"处理，如图8-273所示。

图8-273

04 选择如图8-274所示的面，单击"编辑多边形"卷展栏下"插入"命令右侧的"设置"按钮，设置"数量"为0.25，如图8-275所示。

图8-274　　　　　　　　　　图8-275

05 单击"挤出"命令右侧的"设置"按钮，设置"高度"为-0.5，如图8-276所示。

06 选择如图8-277所示的两条边，单击"编辑边"卷展栏下"连接"命令右侧的"设置"按钮，设置"分段"为2，完成后调节这两条边的位置，如图8-278和图8-279所示。

图8-276　　　　　　　　　　图8-277

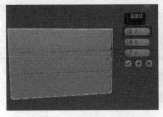 

图8-278　　　　　　　　　　图8-279

07 选择如图8-280所示的面，使用前面学过的方法，对该面也进行"插入"操作，设置"数量"为0.1，效果如图8-281所示。

图8-280　　　　　　　　图8-281

08 同样，选择如图8-282所示的面，也对其进行"插入"操作，设置"数量"为0.1，效果如图8-283所示。

图8-282　　　　　　　　图8-283

09 完成后选择如图8-284所示的面，对其进行"挤出"操作，设置"高度"为0.4，如图8-285所示。

图8-284　　　　　　　　图8-285

10 选择如图8-286所示的面，再次对其进行"插入"操作，设置"数量"为1.5，如图8-287所示。

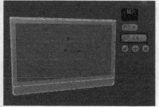

图8-286　　　　　　　　图8-287

11 完成后单击"编辑多边形"卷展栏中"倒角"命令右侧的"设置"按钮，设置"高度"为-0.5，"轮廓"为-0.5，如图8-288所示。

图8-288

12 选择模型后面如图8-289所示的两条边，对其进行"连接"操作，设置"分段"为2，"收缩"为60，如图8-290所示。

图8-289　　　　　　　　图8-290

13 完成后继续对这两条边进行"连接"操作，设置"分段"为1，"滑块"为8，如图8-291所示。

14 选择如图8-292所示的面，对其进行"倒角"操作，设置"高度"为1.5，"轮廓"为-3，完成后调整该面的位置，效果如图8-293和图8-294所示。

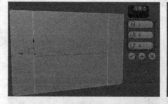

图8-291　　　　　　　　图8-292

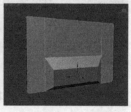

图8-293　　　　　　　　图8-294

15 选择如图8-295所示的边，对其进行"切角"操作，设置"边切角量"为1.0，"连接边分段数"为5，如图8-296所示。

图8-295　　　　　　　　图8-296

16 使用"圆柱体"工具 圆柱体 ，在前视图中创建一个圆柱体，设置其"半径"为2.0，"高度"为3.5，"高度分段"为3，"边数"为36，如图8-297所示。

17 使用"选择并缩放"工具 ，对圆柱体沿y轴进行缩放操作，如图8-298所示。

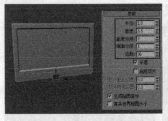

图8-297 图8-298

18 将其转换为可编辑的多边形后，选择如图8-299所示的边，调整其位置，效果如图8-300所示。

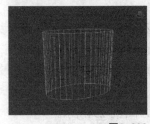

图8-299 图8-300

19 选择如图8-301所示的面，对其进行"挤出"操作，设置挤出方式为"局部法线""高度"为-0.1，如图8-302所示。

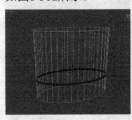

图8-301 图8-302

20 使用"长方体"工具 长方体 ，在视图中创建一个长方体，设置其"长度"为9.0，"宽度"为21.0，"高度"为0.5，"长度分段"为2，"宽度分段"为15，如图8-303所示。

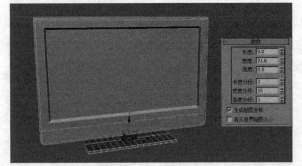

图8-303

21 将立方体转换为可编辑的多边形后，调整其顶点和边的位置，效果如图8-304所示。至此液晶电视的模型全部制作完成，最终效果如图8-305所示。

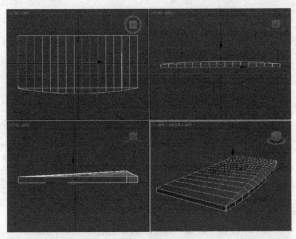

图8-304

图8-305

即学即练：制作潜水刀

场景位置	无
实例位置	实例文件>CH08>即学即练：制作潜水刀.max
实用指数	★★★☆☆
学习目标	熟练使用"编辑多边形"工具来制作模型

本实例中，通过使用"编辑多边形"工具来制作一个潜水刀的模型效果。图8-306所示为最终完成效果，图8-307所示为线框图。

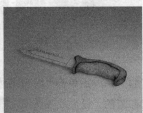

图8-306 图8-307

8.5 知识小结

本章主要详细讲解了"编辑多边形"工具的一

些常用命令和制作技巧，"编辑多边形"工具是3ds Max非常强大的一个工具，对建模感兴趣的读者必须要非常熟练地掌握该工具。通过对本章内容的深入了解，会使我们对多边形建模技术有一个很大的提高。

8.6 课后拓展实例: 制作单人沙发

场景位置	无
实例位置	实例文件>CH08>课后拓展实例: 制作担任沙发.max
实用指数	★★★☆☆
学习目标	熟练使用"编辑多边形"工具来制作模型

在学习了以上内容之后，接下来需要读者根据所学知识点，编辑制作一个沙发模型。通过本实例，可以巩固所学知识，加深读者对多边形建模方法的理解。图8-308所示为本实例的最终完成效果，图8-309所示为本实例的线框图。

图8-308 　　　　　　图8-309

01 使用"长方体"工具 长方体 ，在场景中创建一个长方体，将其转换为可编辑的多边形后，进入"边"层级，使用"连接"命令，加入一些边使沙发坐垫的边缘不至于太圆滑，如图8-310所示。

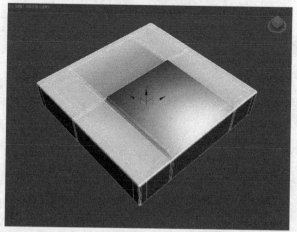

图8-310

02 同样使用"长方体"工具 长方体 制作沙发一侧的扶手，制作完成后为其添加"对称"修改器得到沙发另一侧的扶手，如图8-311和图8-312所示。

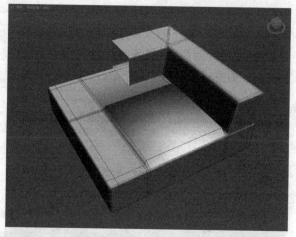

图8-311

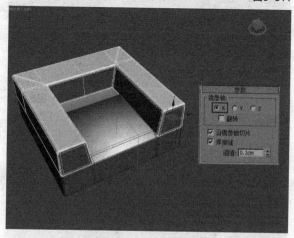

图8-312

03 继续使用"长方体"工具 长方体 制作沙发的靠背，效果如图8-313所示。

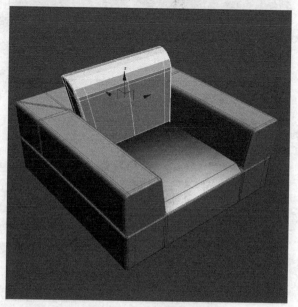

图8-313

04 在场景中制作一条样条线作为沙发的支脚外形，然后为其添加"扫描"修改器得到支脚的三维模型，最后通过添加"对称"修改器的方式得到沙发另一侧的支脚，如图8-314~图8-316所示。至此，沙发模型全部制作完成，最终效果如图8-317所示。

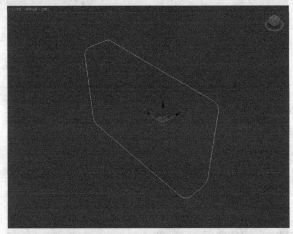

图8-314

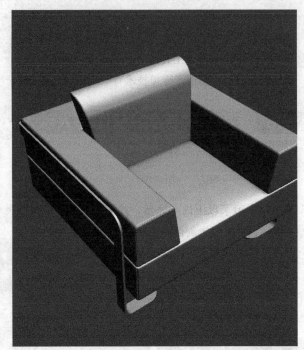

图8-317

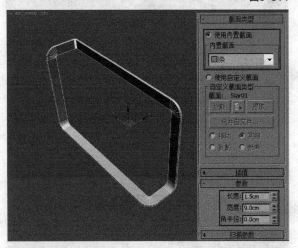

图8-315

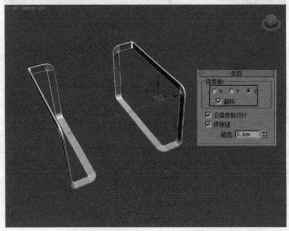

图8-316

3ds Max

第 9 章 材质编辑器

本章知识索引

知识名称	作用	重要程度	所在页
Slate材质编辑器与精简材质编辑器	熟悉3ds Max两种材质编辑器的工作模式	高	P183
标准材质	熟练掌握使用标准材质类型制作模型材质	高	P197

本章实例索引

实例名称	所在页
课前引导实例：制作宝石材质	P182
典型实例：制作静物材质	P186
典型实例：制作光盘材质	P196
即学即练：制作不锈钢金属材质	P197
典型实例：制作玉石材质	P204
典型实例：制作镂空铁门	P210
典型实例：制作玻璃和冰块材质	P211
即学即练：制作卧室材质	P212
课后拓展实例：制作卡通材质	P213

9.1 材质编辑器概述

材质主要用于表现物体的颜色、质地、纹理、透明度和光泽度等物理特性，依靠各种类型的材质可以制作出现实世界中的任何物体的质感。简而言之，材质就是为了让物体看起来更真实可信。

在3ds Max中，创建材质的方法非常灵活自由，任何模型都可以被赋予栩栩如生的材质，使创建的场景更加完美。"材质编辑器"是专门为用户编辑修改材质而特设的编辑工具，就像画家手中的调色盘，场景中所需的一切材质都将在这里编辑生成，并通过编辑器将材质指定给场景中的对象。当编辑好材质后，用户还可以随时返回到"材质编辑器"对话框中对材质的细节进行调整，以获得最佳的材质效果。

精简材质编辑器是在3ds Max 2011以前的版本唯一的一种材质编辑器，如图9-1所示。而在3ds Max 2011版本时增加了一种Slate（板岩）材质编辑器，如图9-2所示。Slate材质编辑器使用节点和关联以图形方式显示材质的结构，用户可以一目了然地观察材质，并能够方便直观地编辑材质，更高效地完成材质设置工作。用户可以根据自己的使用习惯或实际需要来选具体使用哪种材质编辑器。在本章中，将为读者详细讲解材质编辑器的相关知识以及材质属性、材质贴图通道等内容，通过本章内容的学习，可以使读者对3ds Max 2015中的材质设置基础知识有一个全面的了解。

图9-2

9.2 课前引导实例：制作宝石材质

场景位置	场景文件>CH09>01.max
实例位置	实例文件>CH09>课前引导实例：制作宝石材质.max
实用指数	★★★☆☆
学习目标	熟练使用"材质编辑器"中的命令来制作对象的材质

本节为读者安排了一组关于宝石材质的制作实例，将演示材质编辑器的一些基础材质调节方法。图9-3所示为本实例的场景截图，图9-4所示为本实例的最终渲染效果。

图9-3   图9-4

01 打开学习资源"场景文件>CH09>01.max"，在该场景中，已经为模型指定了基础材质，如图9-5所示。

图9-5

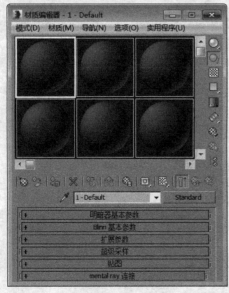

图9-1

02 单击工具栏上的"材质编辑器"按钮打开"材质编辑器",然后选择第1个材质球,在"Blinn基本参数"卷展栏下设置"漫反射"颜色为(红:0,绿:0,蓝:0),最后在"反射高光"选项组中设置"高光级别"为120,"光泽度"为42,如图9-6所示。

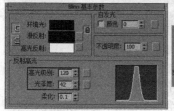

图9-6

03 打开"贴图"卷展栏,然后单击"高光颜色"右侧的"无"按钮,在弹出的"材质/贴图浏览器"中选择"渐变坡度"贴图,如图9-7所示。

图9-7

04 打开"渐变坡度"贴图的设置面板,让然后在"渐变坡度参数"卷展栏中的色块下方单击鼠标左键添加一些颜色滑块,然后双击这些滑块更改颜色,完成后效果如图9-8所示。

图9-8

05 单击"材质编辑器"工具栏上的"转到父对象"按钮回到材质层级,然后在材质的"不透明度"贴图通道上添加一张"衰减"贴图,如图9-9所示。

06 在"衰减参数"卷展栏中设置"前"通道颜色为(红:90,绿:90,蓝:90),"侧"色为(红:0,绿:0,蓝:0),如图9-10所示。

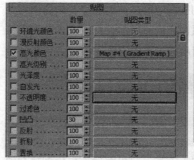
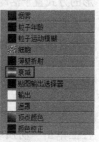

图9-9

图9-10

07 单击"材质编辑器"工具栏上的"转到父对象"按钮回到材质层级,在"折射"贴图通道中加载一张"光线跟踪"贴图,如图9-11所示。

图9-11

08 至此,宝石材质设置完毕,图9-12所示为设置好的材质球效果,然后将材质制定给宝石模型,按F9键渲染场景,最终效果如图9-13所示。

图9-12   图9-13

9.3 Slate材质编辑器与精简材质编辑器

"Slate材质编辑器"是以一种全新的模式来编辑材质,在"Slate材质编辑器"中,被编辑的材质被置于活动视图中,使用的贴图或其他材质类型也是以图形的方式置于活动视图中的，通过节点和关联确定各个元素之间的联系，完成材质的设置。在本节中，将为读者讲解Slate材质编辑器的相关知识。

9.3.1 Slate材质编辑器界面简介

启动3ds Max 2015后，默认状态下，在主工具栏上单击"材质编辑器"按钮或按M键，会打开"Slate材质编辑器"面板，可以在该面板中创建和编辑材质，如图9-14所示。

图9-14

9.3.2 Slate材质编辑器的编辑工具介绍

在"Slate材质编辑器"对话框的工具栏内有各种编辑工具，下面将通过一个实例为读者讲解这些工具的使用方法。

第1步：打开本书学习资源"场景文件>CH09>02.max"，如图9-15所示。

第2步：按M键打开"Slate材质编辑器"对话框，在该对话框内，"选择"工具默认处于被激活状态，使用该工具可以选择"Slate材质编辑器"内的材质的各个节点。

第3步：激活"从对象拾取材质"按钮，使用该工具可以从场景中将对象的材质调入到"Slate材质编辑器"中。将滴管光标移动到场景中的Orange01对象上，这时滴管充满"墨水"，单击Orange01对象后，该对象的材质会显示在Slate材质编辑器的活动视图中，如图9-16和图9-17所示。

图9-15　　　　　图9-16

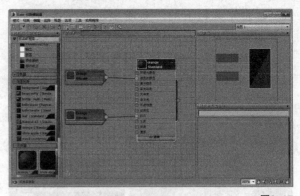

图9-17

第4步：在场景中选择Orange02对象，然后在"Slate材质编辑器"的活动视图中选择Orange节点，单击"将材质指定给选定对象"按钮，将当前选择的材质赋予场景中当前选定的对象上，按F9键渲染视图，可以看到Orange02对象被赋予材质后的效果，如图9-18和图9-19所示。

图9-18

图9-19

第5步：在"Slate材质编辑器"的活动窗口中框选所有Orange材质的节点，然后配合Shift键将材质进行复制。这时可以对原始的Orange材质进行参数的调节，如果发现调节后的效果不如以前的材质，可以选择新复制的材质，然后单击"将材质放入场景"按钮，将选择的材质再指定给对象。上述操作可以对原始材质进行备份，如图9-20所示。

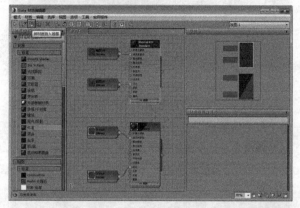

图9-20

第6步：单击"选择"按钮，然后在活动视图中框选所有Orange材质的节点，单击"删除选定对象"按钮，可以将选择的材质删除。

技巧与提示
该材质只是被从材质编辑器中删除了，但仍保留在场景中，我们可以通过"从对象拾取材质"工具，随时将材质调入到材质编辑器中进行再次编辑。

第7步：使用"移动子对象"按钮移动父节点，其子节点也将跟随其一起移动，如图9-21所示。

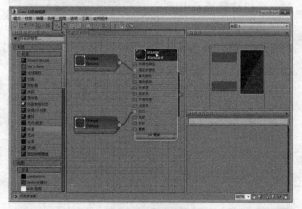

图9-21

第8步：启用"隐藏未使用的节点示例窗"按钮，将当前选择的材质中未使用的节点进行隐藏，这样可以方便查看当前材质中有哪些项目是已编辑过

的，如图9-22所示。

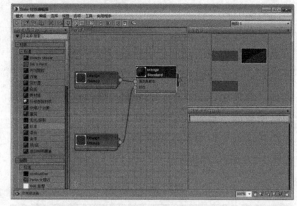

图9-22

第9步："在视口中的显示明暗处理材质"按钮为下拉式按钮，当激活"在视口中显示明暗处理材质"按钮后，则当前的材质贴图效果将会在场景视图中进行显示，否则物体只会在场景中显示被赋予材质的过渡色颜色；当激活"在视口中显示真实材质"按钮后，将会使用硬件显示模式在场景中显示被选择材质的贴图效果。图9-23和图9-24所示分别为Orange材质的两种显示模式在场景中的显示效果。

图9-23　　　　图9-24

技巧与提示
使用基于硬件的显示模式在视口中显示的材质贴图，更接近于渲染时的效果，这在编辑材质时可以节省一些渲染时间，不过，硬件显示并不是完全支持所有材质参数，图9-25所示为两种显示模式的区别。

软件显示	硬件显示
支持所有材质	仅支持标准、Arch & Design 和 Autodesk 材质
仅支持漫反射贴图	支持漫反射、高光反射和凹凸贴图以及各向异性和 BRDF 设置
无反射	反射天空明暗器
根据每个面计算高光反射	根据每个像素计算高光反射
速度快，没有特殊硬件要求	速度慢，但更精确，需要兼容 DirectX9.0c 的视频卡
正确渲染实体显示模式	将面状显示模式渲染为平滑的模式

图9-25

第10步："在预览中显示背景"按钮可以将多颜色的方格背景添加到活动示例窗中，当为材质设置了不透明度、反射和折射等效果时非常有用，如图9-26所示。

185

第11步：使用"从对象拾取材质"工具，将"苹果"对象的材质调入到"Slate材质编辑器"中，然后单击"布局全部—垂直"按钮，所有的节点及其子节点均按层级在活动窗口中呈垂直排列；在该按钮的下拉列表中选择"布局全部—水平"按钮后，所有的节点及其子节点均按层级在活动窗口中呈水平排列，如图9-27和图9-28所示。

图9-26

如图9-29所示。

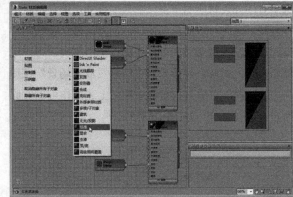

图9-29

第14步：使用"参数编辑器"按钮决定是否显示"参数编辑栏"，另外，也可以在"工具"菜单中执行该命令，如图9-30所示。

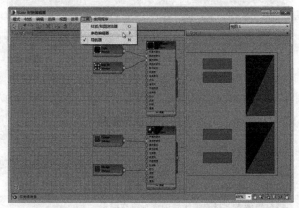

图9-30

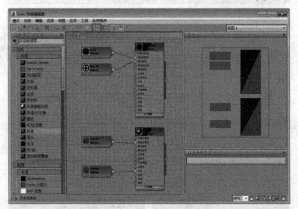

图9-27

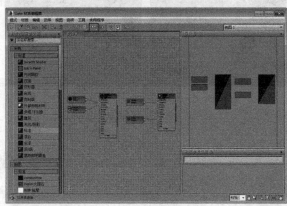

图9-28

第12步：单击"布局子对象"按钮，可以自动布置当前所选节点的子节点，将子节点的位置进行规则的排列。当子节点比较多且位置比较凌乱时，该工具可以快速为我们整理子节点的位置。

第13步："材质/贴图浏览器"按钮决定是否显示"Slate材质编辑器"左侧的"材质/贴图浏览器"窗口。对"Slate材质编辑器"熟悉以后，可以将左侧的窗口全部关闭，然后通过在活动视图中单击鼠标右键，在弹出的菜单中选择要添加的材质或贴图，

第15步：在活动视力中选择Orange01节点，单击"按材质选择"按钮，可以选择场景中赋予了该材质的物体。选择此命令将打开Select Objects对话框，所有赋予选定材质的对象会在列表中高亮显示，如图9-31所示。

图9-31

典型实例：制作静物材质

场景位置	场景文件>CH09>03.max
实例位置	实例文件>CH09>典型实例：制作静物材质.max
实用指数	★★★☆☆
学习目标	熟练使用Slate材质编辑器中的命令来制作对象的材质

在了解了Slate材质编辑器的各种面板及工具的功能后，下面通过一个实例练习，讲解Slate材质编辑器的具体工作模式。图9-32所示为本实例的场景截图，图9-33所示为本实例的最终渲染效果。

图9-32　　　　　　　　图9-33

01 打开本书的学习资源"场景文件>CH09>03.max"，该场景中有水壶盘子和地面，如图9-34所示。

图9-34

02 按M键打开"Slate材质编辑器"对话框，然后在对话框左侧的"材质／贴图浏览器"窗口中双击"标准"节点，这时在活动窗口出现Material#1节点，接着双击该节点，在"Slate材质编辑器"右侧的"材质参数编辑器"中会出现Material#1材质的创建参数，同时在活动窗口中该节点的周围会出现一圈虚线，表示该节点处于被编辑状态，如图9-35所示。

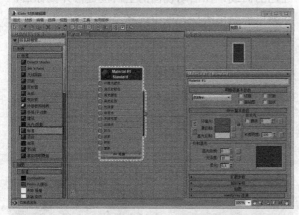

图9-35

技巧与提示

　Phong明暗器类型易表现柔和的材质，常用于制作塑性材质，关于明暗器的类型，会在后面进行详细介绍。

03 将Material#1材质命名为"盘子"，然后在"明暗器基本参数"卷展栏的下拉选项栏中选择Phong选项，如图9-36所示。

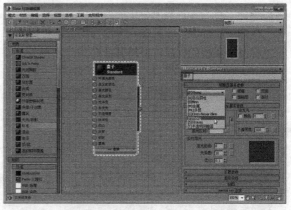

图9-36

04 单击"漫反射"右侧的色块，在打开的"颜色选择器"对话框中，将"漫反射"颜色设置为（红:255，绿:255，蓝:255），如图9-37所示。

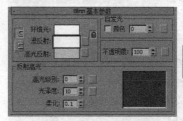

图9-37

05 在"反射高光"选项组中，设置"高光级别"参数值为80，"光泽度"参数值为30，如图9-38所示。

图9-38

06 确定"盘子"节点处于被选择状态，然后在视图中选择"盘子"对象，单击"将材质指定给选定对象"按钮，将该材质赋予"盘子"对象，按F9键渲染场景，效果如图9-39所示。

图9-39

187

07 为了在"Slate材质编辑器"的活动视图中操作方便，选择"盘子"材质节点，然后单击"删除选定对象"按钮▓，将该材质删除。用同样的方法再创建一个"标准"类型的材质，并将其命名为"水壶"，如图9-40所示。

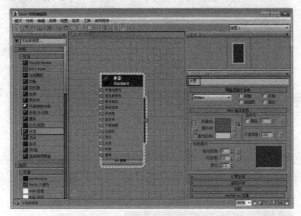

图9-40

💡 **技巧与提示**

如果既想保留活动视图中的节点，又不想影响新材质的编辑，可以创建新的活动视图来编辑材质，在活动视图上方的标签栏单击鼠标右键，在弹出的快捷菜单中选择"创建新视图"选项，如图9-41所示。

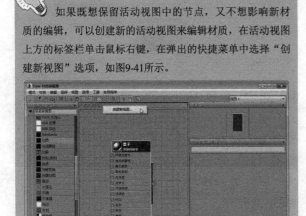

图9-41

08 在"明暗器基本参数"卷展栏的下拉选项中选择"金属"选项，然后设置"漫反射"颜色为（红:255，绿:200，蓝:0），在"反射高光"选项组中，设置"高光级别"参数值为90，"光泽度"参数值为75，如图9-42所示。

09 将"水壶"材质赋予场景中的"水壶"对象，然后按F9键渲染场景，观察水壶材质的效果，如图9-43所示。

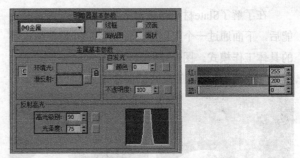

图9-42

图9-43

10 在"水壶"材质节点的"反射"贴图通道左侧的"圆点"上单击并拖曳鼠标，这时会牵引出一条红色的曲线，在活动视图的空白位置松开鼠标后，在弹出的贴图类型列表中选择"光线跟踪"，如图9-44所示。

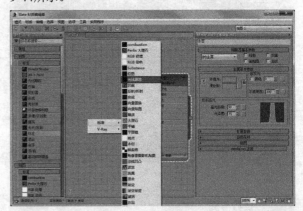

图9-44

11 在"Slate材质编辑器"的活动窗口中，会发现"水壶"材质节点左侧多出了一个"贴图#1"节点，如图9-45所示。

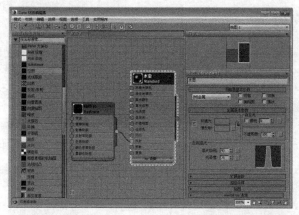

图9-45

12 单击"在预览中显示背景"按钮，这时会在活动示例窗中显示一个多颜色的方格背景，这样可以方便观察当前材质的反射情况，如图9-46所示。

13 按F9键渲染场景，水壶对象会自动反射周围环境，如图9-47所示。

图9-46

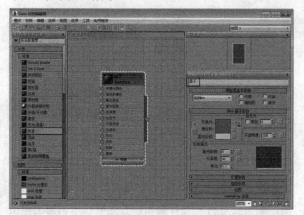

图9-47

14 在活动视图中删除该材质节点，用同样的方法创建一个"标准"类型的材质，并将其命名为"桌子"，如图9-48所示。

图9-48

15 在"桌子"材质节点的"漫反射颜色"节点处

单击并拖曳鼠标，在弹出的贴图类型列表中选择"位图"，如图9-49所示。

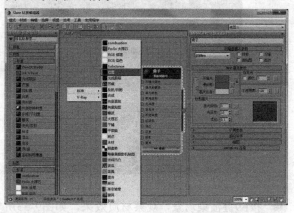

图9-49

16 在弹出的"选择位图图像文件"对话框中选择"木纹"文件，如图9-50所示。

图9-50

17 这时，在"Slate材质编辑器"的活动视图中，"桌子"材质节点左侧会出现"贴图#2"子节点，如图9-51所示。

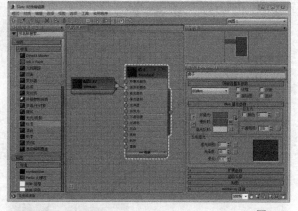

图9-51

18 将"桌子"材质赋予场景中的桌子对象，然后激活"在视口中显示标准贴图"按钮，观察贴图在视图中的效果，如图9-52所示。

图9-52

19 按F9键渲染场景，观察材质效果，如图9-53所示。至此，完成本实例的操作，读者可以打开"场景文件>CH09>03.max"文件进行查看。

图9-53

9.3.3 Slate材质编辑器与精简材质编辑器的切换方法

在"Slate材质编辑器"的"模式"菜单中选择"精简材质编辑器"，可以切换到"精简材质编辑器"模式，如图9-54和图9-55所示。

图9-54

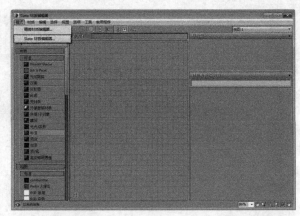

图9-55

9.3.4 精简材质编辑器材质示例窗

在"精简材质编辑器"中，材质示例窗用来显示材质的调节效果，在示例窗中默认是球体的形态显示，我们也可以将其设置为柱体和立方体，甚至允许我们自定义示例窗的外观效果，如图9-56所示。

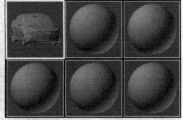

图9-56

每当调节材质的参数，其效果会立刻反映到示例球上，我们可以根据示例球近似地判断材质的效果。3ds Max共提供了3种示例窗的显示方式，默认是3×2的显示方式，在任意示例窗上单击鼠标右键，在弹出的快捷菜单的下方可以选择示例窗的显示方式，如图9-57和图9-58所示。

图9-57

图9-58

1.窗口类型

在示例窗中，当前正在编辑的材质称为激活材质，如果要对材质进行编辑，首先要在示例窗上单击鼠标左键（单击鼠标右键也可）将它激活，激活的示例窗周围将出现白色方框（这一点与激活视图的概念相同），如图9-59所示。

当一个材质指定给了场景中的物体后，则该材质便成为了同步材质，其特征是示例窗的四角有三角形标记，如图9-60所示。如果对同步材质进行编辑操作，场景中应用该材质的对象也会随之发生变化，不需要再进行重新指定。

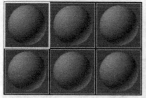
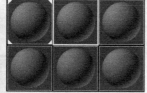

图9-59　　　　　　图9-60

如果示例窗中四角的三角形标记为"白色实心"，则表示拥有该材质的对象在场景中正在被选中；而如果示例窗四角的三角形标记为"灰色实心"，则表示该材质已经被赋予了场景中的对象，但拥有该材质的对象当前没有被选中，如图9-61所示。通过这种方法，我们就可以在打开材质编辑器时，快速找到当前选择对象的材质。

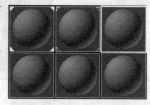

图9-61

2.拖动操作

在示例窗中的材质，我们可以方便地执行拖动操作，以便对材质进行各种复制和指定活动。将一个材质示例窗拖动到另一个示例窗上，松开鼠标，即可将它复制到新的示例窗中，如图9-62所示。

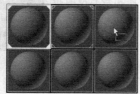

图9-62

对于同步材质，复制后会产生一个新的材质，新材质已不属于同步材质，因为同一种材质只允许有一个同步材质出现在示例窗中。

材质和贴图的拖动是针对软件内部的全部操作而言的，拖动的对象可是示例窗、贴图按钮和材质按钮等，它们分布在材质编辑器、灯光设置、环境编辑器、贴图置换命令面板以及资源管理器中，相互之间都可以进行拖动操作。材质还可以直接拖动到场景中的物体上，进行快速指定，如图9-63所示。

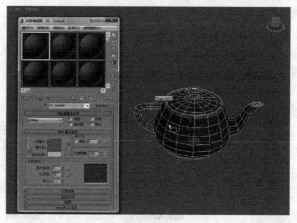

图9-63

3.右键菜单

打开"场景文件>CH09>04.max"，按M键打开"材质编辑器"，激活第1个材质示例窗，在激活的示例窗中单击鼠标右键，可以弹出一个快捷菜单，如图9-64所示。

在该快捷菜单中，"拖动／复制"选项是默认的设置模式，启用该选项后，拖动示例窗时，材质会从一个示例窗复制到另一个，也可将材质拖动到场景中的物体上，实现快速的材质指定。

启用"拖动／旋转"选项后，在示例窗中进行鼠标拖动将会旋转示例球，这时可以多角度观察材质的效果，如图9-65所示。

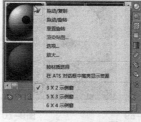
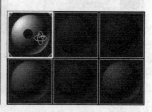

图9-64　　　　　　图9-65

> **技巧与提示**
>
> 在"拖动／复制"模式下，使用鼠标的中键也可以执行旋转操作，不必进入菜单中选择。

启用"重置旋转"选项后，将恢复示例窗中默认的角度方位，如图9-66所示。

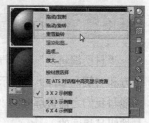

图9-66

"渲染贴图"选项只能在处于贴图层级时才可用，该选项可以把贴图渲染为静态图像或动态图像（如果该贴图设置了动画）。单击该选项后，会弹出"渲染贴图"对话框，如图9-67和图9-68所示。

图9-67   图9-68

技巧与提示

如果贴图设置了动画，可以用这种方法查看贴图动画的速度、频率等，这比直接渲染场景动画要快速得多。

单击"选项"后，将打开"材质编辑器选项"对话框，该对话框主要用于设置有关编辑器的属性，相当于单击工具栏上的"选项"按钮，这方面的内容将在后面的学习中来进行介绍。

单击"放大"选项后，可以将当前材质以一个放大的示例窗显示，它独立于编辑器，以浮动框的形式出现，这有助于我们更清楚地观察材质效果，如图9-69和图9-70所示。

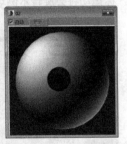

图9-69   图9-70

技巧与提示

在示例窗上双击鼠标左键同样可以放大示例窗的显示，每个示例窗只允许有一个放大窗口，通过拖动放大窗口的4个角可以调整窗口的大小。

9.3.5 精简材质编辑器材质工具

"材质编辑器"对话框的工具按钮位于示例窗的下方和右侧，如图9-71所示。其中有很多工具按钮的功能与我们之前讲解过的"Slate材质编辑器"中的工具按钮是相同的。

单击示例窗右侧的"采样类型"按钮，将弹出3个选项按钮，这3个按钮从图标形态上可以判断出该按钮是用于控制示例窗中样本的形态的，包括球体、柱体和立方体，图9-72所示这3种样本形态在示例窗中的效果。

图9-71

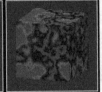

图9-72

"背光"按钮用于控制示例窗中样本球的背光效果，如图9-73所示，分别为禁用和启用"背光"按钮后样本球的效果。

图9-73

单击"背景"按钮后，可以为示例窗增加一个彩色方格背景，这与"Slate材质编辑器"中的工具按钮功能是相同的，主要用于查看透明材质和带有反射折射效果的材质，如图9-74所示。

图9-74

单击"采样UV平铺"按钮后，将弹出4个按钮，这4个按钮可以在活动示例窗中调整采样对象上贴图图案的重复次数，效果如图9-75所示。

图9-75

"视频颜色检查"按钮的作用是检查材质表面的色散是否有超过视频限制的，对于NTSC和PAL制视频，色彩饱和度有一定限制，如果超过这个限制，颜色转化后会变得模糊或产生毛边，所以要尽量避免发生这种情况，比较安全的做法是将材质色彩的饱和度降低。如图9-76所示，右侧为检查出的不合格区域，以黑色显示。

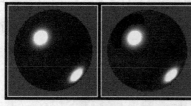

图9-76

技巧与提示

需要注意的是，这里调节的重复次数只是改变示例窗中的显示，如果想真正改变贴图的重复次数，需要进入到贴图层级改变贴图的重复度，或者为物体添加"UVW贴图坐标"修改器。

单击"生成预览"按钮，会打开"创建材质预览"对话框，如果材质进行了动画设置，可以使用它来实时观看动态效果，如图9-77所示。

在"生成预览"按钮上按住鼠标左键不放，将弹出"播放预览"和"保存预览"按钮，前者用于播放已经生成的预览动画，后者可以将完成的预览动画以avi格式进行保存。

单击"选项"按钮，则会打开"材质编辑器选项"对话框，如图9-78所示，它可以有效地控制示例窗中的材质显示和贴图显示效果。

图9-77　　　　图9-78

单击"按材质选择"按钮，将弹出"选择对象"窗口，附有该材质的对象名称都会高亮显示在该窗口中，这与"Slate材质编辑器"中的工具按钮作用相同，不再赘述。

单击"材质／贴图导航器"按钮，将打开"材质／贴图导航器"窗口，如图9-79所示。这是一个非常有用的工具，通过单击"材质／贴图导航器"窗口中的材质或贴图的名称，可以快速地进入每一层级中进行编辑操作，这在调节复杂材质，材质和贴图嵌套关系比较多的情况下非常有用。

图9-79

技巧与提示

在"材质／贴图导航器"窗口中，用球体代表材质，用平行四边形代表贴图。如果球形或平行四边形为红色，则表示该材质或贴图启用了"在视口中显示明暗处理材质"工具。

在"材质／贴图导航器"窗口的上方有4个按钮，可以更改材质／贴图在"材质／贴图导航器"中的显示方式。

单击"获取材质"按钮，可以打开"材质／贴图浏览器"窗口，我们可以调出材质和贴图，从而进行编辑修改，如图9-80所示。

材质／贴图导航器还有一个重要的作用是将我们设置好的材质保存为后缀为".mat"的材质库文件，这样我们就可以在其他场景文件中再次调用设置完成的材质了。

图9-80

第1步：在"材质／贴图浏览器"窗口中单击左上角的"材质／贴图浏览器选项"按钮，在弹出的下拉菜单中选择"新材质库"选项，这时会打开"创建新材质库"窗口，在该窗口中设置保存文件的路径和名称后，单击"保存"按钮，如图9-81和图9-82所示。

图9-81

193

图9-82

第2步：在"材质／贴图浏览器"窗口中会出现我们新建名为"新库"的卷展栏，如图9-83所示。

第3步：在"材质编辑器"中选择要保存的材质，直接将其拖放到该卷展栏的下方，当出现一条水平蓝线时松开鼠标，这样就可将选择的材质调入到新建的材质库中了，如图9-84和图9-85所示。

第4步：在"新库"卷展栏上单击鼠标右键，在弹出的快捷菜单中选择保存或另存为，就可以将当前的材质库保存了，如图9-86所示。

图9-83

图9-84

图9-85

图9-86

第5步：在新的场景中，打开"材质／贴图浏览器"窗口单击"材质／贴图浏览器选项"按钮，在弹出的下拉菜单中选择"打开材质库"选项，在打开的"导入材质库"窗口中选择我们保存的材质库文件，就可以打开保存完成的材质库了，如图9-87和图9-88所示。

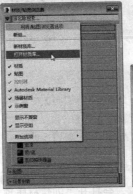

图9-87　　　　　　图9-88

"将材质放入场景"按钮和"将材质指定给选定对象"按钮与"Slate材质编辑器"中的工具按钮作用相同，不再赘述。

在"材质编辑器"中，如果选择一个非同步材质，也就是还没有指定给场景中任何物体的材质，单击"重置贴图／材质为默认设置"按钮，会弹出"材质编辑器"对话框，如图9-89所示。单击"是"按钮，将会把材质重置为初始设置；如果选择了一个同步材质，单击"重置贴图／材质为默认设置"按钮，将会弹出"重置材质／贴图参数"对话框，如图9-90所示。

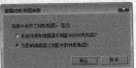

图9-89　　　　　　图9-90

选择"影响场景和编辑器示例窗中的材质／贴图"单选按钮，在重置当前示例窗中材质参数的同时，也会连带影响场景中对象的材质，但该材质仍为同步材质；选择"仅影响编辑器示例窗中的材质／贴图"单选按钮，则只会影响当前示例窗中的材质，同时该材质变为非同步材质。

当选择一个同步材质后，单击"生成材质副本"按钮，可以看到当前示例窗四角的三角形标志消失，这说明当前材质已经不是同步材质了，而是复制成了一个相同参数的非同步材质，且名称相同，如果对该材质编辑完成后单击"将材质指定给选定对象"按钮 ，则会弹出"指定材质"对话框，如图9-91所示。

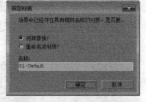

图9-91

如果选择"将其替换"单选按钮，则会替换与该材质名称相同的所有物体的材质；如果选择"重命名该材质"单选按钮，将允许我们把当前材质改变为另一个名称，并重新指定。

技巧与提示

我们在编辑材质参数的同时，最好也给材质命名一个独一无二的名字，这不但方便材质的查找，也可以减少一些误操作所带来的麻烦。

单击"使唯一"按钮 ，可以将关联的材质／贴图转换为独立的材质／贴图，这与场景中物体间取消关联的操作概念相同。

单击"放入库"按钮 ，会将当前选择的材质放入到材质库中，这与之前讲解过的保存材质库文件功能相同，只不过这里是通过单击按钮来实现。当单击"放入库"按钮 后，会弹出一个快捷菜单，在这里允许我们选择将当前材质保存到哪一个材质库中，如图9-92所示。

图9-92

在选择了材质库的名称后，会弹出"放置到库"对话框，在这里为当前材质命名后，单击"确定"按钮，就会把当前材质保存到选择的材质库中了，如图9-93和图9-94所示。

图9-93　　　图9-94

"视口中显示明暗处理器材质"按钮 与"Slate

材质编辑器"中的按钮功能相同，不再赘述。

"显示最终结果"按钮 是针对具有多个层级嵌套的材质作用的。单击"材质／贴图导航器"按钮 ，打开"材质／贴图导航器"，首先进入材质的任意一个子层级，如图9-95所示。这时启用"显示最终结果"按钮 ，不管现在处于哪一个材质的子层级，示例窗中会保持显示出最终材质的效果（顶级材质的效果）；禁用该按钮后，在示例窗中则只会显示当前层级和材质／贴图效果，图9-96所示分别为启用和禁用该按钮的显示效果。

图9-95　　　　　　　图9-96

单击"转到父对象"按钮，可以向上移动一个材质层级，如图9-97所示。

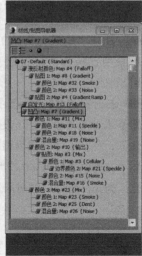

图9-97

单击"转到下一个同级项"按钮 ，可以移动到当前材质中相同层级的下一个贴图或材质层级，如图9-98所示。

图9-98

典型实例：制作光盘材质

场景位置　场景文件>CH09>05.max
实例位置　实例文件>CH09>典型实例：制作光盘材质.max
实用指数　★★★☆☆
学习目标　熟练使用"精简材质编辑器"中的命令来制作对象的材质

　　在了解了"精简材质编辑器"的各种面板及工具的功能后，下面将通过一个实例练习，使读者了解"精简材质编辑器"的一些常用工具的使用方法。图9-99所示为本实例的场景截图，图9-100所示为本实例的最终渲染效果。

图9-99　　　　　　　　　　　图9-100

01 打开"场景文件>CH09>05.max"文件，该场景中已经为资源指定了基础材质，如图9-101所示。

02 打开材质编辑器，选择第1个材质球，在"明暗器基本参数"卷展栏下设置明暗器类型为"各向异性"，然后在"各向异性基本参数"卷展栏下，设置"高光级别"为160，"光泽度"为40，"各向异性"为90，如图9-102所示。

图9-101　　　　　　　　　　　图9-102

03 在下方的"贴图"卷展栏里，单击"高光颜色"右侧的"无"按钮 ▭无▭ ，在弹出的"材质/贴图浏览器"中选择"渐变坡度"贴图，如图9-103所示。

图9-103

04 这时会自动进入"渐变坡度"贴图的设置面板，在"渐变坡度参数"卷展栏中的色块下方单击鼠标左键添加一些颜色滑块，然后双击这些滑块更改颜色，完成后效果如图9-104所示。

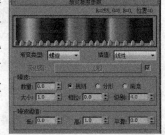

图9-104

05 用同样的方法，在材质的"方向"贴图通道上也添加一个"渐变坡度"贴图，然后设置"渐变坡度"贴图色块的颜色，如图9-105和图9-106所示。

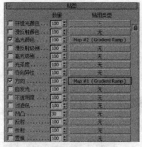 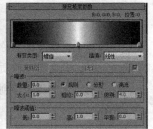

图9-105　　　　　　　　　　　图9-106

06 在材质的"反射"贴图通道，加载一张"光线跟踪"贴图，并设置贴图的影响数量为50，如图9-107所示。

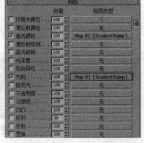

图9-107

07 选择第2个材质球，在"明暗器基本参数"卷展栏下设置明暗器类型为"各向异性"，然后在"各向异性基本参数"卷展栏下设置"漫反射"颜色为（红:30，绿:230，蓝:230），接着设置"高光级别"为90，"光泽度"为65，"各向异性"为50，如图9-108所示。

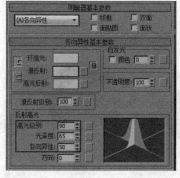

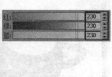

图9-108

08 进入"贴图"卷展栏，在"折射"贴图通道中添加一个"光线跟踪"贴图，如图9-109所示。至此，光盘材质全部制作完毕，按F9键渲染场景，最终的渲染效果如图9-110所示。

图9-109　　　　图9-110

即学即练：制作不锈钢金属材质

场景位置　场景文件>CH09>06.max
实例位置　实例文件>CH09>即学即练：制作不锈钢金属材质.max
实用指数　★★★☆☆
学习目标　熟练使用"精简材质编辑器"中的命令来制作对象的材质

本实例中，将使用"金属"明暗器类型来制作一个不锈钢金属材质的效果。图9-111所示为场景截图，图9-112所示为最终渲染效果。

图9-111　　　　图9-112

9.4 标准材质

在3ds Max中，材质编辑器中的材质类型默认都是"标准"类型的材质，"标准"材质是最基本的，也是最常用的一种材质编辑类型。打开材质编辑器，选择任意一个示例窗，在工具栏下方有一个Standard按钮，这表示当前材质为"标准"类型的材质。单击Standard按钮，打开"材质/贴图浏览器"窗口，在该窗口中我们可以将当前材质更改为其他类型的材质，如图9-113和图9-114所示。

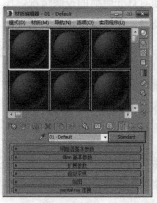

图9-113　　　　图9-114

在3ds Max 2015中，系统提供了共16种类型的材质，不同的材质有不同的用途。如"标准"材质是默认的材质类型，拥有大量的调节参数，适用于绝大多数材质制作的要求；"光线跟踪"材质常用于制作有反射/折射效果的物体，如不锈钢、玻璃等；Ink'n Paint（卡通）材质能够赋予物体二维卡通质感的渲染效果。

9.4.1 基本参数

"标准"材质的基本参数设置包括"明暗器基本参数"和"Blinn基本参数"两个卷展栏，如图9-115所示。

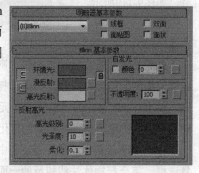

图9-115

197

1. "明暗器基本参数"卷展栏

在"明暗器基本参数"卷展栏中可指定材质的明暗器类型及材质的渲染方式。"明暗器"下拉列表中为我们提供了8种不同类型的明暗器类型，这些明暗器用于改变材质表面对灯光照射的反映情况，图9-116所示为8种明暗器类型。系统默认状态下所使用的是Blinn明暗器类型，下面所要介绍的"Blinn基本参数"卷展栏就是Blinn明暗器类型的参数设置，对于其他明暗器类型，将在本章后面的小节进行介绍。

图9-116

在"明暗器基本参数"卷展栏中，如果勾选"线框"复选框，将会以网格线框的方式渲染物体，如图9-117和图9-118所示。

图9-117　　　　图9-118

对于线框的粗细，可以通过"扩展参数"卷展栏下"线框"选项中的"大小"参数值进行调节，如图9-119所示。

图9-119

如果选择"像素"单选按钮，则物体无论远近，线框的粗细都将保持一致；如果选择"单位"单选按钮，将会以3ds Max内部的基本单元作单位，会根据物体离镜头的远近而发生粗细的变化。

在"明暗器基本参数"卷展栏中，勾选"双面"复选框，将会把物体法线相反的一面也进行渲染。通常计算机为了简化计算，只会渲染物体法线为正方向

的表面，这对大多数物体都适用，但有些敞开面的物体，其内壁会看不到任何材质效果，这时就必须打开双面设置。在图9-120中，左侧为未打开双面材质的渲染效果，右侧为打开双面材质的渲染效果。

图9-120

勾选"面贴图"复选框，会将材质指定给模型的每个表面，如果是含有贴图的材质，贴图会均匀分布在物体的每一个表面上，图9-121所示为取消勾选和勾选"面贴图"复选框的不同渲染效果。

图9-121

勾选"面状"复选框会将物体的每个面以平面化进行渲染，不进行相邻面的组群平滑处理，如图9-122所示。

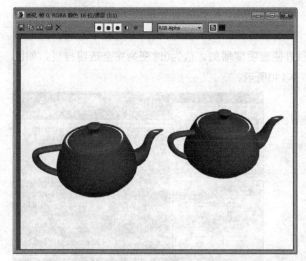

图9-122

2."Blinn基本参数"卷展栏

在"Blinn基本参数"卷展栏中,可对Blinn明暗器类型的相关参数进行设置。"环境光""漫反射"和"高光反射"选项可以设置材质表面的颜色。"环境光"可以控制物体表面阴影区的颜色;"漫反射"控制物体表面过渡区的颜色;"高光反射"控制物体表面高光区的颜色。

这3个色彩分别指物体表面的3个受光区域,通常我们所说的物体的颜色是指"漫反射"颜色,它提供物体最主要的色彩,使物体在日光或人工光的照明下可以被看见;"环境光"颜色一般由灯光的颜色决定,如果光线为白光则会依据"漫反射"颜色来定义;"高光反射"一般与"漫反射"相同,只是饱和度更强一些。在图9-123中,1为"高光反射"颜色,2为"漫反射"颜色,3为"环境光"颜色。

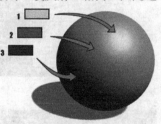

图9-123

下面通过一组操作来对"Blinn基本参数"卷展栏中的参数进行介绍。

第1步:打开"场景文件>CH09>07.max"文件,在场景中选择"盘子"对象,然后打开"材质编辑器",如图9-124所示。

第2步:在"材质编辑器"窗口中选择"盘子"材质,然后单击"Blinn基本参数"卷展栏中"漫反射"颜色选项右侧的色块,可以打开"颜色选择器"对话框,在对话框中进行设置的同时,示例窗和场景模型的材质都会进行效果的即时更新,如图9-125所示。

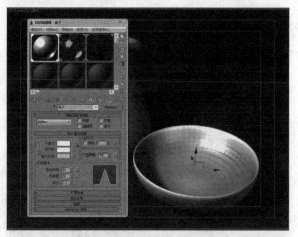

图9-124

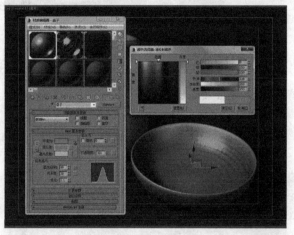

图9-125

第3步:在"环境光""漫反射"和"高光反射"选项左侧有两个"锁定"按钮 ,用于锁定这3个选项中的2个(或3个选项全部锁定),被锁定的两个区域颜色将保持一致,调节一个时另一个也会随之变化。单击"锁定"按钮 对其锁定时,会弹出一个提示对话框,单击"是"按钮即可将其锁定,如图9-126所示。

图9-126

另外,每个项目色块的右边都有一个小的四方按钮,使用这些按钮可以快速为每个通道指定贴图,对于贴图通道的用法将会在后面的章节进行讲解。

第4步:"自发光"选项组中的参数可以使材质具备自身发光的效果,常用于制作灯泡等光源物体,将"自发光"的数值设为100,物体在场景中将不受任何物体投影的影响,自身也不受灯光的影响,只表现出"漫反射"的纯色和一些反光,如图9-127所示。

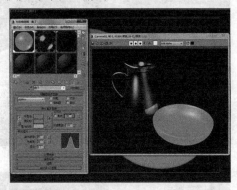

图9-127

技巧与提示

将"环境光"和"漫反射"选项解除锁定后,默认调节"环境光"的颜色,示例窗和场景中的对象也不会有任何效果,如果想让"环境光"起作用,需要在"环境与效果"对话框中,将"环境光"的颜色设置为高于纯黑色,如图9-128所示。

图9-128

另外,每个项目色块的右边都有一个小的四方按钮,使用这些按钮可以快速为每个通道指定贴图,对于贴图通道的用法将会在后面的章节进行讲解。

第5步:勾选"颜色"复选框,可以通过调整色样中的颜色,创建出带有颜色的自发光效果,如图9-129所示。

图9-129

第6步:"半透明"参数可以设置材质的不透明度百分比,默认值为100,即完全不透明。降低该值使透明度增加,值为0时变为完全透明材质,如图9-130所示。

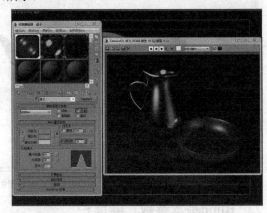

图9-130

第7步:在"反射高光"选项组中,"高光级别"参数设置高光的强度;"光泽度"参数设置高光的范围,值越高,高光范围越小;"柔化"参数可以对高光区的反光作柔化处理,使其变得模糊、柔和。通过"反光曲线示意图"可以直观地表现"高光级别"和"光泽度"的变化情况,如图9-131所示。

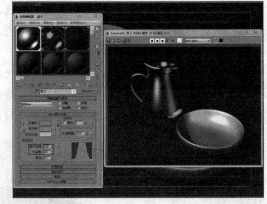

图9-131

9.4.2 扩展参数

在"Blinn基本参数"卷展栏的下方是"扩展参数"卷展栏,该卷展栏可以对材质的透明度、反射效果及线框外观进行设置,如图9-132所示。

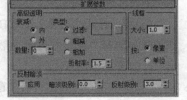

图9-132

1.高级透明

第1步：打开"场景文件>CH09>08.max"文件，该文件中有一个卡通人物的头部模型，并为其赋予了一个标准材质，如图9-133和图9-134所示。

图9-133　　　　　　　图9-134

第2步：打开材质编辑器，选择第一个示例窗，在"扩展参数"卷展栏的"高级透明"选项组中，"内"单选按钮默认是选择状态，表示由边缘向中心增加透明的程度，像玻璃瓶的效果。设置下方的"数量"参数值为100，渲染场景并观察材质效果，如图9-135所示。

图9-135

第3步：选择"外"单选按钮，可以使材质从中心向边缘增加透明程度，类似云雾、烟雾的效果，如图9-136所示。

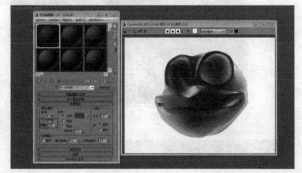

图9-136

第4步："类型"选项组用于确定以哪种方式来产生透明效果，默认是"过滤"方式，这将会计算经过透明物体背面颜色倍增的过滤色，单击后面的色块可以改变过滤颜色，图9-137所示为改变过滤色后材质所发生的变化。

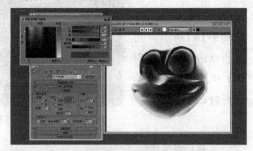

图9-137

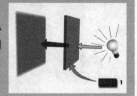
第5步：选择"相减"单选按钮，材质将根据背景色进行递减色彩的处理，如图9-139所示。

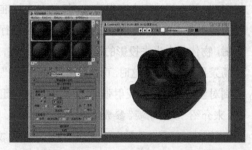

图9-139

第6步：选择"相加"单选按钮，材质将根据背景色进行递增色彩处理，常用来制作发光体物体的材质，如图9-140所示。

图9-140

第7步："折射率"参数用于设置折射贴图所使用的折射比率，使材质模拟不同物质产生的不同折射效果，在图9-141所示，左前的球的"折射率"为1.0，右后的球的"折射率"为1.5。

图9-141

技巧与提示

"折射率"参数只有在材质设置了折射贴图后才能够使用。图9-142所示为自然界中常用的几种物质折射率。

材质	IOR 值
真空	1.0（精确）
空气	1.0003
水	1.333
玻璃	1.5（清晰的玻璃）到 1.7
钻石	2.418

图9-142

2.反射暗淡

"反射暗淡"选项组中的参数用于设置对象阴影区中反射贴图的暗淡效果。当一个物体表面有其他物体的投影时，这个区域将会变得暗淡，但是一个标准的反射材质却不会考虑到这一点，它会在物体表面进行全方位反射，物体将会失去投影的影响变得通体发亮，这样会使场景显得不真实。这时，可以启用"反射暗淡"设置来控制对象被投影区的反射强度。下面将通过一组实例操作，来介绍"反射暗淡"参数的用法。

第1步：打开"场景文件>CH09>09.max"文件，该文件中的"圆柱"对象在"茶壶"对象的表面上产生了投影效果。另外，"茶壶"对象已经在其材质的反射通道上指定了一张位图作为反射贴图，如图9-143所示。

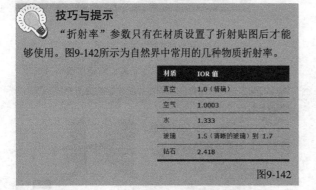

图9-143

第2步：按F9键渲染场景，发现处于阴影中的茶壶表面也是非常亮，这不符合现实的情况，如图9-144所示。

图9-144

第3步：在"扩展参数"卷展栏的"反射暗淡"选项中，勾选"启用"复选框，通过"暗淡级别"参数可以设置"反射暗淡"对物体的影响。值为0时，被投影区域仍表现为原来的投影效果，不产生反射效果；值为1时，不发生暗淡效果，与不开启此项设置效果一样。"反射级别"参数可以设置物体未被投影区域的反射强度，对这两个参数进行设置，如图9-145所示。按F9键渲染场景，观察开启"反射暗淡"后的材质效果，如图9-146所示。

图9-145

图9-146

9.4.3 明暗器类型

在3ds Max 2015中，材质的明暗器类型共有8种，分别为"各向异性"、Blinn、"金属""多层"、Oren-Nayar-Blinn、Phong、Strauss和"半透

明"，图9-147所示为这8种明暗器类型样本球的效果。

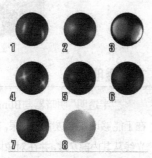

图9-147

每一种明暗器类型都有其各自的特点，主要作用是改变材质表面对灯光照射的反映情况。下面将为读者介绍这些明暗器类型的特点。

1.Blinn与Phong

Blinn与Phong明暗器都是以光滑的方式进行表面渲染，效果非常相似，基本参数也完全相同，图9-148所示为这两种明暗器的参数卷展栏。这两种明暗器的差别并不是很大，仔细观察图9-149，可以发现一些它们的区别。

图9-148

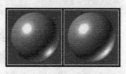

图9-149

Blinn高光点周围的光晕是旋转混合的，Phong是发散混合的；背光处Blinn的反光点形状近似圆形，清晰可见，Phong的则为棱形，影响周围的区域较大；如果都增大各自卷展栏中的"柔化"参数值，Blinn的反光点仍尽力保持尖锐的形态，而Phong却趋向于均匀柔和的反光；从色调上看，Blinn趋于冷色，Phong趋于暖色。综上所述，可以近似的认为，Phong易表现暖色柔和的材质，常用于制作塑料质感的材质；Blinn易表现冷色坚硬质感的材质。另外，在"标准"类型的材质中，Blinn一直作为默认的明暗器。

2.各向异性

"各向异性"明暗器，通过调节两个垂直正交方向上可见高光尺寸之间的差额，提供了一种"重折光"的高光效果。这种渲染属性可以很好地表现毛发、玻璃和被擦拭过的金属等材质效果。它的基本参数大体上与Blinn相同，只在高光和过渡色部分有所不同，如图9-150所示。

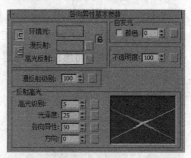

图9-150

图9-151所示为用"各向异性"明暗器制作的材质效果，读者可打开"实例文件>CH09 >各向异性.max"文件，查看该文件中材质的参数设置。

图9-151

3.金属

"金属"明暗器是一种比较特殊的明暗器，专用于金属材质的制作，可以提供金属所需的强烈的反光。它取消了"高光反射"色彩的调节，反光点的颜色仅依据"漫反射"颜色和灯光的色彩，图9-152所示为其参数卷展栏。

图9-153所示为使用"金属"明暗器制作的材质效果，读者可打开"实例文件>CH09>金属.max"文件，查看该文件中材质的参数设置。

图9-152　　　　图9-153

4.多层

"多层"明暗器与"各向异性"明暗器有相似之处，但该明暗器最大的特点是拥有两个高光区域的控制。该明暗器常用于制作高度磨光的曲面材质（如车漆），图9-154所示为参数卷展栏。

图9-155所示为使用"多层"明暗器制作的材质效果，读者可打开"场景文件>CH09>10.max"文件，查看该文件中材质的参数设置。

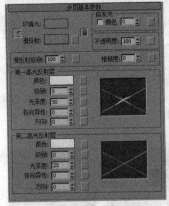
图9-154

图9-155

5. Oren-Nayar-Blinn

Oren-Nayar-Blinn明暗器是Blinn明暗器的一个特殊变量形式。通过它附加的"漫反射级别"和"粗糙度"两个参数设置，可以生成亚反光材质效果。该明暗器常用于表现织物、陶制器等不光滑粗糙物体的表面效果，图9-156所示为参数卷展栏。

图9-157所示为使用"多层"明暗器制作的材质效果，读者可打开"场景文件>CH09>11.max"文件，查看该文件中材质的参数设置。

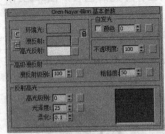
图9-156

图9-157

6.Strauss

Strauss明暗器提供了一种金属感的表面效果，但比"金属"明暗器渲染属性更简洁，参数更简单，图

9-158所示为参数卷展栏。

图9-158

7.半透明

"半透明"明暗器与Blinn明暗器类似，它最大的特点在于能够设置半透明的效果。赋予半透明材质的对象允许光线从其内部穿过，并在对象内部使光线散射，该明暗器常用于制作毛玻璃、蜡烛、厚重的冰块和带有色彩的液体等，图9-159所示为其参数卷展栏。

图9-160所示为使用"半透明明暗器"制作的材质效果，读者可打开学习资源中"场景文件>CH09>12.max"文件，查看该文件中材质的参数设置。

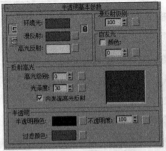
图9-159

图9-160

典型实例：制作玉石材质

场景位置　场景文件>CH09>13.max
实例位置　实例文件>CH09>典型实例：制作玉石材质.max
实用指数　★★★☆☆
学习目标　熟练使用"半透明明暗器"来制作玉石、塑料等物体的材质效果

下面，将指导读者制作一个玉石的材质，通过本实例的制作，使读者能巩固上一小节所学的知识。图9-161所示为本实例的场景截图，图9-162所示为本实例的最终渲染效果。

图9-161

图9-162

01 打开"场景文件>CH09>13.max"文件，该场景已经为模型指定了基础材质，如图9-163所示。
02 打开"材质编辑器"，选择第1个材质球，在"明暗器基本参数"卷展栏下设置明暗器类型为"半透明明暗器",然后在"半透明基本参数"卷展栏下,设置"高光级别"为240,"光泽度"为50;接着在"半透明"选项组中设置"半透明颜色"为(红:0,绿:120,蓝:30),"过滤颜色"为(红:50,绿:55,蓝:0,),如图9-164所示。

图9-163

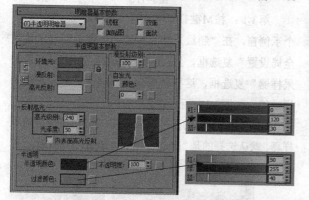

图9-164

03 在下方的"贴图"卷展栏里,单击"漫反射"右侧的"无"按钮 ![无] ,然后在弹出的"材质/贴图浏览器"中选择"衰减"贴图,如图9-165所示。

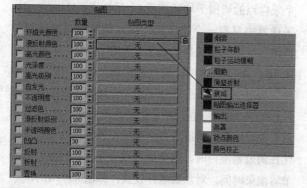

图9-165

04 在"衰减参数"卷展栏中设置"前"通道的颜色为(红:0,绿:105,蓝:0),"侧"通道的颜色为(红:95,绿:140,蓝:95),如图9-166所示。

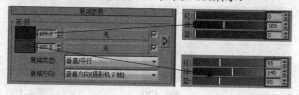

图9-166

05 单击"材质编辑器"工具栏上的"转到父对象"按钮 ![图] ,回到材质层级,用同样的方法,在材质的"自发光"贴图通道上添加一个"衰减"贴图,参数保持默认。然后在"反射"贴图通道上添加一个"光线跟踪"贴图,并设置"数量"为50,如图9-167所示。

06 至此,玉石材质设置完毕,按F9键渲染场景,最终效果如图9-168所示。

图9-167

图9-168

9.4.4 超级采样

"标准""光线跟踪"和"建筑"类型的材质都拥有"超级采样"卷展栏,它的作用是在材质上执行一个附加的抗锯齿过滤,此操作虽然花费更多的渲染时间,却可以提高图像的质量。在渲染非常平滑的反射高光、精细的凹凸贴图以及高分辨率时,超级采样特别有用,图9-169所示为超级采样的原理。

图9-169

在渲染时,某个单独的渲染像素代表场景物体的某一区域,当它们出现在物体的边缘或特定的颜色区域,也就是需要进行抗锯齿处理的地方,"超级采样"命令会在每个像素内或是它们周围采集额外的几何体颜色,然后对每一个渲染像素的颜色进行"最佳猜想",从而得到更为准确的像素颜色来避免锯齿,最后将计算结果传递给渲染器进行最终的抗锯齿处理。如果不使用"超级采样",软件只查看物体中心部分的像素信息,并依照它分配全部像素的颜色。

在材质的"超级采样"卷展栏中,默认勾选了"使用全局设置"复选框,表示使用全局的抗锯齿设置，如图9-170所示。

在"渲染"面板的"光线跟踪器"选项卡中，默认是没有开启"全局光线抗锯齿器"的，如图9-171所示。

图9-170　　　　　　　图9-171

勾选"启用"复选框后，将会开启"全局光线抗锯齿器"，在右侧的抗锯齿类型的下拉列表中，共有两种类型，分别为"快速自适应抗锯齿器"和"多分辨率自适应抗锯齿器"。选择不同的抗锯齿类型后，单击下拉列表右侧的"抗锯齿器参数"按钮 ，可以打开对应的抗锯齿器的设置面板，如图9-172~图9-174所示。

图9-172

图9-173　　　　　　　图9-174

💡 **技巧与提示**

如果开启"全局光线抗锯齿器"，那么场景中所有赋予了具有抗锯齿功能材质的物体，都会进行抗锯齿处理。但这在很多时候是没必要的，如场景中的一些不重要的物体（不是焦点物体），我们就完全没必要对它进行抗锯齿处理，所以一般情况下我们不开启全局的抗锯齿设置，只对需要进行抗锯齿处理的物体开启它自身的抗锯齿设置。

下面将通过一组实例操作，来介绍有关材质中"超级采样"卷展栏的一些参数设置方法。

第1步：打开"场景文件>CH09>14.max"文件，在场景中，已经为书的封面指定了一个标准材质，并在材质的"凹凸"通道上指定了一张位图，用于产生

模型上的凹凸效果，如图9-175所示。

第2步：按F9键渲染场景，可以发现在没有开启材质的"超级采样"设置时，物体的凹凸效果并不是很理想，如图9-176所示。

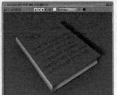

图9-175　　　　　　　图9-176

第3步：按M键打开"材质编辑器"，选择第一个示例窗，在"超级采样"卷展栏中取消勾选"使用全局设置"复选框，然后勾选下方的"启用局部超级采样器"复选框，这样就可以开启材质自身的超级采样功能，如图9-177所示。

第4步：在下方的采样器列表中，共有4种类型的采样器，默认选择的是"Max 2.5 星"，如图9-178所示。

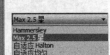

图9-177　　　　　　　图9-178

第5步："Max 2.5 星"采样器没有任何的参数，它的采样方式类似骰子中的"5"图案，会在一个采样点的周围平均环绕着4个采样点；Hammersley采样器中只有一个"质量"参数值可调，通过调节该值，可以设置采样的品质，数值从0~1。"自适应Halton"和"自适应均匀"采样器会增加一个"自适应"选项，通过调节选项下方的"阈值"参数值，可以让颜色变化超过了阈值设置的范围时，依照"质量"参数的设置情况进行全部采样计算；而当颜色变化在阈值范围内时，则会适当减少采样的计算，从而节省渲染时间。对参数进行设置，如图9-179所示。

第6步：按F9键渲染场景，会发现物体的凹凸效果要好很多，如图9-180所示。

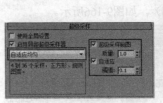

图9-179　　　　　　　图9-180

9.4.5 贴图通道

在材质编辑器的"贴图"卷展栏中，可以为材质设置贴图，总共可以设置17种贴图方式，不同的明暗器类型，在"贴图"卷展栏中的通道数目也不相同。在不同的贴图通道设置各种贴图内容，可以在物体不同的区域产生不同的贴图效果。

下面通过一组操作来对贴图通道的操作方法进行介绍。

第1步：打开材质编辑器，选择一个示例窗，在材质编辑器下方的"贴图"卷展栏中，单击"漫反射颜色"贴图通道右侧的按钮，打开"材质／贴图浏览器"，然后选择"棋盘格"贴图，如图9-181所示。

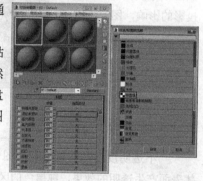

图9-181

第2步：选择"棋盘格"贴图类型后，会自动进入该贴图设置层级中，在这里可以对相应的参数进行设置，如图9-182所示。

第3步：单击"转到父对象"按钮，可以返回到贴图通道设置层级，这时"漫反射颜色"贴图通道右侧的按钮上会显示出贴图类型的名称，同时贴图通道左侧的复选框会自动勾选，表示当前贴图通道处于使用状态。如果取消勾选贴图通道左侧的复选框，会关闭该贴图方式对场景物体的影响，但其内部的设置不会丢失，如图9-183所示。

图9-182

图9-183

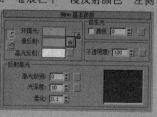
图9-184

第4步：在每个贴图通道名称的后面有一个"数量"参数栏，该参数栏用于控制使用贴图的程度，例如将"漫反射颜色"贴图通道中"数量"参数栏的值设置为50时，将会以50%的"棋盘格"贴图与50%的"漫反射"颜色进行混合来显示材质的效果，如图9-185所示。

图9-185

第5步：通过鼠标的拖动操作，可以将两个贴图通道进行交换或者复制，如图9-186和图9-187所示。

图9-186 图9-187

1. "环境光颜色"贴图通道

"环境光颜色"贴图通道可以为物体的阴影区指定贴图。默认时它与"漫反射颜色"贴图锁定，该贴图一般不单独使用，它与"漫反射颜色"贴图联合使用，以表现最佳的贴图纹理。需要注意的是，只有在环境光的颜色设置高于默认的黑色时，阴影色贴图才可见，如图9-188所示。图9-189所示为物体指定"环境光颜色"贴图后的效果。

图9-188

图9-189

2. "漫反射颜色"贴图通道

"漫反射颜色"贴图通道主要用于表现材质的纹理效果，就好像在物体表面用油漆绘画一样，例如为墙壁指定砖墙的纹理图案，就可以产生砖墙的效果。该类型的贴图是3ds Max中最常用的贴图，图9-190所示为对物体指定"漫反射颜色"贴图后的效果。

图9-190

3. "高光颜色"贴图通道

"高光颜色"贴图通道是在物体的高光处显示出贴图的效果，它的其他效果与"漫反射"相同，只是仅显示在高光区域中。对于"金属"明暗器会自动禁用，由于金属强烈的反射，所以高光区不会出现图像。该贴图方式主要用于制作一些特殊的高光反射效果，与"高光级别"和"光泽度"贴图不同的是，它只改变颜色，而不改变高光区的强度和面积，图9-191所示为对物体指定"高光颜色"贴图的效果。

图9-191

4. "高光级别"贴图通道

"高光级别"贴图通道主要通过位图或程序贴图来改变物体高光部分的强度。贴图中白色的像素产生完全的高光区域，而黑色的像素则将高光部分彻底移除，处于两者之间的颜色会不同程度地削弱高光强度。通常情况下，为达到最佳的效果，会为"高光级别"和"光泽度"使用相同的贴图，图9-192所示为设置"高光级别"贴图的模型效果，海洋比陆地的反光效果要强。

图9-192

5. "光泽度"贴图通道

"光泽度"贴图通道主要通过位图或程序贴图来

影响高光出现的位置。根据贴图颜色的强度决定整个表面上哪个部分更有光泽。贴图中黑色的像素产生完全的光泽，白色的像素则将光泽度彻底移除，两者之间的颜色不同程度地减少高光区域的面积。图9-193所示为使用"光泽度"贴图的效果，只让海洋部分产生光泽。

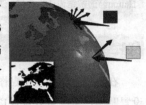

图9-193

6. "自发光"贴图通道

"自发光"贴图通道可以将贴图图案以一种自发光的形式贴在物体表面，图像中纯黑色的区域不会对材质产生任何影响，其他颜色区域将会根据自身的灰度值产生不同的发光效果。完全自发光的区域意味着该区域不受场景中灯光和投影的影响，图9-194所示为设置"自发光"贴图的效果。

图9-194

7. "不透明度"贴图通道

"不透明度"贴图通道利用图像的明暗度在物体表面产生透明的效果，纯黑色的区域完全透明，纯白色的区域完全不透明，这是一种非常重要的贴图方式。这种技巧也常被利用制作一些遮挡物体，例如将一个人物的彩色图转化为黑白的剪影图，然后将彩色图用作"漫反射颜色"贴图，而剪影图用作"不透明"贴图，在三维空间中将它指定给一个"平面"物体，从而产生一个立体的镂空人像，将它放置于室内外建筑的地面上，可以产生真实的反射与投影效果，这种方法在建筑效果图中应用非常广泛。图9-195所示为应用"不透明度"贴图产生的镂空效果。

图9-195

8. "过滤色"贴图通道

"过滤色"贴图通道用于定义透明材质与背景的

过滤方式，通过贴图在过滤色表面进行染色，可以制作出具有彩色花纹的玻璃材质，它的特点是体积光穿过透明物体或使用灯光中的"光线跟踪"类型的投影时，可以产生贴图滤过的光柱效果，图9-196所示为设置"过滤色"贴图后的效果。

图9-196

9."凹凸"贴图通道

"凹凸"贴图通道可以通过贴图的明暗强度来影响材质表面的光滑程度，从而产生凹凸的表面效果，图像中白色区域产生凸起，黑色区域产生凹陷。使用"凹凸"贴图的优点是渲染速度快，在创建一些浮雕、砖墙或石板路时，它可以产生比较真实的效果，不过"凹凸"贴图也有缺陷，这种凹凸材质的凹凸部分不会产生投影效果，在物体边界上看不到真正的凹凸，如果凹凸物体离镜头很近，并且要表现出明显的投影效果时，应当使用建模技术来实现，图9-197所示为使用"凹凸"贴图所产生的效果。

图9-197

10."反射"贴图通道

"反射"贴图通道可以为材质定义反射效果，是一种很重要的贴图方式，要想制作出光洁亮丽的反射质感，就必须要熟练掌握反射贴图的使用。在3ds Max中一般用两种方式来表现物体的反射效果。

第一种是使用"假反射"的方式，就是在"反射"贴图通道指定一张位图或序贴图作为反射贴图，这种方式的最大优点是渲染速度非常快，缺点是不真实，因为这种贴图方式不会真实地反射周围的环境，但如果贴图图案设置合理，也能够很好地模拟铬合金、玻璃和金属等材质效果。例如栏目包装中亮闪的金属字，反正也可以看清反射的内容，只要亮闪闪的就可以了，图9-198所示为使用"假反射"的方式制作的材质效果。

另一种是使用真实的反射方式，最常用的是在"反射"贴图通道指定"光线跟踪"贴图，"光线跟踪"贴图的工作原理是由物体的中央向周围观察，并将看到的部分贴到物体的表面上。该贴图方式可以模拟真实的反射，计算的结果最接近真实效果，但也是最花费时间的一种方式。贴图的强度值控制反射图像的清晰程度，值越高，反射也越强烈。默认的强度值与大部分贴图设置一样为100，不过对于大多数材质表面，降低强度值反而能获得更为真实的效果。例如一张光滑的桌子表面，首先要体现出的是它的木质纹理，其次才是反射效果，所以在保证"漫反射颜色"贴图的"数量"值为100的同时轻微加一些反射效果，可以制作出非常真实的场景，图9-199所示为使用真实的"光线跟踪"贴图制作的材质效果。

图9-198   图9-199

11."折射"贴图通道

"折射"贴图通道可以制作出材质的折射效果，常用于模拟空气、玻璃和水等介质的折射效果。为达到真实的折射效果，通常在"折射"贴图通道中也指定"光线跟踪"贴图方式。在设置了折射贴图后，材质将会变成透明状态，"扩展参数"卷展栏中的"折射率"参数专门用于调节对象的折射率，值为1时代表真空（空气）的折射率，将不会产生折射效果；大于1时为凸起的折射效果，多用于表现玻璃；小于1时为凹陷的折射效果，常用于表现水底的气泡效果。默认设置为1.5（标准的玻璃折射率），图9-200所示为物体设置"折射"贴图后的效果。

图9-200

12."置换"贴图通道

在"置换"贴图通道中设置贴图后，模型会根据贴图图案灰度分布情况对几何体表面进行置换，较浅的颜色比较深的颜色突出。与"凹凸"贴图不同的是，置换贴图是真正的改变模型的物理结构，实现真正的凹凸效果，因此置换贴图的计算量很大，所以使用它可能要牺牲大量的内存和渲染时间，图9-201所示为使用置换贴图的效果。

图9-201

典型实例：制作镂空铁门

场景位置	场景文件>CH09>15.max
实例位置	实例文件>CH09>典型实例：制作镂空铁门.max
实用指数	★★★☆☆
学习目标	熟练使用"不透明"贴图通道来制作模型的材质贴图效果

下面，通过一组实例操作指导读者使用设置不透明度通道的方法来制作一组场景，通过本实例的制作，使读者了解不透明度通道的使用方法。图9-202所示为本实例的场景截图，图9-203所示为本实例的最终渲染效果。

图9-202　　　　　　　　图9-203

01 打开"场景文件>CH09>15.max"文件，在场景中用"平面"对象制作了一个门，同时为它指定了一个"标准"类型的材质，如图9-204和9-205所示。

图9-204　　　　　　　　图9-205

02 打开材质编辑器，选择"门"的材质，在"贴图"卷展栏中单击"漫反射颜色"通道右侧的"无"按钮，然后在弹出的"材质／贴图浏览器"中选择"位图"，并单击"确

定"按钮，如图9-206所示。

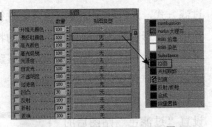

图9-206

03 在弹出的"选择位图图像文件"对话框中，导入"门漫反射.jpg"文件，如图9-207所示。按F9键渲染场景，效果如图9-208所示。

图9-207　　　　　　　　图9-208

04 用同样的方法，在"门"材质的"不透明度"贴图通道指定"门通道.jpg"文件，如图9-209所示。设置完毕后渲染场景，效果如图9-210所示。

图9-209　　　　　　　　图9-210

05 观察效果，发现地面与背景的衔接处太过生硬，下面仍然使用不透明贴图的方法，使地面与背景的衔接处过渡的自然些。在"材质编辑器中"选择"地面"材质，然后进入"贴图"卷展栏，用同样的方法，在"不透明度"贴图通道上添加一个"渐变坡度"贴图，如图9-211所示。

06 进入"渐变坡度"贴图层级，在"渐变坡度参数"卷展栏中的"渐变类型"下拉列表中选择"径向"类型，如图9-212所示。

图9-211　　　　　　　　图9-212

07 参照图9-213，对"渐变坡度参数"卷展栏中的各项参数进行设置，然后关闭"显示最终结果"按钮，这时材质示例窗中的效果如图9-214所示。

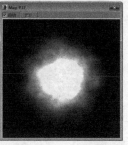

图9-213　　　　　　　　图9-214

08 按F9键渲染场景，可以看到地面与背景的衔接自然了很多，如图9-215所示。

图9-215

典型实例：制作玻璃和冰块材质

场景位置　　场景文件>CH09>16.max
实例位置　　实例文件>CH09>典型实例：制作玻璃和冰块材质.max
实用指数　　★★★☆☆
学习目标　　熟练使用"反射"和"折射"贴图通道的用法

　　下面将通过一个实例，来讲解"反射"和"折射"贴图通道的设置方法，通过本实例，可以让读者更好地理解和掌握这两种贴图通道的使用和设置方法。图9-216所示为本实例的视图截图，图9-217所示为本实例的渲染效果。

图9-216　　　　　　　　图9-217

01 打开 "场景文件>CH09>16.max"文件，该文件已经为物体都指定了基础材质，如图9-218和图9-219所示。

图9-218　　　　　　　　图9-219

02 打开"材质编辑器"，然后选择"酒杯"材质，在"贴图"卷展栏中单击"反射"通道右侧的"无"按钮，接着在弹出的"材质／贴图浏览器"中选择"光线跟踪"贴图，并单击"确定"按钮，如图9-220所示。

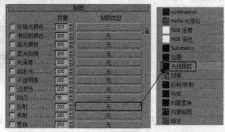

图9-220

03 进入"光线跟踪"贴图层级，然后单击"转到父对象"按钮，回到材质层级，接着设置"反射"通过的"数量"参数值为20，最后按F9键渲染场景，观察所设置材质的效果，如图9-221所示，可以看到"酒杯"的表面产生的反射效果。

图9-221

04 用同样的方法，在"折射"贴图通道也指定"光线跟踪"贴图，如图9-222所示。然后单击"背景"按钮，打开示例窗的背景设置，此时示例窗中材质的效果如图9-223所示。

图9-222　　　　　　　　图9-223

211

05 按F9键渲染场景，可以看到牙签物体因为"酒杯"材质的折射发生了变形，如图9-224所示。

图9-224

06 在"材质编辑器"中选择"冰块"材质，然后在"反射"贴图通道上也指定"光线跟踪"贴图，并设置贴图的"数量"值为30，接着在"折射"贴图通道上指定"光线跟踪"贴图，如图9-225所示，设置完毕后渲染场景，效果如图9-226所示。

图9-225　　　　　　　图9-226

07 在"冰块"材质的"扩展参数"卷展栏中，设置"折射率"为1.8，同时为增加冰块表面凹凸不平的感觉，在"凹凸"贴图通道上指定"噪波"贴图，然后在"噪波"贴图的"噪波参数"卷展栏中，设置噪波的"大小"为5.0，如图9-227~图9-229所示。

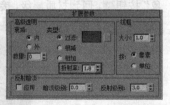

图9-227

图9-228　　　　　　　图9-229

08 用同样的方法，对"地面"材质的"反射"贴图通道也指定"光线跟踪"贴图，设置完毕后渲染场景，最终效果如图9-230所示。

图9-230

即学即练：制作卧室材质

场景位置　场景文件>CH09>17.max
实例位置　实例文件>CH09>典型实例：制作卧室材质.max
实用指数　★★★☆☆
学习目标　熟练使用"材质编辑器"中的命令来制作对象的材质

本节安排了一组关于卧室效果图的制作实例，用于练习材质编辑器的一些基础材质调节方法，图9-231为本实例的场景截图，图9-232所示为本实例的最终渲染效果。

图9-231

图9-232

9.5 知识小结

本章主要讲解了3ds Max材质编辑器的一些基础用法和常见的材质编辑手法，3ds Max的材质编辑器是非常强大的，通过材质编辑器，几乎可以制作出世界上任何物体的材质效果。同时，想要制作出逼真的材质效果，还需要提高自身的美术修养，所以对材质感兴趣的读者，在掌握必要的材质制作技术的同时，还应该多看一些色彩、光影等方面的书籍，这些对我们制作出逼真的材质是非常有帮助的。

9.6 课后拓展实例：制作卡通材质

场景位置	场景文件>CH09>18.max
实例位置	实例文件>CH09>典型实例：制作卡通材质.max
实用指数	★★★☆☆
学习目标	学会使用Ink' Paint材质类型来制作卡通材质效果

通过学习本章的内容后，读者对材质编辑器、材质基本属性和贴图通道等知识有了一个初步的认识。在本章的最后，我们学习一种新的材质类型—Ink' n Paint（卡通）材质，通过本实例的制作，可以让读者在更加熟练地掌握材质编辑器使用方法的同时，还可以让读者了解在三维软件中如何制作卡通材质的效果。图9-233所示为本实例的场景截图，图9-234所示为本实例的最终渲染效果。

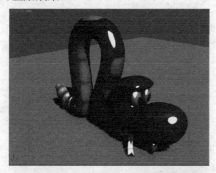

图9-233

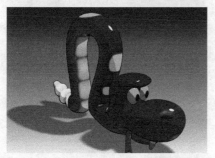

图9-234

01 打开"场景文件>CH09>18.max"文件，如图9-235所示。

图9-235

02 由于"蛇"模型是一个单独的对象，所以在此使用"多维／子对象"材质类型来实现为单独对象的不同部分应用不同材质的效果。为蛇身体的每个部分应用Ink' n Paint材质，如图9-236所示。

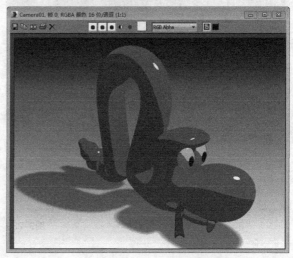

图9-236

03 在Ink' n Paint材质中，用一张贴图来替换"亮区"的颜色，如图9-237和图9-238所示。

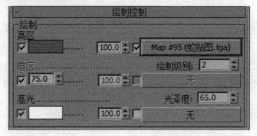

图9-237

213

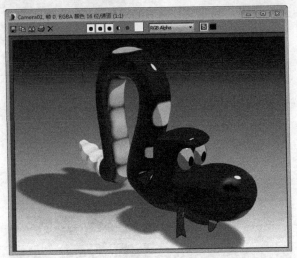

图9-238

04 勾选Ink'n Paint材质中的"墨水"复选框，实现卡通材质中的勾边效果，最终效果如图9-239所示。

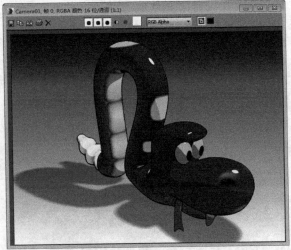

图9-239

3ds Max

第 10 章　材质与贴图

本章知识索引

知识名称	作用	重要程度	所在页
材质类型	熟悉3ds Max 2015的16种材质类型	高	P219
贴图类型与UVW贴图修改器	熟悉3ds Max 2015的39种贴图类型与UVW贴图修改器的使用方法	高	P226

本章实例索引

10.1 材质与贴图概述

启动3ds Max 2015后，在菜单中执行"渲染>材质/贴图浏览器"命令，打开"材质/贴图浏览器"窗口，在"材质"卷展栏下可以看到，系统为用户提供了16种不同的材质类型，如图10-1所示。

图10-1

10.2 课前引导实例：燃烧的蜡烛

场景位置	场景文件>CH10>01.max
实例位置	实例文件>CH10>课前引导实例：燃烧的蜡烛.max
实用指数	★★★☆☆
学习目标	熟悉明暗器类型、材质类型和"UVW贴图"修改器的使用方法

本节将指导读者制作一个综合实例。在本实例中，需要制作一个燃烧的蜡烛效果，其中包含"标准"材质的"半透明"明暗器类型、"混合"材质类型和"UVW贴图"修改器等知识点。通过对本实例的学习，可以使读者对材质与贴图有一个初步的认识。图10-2所示为本实例的场景截图，图10-3所示为本实例的最终渲染效果。

图10-2   图10-3

01 打开"场景文件>CH10>01.max"文件，该文件中已经为场景中所有对象都指定了基础材质，如图10-4所示。

图10-4

02 为地面设置材质。按M键打开"材质编辑器"，然后选择一个空白材质球并进入"贴图"卷展栏，接着单击"漫反射颜色"右侧的"无"按钮 无 ，在弹出的"材质/贴图浏览器"中选择"位图"贴图，如图10-5所示。

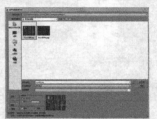

图10-5

03 打开"选择位图图像文件"对话框，然后选择如图10-6所示的图像作为"位图"贴图。

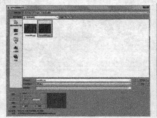

图10-6

04 用同样的方法在"凹凸"贴图通道也添加一张位图，使地面产生木纹的凹凸质感，如图10-7和图10-8所示。

图10-7   图10-8

05 选择地面对象，单击"材质编辑器"工具栏中的"将材质指定给选定对象"按钮将材质赋予地面物体，这时渲染场景，效果如图10-9所示。

图10-9

06 选择一个新的材质球，指定给蜡烛对象，在"明暗器基本参数"卷展栏中设置明暗器类型为"半透明明暗器"，然后在"半透明基本参数"卷展栏中勾选"自发光"选项组中"颜色"前面的复选框，接着设置"漫反射"和"自发光"的颜色为（红:255，绿:175，蓝:45)，在"半透明"选项组中设置"半透明颜色"为（红:235，绿:180，蓝:65），如图10-10所示，最后按F9键渲染场景，效果如图10-11所示。

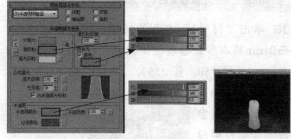

图10-10　　　　　图10-11

07 进入"贴图"卷展栏，在"自发光"贴图通道添加一个"渐变坡度"贴图，然后在"渐变坡度"贴图的"渐变坡度参数"卷展栏中设置色块的颜色，接着在"坐标"卷展栏中设置"角度"的W值为-90.0，如图10-12和图10-13所示。

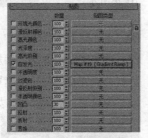

图10-12

图10-13

 技巧与提示

通过改变W的值可以设置贴图的旋转角度，在实际制作过程中，我们可以根据需要来设置贴图的角度。

08 单击"转到父对象"按钮 回到材质层级，在"贴图"卷展栏中设置"自发光"贴图的影响数量为80，完成后渲染场景，这样蜡烛材质就有一个变化过程，接近火焰的地方更亮，而接近地面的地方相对暗一些，如图10-14和图10-15所示。

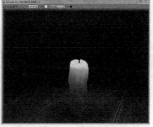

图10-14　　　　　图10-15

09 选择一个新的材质球，指定火焰对象，在"贴图"卷展栏中为"漫反射颜色"贴图通道添加一个"渐变坡度"贴图，然后在"渐变坡度参数"卷展栏中设置色块的颜色，并将"渐变类型"设置为"径向"方式，接着在"坐标"卷展栏中设置"瓷砖"的U向数值为1.5，V向数值为2.5，如图10-16和图10-17所示。

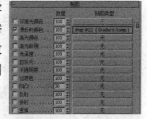

图10-16

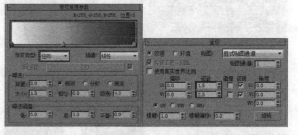

图10-17

10 设置完成后渲染场景，效果如图10-18所示。

图10-18

11 单击"材质编辑器"工具栏右侧的Standard按钮，在弹出的"材质/贴图浏览器"中选择"混合"材质，如图10-19和图10-20所示。

12 单击"材质2"右侧的按钮进入"材质2"，在Blinn基本参数卷展中，将"不透明度"设置为0，如图10-21所示。

图10-19

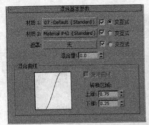

图10-20

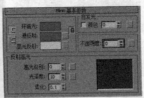

图10-21

13 回到"混合"材质层级，单击"遮罩"右侧的"无"按钮 ▭▭▭ ，为其添加一个"渐变坡度"贴图，然后在"渐变坡度参数"卷展栏中设置色块的颜色，并将"渐变类型"设置为"径向"方式，然后在"坐标"卷展栏中设置"偏移"的V为-0.2，如图10-22。

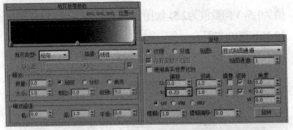

图10-22

14 这样就可以让火焰的边缘和顶部变的柔化一些，渲染场景，效果如图10-23所示。

图10-23

15 回到"混合"材质层级，使用同样的方法，单击Standard按钮，然后在弹出的"材质/贴图浏览器"中选择"混合"材质，如图10-24所示。单击工具栏中"材质/贴图导航器"按钮，当前的材质结构如图10-25所示。

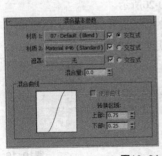

图10-24

图10-25

16 单击"材质2"右侧的按钮进入"材质2"，在Blinn基本参数卷展栏中设置"漫反射"颜色为（红:40，绿:150，蓝:255），然后设置"自发光"的数值为100；接着在"扩展参数"卷展栏中设置"衰减"的方向为"内"，数量为100，如图10-26所示。

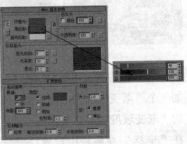

图10-26

17 单击"转到父对象"按钮 回到最顶层材质层级，使用同样的方法，添加一个"渐变坡度"贴图作为当前"混合"材质的遮罩，在"渐变坡度参数"卷展栏中设置色块的颜色，如图10-27图10-28所示。

图10-27

图10-28

18 按F9键渲染场景，效果如图10-29所示，此时淡蓝色的火焰底托只出现在火焰的下部，

19 下面制作蜡烛芯的材质。在"漫反射"贴图通道添加一个"渐变坡度"贴图，让接近火焰的部位颜色红一些，中间黑一些，而接近蜡烛的部分颜色发白一些，如图10-30所示。

图10-29

图10-30

20 在"坐标"卷展栏中设置"角度"的W为90.0，

将贴图旋转90º，然后回到材质层级，在Blinn基本参数卷展栏中设置"自发光"数值为80，让蜡烛芯在场景中更亮一些，如图10-31和图10-32所示。

图10-31

图10-32

21 至此，整个蜡烛场景的材质设置完毕，按F9键渲染场景，最终效果如图10-33所示。

图10-33

10.3 材质类型

这16种类型的材质间的使用差异很大，不同的材质有不同的用途。

"标准"材质是默认的材质类型，该材质类型拥有大量的调节参数，适用于绝大部分模型材质的制作。

"光线跟踪"材质可以创建完整的光线跟踪反射和折射效果，主要是加强反射和折射材质的制作能力，同时还提供了雾效、颜色密度、半透明和荧光等许多特效。

"无光／投影"材质能够将物体转换为不可见物体，赋予了这种材质的物体本身不可以被渲染，但场景中的其他物体可以产生投影效果，常用于将真实拍摄的素材与三维制作的素材进行合成。

"高级照明覆盖"材质主要用于调整优化光能传递求解的效果，对于高级照明系统来说，这种材质不是必须的，但对于提高渲染效果却很重要。

"建筑"材质设置的真实自然界中物体的物理属性，在与"光度学灯光"和"光能传递"算法配合使用时，可产生具有精确照明水准的逼真渲染效果。

Ink'n Paint（卡通）材质能够赋予物体二维卡通的渲染效果。

"壳材质"专用于贴图烘焙的制作。

DirectX Shader（DirectX 明暗器）材质可以对视图中的对象进行明暗处理。使用 DirectX 明暗处理，

在视图中可以更精确地显示该材质在其他应用程序中或在其他硬件上（如游戏引擎）是如何显示的。

"外部参照材质"能够使我们在当前的场景文件中从外部参照某个应用于对象的材质。当我们在源文件中改变材质属性然后保存时，在包含外部参照的主文件中，材质的外观可能会发生变化。

其余几种材质属于复合材质。下面将介绍几种重要且常用的材质类型，由于"标准"材质在本书一章节有过介绍，这里将不再叙述。

10.3.1 "复合"材质

"混合"材质、"合成"材质、"双面"材质、"变形器"材质、"多维／子对象"材质、"虫漆"材质和"顶底"材质属于"复合"材质，"复合"材质的特点是可以通过各种方法将多个不同类型的材质组合在一起。

1."混合"材质

"混合"材质可以将两种不同的材质融合在一起，根据不同的整合度，控制两种材质表现的强度，图10-34所示为"混合"材质的参数面板。

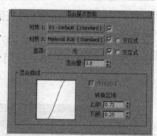
图10-34

通过调整"混合量"参数值可以将"材质1"和"材质2"进行混合，当"混合量"值为0时，将不进行混合，此时物体表面只显示"材质1"中的材质；当"混合量"值为100时，物体表面则只会显示"材质2"中的材质。如果将"混合量"数值的变化记录设为动画，即可制作出材质的变形动画。图10-35所示效果表示通过"混合量"将"砖墙"与"泥灰"两种材质效果混合在一起。

另外，可以使用一张位图或程序贴图作为遮罩，利用遮罩图案的明暗度来决定两个材质的融合情况。遮罩贴图的黑色区域将会完全透出"材质1"的效果，遮罩贴图的白色区域则完全透出"材质2"的效果；如果所使用的遮罩贴图中有介于黑色和白色的灰色部分，那么介于两者之间的灰度区域，将按照图片自身的灰色强度对两种材质进行混合，图10-36所示

为使用遮罩贴图对两个材质进行混合的效果。

图10-35　　　　　　　　图10-36

当使用"遮罩"贴图的方式对两个材质进行混合时，下方"混合曲线"选项组中的"使用曲线"复选框变为可用状态。通过调节"上部"和"下部"两个参数值来控制混合曲线，两值相近时，会产生清晰尖锐的融合边缘；两值差距较大时，会产生柔和模糊的融合边缘。

2. "双面"材质

"双面"材质可以在物体的内表面和外表面分别指定两种不同的材质，并且可以控制它们的透明度。图10-37所示为"双面"材质的参数面板。

"正面材质"用于设置物体外表面的材质，"背面材质"用于设置物体内表面的材质，"半透明"参数值可以设置一个材质在另一个材质上显示出的百分比效果，图10-38所示为使用"双面"材质的效果。

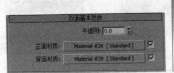 

图10-37　　　　　　　　图10-38

3. "多维／子对象"材质

"多维／子对象"材质可以将多个材质组合为一种复合式材质，将材质指定给一个物体或一组物体后，根据物体在子对象级别选择面的ID号进行材质分配，每个子材质层级都是独立存在的，图10-39所示为"多维／子对象"材质的参数面板。

图10-39

"多维／子对象基本参数"卷展栏中的ID号和在"编辑网格""编辑面片"或"编辑多边形"编辑修改器中为对象指定的ID号，是相互对应的，图10-40所示为使用"多维／子对象"材质后的效果。

图10-40

4. "虫漆"材质

"虫漆"材质是将一种材质叠加到另一种材质上的混合材质，其中叠加的材质称为"虫漆材质"，被叠加的材质称为"基础材质"，图10-41所示为"虫漆"材质的参数面板。

图10-41

如果将"虫漆材质"的颜色添加到"基础材质"上，可以通过"虫漆颜色混合"参数值控制两种材质的混合程度，图10-21所示为应用虫漆"材质后的效果。

图10-42

5. "顶底"材质

"顶底"材质可以为物体指定两种不同的材质，一个位于顶部，另一个位于底部，中间交界处可以产生浸润效果，图10-43所示为"顶底"材质的参数面板。

该材质类型可以根据场景"世界"坐标系统或对象的"局部"坐标系统来确定"顶"与"底"的位置，对象的顶表面是法线指向上部的表面，底表面是法线指向下部的表面，"顶"与"底"之间的位置也是可以调整的，图10-44所示为使用"顶底"材质后的效果。

图10-43　　　　　　　　图10-44

6. "合成"材质

"合成"材质最多可以将10种材质复合叠加在一起。通过控制增加不透明度、相减不透明度和基于数量这3种方式，可以设置材质叠加的效果，图10-45所示为"合成"材质的参数面板。

图10-45

"合成"材质将会按照在卷展栏中列出的顺序，从上到下依次叠加材质。后面的A、S、M按钮，可以用于设置材质叠加的模式，A表示此材质使用相加不透明度模式，材质中的颜色基于其不透明度进行汇总；S表示该材质使用相减不透明度模式，材质中的颜色基于其不透明度进行相减；M表示该材质根据"数量"值混合材质，颜色和不透明度将按照不使用遮罩的"混合"材质时的样式进行混合。

典型实例：制作"多维/子对象"材质
场景位置 　场景文件>CH10>02.max
实例位置 　实例文件>CH10>典型实例：制作"多维/子对象"材质.max
实用指数 　★★★☆☆
学习目标 　熟练使用Slate材质编辑器中的命令来制作对象的材质

"多维/子对象"材质是一种非常常用的材质类型，在为单个模型添加"多维/子对象"材质时，首先需要设置对象各部分的材质ID，然后根据设置的ID为对象指定材质，下面将通过一个实例为读者讲解具体的设置方法。图10-46所示为本实例的场景截图，图10-47所示为本实例的最终渲染效果。

图10-46

图10-47

01 打开"场景文件>CH10>02.max"文件，场景已经为瓶子对象指定了基础材质，如图10-48所示。

图10-48

02 在场景中选择瓶子对象并进入"修改"面板，然后进入对象的"多边形"次物体级，选择如图10-49所示的面，接着在"多边形：材质ID"卷展栏中设置选择面的ID号为1。

图10-49

03 用同样的方法，将其余面的ID号分别设置为2和3，如图10-50和图10-51所示。

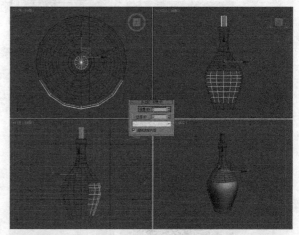
图10-50

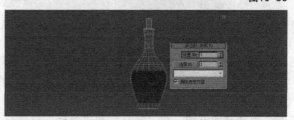
图10-51

04 打开"材质编辑器"，选择"瓶子"材质，然后单击Standard按钮 Standard ，在弹出的"材质/贴图浏览器"对话框中选择"多维/子对象"材质，如图10-52所示。

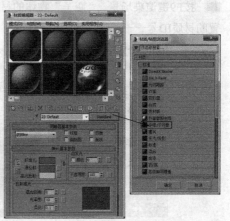
图10-52

05 单击"确定"按钮后，会弹出"替换材质"对话框，如图10-53所示。如果选择"丢弃旧材质"单选按钮，会将原来的初始材质删除，这里选择"将旧材质保存为子材质"单选按钮。

06 默认"多维／子对象"材质会有10个子材质，因为本实例中瓶子只有3个ID号，所以单击"设置数量"按钮，在弹出的"设置材质数量"对话框中设置"材质数量"为3，如图10-54所示。

图10-53　　　　　　　　图10-54

07 在"材质编辑器"中，单击并拖曳"瓶塞"材质到"瓶子"ID号为1的材质上，松开鼠标后在弹出的"实例（副本）材质"对话框中选择"复制"单选按钮，如图10-55和图10-56所示。

图10-55　　　　　　　　图10-56

08 用同样的方法，将"瓶身"和"商标"材质拖动复制到"瓶子"材质的第2和第3个材质上，如图10-57所示。

09 按F9键渲染场景，"瓶子"物体的材质与刚才设置的材质ID号一一对应，如图10-58所示。

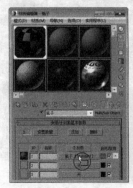

图10-57　　　　　　　　图10-58

💡 **技巧与提示**

如果将"多维／子对象"材质赋予了一组物体后，选择单独的物体，在"修改"面板中为其添加"材质"修改器，通过设置其中的材质ID号，可以使多个物体共享一个"多维／子对象"材质，如图10-59所示。

图10-59

10.3.2　"无光／投影"材质

"无光／投影"材质能够使物体成为一种不可见物体，而被赋予了该材质的物体所遮挡住的其他物体，也将在渲染时不可见。虽然"无光／投影"材质能遮挡住场景中的对象，但却遮挡不了场景中的环境贴图，图10-60和图10-61所示为使用"无光／投影"材质将相框放置在酒杯后面的效果。

图10-60　　　　　　　　图10-61

"无光／投影"材质的设置比较简单，基本上无需再设置卷展栏中的参数，只需为物体指定"无光／投影"材质即可实现"无光／投影"效果，图10-62所示为"无光／投影"材质的参数面板。

图10-62

"阴影"选项组用于设置"无光／投影"材质产生的阴影效果。在使用"阴影"前，首先要勾选"接收阴影"复选框，确定"无光／投影"材质对象接受场景中对象的投影效果；"阴影亮度"参数值用于设置阴影的亮度，阴影亮度随该参数值的增大而变得越高越透明；"颜色"右侧的色块用来设置阴影的颜色，以便和背景图像中的阴影颜色相匹配。

"反射"选项组决定是否设置反射贴图效果。如单击"贴图"右侧的"无"按钮，为其指定"光线跟踪"贴图，即可实现自动反射周围环境的效果，通过调整"数量"参数值来设置反射贴图的强度。

典型实例：制作"无光／投影"材质

场景位置	场景文件>CH10>03.max
实例位置	实例文件>CH10>典型实例：制作"无光/投影"材质.max
实用指数	★★☆☆☆
学习目标	熟悉"无光／投影"材质的使用方法

"无光／投影"材质有着它独特的用途，在本实例中我们将通过一个实例来带领读者掌握"无光／投影"材质的使用方法。图10-63所示为本实例的场景截图，图10-64所示为本实例的最终渲染效果。

图10-63　　　　　　　　　图10-64

01 打开"场景文件>CH10>03.max"文件，在场景中有一个汉堡包的模型，并且已经赋予了材质，如图10-65所示。

02 单击8键打开"环境和效果"对话框，然后在"公用参数"卷展栏中单击"环境贴图"下方的"无"按钮 无 ，在弹出的"材质/贴图浏览器"中选择"位图"，如图10-66所示。

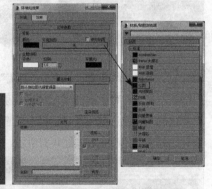

图10-65　　　　　　　　　图10-66

03 在弹出的"选择位图图像文件"对话框中选择如图10-67所示的贴图。

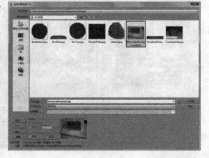

图10-67

04 打开"材质编辑器"，将"环境贴图"拖动复制到材质编辑器中任意一个材质球上，在弹出的"实例（副本）贴图"对话框中选择"实例"方式，如图10-68所示。

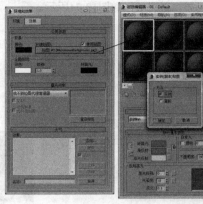

图10-68

05 在"坐标"卷展栏中设置贴图的坐标方式为"屏幕"，如图10-69所示。

图10-69

06 按快捷键Alt+B打开"视口配置"对话框，在"背景"选项卡中选择"使用环境背景"单选按钮，这样就可以让背景贴图在视图中显示出来了，如图10-70和图10-71所示。

图10-70　　　　　　　　　图10-71

07 在场景中创建一个"平面"对象，然后调整视图以匹配背景贴图的角度，如图10-72所示。

图10-72

08 打开"材质编辑器"，选择一个新的材质球，单击Standard按钮 Standard ，在弹出的"材质／贴图浏览器"对话框中选择"无光／投影"材质，如图10-73所示。

09 材质设置完成后将材质赋予"平面"对象，依据背景贴图的颜色及灯光信息为场景设置灯光，完成后渲染场景，最终效果如图10-74所示。

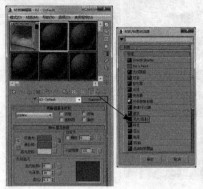

图10-73　　　　　　　图10-74

10.3.3　"光线跟踪"材质

"光线跟踪"材质是一种比"标准"材质更高级的材质类型，它不仅包括了"标准"材质具备的全部特性，还可以创建真实的反射和折射效果，并且还支持雾、颜色浓度、半透明和荧光等其他特殊效果，图10-75所示为应用"光线跟踪"材质的球体模型。

虽然"光线跟踪"材质所产生的反射／折射效果非常好，但渲染速度也更慢。与"标准"材质相比，"光线跟踪"材质有更多的参数卷展栏和更多的控制项目，乍看很复杂，其实使用起来要比标准材质更简单，一般只需调节基本参数区中的设置即可产生真实优秀的反射／折射效果，图10-76所示为"光线跟踪"材质的参数面板。

 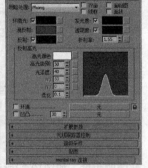

图10-75　　　　　　　图10-76

"扩展参数"卷展栏中的设置是为一些特殊效果服务的。在"光线跟踪器控制"卷展栏中可以设置反射／折射的开关、跟踪计算的循环深度、抗锯齿、模糊处理以及进行优化参数的设置，这些设置可以使用户在渲染效果与渲染时间上进行平衡。

典型实例：制作"光线跟踪"材质

场景位置	场景文件>CH10>04.max
实例位置	实例文件>CH10>典型实例：制作"光线跟踪"材质.max
实用指数	★★☆☆☆
学习目标	熟悉"光线跟踪"材质的使用方法

"光线跟踪"材质在制作不锈钢金属和玻璃材质方面还是有着它独特的优势，本实例将通过一个实例使读者掌握该材质类型的使用方法，图10-77所示为本实例的场景截图，图10-78所示为本实例的最终渲染效果。

图10-77　　　　　　　图10-78

01 打开"场景文件>CH10>04.max"文件，场景已经为"酒瓶"对象指定了"光线跟踪"材质，但还没有对任何项目进行参数设置，而场景中其他物体的材质都已设置完毕，如图10-79和10-80所示。

图10-79　　　　　　　图10-80

02 打开"材质编辑器"并选择"酒瓶"材质，在"光线跟踪基本参数"对话框中，单击"漫反射"右侧的色块，在弹出的"颜色选择器"对话框中任意改变颜色，可以设置物体表面的颜色，如图10-81所示。

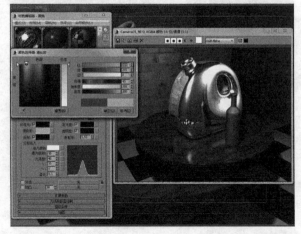

图10-81

03 "反射"颜色可以设置物体高光反射的颜色，即经过反射过滤的环境的颜色。将"反射"颜色设置为一种饱和度很高的颜色，将"漫反射"颜色设置为纯黑色，则会表现出类似彩色铬钢（如圣诞树上的彩球）的效果，如图10-82所示。

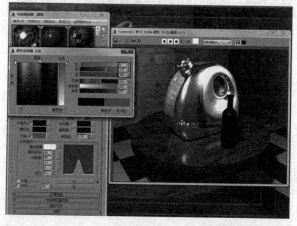

图10-82

技巧与提示

取消勾选"反射"色块左侧的复选框，这时将会用数值来设置反射的强度，如果再次单击复选框，可以为反射指定Fresnel（菲涅耳）镜反射效果，如图10-83所示。它可以根据物体与当前观察视角之间的角度为反射物体增加一些折射效果。

图10-83

04 单击"发光度"颜色块，将其设置为绿色，如图10-84所示。"发光度"颜色与"标准"材质中的自发光相似，只是不依赖于"漫反射"颜色进行发光处理，而是根据自身颜色来决定所发光的颜色。

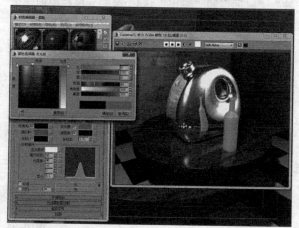

图10-84

05 "透明度"选项与"标准"材质中的"过滤色"相似，它控制在光线跟踪材质背后经过颜色所过滤所表现的颜色，黑色为完全不透明，白色为完全透明。将"漫反射"和"透明度"的颜色都设置为完全饱和的色彩，得到彩色玻璃的材质，如图10-85所示。

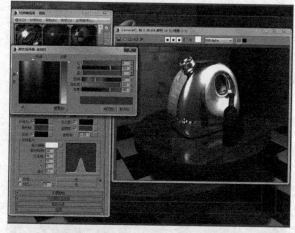

图10-85

06 如果不想让物体反射周围场景中的环境，可为其指定一张环境贴图作为反射的环境。单击"光线跟踪基本参数"卷展栏下方"环境"右侧的"无"按钮，在弹出的"材质/贴图浏览器"对话框中选择"位图"选项，单击"确定"按钮，如图10-86所示。

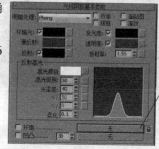

图10-86

07 在弹出的"选择位图图像文件"对话框中选择"环境.jpg"贴图，如图10-87所示，设置完毕后渲染场景，效果如图10-88所示。

图10-87　　图10-88

08 单击"凹凸"选项右侧的"无"按钮，在打开的

225

"材质／贴图浏览器"对话框中选择"凹痕"贴图选项，然后单击"确定"按钮，接着设置"凹痕参数"卷展栏中的参数，如图10-89所示。

09 在"凹凸"选项右侧的数值框内输入数值50，设置完毕后渲染场景，观察带有"凹痕"凹凸贴图的光线跟踪材质效果，如图10-90和图10-91所示。

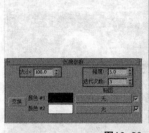

图10-89

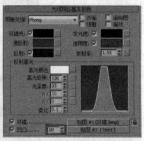

图10-90

图10-91

即学即练：制作逼真的冰洞材质

场景位置	场景文件>CH10>05.max
实例位置	实例文件>CH10>即学即练：制作逼真的冰洞材质.max
实用指数	★★★☆☆
学习目标	熟练使用"光线跟踪"材质创建逼真的冰洞

本实例将通过使用"光线跟踪"材质类型制作一个逼真的冰洞材质效果。图10-92所示为场景截图，图10-93所示为最终渲染效果。

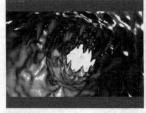

图10-92

图10-93

10.4　贴图类型与UVW贴图修改器

贴图能够在不增加物体几何结构复杂程度的基础上增加物体的细节程度，最大的用途就是提高材质的真实程度，高超的贴图技术是制作仿真材质的关键，也是决定最后渲染效果的关键。在3ds Max 2015中，默认情况下系统为用户提供了39种贴图类型，正是这些多样的贴图类型，提供了一个强大的材质设置平台，依靠这个平台，可以制作出质感高度逼真、形式千变万化的材质效果。

贴图与材质的层级结构很像，一个贴图既可以使用单一的贴图，也可以由多个贴图层级构成，3ds Max 2015提供了多种类型的贴图方式，共有39种，按功能不同可以划分为5类。

2D贴图：将贴图图像文件直接投射到物体的表面或指定给环境贴图作为场景的背景，最简单也是最重要的2D贴图是"位图"，其他的2D贴图都属于程序贴图。

3D贴图：属于程序贴图，它们领先程序参数产生图案效果，可以自动产生各种纹理，如木纹、水波和大理石等。

合成器贴图：提供混合方式，将不同的贴图和颜色进行混合处理。

颜色修改器贴图：改变材质表面像素的颜色。

反射和折射贴图：用于创建反射和折射的效果。

10.4.1　公共参数卷展栏

在2D和3D贴图类型中，都包含"坐标""噪波""时间"和"输出"这4个公共卷展栏中的一个或几个。在正式讲解各种贴图类型的具体参数和用法之前，先来了解一下这4个公共卷展栏中的一些公共参数。

1."坐标"卷展栏

"坐标"卷展栏内的参数决定贴图的平铺次数、投影方式等属性，如图10-94所示。

图10-94

下面将通过一组实例操作，来为读者介绍该卷展栏内的各项参数命令。

第1步：打开"场景文件>CH10>06.max"文件，按M键，在打开的"材质编辑器"中，进入第1个材质的"漫反射"贴图通道。

第2步：在"坐标"卷展栏中，可以发现"纹理"单选按钮处于选择状态，表示位图将作为纹理贴图指定到场景中的对象表面，位图受到UVW贴图坐标的控制，并可以选择4种坐标方式，如图10-95所示。

第3步：在"纹理"单选按钮下方有一个"使用真实世界比例"复选框，勾选该复选框后，将使用真实的"宽度"和"高度"值，而不是使用UV值将贴图应用于对象，其下方的U、V和"瓷砖"将变为"宽度""高度"和"大小"，如图10-96所示。

图10-95　　　　　　　　　图10-96

第4步：在"偏移"选项下方的有两个数值框，分别调节贴图在U向和V向上的偏移，U和V分别代表水平和垂直方向，通过调节这两个参数值可以改变物体的UV坐标，以此来调节贴图在物体表面的位置。图10-97所示为更改U和V两个参数值后，场景中物体材质的效果。

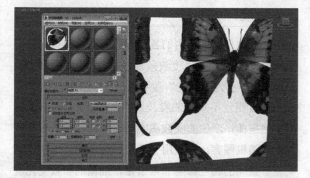

图10-97

第5步：在"瓷砖"选项下方的两个参数值可以指定贴图在U和V方向上重复的次数，它可以将纹理连续不断地贴在物体表面，经常用于砖墙、地板的制作，值为1.0时，贴图在表面贴一次；值为2.0个，贴图会在表面各个方向重复贴两次，贴图会相应都缩小一半；值小于1.0时，贴图会进行放大，图10-98所示

是将"瓷砖"选项下的两个数值框内的参数更改为2.0后，场景中物体材质的显示效果。

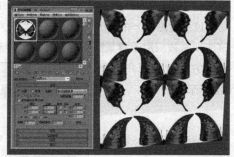

图10-98

> **技巧与提示**
>
> 在默认情况下，右侧的"瓷砖"下的两个复选框是勾选的，通过调节"瓷砖"选项下的两个参数值可以对贴图进行重复操作，如果进行一些特殊标签的贴图，例如瓶子表面的商标，则不能勾选"瓷砖"下的两个复选框，只能进行一次贴图，如图10-99所示。
>
>
>
> 图10-99

第6步："镜像"选项下的两个复选框可以设置贴图的镜像效果，当U或V复选框处于勾选状态时，贴图沿U或V方向产生镜像效果，如图10-100所示。

图10-100

第7步：通过调节"角度"选项下方的U、V、W参数值可以让贴图沿物体"局部"坐标系统的x、y、z轴进行旋转，单击"旋转"按钮　旋转　可以打开"旋转贴图坐标"对话框，对贴图进行实时调节，如图10-101所示。

图10-101

在"坐标"卷展栏中选择"环境"单选按钮后，位图将不受UVW贴图坐标的控制，而是由计算机自动将位图指定给一个包围整个场景的无穷大的表面。该选项常被应用于背景贴图的设置，其中有4种环境贴图方式可供用户选择，如图10-102所示。

图10-102

下面将通过一组实例操作来具体说明"环境"的使用方法。

第1步：打开"场景文件>CH10>07.max"文件，在文件中，已经在"环境与效果"对话框中指定了一张位图作为背景贴图，如图10-103所示。

图10-103

第2步：打开"材质编辑器"，将这张背景贴图拖曳到材质编辑器的第一个示例窗中松开鼠标，在弹出的"实例（副本）贴图"对话框中选择"实例"单选按钮，这样就可以在"材质编辑器"中对背景贴图进行编辑了，如图10-104和图10-105所示。

图10-104   图10-105

第3步：在"坐标"卷展栏中选择"环境"单选按钮，在右侧"贴图"下拉列表中选择"屏幕"贴图方式，如图10-106所示。

第4步：按F9键渲染场景，效果如图10-107所示，"屏幕"贴图方式可以将图像不变形地直接指向视角，类似一面悬挂在背景上的巨大幕布。

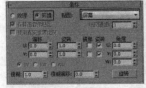

图10-106   图10-107

技巧与提示

"屏幕"环境贴图方式总是与视角保持锁定，所以只适合渲染静帧或没有摄影机移动的动画渲染。

第5步：在"贴图"下拉列表中选择"球形环境"贴图方式，按F9键渲染场景，效果如图10-108所示，"球形环境"会在两端产生撕裂现象。

第6步：在"贴图"下拉列表中选择"柱形环境"贴图方式，按F9键渲染场景，效果如图10-109所示。"柱形环境"贴图方式则像一个无限大的柱体一样将整个场景包住，与"球形环境"贴图方式很相似。

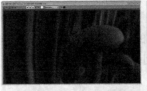

图10-108   图10-109

第7步：在"贴图"下拉列表中选择"收缩包裹环境"贴图方式，按F9键渲染场景，效果如图10-110所示。"收缩包裹环境"贴图方式就像拿一块"布"将整个场景包裹起来一样，所以该贴图方式只有一端有少许撕裂现象，如果要制作摄影机移动动画，它是最好的选择。

图10-110

2. "噪波"卷展栏

"噪波"卷展栏内的各项参数可以设置材质表面不规则的噪波效果，噪波效果沿UV方向影响贴图，图10-111所示为"噪波"卷展栏。

通过指定不规则的噪波函数使UV轴上的贴图像素产生扭曲，产生的噪波图案可以非常复杂，非常适合创建随机图案，还适用于模拟不规则的自然地表。噪波参数间的相互影响非常紧密，细微的参数变化就可能带来明显的差别。

勾选"启用"复选框后就可以对图像进行"噪波"处理，下方的"数量"参数值用于控制"噪波"的强度；"级别"参数值可以设置"噪波"被指定的次数，与"数量"值紧密联系，"数量"值越大，"级别"值的影响也越强烈；"大小"参数值用于设置"噪波"的比例，值越大，波形越缓，值越小，波形越碎。图10-112所示为调节"噪波"卷展栏中的各项参数后，对贴图的影响效果。

图10-111   图10-112

3. "时间"卷展栏

"时间"卷展栏可用于控制动态纹理贴图，如序列图片或avi动画的开始时间和播放速度，这使得序列贴图在时间上得到更为精确的控制，图10-113所示为"时间"卷展栏。

图10-113

4. "输出"卷展栏

对贴图进行其内部参数设置后，可以使用"输出"卷展栏中的各项参数来调节贴图输出时的最终效果，图10-114所示为"输出"卷展栏。

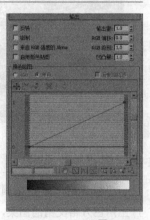

图10-114

在"输出"卷展栏中，如果启用"反转"复选框，可将位图的色调进行反转，类似于照片的负片效果，对于"凹凸"贴图，可以使凹凸纹理反转，如图10-115和图10-116所示。

图10-115   图10-116

勾选"钳制"复选框后，限制颜色值的参数不会超过1；勾选"来自RGB强度的Alpha"复选框后，将会基于位图RGB通道产生一个Alpha通道，黑色透明

而白色不透明，中间色根据其明度显示出不同程度的半透明效果，如图10-117所示。

"输出量"参数值可以控制位图融入一个合成材质中的程度，该数值还可以控制贴图的饱和度，图10-118所示是"输出量"参数值分别为0.5和1.5时的效果。

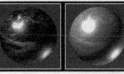

图10-117   图10-118

"RGB偏移"参数值可以设置位图RGB的强度偏移，值为0时不发生强度偏移；大于0时，位图RGB强度增大，趋向于纯白色；小于0时，位图RGB强度减小，趋向于黑色，图10-119所示是"RGB偏移"值分别为0.3和-0.3时的效果。

"RGB级别"参数值可以设置位图RGB色彩值的倍增量，它影响的是图像饱和度，数值较高，会使图像的颜色越鲜艳，而较低的数值会使图像饱和度降低而变灰，图10-120所示为"RGB级别"参数值分别为0.5和2时的效果。

图10-119   图10-120

"凹凸量"参数值中的参数只针对"凹凸"贴图起作用，可以调节凹凸的强度，默认值为1。图10-121所示是"凹凸量"参数值分别为1和5时的效果。

当勾选"启用颜色贴图"复选框后，可以激活"颜色贴图"选项组。该选项组中的颜色图表可以调整图像的色彩范围，通过在曲线上添加、移动或绽放点来改变曲线的形状，从而达到修改贴图颜色的目的，如图10-122所示。

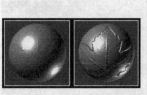
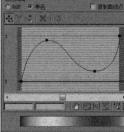

图10-121   图10-122

在"颜色贴图"选项组中选择RGB单选按钮后，将指定贴图曲线分类将单独过滤RGB通道，可以对RGB的每个通道进行单独的调节，如图10-123所示。如果选择"单色"单选按钮，则可以联合过滤RGB的方式进行调节。

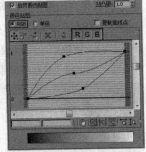

图10-123

10.4.2 2D贴图类型

2D贴图是赋予几何体表面或指定给环境贴图制作场景背景的二维图像。在"材质/贴图浏览器"对话框中，属于2D贴图类型的有combustion、Substance、"位图""向量置换""向量贴图""平铺""棋盘格""每像素摄影机贴图""法线凹凸""渐变""渐变坡度""漩涡"和"贴图输出选择器"，如图10-124所示。

图10-124

1. "位图"贴图

"位图"贴图是一种最基本也是最常用的贴图类型，可以使用一张位图来作为贴图，位图贴图支持多种格式，包括FLC、AVI、BMP、DDS、GIF、JPEG、PNG、PSD、TIFF和TGA等主流图像格式。

"位图参数"卷展栏是"位图"贴图类型特有的控制参数，该卷展栏内的参数用于控制"位图"图像的各种功能，如图10-125所示。

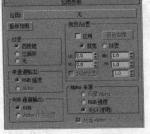

图10-125

2. "平铺"贴图

"平铺"程序贴图可以在对象表面创建各种形式的方格组合图案，如砖墙、彩色瓷砖等，如图10-126所示。

在制作时，可以选择"平铺"贴图提供的几种图案类型，也可以自己动手调节出更多图案样式。图10-127所示为"平铺"贴图的"标准控制"卷展栏，在该卷展栏中可以选择预设的有砖墙图案。

图10-126

图10-127

在"高级控制"卷展栏中，可指定砖墙平铺、砖缝的纹理和颜色及每行每列的砖块数等参数，如图10-128所示。

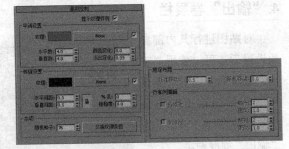

图10-128

3. "棋盘格"贴图

"棋盘格"贴图像国际象棋的棋盘一样，可以产生两色方格交错的图案，也可指定两个贴图进行交错。通过棋盘格贴图间的嵌套，可以产生多彩的方格图案效果，常用于制作一些格状纹理，或者砖墙、地板块等有序的纹理，如图10-129所示。

在"棋盘格参数"卷展栏中，可分别设置两个区域的颜色和贴图，并将两个区域的颜色进行调换，图10-130所示为"棋盘格参数"卷展栏中的参数。

图10-129

图10-130

4. "渐变"贴图

"渐变"贴图可以设置对象产生三色（或3个贴图）的渐变过渡效果，其可扩展性非常强，有线性渐变和放射状渐变两种类型。在图10-131中，图像背景是使用"线性渐变"制作的，而信号灯的贴图是使用"放射状渐变"制作的。

图10-131

通过"渐变"贴图的不断嵌套，可以在对象表面创建无限级别的渐变和图像嵌套效果，另外其自身还有"噪波"参数可调，用于控制相互区域之间融合时产生的杂乱效果，如图10-132所示。图10-133所示为"渐变"贴图的参数卷展栏。

图10-132

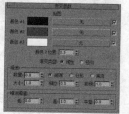

图10-133

5. "渐变坡度"贴图

"渐变坡度"贴图与"渐变"贴图相似，都可以产生颜色或贴图间的渐变效果，但"渐变坡度"贴图可以指定任意数量的颜色或贴图，制作出更为多样化的渐变效果，如图10-134所示。图10-135所示为"渐变坡度"贴图的参数卷展栏。

图10-134

图10-135

典型实例：制作花瓶贴图

场景位置	场景文件>CH10>08.max
实例位置	实例文件>CH10>典型实例：制作花瓶贴图.max
实用指数	★★★☆☆
学习目标	熟悉"位图"贴图类型的使用方法

"位图"贴图类型可以说是使用频率最高的一种贴图类型。在本实例中我们将通过一个实例来为读者讲解"位图"贴图类型的使用方法和使用"位图"贴图类型时的一些注意事项。图10-136所示为本实例的场景截图，图10-137所示为本实例的最终效果。

图10-136

图10-137

01 打开"场景文件>CH10>08.max"文件，该文件中已经为"花瓶"对象指定了"标准"材质，并在"自发光"和"反射"贴图通道上指定了相应的贴图，如图10-138所示。

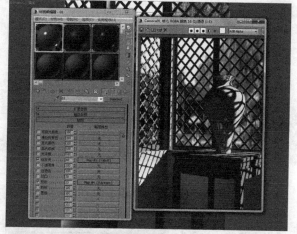

图10-138

02 进入"贴图"卷展栏，在"漫反射颜色"贴图通道上添加一张配套学习资源中提供的位图文件，如图10-139所示。

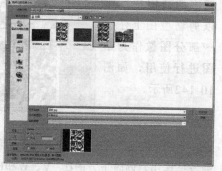

图10-139

231

03 进入"漫反射
颜色"贴图通道，在
"位图参数"卷展栏
中，"位图"选项右
侧的长按钮上将显示
出位图文件的路径，
如图10-140所示。

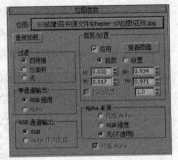

图10-140

> **技巧与提示**
>
> 单击"位图"选项下方的"重新加载"按钮 [重新加载]，
> 将按照相同的路径和名称将上面的位图重新调入，例如在
> Photoshop等平面软件中对贴图进行了修改，可以将该按钮
> 修改后的贴图进行重新加载。

04 "过滤"选项组中的3个选项可以确定对位图进
行抗锯齿处理的方式，默认情况下"四棱锥"过滤方
式是被选中的；"总面积"过滤方式可以提供更强大
的过滤效果，如果对"凹凸"贴图的效果不满意，可
以选择这种过滤方式，效果非常优秀，不过渲染时间
也会大幅增长；选择"无"单选按钮，则不会对贴图
进行过滤，图10-141所示为分别选择这3个选项后贴
图所表现的效果。

图10-141

05 单击"裁剪／放置"选项组中的"查看图像"按
钮 [查看图像]，可以打开
"指定裁剪／放置"
窗口，通过调节该窗
口中的范围框，可
以剪切位图上任意
一部分图像作为贴
图进行使用，如图
10-142所示。

图10-142

06 勾选"应用"复选框，所有的剪切和定位设置才
能发挥作用，同时下方的U、V、W和H数值框显示

了图像的位置和宽度、高度等信
息，如图10-143所示。

图10-143

07 选择"放置"单选按钮后，贴图将以"不重复"
的方式贴在物体表面，UV值控制缩小后的位图在原
位图上的位置，也影响贴图在物体表面的位图，WH
值控制位图缩小后的长宽比例，如图10-144和图10-
145所示。

图10-144　　　　　　图10-145

08 位图贴图在使用时不必先去打通图像的路径，在
选择位图文件的同时，系统会自动将其路径打通，不
过一旦该图像文件转移了路径，系统将不会进行自动
寻找，如果在这种情
况下打开max文件，
就会弹出"缺少外部
文件"对话框，如图
10-146所示。

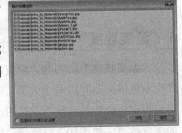

图10-146

09 这时可以先单击该对话框的"继续"按钮，然后
在菜单中执行"文件>参考>资源追踪"，打开"资源
追踪"对话框，如图10-147和图10-148所示。

图10-147　　　　　　　　　　　图10-148

10 配合Ctrl或Shift键，将显示"文件丢失"的贴图选中，然后单击鼠标右键，在弹出的四联菜单中选择"设置路径"选项，如图10-149所示。

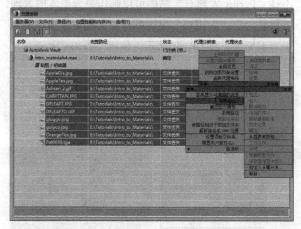

图10-149

11 在弹出的"指定资源路径"对话框中，单击下拉列表右侧的按钮，在弹出的"选择新的资源路径"对话框中重新指定贴图所在的路径，最后单击"使用路径"按钮，如图10-150和图10-151所示。

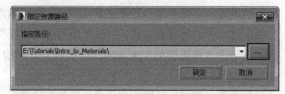

图10-150

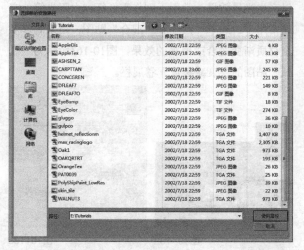

图10-151

12 这时"资源追踪"对话框的"状态"栏中都显示"确定"，表示新指定的贴图路径正确，并且贴图已经找到了，如图10-152所示。

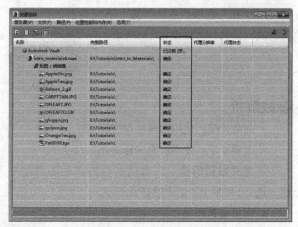

图10-152

10.4.3 3D贴图类型

3D贴图是产生三维空间图案的程序贴图。例如，将指定了"大理石"贴图的几何体切开，它的内部同样显示着与外表面匹配的纹理。在3ds Max 2015中，3D贴图包括"细胞""凹痕""衰减""大理石""噪波""粒子年龄""粒子运动模糊""Perlin 大理石""烟雾""斑点""泼溅""灰泥""波浪"和"木材"，如图10-153所示。

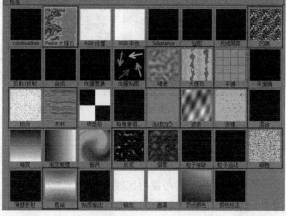

图10-153

1. "坐标"卷展栏

3D贴图与2D贴图的贴图坐标有所不同，它的参数是相对于物体的体积对贴图进行定位的，图10-154所示为3D贴图类型的"坐标"卷展栏。

图10-154

233

"坐标"选项组中的"源"下拉列表中有4种坐标方式可供选择，如图10-155所示。

图10-155

参数解析

- **对象XYZ**：使用物体自身坐标系统。
- **世界XYZ**：使用世界坐标系统。
- **显式贴图通道**：可激活右侧的"贴图通道"栏，选择1和99个通道中的任意一个。
- **顶点颜色通道**：指定顶点颜色作为通道。

2."细胞"贴图

"细胞"贴图可以产生马赛克、鹅卵石和细胞壁等随机序列贴图效果，还可以模拟出海洋效果，如图10-156所示。

"细胞参数"卷展栏中共有"细胞颜色""分界颜色""细胞特性"和"阈值"4个选项组，分别用来控制细胞贴图的参数，图10-157所示为"细胞参数"卷展栏中的参数。

图10-156　　　　　　　　图10-157

3."噪波"贴图

"噪波"贴图可以通过两种颜色的随机混合，产生一种噪波效果，它是使用比较频繁的一种贴图，常用于无序贴图效果的制作，如图10-158所示。

该贴图类型常与"凹凸"贴图通道配合作用，产生对象表面的凹凸效果，可以与复合材质一起制作对象表面的灰尘。图10-103所示为"噪波"贴图的"噪波参数"卷展栏。

图10-158　　　　　　　　图10-159

4."Perlin 大理石"贴图

"Perlin 大理石"贴图与"大理石"贴图相似，不过"Perlin 大理石"贴图可以制作更为逼真的大理石材质，而"大理石"贴图制作的大理石效果更类似于岩石断层，图10-160所示为使用"Perlin 大理石"贴图的模型效果。

"Perlin 大理石"贴图的设置比较简单，图10-161所示为"Perlin 大理石参数"卷展栏。

图10-160　　　　　　　　图10-161

5."衰减"贴图

"衰减"贴图可以产生由明到暗的衰减影响，常作用于"不透明度"通道、"自发光"通道和"反射"通道等，主要产生一种透明衰减效果，强的地方透明，弱的地方不透明，图10-162所示为将"衰减"贴图作用于"不透明度"通道后，产生的类似X光片的效果。

如果将"衰减"贴图作用于"自发光"通道，可以产生光晕效果，常用于制作霓虹灯、太阳光等，它还常用于"遮罩"贴图和"混合"贴图，用来制作多个材质渐变融合或覆盖的效果，图10-163所示为"衰减"贴图的"衰减参数"卷展栏。

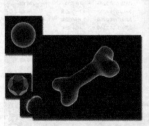

图10-162　　　　　　　　图10-163

典型实例：制作X光效果

场景位置	场景文件>CH10>09.max
实例位置	实例文件>CH10>典型实例：制作X光效果.max
实用指数	★★★☆☆
学习目标	熟悉"衰减"贴图类型的使用方法

"衰减"贴图可以用来控制材质强烈到柔和的过

渡效果，使用频率比较高，图10-164所示为本实例的最终完成效果，图10-165所示为本实例的线框图。

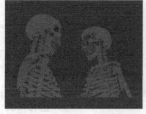

图10-164　　　　　图10-165

01 打开"场景文件>CH10>09.max"文件，在该文件中有两个骷髅模型，并且已经指定了基础材质，如图10-166所示。

图10-166

02 打开"材质编辑器"，在Blinn基本参数卷展栏中，设置"漫反射"颜色为（红:125，绿:160，蓝:255），"自发光"数值为100，如图10-167所示。

图10-167

03 进入"贴图"卷展栏，单击"不透明度"贴图通道右侧的"无"按钮　　无　　，在弹出的"材质/贴图浏览器"中选择"衰减"贴图，如图10-168所示。设置完毕后渲染场景，效果如图10-169所示。

图10-168　　　　　图10-169

04 这时材质还是有点不够通透，也没有太多层次。在"衰减"贴图的"衰减参数"卷展栏中，在"侧"通道再添加一个"衰减"贴图，如图10-170所示。

05 进入第2个"衰减"贴图，在"衰减参数"卷展栏中，设置"衰减类型"为"阴影/灯光"，这时材质衰减的效果，会受到场景灯光的影响，然后单击"交换颜色/贴图"按钮，将"明暗处理：光"两

个通道的颜色进行反转，如图10-171所示。设置完毕后渲染场景，效果如图10-172所示。

图10-170　　　　　图10-171

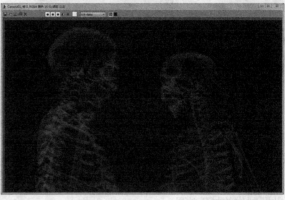

图10-172

06 这样材质更有层次感了，但是感觉材质有些发暗，不够透亮。这时在材质的"扩展参数"卷展栏中设置"衰减"的类型为"相加"，如图10-173所示。设置完毕后渲染场景，效果如图10-174所示。

图10-173　　　　　图10-174

07 在"明暗器基本参数"卷展栏中，勾选"双面"前的复选框，如图10-175所示。然后渲染场景，最终效果如图10-176所示。

图10-175　　　　　图10-176

10.4.4 "合成器"贴图类型

"合成器"贴图是指将不同颜色或贴图合成在一起的一类贴图。在进行图像处理时，"合成器"贴图能

够将两种或更多的图像按指定方式结合在一起。在3ds Max 2015中，"合成器"贴图包括"合成""遮罩""混合"和"RGB倍增"，如图10-177所示。

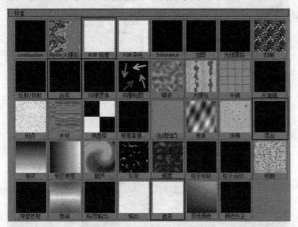

图10-177

1. "遮罩"贴图

"遮罩"贴图可以使用一张贴图作为蒙板，透过它来观看模型上面的贴图效果，蒙板图本身的明暗强度将决定透明的程度，图10-178所示为使用"遮罩"贴图制作的材质效果。

默认状态下，蒙板贴图的纯白色区域是完全不透明的，越暗的区域透明度越高，越能显示出下面材质的效果，纯黑色的区域是完全透明的。图10-179所示为"遮罩"贴图的"遮罩参数"卷展栏，通过勾选该卷展栏中的"反转遮罩"复选框，可以颠倒蒙板的效果。

图10-178　　　　　　　　　　图10-179

2. "混合"贴图

"混合"贴图可以将两种贴图混合在一起，通过"混合量"参数值调节混合的程度，它还可以通过一张贴图来控制混合的效果，这一点与"遮罩"贴图效果类似，图10-180所示为使用"混合"贴图制作的材质效果。

"混合"贴图与"混合"材质的概念相同，只不过"混合"贴图属于贴图级别，只能将两张贴图进行混合，图10-181所示为"混合"贴图的"混合参数"卷展栏。

图10-180　　　　　　　　　　图10-181

10.4.5 "反射和折射"贴图类型

"反射和折射"贴图是用于创建反射和折射效果的一类贴图，在3ds Max 2015中，"反射和折射"贴图包括"平面镜""光线跟踪""反射／折射"和"薄壁折射"，如图10-182所示。

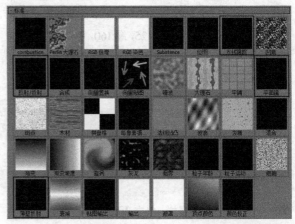

图10-182

1. "平面镜"贴图

"平面镜"贴图专用于一组共面的表面产生镜面反射的效果，通常将该贴图作用于"反射"通道，图10-183所示为使用"平面镜"贴图制作的镜面反射效果。

图10-183

"平面镜"贴图是对"反射／折射"贴图的补充，"反射／折射"贴图唯一的缺陷是在共面表面无法正确表现反射效果，而"平面镜"贴图则只能作

用于共面平面。图10-184
所示为"平面镜"贴图的
"平面镜参数"卷展栏。

图10-184

2．"光线跟踪"贴图

"光线跟踪"贴图与"光线跟踪"材质相同，能提
供完全的反射和折射效果，
优越于"反射/折射"贴图，
但渲染时间也更长，图10-
185所示为使用"光线跟踪"
贴图制作的材质效果。

图10-185

"光线跟踪"贴图拥有"光线跟踪参数""衰
减""基本材质扩展"和"折射材质扩展"4个卷展
栏，如图10-186和图10-187所示。

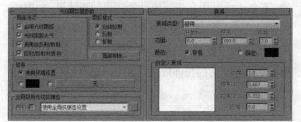

图10-186

"光线跟踪参数"卷
展栏可以设置物体反射/折
射的内容，可以让其反射
周围的环境或者反射自定
义的一张贴图，还可以排
除场景中的一些对象不出
现在反射的效果中；"衰
减"卷展栏可以控制产生
光线的衰减，根据距离的

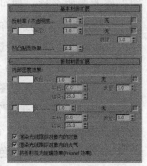

图10-187

远近产生不同强度的反射和折射效果，这样不仅增强
了真实感，而且还可以提高渲染速度；"基本材质扩
展"卷展栏主要用来更好地协调"光线跟踪"贴图的
效果；"折射材质扩展"卷展栏可以设置物体有折射

效果时，其内部颜色和雾的效果。

3．"薄壁折射"贴图

"薄壁折射"贴图专用于"折射"贴图通道，主
要用于模拟半透明玻璃、凸透镜等效果，图10-188所
示为使用了该贴图效果的模型。

"薄壁折射"贴图的设置比较简单，在"薄壁折
射参数"卷展栏中，"厚度偏移"参数值是影响图像
形变大小的主要因素。如果在"凹凸"贴图通道中指
定一张贴图（如"噪波"贴图）作为凹凸贴图，可以
模拟雨水中的窗玻璃效果，图10-189所示为"薄壁折
射"贴图的"薄壁折射参数"卷展栏。

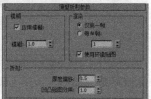

图10-188　　　　　　图10-189

技巧与提示

除了"光线跟踪"贴图外，其余3种贴图方式都是3ds
Max软件发展过程中的产物，软件为了能向下兼容，这几
种贴图方式现在仍然可以使用，不过一般情况下，"光线跟
踪"贴图已经替代其余3种贴图方式了。

10.4.6　UVW贴图修改器

在3ds Max中，场景中创建的物体，它们的位移、旋
转和缩放都采用x、y、z坐标表述，而贴图则采用u、v、w
坐标表述。其中位图的u轴和v轴对应于物体的x轴和y
轴，而对应z轴的w轴一般仅用于程序贴图。

如果当前对象是一个从外部导入或是一个创建的
多边形、面片等物体，是没有建立自身的贴图坐标系统
的，所以在为其指定位图后可能会发生贴图错误，导致
在渲染图像时不能正确显示贴
图的情况，这时在渲染图像时
就会弹出"丢失贴图坐标"对话
框，如图10-190所示。

图10-190

这时，必须为对象添加"UVW贴图"修改器，
该修改器可以设置将贴图如何覆盖在物体表面上，图

237

10-191所示为"UVW贴图"修改器的"参数"卷展栏。

在该卷展栏的"贴图"选项组中，系统共提供了7种类型的贴图坐标可供选择，如图10-192所示。

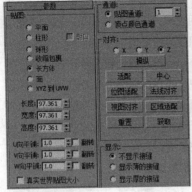

图10-191 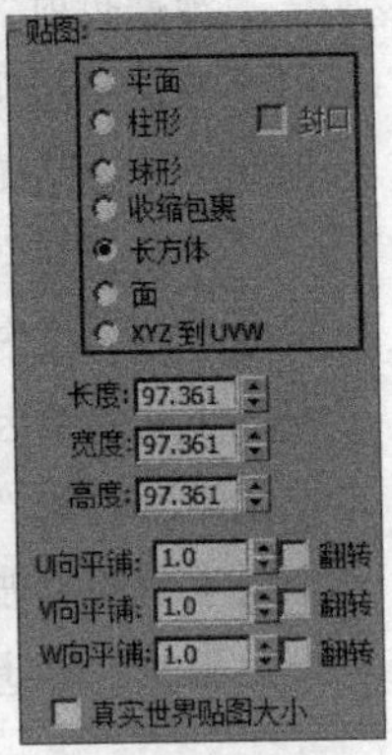   图10-192

"平面"贴图方式是将贴图沿平面映射到物体表面，适用于平面物体的贴图，可以保证贴图的大小、比例不变，如图10-193所示。

"柱形"贴图方式是将贴图沿圆柱侧面映射到物体表面，适用于柱形物体的贴图，右侧的"封口"复选框用于控制柱体两端面的贴图方式，如不勾选，两端面会形成扭曲撕裂效果；如果勾选，即为两端面单独指定一个"平面"贴图，如图10-194所示。

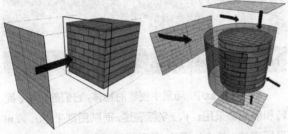

图10-193   图10-194

"球形"贴图方式是将贴图沿球体内表面映射到物体表面，适用于球体或类球体贴图，如图10-195所示。

"收缩包裹"贴图方式是将整个图像从上向下包裹住整个物体表面，它适用于球体或不规则物体的贴图，优点是不产生接缝和中央裂隙，在模拟环境反射的情况下使用比较多，如图10-196所示。

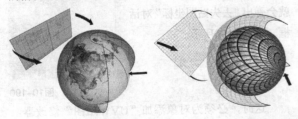

图10-195   图10-196

"长方体"贴图方式按6个垂直空间平面将贴图分别镜射到物体表面，适用于立方体类的物体，常用于建筑物的快速贴图，如图10-197所示。

"面"贴图方式直接为每个表面进行平面贴图，如图10-198所示。

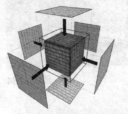
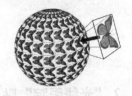

图10-197   图10-198

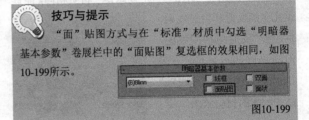

技巧与提示

"面"贴图方式与在"标准"材质中勾选"明暗器基本参数"卷展栏中的"面贴图"复选框的效果相同，如图10-199所示。

图10-199

"XYZ到UVW"贴图方式可以适配3D程序贴图坐标到UVW贴图坐标。这个选项有助于将3D程序贴图锁定到物体表面，如果拉伸表面，3D程序贴图也会被拉伸，不会造成贴图在表面流动的错误动画效果，如图10-200所示，中间物体为没有应用该贴图方式的拉伸效果，右侧物体为应用该贴图方式后的拉伸效果。

图10-200

如果在"修改"面板的堆栈栏中单击"UVW贴图"修改器的名称，便可进入Gizmo子对象控制级别，这时便可以对场景中的贴图框进行移动、旋转或缩放等操作，这同时也会影响贴图在对象表面的拉伸或重复度等效果，如图10-201~图10-203所示。

Gizmo贴图框根据贴图类型的不同，在视图上显示的形态也不同。其中"平面""球形""柱形"和"收缩包裹"贴图类型，在顶部有一个小的黄色标记，表面贴图框的顶部，在右侧是一个绿色的线框，用于表示贴图的方向，而对于"球形"和"柱形"的贴图框，绿色线表示贴图的接缝处，如图10-204所示。

图10-201

图10-202   图10-203

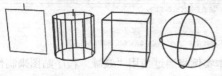

图10-204

典型实例：制作沙发贴图效果

场景位置	场景文件>CH10>10.max
实例位置	实例文件>CH10>典型实例：制作沙发贴图效果.max
实用指数	★★★☆☆
学习目标	熟练使用"UVW贴图"修改器

"UVW贴图"修改器是非常实用的一个修改器，我们经常用它来调整对象贴图的重复度、位置和角度等，下面通过一组实例操作，来为读者介绍"UVW贴图"修改器"参数"卷展栏中其他一些参数的含义和使用方法。图10-205所示为本实例的场景截图，图10-206所示为本实例的最终完成效果。

图10-205   图10-206

01 打开"场景文件>CH10>10.max"文件，在该文件中已经为沙发对象添加了"UVW贴图"修改器，并选择了"长方体"的贴图方式，如图10-207所示。

图10-207

02 在"贴图"选项组中，设置其下方的"长度""宽度"和"高度"参数值为30.0，这样可以改

变贴图坐标中Gizmo对象的大小，这同时会影响贴图在对象表面的重复次数，这与直接对Gizmo对象进行缩放操作效果一样，如图10-208所示。

03 在下方的"U向平铺""V向平铺"和"W平铺"数值框中，设置参数值为10.0，这样可以控制贴图在物体上这3个方向的重叠次数，如图10-209所示。

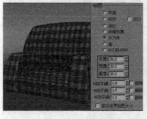 

图10-208   图10-209

04 在"贴图"选项组中选择"平面"单选按钮，通过更改"对齐"选项组中的x、y、z这3个单选按钮可以更改Gizmo坐标对齐的轴向，分别选择这3个单选按钮后对象的Gizmo贴图框在场景中的变化，如图10-210~图10-212所示。

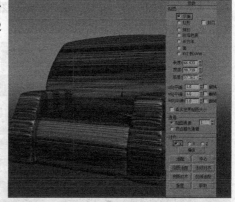

图10-210

图10-211   图10-212

05 在"对齐"选项组中单击"操纵"按钮 操纵 ，相当于在3ds Max的主工具栏上开启了"选择并操纵"按钮 ，这时将鼠标放置在视图中的Gizmo贴图框上，当贴图框变为红色时进行拖动，也可以改变Gizmo对象的大小，如图10-213所示。

06 单击"法线对齐"按钮后，在对象的表面拖动鼠标，Gizmo贴图框会被放置在鼠标点取的表面上并与之对齐，此命令在倾斜的屋顶上制作瓦片等贴图时非常有用，如图10-214所示。

图10-213

图10-214

💡 **技巧与提示**

如果对贴图的Gizmo贴图框进行了位移、旋转或缩放操作，在"对齐"选项组中单击"适配"按钮 适配 ，可以将Gizmo贴图框自动适配到物体外围的边界盒上并使其居中；单击"中心"按钮 中心 ，可以自动将Gizmo对象的中心对齐到物体的中心上；单击"位图适配"按钮 位图适配 ，可以打开"位图文件浏览器"对话框，选择一个位图文件，以该图像的长宽比来设置场景中的Gizmo贴图框。

07 单击"视图对齐"按钮，将Gizmo贴图框与当前激活视图进行方向对齐，如图10-215所示。

图10-215

08 单击"区域适配"按钮后，可以激活该模式，然后在视图中拖动出一个范围框来定义Gizmo的区域，如图10-216所示。

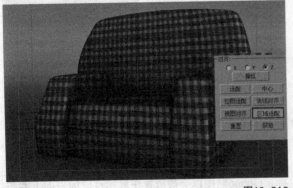
图10-216

💡 **技巧与提示**

单击"重置"按钮 重置 ，将恢复Gizmo贴图框的初始设置；单击"获取"按钮 获取 后，通过在视图中点取另一个物体，从而将该物体的贴图坐标设置引入到当前物体中。

即学即练：制作国画材质

场景位置	场景文件>CH10>11.max
实例位置	实例文件>CH10>即学即练：制作国画材质.max
实用指数	★★★☆☆
学习目标	熟练使用"衰减"贴图来制作国画、水墨等材质效果

本实例将通过使用"衰减"程序贴图来制作一幅国画材质效果，图10-217所示为本实例的场景截图，图10-218所示为本实例的最终渲染效果。

图10-217

图10-218

10.5 知识小结

本章主要讲解了3ds Max 2015提供的各种贴图，3ds Max的贴图可以说是千变万化的，有时利用贴图就可以不用增加模型的复杂程度就可以表现对象的细节。通过贴图可以增强模型的质感，完善模型的造型，使三维场景更加接近真实的环境。

10.6 课后拓展实例：破旧的墙壁

场景位置	场景文件>CH10>12.max
实例位置	实例文件>CH10>课后拓展实例：破旧的墙壁.max
实用指数	★★★☆☆
学习目标	熟练使用"混合"材质类型来制作破旧质感的材质效果

在三维场景中，破旧质感的对象往往更难表现，因为这类对象包含更复杂的元素和更丰富的层次，需使用各种复合材质类型，来实现破旧质感，从而使对象的表现更为真实。在本实例中，将指导读者设置一个破旧的墙壁的场景，通过该场景的设置，可以使读者更为深入地了解各种材质类型和贴图类型的使用方法。图10-219所示为本实例的场景截图，图10-220所示为本实例的最终渲染效果。

图10-219

图10-220

01 打开"场景文件>CH10>12.max"文件，如图10-221所示。

图10-221

02 使用"混合"贴图将两个位图进行混合，并使用"平铺"贴图作为蒙板，效果如图10-222所示。

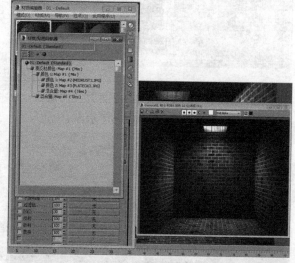

图10-222

03 在"凹凸"通道中同样使用"混合"贴图，来表现墙壁的凹凸不平效果，如图10-223所示。

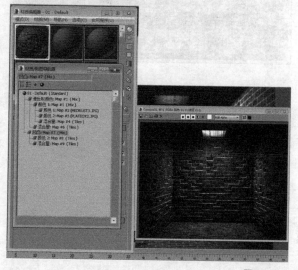

图10-223

04 下面制作墙壁上破旧的文字效果。为了便于控

制，使用"多维/子对象材质"将要写字的墙壁与其
他墙壁区分开，效果如图10-224所示。

图10-224

05 使用"遮罩"贴图让文字的表面产生与墙壁一致
的裂缝效果，最终效果如图10-225所示。

图10-225

3ds Max

第 11 章 创建灯光

本章知识索引

知识名称	作用	重要程度	所在页
初识灯光	熟悉灯光的作用	中	P244
光度学灯光	用来模拟壁灯、射灯、台灯等灯具的照明效果	高	P246
标准灯光	用来模拟室内外场景的自然照明效果	高	P253

本章实例索引

11.1 初识灯光

本节知识概要

知识名称	作用	重要程度	所在页
灯光的功能	熟悉灯光在三维场景中的作用	中	P244
3ds Max中的灯光	了解3ds Max 2015为用户提供的灯光工具	中	P245

使用3ds Max所提供的灯光工具，可以轻松地为制作完成的场景添加照明。在设置灯光前应该充分考虑我们所要达到的照明效果，切不可抱着能打出什么样灯光效果就算什么灯光效果的侥幸心理。只有认真并有计划地设置好灯光后，所产生的渲染结果才能打动人心。

灯光的设置是三维制作表现中非常重要的一环，灯光不仅仅可以照亮物体，还可以在表现场景气氛、天气效果等方面起着至关重要的作用。在设置灯光时，如果场景中灯光过于明亮，渲染出来的画面则会处于一种曝光状态；如果场景中的灯光过于暗淡，则渲染出来的画面有可能显得比较平淡，缺少吸引力，甚至导致画面中的很多细节无法体现。虽然在3ds Max中，灯光的设置参数比较简单，但是若要制作出真实的光照效果仍然需要我们去不断实践，且渲染起来非常耗时。

设置灯光时，灯光的种类、颜色及位置应来源于生活。我们不可能轻松地制作出一个从未见过类似的光照环境，所以学习灯光时需要我们对现实中的不同光照环境处处留意。

图11-1所示为一个室内空间的夜景表现。由于画面的时间所限，场景中的主光源应该是由室内空间中的各种灯具所发出，不同的灯其颜色、投射在物体上的光照形态以及所产生的物体投影也各不相同。

图11-2所示为室内空间的日景表现。该空间位置背光，所以在设置灯光时，应充分考虑灯光的位置使从画面中地板上的反射光泽来看，阳光没有直接透过窗户和门直射进室内。

图11-3所示为一个建筑日景表现。由于要模拟黄昏时段的照明效果，所以在设置灯光时应着重体现画面整体的色调及建筑的高光位置。

图11-4所示为一栋别墅的日景表现。为了体现出

阴天的环境效果，在设置灯光时应注意不能在画面当中体现出别墅的高光及清晰的投影，以营造出一种软阴影的天光效果气氛。

图11-1　　　　　　　　　　　　图11-2

图11-3　　　　　　　　　　　　图11-4

11.1.1 灯光的功能

灯光是3ds Max中的一种特殊对象，使用灯光不仅可以影响其周围物体表面的光泽和颜色，还可以控制物体表面的高光点和阴影的位置。灯光通常需要和环境、模型以及模型的材质共同作用，才能得到丰富的色彩和明暗对比效果，从而使我们的三维图像达到犹如照片的真实感。图11-5和图11-6所示为使用3ds Max的灯光所制作出来的图像渲染产品。

图11-5　　　　　　　　　　　　图11-6

灯光是画面中的重要构成要素之一，其主要功能如下。

第1点：为画面提供足够的亮度。

第2点：通过光与影的关系来表达画面的空间感。

第3点：为场景添加环境气氛，塑造画面所表达

的意境。

💡 **技巧与提示**

　　当场景中没有灯光时，3ds Max会使用默认的照明来渲染场景。执行菜单栏的"视图>视口配置"命令，即可打开"视口配置"对话框。单击展开"视觉样式和外观"选项卡，即可在"照明和阴影"组内查看到3ds Max使用何种对象照亮，如图11-7所示。

图11-7

　　一旦场景中添加了一个灯光，那么默认的照明就会被禁用。3ds Max会使用"场景灯光"选项来进行照明；如果场景中的所有灯光都被删除，则会重新启用默认的照明。

11.1.2 3ds Max中的灯光

　　3ds Max 2015为我们提供了两种类型的灯光，分别是"光度学"灯光和"标准"灯光。将"命令"面板切换至创建"灯光"面板，在下拉列表中即可选择灯光的类型。图11-8所示为"光度学"灯光类型中包含的灯光按钮，图11-9所示为"标准"灯光类型中所包含的灯光按钮。

图11-8　　　　　　　图11-9

11.2 课前引导实例：动画场景日光效果表现

场景位置	场景文件>CH11>01.max
实例位置	实例文件>CH11>课前引导实例：动画场景日光效果表现.max
实用指数	★★★☆☆
学习目标	熟练搭配使用"目标聚光灯"和"天光"来进行室外照明渲染

　　本实例通过一个雪房子的动画场景来详细讲解使用3ds Max所提供的灯光来模拟室外天光的照明方法，最终渲染结果如图11-10所示。

图11-10

01 打开"场景文件>CH11>01.max"文件，如图11-11所示。

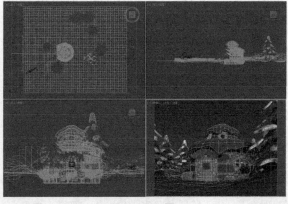

图11-11

02 本场景文件为一个卡通风格的雪房子室外场景，模型及材质均已经设置完成，渲染器也已经更改为NVIDIA mental ray渲染器，如图11-12所示。

03 按T键，在顶视图中创建一个mr Area Spot灯光，用来模拟室外的日光照明，灯光位置如图11-13所示。

图11-12　　　　　　　　　　图11-13

04 按F键，在前视图中调整灯光位置，如图11-14所示，模拟出太阳的高度及照射方向。

05 选择mr Area Spot灯光，在"修改"面板中，单击展开"常规参数"卷展栏，勾选"阴影"组中的"启用"选项，并设置阴影下拉列表的选项为"光线跟踪阴影"，如图11-15所示。

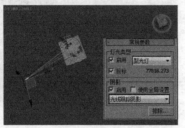

图11-14　　　　　　　　　　图11-15

06 单击展开"聚光灯参数"卷展栏，设置"聚光区/光束"为4.7，"衰减区/区域"为13.0，如图11-16所示。

07 单击"主工具栏"上的"渲染产品"按钮，渲染结果如图11-17所示。

图11-16　　　　　　　　　　图11-17

08 从上图中可以看出画面的立体感已经出来了，只是房子模型的暗部显得较黑，在场景中添加一个"天光"，以提亮暗部的细节效果，如图11-18所示。

图11-18

09 选择"天光"，在"修改"面板中，调整其"倍增"值为0.5，如图11-19所示。

10 单击"主工具栏"上的"渲染产品"按钮，渲染结果如图11-20所示，图像的暗部也被显著加亮了，提高了画面的整体质感效果。

图11-19　　　　　　　　　　图11-20

11.3 光度学灯光

本节知识概要

知识名称	作用	重要程度	所在页
目标灯光	用来模拟射灯、壁灯等灯具照明效果	高	P246
自由灯光	用来模拟射灯、壁灯等灯具照明效果	中	P250

当打开创建"灯光"面板时，可以看到系统默认的灯光是"光度学"灯光，包含"目标灯光"按钮 目标灯光 ，"自由灯光"按钮 自由灯光 和"mr天空入口"按钮 mr天空入口 。

11.3.1 目标灯光

"目标灯光"带有一个目标点，用来指明灯光的照射方向。通常可以用"目标灯光"来模拟灯泡、射灯、壁灯及台灯等灯具的照明效果，具体创建方法如下。

第1步：打开"场景文件>CH11>02.max"文件，如图11-21所示。

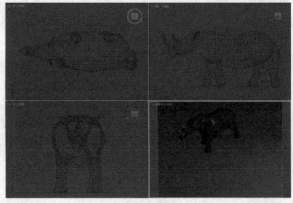

图11-21

第2步：在场景中已经放置了一个"泛光灯"来作为场景的辅助光源，接下来需要一个主光源来模拟灯泡的照明效果。在创建"灯光"面板中，单击"目标灯光"按钮 目标灯光 ，在场景中创建出一个"目标灯光"。创建"目标灯光"前会弹出"创建光度学灯光"对话框，询问用户是否使用对数曝光控制，如图11-22所示。

图11-22

第3步：在"创建光度学灯光"对话框中单击"是"按钮 是 后，在左视图中创建一个带有目标点的目标灯光，如图11-23所示。

第4步：在"修改"面板中，可以发现"目标灯光"具有"模板""常规参数""强度/颜色/衰减""图形/区域阴影""阴影参数""阴影贴图参数""大气和效果""高级效果""mental ray间接照明"和"mental ray灯光明暗器"10个卷展栏，如图11-24所示。

图11-23　　　　　　　　图11-24

第5步：展开"模板"卷展栏，在"选择模板"下拉列表中，选择"40w灯泡"命令，同时，"模板"卷展栏内的文本框中则会出现有关"40w灯泡"命令的简要描述，如图11-25所示。

第6步：展开"常规参数"卷展栏，勾选"阴影"组内的"启用"选项，即可在视口中查看目标灯光对场景中犀牛摆件所产生的阴影效果，如图11-26所示。

第7步：在左视图中，调整目标灯光至如图11-27所示的位置，同时在"摄影机"视图中观察调整完灯

光位置后犀牛摆件的阴影形态，如图11-28所示。通过调整灯光的位置，不仅可以控制物体的投影，还可以影响物体本身所接收灯光的强度及色彩。

图11-25　　　　　　　　图11-26

图11-27　　　　　　　　图11-28

第8步：单击"主工具栏"上的"渲染产品"按钮，即可对"摄影机"视图进行渲染，渲染结果如图11-29所示。

第9步：展开"强度/颜色/衰减"卷展栏，调整目标灯光的强度为150cd，如图11-30所示。

图11-29　　　　　　　　图11-30

第10步：按F9键渲染场景，渲染结果如图11-31所示，图像中的亮度显著增强，同时阴影的效果也加深了。

图11-31

1. "模板"卷展栏

3ds Max 2015提供了多种"模板"以供选择使用，当展开"模板"卷展栏时，可以看到"选择模板"的命令提示，如图11-32所示。

图11-32

单击"选择模板"旁边的下拉箭头图标，即可看到3ds Max 2015的多种"模板"，如图11-33所示。

当选择列表中的不同灯光模板时，场景中的灯光图标也发生了相应的变化，如图11-34所示。将"目标灯光"选择为"4ft暗槽荧光灯（web）"这一类型时，"模板"卷展栏内的文本框内会出现该灯光模板的简单注释，同时该目标灯光的"灯光分布（类型）"被自动切换成为了"光度学Web"，其光域网的显示形态及在场景中的灯光形状也都发生了改变。

图11-33

图11-34

2. "常规参数"卷展栏

展开"常规参数"卷展栏后，其参数如图11-35所示。

参数解析

①"灯光属性"组

• **启用**：用于控制选择的灯光是否开启照明。

图11-35

• **目标**：控制所选择的灯光是否具有可控的目标点。

• **目标距离**：显示灯光与目标点之间的距离。

②"阴影"组

• **启用**：决定当前灯光是否投射阴影。

• **使用全局设置**：启用此选项以使用该灯光投射阴影的全局设置。禁用此选项以启用阴影的单个控件。如果未选择使用全局设置，则必须选择渲染器使用哪种方法来生成特定灯光的阴影。

• **阴影方法下拉列表**：决定渲染器是否使用"高级光线跟踪"阴影、"mental ray阴影贴图""区域阴影""阴影贴图"或"光线跟踪阴影"生成该灯光的阴影，如图11-36所示。

• **"排除"按钮** 排除... ：将选定对象排除于灯光效果之外。单击此按钮可以显示"排除/包含"对话框，如图11-37所示。

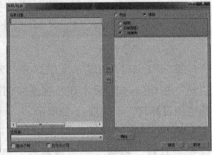

图11-36　　　　　　　　图11-37

③"灯光分布（类型）"组

灯光分布类型列表中可以设置灯光的分布类型，包含"光度学Web""聚光灯""统一漫反射"和"统一球形"4种类型，如图11-38所示。

图11-38

3. "强度/颜色/衰减"卷展栏

展开"强度/颜色/衰减"卷展栏后，其参数如图11-39所示。

参数解析

①"颜色"组

• **灯光**：取自于常见的灯具照明规范，使之近似于灯光的光谱特征。3ds Max 2015中提供了多种预先设置好的选项以供选择，如图11-40所示。

图11-39

• **开尔文**：通过调整色温微调器设置灯光的颜色，色温以开尔文度数显示，相应的颜色在温度微调器旁边的色样中可见。设置"开尔文"的值为1800时，灯光的颜色为橙色，渲染结果如

图11-41所示；设置"开尔文"的值为20000时，灯光的颜色为淡蓝色，渲染结果如图11-42所示。

图11-40

图11-41　　　　　图11-42

- **过滤颜色：** 使用颜色过滤器模拟置于光源上的过滤色的效果。

②"强度"组

- **lm（流明）：** 测量灯光的总体输出功率（光通量）。100 瓦的通用灯泡约有 1750 lm 的光通量。

- **cd（坎得拉）：** 用于测量灯光的最大发光强度，通常沿着瞄准发射。100 瓦通用灯泡的发光强度约为 139 cd。

- **lx (lux)：** 测量以一定距离并面向光源方向投射到表面上的灯光所带来的照射强度。

③"暗淡"组

- **结果强度：** 用于显示暗淡所产生的强度，并使用与"强度"组相同的单位。

- **暗淡百分比：** 启用该切换后，该值会指定用于降低灯光强度的"倍增"。如果值为100%，则灯光具有最大强度。百分比较低时，灯光较暗。

- **光线暗淡时白炽灯颜色会切换：** 启用此选项之后，灯光可在暗淡时通过产生更多黄色来模拟白炽灯。

④"远距衰减"组

- **使用：** 启用灯光的远距衰减。

- **显示：** 在视口中显示远距衰减范围设置。对于聚光灯分布，衰减范围看起来好像圆锥体的镜头形部分，这些范围在其他的分布中呈球体状。默认情况下，"远距开始"为浅棕色并且"远距结束"为深棕色。

- **开始：** 设置灯光开始淡出的距离。

- **结束：** 设置灯光减为0的距离。

4. "图形/区域阴影"卷展栏

展开"图形/区域阴影"卷展栏后，其参数如图11-43所示。

图11-43

参数解析

- **从（图形）发射光线：** 选择阴影生成的图像类型，其下拉列表中提供了"点光源""线""矩形""圆形""球体"和"圆柱体"6种方式可选，如图11-44所示。

灯光图形在渲染中可见：启用此选项后，如果灯光对象位于视野内，则灯光图形在渲染中会显示为自供照明（发光）的图形。关闭此选项后，将无法渲染灯光图形，而只能渲染它投影的灯光。此选项默认设置为禁用。

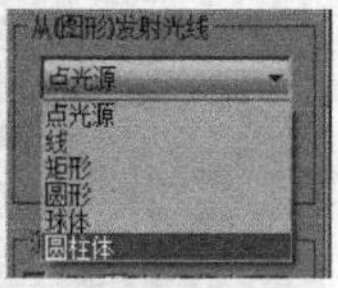

图11-44

5. "阴影参数"卷展栏

展开"阴影参数"卷展栏后，其参数如图11-45所示。

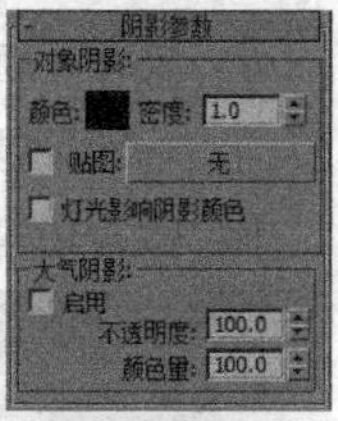

参数解析

①"对象阴影"组

- **颜色：** 设置灯光阴影的颜色，默认为黑色。

图11-45

- **密度：** 设置灯光阴影的密度。

- **贴图：** 可以通过贴图模拟阴影。

- **灯光影响阴影颜色：** 可以将灯光颜色与阴影颜色混合起来。

②"大气阴影"组

- **启用：** 启用该选项后，大气效果如灯光穿过它们一样投影阴影。

- **不透明度：** 调整阴影的不透明度百分比。

- **颜色量：** 调整大气颜色与阴影颜色混合的量。

6. "阴影贴图参数"卷展栏

展开"阴影贴图参数"卷展栏后，其参数如图11-46所示。

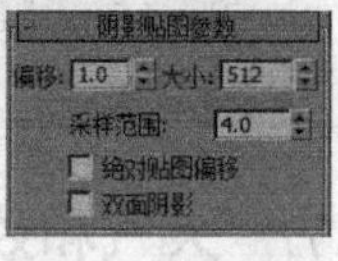

图11-46

参数解析

- **偏移：** 将阴影移向或移开投射阴影的对象。图

11-47和图11-48所示分别为"偏移"值是1和10的图像渲染结果。

图11-47　　　　　　　　　图11-48

• 大小：设置用于计算灯光的阴影贴图的大小，值越高，阴影越清晰。图11-49和图11-50所示分别为"大小"值是512和2000的图像渲染结果。

图11-49　　　　　　　　　图11-50

• 采样范围：决定阴影的计算精度，值越高，阴影的虚化效果越好。图11-51和图11-52分别是"采样范围"值为10和20的图像渲染结果。

图11-51　　　　　　　　　图11-52

• 绝对贴图偏移：启用该选项后，阴影贴图的偏移是不标准化的，但是该偏移在固定比例的基础上会以3ds Max的单位来表示。

• 双面阴影：启用该选项后，计算阴影时，物体的背面也可以产生投影。

 技巧与提示

注意，此卷展栏的名称根据"常规参数"卷展栏内的阴影类型来决定，不同的阴影类型将影响此卷展栏的名称及内部参数。

7. "大气和效果"卷展栏

展开"大气和效果"卷展栏后，其参数如图11-53所示。

参数解析

• "添加"按钮 添加 ：单击此按钮可以打开"添加大气或效果"对话框，如图11-54所示。在该对话框中可以将大气或渲染效果添加到灯光上。

图11-53　　　　　　　　　图11-54

• "删除"按钮 删除 ：添加大气或效果之后，在大气或效果列表中选择大气或效果，然后单击此按钮进行删除操作。

• "设置"按钮 设置 ：单击此按钮可以打开"环境和效果"面板，如图11-55所示。

图11-55

11.3.2　自由灯光

"自由灯光"无目标点，在创建"灯光"面板，单击"自由灯光"按钮 自由灯光 即可在场景中创建出一个自由灯光，如图11-56所示。

"自由灯光"的参数与上一节所讲的"目标灯光"的参数完全一样，它们的区别仅在于是否具有目标点。在"自由灯光"创建完成后，目标点又可以在"修改"面板通过其"常规参数"卷展栏内的"目标"复选框来进行切换，如图11-57所示。

图11-56　　　　　　　　　图11-57

典型实例：制作落地灯灯光效果

场景位置	场景文件>CH11>03.max
实例位置	实例文件>CH11>典型实例：制作落地灯灯光效果.max
实用指数	★★★☆☆
学习目标	熟练使用目标灯光来模拟灯具照明

"目标灯光"常常被用来模拟灯具的照明效果，本实例将使用本章所讲解的内容来制作落地式台灯的灯光照射效果，模拟灯具照明的前后渲染对比结果如图11-58所示。

图11-58

01 打开"场景文件>CH11>03.max"文件，如图11-59所示。

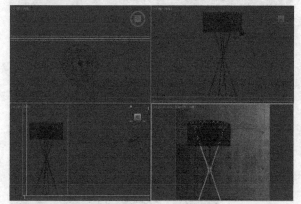

图11-59

02 在创建"灯光"面板中，单击"目标灯光"按钮 目标灯光 ，在场景中创建出一个"目标灯光"，如图11-60所示。

03 因为本实例所模拟的灯具为落地灯内的灯泡，所以选择上一步创建的灯光，在"修改"面板中，单击展开"模板"卷展栏，将"选择模板"设置为"40W灯泡"，如图11-61所示。

图11-60

图11-61

04 使用"选择并移动"工具将目标灯光移动到落地灯内的灯泡模型位置处，如图11-62所示。

05 在"修改"面板中，单击展开"强度/颜色/衰减"卷展栏，设置灯光的"强度"为300cd，如图11-63所示。

图11-62 **图11-63**

06 在"常规参数"卷展栏中，勾选"阴影"组内的"启用"选项，并设置阴影为"VRay阴影"，如图11-64所示。

07 按快捷键Shift+Q（或按F9键）渲染场景，最终渲染结果如图11-65所示。

图11-64 **图11-65**

典型实例：制作墙壁射灯灯光效果

场景位置	场景文件>CH11>04.max
实例位置	实例文件>CH11>典型实例：制作墙壁射灯灯光效果.max
实用指数	★★☆☆☆
学习目标	熟练掌握目标灯光的用来模拟射灯的设置方法

目标灯光常常被用来模拟灯具的照明效果，在本实例中将使用本章所讲解的内容来制作射灯的灯光照射效果，模拟灯具照明的前后渲染结果对比如图11-66所示。

图11-66

01 打开"场景文件>CH11>04.max"文件，本场景为一个简单的室内空间表现，如图11-67所示。

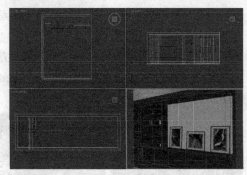

图11-67

02 按L键进入左视图，然后在创建"灯光"面板中，单击"目标灯光"按钮 目标灯光 ，在场景中射灯位置处创建出一个目标灯光，如图11-68所示。

03 按F键进入前视图，调整目标灯光至如图11-69所示的位置。

图11-68　　　　　　　图11-69

04 按住Shift键，以"实例"复制一个目标灯光至场景中另一个射灯模型位置处，如图11-70所示。

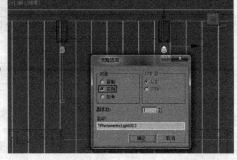

图11-70

05 在"修改"面板中，单击展开"常规参数"卷展栏，设置"灯光分布（类型）"为"光度学Web"，如图11-71所示。

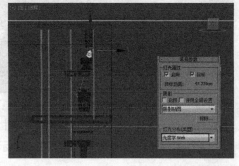

图11-71

06 单击展开"分布（光度学Web）"卷展栏，单击"选择光度学文件"按钮 <选择光度学文件> ，在弹出的"打开光域Web文件"对话框中加载 "光域网.ies"文件，如图11-72所示。

图11-72

07 单击展开"强度/颜色/衰减"卷展栏，调整灯光的"强度"值为200cd，如图11-73所示。

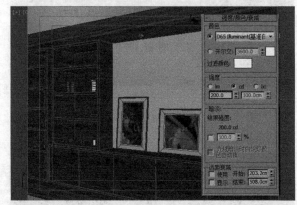

图11-73

08 按F9键渲染场景，最终渲染结果如图11-74所示。

图11-74

即学即练：制作办公室灯光效果

场景位置	场景文件>CH11>05.max
实例位置	实例文件>CH11>即学即练：制作办公室灯光效果.max
实用指数	★★☆☆☆
学习目标	熟练掌握目标灯光的用来模拟灯具照明的设置方法

尝试使用本节所讲内容，渲染出办公室的灯光效果，最终完成图像结果如图11-75所示。

图11-75

11.4 标准灯光

本节知识概要

知识名称	作用	重要程度	所在页
目标聚光灯	用来模拟射灯、壁灯等灯具照明效果	高	P253
泛光	用来模拟射灯、壁灯等灯具照明效果	高	P255
天光	用来模拟天空光	中	P256
mr Area Omni	NVIDIA mental ray渲染器专用泛光灯光	低	P257
mr Area Spot	NVIDIA mental ray渲染器专用聚光灯灯光	低	P257

"标准"灯光包括有8个灯光按钮，分别为"目标聚光灯"按钮 目标聚光灯 、"自由聚光灯"按钮、自由聚光灯 "目标平行光"按钮 目标平行光 、"自由平行光"按钮 自由平行光 、"泛光"按钮 泛光 、"天光"按钮 天光 、mr Area Omni按钮 mr Area Omni 和mr Area Spot按钮 mr Area Spot ，如图11-76所示。

图11-76

11.4.1 目标聚光灯

"目标聚光灯"的光线照射方式与手电筒、舞台光束灯等的照射方式非常相似，都是从一个点光源向一个方向发射光线。目标聚光灯有一个可控的目标点，无论怎样移动聚光灯的位置，光线始终照射目标所在的位置，具体创建步骤如下。

第1步：打开本书学习资源"场景文件>CH11>06.max"文件，如图11-77所示。

图11-77

第2步：在创建"灯光"面板，单击"目标聚光灯"按钮 目标聚光灯 ，在场景中创建一个带有目标点的聚光灯，创建完成后如图11-78所示。

第3步：在"修改"面板中，可以发现目标聚光灯具有"常规参数""强度/颜色/衰减""聚光灯参数""高级效果""阴影参数""阴影贴图参数""大气和效果""mental ray间接照明"和"mental ray灯光明暗器"9个卷展栏，如图11-79所示。

图11-78　　　　　　图11-79

第4步：展开"常规参数"卷展栏，勾选"阴影"组内的"启用"选项，即可在视口中看到目标聚光灯所产生的投影，如图11-80所示。

第5步：展开"强度/颜色/衰减"卷展栏，单击色块，调整灯光的颜色为橙色（红:246，绿:132，蓝:69），如图11-81所示。

图11-80　　　　　　图11-81

第6步：单击"主工具栏"上的"渲染产品"按钮 ，渲染结果如图11-82所示。

第7步：单击展开"聚光灯参数"卷展栏，设置"衰减区/区域"的值为60.0，可以控制聚光灯照射在地面上圆形区域边缘的虚化程度，如图11-83所示。

图11-82　　　　　　图11-83

第8步：再次单击"主工具栏"上的"渲染产品"按钮 ，渲染结果如图11-84所示。

第9步：为了得到较好的阴影效果，单击展开"阴影贴图参数"卷展栏，设置"偏移"为0.0，"大小"为1024，"采样范围"为20.0，如图11-85所示。

图11-84　　　　　　　　　　图11-85

第10步：按F9键渲染场景，渲染结果如图11-86所示。

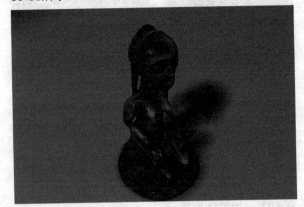

图11-86

1. "常规参数"卷展栏

展开"常规参数"卷展栏后，其参数如图11-87所示。

参数解析

① "灯光类型"组

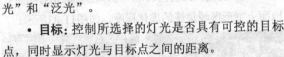

图11-87

• **启用**：用于控制选择的灯光是否开启照明。后面的下拉列表里可以选择灯光的3种类型，有"聚光灯""平行光"和"泛光"。

• **目标**：控制所选择的灯光是否具有可控的目标点，同时显示灯光与目标点之间的距离。

② "阴影"组

• **启用**：决定当前灯光是否投射阴影。

• **使用全局设置**：启用此选项以使用该灯光投射阴影的全局设置。禁用此选项以启用阴影的单个控件。如果未选择使用全局设置，则必须选择渲染器使用哪种方法来生成特定灯光的阴影。

• **阴影方法下拉列表**：决定渲染器是否使用"高级光线跟踪""mental ray阴影贴图""区域阴影""阴影贴图"或"光线跟踪阴影"生成该灯光的阴影，如图11-88所示。

• **"排除"按钮** 排除... ：将选定对象排除于灯光效果之外。单击此按钮可以显示"排除/包含"对话框。

图11-88

2. "强度/颜色/衰减"卷展栏

展开"强度/颜色/衰减"卷展栏后，其参数如图11-89所示。

参数解析

• **倍增**：将灯光的功率放大一个正或负的量。例如，如果将倍增设置为2，灯光将亮两倍。负值可以减去灯光，这对于在场景中有选择地放置黑暗区域非常有用，默认值为1.0。

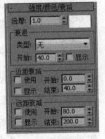

图11-89

① "衰退"组

• **衰退**：衰退的类型有3种，分别为"无""反向"和"平方反比"。其中，"无"指不应用衰退；"反向"指应用反向衰退；"平方反比"指应用平方反比衰退。

• **开始**：如果不使用衰退，则设置灯光开始衰退的距离。

• **显示**：在视口中显示衰退范围。

② "近距衰减"组

• **开始**：设置灯光开始淡入的距离。

• **结束**：设置灯光达到其全值的距离。

• **使用**：启用灯光的近距衰减。

• **显示**：在视口中显示近距衰减范围设置。图11-90所示为显示了近距衰减的聚光灯。

图11-90

③ "远距衰减"组

• **开始**：设置灯光开始淡出的距离。

• **结束**：设置灯光为0的距离。

• **使用**：启用灯光的远距衰减。

• **显示**：在视口中显示远距衰减范围设置。图

11-91所示为显示了远距
衰减的聚光灯。

图11-91

3. "聚光灯参数"卷展栏

展开"聚光灯参数"卷展栏
后,其参数如图11-92所示。

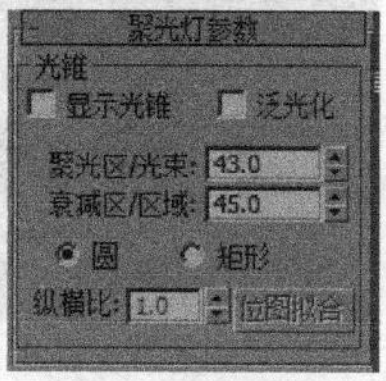

参数解析

图11-92

• **显示光锥**:启用或禁用圆锥
体的显示。当勾选"显示光锥"
复选框时,即使不选择该灯光,仍然可以在视口中看
到其光锥效果,如图11-93所示。

• **泛光化**:启用泛光
化后,灯光在所有方向
上投影灯光。但是,投
影和阴影只发生在其衰
减圆锥体内。

图11-93

• **聚光区/光束**:调
整灯光圆锥体的角度。聚光区值以度为单位进行测
量,默认值为43.0。

• **衰减区/区域**:调整灯光衰减区的角度。衰减区
值以度为单位进行测量,默认值为45.0。

• **圆/矩形**:确定聚光区和衰减区的形状。如果想
要一个标准圆形的灯光,应设置为"圆形"。如果想
要一个矩形的光束(如灯光通过窗户或门口投影),
应设置为"矩形"。

• **纵横比**:设置矩形光束的纵横比。使用"位图适
配"按钮可以使纵横比匹配特定的位图,默认值为1.0。

• **位图拟合**:如果灯光的投影纵横比为矩形,应
设置纵横比以匹配特定的位图。当灯光用作投影灯
时,该选项非常有用。

4. "高级效果"卷展栏

展开"高级效果"卷展栏
后,其参数如图11-94所示。

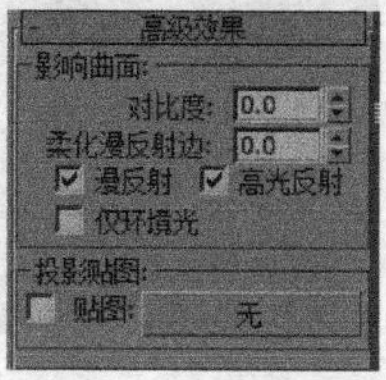

参数解析

① "影响曲面"组

• **对比度**:调整曲面的漫反射

图11-94

区域和环境光区域之间的对比度。

• **柔化漫反射边**:增加"柔化漫反射边"的值可
以柔化曲面的漫反射部分与环境光部分之间的边缘。
这样有助于消除在某些情况下曲面上出现的边缘,默
认值为50。

• **漫反射**:启用此选项后,灯光将影响对象曲面
的漫反射属性。禁用此选项后,灯光在漫反射曲面上
没有效果,默认设置为启用。

• **高光**:启用此选项后,灯光将影响对象曲面的
高光属性。禁用此选项后,灯光在高光属性上没有效
果,默认设置为启用。

• **仅环境光**:启用此选项后,灯光仅影响照明的
环境光组件。

② "投影贴图"组

贴图:可以使用后面的拾取按钮来为投影设置贴图。

11.4.2 泛光

泛光是模拟单个光源向各个方向投影光线,优点在
于方便创建而不必考虑照射范围。泛光灯用于辅助照明
或模拟点光源,如灯泡、烛光等,具体创建步骤如下。

第1步:打开"场景文件>CH11>07.max"文件,
如图11-95所示。

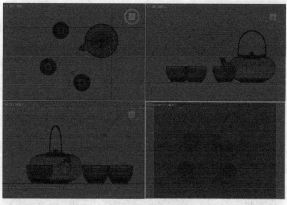

图11-95

第2步:本场景已经包含了一个辅助光源,在创建
"灯光"面板单击"泛光"按钮 泛光 ,在场景中创
建一个泛光灯作为主光源,如图11-96所示。

第3步:在"修改"面板中,展开"常规参
数"卷展栏,勾选"阴影"组内的"启用"选项,
即可在"摄影机"视图内看到茶具的投影,如图
11-97所示。

图11-96　　　　　　　　图11-97

第4步：展开"强度/颜色/衰减"卷展栏，调整灯光的颜色为橙色（红:232，绿:142，蓝:70），如图11-98所示。

第5步：展开"阴影贴图参数"卷展栏，调整"采样范围"的值为10，可以提高阴影的渲染质量，如图11-99所示。

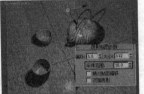

图11-98　　　　　　　　图11-99

第6步：单击"主工具栏"上的"渲染产品"按钮，渲染结果如图11-100所示。

图11-100

> **技巧与提示**
>
> 泛光没有目标点，在其"修改"面板中"目标"选项为不可用状态。通过在"修改"面板中的"常规参数"卷展栏内，将灯光类型切换为"聚光灯"或者"平行光"后，可以勾选"目标"选项，如图11-101所示。

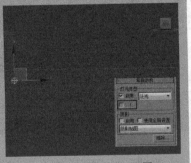

图11-101

11.4.3 天光

天光主要用来模拟天空光，常常用来作为环境中的补光。天光也可以作为场景中的唯一光源，这样可以模拟阴天环境下，无直射阳光的光照场景。具体创建方法如下。

第1步：打"场景文件>CH11>08.max"文件，如图11-102所示。

图11-102

第2步：在创建"灯光"面板，单击"天光"按钮　天光　，在场景中的任意位置处创建一个天光，如图11-103所示。

第3步：渲染"摄影机"视图，从渲染结果上可以看出沙发的效果没有立体感，如图11-104所示。

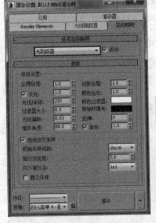
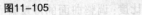

图11-103　　　　　　　　图11-104

第4步：按快捷键F10，打开"渲染设置"面板，在"高级照明"选项卡中，展开"选择高级照明"卷展栏，在下拉列表中选择"光跟踪器"命令，如图11-105所示。

第5步：单击"主工具栏"上的"渲染产品"按钮，渲染结果如图11-106所示。

图11-105　　　　　　　　图11-106

第6步：从上面的渲染结果上看，沙发模型在天光的照射下，阴影非常柔和，但是仔细观察可以发现图像上噪点较多，显得渲染出来的图像有点脏。在"渲染设置"面板中，调整"光线/采样"的值为1000，以提高渲染的计算精度，如图11-107所示。

第7步：单击"主工具栏"上的"渲染产品"按钮，最终渲染结果如图11-108所示。

图11-107

图11-108

天光的参数不多，打开"修改"面板，可以看到仅仅有一个"天光参数"卷展栏，如图11-109所示。

参数解析

①"天光参数"栏

- **启用**：控制是否开启天光。
- **倍增**：控制天光的强弱强度。

②"天空颜色"组

- **使用场景环境**：使用"环境与特效"对话框中设置的"环境光"颜色来作为天光的颜色。
- **天空颜色**：设置天光的颜色。
- **贴图**：指定贴图来影响天光的颜色。

③"渲染"组

- **投射阴影**：控制天光是否投射阴影。
- **每采样光线数**：计算落在场景中每个点的光子数目。
- **光线偏移**：设置光线产生的偏移距离。

图11-109

11.4.4 mr Area Omni

当使用NVIDIA mental ray渲染器来渲染场景时，

可以使用mr Area Omni（mental ray 区域泛光）模拟制作从一个区域来发射光线。使用mr Area Omni（mental ray 区域泛光）渲染场景要比泛光的渲染速度慢，它与之前所讲的泛光的参数基本相同，仅仅在"修改"面板中多出一个"区域灯光参数"卷展栏，如图11-110所示。

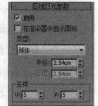

参数解析

图11-110

- **启用**：控制是否开启区域灯光计算。
- **在渲染器中显示图标**：启用该选项后，mental ray渲染器将渲染灯光位置的黑色形状。
- **类型**：设置区域灯光的形状，有"球体"和"圆柱体"两种可选。
- **半径**：设置球体或圆柱体的半径大小。
- **高度**：当区域灯光的类型设置为圆柱体时，激活该设置，用来设置圆柱体的高度。
- **采样U/V**：设置区域灯光投影的质量。

技巧与提示

采样U/V对于区域灯光的阴影影响至关重要，值越小，阴影质量越差；值越大，阴影质量越好。图11-111和图11-112分别是采样U/V的值是5和20的渲染结果。

图11-111　　　　　　图11-112

半径与高度值则影响投影的虚化程度，值越小，阴影越实；值越大，阴影越虚。图11-113和图11-114所示分别是半径值为3和20的渲染结果。

图11-113　　　　　　图11-114

11.4.5 mr Area Spot

当使用NVIDIA mental ray 渲染器来渲染场景

时，可以使用mr Area Spot（mental ray 区域聚光灯）模拟制作从一个区域向另一个方向来发射光线。

mr Area Spot（mental ray 区域聚光灯）的参数与mr Area Omni（mental ray 区域泛光）几乎一样，只是增加了一个"聚光灯参数"卷展栏，此卷展栏内的参数又和聚光灯的相应卷展栏一样。在灯光类型上也可以切换至"平行光"或者"泛光"，如图11-115所示。

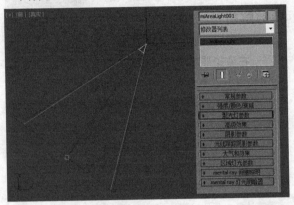

图11-115

典型实例：制作灯光焦散效果表现

场景位置	场景文件>CH11>08.max
实例位置	实例文件>CH11>典型实例：制作灯光焦散效果表现max
实用指数	★★★☆☆
学习目标	使用mr Area Spot灯光来制作焦散特效的设置方法

在本实例中，通过使用mr Area Spot灯光来制作焦散特效，最终渲染结果如图11-116所示。

图11-116

01 打开"场景文件>CH11>08.max"文件，在场景中有一个简单的茶壶场景，并已经设置好摄影机，如图11-117所示。

图11-117

02 按F键进入前视图，在场景中创建一个mr Area Spot灯光，如图11-118所示。

03 在"修改"面板中，单击展开"聚光灯参数"卷展栏，设置"聚光区/光束"的值为26.2，设置"衰减区/区域"的值为43.4，调整灯光的照射范围，如图11-119所示。渲染场景，渲染结果如图11-120所示。

图11-118   图11-119

图11-120

04 单击展开"区域灯光即参数"卷展栏，设置灯光的"类型"为"圆形"，调整"半径"的值为20.0，如图11-121所示。再次渲染，得到非常真实的软阴影效果，如图11-122所示。

图11-121   图11-122

05 选择场景中的茶壶模型，单击鼠标右键，在弹出的快捷菜单上执行"对象属性"命令，如图11-123所示。

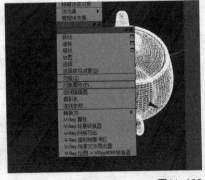

图11-123

06 在弹出的"对象属性"对话框中，选择mental

ray选项卡，勾选"焦散和全局照明（GI）"组内的"生成焦散"选项，使茶壶模型产生焦散，如图11-124所示。然后选择场景中刚刚所创建的mr Area Spot灯光，也进行相同的操作，使之产生焦散。

07 按快捷键F10键，打开"渲染设置"面板，在"公用"选项卡中，展开"指定渲染器"卷展栏，将渲染器更换为NVIDIA mental ray 渲染器，如图11-125所示。

图11-124　　　　　　　图11-125

08 在"全局照明"选项卡内，单击展开"焦散和光子贴图（GI）"卷展栏，勾选"焦散"组内的"启用"选项，如图11-126所示。

图11-126

09 选择mr Area Spot灯光，在"修改"面板中，展开"mental ray间接照明"卷展栏，勾选"手动设置"选项，并设置"能量"的值为5000.0，"衰退"的值为1.8，"焦散光子"的数值为1000000，如图11-127所示。按F9键渲染场景，得到漂亮的焦散效果，如图11-128所示。

图11-127　　　　　　　图11-128

典型实例：制作产品展示灯光效果表现

场景位置	场景文件>CH11>09.max
实例位置	实例文件>CH11>典型实例：制作产品展示灯光效果表现.max
实用指数	★★★☆☆
学习目标	熟练使用mr Area Omni和天光来进行产品展示的表现效果设置

本实例通过一件乐器的展示表现来学习mr Area Omni和天光的搭配使用方法，使用天光前后的渲染结果对比如图11-129所示。

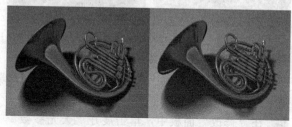

图11-129

01 打开"场景文件>CH11>09.max"文件，这是一个法国号的模型，并已经设置好摄影机，如图11-130所示。

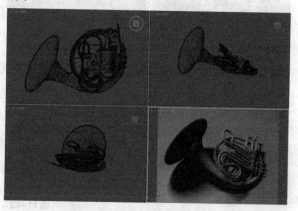

图11-130

02 在顶视图中，单击mr Area Omni按钮 [mr Area Omni]，在场景中创建一盏mr Area Omni灯光，如图11-131所示。

03 在前视图中，调整mr Area Omni灯光至如图11-132所示的位置。

图11-131　　　　　　　图11-132

04 在"修改"面板中，单击展开"区域灯光参数"卷展栏，设置灯光的"类型"为"球体"，并调整

"半径"值为3，如图11-133所示。

05 按F9键渲染"摄影机"视图，即可看到灯光所产生的软阴影效果，渲染结果如图11-134所示。

图11-133　　　　　　　　图11-134

06 在创建"灯光"面板中，单击"天光"按钮，在场景任意位置处放置一盏天光灯光，如图11-135所示。

07 在"修改"面板中，单击展开"天光参数"卷展栏，调整灯光的"倍增"值为0.3，如图11-136所示。

 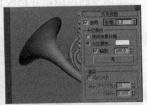

图11-135　　　　　　　　图11-136

08 按F9键渲染场景，最终渲染结果如图11-137所示。

图11-137

典型实例：制作游泳池日光效果表现

场景位置	场景文件>CH11>10.max
实例位置	实例文件>CH11>典型实例：制作游泳池日光效果表现.max
实用指数	★★★☆☆
学习目标	熟练使用目标平行光模拟日光照射的设置方法

本实例通过一个游泳池的日景表现来练习目标平行光的使用方法，最终渲染结果如图11-138所示。

图11-138

01 打开"场景文件>CH11>10.max"文件，这是一个简单的室内场景，并已经设置好摄影机，如图11-

139所示。

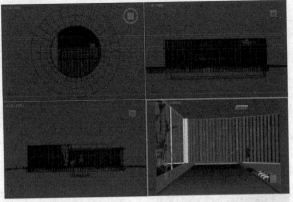

图11-139

02 在前视图中，单击"目标平行光"按钮 目标平行光 ，然后在场景中创建一个目标平行光，如图11-140所示。

03 将视图切换至顶视图，调整目标平行光的位置，如图11-141所示。

图11-140　　　　　　　　图11-141

04 在"修改"面板中，单击展开"常规参数"卷展栏，勾选"阴影"组内的"启用"选项，并设置使用"VRay阴影"，然后展开"平行光参数"卷展栏，调整"聚光区/光束"的值为1036.32cm，调整"衰减区/区域"的值为1061.72cm，控制灯光的照射范围，如图11-142所示。

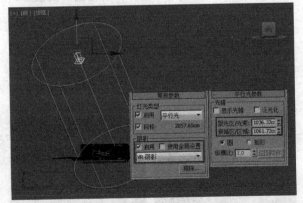

图11-142

05 按F9键渲染摄影机视图，最终渲染结果如图11-143所示。

图11-143

典型实例：制作卧室日光效果表现

场景位置	场景文件>CH11>11.max
实例位置	实例文件>CH11>典型实例：制作卧室日光效果表现max
实用指数	★★★☆☆
学习目标	熟练使用目标聚光灯来制作模拟阳光照射的效果

本实例通过一个卧室的日景表现来练习目标聚光灯的使用方法，最终渲染结果如图11-144所示。

图11-144

01 打开"场景文件>CH11>11.max"文件，文件内有一个简单的室内场景，并已经设置好摄影机，如图11-145所示。

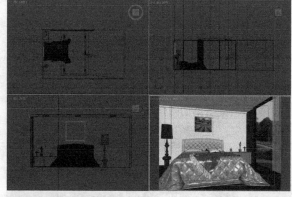

图11-145

02 在前视图中，单击"目标聚光灯"按钮 目标聚光灯 ，然后在场景中创建一个目标聚光灯，如图11-146所示。

03 在顶视图中，调整灯光位置，如图11-147所示。

图11-146　　　　　　　图11-147

04 在"修改"面板中，单击展开"常规参数"卷展栏，勾选"阴影"组内的"启用"选项，并选择阴影的计算方式为"VR-阴影"，如图11-148所示。

05 单击展开"聚光灯参数"卷展栏，调整"聚光区/光束"的值为15.0，调整"衰减区/区域"的值为18.8，控制灯光的照射范围，如图11-149所示。

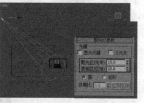

图11-148　　　　　　　图11-149

06 按F9键渲染摄影机视图，渲染结果如图11-150所示。

图11-150

即学即练：制作客厅灯光效果

场景位置	场景文件>CH11>12.max
实例位置	实例文件>CH11>即学即练：制作客厅灯光效果.max
实用指数	★★☆☆☆
学习目标	熟练使用泛光灯光来模拟灯具照明

尝试使用本节所讲内容，渲染出客厅的灯光效果，最终完成图像结果如图11-151所示。

图11-151

11.5 知识小结

灯光的设置不仅仅可以照亮物体，还可以在表现场景气氛、天气效果等方面起着至关重要的作用，是三维制作表现中非常重要的一环。本章主要讲解了3ds Max 2015的灯光系统，大家应该熟练掌握本章中的每一个知识点，为将来的工作项目表现打下坚实牢固的灯光基础。

11.6 课后拓展实例：海景房日光效果表现

场景位置	场景文件>CH11>13.max
实例位置	实例文件>CH11>课后拓展实例：海景房日光效果表现.max
实用指数	★★★☆☆
学习目标	熟练使用"目标平行光"来进行室内照明渲染

本实例通过一个海景房的日光效果表现实例来练习本章所讲解的3ds Max灯光，最终渲染结果如图11-152所示。

图11-152

01 打开"场景文件>CH11>13.max"文件，如图11-153所示。

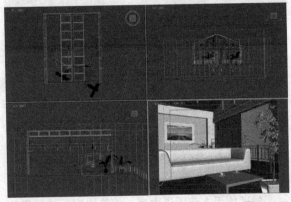

图11-153

02 本场景文件为一个海边房屋的室内空间模型，模型及材质均已经设置完成，渲染器也已经更改为NVIDIA mental ray渲染器，如图11-154所示。

03 在"顶"视图中创建一个目标平行光，用来模拟阳光从室外向室内空间照射，灯光位置如图11-155所示。

图11-154　　　　　　　图11-155

04 在前视图中调整灯光至如图11-156所示的位置。

05 在"修改"面板中，单击展开"常规参数"卷展栏，勾选"阴影"组内的"启用"选项，并设置"阴影"下拉列表的选项为"光线跟踪阴影"，如图11-157所示。

图11-156　　　　　　　图11-157

06 在"强度/颜色/衰减"卷展栏中，设置灯光的"倍增"值为3.0，如图11-158所示。

07 在"平行光参数"卷展栏中，调整"聚光区/光束"的值为1574.0cm，调整"衰减区/区域"的值为1666.0cm，保证整个室内模型均在灯光的照射范围以内，如图11-159所示。

图11-158　　　　　　　图11-159

08 按快捷键C，回到摄影机视图，渲染摄影机视图，最终渲染结果如图11-160所示。

图11-160

3ds Max

第 12 章 创建摄影机

本章知识索引

知识名称	作用	重要程度	所在页
摄影机概述	熟悉现实中的摄影机	中	P264
创建摄影机	掌握摄影机的创建、使用及特效的设置	高	P267

本章实例索引

实例名称	所在页
课前引导实例：制作客厅景深效果	P265
典型实例：渲染风扇运动模糊效果	P272
即学即练：渲染餐具景深效果	P273
课后拓展实例：制作直升机运动模糊效果	P273

12.1 摄影机概述

本节知识概要

知识名称	作用	重要程度	所在页
镜头	熟悉摄影机的常用镜头种类	中	P264
光圈	了解光圈的作用	中	P265
快门	了解快门的作用	中	P265
胶片感光度	了解胶片感光度的作用	低	P265

本章将讲解3ds Max 2015的摄影机技术。在讲解之前，首先了解一下真实摄影机的结构和相关术语，有助于我们为将来所学习的命令打下一个扎实的基础。任何一款相机的基本结构总是相似的，如镜头、取景器、快门、光圈和机身等。图12-1所示为佳能出品的一款摄影机的内部结构透视图。

图12-1

如何在不同光照的环境下拍摄出优质的画面，则需要对摄影机有着很深的了解才可以做到。如果说相机的价值由拍摄的效果来决定，那么为了保证这个效果，拥有一个性能出众的镜头则显得至关重要。摄影机的镜头分为很多种，如定焦镜头、标准镜头、长焦镜头、广角镜头和鱼眼镜头等，调节不同的光圈配合快门才可以通过控制曝光时间来抓住精彩的瞬间。

12.1.1 镜头

摄影机的镜头是摄影机组成部分中的重要部件，镜头的品质会直接对拍摄的结果质量产生影响。同时，镜头也是划分摄影机档次的重要标准。下面我们一起来看看不同镜头的一些特点。

1.标准镜头

标准镜头是所有镜头中最基本的一种摄影镜头，给人产生一种纪实性的视觉效果。在实际的拍摄过程中使用频率较高，然而从另一方面来看，因为标准镜头的画面效果与人眼效果极为相似，显得拍摄出来的结果十分普通，使得它很难获得如广角镜头或远摄镜头那样的艺术性画面。所以使用标准镜头来获取生动的结果相当不容易。此外，由于标准镜头成像质量好，使用标准镜头对拍摄物体细节的表现非常理想，图12-2所示为标准镜头。

图12-2

2.广角镜头

广角镜头的基本特点为镜头视角大，视野宽广，可以看到的比人的眼睛在同一位置所看到的范围要大得多。较长的景深可以表现出大范围的清晰面积，可以强调画面的透视效果，善于表现前景与后景的远近距离感，增加了画面的穿透力。图12-3所示为韩国的三阳广角镜头。

图12-3

3.远摄镜头

远摄镜头也称为长焦距镜头，具有类似于望远镜的作用。这类镜头的焦距长于标准镜头，而视角则小于标准镜头，图12-4所示为尼康的远摄镜头。

图12-4

4.鱼眼镜头

鱼眼镜头是一种焦距在6mm~16mm的短焦距超广角摄影镜头，"鱼眼镜头"是它的俗称。为使镜头达到最大的摄影视角，这种摄影镜头的前镜片直径且呈抛物状向镜头前部凸出，与鱼的眼睛颇为相似，

"鱼眼镜头"因此而得名，如图12-5所示。

图12-5

5.变焦镜头

变焦镜头在一定的范围内可以变换焦距来得到不同宽窄的视场角，不同大小的影响和不同景物范围的摄影机镜头称为变焦镜头。变焦镜头的特点为实现了镜头焦距可以按照摄影者的意愿变换的功能。与固定焦距镜头不同，变焦距镜头并不是依靠快速更换镜头来实现镜头焦距变换的，而是通过推拉或旋转镜头的变焦环来实现镜头焦距变换的，在镜头变焦范围内，焦距可无级变换，即变焦范围内的任何焦距都能用来摄影，这就为实现构图的多样化创造了条件。图12-6所示为尼康的金圈标准变焦镜头。

图12-6

12.1.2 光圈

光圈是一个用来控制光线透过镜头，进入机身内感光面的光量的装置。当我们拍摄照片时，如果环境中的光线太强，就得缩小光圈以控制曝光。光圈通常是在镜头内，用f值表达光圈大小，如图12-7所示。

图12-7

光圈的作用在于决定镜头的进光量。在快门不变的情况下，f后面的数值越小，光圈越大，进光量越多，画面比较亮；值越大，光圈越小，进光量越少，

画面比较暗。此外，光圈还是决定景深大小的重要因素，光圈值越大，景深效果越明显，光圈值越小，景深效果越弱。光圈 f 值越小，通光孔径越大，我们可以通过一张简单的示意图来说明不同数值的光圈和孔径大小的关系，如图12-8所示。

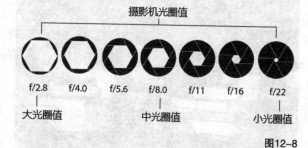

摄影机光圈值

f/2.8 f/4.0 f/5.6 f/8.0 f/11 f/16 f/22

大光圈值　　　　　中光圈值　　　　小光圈值

图12-8

12.1.3 快门

快门是照相机用来控制感光片有效曝光时间的机构，是照相机的一个重要组成部分，它的结构、形式及功能是衡量照相机档次的一个重要因素，一般而言，快门的时间范围越大越好。快门速度单位是"秒"，专业135相机的最高快门速度达到1/16000秒，常见的快门速度有1秒、1/2秒、1/4秒、1/8秒、1/15秒、1/30秒、1/60秒、1/125秒、1/250秒、1/500秒、1/1000秒、1/2000秒等。相邻两级的快门速度的曝光量相差一倍，我们常说相差一级，1/60秒比1/125秒的曝光量多一倍，即1/60秒比1/125秒速度慢一级或称低一级。

12.1.4 胶片感光度

胶片感光度即胶片对光线的敏感程度，它是采用胶片在达到一定的密度时所需的曝光量H的倒数乘以常数K来计算，即S=K/H。彩色胶片则普遍采用三层乳剂感光度的平均值作为总感光度，在光照亮度很弱的地方，可以选用超快速胶片进行拍摄，这种胶片对光十分敏感，即使在微弱的灯光下仍然可以得到令人欣喜的效果。若是在光照十分充足的条件下，则可以使用超慢速胶片进行拍摄。

12.2 课前引导实例: 制作客厅景深效果

场景位置	场景文件>CH12>01.max
实例位置	实例文件>CH12>课前引导实例: 制作客厅景深效果.max
实用指数	★★★☆☆
学习目标	熟练渲染出景深特效

本节通过一个客厅的局部效果图来表现如何使用3ds Max 2015自带的NVIDIA mental ray渲染器来制作景深效果，开启景深效果前后的渲染结果对比如图12-9所示。

图12-9

01 打开"场景文件>CH12>01.max"文件，如图12-10所示。

图12-10

02 本场景已经设置好了摄影机、灯光及全局照明渲染参数，同时，渲染器已经更改为NVIDIA mental ray渲染器，如图12-11所示。

03 在顶视图中，观察本场景中摄影机的目标点位置，目标点位于场景中盆栽模型附近，如图12-12所示。

图12-11

图12-12

04 单击"主工具栏"上的"渲染产品"按钮，渲染摄影机视图，当前的渲染结果在默认状态下无景深效果，如图12-13所示。

05 选择场景中的摄影机，在"修改"面板"参数"卷展栏内，勾选"多过程效果"组中的"启用"，同时将多过程效果下拉列表的选项更改为"景深（mental ray/iray）"后，单击"预览"按钮[预览]即可在"摄影机"视图中看到景深所产生的模糊效果，如图12-14所示。

图12-13

图12-14

06 渲染摄影机视图，渲染结果如图12-15所示，可以看到默认状态下的景深效果，所产生的模糊程度略大一些。

07 在"景深参数"卷展栏内，调整"f制光圈"的值为2.0，然后单击"预览"按钮[预览]，如图12-16所示，有效地降低了景深所产生的模糊效果。

图12-15

图12-16

08 单击"主工具栏"上的"渲染产品"按钮，渲染摄影机视图，得到一张具有景深效果的三维图像作品，如图12-17所示。

图12-17

12.3 创建摄影机

本节知识概要

知识名称	作用	重要程度	所在页
目标摄影机	掌握目标摄影机的使用方法	高	P267
自由摄影机	了解自由摄影机	低	P269
景深	学习景深特效的渲染	中	P269
运动模糊	学习运动模糊特效的渲染	中	P270
安全框	学习安全框的设置	高	P270

12.3.1 目标摄影机

"目标"摄影机可以查看所放置目标周围的区域，由于具有可控的目标点，所以在设置摄影机的观察点时分外容易，使用起来比"自由"摄影机要更加方便。设置"目标"摄影机时，可以将摄影机当作是人所在的位置，把摄影机目标点当作是人眼将要观看的位置，具体操作步骤如下。

第1步：打开"场景文件>CH12>02.max"文件，如图12-18所示。

图12-18

第2步：切换到顶视图，在"创建"面板中单击"目标"按钮 目标 ，然后在"顶"视图中以拖曳的方式创建出一架带有目标点的摄影机，如图12-19所示。

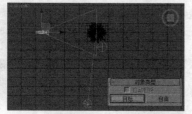

图12-19

技巧与提示

3ds Max还提供了另外一种更为简易的在"透视"视图中创建摄影机的办法，在调整好角度的透视视图中，直接按快捷键Ctrl+C，即可直接创建一架带有目标点的目标摄影机，同时，透视视图也直接切换至新建的摄影机视图。

第3步：按快捷键C，即可将当前激活的视图切换至摄影机视图，如图12-20所示。同时，3ds Max软件操作界面右下方的图标也跟随着发生了变化，切换为"摄影机视口控件"，如图12-21所示。

图12-20

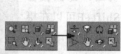

图12-21

技巧与提示

当场景中无任何摄影机时，按C键则会弹出一个对话框提示用户场景中无摄影机，如图12-22所示。

当场景中包含多架摄影机时，按C键则会弹出"选择摄影机"对话框以提示用户选择对应的摄影机名称，如图12-23所示。

图12-22　　　　　　图12-23

"摄影机视口控件"中的命令仅在当我们鼠标激活了"摄影机视图"时才可见，各个按钮功能如下。

推拉摄影机 ：只将摄影机移向或移离其目标。如果移过目标，摄影机将翻转180°并且移离其目标。

推拉目标 ：只将目标移向和移离摄影机。

推拉摄影机+目标 ：同时将目标和摄影机移向和移离摄影机。

透视 ：增加了透视张角量，同时保持场景的构图。

侧滚摄影机 ：围绕其视线旋转目标摄影机，围绕其局部z轴旋转自由摄影机。

所有视图最大化显示选定对象 ：在所有视图最大化显示选定对象。

所有视图最大化显示 ：控制所有视图的最大化显示。

视野 ：调整视口中可见的场景数量和透视张角量。

平移摄影机：沿着平行于视图平面的方向移动摄影机。

2D平移缩放模式：使用2D的模式进行平行于视图平面的方向移动摄影机。

穿行：通过按包括箭头方向键在内的一组快捷键，在视口中移动，正如在众多视频游戏中的3D世界中导航一样。在进入穿行导航模式之后，光标将改变为中空圆环，并在按某个方向键（前、后、左或右）时显示方向箭头。

环游摄影机：可围绕目标旋转摄影机。

摇移摄影机：拖动以围绕摄影机旋转视图。

最大化视口切换：控制场景1个视口与多个视口的切换。

第4步：在摄影机视图上单击鼠标右键可激活该视图，按快捷键Shift+F可以在摄影机视图中显示出"安全框"，如图12-24所示。

图12-24

技巧与提示

"安全框"是一项非常有用的命令，使我们在调整摄影机时，可以精准地把握将来渲染图像的边界位置。

第5步：按F10键打开"渲染设置"面板，在"公共参数"卷展栏内"输出大小"组中，调整渲染图像的"宽度"为800，"高度"为960，如图12-25所示。同时，观察"摄影机"视图的"安全框"比例也随之改变，如图12-26所示。

图12-25　　　　　　　　图12-26

第6步：单击"摄影机视口控件"中的"平移摄影机"按钮，调整摄影机的角度，如图12-27所示。

第7步：单击"摄影机视口控件"中的"推拉摄影机"按钮，在"摄影机"视图中推进摄影机，如图12-28所示。

图12-27　　　　　　　　图12-28

第8步：单击"摄影机视口控件"中的"环游摄影机"按钮，可使摄影机围绕其目标点旋转，调整"摄影机"视图，如图12-29所示。

第9步：单击"主工具栏"上的"渲染产品"按钮，完成"摄影机"视图的角度渲染，如图12-30所示。

图12-29　　　　　　　　图12-30

第10步：选择场景中的摄影机，在"修改"面板中的"参数"卷展栏内，可以看到3ds Max为用户提供了多种"备用镜头"可选，有15mm、20mm、24mm、28mm、35mm、50mm、85mm、135mm和200mm这9个类型，图11-31所示为摄影机使用了85mm镜头的预览结果。

第11步：勾选"正交投影"选项后，摄影机可以渲染出"正交"视图的显示结果，如图12-32所示。图12-33所示为勾选"正交投影"前后的渲染结果对比。

图12-31　　　　　　　　图12-32

图12-33

12.3.2 自由摄影机

"自由"摄影机在摄影机指向的方向查看区域，由单个图标表示，为的是更轻松地设置动画。当摄影机位置沿着轨迹设置动画时可以使用"自由"摄影机，与穿行建筑物或将摄影机连接到行驶中的汽车上时一样。当"自由"摄影机沿着路径移动时，可以将其倾斜，如果将摄影机直接置于场景顶部，则使用"自由"摄影机可以避免旋转。图12-34所示为场景中创建出的"自由"摄影机。

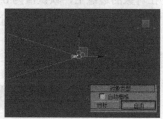

图12-34

"自由"摄影机的参数与"目标"摄影机的参数完全一样，并且可以通过"修改"面板中的"类型"自由切换，如图12-35所示。

图12-35

12.3.3 景深

"景深"效果是摄影机的一个重要功能，在渲染中通过"景深"特效常常可以虚化配景，从而达到表现出画面主体的作用。图12-36和图12-37所示为带有"景深"效果的照片，图12-38和图12-39所示为国外优秀CG艺术家使用3ds Max渲染出的景深效果画面。

图12-36　　　　　　　　　图12-37

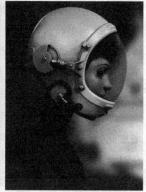

图12-38　　　　　　　　　图12-39

"景深参数"卷展栏展开如图12-40所示。

图12-40

参数解析

- **使用目标距离：** 启用该选项后，将摄影机的目标距离用作每过程偏移摄影机的点。禁用该选项后，使用"焦点深度"值偏移摄影机，默认设置为启用。

- **焦点深度：** 当"使用目标距离"处于禁用状态时，设置距离偏移摄影机的深度。范围为 0.0 ~ 100.0，其中 0.0 为摄影机的位置并且 100.0 是极限距离（无穷大有效），默认设置为100.0。

- **显示过程：** 启用此选项后，渲染帧窗口显示多个渲染通道。禁用此选项后，该帧窗口只显示最终结果。此控件对于在摄影机视口中预览景深无效，默认设置为启用。

- **使用初始位置：** 启用此选项后，第一个渲染过程位于摄影机的初始位置。禁用此选项后，与所有随后的过程一样偏移第一个渲染过程，默认设置为启用。

- **过程总数：** 用于生成效果的过程数。增加此值可以增加效果的精确性，但却以渲染时间为代价，默认设置为12。

- **采样半径：** 通过移动场景生成模糊的半径。增加该值将增加整体模糊效果。减小该值将减少模糊。默认设置为1.0。

- **采样偏移**：模糊靠近或远离"采样半径"的权重。增加该值将增加景深模糊的数量级，提供更均匀的效果。减小该值将减小数量级，提供更随机的效果，范围可以从0.0~1.0，默认值为0.5。

- **规格化权重**：使用随机权重混合的过程可以避免出现诸如条纹这些人工效果。当启用"规格化权重"后，将权重规格化，会获得较平滑的结果。当禁用此选项后，效果会变得清晰一些，但通常颗粒状效果更明显，默认设置为启用。

- **抖动强度**：控制应用于渲染通道的抖动程度。增加此值会增加抖动量，并且生成颗粒状效果，尤其在对象的边缘上，默认值为0.4。

- **平铺大小**：设置抖动时图案的大小。此值是一个百分比，0是最小的平铺，100是最大的平铺，默认设置为32。

12.3.4 运动模糊

运动模糊这一特效一般用于表现画面中强烈的运动感，在动画的制作上应用较多。图12-41和图12-42所示为带有运动模糊的照片，图12-43所示为国外优秀CG艺术家使用3ds Max渲染出的运动模糊效果画面。

图12-41

图12-42

图12-43

"运动模糊参数"卷展栏展开如图12-44所示。

参数解析

- **显示过程**：启用此选项后，渲染帧窗口显示多个渲染通道。禁用此选项后，该帧窗口只显示最终结果。该控件对在摄影机视口中预览运动模糊没有任何影响，默认设置为启用。

- **过程总数**：用于生成效果的过程数。增加此

值可以增加效果的精确性，但却以渲染时间为代价，默认设置为12。

图12-44

- **持续时间（帧）**：动画中将应用运动模糊效果的帧数，默认设置为1.0。

- **偏移**：更改模糊，以便其显示为在当前帧前后从帧中导出更多内容。范围为0.01~0.99。默认设置为0.5。

- **规格化权重**：使用随机权重混合的过程可以避免出现诸如条纹这些人工效果。当启用"规格化权重"后，将权重规格化，会获得较平滑的结果。当禁用此选项后，效果会变得清晰一些，但通常颗粒状效果更明显，默认设置为启用。

- **抖动强度**：控制应用于渲染通道的抖动程度。增加此值会增加抖动量，并且生成颗粒状效果，尤其在对象的边缘上，默认值为0.4。

- **平铺大小**：设置抖动时图案的大小。此值是一个百分比，0是最小的平铺，100是最大的平铺，默认设置为32。

12.3.5 安全框

3ds Max提供的"安全框"命令可以帮助用户在渲染时查看输出图像的纵横比及渲染场景的边界设置，通过这一命令，可以很方便地在视口中调整摄影机的机位以控制场景中的模型是否超出了渲染范围，如图12-45所示。

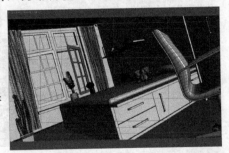

图12-45

1.打开安全框

3ds Max 2015为用户提供了以下两种打开"安全框"的方式。

第1种：在"摄影机"视图中，单击或用鼠标右键单击视口左上方的"常标"视口标签中"摄影机"的名称，在弹出的下拉菜单中选择"显示安全框"即

可，如图12-46所示。

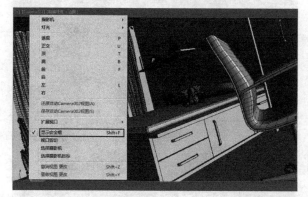

图12-46

第2种：按快捷键Shift+F，即可在当前视口中显示出"安全框"。

2.安全框配置

在默认状态下，3ds Max 2015的"安全框"显示为一个矩形区域，主要在渲染静帧图像时应用。通过对"安全框"进行配置，还可以在视口中显示出"动作安全区""标题安全区""用户安全区"以及"12区栅格"，这些安全区主要在渲染动画视频时使用。3ds Max 2015主要提供了以下两种打开"安全框"面板的方式。

第1种：执行标准菜单"视图>视口配置"命令，如图12-47所示。在弹出的"视口配置"对话框中，单击"安全框"命令切换至"安全框"选项卡，如图12-48所示。

图12-47

图12-48

第2种：执行增强型菜单"场景>配置视图>视口配置"命令，在弹出的"视口配置"对话框中，单

击"安全框"命令切换至"安全框"选项卡，如图12-49所示。

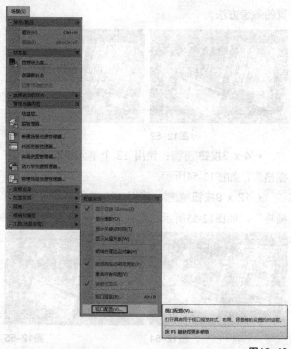

图12-49

参数解析

- **活动区域**：该区域将被渲染，而不考虑视口的纵横比或尺寸。默认轮廓颜色为芥末色，如图12-50所示。

- **区域（当渲染区域时）**：启用此选项并将渲染区域以及"编辑区域"处于禁用状态时，则该区域轮廓将始终在视口中可见。

- **动作安全区**：在该区域内包含渲染动作是安全的。默认轮廓颜色为青色，如图12-51所示。

图12-50

图12-51

- **标题安全区**：在该区域中包含标题或其他信息是安全的。默认轮廓颜色为浅棕色，如图12-52所示。

- **用户安全区**：显示可用于任何自定义要求的附加安全框。默认颜色为紫色，如图12-53所示。

- **12区栅格**：在视口中显示单元（或区）的栅格。这里，"区"是指栅格中的单元，而不是扫描线区。"12区栅格"是一种视频导演用来谈论屏幕上指定区域的方法。导演可能会要求将对象向左移动两个区并向下移动4个区。12区栅格正是解决这一类布置的参考方法。

图12-52　　　　　　　　　　图12-53

• 4 x 3按钮 4×3 ：使用 12 个单元格的 "12 区栅格"，如图12-54所示。

• 12 x 9按钮 12×9 ：使用 108 单元格的 "12 区栅格"，如图12-55所示。

图12-54　　　　　　　　　　图12-55

技巧与提示

"12区栅格"并不是说把视口就一定分为12个区域，通过3ds Max提供给用户的4 × 3按钮 4×3 和12 × 9按钮 12×9 这两个选项来看，"12区栅格"可以设置为12个区域和108个区域两种。

典型实例：渲染风扇运动模糊效果

场景位置	场景文件>CH12>03.max
实例位置	实例文件>CH12>典型实例：渲染风扇运动模期效果.max
实用指数	★★★☆☆
学习目标	熟练渲染出运动模糊特效

下面我们通过一个简单案例来学习如何在3ds Max中渲染出 "运动模糊" 效果，最终渲染结果如图12-56所示。

图12-56

01 打开 "场景文件>CH12>03.max" 文件，这是一个风扇模型，并且已经设置好灯光及摄影机，如图12-57所示。

图12-57

02 单击 "播放动画" 按钮 ▶ ，可以看到风扇有一个简单的旋转动画。在前视图中选择场景中的摄影机，打开 "修改" 面板，查看并编辑当前摄影机的属性，如图12-58所示。

03 单击展开 "参数" 卷展栏，在 "多过程效果" 组内，勾选 "启用" 选项，并在多过程下拉列表内选择 "运动模糊" 命令，如图12-59所示。

图12-58　　　　　　　　　　图12-59

04 单击 "主工具栏" 上的 "渲染产品" 按钮 ，渲染摄影机视图，渲染结果如图12-60所示，风扇的叶片上已经有了微弱的运动模糊效果。

05 展开 "运动模糊参数" 卷展栏，调整 "持续时间（帧）" 的值为5.0，增加风扇模型运动模糊的程度，如图12-61所示。

图12-60　　　　　　　　　　图12-61

06 单击"主工具栏"上的"渲染产品"按钮，渲染摄影机视图，渲染结果如图12-62所示。图12-63所示为"运动模糊"开启前后的结果对比。

图12-62

图12-63

即学即练：渲染餐具景深效果

场景位置	场景文件>CH12>04.max
实例位置	实例文件>CH12>即学即练：渲染餐具景深效果.max
实用指数	★★★☆☆
学习目标	熟练渲染出景深特效

尝试使用本章所讲内容来渲染出景深效果，最终对比结果如图12-64所示。

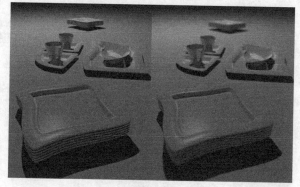

图12-64

12.4 知识小结

摄影机在场景中起着非常重要的作用，不仅可以固定用户的观察视角，也是用户制作镜头动画中的重要操作步骤。本章重点讲解了目标摄影机的使用方法

及重要参数，请务必掌握并熟练渲染出摄影机的景深和运动模糊这两种特效。

12.5 课后拓展实例：制作直升机运动模糊效果

场景位置	场景文件>CH12>05.max
实例位置	实例文件>CH12>课后拓展实例：制作直升机运动模糊效果.max
实用指数	★★★☆☆
学习目标	熟练渲染出运动模糊特效

本节通过制作一个运动模糊的实例来复习本章的内容，图12-65所示为本实例开启模糊效果前后的渲染对比。

图12-65

01 打开"场景文件>CH12>05.max"文件，如图12-66所示。

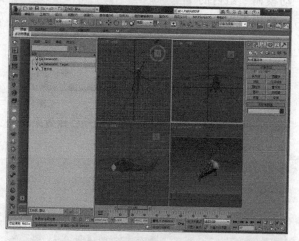

图12-66

02 本场景已经设置好了摄影机、灯光及全局照明渲染参数，同时，渲染器已经更改为NVIDIA mental ray渲染器，如图12-67所示。

图12-67

03 单击"主工具栏"上的"渲染产品"按钮 ，渲染摄影机视图，当前的渲染结果在默认状态下无运动模糊效果，如图12-68所示。

12-71所示，可以得到运动模糊效果更为明显的渲染结果，再次渲染图像，渲染结果如图12-72所示。

图12-71

图12-68

04 在"渲染设置"面板中，单击展开"渲染器"选项卡中的"摄影机效果"卷展栏，勾选"运动模糊"组内的"启用"选项，如图12-69所示。

图12-69

图12-72

05 按F9键渲染场景，可得到带有运动模糊效果的图像，如图12-70所示。

图12-70

06 在"渲染设置"面板中，设置"摄影机效果"卷展栏内的"快门持续时间（帧）"的值为5.0，如图

3ds Max

第 13 章　创建真实的大气环境

本章知识索引

知识名称	作用	重要程度	所在页
背景和全局照明	熟悉环境背景的设置方法	高	P278
大气效果	熟练掌握大气环境中的各种效果	高	P282

本章实例索引

13.1 环境与效果概述

环境对场景的氛围起到了至关重要的作用，一幅优秀的作品，不仅要有精细的模型、真实的材质和合理的渲染设置，同时还要求有符合当前场景的背景和大气环境效果，这样才能烘托出场景的气氛。3ds Max 2015中的环境设置可以任意改变背景的颜色与图案，还能为场景添加云、雾、火、体积雾和体积光等环境效果，将各项功能配合使用，可以创建更复杂的视觉特效。

从3ds Max 6.0版本开始，"环境"和"效果"两个独立的对话框合并为了一个对话框。读者可以执行"渲染>环境"菜单命令或者按8键，打开"环境和效果"对话框，如图13-1所示。

此外，执行菜单"渲染>视频后期处理"可以打开"视频后期处理"对话框，如图13-2所示。

图13-1

图13-2

"视频后期处理"对话框与"环境与效果"对话框中的"效果"选项卡中的功能基本一样，可以制作物体的发光、模糊和镜头光晕等效果。但这些效果一般都是在AfterEffects或者DFusion这些后期软件里制作，所以在本书中就不对这方面内容进行讲解了，本章只为读者讲述有关环境设置方面的知识。

13.2 课前引导实例: 制作雾气弥漫的雪山

场景位置	场景文件>CH13>01.max
实例位置	实例文件>CH13>课前引导实例: 制作雾气弥漫的雪山.max
实用指数	★★★☆☆
学习目标	熟悉"雾"效果和"体积雾"效果的设置和使用方法

本节为读者安排了一组雾气弥漫的雪山效果制作实例，为读者演示了大气效果的建立与编辑方式。通过本实例，可以在了解本章知识的同时，还能让读者熟悉"雾"效果和"体积雾"效果的设置和使用方

法。图13-3所示为本实例的场景截图，图13-4所示为本实例的最终渲染效果。

图13-3

图13-4

01 打开"场景文件>CH13>01.max"文件，如图13-5所示。

图13-5

02 按8键打开"环境与效果"对话框，在"公用参数"卷展栏中单击"环境贴图"下方的"无"按钮，在弹出的"材质/贴图浏览器"中选择"渐变坡度"贴图，如图13-6所示。

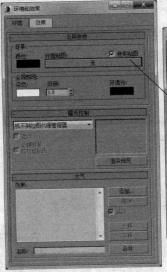
图13-6

03 打开材质编辑器，将"环境贴图"拖动复制到材质编辑器中任意一个材质球上，在弹出的"实例（副本）贴图"对话框中选择"实例"方式，如图13-7所示。

04 在"渐变坡度"贴图的"坐标"卷展栏中设置贴图的方式为"球形环境"，设置"偏移"的U值为0.375，设置"角度"的W值为90.0，如图13-8所示。

05 在"渐变坡度参数"卷展栏中，参照如图13-9所示设置色块的颜色，并设置"渐变类型"为"径向"。

图13-7

图13-8

图13-9

06 在"大气"卷展栏中单击"添加"按钮，在弹出的"添加大气效果"对话框中选择"雾"效果，如图13-10所示。完成后渲染场景，效果如图13-11所示。

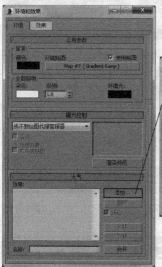

图13-10

图13-11

07 这时发现远处的雾太浓了，在场景中选择"摄影机"对象并进入"修改"命令面板，在"参数"卷展栏的"环境范围"选项组下，勾选"显示"前面的复选框，并设置"远距范围"为600.0，这时摄影机对象的前方会出现一个棕色的范围框，如图13-12所示。

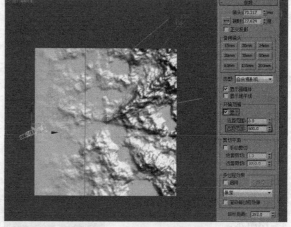

图13-12

技巧与提示

　　"雾"出现的位置是由场景中的摄影机来控制的，"近距范围"的参数值默认为0，如果增大该值会发现在场景中又出现一个浅黄色的"范围框"。"近距范围"的含义是"雾"从此位置到棕色的"范围框"逐渐变浓，而从摄影机中心点到此位置的这段距离没有雾；"远距范围"的含义是"雾"到达此位置时变的最浓。

08 在"雾参数"卷展栏中的"标准"选项组下，设置"远端%"的数值为50.0，完成后再次渲染场景，这时发现"雾"的位置和浓度都比较正常了，如图

277

13-13和图13-14所示。

图13-13

图13-14

09 在"创建"面板下单击"辅助对象"按钮 🔲，然后在下方的下拉列表中选择"大气装置"，如图13-15所示。

10 单击"长方体Gizmo"按钮，在场景中创建"长方体Gizmo"对象，并设置其"长度"为530.0，"宽度"为390.0，"高度"为10.0，如图13-16所示。

图13-15

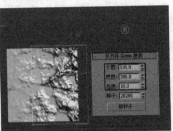
图13-16

11 使用前面学习过的方法，在"环境与效果"对话框的"大气"卷展栏中添加"体积雾"效果，然后在"体积雾参数"卷展栏中单击"拾取Gizmo"按钮。接着在场景中单击刚才创建的"长方体Gizmo"对象，并添加"长方体Gizmo"对象，以此来模拟雪地上飘起的"雪沫"效果，如图13-17和图13-18所示。

图13-17

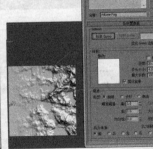
图13-18

12 在Gizmo选项组中，设置"柔化Gizmo边缘"为0.5，在"体积"选项组中，设置"密度"为15.0，在"噪波"选项组中，设置噪波的类型为"分形""级别"为5.0，如图13-19所示。完成后渲染场景，效果

如图13-20所示。

图13-19

图13-20

13 视图中已经制作了"摄影机"的位移动画，为了增强速度感，我们开启整个场景的运动模糊效果。在场景中选择所有的"几何体"对象，并在场景空白处单击鼠标右键，在弹出的菜单中选择"对象属性"，如图13-21所示。

14 在弹出的"对象属性"对话框中，设置"运动模糊"选项组中的模糊方式为"图像"，"倍增"为1.0，如图13-22所示。

图13-21

图13-22

按F9键渲染场景，效果如图13-23和图13-24所示。

图13-23

图13-24

13.3 背景和全局照明

在默认的情况下，视图渲染后的背景颜色是黑色的，场景中的光源为白色。读者可以通过设置"环境

和效果"对话框中的参数，为渲染后的背景指定其他颜色，或者直接导入一幅图片作为背景。此外，读者还可以设置场景默认的灯光颜色和环境反射颜色。

打开"场景文件>CH13>02.max"文件，单击主工具栏上的"渲染产品"按钮，即可观察渲染场景后背景的默认效果，如图13-25所示。

图13-25

13.3.1 更改背景颜色

如果需要对渲染后的背景颜色进行更改，可以通过设置"环境与效果"对话框中的参数，为渲染后的背景指定其他颜色。

第1步：按8键打开"环境和效果"对话框，在"公用参数"卷展栏中，单击"背景"选项组中的"颜色"色块，打开"颜色选择器"对话框，然后设置背景颜色，如图13-26所示。

图13-26

第2步：设置完成后，再次渲染场景，即可得到设置后的背景颜色，如图13-27所示。

图13-27

13.3.2 设置背景贴图

如果对当前单一颜色的背景不满意，我们还可以选择一张贴图作为背景图像。

第1步：在"环境和效果"对话框中，单击"环境贴图"下的"无"按钮 无 ，打开"材质/贴图浏览器"对话框，如图13-28所示。

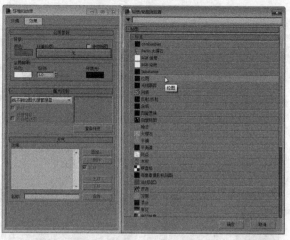

图13-28

第2步：双击"位图"选项，打开"选择位图图像文件"对话框，参照图13-29所示选择位图，然后单击"打开"按钮，关闭对话框。

图13-29

> **技巧与提示**
>
> 该步骤操作完成后，"环境贴图"下的长按钮将显示选择贴图的名称，同时"使用贴图"复选框自动变为勾选状态。

第3步：设置完毕后渲染场景，即可观察设置后的背景效果，如图13-30所示。

图13-30

第4步：按M键打开"材质编辑器"对话框。

第5步：单击并拖动"环境贴图"下的长按钮到"材质编辑器"对话框中的任意示例窗中，然后松开鼠标，在弹出的对话框中选择"实例"单选按钮，并单击"确定"按钮，如图13-31所示。

第6步：退出对话框后，这时就可以在"材质编辑器"中对背景贴图进行参数编辑了，如图13-32所示。

图13-31　　　　　　　图13-32

第7步：如果想更换背景贴图，可以在"材质编辑器"中单击位图右侧的长按钮，在打开的"选择位图图像文件"对话框中选择其他的贴图。

13.3.3 选择程序贴图作为背景贴图

此外，读者还可以将其他程序贴图作为背景贴图。方法与设置图像背景的操作方法基本一致，只是将"位图"换为其他想要的程序贴图。由于操作方法基本一致，此处不作叙述。图13-33和图13-34所示为选择"漩涡"和"渐变"程序贴图作为背景的效果。

图13-33　　　　　　　图13-34

💡 **技巧与提示**

如果渲染时暂时不想使用环境贴图，可以取消"使用贴图"前面复选框的勾选。如果想永久将背景贴图删除，可以在"环境贴图"下的长按钮上单击鼠标右键，在弹出的菜单中选择"清除"，如图13-35所示。

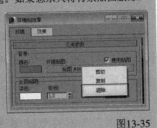

图13-35

典型实例：使用程序贴图创建简单的天空

场景位置　场景文件>CH13>03.max
实例位置　实例文件>CH13>典型实例：使用程序贴图创建简单的天空.max
实用指数　★★☆☆☆
学习目标　熟悉使用程序贴图设置背景贴图的方法

下面将通过一组实例操作，来为读者讲解使用程序贴图作为背景贴图的方法，图13-36所示为本实例的最终渲染效果。

图13-36

01 打开"场景文件>CH13>03.max"文件，按8键打开"环境与效果"对话框，在"公用参数"卷展栏中单击"环境贴图"下方的"无"按钮，在弹出的"材质/贴图浏览器"中选择"渐变坡度"贴图，如图13-37所示。

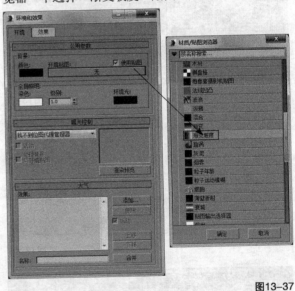

图13-37

02 打开"材质编辑器"，将"环境贴图"拖动复制到材质编辑器中任意一个材质球上，在弹出的"实例（副本）贴图"对话框中选择"实例"方式，如图13-38所示。

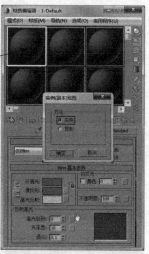

图13-38

03 在"渐变坡度"贴图的"坐标"卷展栏中设置贴图的方式为"球形环境",设置"偏移"的U值为0.75,设置"角度"的W值为90.0,如图13-39所示。

04 在"渐变坡度参数"卷展栏中,参照如图13-40所示设置色块的颜色,并在"噪波"选项组中设置"数量"为0.15,"大小"为2.0,噪波的类型为"分形"。

图13-39

图13-40

05 设置完成后渲染场景,最终效果如图13-41所示。

图13-41

13.3.4 全局照明

在默认状态下,场景内设置有灯光照明效果,以便于对场景内的形体进行查看和渲染,在建立了灯光对象后,场景内的默认灯光将自动关闭。通过"公用参数"卷展栏中的"全局照明"项目组可以对场景默认灯光进行设置,如更改灯光的颜色和亮度。

技巧与提示

需要注意的是,这个"全局照明"的项目是早期3ds Max就提供的,和现在流行的"全局照明"技术不一样,全局照明英文名为"Global Illumination",简称GI。

第1步:单击"全局照明"选项组下的"染色"色块,打开"颜色选择器"对话框,在该对话框中可以根据画面的需要,任意更改光源颜色,这样就可以对整个场景进行"染色"处理,如图13-42和图13-43所示。

图13-42

图13-43

第2步:"级别"参数值可以调节对场景染色的强弱程度,默认数值是1.0;当数值大于1.0时,整个场景的染色程度都增强;当数值小于1.0时,整个场景的染色程度都减弱,图13-44和图13-45所示为设置不同参数后的画面效果。

第3步:通过设置"环境光"色块,即可更改环境光的颜色,如图13-46所示,渲染后的效果如图13-47所示。

图13-44

281

图13-45

图13-46

图13-47

💡 **技巧与提示**

"全局照明"项目组要慎用，因为这会影响场景中所有的物体颜色与光照效果。我们习惯上还是通过调节场景中的灯光参数和物体的材质参数来改变当前场景的渲染效果。

13.3.5 曝光控制

"曝光控制"用于调整渲染的输出级别和颜色范围，类似于电影的曝光处理。该功能主要是配合3ds Max 5.0版本时新增的Radiosity（光能传递）渲染器来使用的。

在早期（VRay、mental ray等渲染器还不流行的年代），3ds Max的光能传递渲染器确实非常强大，可以渲染出"照片"级的作品。但在渲染器漫天飞的现阶段，3ds Max的光能传递渲染器已经失去了它原

来的重要作用，所以"曝光控制"也就变的不是那么常用了。

即学即练：为效果图添加室外环境贴图

场景位置	场景文件>CH13>04.max
实例位置	实例文件>CH13>即学即练：为效果图添加室外环境贴图.max
实用指数	★★★☆☆
学习目标	熟悉背景贴图的设置方法

在效果图中，经常使用一张"位图"贴图来模拟室外真实的环境。图13-48所示为本实例的场景截图，图13-49所示为本实例的最终渲染效果。

图13-48　　　　图13-49

13.4 大气效果

3ds Max中的大气环境效果可以用来模拟自然界中的云、雾、火和体积光等环境效果。使用这些特殊环境效果可以逼真地模拟出自然界的各种气候，同时还可以增强场景的景深感，使场景显得更为广阔，有时还能起到烘托场景气氛的作用。

在"环境和效果"对话框中的"大气"卷展栏中单击"添加"按钮 添加... ，打开"添加大气效果"对话框，选择相应的大气效果并单击"确定"按钮 确定 ，这时添加的大气效果将出现在"大气"卷展栏的"效果"列表框中，如图13-50所示。

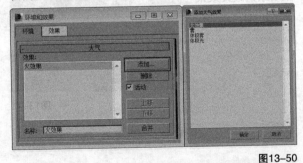

图13-50

如果场景中添加了多个大气效果，那么就非常有必要对大气效果重命名，这样可以方便识别。选择大气效果，在"名称"文本框中，输入名称并按"回车"键，即可为效果重命名，如图13-51所示。

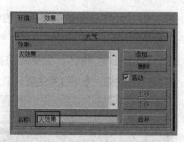

图13-51

技巧与提示

"大气"卷展栏中只有当"活动"复选框为勾选状态时，该大气效果才有效。如果取消其勾选状态，则可以使大气效果失效，但设置参数仍将保留。

读者也可以通过"大气"卷展栏右侧的各个按钮，对大气效果进行添加、删除、上移或下移的操作。如果以前设置好的一个大气效果还想应用于当前场景，那么可以单击"合并"按钮，将弹出"打开"对话框，允许从其他场景文件中合并大气效果设置，注意这会将其他场景中大气所属的Gizmo物体和灯光一同进行合并。

技巧与提示

大气效果列表中的"效果"是从上至下进行计算的。也就是说最先创建的效果排列在列表上方，会最先进行渲染计算。例如先为场景添加了火效果，后来又添加了雾效，那么在渲染计算时，会先计算火效果，然后在火效果上再添加一层雾，如果将这两个效果的位置通过"上移""下移"按钮进行互换，那么最后的渲染结果也会发生改变。

此外，如果在外部安装了一些3ds Max的插件，一般情况下，也是在"大气"里添加和设置这些插件。

13.4.1 火效果

"火效果"可以产生火焰、烟雾、爆炸及水雾等特殊效果，如图13-52所示。它需要通过大气辅助对象来确定形态。需要注意的是，火效果不能作为场景的光源，它不产生任何的照明效果，如果需要模拟燃烧产生的光照效果，可以创建匹配的灯光进行配合。

图13-52

"火效果"的参数设置面板如图13-53所示。

参数解析

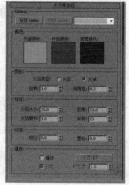

图13-53

- **拾取Gizmo** 拾取 Gizmo：单击该按钮可以拾取场景中要产生火效果的Gizmo对象。
- **移除Gizmo** 移除 Gizmo：单击该按钮可以移除列表中所选的Gizmo。移除Gizmo后，Gizmo仍在场景中，但是不再产生火效果。
- **内部颜色**：设置火焰中最密集部分的颜色。
- **外部颜色**：设置火焰中最稀薄部分的颜色。
- **烟雾颜色**：当勾选"爆炸"选项时，该选项才发生作用，主要用来设置爆炸的烟雾颜色。
- **火焰类型**：共有"火舌"和"火球"两种类型。"火舌"选项表示沿着中心使用纹理创建带方向的火焰，这种火焰类似于篝火，其方向沿着火焰装置的局部z轴；"火球"选项表示创建圆形的爆炸火焰。
- **拉伸**：将火焰沿着装置的z轴进行缩放，该选项最适合创建"火舌"火焰。
- **规则性**：修改火焰填充装置的方式，范围为1和0。
- **火焰大小**：设置装置中各个火焰的大小。装置越大，需要的火焰也越大，使用15~30的值可以获得最佳的火焰效果。
- **火焰细节**：控制每个火焰中显示的颜色更改量和边缘的尖锐度，范围为0~10。
- **密度**：设置火焰的不透明度和亮度。
- **采样**：设置火焰效果的采样率。值越高，生成的火焰效果越细腻，但是会增加渲染时间。
- **相位**：控制火焰效果的速率。
- **漂移**：设置火焰沿着火焰装置的z轴的渲染方式。
- **爆炸**：勾选该选项后，火焰将产生爆炸效果。
- **设置爆炸** 设置爆炸...：单击该按钮可以打开"设置爆炸相位曲线"对话框，在该对话框中可以调整爆炸的"开始时间"和"结束时间"。
- **烟雾**：控制爆炸是否产生烟雾。
- **剧烈度**：改变"相位"参数的涡流效果。

典型实例：制作燃烧的火堆

场景位置	场景文件>CH13>05.max
实例位置	实例文件>CH13>典型实例：制作燃烧的火堆.max
实用指数	★★☆☆☆
学习目标	熟悉"火效果"的使用方法

在渲染视图时，只能在透视图或摄影机视图下进行渲染，在正交视图和用户视图中是不能渲染的。接下来将通过一组实例操作，来为读者讲解"火效果"大气的一些常用参数。

01 打开"场景文件>CH13>05.max"文件，单击主工具栏上的"渲染产品"按钮，即可观察当前的渲染结果，如图13-54所示。

02 进入"创建"命令面板，单击"辅助对象"按钮，在其下拉列表中选择"大气装置"选项，单击"球体Gizmo"按钮 球体 Gizmo ，并在"球体Gizmo参数"卷展栏中启用"半球"复选框，然后在顶视图中单击并拖曳鼠标创建球体Gizmo物体，设置球体Gizmo的"半径"为15.0，如图13-55所示。

图13-54　　　　　　　　图13-55

03 使用"选择并移动"和"选择并缩放"工具调整Gizmo的位置和大小，如图13-56所示。

04 按8键打开"环境和效果"对话框，在"大气"卷展栏中单击"添加"按钮 添加... ，打开"添加大气效果"对话框，选择"火效果"并单击"确定"按钮，添加火效果。在该对话框中将自动展开设置火效果的卷展栏，如图13-57所示。

图13-56　　　　　　　　图13-57

05 在"火效果参数"卷展栏的Gizmo选项组中单击"拾取Gizmo"按钮 拾取 Gizmo ，然后在视图中单击刚才创建的Gizmo物体。完毕后渲染场景，即可得到火焰默认的效果，如图13-58所示。

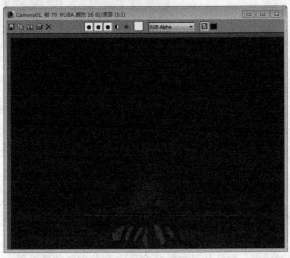

图13-58

> 💡 **技巧与提示**
>
> 拾取的Gizmo对象会出现在右侧的下拉列表中，通过此方法，可以让火效果在多个Gizmo中产生燃烧效果。单击"移除Gizmo"按钮 移除 Gizmo ，可以将当前的Gizmo从燃烧设置中删除，那么火效果将不再在此Gizmo中产生燃烧效果。

06 在"颜色"项目组中可以设置火焰的"内部颜色"和"外部颜色"还有爆炸时的"烟雾颜色"，单击任意色块，可以打开"颜色选择器"对话框。

> 💡 **技巧与提示**
>
> 真实的火焰分为"内焰"和"外焰"。"内部颜色"可以设置火焰的"内焰"，"外部颜色"可以设置火焰的"外焰"。

07 打开"图形"选项组，为用户提供了两种火焰类型，即火舌和火球。我们可以根据实际需要设置所需的火焰类型，图13-59和图13-60所示为两种火焰类型的效果。

图13-59　　　　　　　　图13-60

置不同"规则性"参数值后的火焰效果。

图13-63

08 设置"拉伸"参数值可以沿Gizmo物体自身z轴方向拉伸火焰,尤其适用于"火舌"类型,产生长长的火苗。图13-61和图13-62所示为设置不同的"拉伸"值后的火焰效果。

图13-61

图13-64

10 "特性"项目组用于设置火焰的大小、密度等,它们与大气装置Gizmo物体的尺寸息息相关,共同产生作用,对其中一个参数的调节也会影响其他3个参数效果。在"特性"项目组中设置"火焰大小"参数值,可以设置每一根火苗的大小,值越大,火苗越粗壮。图13-65和图13-66所示为设置不同"火焰大小"参数值后的火焰效果。

图13-62

09 调节"规则性"参数值可以设置火焰在Gizmo物体内部的填充情况,数值是0和1,当值为0时,火焰极为分散细微,只有少许火苗偶尔触及Gizmo物体的边界;当值为1时,火焰将填满整个Gizmo物体,这种火焰较为丰满、规则,图13-63和图13-64所示为设

图13-65

图13-66

11 设置"火焰细节"参数值，可以控制每一根火苗内部颜色和外部颜色之间的过渡程度，值越小，火苗越模糊，渲染也越快；值越大，火苗越清晰，渲染也越慢，图13-67和图13-68所示为设置不同"火焰细节"参数值后火焰的效果。

图13-67

图13-68

12 "密度"值可以设置火焰的不透明度和光亮度，值越小，火焰越稀薄、透明，亮度也越低；值越大，火焰越浓密，中央越不透明，亮度越高。图13-69和图13-70所示为设置不同"密度"值后火焰的效果。

图13-69

图13-70

13 "采样"参数值用于设置火焰的采样速率，值越大，结果越精确，但渲染速度也越慢，当火焰尺寸较小或细节较低时可以适当增大它的值。图13-71和图13-72所示为设置不同"采样"值后火焰的效果。

14 "动态"项目组用于制作动态的火焰燃烧效果。"相位"参数值控制火焰变化的速度，对它进行动画设定可以产生火焰内部翻腾的动画效果。"漂移"参数值用于设置火焰沿自身z轴升腾的快慢，值偏低时，表现出文火效果；值偏高时，表现出烈火效果。

图13-71

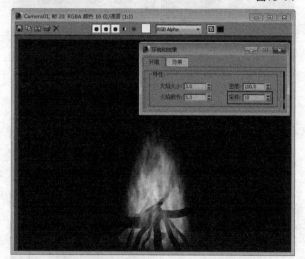

图13-72

15 在动画关键点控制区中单击"自动关键帧"按钮，然后拖动"时间滑块"到第100帧的位置。在"动态"项目组中，设置"相位"和"漂移"的值都为40，如图13-73所示。

图13-73

16 设置完成后，可以将其渲染输出为视频文件观察设置的动画效果。也可以打开"场景文件>CH13>火焰特效.avi"文件，观看设置的动画效果。

13.4.2 雾

"雾"效果可以在场景中创建出雾、层雾、烟雾、云雾和蒸汽等大气效果，如图13-74所示。

所设置的效果将作用于整个场景。雾分为标准雾和层雾两种类型，标准雾依靠摄影机的衰减范围设置，根据物体离目光的远近产生淡入淡出的效果。层雾可以表现仙境、舞台等特殊效果，图13-75所示为"雾"效果的参数设置面板。

图13-74　　　　　　图13-75

参数解析

- **颜色**：设置雾的颜色。
- **环境颜色贴图**：从贴图导出雾的颜色。
- **使用贴图**：使用贴图来产生雾效果。
- **环境不透明度贴图**：使用贴图来更改雾的密度。
- **雾化背景**：将雾应用于场景的背景。
- **标准**：使用标准雾。
- **分层**：使用分层雾。
- **指数**：随距离按指数增大密度。
- **近端%**：设置雾在近距范围的密度。
- **远端%**：设置雾在远距范围的密度。
- **顶**：设置雾层的上限（使用世界单位）。
- **底**：设置雾层的下限（使用世界单位）。
- **密度**：设置雾的总体密度。
- **衰减顶／底／无**：添加指数衰减效果。
- **地平线噪波**：启用"地平线噪波"系统。"地平线噪波"系统仅影响雾层的地平线，用来增强雾的真实感。
- **大小**：应用于噪波的缩放系统。
- **角度**：确定受影响的雾与地平线的角度。
- **相位**：用来设置噪波动画。

典型实例：制作雾气弥漫的街道1

场景位置	场景文件>CH13>06.max
实例位置	实例文件>CH13>典型实例：制作雾气弥漫的街道1.max
实用指数	★★★☆☆
学习目标	熟悉"雾"效果的使用方法

01 打开"场景文件>CH13>06.max"文件，单击主

287

工具栏上的"渲染产品"按钮 🔲，即可观察当前场景的渲染结果，如图13-76所示。

图13-76

02 按8键打开"环境和效果"对话框，在"大气"卷展栏中单击"添加"按钮 添加... ，打开"添加大气效果"对话框，双击"雾"选项，添加雾效果并展开"雾参数"卷展栏，如图13-77和图13-78所示。

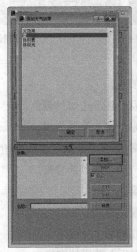

图13-77

图13-78

03 按F9键渲染场景。可以看到添加"雾"效果后默认的效果了，如图13-79所示。

04 "雾"默认是白色的，单击"雾"选项组中的"颜色"色块，可以打开"选择颜色器"对话框，在这里可以设置雾的颜色，如图13-80和图13-81所示。

图13-79

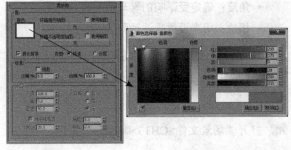

图13-80

05 用前面章节学过的设置"背景"贴图的方法，设置"雾"的贴图，如图13-82和图13-83所示。

图13-81

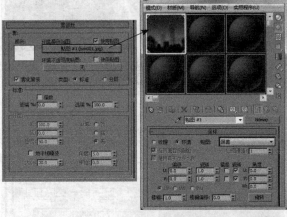

图13-82

图13-83

06 用一张位图或程序贴图来控制这张"雾"贴图的不透明度，如图13-84和图13-85所示。

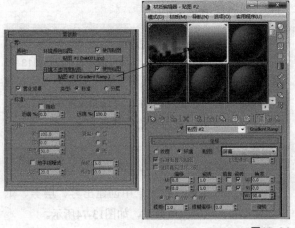

图13-84

图13-85

💡 **技巧与提示**

不透明贴图中，黑色的部分为隐藏"雾"效果，白色部分为显示"雾"效果，如果是灰色，可以让"雾"变的半透明。

07 雾的淡入淡出效果是由场景中的摄影机来控制的。选择场景中的摄影机对象，进入"修改"命令面板，在"参数"卷展栏下的"环境范围"选项组中，勾选"显示"前面的复选框，这时在视图中显示出一个棕色的"范围框"，如图13-86所示。

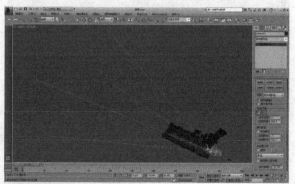

图13-86

08 参照如图13-87所示对"环境范围"进行设置，完毕后再次渲染场景。

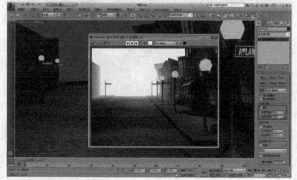

图13-87

09 "标准"选项组中的参数可以控制近距范围雾的浓度和远距范围雾的浓度，图13-88所示为调节"近端%"和"远端%"参数后的效果。

图13-88

10 勾选"指数"复选框，将根据距离以指数方式递增浓度，否则以线性方式计算。图13-89和图13-90所示为勾选该复选框前后的对比效果。

图13-89

图13-90

289

技巧与提示

在"雾"选项组中，"雾化背景"复选框默认状态下为勾选状态，场景中的雾效果将作用于背景，对背景也进行雾化处理。另外，如果将"雾"的颜色设置为黑色，还可以制作场景消失在黑暗中的效果，如图13-91所示。

图13-91

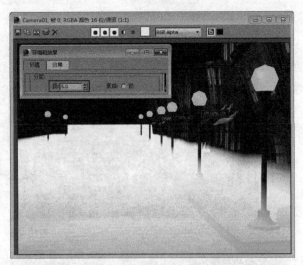

图13-93

此外在"雾"选项组中，我们还可以选择雾的类型。当选择"标准"类型时，将激活"标准"选项组中的参数；当选择"分层"类型时，将激活"分层"选项组中的参数。

分层雾可以根据高度坐标，在场景空间中产生一层雾，层雾顶端和底端的浓度可以变化，如果加入更多的雾效果，可制作多层云雾的效果。

11 在"雾"选项组中，选择"分层"类型，此时"分层"选项组中的选项、参数将被激活，如图13-92所示。

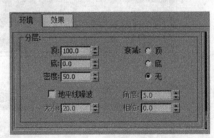

图13-92

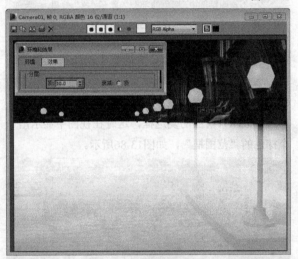

图13-94

12 在"分层"选项组中，设置"顶"参数值可以控制层雾的上限，图13-93和图13-94所示为设置不同"顶"参数值后的层雾效果。

13 设置"底"参数值，可以控制层雾的下限，图13-95和图13-96所示为设置不同"底"参数值后的层雾效果。

图13-95

图13-96

技巧与提示

　　"顶"和"底"参数值，都是以世界坐标z轴的"零"位置计算相对高度的。

14 在该选项组中，我们还可以通过设置"密度"参数值，改变雾的浓淡效果，图13-97和图13-98所示为设置不同"浓度"参数值后的层雾效果。

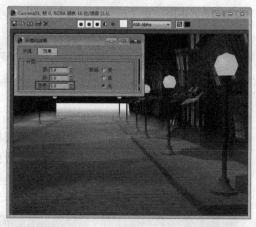

图13-97

图13-98

15 "雾"的衰减在默认状态下为"无"，当然也可以设置雾浓度的衰减情况。选择"顶"表示层雾由底部向顶部衰减，底部浓、顶部淡；选择"底"，效果反之。图13-99和图13-100所示为设置不同衰减方式后的层雾效果。

图13-99

图13-100

16 勾选"地平线噪波"前面的复选框，可以在层雾与地平线交接的地方加入噪波处理，使雾能更真实地融入背景中。调节"大小"参数值，可以设置地平线噪波的比例系数，值越大，雾的碎块也越大；调节"角度"参数值，可以设置受影响的地平线的角度。设置值为2.0，则在地平线2度角以下，雾开始碎化，如图13-101所示。

技巧与提示

　　此外，通过设置"相位"参数值，可以将"噪波"效果记录为动画，读者可以参照之前设置火动画的操作方法进行练习。

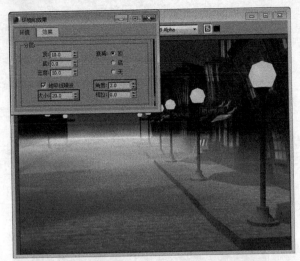

图13-101

13.4.3 体积雾

体积雾效果，可以使用户在一个限定的范围内设置和编辑雾效果，产生三维空间的云团，这是真实的云雾效果，在三维空间中以真实的体积存在，它们不仅可以飘动，物体还可以穿过它们，如图13-102所示。

体积雾有两处使用方法，一种是直接作用于整个场景，但要求场景内必须有物体存在，另一种是作用于大气装置Gizmo物体，在Gizmo物体限制的区域内产生云团等效果，这是一种更易控制的方法。另外，体积雾还可以使用户加入风力值、噪波效果等多方面的控制，利用这些设置可以在场景中编辑出雾流动的效果，图13-103所示为"体积雾"效果的参数设置面板。

图13-102

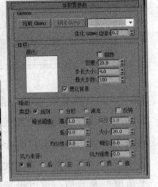

图13-103

参数解析

• **拾取Gizmo** 拾取 Gizmo ：单击该按钮可以拾取场景中要产生火效果的Gizmo对象。

• **移除Gizmo** 移除 Gizmo ：单击该按钮可以移除列表中所选的Gizmo。移除Gizmo后，Gizmo仍在场景中，但是不再产生火效果。

• **柔化Gizmo边缘**：羽化体积雾效果的边缘。值越大，边缘越柔滑。

• **颜色**：设置雾的颜色。

• **指数**：随距离按指数增大密度。

• **密度**：控制雾的密度，范围为0~20。

• **步长大小**：确定雾采样的粒度，即雾的"细度"。

• **最大步长**：限制采样量，以便雾的计算不会永远执行。该选项适合于雾密度较小的场景。

• **雾化背景**：将体积雾应用于场景的背景。

• **类型**：有"规则""分形""湍流"和"反转"4种类型可供选择。

• **噪波阈值**：限制噪波效果，范围为0~1。

• **级别**：设置噪波迭代应用的次数，范围为1~6。

• **大小**：设置烟卷或雾卷的大小。

• **相位**：控制风的种子。如果"风力强度"大于0，雾体积会根据风向来产生动画。

• **风力强度**：控制烟雾远离风向（相对于相位）的速度。

• **风力来源**：定义风来自于哪个方向。

典型实例：制作雾气弥漫的街道2

场景位置	场景文件>CH13>07.max
实例位置	实例文件>CH13>典型实例：制作雾气弥漫的街道2.max
实用指数	★★☆☆☆
学习目标	熟悉"体积雾"效果的使用方法

01 打开"场景文件>CH13>07.max"文件，按8键打开"环境和效果"对话框，在"大气"卷展栏中单击"添加"按钮 添加 ，打开"添加大气效果"对话框，双击"体积雾"选项，添加体积雾效果并展开"雾参数"卷展栏，如图13-104和图13-105所示。

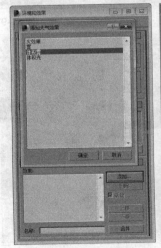

图13-104

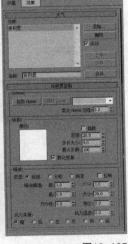

图13-105

02 添加雾效果后，在默认状态下，没有Gizmo物体被选中，体积雾将直接作用于整个场景，如图13-106所示。

03 进入"创建"命令面板，单击"辅助对象"按钮，在其下拉列表中选择"大气装置"选项，单击"长方体Gizmo"按钮 长方体 Gizmo，然后在顶视图中单击并拖曳鼠标，根据场景大小创建"长方体Gizmo"物体，如图13-107所示。

图13-106　　　　　　　图13-107

04 在Gizmo选项组中，单击"拾取Gizmo"按钮 拾取 Gizmo 并在场景中选择Gizmo物体，使体积雾作用于大气装置Gizmo物体，在Gizmo物体限制区域内产生云团。完毕后渲染场景，即可观察设置的体积雾效果，如图13-108所示。

图13-108

技巧与提示

改变Gizmo物体的大小不会影响内部体积雾的比例和噪波效果，例如对一个球形Gizmo物体进行缩小变换，只会将外部的雾块剪掉，移动Gizmo物体只会确定哪部分雾块出现在其内，也就是说，体积雾并非附在了Gizmo物体上，而是暗存于整个空间中，仅Gizmo物体占据的空间内可以将雾效显示出来。

05 在该选项组中，设置"柔化Gizmo边缘"参数，可以对体积雾的边缘进行羽化处理，图13-109和13-

110所示为设置不同"柔化Gizmo边缘"参数值后的画面效果。

图13-109

图13-110

技巧与提示

该参数值范围0和1，值越大，边缘效果越柔化。

06 在"体积"选项组中单击"颜色"色块，打开"颜色选择器"对话框，在这里可以设置雾的颜色，如图13-111和图13-112所示。

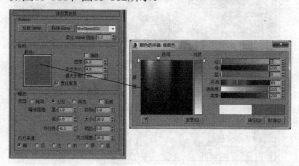

图13-111

图13-112

07 勾选"指数"复选框，体积雾将随距离按指数增大密度，取消勾选时，密度随距离线性增大。图13-113和图13-114所示为勾选和取消勾选"指数"复选框的效果对比。

图13-113

图13-114

08 在该选项组中设置"密度"参数值，控制体积雾的浓度，图13-115和图13-116所示为设置不同"密度"参数值后渲染场景的画面效果。

图13-115

图13-116

09 "步长大小"用于设置采样的颗粒度，值越低，颗粒越细，雾效越优质；值越高，颗粒越精，雾效将越差。

10 "最大步数"用于限制采样数量，以便雾的计算不会无限制的进行下去，图13-117和图13-118所示为设置不同"最大步数"参数值后的画面效果。

图13-117

图13-118

11 体积雾的噪波选项与贴图的噪波选项很类似，它同样提供了3种噪波类型，分别为"规则""分形"和"湍流"，图13-119和图13-121所示为分别选择不同噪波类型后渲染场景的画面效果。

图13-119

图13-120

图13-121

12 勾选"反转"前面的复选框，可以对当前所选的噪波效果进行反向，即体积雾厚的地方变薄，薄的地方变厚。

13 噪波阈值的"高"和"低"参数值，用于控制体积雾的最高阈值和最低阈值。"高"参数值控制噪波的白色部分，"低"参数值控制噪波的黑色部分，当"高"和"低"参数值非常接近时，噪波的"块状物"的边缘将变得非常锐利，如图13-122所示。

图13-122

14 "均匀性"参数像是一个高级过滤系统，值越低，雾块越分散也越透明。参数值范围为-1~1，当它的值减小会使雾的浓度降低，这时可以调高"体积"选项组中的"密度"值来弥补它，图13-123和图13-124所示为设置不同参数值渲染场景后的画面效果。

图13-123

图13-124

15 "级别"参数设置的是噪波分形计算的迭代次数，值越大，雾的细节越多，但渲染也越慢，图13-125和图13-126所示为设置不同参数值后渲染场景的画面效果。

图13-125

图13-126

技巧与提示

只有在选择"分形"或"湍流"噪波类型时，"级别"参数才会有开启。该参数值范围为1~6，当参数值为1时，与"规则"噪波类型的效果没有区别。

16 "大小"参数值用于设置雾块的大小，图13-127和图13-128所示为设置不同"大小"参数值的渲染场景的画面效果。

图13-127

图13-128

"相位"参数值可以设置体积雾在原地翻腾的动画效果。读者可以参照"火效果"章节设置动画的方法进行设置并渲染观察效果，这里将不再叙述。

当调节"相位"参数值动画后，还可以设置"风力强度"参数值，控制雾沿风向移动的速度，如图13-129所示。设置完毕后渲染场景动画，即可观察动态的体积雾效果。读者也可以打开本书附带资源中的"场景文件>街道_体积雾.avi"文件进行查看。

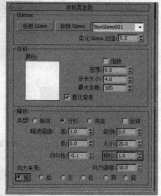

图13-129

13.4.4 体积光

"体积光"效果可以制作带有体积的光线，这种体积光可以被物体阻挡，从而形成光芒透过缝隙的效果，如图13-130所示。

带有体积光属性的灯光仍然可以进行照明、投影以及投影图像，从而产生真实的光线效果。例如对泛光灯添加体积光特效，可以制作出光晕效果，模拟发光的灯光或太阳；对定向光加体积光特效，可以制作出光束效果，模拟透过彩色窗玻璃、投影彩色的图像光线，还可以制作激光光束效果。图13-131所示为"体积光"效果的参数设置面板。

图13-130

图13-131

参数解析

- **拾取灯光**：拾取要产生体积光的光源。
- **移除灯光**：将灯光从列表中移除。
- **雾颜色**：设置体积光产生的雾的颜色。
- **衰减颜色**：体积光随距离而衰减。
- **使用衰减颜色**：控制是否开启"衰减颜色"功能。

- **指数**：随距离按指数增大密度。
- **密度**：设置雾的密度。
- **最大／最小亮度%**：设置可以达到的最大和最小的光晕效果。
- **衰减倍增**：设置"衰减颜色"的强度。
- **过滤阴影**：通过提高采样率（以增加渲染时间为代价）来获得更高质量的体积光效果，包括"低""中"和"高"3个级别。
- **使用灯光采样范围**：根据灯光阴影参数中的"采样范围"值来使体积光中投射的阴影变得模糊。
- **采样体积%**：控制体积的采样率。
- **自动**：自动控制"采样体积%"的参数。
- **开始%／结束%**：设置灯光效果开始和结束衰减的百分比。
- **启用噪波**：控制是否启用噪波效果。
- **数量**：应用于雾的噪波的百分比。
- **链接到灯光**：将噪波效果链接到灯光对象。

典型实例：用体积光模拟空气中的尘埃

场景位置	场景文件>CH13>08.max
实例位置	实例文件>CH13>典型实例：用体积光模拟空气中的尘埃.max
实用指数	★★★☆☆
学习目标	熟悉"无光/投影"材质的使用方法

由于"体积光"效果与其他3个大气效果的某些参数在用法上基本一致，所以在这里将不再赘述，只讲解"体积光"效果独有的参数。

01 打开本书学习资源"场景文件>CH13>08.max"文件，单击主工具栏上的"渲染产品"按钮，即可观察当前场景的渲染结果，如图13-132所示。

图13-132

02 按8键，打开"环境和效果"对话框，在"大气"卷展栏中单击"添加"按钮 添加... ，打开"添加大气效果"对话框，双击"体积光"选项，添加体积光效果并展开"体积光参数"卷展栏，如图13-133和图13-134所示。

图13-136

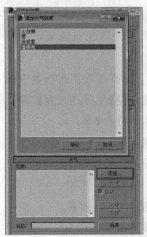

图13-133

图13-134

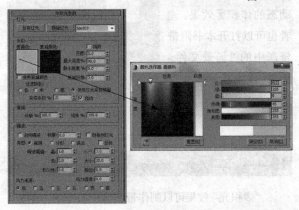

图13-137

03 在"灯光"选项组中，单击"拾取灯光"按钮 拾取灯光 并在场景中选择如图13-135所示场景中的"目标聚光灯"对象，使体积光作用于当前选择的"目标聚光灯"对象。完毕后渲染场景，即可观察设置的体积光效果，如图13-136所示。

04 "体积光"默认是白色的，单击"雾颜色"下的色块，打开"颜色选择器"对话框，在这里可以调节体积光的颜色，如图13-137和图13-138所示。

05 勾选色块下方的"使用衰减颜色"复选框，就可以设置"衰减颜色"下的色块，得到带有颜色渐变的体积光，但在这之前，还要对灯光的衰减属性做一些调整，参照如图13-139和图13-140所示对灯光和体积光进行设置，最后渲染场景得到如图13-141所示的效果。

图13-138

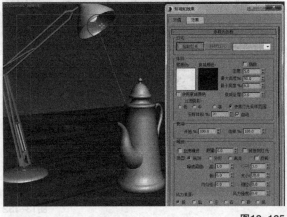

图13-135

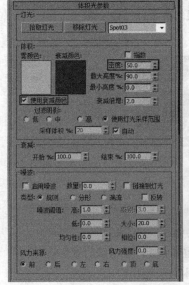

图13-139

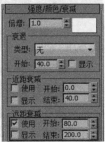

图13-140

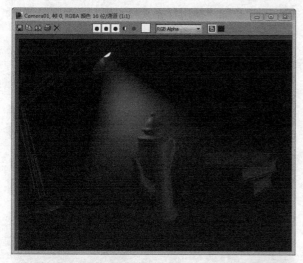

图13-141

06 "最大亮度%"参数值设置的是体积光可以达到的最大光晕效果（默认设置为90%）。如果减小此值，可以限制光晕的亮度，以便使光晕不会随灯光的距离越来越远而越来越浓，最后出现"一片全白"的结果，如图13-142所示，为调节"最大亮度"参数值后渲染场景的画面结果。

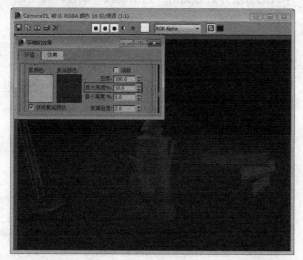

图13-142

07 "最小亮度%"参数值设置的是体积光能够达到的最小发光效果，与"环境和效果"对话框中"全局照明"选项组下的"环境光"设置类似。如果"最小亮度%"参数值大于0，则体积光不受灯光"锥形框"范围的限制，"锥形框"外面的区域也会发光，图13-143所示为设置该参数后渲染场景的画面效果。

08 "衰减倍增"参数值可以设置"衰减颜色"的影响程度，调高该数值，"衰减颜色"在体积光中的所占的面积就是增大，图13-144和图13-145所示

为设置不同"衰减倍增"参数值后渲染场景的画面效果。

图13-143

图13-144

图13-145

09 如果想得到物体遮挡住体积光的效果，需要开启灯光的"投影"属性。在场景中选择"目标聚光灯"对象，进入"修改"命令面板，在"常规参数"卷展栏下的"阴影"选项组中，勾选"启用"前面的复选框，并在"阴影类型"下拉列表中选择"阴影贴图"投影类型，如图13-146所示。

10 完毕后渲染场景，得到如图13-147所示的效果。

图13-146   图13-147

11 在"体积光参数"卷展栏下，"过滤阴影"的方式提供了4种类型，分别为"低""中""高"和"使用灯光采样范围"。如果选择"高"类型，可以通过增加采样级别来获得更优秀的体积光渲染效果，但同时也会增加渲染时间，图13-148和图13-149所示为选择"低"和"高"类型的效果对比。

图13-148

图13-149

12 如果选择"使用灯光采样范围"，则基于灯光本身"采样范围"参数值的设定对体积光中的投影进行模糊处理。灯光本身的"采样范围"参数值是针对"阴影贴图"投影类型的方式作用的，增大该值可以模糊阴影边缘的区域，如图13-150所示。具体灯光阴影的知识，请参见本书有关灯光教学的教学内容。

图13-150

13 "衰减"选项组用于设置体积光的衰减效果，但前提是必须要先开启灯光自身的衰减属性，参照前面学习的方法开启灯光的"远距衰减"属性，如图13-151所示。设置完毕后渲染场景，得到如图13-152所示的效果。

图13-151   图13-152

14 调节"开始%"参数值，可以设置体积光从灯光聚光区到衰减区的平滑过渡。如果想制作平滑衰减的光晕效果，也就是没有聚光区的体积光效果，可以将该值设为0，如图13-153所示。

图13-153

15 调节"结束%"参数值可以设置体积光衰减结束的位置，该值可以凌驾于灯光自身"远距衰减"中的"结束"参数值，如图13-154所示。

图13-154

16 如果不希望体积光的边缘太过锐利，可以调节灯光"聚光区／光束"和"衰减区／区域"的参数值，如图13-155所示。渲染场景，得到的效果如图13-156所示。

图13-155　　　　　　　　　图13-156

17 "噪波"选项组可以为体积光添加噪波的效果，如图13-157所示。

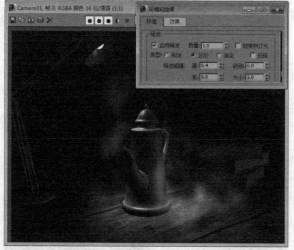

图13-157

18 此外，"链接到灯光"复选框可以设置是否将噪波效果与灯光的自身坐标相链接，如果勾选该复选框，这样灯光在进行移动时，噪波也会随灯光一同

移动。通过我们在制作云雾或大气中的尘埃等效果时，不将噪波与灯光链接，这样噪波将永远固定在世界坐标上，灯光在移动时就好像在云雾或灰尘间穿行一样。

> **技巧与提示**
> 由于"噪波"选项组的参数与"体积雾"效果中的"噪波"基本一致，所以这里将不再赘述，可以参见"体积雾"章节的有关教学内容。

即学即练：为CG场景添加体积光效果

场景位置	场景文件>CH13>09.max
实例位置	实例文件>CH13>即学即练：为CG场景添加体积光效果.max
实用指数	★★☆☆☆
学习目标	熟悉"体积光"效果的使用方法

在本实例中，将为一个三维场景添加"体积光"效果，使用"体积光"效果来模拟空气中的尘埃效果，正确地使用"体积光"效果，可以增加场景的厚重感。图13-158所示为本实例的场景截图，图13-159所示为本实例的最终渲染效果。

图13-158　　　　　　　　　图13-159

13.5　知识小结

本章主要为读者讲述了有关环境和大气设置方面的知识，其中为场景设置背景的颜色和贴图是一个比较重要的功能。然后通过对4种大气效果的巧妙设置，也可以为自己的作品增光添彩。

13.6　课后拓展实例：太空大战

场景位置	场景文件>CH13>10.max
实例位置	实例文件>CH13>课后拓展实例：太空大战.max
实用指数	★★★☆☆
学习目标	熟悉"雾效"、"体积光"、"爆炸"等效果的使用方法

大气效果能够使场景变得更为厚重，且具有更强的立体感和纵深感，因此比较适合应用于大型场景的环境设置。在本章的最后一节，为读者准备了一个综合性实例。该实例为一个太空场景，在设置过程中，综合使用了雾效、体积光和爆炸等效果。通过本实

例，可以巩固本章所学知识，了解大气效果的实际应用方法。

01 打开"场景文件>CH13>10.max"文件，如图13-160和图13-161所示。

图13-160　　　　　　　　图13-161

02 在"环境和效果"对话框的"环境"面板中为场景添加"雾"效果，如图13-162所示。设置完成后渲染场景，效果如图13-163所示。

图13-162　　　　　　　　图13-163

03 在"大气"卷展栏中再次为场景中飞船最前方的灯光添加"体积光"效果，制作出飞船发射激光的效果，如图13-164和图13-165所示。

图13-164　　　　　　　　图13-165

04 在飞船尾部创建半球形的Gizmo对象，然后为其添加"火"效果，制作出飞船尾部发射器喷射出的火焰效果，如图13-166~图13-168所示。

图13-166

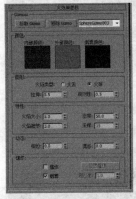

图13-167　　　　　　　　图13-168

05 在场景中的飞船的侧面创建两个球形的Gizmo，并为其添加"火"效果，然后在第30和第35帧设置爆炸效果，如图13-169~图13-171所示。

图13-169

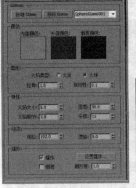

图13-170　　　　　　　　图13-171

3ds Max

第 14 章　基础动画技术

本章知识索引

本章实例索引

14.1 动画概述

3ds Max 2015作为世界上最为优秀的三维动画软件之一，为用户提供了一套非常强大的动画系统，包括基本动画系统和骨骼动画系统。无论采用哪种方法制作动画，都需要动画师对角色或物体的运动有着细致的观察和深刻的体会，抓住了运动的"灵魂"才能制作出生动逼真的动画作品。

在3ds Max中，设置动画的基本方式非常简单。用户可以设置任何对象变换参数的动画，以随着时间的不同改变其位置、旋转和缩放。动画作用于整个3ds Max系统中，用户可以为对象的位置、旋转和缩放，以及几乎所有能够影响对象形状与外表的参数设置制作动画。

14.1.1 动画的概念

动画是以人类视觉的原理为基础的，即将多张连续的单幅画面连在一起按一定的速率播放，就形成了动画，组成这些连续画面的单一静态图像，我们称之为"帧"。我们都知道电影是由很多张胶片组成的连续动作，那么我们可以把"帧"理解为电影中的单张胶片，如图14-1所示。

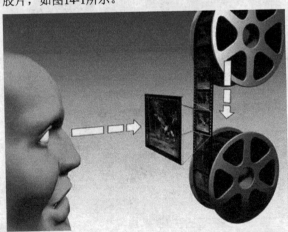

图14-1

一分钟的动画需720~1800个单独图像，如果通过手绘的形式来完成这些图像，那将是一项艰巨的任务。因此出现了一种称之为"关键帧"的技术，动画中的大多数帧都是两个关键帧的变化过程，从上一个关键帧到下一个关键帧不断发生变化。传统动画工作室为了提高工作效率，让主要艺术家只绘制重要的关

键帧，助手再计算出关键帧之间需要的帧，填充在关键帧中的帧称为"中间帧"。在图14-2中，1、2、3的位置为关键帧，其他的都是计算机自动生成的中间帧。

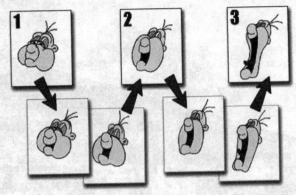

图14-2

下面使用设置"关键帧"的方法来设置一段简单的动画，以加深读者对"关键帧"和"中间帧"两个概念的理解。

第1步：打开"场景文件>CH14>01.max"文件。

第2步：在视图中选择"轮胎"对象，然后在动画控制区中单击"设置关键点"按钮 设置关键点 ，进入"手动关键帧"模式。接着单击"设置关键帧"按钮 ，这时将在时间滑块所在的第0帧位置创建一个关键帧，如图14-3所示。

图14-3

第3步：拖动时间滑块至50帧处，然后使用"选择并移动"工具沿x轴调整"轮胎"对象的位置，使用"选择并旋转"工具沿y轴旋转"轮胎"对象的角度。接着单击"设置关键帧"按钮 ，这时将在第50帧处创建第2个关键帧，如图14-4所示。

第4步：单击"设置关键点"按钮 设置关键点 ，取消该按钮的激活状态，然后在第0～第40帧移动时间滑

块，可以观察到"轮胎"对象的运动状态。0和40这两个关键帧之间的动画就是系统自动生成的"中间帧"，如图14-5所示。

图14-4

关键帧

中间帧

关键帧

图14-5

技巧与提示

单击"自动关键点"按钮 自动关键点 或"设置关键点"按钮 设置关键点 后，"视口活动边框"将由黄色变为红色，表示此时系统进入了动画记录模式，此刻所做的任何操作都有可能被系统记录为动画，所以，在操作完成后，一定要记得再次单击"自动关键点"或"设置关键点"按钮，退出动画记录模式。

14.1.2 动画的帧和时间

不同的动画格式具有不同的帧速率，单位时间中的帧数越多，动画画面就越细腻、流畅；反之，动画画面则会出现抖动和卡顿的现象。动画画面每秒至少要播放15帧才可以形成流畅的动画效果，传统的电影通常为每秒播放24帧，如图14-6所示。

1秒

电影:24帧

图14-6

如果读者想要更改一个动画的帧速率，可以通过"时间配置"对话框来完成。

第1步：打开"场景文件>CH14>02.max"文件，系统在默认情况下使用的是NTSC标准的帧速率，该帧速率每秒播放30帧动画，当前动画共有120帧，所以总时间为4秒。

第2步：播放动画时，读者可以观察到动画播放到第4秒，也就是第120帧时，物体已经全部落地并停止运动了，然后更改动画的播放速率，在动画控制区中单击"时间配置"按钮 ，打开"时间配置"对话框，如图14-7所示。

第3步：在"时间配置"对话框的"帧速率"选项组中选择"电影"单选按钮，这时下侧的FPS数值将变为24，表示该帧速率每秒播放24帧动画，如图14-8所示。

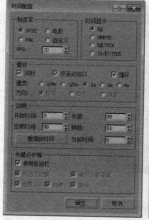

图14-7

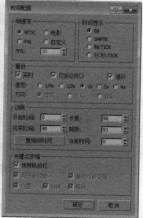

图14-8

第4步：单击"确定"按钮，退出"时间配置"

对话框，可以看到时间轨迹栏上的总帧数减少到96帧，但是它的总时间并没有减少，仍然是4秒。播放动画，可以观察到虽然改变了播放速率，但动画的节奏并没有改变，如图14-9所示。

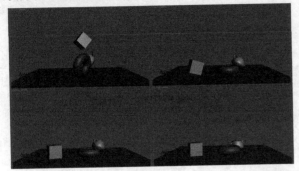

图14-9

14.2 课前引导实例:制作Logo定版动画

场景位置	场景文件>CH14>03.max
实例位置	实例文件>CH14>课前引导实例: 使用程序贴图创建简单的天空.max
实用指数	★★☆☆☆
学习目标	熟悉使用程序贴图设置背景贴图的方法

本节安排了一个东方时空Logo的定版动画，演示了在3ds Max中制作简单的位移、旋转等动画效果，图14-10所示为本实例的动画效果。

图14-10

01 打开"场景文件>CH14>03.max"文件，在场景中，已经为模型指定了材质，并设置了基本灯光，如图14-11所示。

图14-11

02 选择摄影机，然后在动画控制区中单击"自动关键点"按钮，进入"自动关键帧"模式。接着将时间滑块拖动到第100帧的位置，最后在场景中调

整摄影机的位置，如图14-12所示。

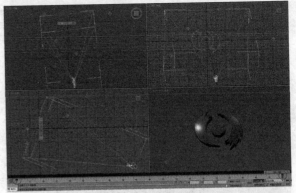

图14-12

03 制作Logo在运动的过程中材质变化的动画效果。打开"材质编辑器"，选择已经指定给Logo的材质球，如图14-13所示。

04 此时已经为Logo指定了一个"混合"材质，想要制作材质变化的效果，只需要对"遮罩"贴图进行动画设置即可。单击"遮罩"贴图右侧的按钮，进入"遮罩"贴图，在保持"自动关键点"按钮 自动关键点 开启的状态下，拖动时间滑块到第100帧的位置，然后在"噪波参数"卷展栏中，设置"低"为0.8，"相位"为3.5，如图14-14所示。

图14-13　　　　　　　　图14-14

05 动画设置完成后单击"自动关键点"按钮 自动关键点，退出自动关键帧记录状态，然后选择变化比较明显的帧进行渲染，效果如图14-15所示。

图14-15

14.3 设置和控制动画

在3ds Max 2015中，用于生成、观察和播放动画的工具位于视图的右下方，这区域被称为"动画记录控制区"，如图14-16所示。

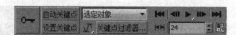

图14-16

"动画记录控制区"内的按钮主要对动画的关键帧及播放时间等数据进行控制,是制作三维动画最基本的工具。本节将着重介绍动画记录控制区的按钮功能,并向读者具体演示怎样利用这些按钮来生成和播放动画。

14.3.1 设置动画的方式

3ds Max 2015中有两种记录动画的方式,分别为"自动关键点"和"设置关键点",这两种动画设置模式各有所长,本小节将通过使用这两种动画设置模式来创建不同的动画效果。

1. "自动关键点"模式

"自动关键点"模式是我们最常用的动画记录模式,通过"自动关键点"模式设置动画,系统会根据不同的时间,调整对象的状态,自动创建出关键帧,从而产生动画效果

第1步:打开的"场景文件>CH14>04.max"文件,如图14-17所示,该场景包含一个足球和一个圆柱障碍物。

图14-17

第2步:首先来设置"足球"的直线运动的动画。激活"自动关键点"按钮,然后在动画控制区的"当前帧"栏内输入50,或者直接拖动时间滑块到达第50帧的位置,如图14-18所示。

图14-18

第3步:使用"选择并移动"工具 ,在"摄影机"视图中沿x轴移动"足球"的位置,然后使用"选择并旋转"工具 沿y轴旋转"足球"的角度,这时在第0和第50帧的位置自动创建了2个关键帧,如图14-19所示。

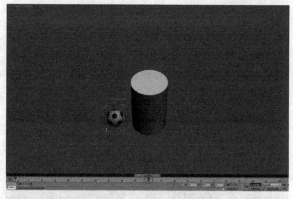

图14-19

第4步:关闭"自动关键点"按钮,将时间滑块拖动到第0帧,单击"播放动画"按钮 ,可以看到"足球"滚动的动画效果,如图14-20所示。

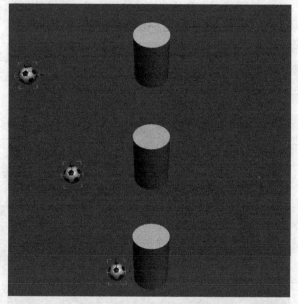

图14-20

第5步:改变这段动画的播放起始时间,还可以延长或缩短这段动画的时间。在"时间轨迹栏"上框选刚才创建的两个关键帧,然后将鼠标移动到任意一个关键帧上,当鼠标的形态发生变化后,单击并拖动鼠标可以将这两个关键帧的位置进行移动,如图14-21所示。

图14-21

技巧与提示

如果选择其中一个关键帧并改变位置,则可以更改这段动画的时长;按Delete键可以将当前选择的关键帧删除。

第6步：删除"足球"的两个关键帧，设置"足球"绕过圆柱障碍物的动画，如果要使"足球"绕开障碍物，至少需要3个关键帧。使用"选择并旋转"工具 ，将"足球"沿z轴旋转一定的角度，如图14-22所示。

图14-22

第7步：在主工具栏上改变"参考坐标系"为"局部" ，然后激活"自动关键点"按钮 ，拖动时间滑块到第50帧的位置，将"足球"沿局部x轴移动至如图14-23所示的位置。

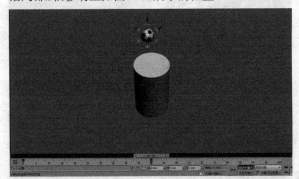

图14-23

第8步：设置最后一个关键帧。拖动时间滑块至第100帧，将"足球"沿局部y轴移动，如图14-24所示。

图14-24

第9步：关闭"自动关键点"按钮，播放动画，可以看到"足球"绕过障碍物的动画效果，如图14-25所示。

图14-25

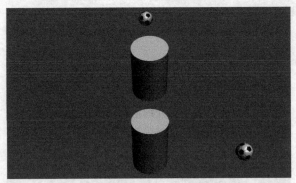

图14-25（续）

2. "设置关键点"模式

在"设置关键点"模式下，需要用户在每一个关键帧处进行手动设置，系统不会自动记录用户的操作。接下来，通过一组实例操作，讲解在"设置关键帧"模式下设置动画的方法。

第1步：打开"场景文件CH14>04.max"文件，激活"设置关键点"按钮 ，使用"选择并旋转"工具 将"足球"沿z轴旋转一定角度，单击"设置关键点"按钮 ，在第0帧处设置一个关键帧，如图14-26所示。

图14-26

第2步：在主工具栏上改变"参考坐标系"为"局部" ，拖动时间滑块到第50帧，然后将"足球"沿局部x轴移动，具体位置如图14-27所示。接着单击"设置关键点"按钮 ，在第50帧处设置第二个关键帧。

图14-27

第3步：拖动时间滑块到第100帧，然后将"足球"沿局部y轴移动，具体位置如图14-28所示。接着单击"设置关键点"按钮，在第100帧处设置最后一个关键帧。

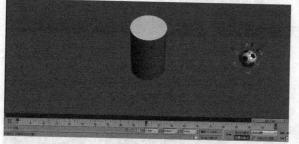

图14-28

图14-30

第4步：关闭"设置关键帧"按钮，播放动画，可以看到"足球"绕障碍物位移的动画。

技巧与提示

在"设置关键帧"模式下，拖动时间滑块到某一帧，然后对物体进行变换操作，如果这时不想在当前帧设置关键帧，用鼠标左键拖动时间滑块，会发现物体直接回到了上一帧的位置。所以，在这种情况下，我们可以用鼠标右键拖动时间滑块，这样物体就不会回到上一帧的位置了。

典型实例：用自动关键点制作文字旋转动画

场景位置	场景文件>CH14>05.max
实例位置	实例文件>CH14>典型实例：用自动关键点制作文字旋转动画.max
实用指数	★★★☆☆
学习目标	熟练使用"自动关键帧"技术制作关键帧动画

使用"自动关键帧"技术制作动画，是3ds Max最常用的动画制作方式之一，下面通过一组实例操作来巩固上一小节中所学的知识。图14-29所示为本实例的最终渲染效果。

图14-31

03 使用同样的方法，拖动时间滑块到第40帧，然后将"歌"字沿y轴旋转1440°，然后将时间滑块到第60帧，接着将"台"字沿y轴旋转2160°，如图14-32和图14-33所示。

图14-29

01 打开"场景文件>CH14>05.max"文件，在场景中，已经为模型指定了材质，并设置了基本灯光，如图14-30所示。

02 在场景中选择"点"字，然后在动画控制区中单击"自动关键点"按钮，进入"自动关键帧"模式，然后将时间滑块拖动到第20帧的位置，使用"选择并旋转"工具，沿y轴旋转720°，如图14-31所示。

图14-32

图14-33

04 单击"自动关键点"按钮自动关键点，退出自动关键帧记录状态，然后渲染场景，效果如图14-34所示。

图14-34

05 为了能让文字看起来有速度感，在场景中选择这3个文字，然后单击鼠标右键，在弹出的四联菜单中选择"对象属性"，打开"对象属性"对话框；接着在"运动模糊"选项组中设置模糊的方式为"对象"，如图14-35所示。设置完成后渲染场景，效果如图14-36所示。

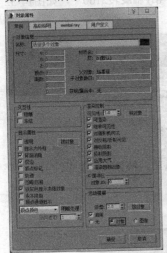

图14-35

图14-36

06 选择效果较为明显的帧，按F9键渲染场景，最终效果如图14-37所示。

图14-37

典型实例：用修改器制作文字卷曲动画

场景位置　场景文件>CH14>06.max
实例位置　实例文件>CH14>典型实例：用修改器制作文字卷曲动画.max
实用指数　★★★☆☆
学习目标　熟悉使用修改器制作动画的方法

利用修改器使物体产生形变，然后再记录其形变动画，也是3ds Max中制作动画的手法之一。在本案例中，将带领读者学习这一动画制作方法，图14-38所示为本实例的最终渲染效果。

图14-38

01 打开"场景文件>CH14>06.max"文件，在场景中，已经为模型指定了材质，并设置了基本灯光，如图14-39所示。

02 在场景中选择文字对象，然后进入"修改"命令面板，在"修改器列表"中为其添加"弯曲"修改器，如图14-40所示。

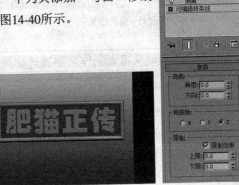

图14-39　　　　图14-40

03 在"参数"卷展栏中，设置"角度"为-660，"弯曲轴"为X，然后在"限制"选项组中，勾选"限制效果"前的复选框，接着设置"上限"为460，如图14-41所示。

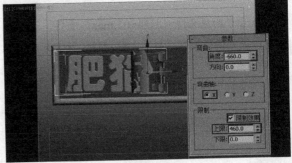

图14-41

04 进入"弯曲"修改器的"中心"次物体级，然后使用"选择并移动"工具，沿着x轴移动，具体位置如图14-42所示。

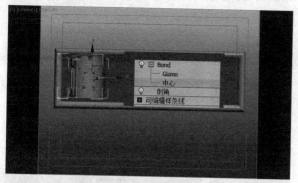

图14-42

05 在动画控制区中单击"自动关键点"按钮，进入"自动关键帧"模式，然后将时间滑块拖动到第40帧的位置；接着使用"选择并移动"工具，沿着x轴移动，具体位置如图14-43所示，使文字完全展平。

图14-43

06 设置完成后，选择效果较为明显的帧，按F9键渲染场景，如图14-44所示。

图14-44

14.3.2 查看及编辑物体的动画轨迹

当物体有空间上的位移动画的时候，可以查看物体动画的运动轨迹，通过该物体的动画轨迹，可以帮助我们检查动画运动是否合理，如图14-45所示。下面将为读者介绍如何查看以及编辑物体的动画轨迹。

图14-45

第1步：打开"场景文件>CH14>04.max"文件，这是一个已经完成好的足球动画场景，然后选择足球对象，并在视图任意位置单击鼠标右键，在弹出的四联菜单中选择"对象属性"；接着在"显示属性"选项组中勾选"轨迹"前面的复选框，如图14-46和图14-47所示。

图14-46　　　　　图14-47

第2步：设置完毕后，单击"确定"按钮，这时足球对象在视图中出现了一条红色的曲线，这条红色的曲线就是足球对象当前动画的运动路径，如图14-48所示。

图14-48

第3步：如果觉得"足球"第0~第50帧这段路径太过笔直不够圆滑，可以激活"自动关键点"按钮，然后将时间滑块移到第25帧，使用"选择并移动"工具调整足球的位置，这时"足球"的动画轨迹也发生了变化，同时在轨迹栏的第25帧处也自动地加入了一个关键帧，如图14-49所示。

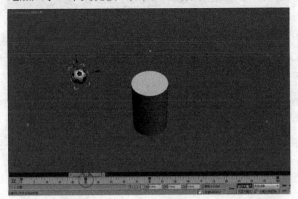

图14-49

技巧与提示

轨迹上大的"四边形"是我们创建的关键帧，而小的就是系统自动插补的中间帧。另外，选择物体后，按住Alt键并在视图中单击鼠标右键，在弹出的四联菜单中选择"显示轨迹切换"可以快速显示当前对象的动画轨迹，如图14-50所示。

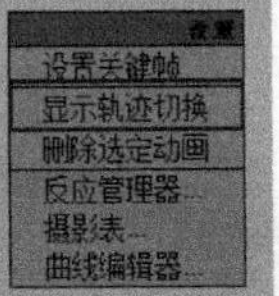

图14-50

第4步：关闭"自动关键点"按钮 自动关键点 ，然后使用"选择并移动"工具 ，将鼠标移动至"足球"红色的动画轨迹上，这时就可以移动整条动画轨迹了，如图14-51所示。

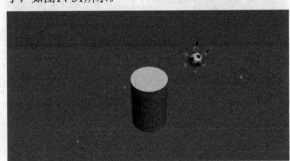

图14-51

第5步：为了在视图上操作更为直观，可以在视图中对动画轨迹上的关键帧的位置进行实时调整。进入"运动"命令面板，在"轨迹"次面板中激活"子对象"按钮 子对象 ，然后在视图中可以选择轨迹上的关键点进行位移操作，如图14-52和图14-53所示。

第6步：在视图中选择动画轨迹上的关键点，单击"轨迹"卷展栏下的"删除关键点"按钮 删除关键点 ，可以将选择的关键点删除掉。单击"添加关键点"按钮 添加关键点 ，在视图中的动画轨迹上单击鼠标左键，可

以添加一个关键点，同时在轨迹栏上，也会相应的添加一个关键点；接着使用"选择并移动"工具 可以继续调整新添加关键点的位置，如图14-54和图14-55所示。

图14-53

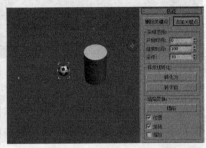

图14-52

图14-54

图14-55

第7步：在制作过程中，可以将当前的动画轨迹转化为一根二维的样条线对象，以方便其他物体使用。单击"样条线转化"选项组中的"转化为"按钮 转化为 ，这时在视图中就依据当前的动画轨迹创建了一根样条线对象，如图14-56所示。

图14-56

第8步：在"采样范围"选项组中设置"开始时间"和"结束时间"为0～100，也就是当前的活动时间段，这样会将整个动画轨迹都转换为样条线，也可以设定为某一个时间段。这样可以将动画轨迹的一部分转换为样条线，"采样"参数值转化的样条线与当前动画轨迹的配合程度，数值越高，生成的样条线与原轨迹的形态越接近，图14-57和图14-58所示为设置

不同"采样"后生成的样条线效果。

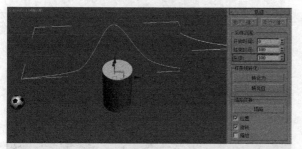

图14-57

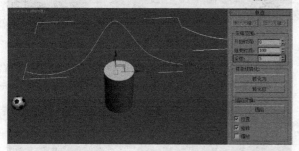

图14-58

第9步：还可以让"足球"物体沿着一根样条线的走向生成动画轨迹。在视图中创建一根样条线，然后选择"足球"对象，拖动时间滑块回到第0帧，在轨迹栏上框选所有关键帧，然后按Delete键将足球的全部关键帧删除。单击"转化自"按钮 转化自 ，然后在视图中拾取刚才创建的样条线，这时单击"播放动画"按钮 ▶ ，会发现足球已经按样条线的路径运动了，如图14-59和图14-60所示。

图14-59

图14-60

第10步：此时足球的动画轨迹和样条线不是太匹配，这是由于"采样范围"选项组中的"采样"值设置过低造成的。按快捷键Ctrl+Z返回上一步操作，设

置"采样"为100，然后单击"转化自"按键，接着在视图中拾取样条线，结果如图14-61所示。

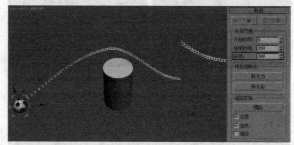

图14-61

> **技巧与提示**
>
> "采样"参数值也不宜设置得过高，否则在轨迹栏中生成的关键帧会比较多，这样不方便后期对动画进行调整。

第11步：单击"塌陷变换"选项组中的"塌陷"按钮 塌陷 ，可以根据设定的"采样"参数值，对已经制作完成的动画进行塌陷操作，下方的"移动""旋转"和"绽放"复选框可以设置塌陷后的关键帧包含哪些信息。"塌陷"操作主要针对于指定了"路径约束"的动画对象，关于"路径约束"，在后面的章节会进行详细介绍。

典型实例：跳舞的字符

场景位置　场景文件>CH14>07.max
实例位置　实例文件>CH14>典型实例：跳舞的字符.max
实用指数　★★☆☆☆
学习目标　熟悉物体动画轨迹的编辑的方法

为物体制作了位移动画后，有时需要对之前制作的动画进行修改，而打开物体的运动轨迹无疑是为修改动画提供了很大的便利，图14-62所示为本实例的最终渲染效果。

图14-62

01 打开"场景文件>CH14>07.max"文件，在场景中，已经为模型指定了材质，并设置了基本灯光，如图14-63所示。

02 选择如图14-64所示的模型，然后在动画控制区中单击"自动关键点"按钮 自动关键点 ，进入"自动关键帧"模式；接着将时间滑块拖动到第20帧的位置，使用移动和旋转工具调整其位置和角度，如图14-65所示。

图14-63   图14-64

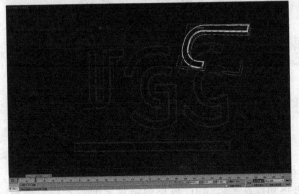

图14-65

03 为了方便观察和调节动画效果，根据上节学过的知识，打开物体的运动轨迹，如图14-66所示。

图14-66

04 使用同样的方法，拖动时间滑块到其他帧数，然后调节物体的位置和角度，制作出比较凌乱的动画效果，如图14-67所示。

图14-67

05 选择第0帧的关键帧，然后按住Shift键，将第0帧的关键帧复制到第280帧处，使物体在飞行一段时间

后，最终还是回到初始的位置，如图14-68所示。

图14-68

06 使用同样的方法，制作其他剩余物体的动画，如图14-69所示。

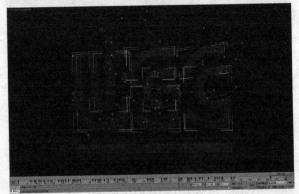

图14-69

07 在保证"自动关键点"按钮 自动关键点 开启的状态下，将时间滑块拖动到第0帧，然后调节各个物体的位置和角度，让每个物体在动画最开始的时候，位置和角度是随机的，如图14-70所示。

图14-70

08 设置完成后关闭"自动关键点"按钮 自动关键点 ，选择效果比较明显的帧，按F9键渲染场景，渲染效果如图14-71所示。

图14-71

14.3.3 控制动画

当我们创建完成动画以后，还可以通过动画记录控制区右侧的命令按钮，对设置好的动画进行一些基本的控制，如播放动画、停止动画和逐帧查看动画等。下面通过对动画控制区中的命令按钮的操作，来了解动画的基本控制方法。

第1步：打开"场景文件>CH14>08.max"文件，如图14-72所示。

图14-72

第2步：在场景中选择球体对象，可以在轨迹栏中观察到该对象设置的关键帧，如图14-73所示。

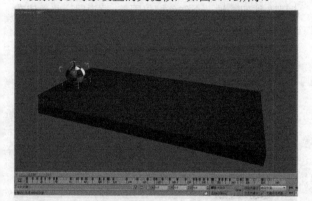

图14-73

第3步：通过单击"上一帧"按钮 ◀Ⅱ 或"下一帧"按钮 Ⅱ▶，可以逐帧观察动画的画面效果，这样可以帮助我们观察设置好的动画效果，方便找出问题所在，以便进行动画的修改。

 技巧与提示

可以通过单击时间滑块两端的"上一帧"按钮 < 或"下一帧"按钮 > ，或者通过按"逗号"和"句号"键来逐帧观察动画效果。

第4步：激活"关键点模式"按钮 ▶▶ ，这时"上一帧"按钮 ◀Ⅱ 和"下一帧"按钮 Ⅱ▶ 将会变成"上一个关键点"按钮 Ⅰ◀ 和"下一个关键点"按钮 ▶Ⅰ ，通过单击这两个按钮，可以使时间滑块在关键帧与关键帧之间进行切换。

第5步：单击"转至开头"按钮，可以将时间滑块移动到活动时间段的第1帧；单击"转至结尾"按钮，可以将时间滑块移动到活动时间段的最后一帧，

如图14-74和图14-75所示。

图14-74　　　　　　　　　**图14-75**

 技巧与提示

当激活"关键点模式"后，同样可以通过单击时间滑块两端的"上一帧"按钮 < 或"下一帧"按钮 > ，或者通过按"逗号"和"句号"键，在关键帧之间进行切换。

第6步：单击"播放动画"按钮 ▶ ，可在当前激活视图中循环播放动画；单击"停止播放"按钮 Ⅱ ，动画将会在当前帧处停止播放。

 技巧与提示

通过按Home键和End键，也可以快速将动画切换到起始帧和结束帧。

第7步：在视图中将球体复制，并分别调整两个球体的位置，这时场景中就有两个对象，如图14-76所示。

第8步：在视图中选择其中一个球体对象，然后在"播放动画"按钮上按鼠标左键不放，在弹出的按钮列表中选择"播放选定对象"按钮 ▣ ，这时，系统将只会播放当前选择对象的动画，而其他所有物体将会被暂时隐藏，如图14-77所示。

图14-76　　　　　　　　　**图14-77**

第9步：单击"停止播放"按钮 ▣ ，可以停止动画的播放，同时被隐藏的物体也会在场景中显示出来。

 技巧与提示

通过按"反斜杠"键 / ，可以播放动画，再次按"反斜杠"键 / 可停止播放动画，也可以通过按Esc键来停止播放动画。

第10步：在"当前帧"栏内显示了当前帧的编号，在该栏内输入100，然后按Enter键，可将时间滑块迅速移动到第100帧处，如图14-78所示。

图14-78

技巧与提示

在时间轨迹栏的某一帧处单击鼠标右键，在弹出的快捷菜单中选择"转至时间"，也可以快速将时间滑块移动到当前帧处，如图14-79所示。

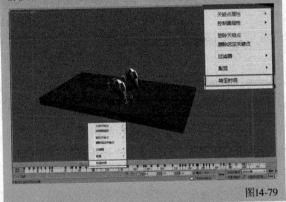

图14-79

14.3.4 设置关键点过滤器

无论使用"自动关键点"模式还是"设置关键点"模式设置动画时，我们都可以通过"关键点过滤器"来选择要创建的关键点中所包含的信息。

第1步：进入"创建"命令面板的"几何体"面板，单击"圆柱"按钮，然后在视图中创建一个"圆柱"对象，如图14-80所示。

第2步：选择对象，然后激活"设置关键点"按钮 设置关键点 ，在第0帧处单击"设置关键点"按钮 ，这样就在第0帧处设置了一个关键点，如图14-81所示。

图14-80　　　　图14-81

技巧与提示

此时，该关键帧是彩色的，从上到下分别为"红色""绿色"和"蓝色"，这3个颜色分别代表着"位移""旋转"和"缩放"，也就是说在第0帧处我们设置了一个包含"位移""旋转"和"缩放"信息的关键帧。如果我们只想对物体的"位移"制作动画，可以对"关键点过滤器"进行设置，在创建关键帧时只创建带有"位置"信息的关键帧，这样不但可以方便对动画的编辑，还可以节省系统的资源。

第3步：按快捷键Ctrl+Z返回上一步操作，然后单击"动画记录控制"区的"关键点过滤器"按钮

关键点过滤器... ，打开"设置关键点"对话框，如图14-82所示。

第4步：此时，可以设置当单击"设置关键点"按钮 时，所创建的关键帧中包含哪些信息。如果想要对"圆柱"对象的"高度"参数值设置动画，那在这里可以取消勾选其他的复选框，只勾选"对象参数"后面的复选框，如图14-83所示。

图14-82　　　　　　图14-83

第5步：设置完毕后，单击"设置关键点"按钮 ，这时，轨迹栏上出现一个灰色的关键点，然后进入"修改"命令面板，发现"圆柱"的一些基础参数后面的"微调器"按钮 被一个红色框包围着，这说明这些数值在当前时间被创建了一个关键帧，如图14-84所示。

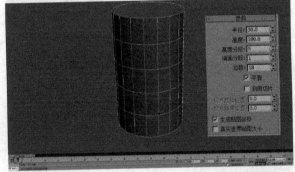

图14-84

第6步：进入"修改"命令面板，在"修改器列表"中为圆柱添加一个"弯曲"修改器。如果想对修改器设置动画，需要在"关键点过滤器"对话框，勾选"修改器"后面的复选框，如图14-85和图14-86所示。

图14-85

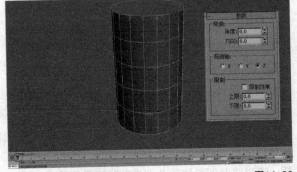

图14-86

技巧与提示

在对象的一些基础参数或者修改器的一些参数后面的"微调器"按钮上，单击鼠标右键，可以只为当前参数值创建一个关键帧。

另外，拖动时间滑块到某一帧，在时间滑块上单击鼠标右键，在弹出的"创建关键点"对话框中，可以快速创建包含"位移""旋转"和"缩放"信息的关键帧，如图14-87所示。

图14-87

14.3.5 设置关键点切线

用户可以在创建新动画关键点之前，先对关键点切线的类型进行设置，通过对关键点切线的设置，可以让物体的运动呈现出"匀速""减速"和"加速"等状态。本节将简单介绍关键点切线的设置方法，关于其具体运用将在"曲线编辑器"部分进行详细的讲解。

第1步：打开"场景文件>CH14>09.max"文件，在场景中有两架飞机模式，如图14-88所示。

图14-88

第2步：选择"飞机01"对象，激活"自动关键点"按钮，将时间滑块拖动到第100帧的位置，然后将"飞机01"对象沿x轴调整其位置，如图14-89所示。

图14-89

第3步：退出"自动关键点"模式，然后播放动画，会发现飞船模型缓慢启动，然后缓慢停止，这是

因为关键点切线默认使用的是"平滑切线"类型。在动画控制区中的"新建关键点的入/出切线"按钮上按住鼠标左键不放，如图14-90所示。

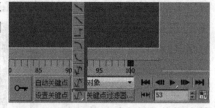

图14-90

第4步：在弹出的按钮列表中选择"线性"按钮，然后在视图中选择"飞机02"对象，接着激活"自动关键点"按钮，将时间滑块拖动到第100帧的位置，然后将"飞机02"对象沿x轴调整其位置，如图14-91所示。

图14-91

第5步：设置完毕后，退出"自动关键点"模式，播放动画可以观察到"平滑"切线类型和"线性"切线类型的不同动画效果。

14.3.6 "时间配置"对话框

通过"时间配置"对话框，可以对动画的制作格式进行设置，这些设置包括帧速率、动画播放速度控制、时间显示格式和活动时间段等。单击动画控制区的"时间配置"按钮，可以打开"时间配置"对话框，如图14-92所示。

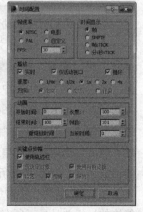

图14-92

1.帧速率和时间显示

在"时间配置"对话框的"帧速率"选项组中可

以设置动画每秒所播放的帧数。在默认设置下，所使用的是NTSC帧速率，表示动画每秒包含30帧画面；选择PAL单选按钮后，动画每秒播放25帧；选择"电影"单选按钮后，动画每秒播放24帧，如果选择"自定义"单选按钮，然后在FPS数值框内输入数值，可以自定义动画播放的帧数，如图14-93所示。

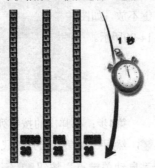

图14-93

通过"时间显示"选项组中的各个选项，可对时间滑块和轨迹栏上的时间显示方式进行更改，共有4种显示方式，分别为"帧""SMPTE""帧:TICK"和"分:秒:TICK"如图14-94~图14-97所示。

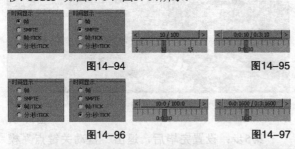

图14-94　　图14-95

图14-96　　图14-97

技巧与提示
SMPTE是电影工程师协会的标准，用于测量视频和电视产品的时间。

2.动画播放控制

下面介绍如何控制动画的播放方式。

第1步：打开"场景文件>CH14>08.max"文件，单击"时间配置"按钮，打开"时间配置"对话框，在"播放"选项组中，"实时"复选框为默认的勾选状态，表示将在视图中实时播放，与当前设置的帧速率保持一致。勾选"实时"复选框后，用户可通过"速度"选项右侧的单选按钮来设置动画在视图中的播放速度，如图14-98所示。

第2步：禁用"实时"复选框，视图播放将尽可能快的运行并且显示所有帧。这时"速度"选项的按钮将被禁用，而"方向"选项右侧的单选按钮将处于激活状态，"方向"选项右侧的"向前""向后"和"往复"单选按钮，分别可将动画设置为向前播放、反转播放和向前然后反转重复播放，如图14-99所示。

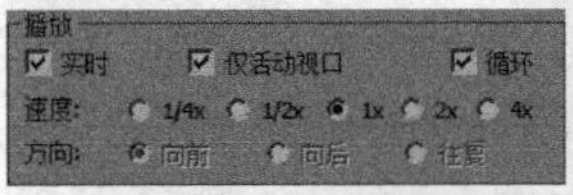

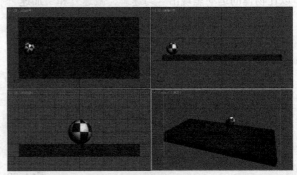

图14-98 　　　　　　　图14-99

技巧与提示
"速度"默认设置为"1x"，表示动画在视图中的播放速度为正常播放速度，其他4个单选按钮可以减速或加速动画在视图中的播放速度，但无论选项减速或加速选项，则只影响动画在视图中的播放速度，并不影响动画在渲染后的实际播放速度。

第4步：在"播放"选项组中，"仅活动视口"复选框默认为勾选状态，表示动画只在当前被激活的视图中进行播放，而其他视图中的画面保持静止，如图14-100所示；如果取消勾选"仅活动视口"复选框的勾选，则所有视图都将播放动画效果，如图14-101所示。

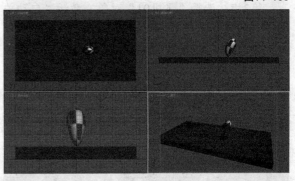

图14-100

图14-101

技巧与提示
"方向"选项同样只影响动画在视图中的播放，而不会影响动画的渲染输出。

第5步：在默认情况下，播放动画时，动画会在视图中循环进行播放。取消勾选"播放"选项组中的"循环"复选框，然后单击"播放动画"按钮▶，则动画将只播放一遍就会停止，不再继续播放。

第6步：在"动画"选项组中，可以控制动画的总帧数、开始和结束帧等相关参数。将"开始时间"设置为-10，"结束时间"设置为100；接着将"当前时间"设置为50，单击"确定"按钮，观察轨迹栏的变化，如图14-102所示。

图14-102

技巧与提示

在时间滑块上， `< 100 / 110 >` 前面的数字表示当前所在帧数，而后面的数字表示当前活动时间段的总帧数。

此外，按住快捷键Ctrl+Alt，在时间轨迹栏单击鼠标左键并拖动，可以快速设置动画的"起始时间"，单击鼠标右键并拖动可以快速设置动画的"结束时间"。

第7步：单击"重缩放时间"按钮 重缩放时间 可以打开"重缩放时间"对话框，如图14-103所示。通过该对话框，可以拉伸或收缩所有对象活动时间段内的动画，同时轨迹栏中所有关键点的位置将会重新排列。设置结束时间为100，单击"确定"按钮关闭对话框，然后单击"确定"按钮关闭"时间配置"对话框，观察轨迹栏上关键帧的变化，原来350帧的动画变成了100帧，动画节奏变快，如图14-104所示。

图14-103

图14-104

3.关键点步幅

"关键点步幅"选项组可以设置开启"关键点模式"按钮后，单击"上一个关键点"按钮或"下一个关键点"按钮时，系统在轨迹栏中会以何种方式在关键帧之间进行切换。

例如，当前正在使用"选择并移动"工具，这时，取消"关键点步幅"选项组中"使用轨迹栏"前复选框的勾选，再单击"上一个关键点"按钮或"下一个关键点"按钮，系统则只会在包含"移动"信息的关键帧之间进行切换，如图14-105和图14-106所示。

图14-105

图14-106

勾选"仅选定对象"前的复选框，单击"上一个关键点"按钮或"下一个关键点"按钮，系统将只会在选定对象的变换动画的关键点之间进行切换，如果取消勾选该复选框，系统将在场景中所有对象的变换关键点之间进行切换。

勾选"使用当前变换"复选框后，系统将自动识别当前正使用的变换工具，这时系统将只在包含当前变换信息的关键帧之间进行切换。此外，也可以取消勾选该复选框，通过下面3个变换选项来指定"关键点模式"所使用的变换。

即学即练：制作翻书动画

场景位置	场景文件>CH14>10.max
实例位置	实例文件>CH14>即学即练：制作翻书动画.max
实用指数	★★☆☆☆
学习目标	熟悉使用修改器制作和调节动画的方法

使用"弯曲"修改器制作一个翻书动画的效果，翻书动画在许多影视片头和栏目包装中都有，是一种比较常用的动画制作方式。图14-107所示为最终渲染效果。

图14-107

14.4 曲线编辑器

在3ds Max 2015中，除了可以直接在轨迹栏中编辑关键帧外，还可以打开动画的"轨迹视图"，对关键帧进行更复杂的编辑，包括复制或粘贴运动轨迹、添加运动控制器和改变运动状态等，这些设置都可以在"轨迹视图"窗口中对关键帧进行编辑。

轨迹视图窗口有两种显示方式，即"曲线编辑器"和"摄影表"。"曲线编辑器"模式可以将动画显示为动画运动的功能曲线，"摄影表"模式可以将动画显示为关键点和范围的电子表格，如图14-108和图14-109所示。

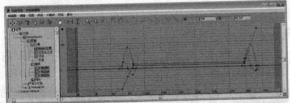

图14-108

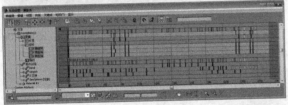

图14-109

"曲线编辑器"显示方式为轨迹视图的默认显示方式，是最常用的一种显示方式，本书也将以"曲线编辑器"显示方式为例来为读者讲解具体使用方法。

14.4.1 "曲线编辑器"简介

打开"曲线编辑器"的方法有3种，第1种为执行"图形编辑器>轨迹视图-曲线编辑器"菜单命令；第2种为单击主工具栏上的"曲线编辑器"按钮；第3种方法也是最常用的一种方法，即是在视图中单击鼠标右键，在弹出的四联菜单中选择"曲线编辑器"，如图14-110和图14-111所示。

技巧与提示

在软件菜单栏中执行"图形编辑器>轨迹视图-摄影表"或者在"曲线编辑器"的菜单栏中执行"模式>摄影表"，都可以打开"摄影表"。

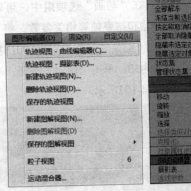

图14-110　　　图14-111

3ds Max 2015对"曲线编辑器"的界面做了一些精简，把一些常用的工具进行了隐藏。在打开的"曲线编辑器"的标题栏上单击鼠标右键，在弹出的快捷菜单中选择"加载布局>Function Curve Layout（Classic）"，可以将常用工具显示出来，如图14-112和图14-113所示。

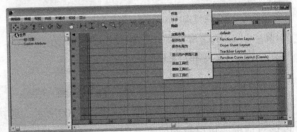

图14-112

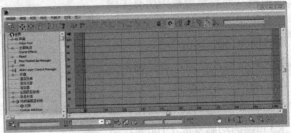

图14-113

"曲线编辑器"的界面由菜单栏、工具栏、控制器窗口、关键点窗口、时间标尺、选择集合状态工具、状态工具和导航工具组成，如图14-114所示。

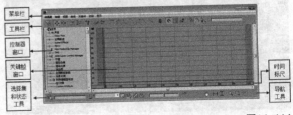

图14-114

"控制器"窗是用来显示对象名称和控制器轨迹的，单击工具栏上的"过滤器"按钮，可以打开"过滤器"对话框，在"显示"选项组中还能设置哪些曲线和轨迹可以用来进行显示和编辑，如图14-115和图14-116所示。

图14-115　　　　　　　　　　　图14-116

下面通过一组实例操作，为读者讲解"曲线编辑器"的基本用法。

第1步：打开"场景文件>CH14>11.max"文件，在该场景中只有一个"球体"对象，如图14-117所示。

图14-117

第2步：选择"球体"对象，在视图中单击鼠标右键，在弹出的四联菜单中选择"曲线编辑器"，打开"曲线编辑器"对话框，在左侧的"控制器窗口"中显示了选择的"球体"对象的名称和变换等控制器类型，如图14-118所示。

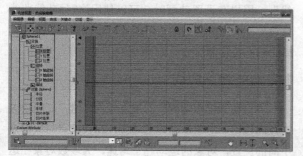

图14-118

技巧与提示

在默认情况下，选择的对象会直接显示在左侧的"控制器窗口"中，也可以单击"轨迹选择集"中的"缩放选定对象"按键，在"控制器窗口"中快速定位所选择的对象。

第3步：在"控制器窗口"中单击"球体"位置层级下的"Z位置"，这时在右侧的"关键帧窗口"中的"0"位置会出现一条蓝色的虚线，如图14-119所示。

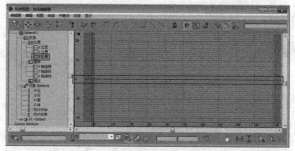

图14-119

第4步：在"关键点"工具栏单击"添加关键点"按钮，然后将鼠标指针移动到"关键帧窗口"中的蓝色虚线上并单击鼠标右键，可以在该位置创建1个关键帧，如图14-120所示。

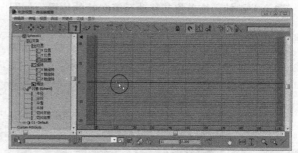

图14-120

第5步：用同样的方法，在蓝色虚线的其他位置上再创建两个关键帧，单击"关键点"工具栏上的"移动关键点"按钮，然后框选创建的第1个关键点，接着在"关键点"状态工具栏中，参考图14-121进行设置。

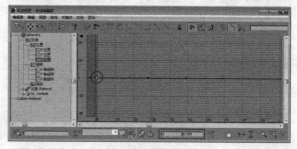

图14-121

技巧与提示

在"关键点状态"工具栏中[ ] [ ]，前面的数值表示当前选择的关键帧所在的帧数，后面的数值表示当前选择关键帧的动画值。

第6步：用同样的方法，选择中间的关键帧，参考图14-122进行设置。然后播放动画，会发现"球体"对象在z轴上产生了一个先升起20个单位再落回原点的一段动画。

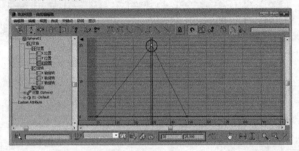

图14-122

第7步：在工具栏上，单击"移动关键点"按钮[ ]并按住不放，在弹出的按钮列表中，选择"水平移动关键点"按钮[ ]，然后在"关键帧窗口"中选择第3个关键帧，接着将其移动至第60帧的位置，如图14-123所示。

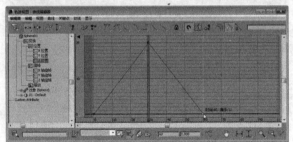

图14-123

第8步：单击工具栏上的"滑动关键点"按钮[ ]，将第0帧位置的关键点向右移动至10帧的位置，整段动画就从第10帧开始发生，如图14-125所示。

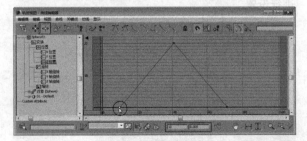

图14-124

第9步：在"控制器窗口"中进入"球体"层下

的"Z轴旋转"，然后在"关键点"工具栏内单击"绘制曲线"按钮[ ]，通过拖动鼠标的方式手动可以在该层的轨迹曲线上绘制关键点，如图14-125和图14-126所示。

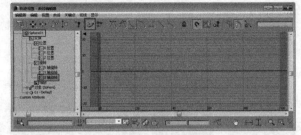

图14-125

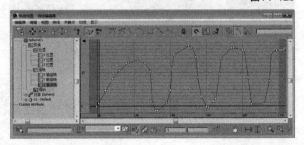

图14-126

第10步：播放动画，"球体"会沿z轴来回转动，而且移动速度也不再是均匀的。

14.4.2 认识功能曲线

在动画的设置过程中，除了关键点的位置和参数值，关键点切线也是一个很重要的因素，即使关键点的位置相同，运动的程度也一致，使用不同的关键点切线，也会产生不同的动画效果。在本小节中将为读者讲解关键点切线的有关知识。

3ds Max 2015中共有7种不同的功能曲线形态，分别为"自动关键点切线""自定义关键点切线""快速关键点切线""慢速关键点切线""阶梯关键点切线""线性关键点切线"和"平滑关键点切线"。用户在设置动画时，可以使用这7种功能曲线来设置不同对象的运动。下面通过实例操作，来为读者讲解有关功能曲线的相关知识。

1.自动关键点切线

"自动关键点切线"的形态较为平滑，在靠近关键点的位置，对象运动速度略慢，在关键点与关键点中间的位置，对象的运动趋于匀速，大多数对象在运动时都是这种运动状态。

第1步：打开"场景文件>CH14>12.max"文件，在场景中有两架飞机，并且在第0~第50帧已经设置了一个简单的位移动画，如图14-127所示。

图14-127

第2步：在场景中选择"飞机01"对象，然后打开"曲线编辑器"窗口，在左侧的"控制器窗口"中选择"X位置"层，如图14-128所示。

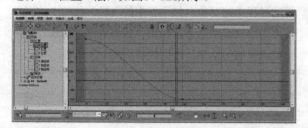

图14-128

第3步：在轨迹栏上选择第0帧处的关键帧，然后按住Shift键，接着按住鼠标左键并拖动，复制一个关键帧到第100帧的位置；这时在"曲线编辑器"的"关键帧窗口"中也出现了我们刚才复制的关键帧，如图14-129所示。

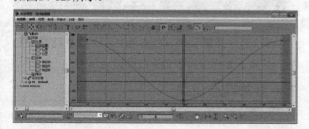

图14-129

第4步：在"曲线编辑器"中选择任意一个关键帧，关键帧上会出现一个蓝色的操纵手柄。在默认情况下，关键点切线都是"自动关键点切线"，如图14-130所示。

图14-130

2.自定义关键点切线

"自定义关键点切线"能够通过手动调整关键点控制手柄的方法，来控制关键点切线的形态，关键点两侧可以使用不同的切线形式。

第1步：在"关键点窗口"中选择两边的两个关键帧，然后在"关键点切线"工具栏中单击"将切线设置为自定义"按钮，这时关键帧的操作手柄由蓝色变为黑色，表示当前关键帧由"自动关键点切线"转换为了"自定义关键点切线"，如图14-131所示。

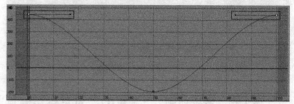

图14-131

第2步：使用"移动关键点"工具，调整关键点的控制柄来改变曲线的形状，如图14-132所示。

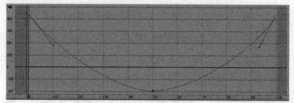

图14-132

第3步：播放动画，"飞机01"对象会快速启动，在第50帧时缓慢停下，从第50~第100帧又是一个由慢到快的运动过程。

> **技巧与提示**
>
> 3ds Max中的功能曲线其实就是物理中的物体运动的抛物线知识。通过这些功能曲线，可以调节物体的运动是匀速、匀加速或匀减速等动画效果。

3.快速关键点切线

使用"快速关键点切线"，可以设置物体由慢到快的运动过程。物体从高处掉落时就是一种匀加速的运动状态。

第1步：在场景中选择"飞机02"对象，在打开的"曲线编辑器"窗口中选择"x位置"层级下第50帧处的关键帧，如图14-133所示。

第2步：单击"关键点切线"工具栏中的"将切线设置为快速"按钮，"自定义关键点切线"将被转换为"快速关键点切线",如图14-134所示。

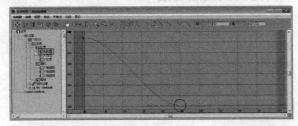

图14-133

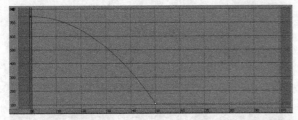

图14-134

第3步:播放动画,"飞机02"对象将缓慢启动,越接近第50帧时,运动的速度越快。

4.慢速关键点切线

"慢速关键点切线"可以使对象在接近关键帧时,速度减慢,如汽车在停车时,就是这种运动状态。

第1步:选择"飞机02"对象第50帧处的关键帧,单击"关键点切线"工具栏中的"将切线设置为慢速"按钮,"快速关键点切线"将被转换为"慢速关键点切线"。用同样的方法,将第0帧的关键点更改为"快速关键点切线",如图14-135所示。

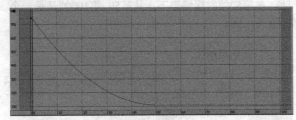

图14-135

第2步:播放动画,"飞机02"对象刚开始是加速运动,然后在越接近第50帧时运动速度越慢。

5.阶梯关键点切线

"阶梯关键点切线"使对象在两个关键点之间没有过渡的过程,而是突然由一种运动状态转变为另一种运动状态,这与一些机械运动很相似,如冲压机、打桩机等。

第1步:选择"飞机01"对象,在打开的"曲线编辑器"的"关键帧窗口"中第0~第100帧选3个关

键帧,单击"关键点切线"工具栏上的"将切线设置为阶梯式"按钮,如图14-136所示。

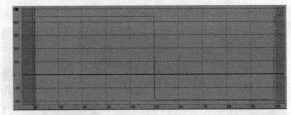

图14-136

第2步:播放动画,"飞机01"第0~第49帧保持原有位置不变,在第50帧时位置突然发生改变。

6.线性关键点切线

"线性关键点切线"使对象保持匀速直线运动,运动过程中的对象,如飞行中的飞机、移动中的汽车通常为这种运动状态。使用"线性关键点切线"还可设置对象的匀速旋转,例如螺旋桨、风扇等。

第1步:选择场景中的"飞机01"对象,在"关键点窗口"中选择第0帧和第50帧处的关键帧,单击"关键点切线"工具栏中的"将切线设置为线性"按钮,将这两个关键点的切线类型都设置为线性,如图14-137所示。

图14-137

第2步:播放动画,"飞机02"对象从动画的起始到结束,始终保持着匀速直线运动状态。

7.平滑关键点切线

"平滑关键点切线"可以让物体的运动状态变得平缓,关键帧两端没有控制手柄,如图14-138所示。此外,在"关键点切线"工具栏中的各个按钮内部,还包含了相应的内外切线按钮,通过单击这些按钮,可以只更改当前关键点的内切线或外切线。

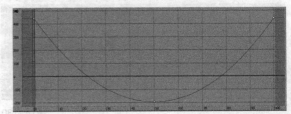

图14-138

第1步：选择"飞机02"对象，在"关键点窗口"中选择中间的关键帧，然后在"关键点切线"工具栏中的"将切线设置为阶梯式"按钮上单击并按住鼠标左键，在弹出的按钮列表中选择"将内切线设置为阶梯式"按钮，如图14-139所示。

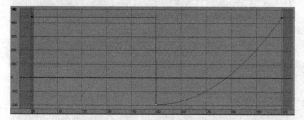

图14-139

第2步：播放动画，"飞机02"对象到第50帧突然发生位置上的变化，但从第51~第100帧又产生了一个匀加速的动画效果。

第3步：当选择一个关键帧后，并在关键帧上单击鼠标右键，可以快速打开当前关键帧的属性对话框，如图14-140所示。

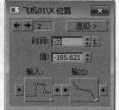

图14-140

第4步：通过对话框左上角的左箭头和右箭头按钮，可以在相邻关键点之间进行切换，通过"时间"和"值"选项可设置当前关键点所在的帧位置，以及当前关键点的动画数值。在"输入"和"输出"按钮上按住鼠标左键不放，在弹出的按钮列表中可以设置"内切线"和"外切线"的类型。

典型实例：制作敲钉子动画

场景位置	场景文件>CH14>13.max
实例位置	实例文件>CH14>制作敲钉子动画.max
实用指数	★★★☆☆
学习目标	熟悉快速和慢速关键点切线的使用方法

本实例将制作一段锤子敲钉子的动画，该实例将带领读者巩固学习快速和慢速关键点切线的使用方法。图14-141所示为本实例的最终渲染效果。

图14-141

01 打开"场景文件>CH14>13.max"文件，在场景中，已经为模型指定了材质，并设置了基本灯光，如图14-142所示。

图14-142

02 在场景中选择锤子对象，然后在动画控制区中单击"自动关键点"按钮，进入"自动关键帧"模式；接着将时间滑块拖动到第18帧的位置，使用移动和旋转工具调整"锤子"对象的位置和角度，让锤子形成一个抬起的动作，如图14-143所示。

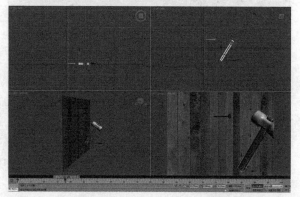

图14-143

03 将时间滑块拖动到第20帧的位置，然后继续调整"锤子"对象的位置和角度，制作出"锤子"敲下去的动作，如图14-144所示。

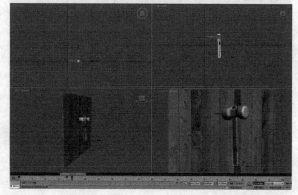

图14-144

04 此时，"锤子"和"钉子"穿插在一起，下面制作"钉子"的动画。在场景中选择"钉子"对象，将时间滑块拖动到第19帧的位置，然后在时间滑块上单击鼠标右键，在弹出的"创建关键点"对话框中，只保留"位置"前的复选框的勾选；接着单击"确定"按钮 确定 ，此时，在第19帧的位置上创建了一个只有位移信息的关键帧，如图14-145和图14-146所示。

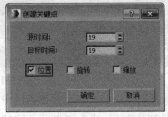

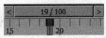

图14-145　　图14-146

05 将时间滑块拖动到第20帧的位置，然后使用移动和旋转工具调整钉子对象的位置，如图14-147所示。

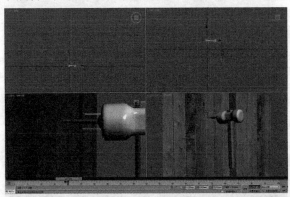

图14-147

06 使用同样的方法，制作锤子第2次敲击钉子的动画效果，如图14-148所示。

图14-148

07 选择锤子对象，然后打开"曲线编辑器"，接着在左侧的"控制器窗口"中选择锤子对象的"X位置"和"Z位置"，在右侧的"关键帧窗口"中选择图14-149所示的关键帧，最后单击"工具栏"上的"将切线设置为快速"按钮 ，如图14-150所示。

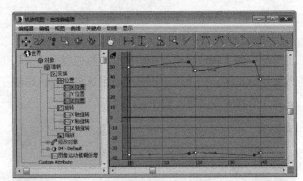

图14-149

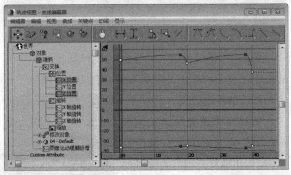

图14-150

08 用同样的方法，将图14-151所示的"X轴旋转"上选择的关键帧切线设置为快速，如图14-152所示。

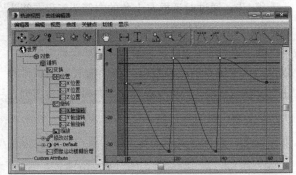

图14-151

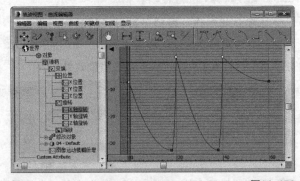

图14-152

09 选择动画效果比较明显的帧，然后渲染场景，最终效果如图14-153所示。

图14-153

14.4.3 设置循环动画

    在3ds Max 2015中，"参数曲线超出范围类型"可以设置物体在已确定的关键点之外的运动情况，用户可以在仅设置少量关键点的情况下，使某种运动不断循环，这样不仅大大提高了工作效率，还保证了动画设置的准确性。本节将为读者讲解有关循环运动的类型和设置方法。

    第1步：打开"场景文件>CH14>12.max"文件，在场景中选择飞机对象，然后打开"曲线编辑器"，进入该对象的"X位置"层级，如图14-154所示。

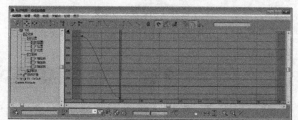

图14-154

    第2步：在"曲线编辑器"窗口的"曲线"工具栏中单击"参数曲线超出范围类型"按钮，打开"参数曲线超出范围"对话框，如图14-155所示。默认情况下，所使用的是"恒定"超出范围类型，该类型在所有帧范围内保留末端关键点的值，也就是在所有关键帧范围外不再使用动画效果。

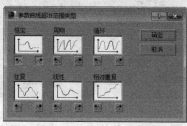

图14-155

    第3步：在"参数曲线超出范围类型"对话框中，单击"周期"选项下方的白色大框，应用"周期"超出范围类型，该范围类型将在一个范围内重复相同的动画。单击"确定"按钮关闭对话框，曲线形状如图14-156所示。

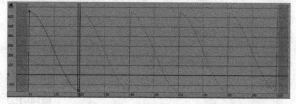

图14-156

    第4步：播放动画，可以观察飞机在活动时间段内一直重复相同的动画。

    第5步：打开"参数曲线超出范围类型"对话框，单击"往复"选项，然后单击"确定"按钮，应用"往复"超出范围类型，该类型将已确定的动画正向播放后连接反向播放，如此反复衔接。图14-157所示为"往复"超出范围类型的曲线形态。

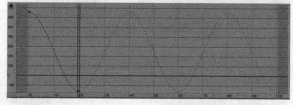

图14-157

    第6步：播放动画，发现在播放到第20帧时，飞机将按照先前的运动轨迹原路返回。

    第7步：打开"参数曲线超出范围类型"对话框，单击"线性"选项，然后单击"确定"按钮，应用"线性"超出范围类型，此时，"曲线编辑器"窗口中的曲线形态并没有发生变化。在"关键帧窗口"中选择最后一个关键帧，单击"移动关键点"按钮，并调节蓝色的控制手柄，如图14-158所示。

    第8步：播放动画，飞机从第20帧之后，会沿着x轴的正方向无限运动下去。"线性"超出范围类型将在已确定的动画两端插入线性的动画曲线，使动画在进入和离开设定的区段时促持平稳。

第9步：打开"参数曲线超出范围类型"对话框，单击"相对重复"选项，然后单击"确定"按钮关闭对话框，应用"相对重复"超出范围类型，曲线形状如图14-159所示。

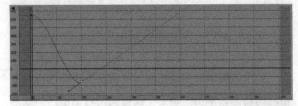

图14-158

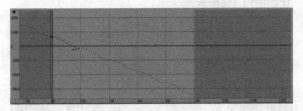

图14-159

第10步：播放动画，飞机沿着*x*轴的负方向无限地运动下去，但是飞机在运动过程中有卡顿的现象。在"曲线编辑器"的"关键点窗口"中选择"飞机"的两个关键点，单击"关键点切线"工具栏中的"将切线设置为线性"按钮，这时播放动画，"飞机"的动画始终保持着匀速直线运动的状态。图14-160所示为调节后的动画曲线形态。

图14-160

 技巧与提示

　　"相对重复"超出范围类型的用处很多，如在我们前面章节学过的"火焰"大气效果，就可以为"火焰"的相位参数动画指定"相对重复"超出范围类型，让"火焰"永远不停地升腾燃烧。

典型实例：制作鱼儿摆尾动画

场景位置	场景文件>CH14>14.max
实例位置	实例文件>CH14>制作鱼儿摆尾动画.max
实用指数	★★★☆☆
学习目标	熟悉循环动画的制作和设置方法

　　本实例将制作一段鱼儿游动的动画效果，如果鱼儿始终在水里游，那么就可以使用设置循环的方法来制作鱼儿摆尾的动画。图14-161所示为本实例的最终渲染效果。

图14-161

01 打开"场景文件>CH14>14.max"文件，在场景中，已经为模型指定了材质，并设置了基本灯光，如图14-162所示。

图14-162

02 在场景中选择如图14-163所示的一个鱼鳍，然后在动画控制区中单击"自动关键点"按钮 自动关键点 ，进入"自动关键帧"模式；接着将时间滑块拖动到第10帧的位置，进入"修改"命令面板，在"弯曲"修改器的"参数"卷展栏中，设置"角度"为50.0，最后勾选"限制"选项组中"限制效果"前的复选框，如图14-164所示。

图14-163　　　　　　图14-164

03 用同样的方法，制作其余3个鱼鳍的动画效果，如图14-165所示。

图14-165

04 选择鱼儿的身体，将时间滑块拖动到第100帧，

然后在"波浪"修改器
的"参数"卷展栏中，
设置"相位"为6.0，如
图14-166所示。

图14-166

05 选择其中一个鱼鳍并打开曲线编辑器，在左侧
"控制器窗口"中找到"角度"参数对应的动画曲
线，然后在菜单栏中执行"编辑>控制器>超出范围
类型"命令，打开"参数曲线超出范围类型"对话
框，最后在打开的对话框中选择"往复"，如图14-
167～图14-169所示。

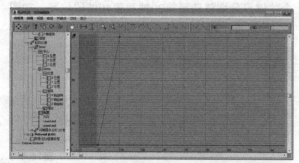

图14-167

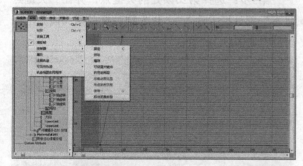

图14-168

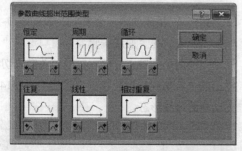

图14-169

06 用同样的方法，将其余3个鱼鳍的动画曲线超出
范围类型也设置为"往复"，将鱼儿身体的"相位"
动画曲线的超出范围类型设置为"相对重复"，如图
14-170和图14-171所示。

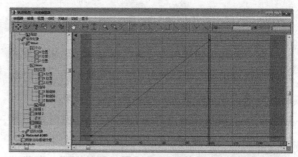

图14-170

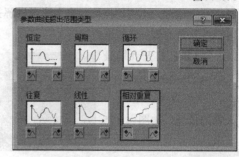

图14-171

07 在场景中选择如图14-172所示的已经与鱼父
子链接的点辅助体，
使用前面章节学习过
的方法，为其制作位
移和旋转动画，如图
14-173所示。

图14-172

图14-173

08 选择动画效果比较明显的帧，然后渲染场景，效
果如图14-174所示。

图14-174

14.4.4 设置可视轨迹

在"曲线编辑器"模式下，可以通过编辑对象的可视性轨迹来控制物体何时出现和何时消失。这对动画制作来说非常有意义。为对象添加可视轨迹后，可以在轨迹上添加关键点，当关键点的值为1时，对象完全可见；当关键点的值为0时，对象完全不可见。通过编辑关键点的值，可以设置对象的渐现、渐隐动画。下面通过一组实例操作，来为读者讲解关于物体可视性轨迹的添加及设置方法。

第1步：打开"场景文件>CH14>15.max"文件，在场景中，有一个人物的模型，如图14-175所示。

图14-175

第2步：选择"人物"对象，打开"曲线编辑器"窗口，然后在"控制器窗口"中选择"人物"层；接着在"曲线编辑器"的菜单栏中执行"编辑>可见性轨迹>添加"命令，为对象添加"可见性轨迹"，这时在"人物"层下会出现"可见性"层，如图14-176和图14-177所示。

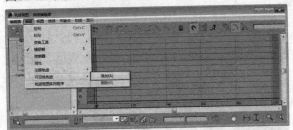

图14-176

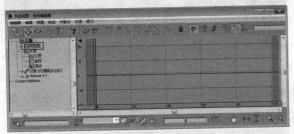

图14-177

技巧与提示

在添加"可见性轨迹"时，必须要选择对象的根目录层级，在本操作中就选择了"人物"根目录层级。

第3步：选择"可见性"层，然后在"关键点"

工具栏中单击"添加关键点"按钮，通过单击鼠标的方式在关键点切线上添加两个关键点，如图14-178所示。

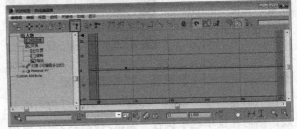

图14-178

第4步：使用"水平移动关键点"工具，或者通过在"关键点状态"工具栏中输入数值的方法，将两个关键点分别移动至第20帧和第40帧的位置，如图14-179所示。

图14-179

第5步：选择第20帧处的关键点，并在"关键点状态"工具栏中输入0，让人物对象在第20帧完全不可见，如图14-180所示。

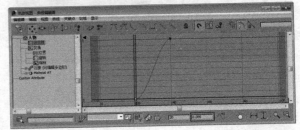

图14-180

第6步：播放动画，会发现人物从第20~第40帧慢慢显示出来。在"曲线编辑器"窗口选择"可见性"轨迹上的两个关键点，然后单击"关键点切线"工具栏上的"将切线设为阶梯式"按钮，图14-181所示为动画的曲线形态。

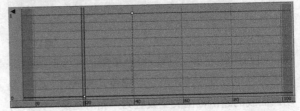

图14-181

第7步：播放动画，人物对象在第40帧时突然显示出来。

第8步：如果不想要这段物体的可视动画了，可以将"可见性"轨迹上的关键帧删除，或者直接将整个"可见性"轨迹删除。在"曲线编辑器"中选择"可见性"层，然后在菜单中执行"编辑>可见性轨迹>删除"，这样就可以将"可见性"轨迹删除了，如图14-182所示。

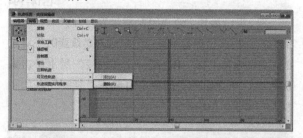

图14-182

　　选择一个物体，在视图上单击鼠标右键，在弹出的四联菜单中单击"对象属性"，打开"对象属性"对话框，调节"渲染控制"选项中的"可见性"数值，可以让物体在场景中以及渲染时，以实体或半透明方式显示。如果开启了"自动关键点"动画记录模式，调节这里的数值也会被记录成动画，如图14-183所示。

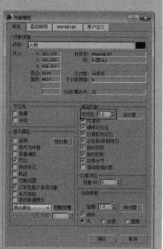

图14-183

典型实例：制作时空传送器动画

场景位置	场景文件>CH14>16.max
实例位置	实例文件>CH14>典型实例：制作时空传送器动画.max
实用指数	★★★☆☆
学习目标	熟悉物体可视动画的制作和编辑方法

　　本实例将制作一个时空传送器的动画效果，该实例主要使用"曲线编辑器"对物体进行可视动画的制作，物体的可视动画在动画制作中是非常常用的，图14-184所示为本实例的最终渲染效果。

图14-184

01 打开"场景文件>CH14>16.max"文件，在场景中，已经为模型指定了材质，并设置了基本灯光，如图14-185所示。

图14-185

02 在场景中选择"飞船01"对象并打开"曲线编辑器"窗口，然后在"控制器列表"中选择"飞船01"层，执行"编辑>可见性轨迹>添加"命令，如图14-186和图14-187所示。

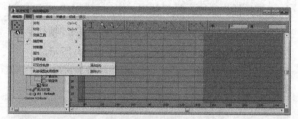

图14-186

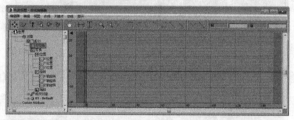

图14-187

03 选择"可见性"层，然后单击工具栏上的"添加关键点"按钮 🖱️，接着在关键点切线上的第20帧和第130帧处添加两个关键点，如图14-188所示。

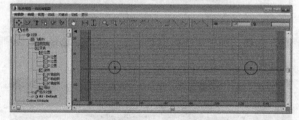

图14-188

04 选择第130帧处的关键点，然后在工具栏中设置其数值为0，如图14-189所示。

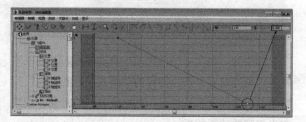

图14-189

05 用同样的方法设置"飞船02"对象的可见性动画，但是"飞船02"的可见性动画跟"飞船01"恰好相反，设置完成后，动画曲线如图14-190所示。

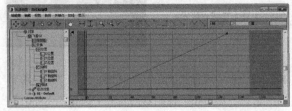

图14-190

06 选择"闪电"对象，在"曲线编辑器"中为其添加"可见性"轨迹，然后使用"添加关键点"工具分别在"可见性"轨迹层的第20帧、第22帧、第128帧和第130帧的位置分别添加一个关键点，如图14-191所示。

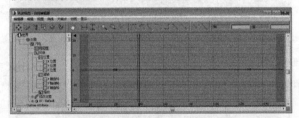

图14-191

07 将第20帧和第130帧位置的关键点的值设置为0，如图14-192所示。

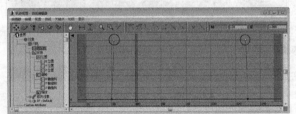

图14-192

08 选择动画效果比较明显的帧，然后渲染场景，效果如图14-193所示。

图14-193

14.4.5 对运动轨迹的复制与粘贴

如果为一个对象制作完成一段动画后，其他的对象也想与当前对象产生同样的动画效果，我们就可以将当前对象的动画轨迹复制粘贴给其他的对象，使之产生相同的动画效果。

第1步：打开"场景文件>CH14>17.max"文件，在文件中，包含两个"茶壶"对象，其中"茶壶01"对话已经指定了一段简单的位移和旋转动画，如图14-194所示。

图14-194

第2步：选择"茶壶01"对象并打开"曲线编辑器"，然后在"控制器窗口"中进入"茶壶01"对象的"Z轴旋转"层；接着在"Z轴旋转"层上单击鼠标右键，在弹出的快捷菜单中选择"复制"，如图14-195和图14-196所示。

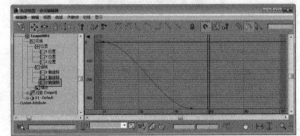

图14-195

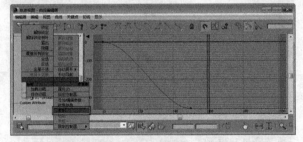

图14-196

第3步：在场景中选择"茶壶02"对象，然后在打开的"曲线编辑器"的"控制器窗口"中，进入"茶壶02"对象的"Z轴旋转"层；接着在"Z轴旋转"层上单击鼠标右键，在弹出的快捷菜单中选择"粘贴"，最后在弹出的"粘贴"对话框中选择"复制"方式，并单击"确定"按钮，如图14-197~图14-199所示。

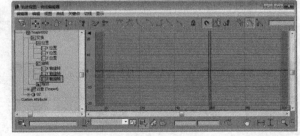

图14-197

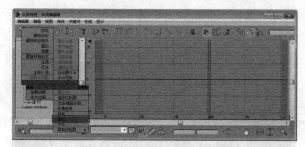

图14-198

第4步：播放动画，会发现已经将"茶壶01"对象的旋转动画轨迹复制给了"茶壶02"对象。

图14-199

第5步：用同样的方法，可以将"茶壶01"对象的位移动画轨迹复制给"茶壶02"对象。如果想将"茶壶01"对象的x、y、z3个轴向上的动画轨迹都复制下来，可以选择"茶壶01"对象，然后在"曲线编辑器"中进入其"位置"层，然后在"位置"层上单击鼠标右键，在弹出的快捷菜单中选择"复制"，如图14-200所示。

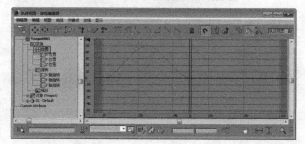

图14-200

第6步：选择"茶壶02"对象，在"曲线编辑器"中同样进入其"位置"层，然后在"位置"层上单击鼠标右键；接着在弹出的快捷菜单中选择"粘贴"，这样就可以将"茶壶01"对象的全部位置轨迹都粘贴给"茶壶02"对象了，如图14-201所示。

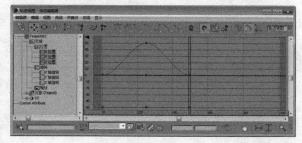

图14-201

即学即练：制作频道栏目包装动画

场景位置	场景文件>CH14>18.max
实例位置	实例文件>CH14>即学即练：制作频道栏目包装动画.max
实用指数	★★★☆☆
学习目标	熟悉位移、旋转、可视性等动画的制作方法

本实例将制作一个比较完整的栏目包装动画，其中会使用位移、旋转和可视化动画等技术。图14-202所示为本实例的最终渲染效果。

图14-202

14.5 知识小结

本章主要讲解了3ds Max中一些简单动画的制作方法，虽然这些方法比较基础，但是千里之行，始于足下，只有掌握了这些基本的动画知识，并且能够灵活运用这些动画知识，才能制作出更复杂和自己满意的动画作品。

14.6 课后拓展实例：翻跟头的圆柱

场景位置	场景文件>CH14>19.max
实例位置	实例文件>CH14>课后拓展实例：翻跟头的圆柱.max
实用指数	★★★☆☆
学习目标	熟悉自动记录关键点、曲线编辑器使用方法

动画的设置，不仅可以针对对象的运动，对象的很多参数也可以被设置为动画，例如材质的颜色变化、光源的强度变化、修改器的参数以及几何体的创建参数等。在本实例中，将制作一个向前连续翻跟头的圆柱，通过本实例，可以使读者巩固本章所学知识，从而更为深入地了解动画设置的相关知识。以下的内容，简单地为读者叙述了实例的技术要点和制作概览，具体操作请观看本书多媒体教学内容。图14-203所示为本实例的最终渲染效果。

图14-203

01 在场景中创建一个"圆柱"对象，并为其赋予一张"笑脸"的贴图，然后为其添加"弯曲"修改器，如图14-204所示。

其与"圆柱"翻跟头的动画节奏相一致，如图14-207所示。

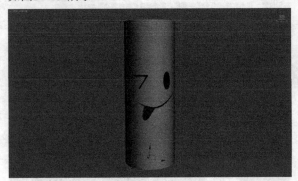

图14-204

02 进入"自动记录关键点"动画记录模式，拖动时间滑块到第10帧，为圆柱制作弯曲和位移的动画，为了方便观察，打开其运动轨迹，如图14-205所示。

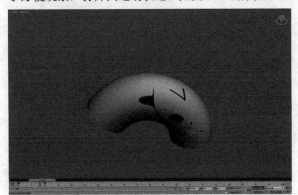

图14-205

03 在"曲线编辑器"中分别设置"圆柱"的位移还有"弯曲"修改器中的"角度"和"方向"的功能曲线，并设置其各个"超出范围类型曲线"的类型，使圆柱能一直沿x轴的正方向不停地翻跟头，如图14-206所示。

图14-206

04 对"圆柱"的贴图坐标进行旋转动画设置，使

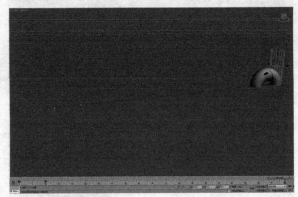

图14-207

第 15 章 高级动画技术

本章知识索引

知识名称	作用	重要程度	所在页
高级动画技术概述	了解3ds Max中一些高级动画技术的概念	中	P336
动画约束	熟练掌握3ds Max中一些常用动画约束的使用方法	高	P337
动画控制器	熟练掌握3ds Max中使一些常用动画控制器的使用方法	高	P349

本章实例索引

实例名称	所在页
课前引导实例：制作蝴蝶飞舞动画	P336
典型实例：用链接约束制作机械臂动画	P345
典型实例：用注视约束制作人物眼神动画	P346
典型实例：用方向约束制作遮阳板动画	P348
即学即练：制作矿车运动动画	P349
典型实例：用音频控制器制作下雨闪电动画	P351
典型实例：用噪波控制器制作镜头震动动画	P354
典型实例：用弹簧控制器制作摇摆的南瓜灯	P358
即学即练：制作机器人开炮动画	P361
课后拓展实例：掉落的硬币	P361

15.1 高级动画技术概述

动画约束功能能够帮助实现动画过程的自动化，它可以将一个物体的变换（移动、旋转、缩放）通过建立绑定关系约束到其他物体上，使被约束物体按照约束的方式或范围进行运动。例如，要制作飞机沿着特定的轨迹飞行的动画，可以通过"路径约束"将飞机的运动约束到样条曲线上。

动画控制器能够使用在动画数据中插值的方法来改变对象的运动，有些动画效果用手动设置关键点的方法是很难实现的，但如果使用动画控制器，则可以快速制作出这些动画效果。

在高级动画的设置中，正向运动和反向运动是最基础的动画设置方法，许多复杂的角色动画设置方法，如人物骨骼和四足动物，都是以正向运动和反向运动为基础的。正向运动和反向运动通过将对象链接的方法，使对象形成层次或链，从而简化动画的设置过程。

15.2 课前引导实例：制作蝴蝶飞舞动画

场景位置	场景文件>CH15>01.max
实例位置	实例文件>CH15>课前引导实例：制作蝴蝶飞舞动画.max
实用指数	★★★☆☆
学习目标	熟悉约束和动画控制器的概念

本节安排了一个蝴蝶飞舞的动画，演示了在3ds Max中为物体添加噪波控制器、路径约束等动画效果，图15-1所示为本实例的动画效果。

图15-1

01 打开"场景文件>CH15>01.max"文件，在场景中，已经为蝴蝶设置了基本的父子链接，并为蝴蝶制作了简单的循环扇翅动画，如图15-2所示。

图15-2

02 选择如图15-3所示的"点"辅助体，然后在菜单栏中执行"动画>位置控制器>噪波"命令，为物体添加噪波控制器，如图15-4所示。

图15-3　　　　　　　　图15-4

03 打开"曲线编辑器"，在左侧的"控制器窗口"中右键单击"噪波位置"选项，然后在弹出的四联菜单中选择"属性"，打开噪波控制器的控制窗口，如图15-5～图15-7所示。

04 在"噪波控制器"窗口中设置"频率"为0.2，然后设置"X向强度""Y向强度"和"Z向强度"均为0.5，接取消勾选"分形噪波"选项，如图15-8所示。

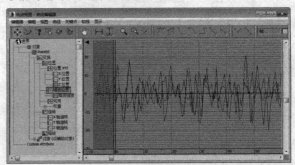

图15-5

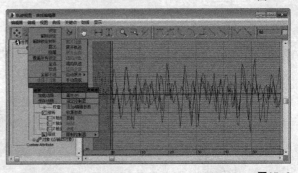

图15-6

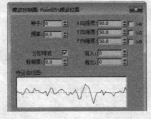 

图15-7　　　　　　　　图15-8

05 进入"创建"命令面板的"图形"面板,单击"线"按钮 线 ,然后在视图绘制一条样条曲线作为蝴蝶飞舞的路径,如图15-9所示。

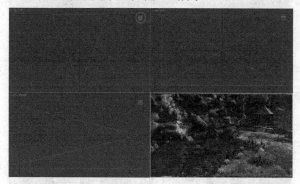

图15-9

06 选择如图15-10所示的"点"辅助体,然后在工具菜单中执行"动画>约束>路径约束"命令,这时会从"点"辅助体的中心牵引出一条虚线,接着在视图中单击刚才绘制的样条曲线,如图15-11和图15-12所示。

07 这时拖动时间滑块,会发现蝴蝶已经沿着样条曲线的路径运动了,只是运动的方向不太正确,如图15-13所示。

图15-10　　　　　　图15-11

图15-12　　　　　　图15-13

08 进入"运动"命令面板,在"路径参数"卷展栏中,勾选"跟随"选项,并设置"轴"为z轴,如图15-14所示。

09 勾选"倾斜"前的复选框,然后设置"倾斜量"为0.5,如图15-15所示。

图15-14

图15-15

技巧与提示

"倾斜"参数可以调节物体中旋转动画,例如制作一架飞机沿路径飞行的动画,在飞机掠过镜头时可以为其制作翻转的动画效果。

另外,本实例之所以使用两个"点"辅助体来控制蝴蝶的运动,是因为这样可以使用其中一个"点"辅助体来控制蝴蝶的噪波运动,而另一个"点"辅助体负责制作蝴蝶沿路径飞行的动画,这样,对于动画后期调节会比较方便。

10 选择运动效果较为明显的帧,然后渲染场景,效果如图15-16所示。

图15-16

15.3 动画约束

· 在3ds Max 2015中,动画约束位于"动画"菜单中,共有7种,分别为"附着约束""曲面约束""路径约束""位置约束""链接约束""注视约束"和"方向约束",如图15-17所示。

图15-17

15.3.1 附着约束

"附着约束"是一种位置约束,能够将一个物体的位置结合到另一个物体的表面,通常用来制作附着效果,如图15-18所示,参数设置面板如图15-19所示。

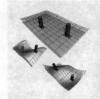

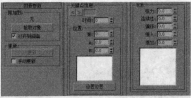

图15-18   图15-19

参数解析

- **对象名称**：显示所要附着的目标对象。
- **拾取对象** <kbd>拾取对象</kbd>：在视图中拾取目标对象。
- **对齐到曲面**：勾选该选项后，可以将附着对象的方向固定在其所指定的面上；关闭该选项后，附着对象的方向将不受目标对象上的面的方向影响。
- **更新** <kbd>更新</kbd>：更新显示附着效果。
- **手动更新**：勾选该选项后，可以使用"更新"按钮 <kbd>更新</kbd>。
- **当前关键点** <kbd>< > </kbd>：显示当前关键点并可以移动到其他关键点。
- **时间**：显示当前帧，并可以将当前关键点移动到不同的帧中。
- **面**：提供对象所附着到的面的索引。
- **A/B**：设置面上附着对象的位置的重心坐标。
- **显示窗口**：在附着面内部显示源对象的位置。
- **设置位置** <kbd>设置位置</kbd>：在目标对象上调整源对象的放置。
- **张力**：设置TCB控制器的张力，范围0～50。
- **连续性**：设置TCB控制器的连续性，范围0～50。
- **偏移**：设置TCB控制器的偏移量，范围0～50。
- **缓入**：设置TCB控制器的缓入位置，范围0～50。
- **缓出**：设置TCB控制器的缓出位置，范围0～50。

下面通过一组实例操作，为读者讲解有关"附着约束"的用法。

第1步：打开"场景文件>CH15>02.max"文件，在场景中，有一个卡通角色和一个平面对象，已经为平面对象指定了一个"噪波"修改器，如图15-20所示。

第2步：在场景中选择"角色"对象，在菜单中执行"动画>约束>附着约束"命令，这时会从角色对象上牵出一条虚线，然后在场景中拾取"平面"对象，如图15-21和图15-22所示。

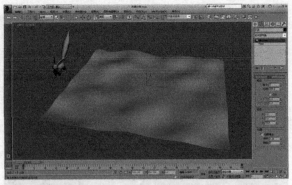

图15-20

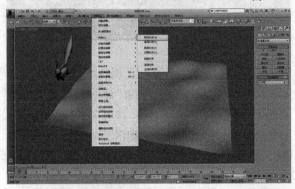

图15-21

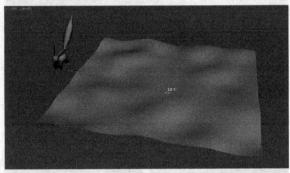

图15-22

第3步：此时，角色对象移动到平面对象的左下角，同时会自动转到"运动"命令面板，"附着约束"的参数也会显示在这里，如图15-23所示。

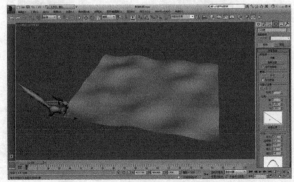

图15-23

第4步：在视图中不能直接用"选择并移动"工具 对"角色"对象的位置进行调整，如果想调整角色在平面上的位置，可以激活"附着约束"卷展栏下"位置"选项组中的"设置位置"按钮 设置位置 ，然后在视图中的平面对象上，单击并拖动鼠标，可以重新指定角色在平面上的位置，如图15-24所示。

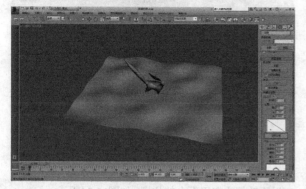

图15-24

第5步：单击"设置位置"按钮 设置位置 ，退出该命令的操作，然后在场景中选择"平面"对象并进入"修改"命令面板，更改"噪波"修改器的参数，这时，角色对象会随着平面对象表面的变化而变化，如图15-25所示。

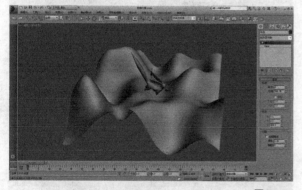

图15-25

第6步：选择角色对象并进入"运动"命令面板，如果想将角色对象附着到其他物体的表面，可以单击"附着参数"卷瞻栏下"附加到"选项组中的"拾取对象"按钮 拾取对象 然后在视图中的被附着对象上面单击鼠标左键，同时被附着物体的名称会显示在"拾取对象"按钮 拾取对象 的上方，如图15-26和图15-27所示。

第7步：如果想将"附着约束"控制器删除，可以在"运动"命令面板"位置列表"卷展栏中的"层"列表中，选择"附加"层，然后单击下方的

"删除"按钮，如图15-28所示。

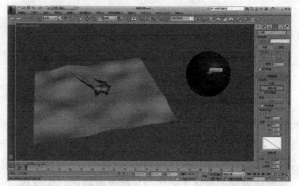

图15-26

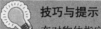

图15-27　　　　图15-28

技巧与提示

在对物体指定"附着约束"控制器时，应先退出"自动关键点"动画模式，否则操作有可能会被记录成动画，产生相关问题。

15.3.2 曲面约束

"曲面约束"可以约束一个物体沿另一个物体的表面进行变换，如图15-29所示，参数设置面板如图15-30所示。

图15-29　　　　图15-30

参数解析

- **对象名称**：显示选定对象的名称。
- **拾取曲面** 拾取曲面 ：选择需要用作曲面的对象。
- **U向位置**：调整控制对象在曲面对象U坐标轴上的位置。
- **V向位置**：调整控制对象在曲面对象V坐标轴

上的位置。

• **不对齐**：启用该选项后，不管控制对象在曲面对象上的什么位置，它都不会重定向。

• **对齐到U**：将控制对象的局部z轴对齐到曲面对象的曲面法线，同时将x轴对齐到曲面对象的U轴。

• **对齐到V**：将控制对象的局部z轴对齐到曲面对象的曲面法线，同时将x轴对齐到曲面对象的V轴。

• **翻转**：翻转控制对象局部z轴的对齐方式。

"曲面约束"的使用率相对较少，因为只有具有参数化表面的物体才能作为目标表面物体，如球体、圆柱和放样对象等。由于"曲面约束"只作用于参数化表面，任何能将物体转化为网格的修改器都会造成约束失效，例如，对一个圆柱对象添加了"弯曲"修改器，那么圆柱将不能作为"曲面约束"的目标对象了。下面通过一组实例操作，讲解有关"曲面约束"的一些用法。

第1步：打开"场景文件>CH15>03.max"文件，如图15-31所示。

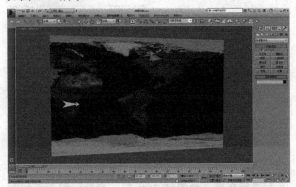

图15-31

第2步：选择箭头物体，执行菜单"动画>约束>曲面约束"菜单命令，然后在场景中拾取平面对象，如图15-32所示。

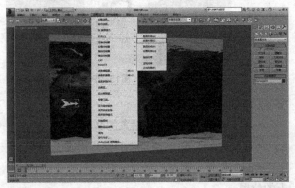

图15-32

第3步：此时，箭头对象会跑到平面对象的左下角，同时，"附着约束"的参数也出现在了"运动"命令面板中，如图15-33所示。

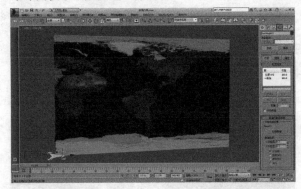

图15-33

第4步：通过设置"曲面控制器参数"卷展栏下"曲面选项"选项组中的"U向位置"和"V向位置"的参数，可以更改箭头在平面上的位置，如图15-34所示。

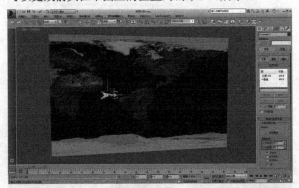

图15-34

第5步：打开"自动关键点"动画记录模式，调节"U向位置"和"V向位置"的数值可以记录箭头位置的动画，如图15-35所示。

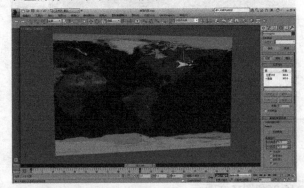

图15-35

15.3.3 路径约束

"路径约束"控制器是一个用途非常广泛的动画

控制器，它可以使物体沿一条样条曲线或多条样条曲线之间的平均距离运动，如图15-36所示，参数设置面板如图15-37所示。

图15-36　　　　　　　　　图15-37

参数解析

- **添加路径** 添加路径 ：添加一个新的样条线路径使之对约束对象产生影响。

- **删除路径** 删除路径 ：从目标列表中移除一个路径。

- **目标／权重**：该列表用于显示样条线路径及其权重值。

- **权重**：为每个目标指定并设置动画。

- **%沿路径**：设置对象沿路径的位置百分比。

- **跟随**：在对象跟随轮廓运动同时将对象指定给轨迹。

- **倾斜**：当对象通过样条线的曲线时允许对象倾斜（翻滚）。

- **倾斜量**：调整这个量使倾斜从一边或另一边开始。

- **平滑度**：控制对象在经过路径中的转弯时翻转角度改变的快慢程度。

- **允许翻转**：启用该选项后，可以避免对象在沿着垂直方向的路径进行时有翻转的情况。

- **恒定速度**：启用该选项后，可以沿着路径提供一个恒定的速度。

- **循环**：在一般情况下，当约束对象到达路径末端时，它不会越过末端点。而"循环"选项可以改变这一行为，当约束对象到达路径末端时会循环回起始点。

- **相对**：启用该选项后，可以保持约束对象的原始位置。

- **轴**：定义对象的轴与路径轨迹对齐。

"路径约束"控制器通常用来制作路径动画，如飞机沿特定路线飞行、汽车按特定的路线行驶，或者在建筑漫游动画中，设置摄影机按特定的路线在小区

楼盘中穿梭等。下面介绍有关"路径约束"的一些用法。

第1步：打开"场景文件>CH15>04.max"文件，在场景中，有一架飞机模型和两条二维样条线，如图15-38所示。

第2步：选择飞机对象，执行"动画>约束>路径约束"菜单命令，然后在场景中拾取"线01"对象，如图15-39所示。

图15-38　　　　　　　　　图15-39

第3步：此时，飞机对象移动到"线01"对象的起始点处，同时"路径约束"的参数也出现在了"运动"命令面板中，如图15-40所示。

图15-40

第4步：在指定"路径约束"的同时，系统默认会在当前活动时间段内自动为选择对象在起始帧和结束帧创建两个关键帧，然后拖动时间滑块，飞机沿着样条线的走向进行运动，如图15-41所示。

图15-41

技巧与提示

样条线的起始点，决定了被约束对象最初出现在样条线的哪个位置。

第5步："路径选项"选项组中的"%沿路径"数值可以调节被约束对象在路径上的位置，默认状态下，系统会自动进行动画设置，拾取路径后，起始帧处于路径的起始位置，结束帧处于路径的结束位置。打开"自动关键点"动画记录模式，拖动时间滑块到第0帧，然后设置"%沿路径"为20，飞机对象会从路径的20%处开始移动，在100帧时移动到路径的最末端，如图15-42所示。

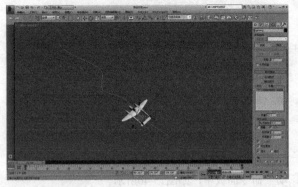

图15-42

技巧与提示

如果在上一步操作中没有打开"自动关键点"，直接调节"%沿路径"的数值，那么在第100帧时"沿路径"的数值会是120，也就是说飞机会沿路径运动到末端，然后再从起始端运动20%，所以在调节"%沿路径"数值时，务必激活"自动关键点"。

第6步：现在飞机虽然沿着路径运动，但并没有随着路径的弯曲而改变方向。勾选"路径选项"选项组中的"跟随"选项，具体设置如图15-43所示，此时，飞机运动方向就随着样条线的改变而改变，如图15-44所示。

图15-43

图15-44

技巧与提示

"轴"选项组中的3个单选按钮，可以设置物体自身的哪一个轴向对齐路径的轴向，如果我们发现设置了正确的轴向，但是方向反了，我们就可以勾选后面的"反转"前的复选框。

第7步：勾选"倾斜"选项，可以使物体在跟随路径运动时，随路径曲率的变化产生倾斜翻转的效果，图15-45和15-46所示分别为勾选和取消勾选"倾斜"复选框时飞机的动画效果。

图15-45

图15-46

第8步："倾斜量"和"平滑度"参数值不仅可以设置物体倾斜的程度，还可以在物体倾斜时，设置物体对于轨迹的细微变化做出敏感程度，具体参数设置如图15-47所示。

图15-47

第9步：单击"添加路径"按钮 [添加路径]，然后在视图中单击"线02"对象，这时"线02"对象的名称也会出现在下方的目标列表中，如图15-48所示。

图15-48

第10步：拖动时间滑块，发现飞机在两条样条线中间运动，受到两条样条线的影响，如图15-49所示。

图15-49

第11步：在目标列表中选择其中一条路径，然后通过设置下方的"权重"参数，可以调节路径对物体的影响力。如设置"线02"的"权重"为100，设置"线01"的"权重"为0，那么飞机将完全按照"线02"的路径运动，如图15-50所示。

图15-50

15.3.4 位置约束

"位置约束"可以设置以一个物体的运动来牵动另一个物体的运动，如图15-51所示，参数设置面板如图15-52所示。

图15-51　　　图15-52

参数解析

• **添加位置目标** <u>添加位置目标</u>：添加影响受约束对象位置的新目标对象。

• **删除位置目标** <u>删除位置目标</u>：移除位置目标对象。一旦将目标对象移除，它将不再影响受约束的对象。

• **目标／权重**：该列表用于显示目标对象及其权重值。

• **权重**：为每个目标指定并设置动画。

• **保持初始偏移**：启用该选项后，可以保持受约束对象与目标对象的原始距离。

在制作中，主动物体被称为目标物体，被动物体被称为约束物体。在指定了目标物体后，约束物体不能单独进行运动，只有在目标物体移动时才能跟随运动。

另外，目标物体可以是多个物体，可以通过分配不同的"权重"控制对约束物体影响的大小。如果一个物体同时被约束到多个目标物体上，那么每个目标物体的"权重"决定了它对约束物体的影响情况，例如，一个球体同时被约束到两个目标物体上，每个目标物体的"权重"都为100，此时球体在运动中会与两上目标物体保持相同的距离；如果将一个目标物体的"权重"改为0，另一个目标物体的"权重"值为50，则球体只受"权重"为50的目标物体的影响。下面通过一组实例操作，讲解有关"位置约束"的一些用法。

第1步：打开"场景文件>CH15>05.max"文件，在场景中，有一棵绿草对象和一个花盆对象，如图15-53所示。

图15-53

第2步：选择绿草对象，执行"动画>约束>位置约束"菜单命令，然后在场景中拾取花盆对象，如图15-54所示。

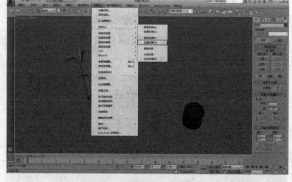

图15-54

 技巧与提示

"位置约束"会将"约束物体"与"目标物体"的轴心进行位置对齐，所以在指定"位置约束"之前，应先调整好"约束物体"与"目标物体"轴心的位置。

第3步：此时，绿草移动到了花盆所在的位置，同时"位置约束"的参数也出现在了"运动"命令面板上，如图15-55所示。

图15-55

第4步：如果移动花盆对象，绿草对象也会发生相应的位移。勾选"保持初始位偏移"复选框，那么绿草会移动到原来初始的位置，但移动花盆对象，绿草对象仍然会受到影响，如图13-56所示。

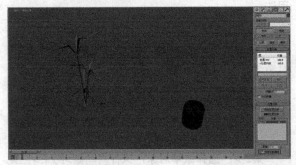

图15-56

第5步：使用"选择并移动"工具 并配合Shift键复制一个花盆对象，然后在视图中选择绿草对象，单击"添加位置目标"按钮 添加位置目标 ，接着在视图中拾取另一个花盆对象，这时绿草会移动到两个花盆中间的位置，如图15-57所示。

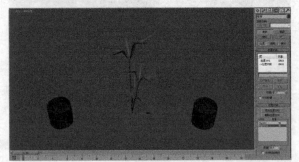

图15-57

第6步：此时，移动任何一个花盆，绿草都会保持在两个花盆之间的位置，如图15-58所示。

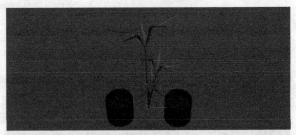

图15-58

技巧与提示

"位置约束"权重的概念与"路径约束"中权重的概念类似，这里就不再叙述。

15.3.5 链接约束

如果使用"选择并链接"工具 将两个物体进行父子链接，那么这个子对象只能继承这一个父对象的运动，但如果使用"链接约束"控制器，就可以使对象在不同的时间继承不同的父对象的运动，例如，把左手的球交到右手，如图15-59所示，参数设置面板如图15-60所示。

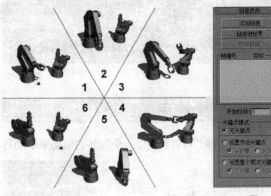

图15-59   图15-60

参数解析

• **添加链接** 添加链接 ：添加一个新的链接目标。

• **链接到世界** 链接到世界 ：将对象链接到世界（整个场景）。

• **删除链接** 删除链接 ：移除高亮显示的链接目标。

• **开始时间**：指定或编辑目标的帧值。

• **无关键点**：启用该选项后，在约束对象或目标中不会写入关键点。

• **设置节点关键点**：启用选项后，可以将关键帧写入到指定的选项，包含"子对象"和"父对象"两种。

典型实例：用链接约束制作机械臂动画

场景位置	场景文件>CH15>06.max
实例位置	实例文件>CH15>典型实例：用链接约束制作机械臂动画.max
实用指数	★★☆☆☆
学习目标	熟悉使用链接约束调节动画的方法

在本实例将使用"链接约束"来制作一个机械臂的动画效果，图15-61所示为本实例的最终渲染效果。

图15-61

01 打开"场景文件>CH15>06.max"文件，在场景中，有一个机械臂对象和一个球体对象，如图15-62所示。

图15-62

02 在视图中选择球体对象，执行菜单中的"动画>约束>链接约束"命令，然后在场景中拾取绿色的"点01"对象，如图15-63和图15-64所示。

图15-63　　　　图15-64

03 此时，"链接约束"的参数出现在"运动"命令面板中，然后拖动时间滑块，球体跟随机械臂运动了，如图15-65所示。

04 因为设计初期是球体能待在原地，当于机械臂接触时才跟随机械臂一同运动，所以拖动时间滑块回到第0帧，在"帧编号"列表窗口中选择"点01"对象，然后单击"删除链接"按钮 删除链接 将其删除，如图15-66所示。

图15-65　　　　图15-66

05 在第0帧的位置，单击"链接到世界"按钮，使球体在第0帧时链接到世界坐标系，如图15-67所示。

图15-67

06 拖动时间滑块，在第77帧时，机械臂与球体完全接触，然后单击"添加链接"按钮；接着在视图中单击"点01"对象，最后单击鼠标右键结束该命令的操作，如图15-68所示。

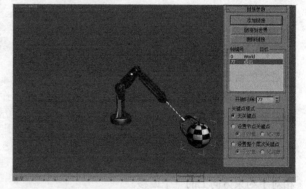

图15-68

07 播放动画，球体在第0～第77帧保持原地不动，从第78帧开始随机械臂一同运动，如图15-69和图15-70所示。

图15-69　　　　图15-70

08 选择运动效果比较明显的帧，然后渲染场景，效果如图15-71所示。

图15-71

技巧与提示

"链接到世界"按钮可以让被约束物体在当前时间点之后的时间里不受任何物体的影响，通过"添加链接"按钮拾取目标物体后可以让被约束对象在当前时间点之后的时间里一直受到拾取的目标物体的影响。

15.3.6 注视约束

"注视约束"控制器可以用于约束一个物体的方向，使该物体总是面向目标物体，如图15-72所示，参数设置面板如图15-73所示。

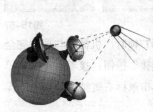

图15-72　　　　　　　　　　图15-73

参数解析

• **添加注视目标** [添加注视目标]：用于添加影响约束对象的新目标。

• **删除注视目标** [删除注视目标]：用于移除影响约束对象的目标对象。

• **权重**：用于为每个目标指定权重值并设置动画。

• **保持初始偏移**：将约束对象的原始方向保持为相对于约束方向上的一个偏移。

• **视线长度**：定义从约束对象轴到目标对象轴所绘制的视线长度。

• **绝对视线长度**：启用该选项后，3ds Max仅使用"视线长度"设置主视线的长度。

• **设置方向** [设置方向]：允许对约束对象的偏移方向进行手动定义。

• **重置方向** [重置方向]：将约束对象的方向设置回默认值。

• **选择注视轴**：用于定义注视目标的轴。

• **选择上方向节点**：选择注视上部的节点，默认设置为"世界"。

• **源/上方向节点对齐**：允许在注视的上部节点控制器和轴对齐之间快速翻转。

• **源轴**：选择与上部节点轴对齐的约束对象的轴。

• **对齐到上方向节点轴**：选择与选中的源轴对齐的上部节点轴。

典型实例：用注视约束制作人物眼神动画

场景位置	场景文件>CH15>07.max
实例位置	实例文件>CH15>典型实例：用注视约束制作人物眼神动画.max
实用指数	★★★☆☆
学习目标	熟悉使用注视约束调节动画的方法

在角色动画制作中，通常会使用"注视约束"来制作眼球的转动动画，将眼球模型约束到正前方的辅助上，用辅助体的移动来制作眼球的转动动画；将摄影机"注视约束"到运动的物体上，可以实现追踪拍摄的动画效果；将聚光灯的目标点注视约束到运动的物体上，可以制作舞台追光灯的效果。图15-74所示为本实例的最终渲染效果。

图15-74

01 打开"场景文件>CH15>07.max"文件，在场景中，有一个人物头部对象和两个点辅助体对象，如图15-75所示。

图15-75

02 选择角色的右眼球，然后执行"动画>约束>注视约束"菜单命令，接着在场景中拾取红色的"点01"对象，如图15-76和图15-77所示。

图15-76　　　　　　　　图15-77

03 此时，眼球与"点01"对象之间会出现一条浅蓝色的线，同时，眼球的方向发生了翻转，如图15-78所示。

图15-78

04 进入"运动"命令面板，在"PRS参数"卷展栏中单击"旋转"按钮 [旋转]，进入物体的"旋转"层，此时，"注视约束"的参数出现在了下方，如图15-79所示。

05 勾选"注视约束"卷展栏中"保持初始偏移"前的复选框，让眼球保持最初的旋转角度，此时，眼球的方向就正确了，如图15-80所示。

图15-79　　　　　　　图15-80

06 移动"点01"对象，发现眼球可以一直注视着"点01"对象，如图15-81所示。

07 用同样的方法，将角色的左眼球注视约束到黄色的"点02"对象上，这样就可以用两个不同的点辅助对象控制角色的两个眼球的转动了，如图15-82所示。

图15-81　　　　　　　图15-82

08 为了操作方便，我们可以将两个点辅助对象父子链接到一个总的控制对象上，这样，移动一个控制对象就可同时转动角色的两个眼睛，如图15-83所示。

图15-83

09 设置完成后渲染整段动画，最终效果如图15-84所示。

图15-84

15.3.7 方向约束

"方向约束"控制器可以将物体的旋转方向约束在一个物体或几个物体的平均方向，如图15-85所示，参数设置面板如图15-86所示。

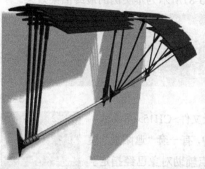

图15-85　　　　　　　图15-86

参数解析

· **添加方向目标** `添加方向目标`：添加影响受约束对象的新目标对象。

· **将世界作为目标添加** `将世界作为目标添加`：将受约束对象与世界坐标轴对齐。

· **删除方向目标** `删除方向目标`：移除目标对象。移除目标对象后，将不再影响受约束对象。

· **权重**：为每个目标指定并设置动画。

· **保持初始偏移**：启用该选项后，可以保留受约束对象的初始方向。

· **变换规则**：将"方向约束"应用于层次中的某个对象后，即确定了是将局部节点变换还是将父变换用于"方向约束"。

· **局部-->局部**：选择该选项后，局部节点变换将用于"方向约束"。

· **世界-->世界**：选择该选项后，将应用父变换或世界变换，而不是应用局部节点变换。

约束物体可以是任何可旋转的物体，一旦使用"方向约束"，该物体将继承目标物体的方向，不能再进行手动旋转变换操作，但可以指定移动或旋转变换。目标物体可以使用任何标准的移动、旋转和缩放变换工具，并且可以设置动画。被约束物体可以指定多个目标物体，通过对目标物体分配不同的"权重"控制它们对被约束物体的影响程度，当"权重"为0时，对被约束物体不产生任何影响，另外，"权重"的变化也可记录为动画。

典型实例：用方向约束制作遮阳板动画

场景位置	场景文件>CH15>08.max
实例位置	实例文件>CH15>典型实例：用方向约束制作遮阳板动画.max
实用指数	★★☆☆☆
学习目标	熟悉使用方向约束调节动画的方法

　　本实例将使用"方向约束"来制作一个遮阳板的动画效果，图15-87所示为本实例的最终渲染效果。

图15-87

01 打开"场景文件>CH15>08.max"文件，在场景中，有一套"遮阳板"模型，并且与4个点辅助对象已经指定了父子链接，如图15-88所示。

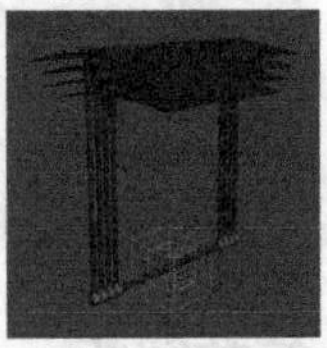

图15-88

02 激活"自动关键点"动画记录按钮 自动关键点 ，然后拖动时间滑块到第50帧，分别将红色和蓝色的点辅助对象沿x轴旋转50°和5°，如图15-89和图15-90所示。

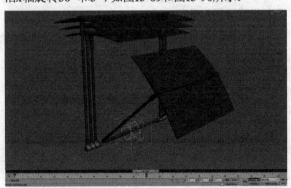

图15-89

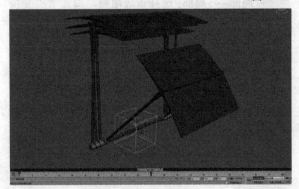

图15-90

03 关闭"自动关键点"按钮，然后在视图中选择黄色的点辅助对象，执行"动画>约束>方向约束"菜单命令，然后在场景中拾取红色的点辅助对象，如图

15-91和图15-92所示。

图15-91　　　　　图15-92

04 此时，黄色的点辅助对象与红色的点辅助对象的旋转角度保持一致，如图15-93所示。

图15-93

05 在"运动"命令面板中，单击"方向约束"卷展栏下的"添加方向目标"按钮 添加方向目标 ，然后在视图中单击蓝色的点辅助对象，将蓝色的点辅助对象也作为黄色点"方向约束"的目标物体，如图15-94和图15-95所示。

图15-94　　　　　图15-95

06 在下方的"目标列表"中，选择Point001对象，设置"权重"为70.0，然后选择Point004对象，设置"权重"为30.0，如图15-96和图15-97所示。

图15-96　　　　　图15-97

07 在视图中选择绿色的点辅助对象，用同样的方法，分别拾取红色和蓝色的点辅助对象为方向约束的目标对象，如图15-98所示。

08 在下方的"目标列表"中，选择Point001对象，然后设置"权重"为30.0，接着选择Point004对象，设置"权重"为70.0，如图15-99所示。

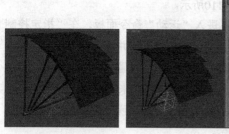

图15-98   图15-99

09 播放动画,播放效果如图15-100和图15-101所示。

图15-100   图15-101

10 选择动画效果比较明显的帧,然后渲染场景,效果如图15-102所示。

图15-102

即学即练:制作矿车运动动画

场景位置   场景文件>CH15>09.max

实例位置   实例文件>CH15>典型实例:制作矿车运动动画.max

实用指数   ★★☆☆☆

学习目标   熟练使用链接约束制作动画的方法

在本实例中,通过使用"链接约束"来制作一个矿车运动的动画效果,图15-103所示为最终渲染效果。

图15-103

15.4 动画控制器

动画控制器类似于对物体在"修改"命令面板添加的"修改器"的概念,"修改器"对物体的形态进行加工,而动画控制器可以针对物体的动画进行加工。当在场景中创建了一个物体后,系统会自动为物体指定一个动画控制器,所以在创建完物体后,之所以能对物体进行位移、旋转和缩放等操作,是因为系统自动为物体指定了"位置XYZ""Euler XYZ"和

"Bezier 缩放"等控制器。

需要注意的是,动画控制器和前面章节学过的动画约束是不同的,约束处理的是物体与物体之间的动画关系,而动画控制器是对运动物体的所有动画进行控制。所以动画控制器是包含了约束的概念,简单地说,约束也是控制器的一种。在本小节中,将为读者讲解有关动画控制器的知识,包括添加控制器、编辑控制器等。

15.4.1 动画控制器的指定方法

动画控制器和动画约束一样,可以在"动画"菜单中指定,也可以在"运动"命令面板中指定,还可以在"曲线编辑器"中指定。

第1步:在"几何体"面板中单击"球体"按钮 `球体` ,然后在视图中创建一个球体对象,如图15-104所示。

第2步:选择"球体"对象,进入"运动"命令面板,然后在"指定控制器"卷展栏中,选择列表中的"位置"选项,接着单击列表左上角的"指定控制器"按钮 ,打开"指定位置控制器"对话框,如图15-105所示。

图15-104   图15-105

💡 **技巧与提示**

在"指定位置控制器"对话框中,">"符号右侧的控制器表示当前选择对象正在使用的控制器。在3ds Max中,新创建的物体,"位置"选项的控制器为"位置XYZ"控制器,"旋转"选项的控制器为"Euler XYZ"控制器,"缩放"选项的控制器为"Bezier 缩放"控制器。

第3步:在对话框中选择"噪波位置",然后单击"确定"按钮,为选择的对象指定"噪波位置"控制器,打开"噪波"控制器对话框,如图15-106所示。

第4步：关闭"噪波"控制器，播放动画，球体会在视图中无规律的抖动。在"指定控制器"列表中，球体对象的"位置"选项，由原来的"位置XYZ"控制器替换为了"噪波位置"控制器，如图15-107所示。

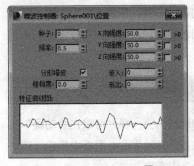

图15-106　　　　图15-107

第5步：选择球体对象，然后在视图中单击鼠标右键，在弹出的菜单中选择"曲线编辑器"，打开"曲线编辑器"窗口，接着在窗口左侧的层次列表中选择"球体"对象的"位置"选项，如图15-108所示。

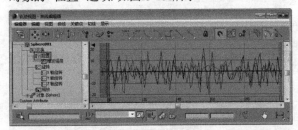

图15-108

第6步：在"位置"选项上单击鼠标右键，从弹出的菜单中选择"指定控制器"选项。另外，也可以打开"指定位置控制器"对话框，在对话框中选择最初默认的"位置XYZ"控制器，然后单击"确定"按钮，即可指定控制器，如图15-109所示。

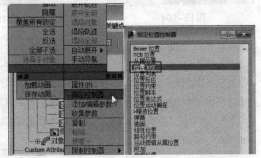

图15-109

下面介绍如何使用"动画"菜单的方式指定控制器。

第1步：选择球体对象，在菜单中执行"动画>位置控制器>噪波"命令，为物体指定"噪波"控制器，如图15-110所示。

第2步：进入"运动"命令面板，在"指定控制器"卷展栏中，"位置"选项并没有被替换为"噪波位置"控制器，而是换成"位置列表"控制器，单击前面的"+"加号，此时，原来的"位置XYZ"控制器还在，而且下方多了一个"噪波位置"控制器，如图15-111所示。

图15-110　　　　图15-111

技巧与提示

这就是在"动画"菜单中指定控制器的不同，在"动画"菜单中指定控制器不会对原来的控制器进行替换，而只是增加新的控制器类型，形成复合控制的效果，关于"位置列表"控制器，会在后面的小节进行讲解。

第3步：播放动画，球体依然在视图中无规则的抖动，在"运动"命令面板的"位置列表"卷展栏中有两个控制器"层"，如图15-112所示。

第4步："->"符号后面的控制器表示当前正在使用的控制器，如果现在对球体进行位移操作是不行的，因为球体的运动正在受"噪波位置"控制器的影响。在"位置列表"卷展栏中选择"位置XYZ"控制器，然后单击下方的"设置激活"按钮，如图15-113所示。

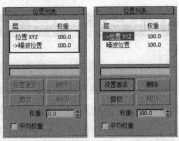

图15-112　　　　图15-113

第5步：此时，激活"选择并移动"工具，就可以对"球体"对象进行位置操作了，如图15-114所示。

图15-114

15.4.2 音频控制器

"音频控制器"可以通过一个声音的频率和振幅来控制动画的节奏,使用"音频控制器"几乎可以为3ds Max中的所有参数设置动画。这是一个非常有用的控制器,它不仅可以使用WAV文件和AVI文件的声音,还可以由外部直接用声音同步动作,参数设置面板如图15-115所示。

图15-115

参数解析

• **选择声音:** 显示一个标准文件选择器对话框,可以选择WAV和AVI文件。

• **移除声音:** 删除与控制器相关的任意声音文件。

• **绝对值:** 启用该选项后,最大振幅等于波形中最大的采样振幅,这保证输出的潜在值能达到目标值。

• **启用实时设备:** 启用该选项后,会忽略任何选择的音频文件,控制器只使用由选中设备捕获的声音。

• **阈值:** 以总幅度的百分比为单位来设置最小幅度值。

• **重复采样:** 该参数可以平滑波形。多个采样值进行平均以消除波峰和波谷,在"重复采样"字段中输入数字以计算平均值。

• **快速轨迹视图:** 启用该选项后,"轨迹视图"显示忽略重复采样。

• **最小值:** 设置音频的声音最小时被控制的选项参数的大小。

• **最大值:** 设置音频的声音最大时被控制的选项参数的大小。

• **左:** 使用左通道幅度。

• **右:** 使用右通道幅度。

• **混合:** 将两个通道合并,这样返回的幅度就是任一通道的较大值。

典型实例:用音频控制器制作下雨闪电动画

场景位置	场景文件>CH15>10.max
实例位置	实例文件>CH15>典型实例:用音频控制器制作下雨闪电动画.max
实用指数	★★☆☆☆
学习目标	熟悉使用音频控制器调节动画的方法

本实例将使用一段打雷的音频来控制场景中灯光的亮度,模拟下雨打雷时闪电照亮场景的动画效果,图15-116所示为本实例的最终渲染效果。

图15-116

01 打开"场景文件>CH15>10.max"文件,这是一个用粒子系统制作的下雨的场景,如图15-117所示。下面要用一段音频控制灯光的亮度,模拟打雷时,闪电照亮场景的效果。

图15-117

02 在场景中选择Direct002对象,然后在视图中单击鼠标右键,在弹出的菜单中选择"曲线编辑器",打开"曲线编辑器"窗口,如图15-118和图15-119所示。

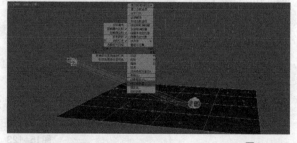

图15-118

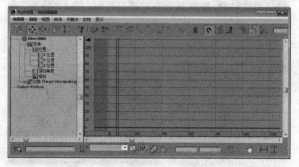

图15-119

03 在左侧层次列表中,单击"对象"选项前的"+"加号,然后选择"倍增"选项,接着在"倍增"选项上单击鼠标右键,在弹出的菜单中选择"指定控制器",如图15-120所示。

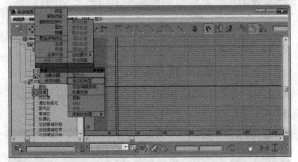

图15-120

04 在打开的"指定浮点控制器"窗口中选择"音频浮点"控制器,然后单击"确定"按钮,打开"音频控制器"窗口,如图15-121和图15-122所示。

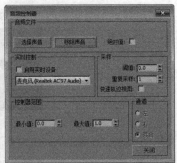

图15-121　　　　　　　　　图15-122

05 在"音频文件"选项组中,单击"选择声音"按钮 选择声音 ,然后选择音频文件,接着单击"打开"按钮,如图15-123所示。

图15-123

06 播放动画,发现场景有时亮有时暗,进入"修改"命令面板,灯光的"倍增"参数值变为灰色不可调,这说明这段音频文件已经影响灯光的亮度了,如图15-124所示。

图15-125为此时渲染图像的效果。

图15-124　　　　　　　　　图15-125

07 设置"控制范围"选项组的"最大值"为4,再次渲染当前图像,发现场景变得更亮了,如图15-126所示。

08 用同样的方法,对场景中的Omni004对象的"倍增"也指定"音频控制器",由于Omni004是辅助光,所以设置"控制范围"选项组中的"最大值"为0.4,设置完毕后渲染场景,效果如图15-127所示。

图15-126　　　　　　　　图15-127

技巧与提示

控制器的窗口关闭后,如果想再次打开控制器进行参数调节,可以打开"曲线编辑器",在有控制器的选项上单击鼠标右键,然后在弹出的菜单中选择"属性",就可以重新打开控制器的窗口了。

09 如果希望在3ds Max中播放动画的时候也能听见这段音频,可以打开"曲线编辑器",在左侧的层次列表中选择"声音"选项,然后单击鼠标右键,在弹出的菜单中选择"属性",打开"声音选项"对话框,如图15-128和15-129所示。

10 单击"音频"选项组中的"选择声音"按钮 选择声音 ,然后选择刚才的音频文件;接着单击"确定"按钮,最后在时间轨迹栏上的任意位置单击鼠标右键,在弹出的菜单中选择"配置>声音轨迹",如图15-130所示。此时,在轨迹栏上会看到当前音频的波形图,如图15-131所示。

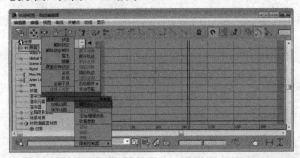

图15-128

图15-129　　　　　　　　图15-130

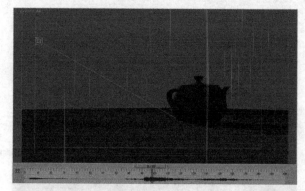

图15-131

11 选择动画效果比较明显的帧，然后渲染场景，效果如图15-132所示。

图15-132

15.4.3 噪波控制器

"噪波控制器"是一种特殊的控制器，它没有关键点的设置，是通过使用参数来控制噪波曲线从而影响动作。"噪波控制器"的用途很广，如制作在太空中颠簸飞行的飞船，参数设置面板如图15-133所示。

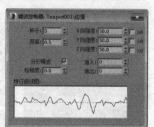

图15-133

参数解析

- **种子：**开始噪波计算，改变种子来创建一个新的曲线。
- **频率：**控制噪波曲线的波峰和波谷。高的值会创建锯齿状的重震荡的噪波曲线，而低的值会创建柔和的噪波曲线。
- **强度字段：**为噪波输出设置值的范围，这些值可设置动画。
- **>0 值约束：**强制噪波值为正。
- **渐入：**值为0时，噪波从范围的起始处以全强度立即开始。
- **渐出：**值为0时噪波在范围末端立即停止。
- **分形噪波：**使用分形布朗运动生成噪波。
- **粗糙度：**改变噪波曲线的粗糙度（启用分形噪波后）。

- **特征曲线图：**显示一个格式化的图来表示改变噪波属性影响噪波曲线的方法。

下面通过一个实例来介绍"噪波"控制器的使用方法。

第1步：打开"场景文件>CH15>11.max"文件，在场景中，有一个蝴蝶模型，而且已经制作了蝴蝶扇翅的动画，并且将蝴蝶模型与点辅助对象进行了父子链接，如图15-134所示。

第2步：在场景中选择点辅助物体，然后在菜单中执行"动画>位置控制器>噪波"命令，如图15-135所示。

图15-134　　　　　图15-135

第3步：播放动画，蝴蝶已经在视图中产生了无规则的抖动效果。进入"运动"命令面板，在"指定控制器"卷展栏中，单击"位置"选项前的"+"加号；接着选择"噪波位置"选项并单击鼠标右键，在弹出的菜单中选择"属性"选项，打开"噪波控制器"的对话框，如图15-136和图15-137所示。

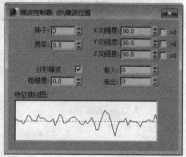

图15-136　　　　　图15-137

 技巧与提示

如果勾选">0"前的复选框，可以强制对象只在3个轴向上的正方向上进行噪波运动。

第4步：播放动画，发现蝴蝶抖动的幅度过大，通过调整"噪波控制器"对话框中的"x向强度""y向强度"和"z向强度"，可以调整在这3个轴向上的位置偏移大小，具体参数设置如图15-138所示。

第5步：播放动画，发现蝴蝶抖动的幅度正常，但是抖动的频率太快。设置"频率"为0.15，然后取消勾选"分形噪波"选项，如图15-139所示。

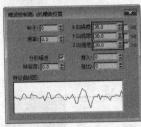
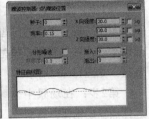

图15-138　　　　　图15-139

第6步：在场景中选择所有对象，然后使用"选择并移动"工具并配合Shift键将所有对象进行复制，如图15-140所示。

第7步：选择第2个点辅助对象，然后打开"噪波控制器"窗口，设置"种子"为1，可以随机产生不同的噪波曲线，使相同的参数设置产生不同的噪波效果，避免蝴蝶产生相同的噪波动画，如图15-141所示。

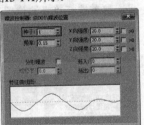

图15-140　　　　　图15-141

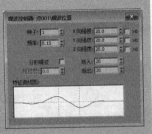

图15-142

此外，对摄影机目标点的位置选项添加"噪波控制器"，然后通过对3个轴向的强度参数值记录动画，可以制作当有爆炸场面时，画面的振动效果。

典型实例：用噪波控制器制作镜头震动动画

场景位置	场景文件>CH15>12.max
实例位置	实例文件>CH15>典型实例：用噪波控制器制作镜头震动动画.max
实用指数	★★★☆☆
学习目标	熟悉使用噪波控制器调节动画的方法

本实例将使用"噪波控制器"来制作爆炸产生的气浪对镜头产生的震动效果，图15-143所示为本实例的最终渲染效果。

图15-143

01 打开"场景文件>CH15>12.max"文件，这是一个用粒子系统制作陨石拖尾的场景，如图15-144所示。下面将制作陨石掠过镜头时引起的镜头震动效果。

图15-144

02 在场景中选择摄影机的目标点，然后执行"动画>位置控制器>噪波"菜单命令，如图15-145和图15-146所示。

图15-145　　　　　图15-146

03 单击主工具栏中的"曲线编辑器（打开）"按钮，打开"轨迹视图-曲线编辑器"窗口，在窗口左侧的层次列表中选择当前对象的"噪波位置"变换选项，如图15-147所示。

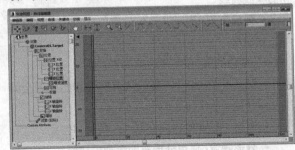

图15-147

04 在"噪波位置"选项上单击鼠标右键，在弹出的菜单中选择"属性"，打开"噪波控制器"窗口，如图15-148和图15-149所示。

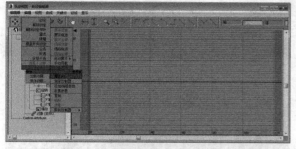

图15-148

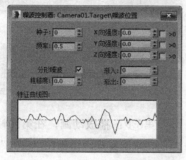

图15-149

05 在动画控制区中单击"自动关键点"按钮 自动关键点，进入"自动关键帧"模式，然后将时间滑块拖动到第50帧的位置；接着按住Shift键，在"噪波控制器"窗口的"X向强度"的"微调器按钮"上单击鼠标右键，在第50帧处添加一个关键点，如图15-150所示。

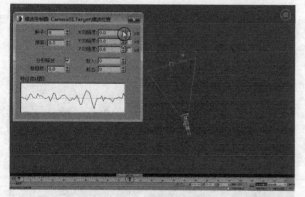

图15-150

06 将时间滑块拖动到第100帧的位置，然后在"噪波控制器"窗口中设置"x向强度""y向强度"和"z向强度"均为50，如图15-151所示。

07 设置完成后播放动画，会发现陨石从第50~第100帧离镜头越来越近的时候，摄影机会越来越剧烈的震动。选择动画效果比较明显的帧，然后渲染场景，最终效果如图15-152所示。

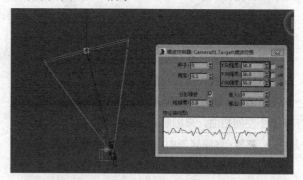

图15-151

图15-152

15.4.4 弹簧控制器

"弹簧控制器"可以为物体的位移附加动力学效果，类似于"柔化"修改器，在动画的末端产生缓冲的效果。在"弹簧控制器"中，可以控制物体的质量和拖动力，还可以调整弹力、张力和阻尼的参数。用这种控制器可以使原来比较呆板的动画增加逼真感，如制作卡通汽车和卡通人物上面带弹性的天线等效果，参数设置面板如图15-153所示。

图15-153

参数解析

• **质量：**应用"弹簧"控制器的对象质量，增加质量可以使"反弹"弹簧的运动显得更加夸张。

• **拉力：**在弹簧运动中，用作空气摩擦。低的"拉力"设置可以产生更大的"反弹"效果，高的"拉力"产生柔和反弹。

• **添加：**单击此按钮，然后选择其运动相对于弹簧控制对象的一个或多个对象作为弹簧控制对象上的弹簧。

• **移除：**移除列表中高亮显示的弹簧对象。

• **张力：**受控对象和高亮显示的弹簧对象之间的虚拟弹簧的"刚度"。

- **阻尼**：作为内部因子的一个乘数，决定了对象停止的速度。

- **相对/绝对**：选择"相对"时，更改"张力"和"阻尼"设置，新设置加到已有的值上。选择"绝对"时，新设置代替已有的值。

- **添加**：单击此按钮，然后在力类别中选择一个或多个空间扭曲，来影响对象的运动。

- **移除**：移除列表中高亮显示的空间扭曲。

- **开始帧**："弹簧"控制器开始生效的帧。

- **迭代次数**：控制器应用程序的精度。

- **X/Y/Z**：这些设置可以控制单个世界坐标轴上影响的百分比。

下面将为读者介绍该控制器的使用方法。

第1步：打开"场景文件>CH15>12.max"文件，在场景中，有两个点辅助物体和一个茶壶对象，如图15-154所示。

第2步：选择茶壶和"点02"对象，使用"选择并链接"工具，将其父子链接到"点01"对象上，如图15-155所示。

图15-154　　　　图15-155

第3步：选择"点02"对象，进入"运动"命令面板，然后在"指定控制器"卷展栏中，选择"位置"选项，接着单击列表左上角的"指定控制器"按钮，打开"指定位置控制器"对话框，如图15-156所示。

第4步：在对话框中选择"弹簧"选项，单击"确定"按钮，打开"弹簧控制器"窗口，如图15-157所示。

图15-156　　　　图15-157

第5步：打开"自动关键点"按钮，拖动时间滑块到第10帧，然后将"点01"对象沿x轴制作一段位移动画，如图15-158所示。

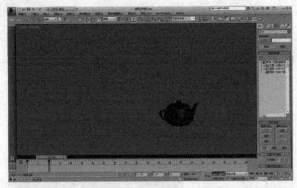

图15-158

技巧与提示

直接在视图中移动对象是看不出"弹簧控制器"的动画效果的，必须要为对象制作位移动画才可以看出动画效果。

第6步：播放动画，在第10帧以后，"点02"对象还在来回晃动，仿佛在"点01"和"点02"对象之间连接了一根弹簧。

第7步：选择"茶壶"对象，在菜单中执行"动画>约束>注视约束"命令，为"茶壶"添加"注视约束"控制器，然后在视图选择"点02"对象，如图15-159所示。

第8步：此时，"茶壶"注视的轴向不正确，在"运动"面板的"注视约束"卷展栏中设置"选择注视轴"为z轴，如图15-160和图15-161所示。

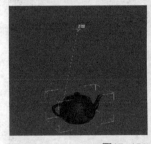 

图15-159　　　　图15-160

图15-161

第9步：播放动画，"茶壶"产生晃动的动画效果。选择"点02"对象，然后打开"弹簧控制器"对话框，接着在"点"选项组中设置"质量"为2000.0，如图15-162所示。

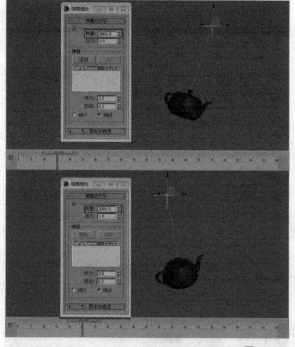

图15-162

第10步：设置"点"选项组中的"拉力"为10.0，如图15-163所示。

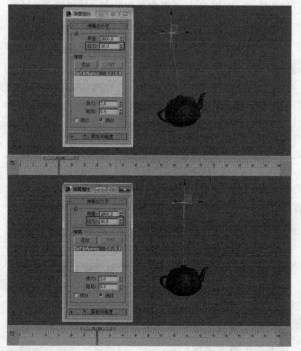

图15-163

技巧与提示

"质量"参数值控制的是弹簧弹力的大小；"拉力"参数值是弹簧拉力的大小，增大这个参数值，可以理解为物体在一个比较粘稠的环境中运动。

第11步：将"拉力"设置为1，然后在"弹簧"选项组中的列表中选择"Self Inflrence"（自身影响）选项，接着设置"张力"为10.0，播放动画并观察效果，如图15-164所示。

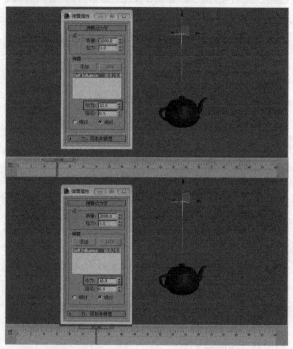

图15-164

技巧与提示

"张力"参数值控制的是弹簧的"刚度"，可以理解为弹簧的硬度；"阻尼"参数值控制的是物体停止的速度，增大该值，物体变为静止的速度越快。

第12步：将"张力"设置为2.0，然后设置"阻尼"为3.0，播放动画并观察效果，如图15-165所示。

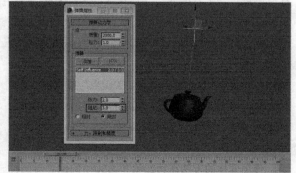

图15-165

357

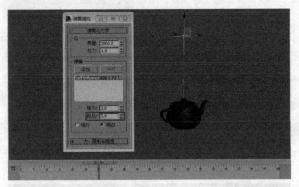

图15-165（续）

典型实例：用弹簧控制器制作摇摆的南瓜灯

场景位置	场景文件>CH15>13.max
实例位置	实例文件>CH15>典型实例：用弹簧控制器制作摇摆的南瓜灯.max
实用指数	★★☆☆☆
学习目标	熟悉使用弹簧控制器调节动画的方法

本实例将使用弹簧控制器来制作一个摇摆的南瓜灯动画，图15-166所示为本实例的最终渲染效果。

图15-166

01 打开"场景文件>CH15>13.max"文件，如图15-167所示。

02 单击工具栏上的"选择并链接"按钮，然后将南瓜灯内部的蜡烛和灯光对象全部链接到南瓜灯上，如图15-168所示。

图15-167　　　　　　图15-168

03 用同样的方法将南瓜灯对象链接到下方的圆柱体上，如图15-169所示。

图15-169

04 在动画控制区中单击"自动关键点"按钮，进入"自动关键帧"模式，然后将时间滑块拖动到第10帧的位置，使用"选择并旋转"工具，沿y轴旋转15°，如图15-170所示。

05 使用同样的方法在第20帧和第30帧的位置对圆柱体沿y轴旋转不同的角度，记录两个关键点，如图15-171所示。

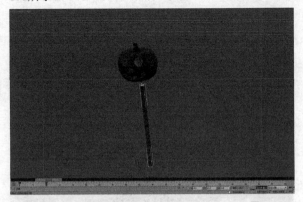

图15-170

图15-171

06 单击"自动关键点"按钮，退出"自动关键帧"模式。在场景中选择南瓜灯物体，然后进入"运动命令面板"，在"指定控制器"卷展中的"控制器列表中"选择"位置：Bezier位置"选项；接着单击"指定控制器"按钮，在弹出的"指定位置控制器"对话框中选择"弹簧"，最后单击"确定"按钮，如图15-172和图15-173所示。

图15-172　　　　　图15-173

07 此时，会打开"弹簧属性"对话框。播放动画，发现南瓜灯已经跟随圆柱体运动，并且产生了类似弹簧运动滞后的动画效果，如图15-174所示。

08 在"弹簧属性"对话框中的"弹簧动力学"卷展栏中，设置"质量"为1000，然后播放动画，这时弹簧运动效果会更明显，如图15-175所示。

图15-174   图15-175

09 选择运动效果比较明显的帧，然后渲染场景，最终渲染效果如图15-176所示。

图15-176

15.4.5 列表控制器

"列表控制器"是一个组合其他控制器的合成控制器，与材质中的"多维/子对象"材质的概念相同，它将其他种类的控制器组合在一起，按从上到下的顺序进行计算，产生组合的控制效果。例如，为位置项目指定一个由"线性"控制器和"噪波"控制器组合的"列表"控制器，将在线性运动上叠加一个噪波位置运动。下面将讲解"列表"控制器的一些用法。

第1步：打开"场景文件>CH15>14.max"文件，在场景中，已经为蝴蝶制作了噪波运动的动画效果，但是这是在"运动"命令面板，通过替换的方式，将对象原来的"位置XYZ"控制器替换为了现在的"噪波控制器"，如图15-177所示。

图15-177

 技巧与提示

这时，在场景中移动"点"对象是移动不了的，因为现在"点"对象的位置参数是受到"噪波控制器"的控制。

第2步：选择"点"物体，在"指定控制器"卷展栏的列表中选择"噪波位置"选项，单击左上角的"指定控制器"按钮 ，然后在弹出的"指定位置控制器"对话框中选择"位置列表"控制器，单击"确定"按钮，如图15-178所示。

第3步：这时，在物体的控制器列表中，"位置"选项的控制器变为了"位置列表"控制器，如图15-179所示。

第4步：单击"位置"选项前的"+"加号展开轨迹，可以看到在"噪波位置"轨迹下面还有一个名为"可用"的轨迹，如图15-180所示。

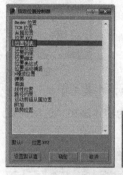

图15-178   图15-179   图15-180

第5步：选择"可用"轨迹，然后单击"指定控制器"按钮 ，在弹出的"指定位置控制器"窗口中选择"位置XYZ"控制器，如图15-181所示。

第6步：单击"确定"按钮后，在"位置"选项中增加了一个"位置XYZ"的轨迹，如图15-182所示。

图15-181   图15-182

第7步：在"位置列表"卷展栏中，选择"位置XYZ"选项，然后单击"设置激活"按钮，将"位置XYZ"控制器变为当前活动的控制器，这样，就可以在视图中对点物体进行位移操作，如图15-183所示。

图15-183

15.4.6 运动捕捉控制器

"运动捕捉控制器"可以使用外接设备控制物体的移动、旋转和其他参数动画，目前可用的外接设备包括鼠标、键盘、游戏手柄和MIDI设备。运动捕捉可以指定给位置、旋转和缩放等控制器，它在指定后，原控制器将变为次级控制器，同样发挥控制作用。下面将介绍有关"运动捕捉控制器"的一些用法。

第1步：打开"场景文件>CH15>15.max"文件，如图15-184所示。

图15-184

第2步：选择"点01"对象，在菜单中执行"动画>位置控制器>运动捕捉"，为物体添加"运动捕捉控制器"，如图15-185所示。

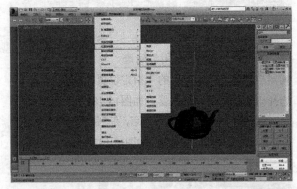

图15-185

第3步：进入"运动"命令面板，在"指定控制器"卷展栏中，单击"位置"选项前的"+"加号，然后选择"位置运动捕捉"选项并单击鼠标右键，在弹出的菜单中选择"属性"选项，打开"运动捕捉控制器"的对话框，如图15-186和图15-187所示。

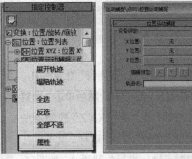

图15-186   图15-187

第4步：单击"设备指定"选项组中"X位置"右侧的"无"按钮 ，打开"选择设

备"对话框，如图15-188所示。

第5步：在打开的"选择设备"对话框中选择"鼠标输入设备"，然后单击"确定"按钮，退出该对话框。这时的"运动捕捉"对话框如图15-189所示，这里不更改任何参数。

图15-188   图15-189

第6步：单击"设备指定"选项组中"Y位置"右侧的"无"按钮 无 ，在打开的"选择设备"对话框中选择"鼠标输入设备"，然后单击"确定"按钮，退出该对话框。然后在"鼠标输入设备"卷展栏下的"鼠标轴向"选项中，更改鼠标轴向为"垂直"单选按钮，如图15-190所示。

图15-190

> **技巧与提示**
>
> 在这里，设置用鼠标的水平移动控制物体在x轴向上的位移，用鼠标的垂直移动控制物体在y轴向上的位移。

第7步：设置完成后，关闭"运动捕捉控制器"面板，进入"程序"命令面板，在"实用程序"卷展栏下单击"运动捕捉"按钮 运动捕捉 ，这时可以打开"运动捕捉控制器"的设置面板，如图15-191所示。

图15-191

转，使用键盘上的按钮来控制机器人的开炮和闪光的动画，图15-194所示为本实例的最终渲染效果。

图15-194

15.5 知识小结

本章主要讲解了3ds Max中的动画约束和一些主要的动画控制器的使用方法。在制作动画时，动画约束和动画控制器可以帮助我们实现动画过程的自动化，有些动画效果用手动设置关键点的方法是很难实现的，所以认真掌握并熟练使用本章所学的知识，可以让我们的动画制作事半功倍。

15.6 课后拓展实例：掉落的硬币

场景位置	场景文件>CH15>17.max
实例位置	实例文件>CH15>课后拓展实例：掉落的硬币.max
实用指数	★★★☆☆
学习目标	熟练使用路劲约束和视线约束动画

在本章最后，为各位读者安排了一个综合实例，实例内容为在不借助动力学的条件下，制作逼真的硬币掉落动画。该动画中使用了设置关键帧动画、设置物体可视轨迹、注视约束和路径约束等多种动画设置方法，通过本实例的制作可以使读者全面了解动画设置的相关知识，并巩固本章所学知识点。以下内容，简单为读者叙述了实例的技术要点和制作概览，具体操作请观看本书多媒体教学内容。图15-195所示为本实例的最终渲染效果。

图15-195

01 打开"场景文件>CH15>17.max"文件，在场景中，有一枚硬币模型和一个作为平台的立方体模型，如图15-196所示。

图15-196

技巧与提示

"运动捕捉"控制器不像其他控制器一样在"运动"面板，而是在"程序"面板中。

第8步：单击"轨迹"选项组轨迹列表中的"点01\位置运动捕捉"选项，这时，该轨迹前方会显示为红方盒，表示将对它进行捕捉记录，如图15-192所示。

第9步：单击"记录控制"选项组中的"测试"按钮，这时，移动鼠标会发现"点01"对象在视图中会随鼠标的移动而发生位置的偏移。

图15-192

第10步：如果测试发现没有问题，那么在"记录范围"选项组中，设置"预卷"为-20，然后单击"记录控制"选项组中的"开始"按钮进行动画的记录了，这时可以随意地移动鼠标，直至动画记录结束。记录结束后，会在时间轨迹栏中的每一帧都创建一个关键帧，如图15-193所示。

图15-193

技巧与提示

"预卷"参数值设置的是在记录动画前给出一个准备时间，但是该值只有设成负值才有作用。例如，用鼠标驱动作，一旦按"开始"按钮就开始记录，但是鼠标点可能无法定位在物体上，所以要设定预等待时间，如-20，即给20帧的时间，将鼠标放好位置，然后开始进行捕捉记录，类似于火箭发射前的倒计时。

即学即练：制作机器人开炮动画

场景位置	场景文件>CH15>16.max
实例位置	实例文件>CH15>即学即练：制作机器人开炮动画.max
实用指数	★★☆☆☆
学习目标	熟练使用运动捕捉控制器调节动画的方法

本实例将使用运动捕捉控制器来制作一个机器人开炮的动画效果。使用鼠标来控制机器人底座的旋

02 在场景中创建一根"螺旋线"和一个"点"辅助对象，并将"点"辅助对象路径约束到"螺旋线"上，如图15-197所示。

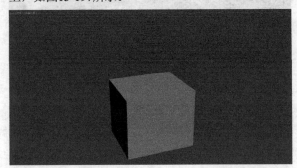

图15-197

03 复制一枚硬币，将其中一枚硬币注视约束到"点"辅助对象上，如图15-198所示。

图15-198

04 为另一枚硬币制作下落动画，在动画的末点与第1枚硬币进行位置和方向的对齐，并为两枚硬币制作可视轨迹的突变动画，如图15-199所示。

图15-199

05 调节硬币的位置，使其旋转的同时，始终与平台保持接触，最后完成动画的制作，如图15-200所示。

图15-200

06 选择运动效果比较明显的帧，然后渲染场景，渲染效果如图15-201所示。

图15-201

3ds Max

第 16 章 粒子系统与空间扭曲

本章知识索引

知识名称	作用	重要程度	所在页
基础粒子系统	了解3ds Max中基础粒子系统的设置方法	中	P366
高级粒子系统	熟练掌握3ds Max中高级粒子系统的设置方法	高	P368
粒子流源	熟练掌握使用"粒子流"粒子系统制作复杂的粒子动画效果	高	P379
针对于粒子系统的空间扭曲	熟练掌握3ds Max中针对于粒子系统的空间扭曲的使用方法	高	P390

本章实例索引

16.1 粒子系统概述

粒子系统是一种非常强大的动画制作工具，通过粒子系统能够设置密集对象群的运动效果。粒子系统通常用于制作云、雨、风、火、烟雾、暴风雪以及爆炸等动画效果。在使用粒子系统的过程中，粒子的速度、寿命、形态以及繁殖等参数可以随时进行编辑，并可以与空间扭曲相配合，制作逼真的碰撞、反弹和飘散等效果；粒子流可以在"粒子视图"对话框中操作符、流和测试等行为，制作更加复杂的粒子效果。本章内容将介绍有关粒子系统的知识，包括基础粒子系统、高级粒子系统、粒子流以及空间扭曲4部分。

在3ds Max 2015中，如果按粒子的类型来分类，可以将粒子分为"事件驱动型粒子"和"非事件驱动型粒子"两大类。所谓"事件驱动型粒子"又称为"粒子流"，它可以测试粒子属性，并根据测试结果将其发送给不同的事件；"非事件驱动型粒子"通常在动画过程中显示一致的属性，例如，让粒子在某一特定的时间去做一些特定的事情，"非事件驱动型粒子"将实现不了这样的结果。

在"创建"命令面板中单击"几何体"按钮，在"几何体"次面板的下拉列表中选择"粒子系统"选项，进入"粒子系统"创建面板。3ds Max 2015包含7种粒子，分别是"粒子流源""喷射""雪""超级喷射""暴风雪""粒子阵列""粒子云"。其中"粒子流源"粒子系统就是所谓的"事件驱动型粒子"，是在3ds Max 6.0版本时新增的一种粒子系统，其余6种粒子以属于"非事件驱动型粒子"，如图16-1所示。

在功能上，"粒子流源"完全可以替代其余6种粒子。但在某些时候，例如，制作下雪或喷泉等一些简单的动画效果，使用"非事件驱动粒子"系统进行设置要为更快捷和简便。

图16-1

16.2 课前引导实例：深水炸弹

场景位置	场景文件>CH16>01.max
实例位置	实例文件>CH16>课前引导实例：深水炸弹.max
实用指数	★★★☆☆
学习目标	熟悉使用3ds Max的粒子系统设置动画的方法

在本节中，设计了一艘潜艇在海中被深水炸弹袭击的动画，这是一个综合实例，会用到"粒子阵

列""粒子云"粒子系统和"阻力""重力""风力"等各种空间扭曲。通过本实例，可以了解3ds Max粒子系统的设置和使用方法。图16-2所示为本实例的最终渲染效果。

图16-2

01 打开"场景文件>CH16>01.max"文件，在场景中，已经设置了一艘潜艇在深海中航行的动画，如图16-3所示。

02 进入"粒子系统"创建面板，单击"粒子阵列"按钮 粒子阵列 ，然后在视图中单击并拖曳鼠标左键，创建一个"粒子阵列"粒子，如图16-4所示。

 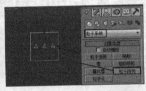

图16-3　　　　图16-4

03 进入"修改"命令面板，单击"基本参数"卷展栏中的"拾取对象"按钮 拾取对象 ，然后在场景中拾取"炸弹"对象作为粒子发射物体，接着在"视口显示"选项组中设置"视口显示"为"网格"，如图16-5所示。

04 进入"粒子生成"卷展栏，在"粒子计时"卷展栏中设置"发射开始"为200，"显示时限"为301，"寿命"为101，具体参数设置如图16-6所示。

05 在"粒子类型"卷展栏中，设置"粒子类型"为"对象碎片"，然后在"对象碎片控制"选项组中，设置"碎片数目"为50，如图16-7所示。

  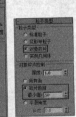

图16-5　　　图16-6　　　图16-7

06 拖动时间滑块，发现粒子在第200帧的时候，在炸弹对象处的四周向外发射粒子，并且粒子的形状是"炸弹"对象的碎片，如图16-8所示。

07 打开"曲线编辑器"，使用前面章节学习过的方法，为"炸弹"对象制作突变动画，使其在第200

帧处突然消失，如图16-9
所示。

图16-8

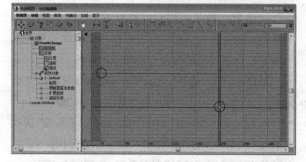

图16-9

08 进入"创建"命令面板，在"空间扭曲"次面
板中，单击"重力"按
钮，然后在视图中创建
一个"重力"空间扭
曲，如图16-10所示。

图16-10

09 进入"修改"面板，在"参数"卷展栏中，设置"强
度"为0.0，"衰退"为0.01，然后选择"球形"；接着使
用"对齐"工具，将其与"炸弹"对象进行位置上的
对齐，最后使用"选择并链接"工具将其父子链接到
"炸弹"对
象上，如图
16-11和16-12
所示。

图16-11   图16-12

10 打开"曲线编辑器"窗口，在左侧的"控制器窗
口"中找到"强度"属性，然后使用"添加关键点"
按钮在第200、210和220处添加3个关键帧，接着设
置第210帧处的关键帧的参数为1，如图16-13所示。

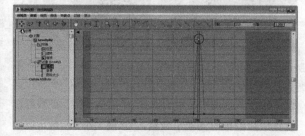

图16-13

11 在主工具栏上单击"绑定到空间扭曲"按钮，然后

将"重力"链接到"粒子阵列"物体上，如图16-14所示。

12 使用同样的方法，创建一个"重力"物体，并设置
"强度"为0.01，然后使用"绑定到空间扭曲"工具将其
链接到"粒子阵列"对象上，如图16-15所示。

图16-14   图16-15

13 在"空间扭曲"次面板中，单击"阻力"按钮，在视
图中创建一个"阻力"空间扭曲，如图16-16所示。

14 进入"修改"命令面板，在"参数"卷展栏中，设置
"开始时间"为200，"结束时间"为300，如图16-17所示。

15 设置完成后，使用"绑定到空间扭曲"工具将其链接
到"粒子阵列"对象上，然后拖到时间滑块，会发现粒子
爆炸后，像是受到水的压力的影响有一个"回缩"的效果，
然后受到"重力"的影响慢慢往下沉去，如图16-18所示。

图16-16   图16-17   图16-18

16 进入"粒子系统"面板，单击"粒子云"按钮
粒子云，然后在视图中创建一个"粒子云"粒子，如图
16-19所示。

17 进入"修改"命令面板，在"基本参数"卷展栏中，单击
"拾取对象"按钮 拾取对象 ，然后在视图中单击"球
体"对象，使其作为粒子的发射对象，如图16-20所示。

图16-19   图16-20

18 在"粒子生成"卷展栏中，设置"粒子数量"的方式
为"使用速率"并设置其值为95，然后设置"速度"为
1.0；接着选择"方向向量"，并设置Z为0.5，在"粒子计
时"选项组中，设置粒子的"发射开始"为210，"发射停
止"为260，"显示时限"为301，最后在"粒子大小"选项
组中，设置"大小"为3.0，"变化"为25.0，具体参数设置
如图16-21所示。

19 拖动时间滑块，发现粒子已经向上发射，但是没
有任何气泡飘动的感觉，如图16-22所示。

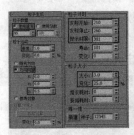

图16-21   图16-22

20 进入"空间扭曲"次面板，单击"风"按钮，然后在视图中创建一个"风"空间扭曲，如图16-23所示。

21 进入"修改"命令面板，在"参数"卷展栏中，设置"强度"为0，"湍流"为0.02，"频率"为0.12，"比例"为0.07，如图16-24所示。

22 设置完成后，使用"绑定到空间扭曲"工具将其链接到"粒子云"对象上，然后播放动画。这时，发现粒子在向上发射的时候有一些不规则的运动，类似于气泡在水里向上飘动的效果，如图16-25所示。

图16-23   图16-24   图16-25

23 使用前面章节学习过的方法，为场景添加"体积光"特效，模拟炸弹爆炸时产生的耀眼光芒，如图16-26所示。

图16-26

24 选择动画效果比较明显的帧，然后渲染场景，效果如图16-27所示。

图16-27

16.3 基础粒子系统

本书将"喷射"和"雪"两种粒子类型定义为基础粒子系统，因为与其他粒子系统相比较，这两种粒子系统可编辑参数较少，只能使用有限的粒子形态，无法实现粒子爆炸、繁殖等特殊运动效果，加上其操作较为简

便，通常用于对质量要求较低的动画设置。由于这两种粒子系统功能较为接近，所以本章将通过"喷射"粒子系统的实例为大家讲解基础粒子系统相关知识。

16.3.1 "喷射"粒子系统

"喷射"粒子系统可以模拟下雨、水管喷水和喷泉等水滴效果。下面将通过一组实例操作，来讲解"喷射"粒子系统的创建方法和应用技巧。

第1步：打开"场景文件>CH16>02.max"文件，在场景中，已经指定了一张位图作为背景，如图16-28所示。

第2步：进入"创建"命令面板，在"粒子系统"面板中单击"喷射"按钮 ▢喷射 ，然后在视图中单击鼠标左键并拖曳，创建"喷射"粒子系统，如图16-29所示。

图16-28   图16-29

第3步：在视图中调整"喷射"粒子系统的位置，保持粒子系统的选择状态，然后进入"修改"命令面板，即可看到该粒子系统的创建参数，如图16-30所示。

第4步：当创建了"喷射"粒子系统后，并没有在场景中看到粒子效果，这是因为粒子开始发射的时间影响了粒子的发射。通过"计时"选项组中的"开始"参数可以设置粒子从发射器开始发射的时间，通过"寿命"参数来设置每个粒子从出现到消失所存在的帧数，然后设置"粒子"选项组中的"速度"参数，更改粒子的发射速度，即可在视图中观察到粒子效果，参数如图16-31所示。

图16-30   图16-31

第5步：在"粒子"选项组中，"视口计数"参数可以设置粒子在视图中显示的数量，"渲染计数"参数可以设置最后渲染时的粒子数量，"水滴大小"参数可以设置渲染时每个粒子的大小，具体参数设置如图16-32所示。然后对摄影机视图进行渲染，效果如图16-33所示。

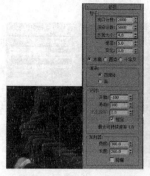

图16-32　　　　　　　图16-33

 技巧与提示

　　读者可以单击动画播放按钮▶，在视图中观察粒子的喷射效果。

　　第6步：打开"材质编辑器"，将"雨"材质指定给当前粒子系统。为了体现"雨滴"下落时的速度感，开启"喷射"粒子系统的运动模糊，保持粒子系统的选择状态，然后在视图中单击鼠标右键，在弹出的菜单中选择"对象属性"选项；接着在打开的"对象属性"对话框中，设置"运动模糊"选项组中的"倍增"值为2.0，最后选择"图像"选项，如图16-34所示。设置完毕后，单击"确定"按钮关闭对话框，渲染当前视图，效果如图16-35所示。

图16-34　　　　　　　图16-35

　　第7步："变化"参数影响着粒子的初始速度和方向，值越大，粒子喷射越强、范围越广。图16-36所示为设置较大的"变化"值时，粒子在视力中的效果。

　　第8步：对粒子在视图中的显示方式进行更改。默认状态下为"水滴"显示方式，图16-37所示分别为"圆点"和"十字叉"两种显示方式的粒子效果。

图16-37

　　第9步：默认状态下，"渲染"选项组中的"四面体"选项为选项状态，表示粒子渲染为四面体，当选项"面"后，粒子渲染为正方形面，具体参数设置如图16-38所示。

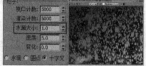

图16-38

 技巧与提示

　　如果选择"面"形态，则不管我们当前的视角如何渲染时，"面"总会自动对齐当前的视角。

　　第10步：在"计时"选项组中，勾选"恒定"复选框将关闭"出生速率"的设置，以保证产生连续不间断的粒子；取消勾选"恒定"复选框后，可以通过"出生速率"来设置每一帧所产生的粒子数目。图16-39和图16-40所示为设置不同的"出生速率"值所产生的粒子效果。

图16-39　　　　　　　图16-40

　　第11步：在"发射器"选项组中可以指定粒子喷出的区域，发射器同时可决定喷出粒子的范围和方向。通过"长度"和"宽度"参数可以设置发射器的长度和宽度，在粒子数目确定的情况下，发射器的面积越大，粒子越稀疏，另外，还可以通过勾选"隐藏"复选框在视图中隐藏发射器。

 技巧与提示

　　"发射器"不能被渲染，可以通过主工具栏中的变换工具对它进行移动、旋转和缩放等操作。

16.3.2 "雪"粒子系统

"雪"粒子系统与"喷射"粒子系统几乎没有什么差别，只是粒子的形态可以是六角形面片，主要用于模拟雪花。"雪"粒子系统增加了"翻滚"参数，控制每个粒子在落下的同时可以进行翻滚运动。该系统不仅可以用来模型下雪，还可以结合材质产生五彩缤纷的碎片下落，用来增添节日的喜庆气氛；如果将粒子向上发射，可以表现从火中升起的火星效果。由于"雪"粒子系统的创建方法及参数设置与前面所讲述的"喷射"粒子系统基本相同，故仅在此讲解该系统与"喷射"粒子系统的不同之处。

第1步：创建"雪"粒子系统后，粒子在视图中的显示形态默认为"雪花"，效果如图16-41所示。

第2步："翻滚"参数设置粒子随机旋转的数量，数值范围为0～1，值为0时，粒子不旋转；值为1时，旋转最大，每个粒子旋转依据的轴都是随机产生的。"翻滚速率"参数用于设置粒子翻滚的速度，值越大，旋转的越快，具体参数设置如图16-42所示。

图16-41　　　　　　　　　　图16-42

第3步：在"渲染"选项组中，粒子默认的渲染形态为"六角形"，此外，还可以选择"三角形"和"面"形态，图16-43~图16-45所示为3种粒子形态的渲染效果。

图16-43　　　　　　图16-44　　　　　　图16-45

16.4 高级粒子系统

本书将"超级喷射""暴风雪""粒子阵列"和"粒子云"4种粒子系统定义为高级粒子系统。高级粒子系统有着比基础粒子系统更为复杂的参数，用户不仅可以设置粒子融合的泡沫运动动画，还可以设置粒子的运动继承和繁殖等效果。图16-46所示为这4种

粒子系统的参数设置面板。

图16-46

16.4.1 高级粒子系统的"基本参数"卷展栏

由于这4种高级粒子系统在参数设置上有许多相同之处，所以先讲解这4种高级粒子系统独有的"基本参数"卷展栏，对于相同的参数卷展栏将在后面的小节进行统一讲解。

1. "超级喷射"粒子系统

"超级喷射"粒子系统是从一个点向外发射粒子流，与"喷射"粒子系统相似，但功能更为复杂，它只能由一个出发点发射，产生线形或锥形的粒子群形态，其他参数上与"粒子阵列"粒子系统几乎相同，即可以发射标准几何体，还可以发射其他替代物体。通过参数控制，可以实现喷射、拖尾、拉长、气泡运动和自旋等多种特殊效果，常用来制作飞机喷火、潜艇喷水、机枪扫射、水管喷水、喷泉和瀑布等特效。

第1步：创建"超级喷射"粒子系统，拖动时间滑块，可以看到粒子由一个"点"发射，如图16-47所示。然后进入"修改"命令面板，其"基本参数"卷展栏如图16-48所示。

第2步："粒子分布"选项组中的"轴偏离"参数可以沿z轴影响粒子流偏移的角度，"扩散"参数用于控制粒子流沿x轴发射后散开的角度，如图16-49所示。

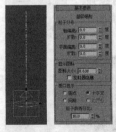

图16-47　　图16-48　　　　　　　　　　图16-49

第3步：通过"平面偏离"参数可以控制粒子在发射器平面上的偏离角度，"扩散"参数用于控制粒

子在发射器平面上发射后散开的角度，以产生空间的喷射，如图16-50所示。

第4步："显示图标"选项组中的"图标大小"参数值可以调节粒子在视图中发射器图标的大小，但它对粒子的发射效果没有影响，如果勾选"发射器隐藏"复选框，可以将发射器图标隐藏。

第5步："视口显示"选项组中可以设置粒子在视图中的显示形态，默认设置为"十字叉"。如果选择"网格"选项后，则粒子在视图中将显示在"粒子类型"卷展栏中设置的粒子形态。而只有在"粒子类型"卷展栏中选择了"实例几何体"粒子类型后，"边界框"选项才可以使用，如图16-51所示。

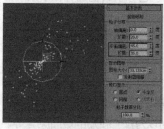 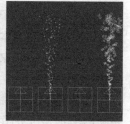

图16-50　　　　　图16-51

技巧与提示

当"轴偏移"的参数值为0旱，"平面偏离"和"扩散"两个参数没有效果。

第6步："粒子数百分比"参数值可以设置有粒子在视图中显示的百分比，因为如果在视图中显示全部粒子可能会降低视图刷新速度，所以在制作时可以将值设置得低一点，能看到大致效果即可。

2. "暴风雪"粒子系统

"暴风雪"粒子系统可以理解为高级的"雪"粒子系统。该粒子系统的发射器图标与"雪"粒子系统相同，发射器的角度和尺寸决定了粒子发射的方向和面积。"暴风雪"的名称并非强调它的猛烈，而是指它的功能强大，不仅用于普通雪景的制作，还可以表现火花迸射、气泡上升、开水沸腾、满天飞花以及烟雾升腾等特殊效果。

"暴风雪"粒子系统与"超级喷射"粒子系统的"基本参数"卷展栏中的参数类似，这里不再叙述。"暴风雪"粒子系统的"基本参数"卷展栏如图16-52所示。

图16-52

3. "粒子阵列"粒子系统

"粒子阵列"粒子系统自身不能发射粒子，必须拾取一个三维物体作为目标物体，从它的表面向外发散出粒子，粒子发射器的大小和位置都不会影响粒子发射的形态，只有目标物体才会对整个粒子宏观的形态起决定作用。该粒子系统拥有大量的控制参数，根据粒子类型的不同，可以表现出喷发、爆裂等特殊效果。更特别的地方在于，"粒子阵列"可以将发射的粒子形态设置为目标物体的碎片，这是电影特技中经常使用的功能，而且计算速度非常快。

第1步：在视图中创建"粒子阵列"粒子系统后，其形态如图16-53所示，进入"修改"命令面板，"基本参数"卷展栏如图16-54所示。

第2步：在场景中创建一个"球体"对象，然后选择"粒子阵列"粒子系统，在"基于对象的发射器"选项组中，单击"拾取对象"按钮 [拾取对象]，然后在视图中选择"球体"对象，拖动时间滑块，发现粒子从"球体"对象的表面发散出来，如图16-55所示。

图16-53　　　　图16-54　　　　　　　　　　图16-55

第3步："粒子分布"选项组用于设置粒子是从目标物体表面何种区域内发射的。默认设置为"在整个曲面"，这时粒子将在整个目标物体表面随机发射粒子；选择"沿可见边"单选按钮后，粒子将在目标物体可见的边界上随机发射粒子；选择"在所有顶点上"单选按钮后，粒子将在目标物体的每个顶点上发射粒子；选择"在特殊点上"单选按钮后，粒子将从目标物体所有顶点中随机的若干个顶点上发射粒子，顶点的数目由"总数"参数值决定；选择"在面的中心"单选按钮后，粒子将从目标物体每一个三角面的中心发射粒子，如图16-56所示。

图16-56

第4步：选择"球体"对象，将其塌陷为"可编辑多边形"对象，进入"多边形"次物体级，选择如图16-57所示的"面"。

第5步：选择"粒子阵列"粒子系统，勾选"粒子分布"选项组中的"使用选定子对象"复选框，这时粒子只会在"球体"对象选定的"面"子对象上进行发射，如图16-58所示。

图16-57　　　　　　图16-58

 技巧与提示

由于"显示图标"和"视口显示"选项组与"超级喷射"粒子系统中的相同，这里不再叙述。

4. "粒子云"粒子系统

"粒子云"粒子系统能够将粒子限定在一个空间内，在空间内部产生粒子效果，空间可以是球体、柱体和立方体，当然也可以从场景中拾取对象。在默认状态下，粒子保持静止状态，用户可以定义粒子的运动速度和方向，利用这一特点，可以制作堆积的不规则群体，如成群的鸟儿、蚂蚁、蜜蜂、人群、士兵、飞机和星空中的星星、陨石等。

• 第1步：在视图中创建"粒子云"粒子系统，如图16-59所示。然后进入"修改"命令面板，"基本参数"卷展栏如图16-60所示。

第2步：在"粒子分布"选项组中可以设置粒子发射器的形状，共有4种，在默认状态下，使用的是"长方体发射器"，图16-61所示为这4种类型的发射器形态。

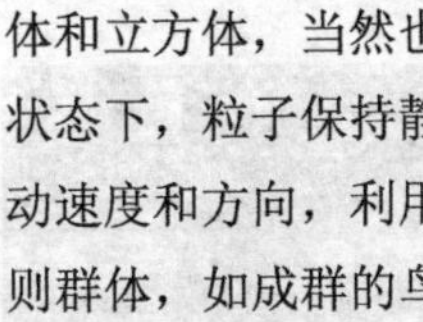

图16-59 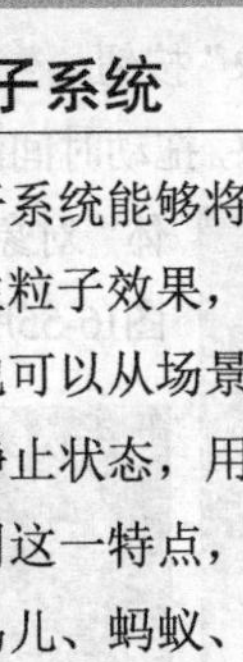　　图16-60 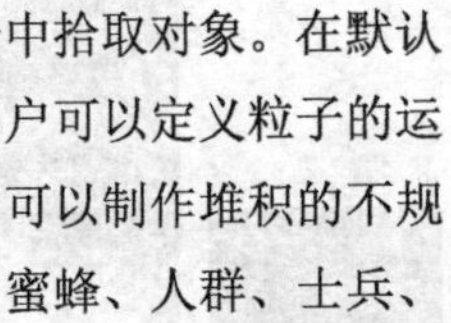　　　　图16-61

第3步：当在"粒子分布"选项组中选择了"基于对象的发射器"选项后，可以通过"基于对象的发射器"选项组中的"拾取对象"按钮

拾取场景中的物体作为粒子的发射器对象，如图16-62所示。

图16-62

 技巧与提示

"粒子云"粒子系统"基本参数"卷展栏中的其他参数与"超级喷射"粒子系统中的相同，这里不再叙述。

16.4.2 粒子生成卷展栏

由于"粒子阵列"粒子系统是一种较为典型的粒子系统，该粒子系统几乎包含了其他几种粒子系统的所有功能，掌握该粒子系统后，学习其他几种粒子系统就比较容易了。从本小节开始，将以"粒子阵列"粒子系统为例，为大家讲解高级粒子系统中一些公共参数的相关知识。

通过"基本参数"卷展栏中的各个选项，可以创建和调整粒子系统的大小，并且可以为粒子系统拾取分布对象等。

"粒子生成"卷展栏中的选项，可以控制粒子产生的时间和速度、粒子的移动方式及不同时间内的粒子大小。展开"粒子生成"卷展栏，如图16-63所示。

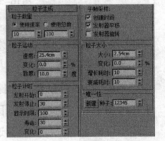

参数解析

图16-63

• **使用速率**：指定每帧发射的固定粒子数。

• **使用总数**：指定在系统使用寿命内产生的总粒子数。

• **速度**：设置粒子在出生时沿着法线的速度。

• **变化**：对每个粒子的发射速度应用一个变化百分比。

• **发射开始/停止**：设置粒子开始在场景中出现和停止的帧。

• **显示时限**：指定所有粒子均将消失的帧（无论其他设置如何）。

• **寿命**：设置每个粒子的寿命。

• **变化**：指定每个粒子的寿命可以从标准值变化的帧数。

• **子帧采样**：启用以下3个选项中的任意一个后，可以通过以较高的子帧分辨率对粒子进行采样，有助于避免粒子"膨胀"。

• **创建时间**：允许向防止随时间发生膨胀的运动

等式添加时间偏移。

• **发射器平移**：如果基于对象的发射器在空间中移动，在沿着可渲染位置之间的几何体路径的位置上以整数倍数创建粒子。

• **发射器旋转**：如果旋转发射器，启用该选项可以避免膨胀，并产生平滑的螺旋形效果。

• **大小**：根据粒子的类型指定系统中所有粒子的目标大小。

• **变化**：设置每个粒子的大小可以从标准值变化的百分比。

• **增长耗时**：设置粒子从很小增长到"大小"值经历的帧数。

• **衰减耗时**：设置粒子在消亡之前缩小到其"大小"值的1/10所经历的帧数。

• **新建** 新建 ：随机生成新的种子值。

• **种子**：设置特定的种子值。

16.4.3 粒子类型卷展栏

使用"粒子类型"卷展栏中的参数，可以指定所用粒子的类型和粒子所赋予贴图的类型。展开"粒子类型"卷展栏，如图16-64所示。

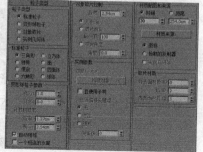

图16-64

参数解析

• **标准粒子**：使用几种标准粒子类型中的一种，如三角形、立方体和四面体等。

• **变形球粒子**：使用变形球粒子。这些变形球粒子是以水滴或粒子流形式混合在一起的。

• **对象碎片**：使用对象的碎片创建粒子，只有"粒子阵列"可以使用对象碎片。

• **实例几何体**：生成粒子，这些粒子可以是对象、对象链接层次或组的实例。

• **三角形/立方体/特殊/面/恒定/四面体/六角形/球体**：如果在"粒子类型"选项组中选择了"标准粒子"，则可以在此指定一种粒子类型。

• **张力**：确定有关粒子与其他粒子混合倾向的紧密度。张力越大，聚集越难，合并也越难。

• **变化**：指定张力效果的变化的百分比。

• **计算粗糙度**：指定计算变形球粒子解决方案的精确程度。

• **渲染**：设置渲染场景中的变形球的粗糙度。

• **视口**：设置视口显示的粗糙度。

• **自动粗糙度**：如果启用该选项，则将根据粒子大小自动设置渲染的粗糙度。

• **一个相连的水滴**：如果关闭该选项，则将计算所有粒子；如果启用该选项，则仅计算和显示彼此相连或邻近的粒子。

• **厚度**：设置碎片的厚度。

• **所有面**：对象的每个面均成为粒子，这将产生三角形粒子。

• **碎块数目**：对象破碎成不规则的碎片。

• **最小值**：确定几何体中"种子"的面数。

• **平滑角**：碎片根据"角度"微调器中指定的面法线之间的夹角破碎。通常，角度值越大，碎片数越少。

• **角度**：设置平滑角的角度。

• **拾取对象** 拾取对象 ：单击该按钮，在视图中可以选择要作为粒子使用的对象。

• **且使用子树**：如果要将拾取的对象的链接子对象包括在粒子中，则启用此选项。

• **动画偏移关键点**：因为可以为实例对象设置动画，此处的选项可以指定粒子的动画计时。

• **无**：所有粒子的动画的计时均相同。

• **出生**：第1个出生的粒子是粒子出生时源对象当前动画的实例。

• **随机**：当"帧偏移"设置为0时，此选项等同于"无"。否则，每个粒子出生时使用的动画都将与源对象出生时使用的动画相同。

• **帧偏移**：指定从源对象的当前计时的偏移值。

• **时间**：指定从粒子出生开始完成粒子的一个贴图所需的帧数。

• **距离**：指定从粒子出生开始完成粒子的一个贴图所需的距离。

• **材质来源** 材质来源： ：使用此按钮下面的选项按钮指定的来源更新粒子系统携带的材质。

• **图标**：粒子使用当前为粒子系统图标指定的材质。

• **拾取的发射器**：粒子使用为分布对象指定的材质。

• **实例几何体**：粒子使用为实例几何体指定的材质。

• **外表面材质ID**：指定为碎片的外表面指定的面

ID 编号。

- **边ID**: 指定为碎片的边指定的子材质 ID 编号。
- **内表面材质ID**: 指定为碎片的内表面指定的子材质 ID 编号。

16.4.4 旋转和碰撞卷展栏

在调整粒子运动的情况下，可能需要为粒子添加运动模糊以增强其动感，此外，现在世界的粒子通常会边移动边旋转，并且互相碰撞。用户可通过"旋转和碰撞"卷展栏中的选项来设置粒子的旋转及运动模糊效果，并控制粒子间的碰撞。展开"旋转和碰撞"卷展栏，如图16-65所示。

参数解析

- **自旋时间**: 粒子一次旋转的帧 图16-65
数。如果设置为 0，则不进行旋转。
- **变化**: 自旋时间的变化的百分比。
- **相位**: 设置粒子的初始旋转。
- **随机**: 每个粒子的自旋轴是随机的。
- **运动方向／运动模糊**: 围绕由粒子移动方向形成的向量旋转粒子。
- **拉伸**: 如果大于0，则粒子根据其速度沿运动轴拉伸。
- **X／Y／Z 轴**: 分别指定x、y或z轴的自旋向量。
- **变化**: 每个粒子的自旋轴可以从指定的x、y和z轴设置变化的量。
- **启用**: 在计算粒子移动时启用粒子间碰撞。
- **计算每帧间隔**: 每个渲染间隔的间隔数，期间进行粒子碰撞测试。
- **反弹**: 在碰撞后速度恢复到的程度。
- **变化**: 应用于粒子的反弹值的随机变化百分比。

典型实例：用粒子阵列制作文字爆裂动画

场景位置	场景文件>CH16>03.max
实例位置	实例文件>CH16>典型实例：用"粒子阵列"制作文字爆裂动画.max
实用指数	★★★☆☆
学习目标	熟悉使用"粒子阵列"制作粒子动画的方法

在本实例中，将综合运用前面学习过的知识来制作一个文字爆裂的动画效果，图16-66所示为本实例的最终渲染效果。

图16-66

01 打开"场景文件>CH16>03.max"文件，在场景中，已经制作了一些特殊效果，如"火效果""体积光"等，如图16-67所示。

02 创建"粒子阵列"粒子系统，然后进入"修改"命令面板，在"基本参数"卷展栏中单击"拾取对象"按钮 拾取对象 ；接着按H键，在打开的"拾取对象"对话框中选择"发射器"物体，最后单击"拾取"按钮 拾取 ，如图16-68所示。

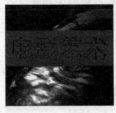

图16-67　　　　　　　　图16-68

> 💡 **技巧与提示**
>
> 如果场景中的物体数量太多，或者物体的位置有重叠，可以用这种方法快速精确地选择物体，但前提是必须知道物体的名称。

03 拖动时间滑块，发现已经有粒子产生，但是粒子发射的方向不正确，如图16-69所示。在正确的情况下，粒子应该从"电影艺术"4个文字的表面沿y轴的负方向发射，体现粒子冲向镜头的感觉。

04 在场景中选择发射器对象，然后进入"修改"命令面板，将"挤出"修改器删除，参照如图16-70所示。再次播放动画，粒子发射的方向正确，如图16-71所示。

图16-69　　　　　图16-70　　　　　图16-71

> 💡 **技巧与提示**
>
> 因为"粒子系统"不允许拾取二维物体为了发射器对象，所以通过上面的方法可以巧妙地避开这一规定，以便纠正粒子发射方向错误的问题。

05 选择"粒子阵列"粒子系统，为了便于观察粒子的效果，在"基本参数"卷展栏中的"视口显示"选项组中，设置"粒子数百分比"为100，使指定数量的粒子在视图中全部显示，然后进入"粒子生成"卷展栏，在"粒子数量"选项组中选择"使用速率"选项，并设置参数为50，观察粒子的发射状态，如图16-72所示。

06 在"粒子运动"选项组中保持"速度"参数值不变，然后设置"变化"为45.0，为每个粒子的发射速度指定一个百分比变量，让粒子发射的速度有快有慢；接着设置"散度"为30.0，指定粒子的发散角度，如图16-73所示。

图16-72　　　　　　　　图16-73

技巧与提示

在默认情况下，"使用速率"单选按钮，可以通过设置其下方的数值，指定每帧发射的固定粒子数，如果选择"使用总数"单选按钮，可以通过其下方的数值设置在整个生命系统中粒子产生的总数目。

07 在"粒子计时"选项组中设置"发射开始"参数值为10，让粒子从第10帧开始发射；保持"发射停止"参数栏内的数值为30，使粒子在第30帧时停止发射；在"显示时限"参数栏内输入125，设置所有粒子到多少帧时，粒子将不再显示在视图中；在"寿命"参数栏内输入125，指定粒子由产生到消亡的时间为125帧，如图16-74所示。

08 为了便于在视图中观察，进入"基本参数"卷展栏，在"视口显示"选项组中选择"网格"选项，让粒子在视图中显示最后渲染时的粒子形态效果，然后在"粒子生成"卷展栏的"粒子大小"选项组中，设置"大小"为30；接着在"粒子类型"卷展栏的"粒子类型"选项组中，选择"变形球粒子"选项，这时相交的粒子可以相互融合，产生类似于流动液体的效果，如图16-75所示。

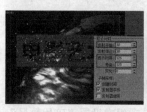 

图16-74　　　　　　　　图16-75

09 选择"变形球粒子"单选按钮后，"变形球粒子参数"选项组中的参数变为可编辑状态，通过"张

力"参数可以控制粒子球的紧密程度，值越大，粒子越小，但并不融合；值越小，粒子越大，也越粘滞，但不分离，如图16-76所示。

10 "变化"参数将影响张力的大小。设置"张力"为1.0，"变化"为100%，观察粒子的变化，如图16-77所示。

 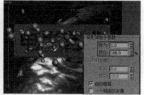

图16-76　　　　　　　　图16-77

技巧与提示

在"粒子大小"选项组中可以通过"大小"参数来设置粒子的大小，通过"变化"参数使每个粒子的尺寸以百分比上产生变化，粒子系统发射的粒子将变的大小不一致，产生更随意的效果；"增长耗时"参数可以设置粒子从尺寸极小变化到尺寸正常所经历的时间；"衰减耗时"参数可以设置粒子从正常尺寸萎缩到消失的时间。

11 取消勾选"自动粗糙"选项，其上方的"渲染"和"视口"两个选项变为可以使用。"渲染"参数可设置最后渲染时的粒子粗糙度，值越小，粒子越平滑，否则会变得有棱角；"视口"参数可设置在视图中看到的粒子粗糙程度，具体参数设置如图16-78所示。

12 在"粒子类型"选项组中选择"对象碎片"选项，分布对象的表面将会产生炸裂的效果，生成不规则的碎片，将会产生一个新的粒子阵列，但不会影响到分布对象，如图16-79所示。

图16-78　　　　　　　　图16-79

技巧与提示

勾选"一个相连的水滴"选项后，系统将使用一种只对相互融合的粒子进行计算和显示的简便算法。这种方式可以加速粒子的计算，但使用时应该注意所有的变形球粒子应融合在一起，如一摊水，否则只能显示和渲染最主要的部分。

13 选择"对象碎片"粒子类型后，"对象碎片控制"选项组中的参数变为可用状态，通过"厚度"参数可以设置碎片的厚度，具体参数设置如图16-80所示。

14 在默认情况下，"对象碎片控制"选项组中"所有面"为选择状态，表示将分布对象所有的三角面分离成碎片。选择"碎片数目"单选按钮，通过"最小值"参数来设置碎片的块数，具体参数设置如图16-81所示。

图16-80　　　　　　　图16-81

技巧与提示

由于源物体为一个平面对象，所以即使改变"角度"数值，粒子的效果也并不明显。

15 在"对象碎片控制"选项组中选择"平滑角度"选项，对象将根据平滑度进行面的分裂，其下方的"角度"参数用于设置碎片的角度，值越小，对象表面分裂越碎，具体参数设置如图16-82所示。

16 在"粒子类型"选项组中选择"实例几何体"单选按钮后，在"实例参数"选项组中单击"拾取对象"按钮，可以拾取场景中的对象作为粒子形态，如图16-83所示。

 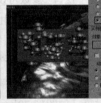

图16-82　　　　　　　图16-83

技巧与提示

如果拾取的"实例几何体"对象有子对象，而且勾选了"实例参数"选项组中的"且使用子树"复选框，那么子对象也将作为粒子的发射对象。在"动画偏移关键点"选项下方有3个选项是针对带有动画设置的粒子发射对象的，如果发射对象原来或后来指定了动画，将会同时影响所有粒子。

17 在"旋转和碰撞"卷展栏中，"自旋时间"参数来设置粒子旋转一次的帧数，通过"变化"参数来设置自旋时间变化的百分比值，通过"相位"参数来设置粒子诞生时的旋转角度，通过"变化"参数则可以设置相位变化的百分比值，具体参数设置如图16-84所示，并观察粒子的运动效果。

18 在默认情况下，在"自旋轴控制"选项组中，"随机"单选按钮处于选择状态，表示随机为每个粒子指定自旋轴向。选择"运动方向/运动模糊"单选按钮，使粒子沿运动方向旋转，用户可以通过"拉伸"参数设置粒子根据速度沿运动轴进行拉伸，具体参数设置如图16-85所示。

图16-84　　　　　　　图16-85

技巧与提示

这里的碰撞设置并不会很精确，如果想得到准确的粒子之间碰撞的效果，可以使用3ds Max的粒子插件ThinkingParticle（思维粒子）。

19 如果用户选择"用户定义"单选按钮，可以通过x、y、z轴的参数自行设置粒子沿各轴向进行自旋的角度，并通过"变化"值设置3个轴向自旋设置的变化百分比，如图16-86所示。

20 勾选"粒子碰撞"选项组中的"启用"复选框，这时将计算粒子之间的碰撞。通过"计算每帧间隔"参数，可以设置在计算粒子碰撞过程中每次渲染间隔的时间数量，数值越高，模拟越准确，速度越慢；"反弹"参数可设置碰撞后恢复速率的程度；"变化"参数可以设置粒子碰撞变化的百分比，如图16-87所示。

21 在"粒子类型"卷展栏中选择"对象碎片"粒子类型，然后在"材质贴图和来源"选项组中选择"拾取的发射器"单选按钮，使粒子具有与源物体对象相同的材质，或者直接打开"材质编辑器"窗口，将设置好的材质直接赋予粒子系统，如图16-88所示。

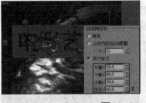

图16-86　　　图16-87　　　图16-88

技巧与提示

"碎片材质"选项组可以为碎片粒子指定不同的材质ID号，以便在不同区域指定不同的材质。

22 在"对象碎片控制"选项组中设置"碎片数目"参数值为100，如图16-89所示。

23 选择动画效果比较明显的帧，然后渲染场景，效果如图16-90所示。

图16-89

图16-90

16.4.5 对象运动继承卷展栏

当制作粒子跟随源物体运动的动画时，有些粒子并非紧跟着源物体运动的，例如火车喷出的烟雾应该向着与前进方向相反的方向飘动，而不是保持笔直的喷射状态。"对象运动继承"卷展栏中的参数则是用来控制源物体在运动时粒子的跟随速度的。

"影响"参数值决定了粒子的运动情况，当值为100.0时，粒子会在发射后，仍保持与发射器相同的速度，在自身发散的同时，跟随发射器进行运动，形成动态发散效果；当值为0.0时，粒子发散后会马上与目标物体脱离关系，自身进行发散，直到消失，产生边移动边脱落粒子的效果。图16-91和图16-92所示为设置不同"影响"参数值后粒子的运动效果。

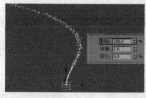 

图16-91   图16-92

"倍增"参数值主要用于加大移动目标物体对粒子造成的影响，"变化"参数值可以设置倍增的变化百分比值。

16.4.6 气泡运动卷展栏

"气泡运动"卷展栏可以设置粒子产生晃动的效果，如同水下上升的气泡。该卷展栏主要用于模拟气泡和泡沫等物体的运动效果。展开"气泡运动"卷展栏，如图16-93所示。

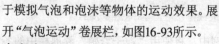

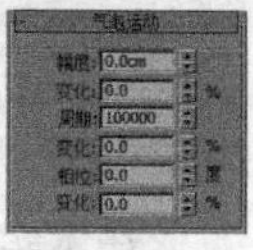

图16-93

参数解析

- **幅度：** 粒子离开通常的速度矢量的距离。
- **变化：** 每个粒子所应用的振幅变化的百分比。

- **周期：** 粒子通过气泡"波"的一个完整振动的周期。
- **变化：** 每个粒子的周期变化的百分比。
- **相位：** 气泡图案沿着矢量的初始置换。
- **变化：** 每个粒子的相位变化的百分比。

典型实例：用粒子阵列制作海底冒泡动画

场景位置	场景文件>CH16>04.max
实例位置	实例文件>CH16>典型实例：用粒子阵列制作海底冒泡动画.max
实用指数	★★★☆☆
学习目标	熟悉使用"气泡运动"卷展栏中的各项参数制作气泡运动动画

在本实例中，将使用"气泡运动"卷展栏中的各项参数来制作一个海底气泡向上运动的动画效果，图16-94所示为本实例的最终渲染效果。

图16-94

01 打开"场景文件>CH16>04.max"文件，在场景中，已经指定了一张位图作为背景，并创建了"粒子阵列"粒子系统，如图16-95所示。

02 在视图中选择"粒子阵列"粒子系统，进入"气泡运动"卷展栏，通过"幅度"参数可以设置粒子因晃动而偏出其速度轨迹线的距离，通过"变化"参数可以控制粒子幅度变化的百分比，如图16-96所示。

图16-95   图16-96

03 通过"周期"参数可以设置粒子沿着波浪曲线完成一次晃动所需要的时间，通过"变化"参数可以用来调整每个粒子周期变化的百分比，如图16-97所示。

04 使用"相位"参数设置粒子在波浪曲线上最初的位置，使用"变化"参数来设置每个粒子相位变化的百分比，如图16-98所示

图16-97   图16-98

05 对参数进行设置。设置"振幅"为2，"变化"为20.0，"周期"为20，"变化"为50.0，"相位"为100.0，"变化"为30.0，如图16-99所示。

06 选择动画效果比较明显的帧，然后渲染场景，效果如图16-100所示。

图16-99

图16-100

16.4.7 粒子繁殖卷展栏

"粒子繁殖"卷展栏内的参数用于控制粒子在死亡或碰撞后是否孵化出新的个体，使用该卷展栏内的参数不仅可以设置粒子的繁殖，还可以将任意对象作为繁殖的形态，并可以对繁殖对象的尺寸、速度及混乱度等进行设置。图16-101所示为"粒子繁殖"卷展栏中的各项参数。

图16-101

参数解析

- **无:** 不使用任何繁殖控件，粒子按照正常方式活动。
- **碰撞后消亡:** 粒子在碰撞到绑定的导向器时消失。
- **持续:** 粒子在碰撞后持续的寿命（帧数）。
- **变化:** 当"持续"大于 0 时，每个粒子的"持续"值将各有不同。使用此选项可以"羽化"粒子密度的逐渐衰减。
- **碰撞后繁殖:** 在与绑定的导向器碰撞时产生繁殖效果。
- **消亡后繁殖:** 在每个粒子的寿命结束时产生繁殖效果。
- **繁殖拖尾:** 在现有粒子寿命的每个帧，从相应粒子繁殖粒子。
- **繁殖数目:** 除原粒子以外的繁殖数。例如，如果此选项设置为1，并在消亡时繁殖，每个粒子超过原寿命后繁殖一次。

- **影响:** 指定将繁殖的粒子的百分比。
- **倍增:** 倍增每个繁殖事件繁殖的粒子数。
- **变化:** 逐帧指定"倍增"值将变化的百分比范围。
- **混乱度:** 指定繁殖的粒子的方向可以从父粒子的方向变化的量。
- **因子:** 繁殖的粒子的速度相对于父粒子的速度变化的百分比范围。
- **慢:** 随机应用速度因子，减慢繁殖的粒子的速度。
- **快:** 根据速度因子随机加快粒子的速度。
- **二者:** 根据速度因子，有些粒子加快速度，有些粒子减慢速度。
- **继承父粒子速度:** 除了速度因子的影响外，繁殖的粒子还继承母体的速度。
- **使用固定值:** 将"因子"值作为设置值，而不是作为随机应用于每个粒子的范围。
- **因子:** 为繁殖的粒子确定相对于父粒子的随机缩放百分比范围。
- **向下:** 根据"因子"的值随机缩小繁殖的粒子，使其小于父粒子。
- **向上:** 随机放大繁殖的粒子，使其大于父粒子。
- **使用固定值:** 将"因子"的值作为固定值，而不是值范围。
- **添加** 添加 **:** 将"寿命"微调器中的值加入列表窗口。
- **删除** 删除 **:** 删除列表窗口中当前高亮显示的值。
- **替换** 替换 **:** 可以使用"寿命"微调器中的值替换队列中的值。
- **寿命:** 使用此选项可以设置一个值，然后单击"添加"按钮 添加 将该值加入列表窗口。
- **拾取** 拾取 **:** 单击此选项，然后在视口中选择要加入列表的对象。
- **删除** 删除 **:** 删除列表窗口中当前高亮显示的对象。
- **替换** 替换 **:** 使用其他对象替换队列中的对象。

典型实例：用超级喷射制作烟花爆炸动画

场景位置	场景文件>CH16>05.max
实例位置	实例文件>CH16>典型实例：用超级喷射制作烟花爆炸动画.max
实用指数	★★★☆☆
学习目标	熟悉使用"粒子繁殖"卷展栏中的各项参数制作烟花爆炸动画

在本实例中，将使用"粒子繁殖"卷展栏中的各项参数来制作一个烟花爆炸的动画效果。图17-102所示为本实例的最终渲染效果。

图17-102

01 打开"场景文件>CH16>05.max"文件，在场景中，已经指定了一张位图作为背景，并创建了"超级喷射"粒子系统，如图16-103所示。

02 在视图中选择"超级喷射"粒子系统，进入"修改"命令面板，然后在"粒子繁殖"卷展栏的"粒子繁殖效果"选项组中，"无"单选按钮为默认的选择状态，表示关闭整个繁殖系统。选择"碰撞后消亡"单选按钮，此时粒子在碰撞到绑定的空间扭曲对象后将消失，然后单击主工具栏上的"绑定到空间扭曲"按钮，将场景中Deflector001对象绑定到"超级喷射"对象上，如图16-104所示。

图16-103 图16-104

03 进入"修改"命令面板，在修改器堆栈中可以看到绑定的空间扭曲对象，播放动画，即可看到粒子在碰撞到Deflector001对象后自动消失，如图16-105所示。

04 选择"碰撞后繁殖"单选按钮，粒子碰撞到绑定的空间扭曲对象后，将会按照下面的"繁殖数目"参数值设置一次繁殖产生的新个体数目；"影响"参数设置在所有粒子中，有多少百分比的粒子发生繁殖作用；"倍增"参数是按繁殖数目的设置进行产卵数目的成倍增长；"变化"参数可指定倍增值在每一帧发生变化的百分比值，具体参数设置如图16-106所示。

图16-105 图16-106

05 选择"繁殖拖尾"选项，粒子会在运动每一帧时，都产生一个新个体，然后沿其运动轨迹继续运动，如图16-107所示。

06 在场景中选择Deflector001对象，按Delete键将其删除，然后选择"超级喷射"对象，在"粒子繁殖效果"选项组中选择"消亡后繁殖"选项，这时会在粒子的生命结束后按繁殖数目生产新粒子对象，具体参数如图16-108所示。

图16-107 图16-108

技巧与提示

在命令堆栈中选择SuperSpray层，在"粒子繁殖"卷展栏的"碰撞后消亡"选项中，设置"持续"参数可以影响粒子在碰撞后持续的时间，默认值为0，即碰撞后粒子立即消失。"变化"参数可设置每个粒子持续变化的百分比值，如图16-109所示。

图16-109

07 "方向混乱"选项组中的"混乱度"参数值可以设置新个体在其父粒子方向上的变化值，当值为0时，不发生方向变化；值为100时，它们会以任意随机方向运动，具体参数设置如图16-110所示。

08 在"速度混乱"选项组中，通过"因子"参数可以设置新个体相对于父粒子速度的百分比变化范围。选择"慢"选项，将随机减慢新个体的速度；选择"快"选项，将随机加快新个体的速度；选择"二者"选项，一部分减慢速度，另一部分加快速度，如图16-111~图16-113所示。

图16-110 图16-111

图16-112 图16-113

377

09 勾选"继承父粒子速度"选项,这时新个体在除了速度因子的影响外,还继承父粒子的速度;勾选"使用固定值"选项,这时将"因子"值作为设置值,而不是作为随机应用于每个粒子的范围,如图16-114所示。

10 在"基本参数"卷展栏的"视口显示"选项组中,选择"网格"单选按钮,让粒子在视图中显示实体网格,将"速度混乱"选项组中的参数均设置为默认状态,使粒子没有速度上的混乱效果,然后通过"缩放混乱"选项组中的"因子"参数设置新个体相对于父粒子尺寸的缩放范围,包含以下的3种方式进行改变,如图16-115~图16-117所示。

图16-114

图16-115

图16-116

图16-117

11 勾选"使用固定值"复选框,"因子"设置的参数值将变为一个恒定值影响新个体,产生规则的缩放效果,如图16-118所示。

图16-118

12 将"缩放混乱"选项组中的参数设置为默认状态,接下来制作父粒子造型与新指定的繁殖新个体造型之间的变形。在"粒子类型"卷展栏中选择"实体几何体"选项,然后单击"实例参数"选项组中的"拾取对象"按钮  拾取对象 ,接着在视图中拾取替代的几何体,如图16-119和图16-120所示。

图16-119

图16-120

13 进入"粒子繁殖"卷展栏,在"对象变形队列"

选项组中单击"拾取"按钮,然后在视图中选择将要作为新个体替身对象的几何体,拾取后,在"对象变形队列"列表框中将列出新个体替身对象的名称,如图16-121所示。

图16-121

技巧与提示
另外,可以在列表中选择替身对象,通过单击"删除"按钮可以删除替换对象;通过单击"替换"按钮,然后在视图中拾取新对象可以将列表中的对象替换。

14 下面来为生成的新个体指定新的寿命值,而不是继承父粒子的寿命值,具体参数如图16-122和图16-123所示。

图16-122

图16-123

技巧与提示
在"寿命值队列"选项组中选择相应的寿命值,通过"删除"按钮将其寿命值删除,通过"替换"按钮即可选择寿命值。

15 在"粒子繁殖"卷展栏中,对"粒子繁殖效果"选项组中的参数进行设置,如图16-124所示。

图16-124

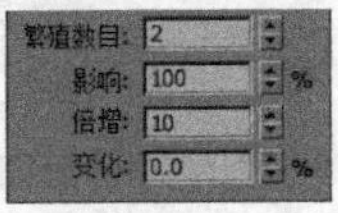

16 播放动画,可以看到粒子在消亡后转变为Teapot001的形状,经过10帧的时间再次消亡后转变为Pyramid001的形状,又经过20帧的时间,直到粒子再次消亡,如图16-125和图16-126所示。

图16-125

图16-126

17 对"粒子繁殖"卷展栏中的各项参数都熟悉之后,调节出一个自己满意的效果,然后渲染效果比较明显的帧,最终效果如图16-127所示。

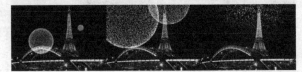
图16-127

16.4.8 加载/保存预设卷展栏

"加载/保存预设"卷展栏下提供了多个系统自带的粒子运动类型,用户可以添加这些数据来完成各种粒子的运动过程,还可以将自己设置好的粒子效果进行保存,以便在其他粒子系统中使用。下面通过具体操作向读者介绍"保存"和"加载"粒子效果的方法。

第1步: 当制作粒子动画效果后,可以在"预设名"中为其命名,然后单击"保存"按钮,如图16-128所示。

第2步: 如果需要将数据添加到粒子系统中来完成各种粒子的运动过程,在"保存预设"中选择相应的粒子名称,然后单击"加载按钮",如图16-129所示。设置完毕后在视图中观察粒子的效果,如图16-130所示。

图16-128　　　图16-129　　　图16-130

即学即练:用"超级喷射"粒子制作烟雾动画

场景位置	场景文件>CH16>06.max
实例位置	实例文件>CH16>即学即练:用"超级喷射"粒子制作烟雾动画.max
实用指数	★★★☆☆
学习目标	熟练使用"超级喷射"粒子系统制作烟雾动画

本实例将使用"超级喷射"作为一个火堆产生烟雾,烟雾向上升腾的动画效果,图16-131所示为本实例的最终渲染效果。

图16-131

16.5 粒子流源

"粒子流源"将普通粒子系统中的每一个参数卷展栏都独立为一个"事件",通过对这些"事件"任意自由的排列组合,可以创建出丰富多彩的粒子运动效果。该粒子系统使用"粒子视图"来驱动粒子。在"粒子视图"中,可使用"事件"来设置粒子的属性(如形状、速度、方向和旋转)。

单击"粒子流源"按钮 粒子流源 ,即可在视口中拖曳绘制出"粒子流源"的图标,如图16-132所示。

在"修改"面板中,"粒子流源"包含"设置""发射""选择""系统管理"和"脚本"这5个卷展栏,如图16-133所示。

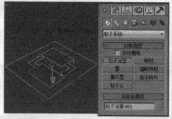

图16-132　　　图16-133

16.5.1 设置卷展栏

单击展开"设置"卷展栏,如图16-134所示。

参数解析

图16-134

• **启用粒子发射:** 打开和关闭粒子系统。默认设置为启用。

• **粒子视图** 粒子视图 :单击此按钮即可弹出"粒子视图"面板,如图16-135所示。

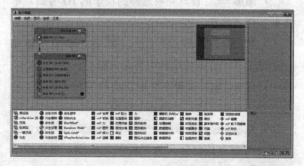

图16-135

16.5.2 发射卷展栏

单击展开"发射"卷展栏展开,如图16-136所示。

参数解析

①"发射器图标"组

• **徽标大小:** 设置显示在源图标中心的粒子流徽标的大小。

• **图标类型:** 选择源图标的基本几何体,有"长方形""长方体""圆形"和"球体"4种可选,如图16-137所示。

• **长度/宽度/高度:** 可以分别设置粒子图标的长

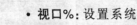
度、宽度和高度。

- **显示**: 分别打开和
关闭"徽标"和"图标"
的显示。

②"数量倍增"组

- **视口%**: 设置系统
中在视口内生成的粒子总数的百分比。

图16-136　　图16-137

- **渲染%**: 设置系统中在渲染时生成的粒子总数
的百分比。

16.5.3 选择卷展栏

单击展开"选择"卷展栏，如图
16-138所示。

参数解析

- **粒子**: 通过单击粒子或拖动一
个区域来选择粒子。
- **事件**: 用于按事件选择粒子。
- **ID**: 使用此控件可设置要选择的
粒子的ID号。

图16-138

- **添加**: 设置完要选择的粒子的ID号后，单
击此按钮可将其添加到选择中。
- **清除选定内容**: 启用后，单击"添加"按钮
选择粒子会取消选择所有其他粒子。
- **移除**: 设置完要取消选择的粒子的ID号
后，单击移除可将其从选择中移除。
- **从事件级别获取钮**: 单击可将
"事件"级别选择转化为"粒子"级别，仅适用于
"粒子"级别。

16.5.4 系统管理卷展栏

单击展开"系统管理"卷展栏，如
图16-139所示。

参数解析

①"粒子数量"组

图16-139

- **上限**: 系统可以包含粒子的最大数目。

②"积分步长"组

- **视口**: 设置在视口中播放的动画的积分步长。
- **渲染**: 设置渲染时的积分步长。

16.5.5 脚本卷展栏

单击展开"脚本"卷展栏，如图
16-140所示。

参数解析

①"每步更新"组

- **启用脚本**: 启用它可引起按每积
分步长执行内存中的脚本。

图16-140

- **编辑**: 单击此按钮可打开具有当前脚本的
文本编辑器窗口。
- **使用脚本文件**: 当此项处于启用状态时，可以
通过单击下面的"无"按钮加载脚本
文件。
- **无**: 单击此按钮可显示"打
开"对话框，可通过此对话框指定要从磁盘加载的
脚本文件，加载脚本后，脚本文件的名称将出现在
按钮上。

②"最后一步更新"组

- **启用脚本**: 启用它可引起在最后的积分步长后
执行内存中的脚本。
- **编辑**: 单击此按钮可打开具有当前脚本的
文本编辑器窗口。
- **使用脚本文件**: 当此项处于启用状态时，可以
通过单击下面的"无"按钮加载脚本
文件。
- **无**: 单击此按钮可显示"打开"
对话框，可通过此对话框指定要从磁盘加载的脚本文
件。加载脚本后，脚本文件的名称将出现在按钮上。

典型实例：用粒子流源制作花生长动画

场景位置　场景文件>CH16>07.max
实例位置　实例文件>CH16>典型实例：用粒子流源制作花生长动画.max
实用指数　★★★☆☆
学习目标　熟悉"粒子流源"的创建方法，以及"测试"和"操作符"等事件

"粒子流源"的操作方法与普通的粒子系统有
所区别，它能够实现十分复杂的粒子动画。在本实例
中，将使用"粒子流源"制作花和叶子的生长动画。
图16-141所示为本实例的最终渲染效果。

图16-141

01 打开"场景文件>CH16>07.max"文件,在场景中,有一个CG的图标,图标已经设置为了不可渲染,另外,还包含单个的花和叶子的生长动画,如图16-142所示。

02 进入"粒子系统"面板,单击"粒子流源"按钮 粒子流源 ,然后在"顶"视图中创建一个"粒子流源";接着进入"修改"面板,在"发射"卷展栏中设置"徽标大小"为20.0cm,"长度"为5.0cm,"宽度"为150cm,最后在"数量倍增"选项组中设置"视口%"为100.0,让粒子在视图中全部显示,如图16-143所示。

图16-142　　　　　　　　图16-143

03 在"顶"视图和"前"视图中调整"粒子流源001"对象的位置和方向,如图16-144所示。

04 打开"自动关键点"按钮,拖动时间滑块到第200帧的位置,然后沿"粒子流源 001"对象"局部"坐标系y轴的负方向,制作位移动画,如图16-145所示。

图16-144　　　　　　　　图16-145

05 播放动画,可以看到当前的粒子状态,如图16-146所示。

06 关闭"自动关键点"按钮,选择"粒子流源001"对象,进入"修改"面板,然后在"设置"卷展栏中单击"粒子视图"按钮 粒子视图 ,打开"粒子视图"对话框,如图16-147所示。

图16-146　　　　　　　　图16-147

07 在默认情况下,创建的"粒子流源"包含"出生"事件,"位置图标"操作符,"速度"操作符,"旋转"操作符,"形状"操作符和"显示"事件,

如图16-148所示。

08 选择"出生"事件,然后设置"发射开始"为0,"发射结束"为200,"数量"为100,如图16-149所示。

图16-148　　　　　　　　图16-149

> **技巧与提示**
>
> 在菜单中执行"图形编辑器>粒子视图"也可以打开"粒子视图"对话框,如图16-150所示。
>
> 另外,在主工具上激活"快捷键越界开关"按钮 ,按6键,也可以打开"粒子视图"对话框。

图16-150

09 按住Ctrl键,选择"旋转"和"形状"操作符,然后按Delete键将其删除,如图16-151所示。

10 从仓库中将"碰撞"拖动到"显示"事件下方的位置,当显示一条水平蓝线时松开鼠标,生成"碰撞"测试,如图16-152所示。

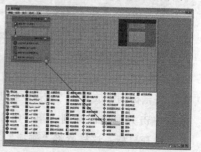

图16-151　　　　　　　　图16-152

> **技巧与提示**
>
> "出生"事件用于控制粒子发射的起始、结束时间和粒子的数量;"位置"用于控制粒子的发射位置,默认是整个发射器的体积之内;"速度"用于粒子的发射速度和发射方向;"旋转"用于粒子初始时的角度;"形状"用于粒子的外形;"显示"用于控制粒子在视图中的显示方式。

11 选择"碰撞",然后在"粒子视图"右侧的"碰撞001"卷展栏中单击"添加"按钮;接着在场景中单击Deflector01对象,在显示窗口内会显示该对象的名称,如图16-153所示。

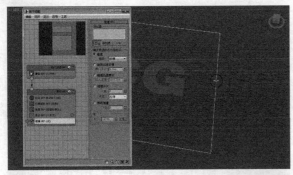

图16-153

12 播放动画,可以看到
粒子受到Deflector01对象的
影响,如图16-154所示。

图16-154

13 在仓库中选择"删除"操作符,将其拖动至粒
子视图的空白区域,这时,会现一个新的事件"事件
002",如图16-155所示。

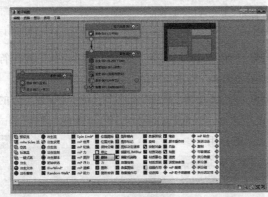

图16-155

14 将鼠标指针放置在"碰撞"输出左端的圆点上,
然后单击并拖曳鼠标到"事件002"左上方的圆点
上,松开鼠标,这样就将"碰撞"与"事件002"之
间建立了关联,如图16-156和图16-157所示。

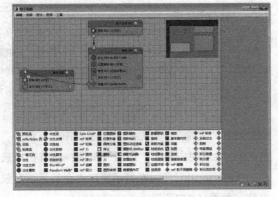

图16-156

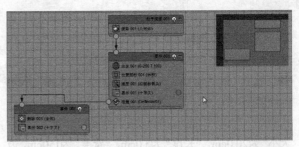

图16-157

15 在仓库中将"碰撞繁殖"拖放到"碰撞"测试的
下方,如图16-158所示。

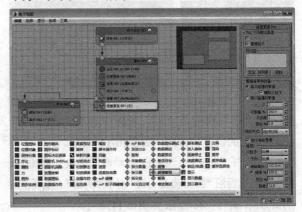

图16-158

16 选择"碰撞繁殖",在右侧"碰撞繁殖001"卷
展栏的"导向器"选项组中,单击"添加"按钮,然后在
场景中拾取UDeflector01对象,如图16-159所示。

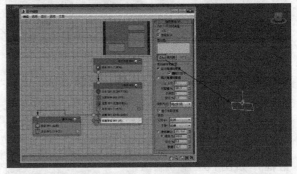

图16-159

> **技巧与提示**
>
> "碰撞繁殖"测试可以将符合条件的粒子进行繁殖,在
> 这里设置的是只要粒子接触到CG图标就进行繁殖操作。
>
> UDeflector01对象可以拾取场景中的物体作为导向板,关
> 于UDeflector01对象的用法会在后面的章节进行讲解。

17 选择"碰撞繁殖",在右侧的参数面板中,设置
"繁殖速率和数量"选项组中的"子孙数"为8,如
图16-160所示。

18 在仓库中将"拆分数量"拖动至事件显示的空

白区域，如图
16-161所示。

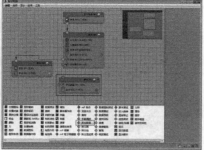

图16-160　　　　　　　　　　图16-161

19 选择"拆分数量"测试，在右侧的参数面板中，设置"拆分数量"卷展栏中的"比率%"参数值为20.0，如图16-162所示。

20 在"事件003"中添加"拆分数量"，并设置"比率%"为100，设置完成后，将"碰撞繁殖"测试与"事件003"进行关联，如图16-163所示。

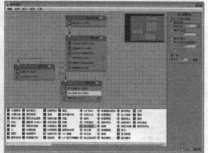

图16-162　　　　　　　　　　图16-163

 技巧与提示

"拆分数量"测试可以将符合条件的粒子进行数量的拆分。在本实例中，我们让繁殖后粒子20%变成花，剩下的80%变成叶子。

此外，"粒子流源"中的事件的基本功能是确定粒子是否满足一个或多个条件，如果满足，就可以将粒子送下一个事件中，粒子通过测试时，称为"测试为真值"。要将合法的粒子发送到其他事件中，就必须使测试与该事件关联，未通过测试的粒子（测试为假值）则继续停留在该事件中，反复受其操作符和测试的影响；如果测试未与另一个事件关联，所有粒子均将继续保留在该事件中，当然还可以在一个事件中使用多个测试：第1个测试检查事件中所有的粒子，第2个测试之后的每个测试只检查被第一个测试筛选之后，还继续停留在该事件中的粒子。

21 在"事件001"中选择"显示"事件，将其拖放至"粒子流源001"中，并在右侧的参数面板中，设置粒子的显示"类型"为"几何体"，如图16-164所示。

技巧与提示

"粒子流源001"是一个全局控制，将事件或操作符放在这里面，将会覆盖掉下面事件中相同的事件和操作符。

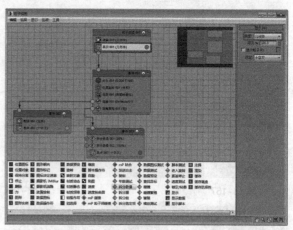

图16-164

22 在仓库中将"图形实例"操作符拖放到粒子视图的空白区域，如图16-165所示。

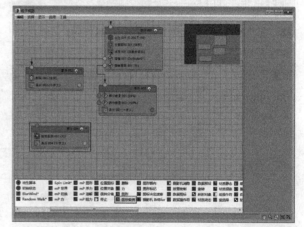

图16-165

23 选择"图形实例"操作符，在右侧的参数面板中，单击"粒子几何体对象"选项组中的"无"按钮 ，然后在场景中拾取"花"对象，如图16-166所示。

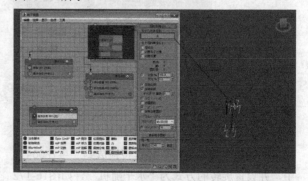

图16-166

24 参考图16-167进行参数设置，完成后将"拆分数量001"测试与"事件004"进行关联，如图16-168所示。

图16-167

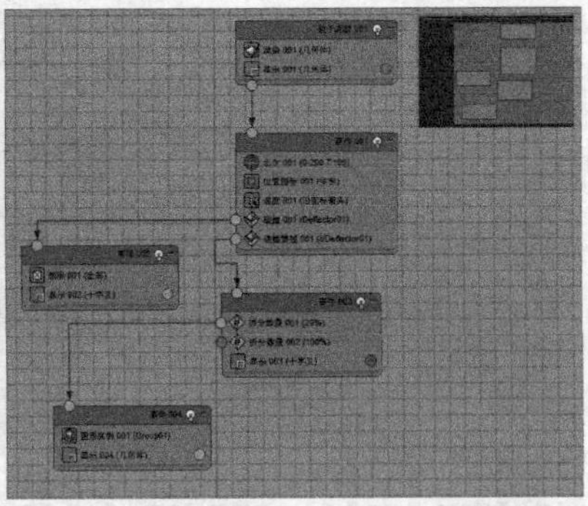

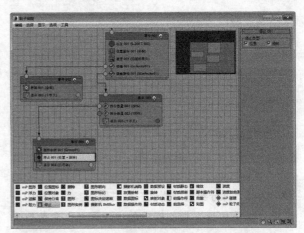

图16-168

图16-171

技巧与提示

"图形实例"操作符可以将场景的任意物体作为粒子的外形,这个物体可以是单独的对象,也可以是成组的对象,还可以是有父子链接的对象,如果拾取的对象有动画设置,"图形实例"操作符还可以让粒子继承对象的动画属性。

25 在"事件001"选择"速度001"操作符,在右侧的参数面板中,设置"速度"为5.0cm,如图16-169所示。

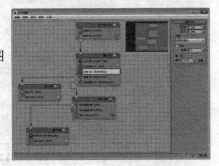

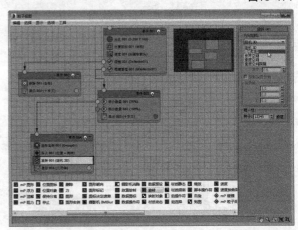

图16-169

图16-172

26 播放动画,发现粒子受UDeflector01对象的影响,在接触到UDeflector01对象后被反弹到了空中,如图16-170所示。

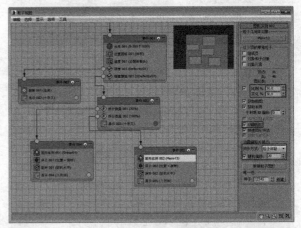

图16-170

27 打开"粒子视图"对话框,在仓库中将"停止"操作符拖放到"事件004"中,如图16-171所示。

28 播放动画,这时粒子在接触UDeflector01对象后保持位置不变。但花的角度都是朝着一个方向的,显得太死板。将"旋转"操作符拖放到"事件004"中,并设置旋转的方式为"水平随机",如图16-172所示。

29 用同样的方法,让粒子繁殖后的80%生成叶子,具体参数设置如图16-173所示。

图16-173

30 播放动画,观察花和叶子的生长,并组成图标的粒子动画效果,如图16-174所示。

图16-174

31 如果计算机的硬件配置允许,可以在"事件

001"中将"出生001"事件中的粒子数量设置得高一些。选择动画效果比较明显的帧，然后渲染场景，效果如图16-175所示。

图16-175

典型实例：用粒子流源制作吹散文字动画

场景位置	场景文件>CH16>08.max
实例位置	实例文件>CH16>典型实例：用粒子流源制作吹散文字动画.max
实用指数	★★★★☆
学习目标	使用粒子流来制作文字被吹散的动画效果

在本实例中，通过制作一个文字特效来详细讲解3ds Max的粒子系统的使用方法，图16-176所示为本实例的最终渲染效果。

图16-176

01 打开"场景文件>CH16>08.max"文件，如图16-177所示，在场景中，包含一个文字模型，并且已经设置完材质及灯光。

图16-177

02 按6键打开"粒子视图"面板，如图16-178所示。

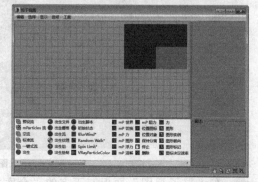

图16-178

03 在"仓库"中将"空流"操作符拖曳至"事件显示"中，则生成了场景中的第一个粒子流，系统自动为其命名为"粒子流源001"，如图16-179所示。

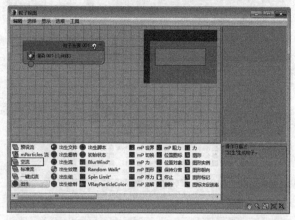

图16-179

04 在"粒子视图"面板左下方的"仓库"中将"出生"操作符拖曳至"事件显示"中，生成了场景中的第一个事件，系统自动为其命名为"事件001"，然后单击鼠标以拖曳的方式将"粒子流源001"与"事件001"这两个事件进行关联，如图16-180所示。

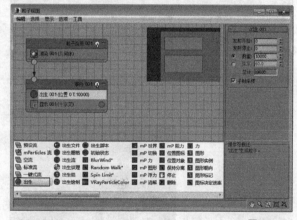

图16-180

05 单击选择"出生"操作符，在右侧的"参数"栏内，设置粒子的"发射开始"和"发射停止"值为0，设置粒子的"数量"为10000，为粒子流设置出生的时间及数量，如图16-181所示。

06 在"粒子视图"面板左下方的"仓库"中将"位置对象"操作符也拖曳至"事件001"中，单击选择"位置对象"操作符，然后在右侧的"参数"栏内，单击"添加"按钮 添加 ，在场景中选择文字模型，如图16-182所示，即可在场景中的文字上观察到有粒子生成，如图16-183所示。

07 单击"导向球"按钮 导向球 ，在场景中文字模型位置处创建一个导向球，如图16-184所示。

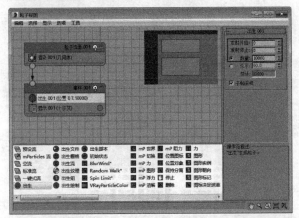

图16-181

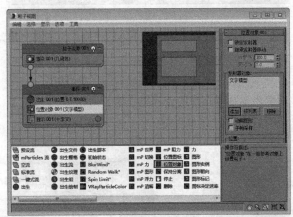

图16-182

图16-183

图16-184

08 按N键，为场景中的导向球创建一个扫过文字模型的直线位移动画，如图16-185所示。

图16-185

09 在"粒子视图"面板左下方的"仓库"中将"碰撞"操作符也拖曳至"事件001"中，在右侧的"参数"栏内，单击"添加"按钮 添加，添加场景中的导向球，如图16-186所示。

10 单击"风"按钮 风 ，在场景中创建一个

风，如图16-187所示。

11 在"修改"面板中的"力"组里，设置风的"强度"2.0，"衰退"为0.1；在"风"组中，设置"湍流"为0.3，"频率"为1.0， "比例"为0.1，如图16-188所示。

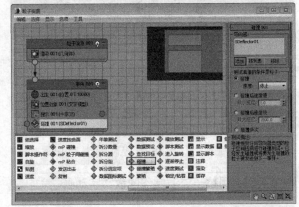

图16-186

图16-187

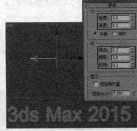

图16-188

12 单击"阻力"按钮 阻力 ，在场景中创建一个阻力，如图16-189所示。

13 在"修改"面板中，设置阻力"线性阻尼"的"X轴""Y轴"和"Z轴"均为6%，如图16-190所示。

图16-189

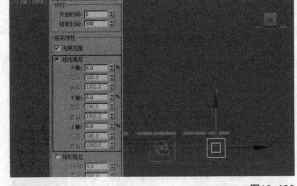

图16-190

14 在"粒子视图"面板左下方的"仓库"中将

"力"操作符也拖曳至"事件显示"中,生成新的事件"事件002",并将其连接至"事件001"上,然后在右侧的"参数"栏内,单击"添加"按钮 添加,添加场景中刚刚创建的风和阻力,如图16-191所示。

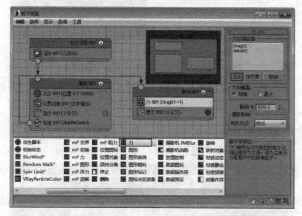

图16-191

15 拖动"时间滑块"按钮,即可在场景中观察粒子被导向球划过,即进入到"事件002"中,被风吹动所形成的动画,如图16-192所示。

图16-192

16 在"粒子视图"面板左下方的"仓库"中将"删除"操作符拖曳至"事件002"中,在右侧的"参数"栏内,设置粒子"移除"为"按粒子年龄",并设置"寿命"为120,"变化"为50,如图16-193所示。

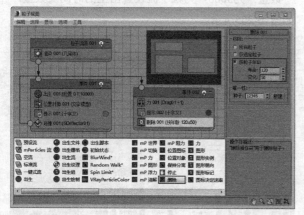

图16-193

17 在"粒子视图"面板左下方的"仓库"中将"图形"操作符拖曳至"事件001",然后单击"事件001"中的"显示"操作符,将显示的"类型"设置为"几何体",如图16-194所示。

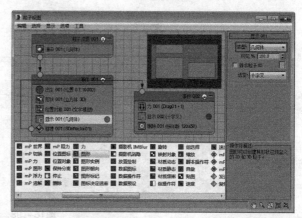

图16-194

18 单击"事件001"中的"形状"操作符,在右侧的"参数"栏内,设置粒子的形状为"四面体","大小"为0.2,如图16-195所示。

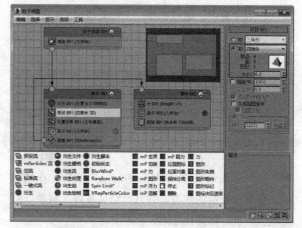

图16-195

19 按住Shift键,将设置好的"形状"操作符从"事件001"中复制一份至"事件002"内,如图16-196所示。

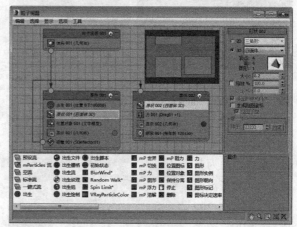

图16-196

20 拖动时间滑块按钮,即可在视图中观察到完整的文字被风吹散的动画特效,如图16-197所示。

21 选择动画效果比较明显的帧，然后渲染场景，效果如图16-198所示。

图16-197

图16-198

典型实例：用粒子流源制作箭雨动画

场景位置	场景文件>CH16>09.max
实例位置	实例文件>CH16>典型实例：用粒子流源制作箭雨动画.max
实用指数	★★★☆☆
学习目标	熟练掌握粒子流源的使用方法及参数设置

在本案例中，通过制作一个漫天箭雨的特效来详细讲解"粒子流源"的使用方法，图16-199所示为本实例的最终渲染效果。

图16-199

01 打开"场景文件>CH16>09.max"文件，在场景中，包含一支箭的模型，并且已经设置好了材质、灯光和摄影机，如图16-200所示。

02 按6键，打开"粒子视图"面板，如图16-201所示。

图16-200

图16-201

03 在"粒子视图"面板左下方的"仓库"中将"空流"操作符拖曳至"事件显示"中，生成场第1个粒子流，系统自动为其命名为"粒子流源001"，如图16-202所示，同时，场景中出现一个粒子流源的图标。

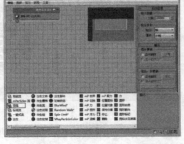

图16-202

04 在场景中，单击选择粒子流源图标，在"修改"面板中，设置其图标的"长度"为50.8cm，"宽度"为500.0cm，并旋转图标至如图16-203所示。

图16-203

05 在"粒子视图"面板左下方的"仓库"中将"出生"操作符拖曳至"事件显示"中，则生成场景中的第1个事件，系统自动为其命名为"事件001"，然后单击鼠标以拖曳的方式将"粒子流源001"与"事件001"这两个事件进行关联，如图16-204所示。

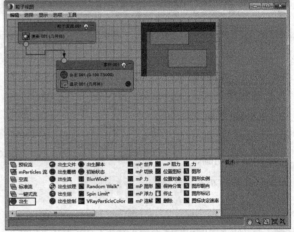

图16-204

06 单击选择"出生"操作符，在右侧的"参数"栏内，设置粒子的"发射停止"为100，设置粒子的"数量"为5000，为粒子流设置出生的时间及数量，如图16-205所示。

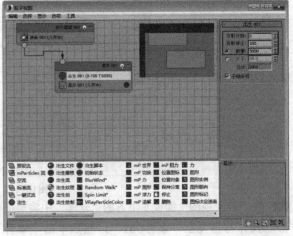

图16-205

07 在"粒子视图"面板左下方的"仓库"中将"位

置图标"操作符也拖曳至"事件001"中,如图16-206所示。

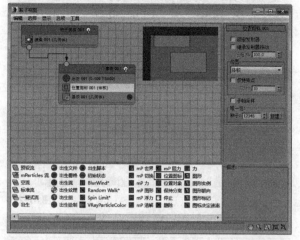

图16-206

08 在"粒子视图"面板左下方的"仓库"中将"图形实例"操作符也拖曳至"事件001"中,然后在右侧的"参数"栏内,单击"粒子几何体对象"组内的"无"按钮 ，拾取场景中的箭模型,将箭模型作为粒子流源发射的粒子形体,如图16-207所示。

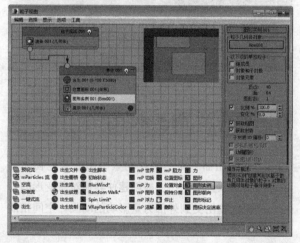

图16-207

09 单击"事件001"内的"显示"操作符,在右侧的"参数"栏内,设置其"类型"为"几何体",如图16-208所示。同时,观察"透视"视图,即可在场景中看到生成的粒子形态,如图16-209所示。

10 在"粒子视图"面板左下方的"仓库"中,将"速度"操作符也拖曳至"事件001"中,然后在右侧的"参数"栏内,设置"速度"2000.0cm,"变化"200.0cm,"方向"为"沿图标箭头",如图16-210所示。

11 在"粒子视图"面板左下方的"仓库"中,将

"旋转"操作符也拖曳至"事件001"中,然后在右侧的"参数"栏内,设置"方向矩阵"为"速度空间跟随",如图16-211所示。

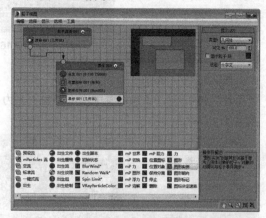

图16-208

图16-209

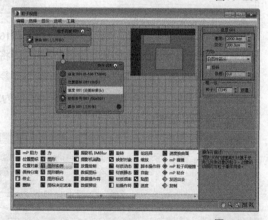

图16-210

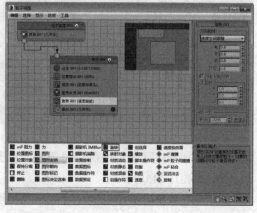

图16-211

12 单击"重力"按钮，在场景中创建一个重力，如图16-212所示。

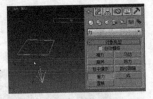

13 在"粒子视图"面板左下方的"仓库"中，将"力"操作符也拖曳至"事件001"中，然后在右侧的"参数"栏内，单击"添加"按钮，添加场景中刚刚创建的重力，如图16-213所示。

图16-212

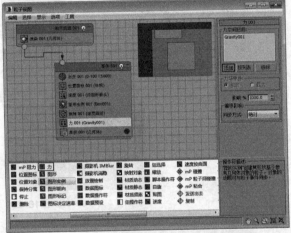

图16-213

14 在"粒子视图"面板左下方的"仓库"中，将"删除"操作符拖曳至"事件001"中，然后在右侧的"参数"栏内，设置"移除"为"按粒子年龄""寿命"值为20、"变化"值为3，如图16-214所示。

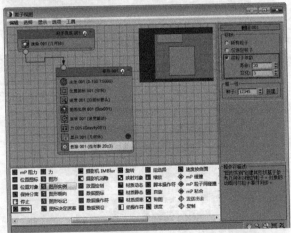

图16-214

15 拖动时间滑块即可在透视视图中观察到粒子的运动状态，如图16-215所示。

16 选择动画效果比较明显的帧，然后渲染场景，效果如图16-216所示。

图16-215

图16-216

即学即练：用粒子流源制作冰雹动画

场景位置	场景文件>CH16>10.max
实例位置	实例文件>CH16>即学即练：用粒子流源制作冰雹动画.max
实用指数	★★★☆☆
学习目标	熟练使用"粒子流源"的各种事件组合制作粒子动画

本实例将使用"粒子流源"制作冰雹落到地面上并破碎的粒子动画效果，图16-217所示为练习的最终渲染效果。

图16-217

16.6 针对粒子系统的空间扭曲

"空间扭曲"是一类在场景中影响其他物体的不可渲染对象。空间扭曲能创建使其他对象变形的力场，从而创建出受到外部力量影响的动画。空间扭曲的功能与修改器类似，只不过空间扭曲改变的是场景空间，而修改器改变的是物体空间。

"空间扭曲"物体的适用物体并不全都相同，有些类型的空间扭曲应用于可变形物体，如标准几何体、网格物体、面片物体与样条曲线等，另一些空间扭曲作用于诸如"喷射""雪"等粒子系统。

在3ds Max 2015中，主要有两种类型的空间扭曲是针对于粒子系统的，这两种类型的空间扭曲分别为"力"和"导向器"。在本节中，将为读者介绍这两种类型的空间扭曲的使用方法。

16.6.1 力类型的空间扭曲

"力"类型的空间扭曲主要用于粒子系统和动力学系统，所有"力"类型的"空间扭曲"全部可以作用于粒子系统。该类型的空间扭曲集合了各种模拟自然界外力作用的工具，如"重力"可以让粒子下落，"风力"可以让粒子四散飞舞等。通过如图16-218所示的操作，进入"力"空间扭曲的创建面板。

图16-218

1."推力"空间扭曲

"推力"空间扭曲可以为粒子系统在正向或反向上增加一个推动力，如图16-219所示。

第1步：打开"场景文件>CH16>11.max"文件，在场景中，已经设置了一个粒子动画，如图16-220所示。在

图16-219

本操作中，需要使用"推力"空间扭曲使粒子发射的力量增大，并产生周期性的变化。

第2步：进入"创建"面板的"空间扭曲"次面板，单击"推力"按钮 推力 ，然后在"顶"视图中创建"推力"空间扭曲，如图16-221所示。

图16-220　　　　　　图16-221

第3步：单击主要工具栏上的"绑定到空间扭曲"按钮 ，然后将视图中的"粒子阵列"粒子系统绑定到创建的空间扭曲上，如图16-222所示。

第4步：选择"推力"，进入"修改"命令面板，在"参数"卷展栏的"计时"选项组中，可以对开始影响粒子的时间和结束影响粒子的时间进行设置，如图16-223所示。

图16-222　　　　　　图16-223

第5步：在"强度控制"选项组中，通过"基本

力"参数可以控制力的强度，图16-224和图16-225所示为设置不同"基本力"参数后粒子的喷射效果。

图16-224　　　　　　图16-225

💡 技巧与提示

"基本力"所使用的单位，包括"牛顿"和"磅"，一磅约等于4.5牛顿。当把"推力"应用于粒子系统时，这些数值仅有主观意义，因为它们依赖于内置的"权重"和粒子系统使用的时间比例。

第6步：勾选"启用反馈"选项，推力将由粒子自身的运动速度值与下方的目标速度值的接近程度决定影响的大小。图16-226和图227所示分别为勾选和取消勾选"启用反馈"复选框的粒子效果。

图16-226　　　　　　图16-227

第7步：勾选"可逆"复选框后，如果粒子的速度超过了下方的"目标速度"设置，那么推力将转换方向；"目标速度"用于设置决定推力换向的速度最大值；"增益"用于设置推力强度调节到"目标速度"的快慢程度。

第8步：在"周期变化"选项组中勾选"启用"复选框，这时该选项组中的设置将随机影响"基本力"的数值。通过"周期1"参数可设置第1个完整噪波的周期，"幅度1"参数可以设置第1个噪波变化的强度，"相位1"参数可以设置第1个变化的偏移量，参考图16-228所示进行参数设置，并观察粒子的运动效果。

第9步：通过"周期变化"选项组中"周期2""幅度2"和"相位2"参数可添加额外的二级噪波变化效果；勾选"粒子效果范围"选项组中的"启用"复选框，将推力效果的范围限制在一个特定的体积内，如图16-229所示。另外，可以通过"范围"参数值来设置球体范围框的半径。

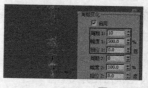

图16-228　　　　　　图16-229

2. "马达"空间扭曲

"马达"空间扭曲的与"推力"空间扭曲相似，但"马达"空间扭曲可以产生螺旋推力，像发动机旋转一样旋转粒子，将粒子甩向旋转方向，"马达"图标的位置和方向都会对其旋转的粒子产生影响。图16-230所示为通过粒子系统并绑定"马达"空间扭曲所产生的效果。

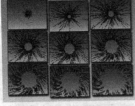

图16-230

3. "漩涡"空间扭曲

"漩涡"空间扭曲可以使粒子在急转的漩涡中旋转，然后让它们向下移动成一个长而窄的喷流或者旋涡井。"漩涡"在创建黑洞、涡流、龙卷风和其他漏斗状对象时很有用。图16-231所示为粒子应用"漩涡"空间扭曲后的效果。

图16-231

4. "阻力"空间扭曲

"阻力"空间扭曲是一种对粒子的运动起抑止作用的力场，通过选择不同的阻尼特性及控制参数来减慢粒子的运动速度，类型有"线性""球形"和"柱形"。"阻力"空间扭曲可以模拟反作用力、碰撞和进入密度较大的物质（如进入水）的效果等，图16-232所示为阻力降低了粒子运动的速度的效果。

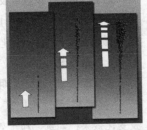

图16-232

5. "粒子爆炸"空间扭曲

"粒子爆炸"空间扭曲可以在指定的时间发生爆炸，将周围的粒子阵列炸向四周。它的图标很有意思，球形的像一个地雷，柱形的像一个大鞭炮，它的作用和定时炸弹差不多，使用起来非常有趣，常用来表现爆炸时产生的流星、火花和礼花弹等。

第1步：打开"场景文件>CH16>12.max"文件，

在场景中，已经用"粒子阵列"粒子系统制作了一个玩具火箭模型爆炸的动画，由于尚未使用空间扭曲，爆炸效果不够理想，如图16-233所示。在演示中，将使用"粒子爆炸"空间扭曲来辅助设置动画。

第2步：进入"创建"面板的"空间扭曲"次面板，单击"粒子爆炸"按钮 粒子爆炸 ，然后在视图中创建"粒子爆炸"空间扭曲，如图16-234所示。

图16-233　　　　　　　　图16-234

第3步：使用"绑定到空间扭曲"工具将"粒子阵列"粒子系统绑定到"粒子爆炸"空间扭曲上，选择空间扭曲对象并进入"修改"面板，在"爆炸参数"选项组中设置"开始时间"为0，让空间扭曲在第0帧就引爆粒子，然后设置"持续时间"为2，该值越大，粒子飞得越远；接着设置"强度"为1.5，让粒子爆炸后沿轨迹飞行的速度快一些，设置完毕后，播放动画并观察粒子的效果，如图16-235所示。

第4步：在"爆炸对称"选项组中有3种爆炸效果的类型，默认为"球形"，该类型的爆炸中心为球体，使粒子向四周发散；选择"柱形"选项，爆炸中心为柱体，爆炸后粒子沿柱面发散；选择"平面"选项，爆炸中心为平面，粒子向平面两侧发散，图16-236~图16-238所示分别为这3种爆炸效果。

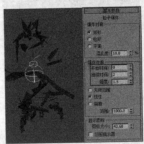
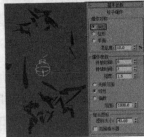

图16-235　　　　　　　　图16-236

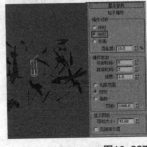

图16-237　　　　　　　　图16-238

6. "路径跟随"空间扭曲

"路径跟随"空间扭曲可以指定粒子沿着一条曲线路径流动,将一条样条曲线作为路径,可以用来控制粒子运动的方向。例如,表现山间的小溪,可以让水流顺着曲折的山麓流下。图16-239所示为粒子沿螺旋形路径运动效果。

图16-239

第1步:打开"场景文件>CH16>13.max"文件,在该文件中,有一条样条曲线和一个"超级喷射"粒子系统,如图16-240所示。下面将使用"路径跟随"空间扭曲让粒子沿样条线做路径运动。

第2步:进入"创建"面板的"空间扭曲"次面板,单击"推力"按钮 路径跟随 ,然后在"顶"视图中创建"推力"空间扭曲并使用"绑定到空间扭曲"工具将其与"超级喷射"粒子进行空间绑定,如图16-241所示。

图16-240　　　　　　　　　图16-241

第3步:选择"路径跟随"空间扭曲对象,进入"修改"面板,在"当前路径"选项组中单击"拾取图形对象"按钮 拾取图形对象 ,然后在视图中拾取Helix001对象,完毕后播放动画,发现粒子从发射器图标上出来后就沿着样条线的路径运动了,如图16-242所示。

第4步:在"运动计时"选项组中,"开始帧"和"上一帧"参数用于控制路径开始影响和结束影响粒子的时间;设置"通过时间"为100,让粒子用100帧的时间从路径的起始点运动到结束点,如图16-243所示。

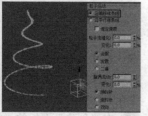

图16-242　　　　　　　　　图16-243

第5步:在"粒子运动"选项组中,默认选择了"沿平行样条线"单选按钮,这样即使粒子的喷射口不在路径起始点,它也会保持路径的形状保持流动,如果选择

"沿偏移样条线"选项,那么当改变粒子系统与路径的距离时,粒子的运动也会发生变化,如图16-244所示。

第6步:"粒子流锥化"参数设置是粒子在流动时偏向于路径的程度,根据 "会聚""发散"和"二者"3个选项而产生不同的效果,设置"粒子流锥化"参数为99,图16-245~图16-247所示,为3个选项产生的不同粒子效果。

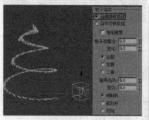
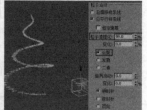

图16-244　　　　　　　　　图16-245

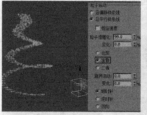

图16-246　　　　　　　　　图16-247

第7步:使用"漩涡流动"参数设置粒子在路径上螺旋运动的圈数,具体参数如图16-248所示。

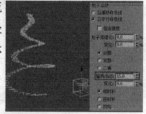

图16-248

7. "置换"空间扭曲

"置换"空间扭曲可以利用图像的灰度去影响粒子群,根据图像的灰度值,白色的部分将凸起,黑色的部分会凹陷。结合"粒子云"粒子系统,可以制作一群蜜蜂组合成文字或图案的效果。

第1步:打开"场景文件>CH16>14.max"文件,在场景中,已经创建了一组匀速下落的粒子,在演示中,需要使用"置换"空间扭曲使粒子向不同的方向运动。

第2步:进入"创建"面板的"空间扭曲"次面板,单击"置换"按钮 置换 ,然后在"顶"视图中创建"置换"空间扭曲,使用"绑定到空间扭曲"工具将其与"暴风雪"粒子进行空间绑定,如图16-249所示。

第3步:选择"置换"空间扭曲对象并进入"修

改"面板,在"贴图"选项组中对"长度"和"宽度"参数进行设置,使用主工具栏上的"对齐"工具，在视图中将Displace001与Blizzard001进行位置对齐,如图16-250所示。

 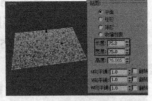

图16-249　　　　　　图16-250

第4步:单击"图像"选项组中的"无"按钮，导入文件中的"图案.jpg"文件作为置换贴图,然后设置"置换"选项组中的"强度"为10.0,指定位移扭曲的强度,如图16-251所示。

第5步:播放动画,选择的图像将影响粒子的运动,如图16-252所示。

图16-251　　　　　　图16-252

8. "重力"空间扭曲

"重力"空间扭曲可以模拟自然界地心引力的影响,对粒子系统产生重力作用,粒子会沿着其箭头指定移动,随强度值的不同和箭头方向的不同,也可以产生排斥的效果,当空间扭曲物体为球形时,粒子会被吸向球心。图16-253所示"重力"空间扭曲引力的粒子下落效果。

图16-253

第1步:打开"场景文件>CH16>15.max"文件,在场景中,只有一个"喷射"粒子系统,下面需要在场景中创建"重力"空间扭曲来对粒子产生影响。

第2步:进入"创建"面板的"空间扭曲"次面板,单击"重力"按钮,然后在"顶"视图中创建"重力"空间扭曲,使用"绑定到空间扭曲"工具将其与"喷射"粒子进行空间绑定,如图16-254所示。

图16-254

第3步:播放动画,发现粒子受到"重力"的影响,在喷射了一定高度后又进行了下落运动,用这种方法可以制作喷泉等效果,如图16-255所示。

第4步:选择"重力",然后进入"修改"面板,通过"强度"参数可调节重力的效果,如果选择"球形"单选按钮,这时重力效果为球形,粒子会被吸向球心,如图16-256所示。

图16-255　　　　　　图16-256

9. "风"空间扭曲

"风"空间扭曲可以沿着指定的方向吹动粒子,产生动态的风力和气流影响,常用于表现斜风细雨、雪花纷飞和树叶在风中飞舞等特殊效果。风力在效果上类似于"重力"空间扭曲。如图16-257所示为风力改变粒子的喷射方向。

图16-257

典型实例:使用漩涡制作龙卷风动画

场景位置	场景文件>CH16>16.max
实例位置	实例文件>CH16>典型实例:使用漩涡制作龙卷风动画.max
实用指数	★★★☆☆
学习目标	熟悉"漩涡"空间扭曲的使用方法

在本实例中,将使用"粒子阵列"粒子系统并配合"漩涡"空间扭曲来制作龙卷风的动画效果,图16-258所示为本实例的最终渲染效果。

图16-258

01 打开"场景文件>CH16>16.max"文件,播放动画可以发现粒子基本上就是直接向下飘荡,并没有发生扭曲,如图16-259所示。

02 在"创建"面板的"空间扭曲"次面板中,单击"漩涡"按钮,在"顶"视图中创建一个"漩涡"空间扭曲对象,如图16-260所示。

图16-259　　　　　　　　　　　图16-260

03 使用"选择并链接"工具 将"漩涡"空间扭曲父子链接到粒子的发射器对象上，然后使用"绑定到空间扭曲"工具 ，将粒子系统绑定到创建的"漩涡"空间扭曲上，如图16-261和图16-262所示，设置完毕后播放动画，观察空间扭曲对粒子造成的影响，如图16-263所示。

图16-261

图16-262　　　　　　　　　　　图16-263

04 选择"漩涡"空间扭曲，进入"修改"面板，在"计时"选项组中设置"开始时间"为0，"结束时间"为300，如图16-264所示。

图16-264

💡 **技巧与提示**

　　"漩涡外形"选项组中的"锥化长度"参数值可以控制漩涡的长度，较低的值产生"较紧"的漩涡，较高的值产生"较松"的漩涡；"锥化曲线"参数用于值控制漩涡的形态，较低的值，产生的漩涡越开阔，反之，则越紧密。

05 通过"捕获和运动"选项组中的"轴向下拉"参数可以设置粒子在下拉轴向的移动速度，数值越高，粒子的形态越接近于下拉轴向；"阻尼"参数值可以限制粒子在下拉轴向上的移动程度。参考图16-265设置这两个参数，并观察粒子的运动效果。

06 通过"轨道速度"参数来指定粒子在旋转轴向上的移动速度，然后设置"阻尼"参数，"径向拉力"用于控制粒子从下拉轴向粒子旋转的距离，数值越高，粒子越松散。参考如图16-266所示对这几个参数值进行设置，并观察粒子的运动效果。

07 选择动画效果比较明显的帧，然后渲染场景，设置完毕后，最终效果如图16-267所示。

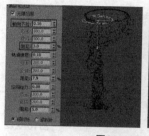

图16-265　　　　　　　　　　　图16-266

图16-267

典型实例：使用风制作烟雾飘散动画

场景位置	场景文件>CH16>17.max
实例位置	实例文件>CH16>典型实例：使用风制作烟雾飘散动画.max
实用指数	★★★☆☆
学习目标	熟悉"漩涡"空间扭曲的使用方法

　　在本实例中，将使用"超级喷射"粒子系统并配合"风"空间扭曲来制作一个电风扇的动画效果，图16-268所示为本实例的最终渲染效果。

图16-268

01 打开"场景文件>CH16>17.max"文件，在场景中，要制作用风扇将烟雾吹散的效果，如图16-269所示。

02 在视图中创建一个"风"空间扭曲对象，并将其与风扇的位置和方向进行对齐，然后使用"选择并链接"工具 ，将其父子链接到风扇上，如图16-270所示。

图16-269　　　　　　　　　　　图16-270

03 使用"绑定到空间扭曲"工具 ，将粒子与"风"空间扭曲对象进行空间绑定，播放动画，发现粒子已经受"风力"的影响被吹动了，如图16-271所示。

04 选择"风"空间扭曲对象并进入"修改"面板，在"力"选项组中，将"强度"设置为0.05，减小风力对粒子的影响，如图16-272所示。

图16-271

图16-272

05 在"风"选项组中，"湍流"参数可以使粒子在被风吹动的同时随机改变行进路线；"频率"参数可以使粒子随时间呈周期性变化；"比例"参数可以放大或缩小湍流的影响。参考如图16-273所示对这3个参数进行设置，并观察粒子的运动效果。

图16-273

06 选择动画效果比较明显的帧，然后渲染场景，最终效果如图16-274所示。

图16-274

16.6.2 导向器类型的空间扭曲

"导向器"主要用于使粒子系统受阻挡而产生方向上的偏移。图16-275所示为两股粒子撞击到"导向板"被反弹的效果；图16-276所示为粒子撞击到"全导向器"空间扭曲后四处散开的效果。

图16-275

图16-276

3ds Max 2015提供了6种类型的导向器空间扭曲，我们可以通过如图16-277所示的操作，进入"导向器"空间扭曲的创建面板。

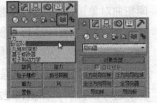
图16-277

典型实例：使用全泛方向导向器制作药物过滤动画

场景位置	场景文件>CH16>18.max
实例位置	实例文件>CH16>典型实例：使用全泛方向导向器制作药物过滤动画.max
实用指数	★★★☆☆
学习目标	熟悉"导向器"类型的空间扭曲的使用方法

在本实例中，将使用"粒子系统"并配合"全泛方向导向器"来制作一个药物过滤的粒子动画。"全泛方向导向器"能提供比"全导向器""导向球"和"导向板"等原始空间扭曲更多的参数控制，所以功能也更强大，包括粒子在碰撞后能产生折射和再生的效果。下面通过一组实例操作，讲解该导向器的使用方法。图16-278所示为最终渲染效果。

图16-278

01 打开"场景文件>CH16>18.max"文件，在场景中，已经设置了一段粒子受重力影响下落的动画，如图16-279所示。

图16-279

02 参照如图16-280所示，在视图中创建一个"泛方向导向板"空间扭曲对象，然后使用"绑定到空间扭曲"工具 将其与粒子系统进行绑定，播放动画，发现粒子已经受导向板的影响产生了反弹的效果，如图16-281所示。

图16-280　　　　　　　　图16-281

03 选择POmniFlect001导向板对象，进入"修改"面板，然后在"参数"卷展栏的"反射"选项组中，使用"反射"控制粒子撞击导向物体后反射的百分比，当值小于10时，部分粒子会被反弹，而另一部分粒子将穿过撞击导向物体；使用"反弹"控制粒子碰撞到导向物体后被反弹力量的大小；使用"混乱度"设置粒子反弹角度的混乱度。参考如图16-282所示进行参数设置，并观察粒子的运动效果。

04 "折射"选项组中，"折射"参数指定粒子折射的百分比。折射只对没有被反射的粒子产生影响，因为在折射之前优先反射。在这里我们将此值设为100.0，表示没有被反射的70%的粒子会受折射影响；"通过速度"参数设置粒子折射后的速度大小；"扭曲"参数控制粒子折射的角度；"散射"参数可以改变扭曲角度，从而产生粒子在锥形区域散射的效果。图16-283所示为设置各项参数后粒子的效果。

图16-282　　　　　　　　　图16-283

05 播放动画，发现停留在过滤网上的粒子在上面滑动。设置"公用"选项组中的"摩擦力"为100.0，这时停留在"过滤网"上的粒子就完全不动了，如图16-284所示。

06 在视图中创建一个"全泛方向导向器"，并使用"绑定到空间扭曲"工具 将其与粒子系统进行绑定，如图16-285所示。

图16-284　　　　　　　　　图16-285

07 选择UOmniFlect001导向器对象，进入"修改"命令面板，在"基于对象的泛方向导向器"选项组中，单击"拾取对象"按钮，然后在视图中单击"盘子"对象，如图16-286所示。

08 播放动画，发现在粒子在跟"盘子"对象接触后就被反弹起来了，如图16-287所示。

图16-286　　　　　　　　　图16-287

09 在"反射"选项组中设置"反射"为100.0，"反弹"为0.0，然后在"公用"选项组中设置"摩擦力"为100.0，使粒子在跟盘子对象接触后全部停留在"盘子"中，如图16-288所示。

图16-288

10 选择动画效果比较明显的帧，然后渲染场景，最终效果如图16-289所示

图16-289

即学即练：使用风力和导向器制作火山爆发

场景位置	场景文件>CH16>19.max
实例位置	实例文件>CH16>即学即练：使用风力和导向器制作火山爆发.max
实用指数	★★★☆☆
学习目标	熟练掌握"力"和"导向器"类型的空间扭曲的使用方法

本实例将使用粒子系统并配合"风力"和"导向器"来制作一个火山爆发的动画效果，图16-290所示为最终渲染效果。

图16-290

16.7 知识小结

本章讲解了3ds Max为用户所提供的粒子系统及空间扭曲的相关知识，并安排了大量的典型实例来巩固学习。通过对本章知识的认真学习和灵活运用，相信大家可以制作出自己满意的粒子特效。

16.8 课后拓展实例：制作绚烂的礼花动画

场景位置	场景文件>CH16>20.max
实例位置	实例文件>CH16>课后拓展实例：制作绚烂的礼花动画.max
实用指数	★★★☆☆
学习目标	了解复杂粒子流动画的设置技巧和方法

在学习过粒子流的工作模式及基本操作方法后，接下来将指导读者制作一个稍微有难度的实例。本实例为燃放礼花的动画效果。通过本实例，可以使读者巩固粒子流的相关知识，并了解复杂粒子流动画的设置技巧和方法。以下内容，简要地叙述了实例的技术要点和制作概览，具体操作请查看视频教学。图16-291所示为本实例的最终渲染效果。

图16-291

01 在场景中创建粒子流，然后使用"繁殖"事件让粒子产生拖尾的效果，如图16-292所示。

图16-292

02 使用"年龄测试"和"繁殖"事件，让粒子到达某一高度后爆炸并产生拖尾效果，如图16-293所示。

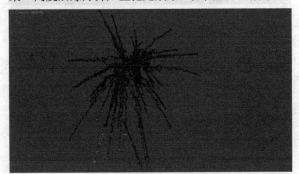

图16-293

03 使用"拆分数量"事件，让礼花颜色各异，产生色彩斑斓的效果，最后赋予粒子流材质。图16-294所示为"粒子视图"对话框中设置完成的粒子流。

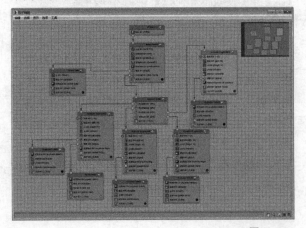

图16-294

04 设置完成，渲染动画效果比较明显的帧，如图16-295所示。

图16-295

3ds Max

第 17 章 MassFX 动力学

本章知识索引

知识名称	作用	重要程度	所在页
MassFX动力学概述	了解3ds Max中MassFX动力学的概念	中	P400
刚体系统	熟练掌握使用MassFX动力学中的刚体系统制作刚体动画的方法	高	P403
布料系统	熟练掌握使用MassFX动力学中的布料系统制作布料动画的方法	高	P408

本章实例索引

17.1 MassFX动力学概述

3ds Max 2015的动力学系统非常强大，可以快速制作出物体与物体之间真实的物理作用效果，是制作动画必不可少的一部分。动力学可以用于定义物体的物理属性和外力，当对象遵循物理定律进行相互作用时，可以制作非常逼真的动画效果，最后让场景自动生成最终的动画关键帧。

启动3ds Max 2015后，在主工具栏上单击鼠标右键，在弹出的快捷菜单中选择"Mass FX工具栏"命令，打开"Mass FX工具栏"，如图17-1和图17-2所示。

为了方便操作，可以将"Mass FX工具栏"拖曳到操作界面的左侧，使其停靠于此，如图17-3所示。另外，在"Mass FX工具栏"上单击鼠标右键，在弹出的菜单中选择"停靠"菜单中的子命令，可以选择停靠在其他的地方，如图17-4所示。

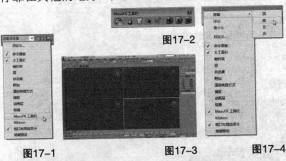

图17-1　　　　　　　图17-2

图17-3　　　　图17-4

17.2 课前引导实例：制作多米诺骨牌效应动画

场景位置	场景文件>CH17>01.max
实例位置	实例文件>CH17>课前引导实例：制作多米诺骨牌效应动画.max
实用指数	★★★☆☆
学习目标	熟悉使用MassFX制作动力学动画的流程

使用MassFX动力学工具的刚体系统，可以模拟真实的物体与物体之间的碰撞动画，这对动画师而言是一个不可多得的工具，使用该工具可以使原本复杂的动画变的相对简单。在该小节中，安排了一个制作多米诺骨牌效应的动画，图17-5所示为本实例的最终渲染效果。

图17-5

01 打开"场景文件>CH17>01.max"文件，如图17-6所示。

02 选择楼梯和桶对象，然后单击"MassFx工具栏"上的"将选定项设置为动力学刚体"按钮，并按住鼠标左键不放，在弹出的按钮列表中选择"将选定项设置为静态刚体"，如图17-7所示。

图17-6　　　　　　　图17-7

03 在MassFX工具栏最左侧的"世界参数"按钮上按鼠标左键不放，在弹出的按钮列表中选择"多对象编辑器"，打开MassFx工具对话框，然后在"物理网格"卷展栏下的"网格类型"下拉列表中选择"原始"，如图17-8所示。

04 用同样的方法将所有骨牌和小球设置为"动力学刚体"对象，如图17-9所示。

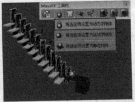

图17-8　　　　　　　图17-9

05 为了使"骨牌"在被碰撞前不产生晃动，所以将"刚体属性"卷展栏下"在睡眠模式下启动"前的复选框勾选，如图17-10所示。

06 将最上方的骨牌沿x轴旋转一定角度，并取消勾选"在睡眠模式下启动"，使其能在动力学模拟中倒下，如图17-11所示。

图17-10　　　　　　　图17-11

07 单击MassFx工具栏中的"开始模拟"按钮，进行动力学模拟，发现小球并没有滚到桶里去，如图17-12所示。

08 选择小球物体，在"物理网格"卷展栏下的"网格类型"下拉列表中选择"球体"，将小球的图形类型改为"球体"，如图17-13所示。

图17-12　　　　　　　　图17-13

09 再次进行动力学模拟，这时，小球就可以滚到桶里了，如图17-14和图17-15所示。

图17-14　　　　　　　　图17-15

10 在MassFX工具栏最左侧的"世界参数"按钮上按鼠标左键不放，在弹出的按钮列表中选择"模拟工具"，打开"MassFx工具"对话框，然后在"模拟"卷展栏中单击"烘培所有"按钮 烘培所有 ，将所有的动力学动画都变为关键点动画，如图17-16和17-17所示。

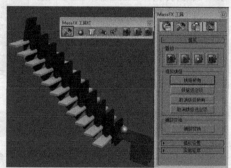

图17-16

图17-17

11 选择动画效果比较明显的帧，然后渲染场景，效果如图17-18所示。

图17-18

17.3 MassFX工具栏

选择"MassFX工具栏"，在"世界参数"上按鼠标左键不放，在弹出的列表中共有4个选项，分别为"世界参数""模拟工具""多对象编辑器"和"显示选项"，如图17-19所示。在按钮列表中选择任意一个选项，可以打开"MassFX工具"对话框，并同时切换到相应的面板，如图17-20所示。

图17-19　　　　　　图17-20

用于将标准的3ds Max对象转换为可在模拟中工作的对象，其中包括刚体、布料、约束和碎布玩偶，如图17-23和图17-24所示。

图17-21

图17-22

图17-23

图17-24

下面通过一组操作来讲解这些控制模拟按钮的具体用法。

第1步：打开"场景文件>CH17>02.max"文件，如图17-25所示。

第2步：在视图中选择所有物体，单击"MassFX工具栏"中的"将选定项设置为动力学刚体"按钮，将选择的物体设置为"动力学刚体"对象，如图17-26所示。

图17-25　　　　　　　　　图17-26

技巧与提示

单击"开始模拟"按钮■后，在进行动力学模拟的同时，场景中其他有动画设置的对象也会进行动画的播放操作。

第3步：单击"MassFX工具栏"上的"开始模拟"按钮■，这时场景中所有的动力学物体受到重力的影响，开始了自由落体的运动，物体与物体之间也会进行碰撞计算，同时，视图下方的时间滑块也随时间的改变而向前推进，如图17-27所示。

第4步：单击"开始模拟"按钮■可以停止动力学的模拟，单击"下一个模拟帧"按钮■可以进行逐帧的模拟，如图17-28所示。

图17-27　　　　　　　　　图17-28

第5步：单击"将模拟实体重置为其原始状态"按钮■，可以停止模拟，并将时间滑块移动到第0帧，同时将所有动力学刚体的变换恢复为其初始状态，如图17-29所示。

图17-29

第6步：在"开始模拟"按钮■上按鼠标左键不放，在弹出的按钮列表中选择"开始没有动画的模拟"按钮■，这时也会进行动力学模拟，只是时间滑块不会向前推进，而且场景中其他有动画设置的对象也不会进行动画的播放，如图17-30和图17-31所示。

图17-30　　　　　　　　　图17-31

技巧与提示

在"MassFX工具"对话框的"模拟工具"选项卡中，单击"模拟"卷展栏中的"捕获变换"按钮，可以将当前动力学物体的运动状态进行捕捉，类似于"快照"命令的效果，如图17-32所示。例如，要制作散落一地的玩具场景，如果想得到随机的效果，肯定不可能对每个玩具都进行位移和旋转操作，这样不仅费时费力，而且效果也不一定好，这时，可以通过动力学来制作随机的效果。

图17-32

17.4　MassFX工具面板

在"MassFX工具"面板中包含4个选项卡，分别为"世界参数""模拟工具""多对象编辑器"和"显示选项"，在"世界参数"按钮■上按鼠标左键不放，在弹出的按钮列表中选择任意一个选项，可以打开"MassFX工具"面板，并同时切换到相应的选项卡，图17-33所示为"世界参数"面板。

图17-33

17.4.1　世界参数面板

"MassFX 工具"对话框中的"世界参数"面板提供了用于创建物理模拟的全局设置，这些设置会影响模拟中的所有对象。

在"场景设置"卷展栏的"环境"选项组中，通过对该组中的参数设置可以控制地面碰撞和重力。要模拟重力，可以使用MassFX自身的重力或3ds Max中的"重力"空间扭曲，也可以不使用重力。

"使用地面碰撞"默认是处于勾选状态的，这时MassFX使用与3ds Max主栅格相同的平面作为地面，可以将该平面理解为是一个不可见且无限远的静态刚体平面，通过"地面高度"可以设置该"平面"相对于主栅格的高度。

选择"重力方向"选项后，可以选择x、y、z来设置重力的方向，"无加速"可以设置重力的大小，较大的重力可以使物体下落的速度更快。

技巧与提示
作为参考，地球的重力大约为 –981.001 cm/s2 = –386.221 in/s2 = –32.185 ft/s2 = –9.81 m/s2。

选择"强制对象的重力"选项后，可以通过"拾取重力"按钮 拾取重力，在场景中拾取"重力"空间扭曲将重力应用于刚体对象。使用此选项的主要优点是，用户可以通过旋转空间扭曲对象在任何方向应用重力。

在"刚体"选项组中，"子步数"参数值越高，生成的碰撞结果越精确，模拟计算的时间会增长。如果在动力学模拟中，物体之间有穿插的现象，可以适当增大该值。

17.4.2 模拟工具面板

"MassFX工具"对话框的"模拟工具"面板包含用于控制模拟和访问工具（如MassFX资源管理器）的按钮，如图17-34所示。

在"实用程序"卷展栏中单击"验证场景"按钮 验证场景，打开"验证 PhysX 场景"对话框，在该对话框中看场景物体存 单击"验证"按钮，可以查中是否有违反模拟要求的在，如图17-35所示。

图17-34　　　　　图17-35

技巧与提示
"模拟"卷展栏中各个按钮的作用和含义，在前面的小节已经学习过，这里不再叙述。

技巧与提示
要参与动力学模拟的物体，尽量不要使用"选择并缩放"工具直接在物体级别下进行缩放操作，可以在物体的"元素"级别下进行缩放，或者在物体级别下缩放完成后，使用"程序"面板中的"重置变换"工具对其进行校正。

17.4.3 多对象编辑器面板

在场景中选择一个或多个MassFX刚体时，可以使用"多对象编辑器"面板中的参数来编辑它们的所有属性，如图17-36。

"多对象编辑器"面板中的参数与刚体的MassFX Rigid Body修改器的参数基本一致，区别在于，用"多对象编辑器"面板可以同时设置多个刚体对象的参数。

图17-36

17.4.4 显示选项面板

"MassFX工具"对话框中的"显示选项"面板包含用于切换物理网格视图显示的控件以及用于调试模拟的 MassFX 可视化工具，如图17-37所示。

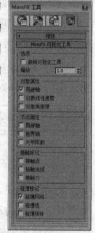

图17-37

17.5 刚体系统

所谓的刚体，是物理模拟中的对象，其形状和大小不会更改。例如，如果将场景中的圆柱体设置成了刚体，它可能会反弹、滚动和四处滑动，但无论施加了多大的力，它都不会弯曲或折断。

17.5.1 刚体类型

在场景中选择对象后，单击"MassFx工具栏"上的"将选定项设置为动力学刚体"按钮，并按住鼠标左键不放，在弹出的按钮列表中可以选择不同的刚体类型，如图17-38所示。

参数解析

-  **将选定项设置为动力学刚体**：动力学刚体对象非常像在真实世界中的对象，受重力和其他力作用的影响；撞击到其他对象时，可以被这些对象反弹或推动这些对象。

图17-38

- **将选定项设置为运动学刚体**：运动学刚体对象不受重力或其他力作用的影响。它可以推动所遇到的任何动力学对象，但自身不能被这些对象推动。通俗地讲，运动学刚体对象可以有自身的动画设置，在进行动力学模拟时，可以保留自身的动画设置，同时影响与其接触的其他动力学刚体对象。例如，将台球杆设置为运动学刚体，而将所有台球设置为动力学刚体对象，这样将台球杆设置击打台球的动画后，可以保留台球杆的动画设置，同时影响所有台球的运动。

- **将选定项设置为静态刚体**：静态刚体类型类似于运动学刚体类型，不同之处在于它不能设置动画。动力学对象可以撞击静态刚体对象并产生反弹效果，但静态刚体对象则不会发生任何反应。

典型实例：制作摩托车碰撞动力学刚体动画

场景位置　场景文件>CH17>03.max
实例位置　实例文件>CH17>典型实例：制作摩托车碰撞动力学刚体动画.max
实用指数　★★★☆☆
学习目标　熟悉"动力学刚体"和"运动学刚体"的不同之处

在本实例中，将使用MassFx的刚体系统制作一个摩托车撞墙的动力学动画效果，图17-39所示为本实例的最终渲染效果。

图17-39

01 打开"场景文件>CH17>03.max"文件，已经为摩托车设置了沿y轴位移的动画，如图17-40所示。

02 在场景中选择所有对象，单击MassFX工具栏中的"将选定项设置为动力学刚体"按钮，将所有对象都设置为动力学刚体物体，如图17-41所示。

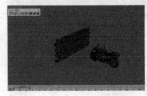

图17-40　　　　图17-41

03 单击"MassFX工具栏"上的"开始模拟"按钮，"摩托车"对象并没有继承自身的位移动画，而且砖墙在没有任何其他物体的碰撞下自己就倒下了，如图17-42所示。

图17-42

04 单击"将模拟实体重置为其原始状态"按钮，将场景恢复为初始状态。在"世界参数"按钮上单击鼠标左键并按住不放，在弹出的按钮列表中选择"多对象编辑器"选项，打开"MassFX工具"对话框，在"刚体属性"卷展栏中勾选"在睡眠模式中启动"选项，如图17-43和图17-44所示。

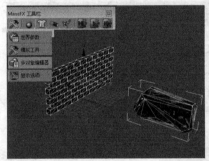

图17-43　　　　图17-44

> **技巧与提示**
> 勾选了"在睡眠模式中启动"复选框的刚体，在受到未处于睡眠状态的刚体的碰撞之前，它不会移动。这样砖墙在没有被"摩托车"对象撞击之间，就不会因为重力的影响而自己坍塌。

05 选择摩托车对象，在"刚体属性"卷展栏中的"刚体类型"中选择"运动学"选项，将摩托车对象设置为运动学刚体，如图17-45所示。

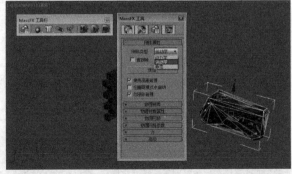

图17-45

06 单击"开始模拟"按钮，摩托车对象将砖墙上的砖块撞飞了，如图17-46所示。

07 单击"将模拟实体重置为其原始状态"按钮，将场景恢复为初始状态，然后拖动时间滑块，可以观察到"摩托车"对象在第17帧时与有砖墙接触。选择摩托车对象，在"刚体属性"卷展栏中，勾选"直到帧"选项，并设置"直到帧"后面的参数值为16，如图17-47所示。

图17-46

图17-49　　　　　　　　　　　图17-50

图17-47

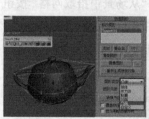

图17-51

17.5.2 刚体的图形类型

在场景中将某个对象设置为刚体后，系统会自动为物体指定一个物理图形，用于在物理模拟中表示该刚体。

以茶壶对象为例，将其设置为刚体后，进入"修改"面板，在"物理图形"卷展栏的"图形类型"中，共有6种图形类型，如图17-52所示。

在"图形类型"的下拉列表中选择不同的选项，场景中对象周围白色的线框要变成相应的形状。同时当选择一种网格类型时，其参数将显示在下方的"物理网络参数"卷展栏下，如图17-53所示。

> **技巧与提示**
> 在将物体设置为刚体对象时，系统会自动为物体添加一个MassFX Rigid Body修改器，在该修改器中可以设置刚体的类型、质量、摩擦力和图形类型等参数。
> 此外，刚体类型等参数可以在"MassFX工具"对话框的"多对象编辑器"选项卡中进行设置。

08 单击"开始模拟"按钮，发现摩托车对象与砖墙发生碰撞后冲出一段距离，并最终倒在地上，如图17-48所示。

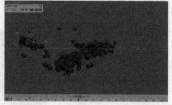

图17-48

09 在"MassFX工具"对话框中的"模拟工具"选项卡中，单击"烘焙所有"按钮 烘焙所有，将所有动力学对象变换为动画关键帧，如图17-49和图17-50所示。

10 选择动画效果比较明显的帧，然后渲染场景，效果如图17-51所示。

图17-52 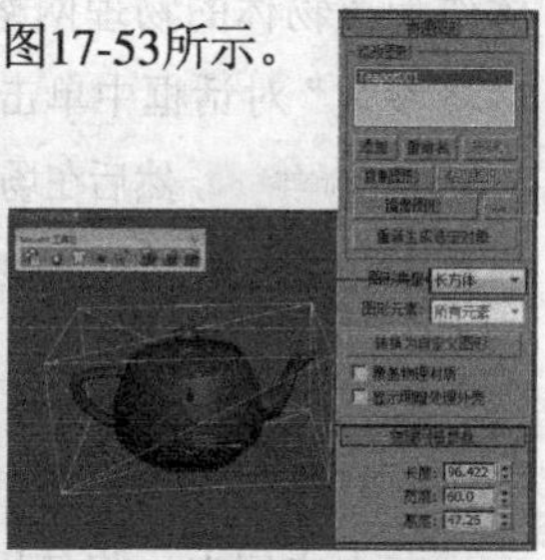　　　　　　　　　　　图17-53

> **技巧与提示**
> 在"图形类型"下拉列表中选择相应的选项后，系统会以对应的网格进行物理模拟。例如将茶壶对象的"图形类型"设置为"球体"后，在进行动力学计算时，系统会将"茶壶"对象当作一个球体进行动力学模拟。

在"图形类型"下拉列表中，系统共为我们提供了6种图形类型，分别为"球体""长方体""胶囊""凹面""凸面"和"自定义"。

参数解析

· **球体、长方体、胶囊**：这3种网格类型比较简单，这些基本体在创建时大致构成了图形网格的边界，但在创建之后可以使用参数（"半径""长度""宽度""高度"）来控制基本体的大小。"球体"是用于模拟时速度最快的基本体类型，之后是"长方体"，最后是"胶囊"。但这些类型的速度都比"凸面""凹面"和"自定义"网格类型快。

- **凸面**：这是大多数刚体的默认物理图形类型，这种图形类型会使用一种算法，该算法会使用几何体的顶点创建一个凸面几何体，并完全围住原几何体的顶点。我们可以想象拿保鲜膜紧紧包住一个物体，以此来生成物体的物理网格。

- **凹面**：使用对象的实际网格进行模拟，这是模拟速度最慢的一种方式，但有时必须使用这种图形类型。例如，如果将对象放置在凸面对象的内部，并使它们与该对象的内部表面碰撞，那么这时就必须将其设置为"凹面"类型。

- **原始的**：此选项使用图形网格中的顶点来创建物理图形，也就是使用对象的实际网格进行模拟，这一点与"凹面"图形类型相似，但"原始的"图形类型只能用于静态的动力学物体，而动力学和运动学刚体对象则不能使用该选项。

- **自定义**：该选项允许从场景中拾取其他的几何体作为该物体的物理网格。选择该选项后，在"物理网格参数"对话框中单击"从场景中拾取网格"按钮 从场景中拾取网格 ，然后在场景中拾取对应的几何体。

典型实例：制作圆珠笔落入笔筒动力学刚体动画

场景位置	场景文件>CH17>04.max
实例位置	实例文件>CH17>典型实例：制作圆珠笔落入笔筒动力学刚体动画.max
实用指数	★★★☆☆
学习目标	熟悉"静态刚体"类型及"凹面"图形类型的使用方法

在本实例中，将使用MassFx的刚体系统制作一个圆珠笔落入笔筒的动力学动画效果，图17-54所示为最终渲染效果。

图17-54

01 打开"场景文件>CH17>04.max"文件，如图17-55所示。

02 在场景中选择笔筒上方的所有圆珠笔对象，单击"MassFX工具栏"中的"将选定项设置为动力学刚体"按钮 ，将其都设置为动力学刚体对象，如图17-56所示。

图17-55 　　　　　　图17-56

03 选择笔筒对象，在"MassFX工具栏"中的"将选定项设置为动力学刚体"按钮 上单击鼠标左键并按住不放，在弹出的列表中选择"将选定项设置为静态刚体"选项，如图17-57所示。

04 单击"开始模拟"按钮 ，圆珠笔并没有掉落到笔筒内部，如图17-58所示。

图17-57 　　　　　　图17-58

技巧与提示

圆珠笔之所以没有落入笔筒内部，是因为笔筒的动力学图形类型默认设置为"凸面"，那么笔筒的口是被封住的，所以圆珠笔无法落入笔筒内部。

05 单击"将模拟实体重置为其原始状态"按钮 ，将场景恢复为初始状态。选择"笔筒"对象并进入"修改"面板，在"物理图形"卷展栏的"图形类型"下拉列表中选择"凹面"选项，在"物理网格参数"卷展栏中勾选"提高适配"，然后单击"生成"按钮，这时MassFX将显示"正在计算"的进度条，如图17-59所示。

06 单击"开始模拟"按钮 ，这时我们发现圆珠笔就可以掉落到笔筒内部了，如图17-60所示。

图17-59 　　　　　　图17-60

07 单击"将模拟实体重置为其原始状态"按钮 ，

将场景恢复为初始状态。为了使圆珠笔在笔筒中散落得更加随机，可以先将圆珠笔都随机旋转一定的角度，但圆珠笔之间不可相互穿插，如图17-61所示。

08 单击"开始模拟"按钮 ▣，这样圆珠笔散落在笔筒中，效果更加逼真、自然，如图17-62所示。

图17-61　　　　　　　　图17-62

> **技巧与提示**
>
> 勾选"提高适配"复选框后，生成的物理网格会最大限度适配原始物体的网格状态，这样在进行动力学计算时会得到更加准确的效果。当然如果对动力学计算的结果要求不是很高，可以取消勾选该复选框，同时调节上方的"网格细节"参数值，以此来控制生成的物理网格的粗细程度。
>
> 此外，在本实例中，因为将"笔筒"对象设置为了静态动力学物体，所以在"图形类型"的下拉列表中，也可以将其设置为"原始的"图形类型进行动力学模拟。

09 选择所有的圆珠笔，在"MassFX工具"对话框的"模拟工具"选项卡中，单击"模拟"卷展栏中的"捕获变换"按钮，将当前动力学物体的运动状态进行捕捉，如图17-63所示。

图17-63

> **技巧与提示**
>
> 在动力学的模拟计算时，如果觉得物体的某个状态很好，可以随时停止动力学的计算，然后将当前的状态进行捕捉，通过逐帧计算的方式来查找理想中的物体运动状态。

10 选择动画效果比较明显的帧，然后渲染场景，效果如图17-64所示。

图17-64

17.5.3 刚体修改器的子对象

要使几何对象参与到刚体的物理模拟中，必须为其加载MassFX Rigid Body修改器。从 MassFX 工具栏上的弹出按钮中选择适当的刚体类型后，系统会自动为其添加MassFX Rigid Body修改器。另外，也可以在"修改"面板的"修改器列表"中为对象手动添加MassFX Rigid Body修改器，如图17-65所示。

MassFX Rigid Body修改器共有4个子对象层级，分别为"初始速度""初始自旋""质心"和"网格变换"，如图17-66所示。

图17-65 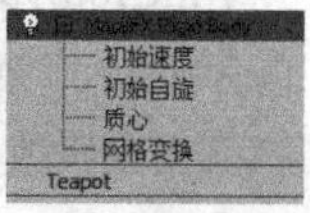　　　　　图17-66

参数解析

- **初始速度**：此层级显示刚体初始速度的方向，使用"选择并旋转"工具可更改其方向。

- **初始自旋**：此层级显示刚体初始自旋的轴向和方向，使用"选择并旋转"工具可更改其自旋的轴向和方向。

- **质心**：此层级显示刚体质心的位置，刚体默认的质心位置位于其自身边界框的中心，使用"选择并移动"工具可更改其质心位置。例如，将"茶壶"对象的质心改变到"壶嘴"的位置后，进行动力学模拟，"茶壶"对象会在撞击地面后以"壶嘴"为轴心在地面上进行翻滚运动。

- **网格变换**：进入此层级，可以调整刚体物理图形的位置和角度。正如我们前面讲过的，刚体进行物理模拟时，并不是物体本身在参与碰撞计算，而是由系统指定的一个物理图形（默认为凸面体）在进行碰撞计算，所以当我们更改了刚体物理网格的位置和角度后，在进行动力学模拟时，会以网格所在的位置和角度为基准，进行动力学的模拟计算。

即学即练：制作硬币散落动力学刚体动画

场景位置	场景文件>CH17>05.max
实例位置	实例文件>CH17>即学即练：制作硬币散落动力学刚体动画.max
实用指数	★★★☆☆
学习目标	熟练使用MassFX刚体系统制作动力学动画的方法

本实例将使用MassFX的刚体动力学系统制作一堆硬币散落在地面上的动画效果，图17-67所示为最终渲染效果。

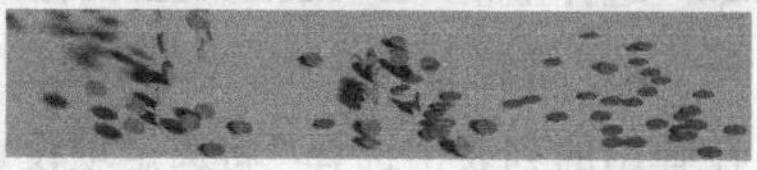

图17-67

17.6 布料系统

布料系统也是MassFX动力学工具的一个重要组成部分，使用布料系统可以模拟真实世界中布料的运动效果，同时布料对象也会受"力"的影响，会在"力"的作用下产生撕裂的效果。

17.6.1 MassFX布料系统简介

选择对象后，单击MassFX工具栏上的"将选定对象设置为mCloth对象"按钮，系统会为对象加载一个mCloth修改器。图17-68所示为mCloth修改器所包含的9个卷展栏。

在该修改器中可以调节布料的物理属性和撕裂效果等。如果想删除多个布料对象的mCloth修改器，可以在MassFX工具栏上的"将选定对象设置为mCloth对象"按钮上

按住鼠标左键，在弹出的列表中选择"从选定对象中移除mCloth"选项，如图17-69所示。

图17-68　　　　　　　图17-69

典型实例：用布料动力学制作布料下落动画

场景位置	场景文件>CH17>06.max
实例位置	实例文件>CH17>典型实例：用布料动力学制作布料下落动画.max
实用指数	★★★☆☆
学习目标	熟悉MassFX布料系统的基本用法方法

在本实例中，将使用MassFX布料系统制作一个布料下落覆盖宝箱的动力学动画效果，图17-70所示为最终渲染效果。

图17-70

01 打开"场景文件>CH17>06.max"文件，在场景中，包含一个"宝箱"对象和一个"平面"对象，如图17-71所示。

02 选择宝箱，在"MassFX工具栏"中的"将选定项设置为动力学刚体"按钮上单击鼠标左键并按住不放，在弹出的列表中选择"将选定项设置为静态刚体"选项，将其设置为静态动力学对象，如图17-72所示。

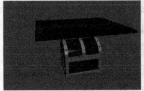

图17-71　　　　　　　图17-72

> **技巧与提示**
>
> 在实例中，已经将平面对象的"长度分段"和"宽度分段"数值都设置为了50，因为布料对象的分段数会决定最后布料生成的效果，高的分段数会得到更精细的布料细节。

03 选择平面，单击MassFX工具栏上的"将选定对象设置为mCloth对象"按钮，将其设置为布料对象，进入"修改"面板，发现在修改堆栈中系统为其自动添加了一个mCloth修改器，如图17-73所示。

04 单击"开始模拟"按钮，可以发现"平面"对象像一块布料一样落到"宝箱"对象上面并将其盖住，如图17-74所示。

图17-73　　　　　　　图17-74

05 单击"将模拟实体重置为其原始状态"按钮，将场景恢复为初始状态。选择平面对象并进入"修改"面板，在"纺织品物理特性"卷展栏中，参考图17-75所示进行参数设置，完毕后再次进行动力学模拟，效果如图17-76所示。

图17-75　　　　　　　图17-76

06 单击"将模拟实体重置为其原始状态"按钮，将场景恢复为初始状态，在"交互"卷展栏中，参考如图17-77所示进行参数设置，完毕后再次进行动力学模拟，效果如图17-78所示。

图17-77   图17-78

图17-81

💡 **技巧与提示**

通过这种方法我们可以制作桌面上的桌布或者床上的床单等，可以得到非常真实自然的褶皱效果，比手动进行多边形建模时又省力。此外，也可以使用"快照"工具将布料当前的形态进行保存，如图17-82所示。

图17-82

💡 **技巧与提示**

在"纺织品物理特性"卷展栏中可以设置布料的一些物理属性。"重力比"参数值可以设置布料受重力的情况，默认数值为1，也就是使用全局重力效果，如果要模拟比较重或者是被水浸湿的布料可以适当增大该值；"密度"参数值主要在布料与其他动力学刚体发生碰撞时产生影响，布料质量与其碰撞的刚体质量的比例决定其对其他刚体运动的影响程度；"延展性"参数值设置布料被拉伸的难易程度，较大的数值使布料看起来更有弹性；"弯曲度"参数值设置布料被折叠的难易程度，较大的数值使布料看起来更柔软，更容易产生褶皱效果；"阻尼"参数值设置布料在进行形变时由动态到静止所需的时间；"摩擦力"参数值设置布料在其与自身或其他对象碰撞时抵制滑动的程度。

17.6.2 布料修改器的子对象

mCloth修改器只有一个"顶点"子对象层级，在该层级中，可以让布料对象中顶点受到约束控制，例如，将选择的顶点约束到一个运动的物体上，使其能带动布料运动。mCloth修改器的"顶点"次物体级中有两个卷展栏，分别为"软选择"和"组"，如图17-83所示。

图17-83

💡 **技巧与提示**

在"交互"卷展栏中勾选"自相碰撞"复选框可以允许布料进行自相碰撞，避免出现自相交的情况，如果此时还是出现了自相穿插的情况，可以适当增大下面的"自厚度"参数值；勾选"刚体碰撞"复选框可以让布料与模拟中的刚体进行碰撞；"厚度"可以设置与模拟刚体碰撞的布料对象的厚度，如果布料与其他刚体相交，则可以尝试增加该值。

07 单击"mCloth模拟"卷展栏中的"动态拖动"按钮 动态拖动 ，然后在视图中的布料上单击鼠标左键并拖动，可以实时进行动态模拟，设置布料的姿态或测试布料的一些物理属性，如图17-79所示。

08 单击"捕获状态"卷展栏中的"捕捉初始状态"按钮 捕捉初始状态 ，将当前布料的形态进行保存，如图17-80所示。

典型实例：用布料动力学制作幕布动画

场景位置	场景文件>CH17>07.max
实例位置	实例文件>CH17>典型实例：用布料动力学制作幕布动画.max
实用指数	★★★☆☆
学习目标	熟悉使用MassFX布料系统制作复杂布料动力学动画的方法

在影视动画制作中，经常会制作幕布或者窗帘拉开的动画效果，下面将使用MassFX的布料系统来制作这样的动画效果，图17-84所示为本实例的最终渲染效果。

图17-184

01 打开"场景文件>CH17>07.max"文件，如图17-85所示。

02 使用"长方体"和"管状体"工具在场景中创建长方体对象和管状体，如图17-86所示。

03 单击"自动关键点"按钮 自动关键点 ，开启动画记录

图17-79   图17-80

09 选择动画效果比较明显的帧，然后渲染场景，效果如图17-81所示。

模式，将时间滑块拖动到300帧，然后使用移动工具将"管状体"对象移动至如图17-87所示的位置。

图17-85

图17-86

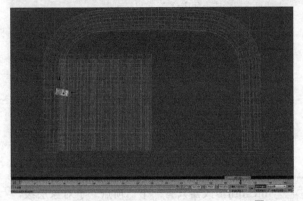
图17-87

04 使用同样的方法，制作长方体对象的动画，使所有的长方体对象在第75~第300帧的时间内，移到如图17-88所示的位置。

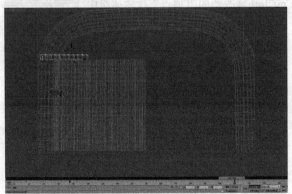
图17-88

05 单击"自动关键点"按钮 自动关键点 ，退出动画记录模式，然后选择所有的长方体和管状体；接着在"MassFX工具栏"中的"将选定项设置为动力学刚体"按钮 上单击鼠标左键并按住不放，在弹出的列表中选择"将选定项设置为运动学刚体"选项，将其设置为运动学刚体对象，如图17-89所示。

06 选择管状体并进入"修改"面板，在"物理图形"卷展栏的"图形类型"下拉列表中选择"凹面"选项，在"物理网格参数"卷展栏中勾选"提高适配"复选框，然后单击"生成"按钮，如图17-90所示。

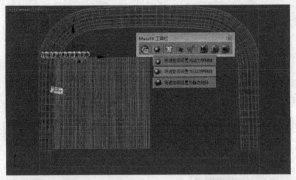
图17-89

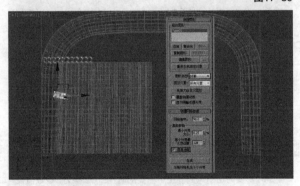
图17-90

07 选择幕布，单击MassFX工具栏上的"将选定对象设置为mCloth对象"按钮 ，将其设置为布料对象，如图17-91所示。

08 进入"修改"命令面板，并进入mCloth修改器的"顶点"次物体级，然后选择如图17-92所示的顶点。

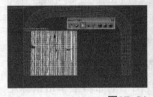
图17-91　　　　图17-92

09 单击"组"卷展栏中的"设定组"按钮 设定组 ，这时会弹出"设定组"对话框，在该对话框中可以为"组"命名，设置完毕后单击"确定"按钮；然后在"组列表"中选择刚才创建的"组001"，然后单击"约束"选项组中的"节点"按钮 节点 ，接着在场景中拾取上方对应的"长方体"对象，如图17-93和图17-94所示。

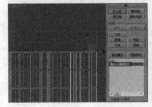
图17-93

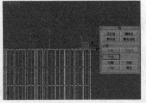
图17-94

10 用同样的方法，将其他长方体下面对应的顶点都绑定到相应的长方体对象上，如图17-95所示。

11 单击MassFX工具栏上的"世界参数"按钮，打开MassFX工具对话框，在"场景设置"卷展栏中，取消勾选"使用地面碰撞"选项，如图17-96所示。

图17-100

12 单击MassFX工具栏上的"开始模拟"按钮，进入动画模拟，效果如图17-97所示。

即学即练：用布料动力学制作毛巾动画

场景位置	场景文件>CH17>08.max
实例位置	实例文件>CH17>即学即练：用布料动力学制作毛巾动画.max
实用指数	★★★☆☆
学习目标	熟练使用MassFX布料系统制作布料动力学动画

图17-95　　图17-96　　图17-97

本实例将使用MassFX布料系统制作一个毛巾下落到挂钩上的动力学动画效果，图17-101所示为本实例的最终渲染效果。

13 选择幕布并进入"修改"面板，单击"mCloth模拟"卷展栏中的"烘焙"按钮，将布料动画转成关键帧动画，如图17-98所示。

图17-101

17.7　知识小结

本章主要讲解了MassFX动力学系统的刚体系统和布料系统，MassFX动力学系统使原本一些复杂的物体动画变得简单。通过对本章知识的学习和灵活运用，相信可以对读者今后的动画制作提供很大的帮助。

17.8　课后拓展实例：制作飘舞的小旗动画

场景位置	场景文件>CH17>09.max
实例位置	实例文件>CH17>课后拓展实例：制作飘舞的小旗动画.max
实用指数	★★★☆☆
学习目标	熟悉使用"风力"空间扭曲制作飘舞的布料动力学动画的方法

图17-98

14 使用"镜像"工具对称复制另一边的幕布，播放动画，效果如图17-99所示。

使用MassFX动力学工具的布料系统，可以模拟人物的衣服、飘动的窗帘和掀开的幕布等布料动画效果。在本章最后，将制作一个飘舞的小旗动画，通过本实例，可以让读者将本章所学知识更好地应用到实际工作中去，图17-102所示为本实例的最终渲染效果。

图17-102

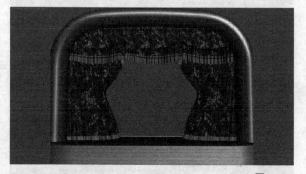

图17-99

15 选择动画效果比较明显的帧，然后渲染场景，效果如图17-100所示。

01 打开"场景文件>CH17>09.max"文件，如图17-103所示。

02 创建"平面"对象并将其设置为布料物体,如图17-104所示。

图17-103　　　　　　　图17-104

03 进入mCloth修改器的"顶点"子对象,将选择的顶点以"枢轴"的约束方式固定在当前位置,如图17-105所示。

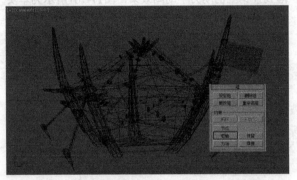

图17-105

04 创建"风"空间扭曲并调整其位置和角度,然后将其添加到mCloth修改器中,如图17-106和图17-107所示。

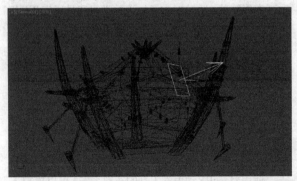

图17-106

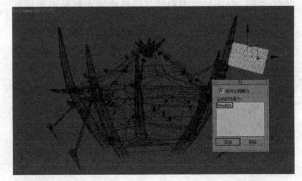

图17-107

05 进入动力学模拟,发现旗子没有被风吹起来,如图17-108所示。

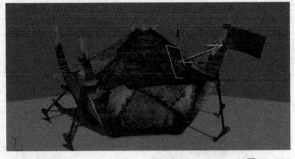

图17-108

06 将"风"空间扭曲的"强度"值设置为20,再次进行动力学模拟,这样旗子就可以被吹起来了,但是旗子表面缺少褶皱细节,而且旗子自身有穿插现象,如图17-109所示。

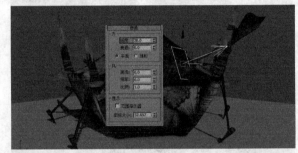

图17-109

07 选择"平面"对象,增大mCloth修改器中的"弯曲度"数值和"自厚度"数值,再次进行模拟,这样旗子的效果就好多了,如图17-110所示。

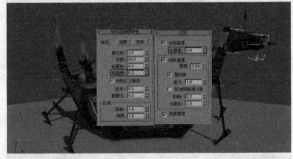

图17-110

08 将动画进行烘焙输出,然后为旗子指定一张贴图,最终效果如图17-111所示。

图17-111

3ds Max

第 18 章 毛发系统

本章知识索引

知识名称	作用	重要程度	所在页
毛发概述	熟悉毛发效果的常见应用	中	P414
Hair 和 Fur（WSM）	熟练掌握Hair 和 Fur（WSM）修改器的设置及使用方法	高	P415

本章实例索引

18.1 毛发概述

使用3ds Max自带的"Hair和Fur（WSM）"修改器，可以在任意物体或物体的局部上制作出毛发的效果，常用于制作毛笔、毛刷、草地及地毯等物体，如图18-1和图18-2所示。

图18-1   图18-2

18.2 课前引导实例：制作草地上的排球动画

场景位置	场景文件>CH18>01.max
实例位置	实例文件>CH18>课前引导实例：制作草地上的排球动画.max
实用指数	★★★☆☆
学习目标	熟练使用Hair 和 Fur（WSM）修改器中的动力学来模拟制作草地动画。

在本节中，通过一个简单的排球滚动动画来详细讲解毛发的动力学，最终效果如图18-3所示。

图18-3

01 打开"场景文件>CH18>01.max"文件，如图18-4所示，在场景中，已经设置好了灯光及摄影机，并且还提供了一个精细的排球模型。

02 选择场景中的平面，打开"修改"面板，为其加载"Hair 和 Fur（WSM）"修改器，即可在视图中观察到默认产生的毛发效果，如图18-5所示。

 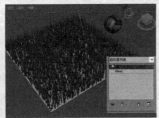

图18-4   图18-5

03 展开"材质参数"卷展栏，设置"梢颜色"为（红:27，绿:80，蓝:15），"根颜色"为（红:7，绿:45，蓝:0），如图18-6所示。

04 展开"常规参数"卷展栏，设置"毛发数量"为20000，"毛发段"为10，增加草地的密度，如

图18-7所示。

图18-6   图18-7

05 仔细观察场景文件中的排球模型，该排球模型为精模，构成该模型的面的数量较高，如图18-8所示。但是，太多的面数会严重影响动力学的计算速度及计算精确程度，从而不利于进行动力学模拟。所以，在场景中需要用一个简模来代替排球模型进行与草坪的动力学交互模拟。

06 在"创建"面板中，单击"球体"按钮 球体 ，在场景中创建一个与排球模型半径相当的球体模型，如图18-9所示。

图18-8   图18-9

07 在左视图中，将时间滑块的位置设置在第0帧，然后使用"选择并移动"工具将球体设置在如图18-10所示的位置。

08 单击"自动关键点"按钮 自动关键点 ，将"时间滑块"的位置设置在第100帧处，然后使用"选择并移动"工具将球体设置在如图18-11所示的位置处，完成球体位移动画的设置。

图18-10   图18-11

09 使"选择并旋转"工具将球体沿z轴向进行旋转操作，制作出球体的旋转动画，单击"播放动画"按钮 ▶ ，在"透视"视图中查看球体的运动过程是否正确，如图18-12所示。球体的滚动动画设置完成后，按N键关闭"自动关键点"按钮 自动关键点 。

10 选择草坪模型，在"修改"面板中，展开"动力学"卷展栏，单击"Stat文件"组内的"另存为"按钮，存储生成的毛发动力学缓存文件，如图18-13所示。

图18-12　　　　　　　图18-13

11 在"碰撞"组中，选择"多边形"选项，并单击"添加"按钮，然后在场景中单击球体，将球体添加到毛发的动力学模拟中，如图18-14所示。

12 单击"模拟"组内的"运行"按钮，开始毛发的动力学计算，如图18-15所示。

图18-14　　　　　　　图18-15

13 拖动"时间滑块"按钮，在"摄影机"视图中查看球体动画对草坪所产生的动力学影响结果，如图18-16所示。

14 将"时间滑块"按钮移动到第0帧，将场景中的排球模型选中，然后按快捷键Shift+A，使用"快速对齐"功能将排球模型对齐到球体上，如图18-17所示。

图18-16　　　　　　　图18-17

15 单击"主工具栏"上的"选择并链接"按钮，将排球模型作为子对象链接到球体模型上，然后选择球体模型，单击鼠标右键，在弹出的菜单中选择"隐藏选定对象"命令，隐藏场景中的球体模型。

16 按C键切换到摄影机视图，单击"播放动画"按钮，即可看到排球在草坪上滚动，并且草坪也产生了相应的动力学交互动画，如图18-18所示。

17 选择动画效果比较明显的帧，然后渲染场景，如图18-19所示。

图18-18　　　　　　　图18-19

18.3 Hair和Fur（WSM）修改器

本节知识概要

知识名称	作用	重要程度	所在页
"选择"卷展栏	控制毛发的生长位置	中	P417
"工具"卷展栏	控制毛发与样条线的关系	中	P417
"设计"卷展栏	设计毛发	中	P418
"常规参数"卷展栏	控制毛发基本参数	高	P419
"材质参数"卷展栏	控制毛发的材质	高	P419
"mr参数"卷展栏	针对mr渲染器设计的选项	低	P420
"海市蜃楼参数"卷展栏	控制毛发卷曲程度	低	P420
"成束参数"卷展栏	控制毛发的成束效果	中	P420
"卷发参数"卷展栏	控制毛发产生卷发效果	中	P420
"扭结参数"卷展栏	控制毛发扭结效果	中	P420
"多股参数"卷展栏	控制毛发多股效果	中	P420
"动力学"卷展栏	控制毛发的动力学计算	高	P421
"显示"卷展栏	控制导向线的显示	中	P421
"随机化参数"卷展栏	控制生成毛发的随机形态	低	P422

"Hair 和 Fur（WSM）"修改器是3ds Max毛发

技术的核心所在。该修改器可应用于要生长毛发的任意对象。如果对象是网格对象，则可在网格对象的整体表面或局部生成大量的毛发；如果对象是样条线对象，头发将在样条线之间生长，这样通过调整样条线的弯曲程度及位置便可控制毛发的生长形态。

下面通过一个制作草地的实例来讲解"Hair 和 Fur（WSM）"修改器的使用方法，具体操作步骤如下。

第1步：打开"场景文件>CH18>02.max"文件，如图18-20所示，在场景中，有一个平面模型用于制作草地效果，并且已经设置好了灯光及摄影机。

第2步：选择平面模型，打开"修改"面板，为其加载"Hair 和 Fur（WSM）"修改器，如图18-21所示。

 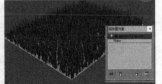

图18-20　　　　　　　　　　图18-21

第3步：添加完成后，生成的毛发效果如图18-22所示。

第4步：展开"常规参数"卷展栏，设置"毛发数量"为500000，增加平面上草的密度，如图18-23所示。

图18-22　　　　　　　　　　图18-23

第5步：设置"剪切长度"的值为60.0，降低平面上草的高度，如图18-24所示。

第6步：单击"主工具栏"上的"渲染产品"按钮，渲染摄影机视图，如图18-25所示，草地的基本形态已经制作完成了。

图18-24　　　　　　　　　　图18-25

第7步：展开"材质参数"卷展栏，设置"梢颜色"为（红:39，绿:79，蓝:12），"根颜色"为（红:5，绿:64，蓝:0），如图18-26所示。

第8步：草地颜色调整完成后的渲染结果如图18-27所示。

图18-26　　　　　　　　　　图18-27

第9步：展开"成束参数"卷展栏，设置"束"为500，"强度"为1，如图18-28所示。渲染后可以得到如图18-29所示的草地成束效果。

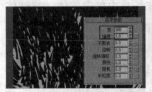 

图18-28　　　　　　　　　　图18-29

第10步：展开"卷发参数"卷展栏，设置"卷发根"为200.0，控制草的卷曲程度，如图18-30所示。渲染结果如图18-31所示。

图18-30　　　　　　　　　　图18-31

第11步：展开"纽结参数"卷展栏，设置"纽结根"为1.2，"纽结梢"为1，使草地呈现纽结形态，如图18-32所示。渲染结果如图18-33所示。

图18-32　　　　　　　　　　图18-33

第12步：展开"随机化参数"卷展栏，设置"种子"为1，得到更加随机的草地形态，如图18-34所示。渲染结果如图18-35所示。

图18-34　　　　　　　　　　图18-35

在渲染"Hair 和 Fur（WSM）"修改器所生成的毛发效果时，需要在透视视图或者摄影机视图进行才可以得到正确的结果，在其他视图渲染则会弹出"Hair 和 Fur"对话框，以提示用户应选择透视视图进行渲染，如图18-36所示。

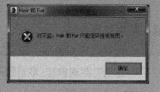

图18-36

"Hair 和 Fur（WSM）"修改器在"修改器列表"属于"世界空间修改器"类型，这意味着此修改器只能使用世界空间坐标，不能使用局部坐标。同时，在加载"Hair 和 Fur（WSM）"修改器后，"环境和效果"面板中会自动添加"毛发和毛皮"效果，如图18-37所示。

"Hair 和 Fur（WSM）"修改器在"修改"面板中具有14个卷展栏，如图18-38所示。

图18-37　　　　图18-38

18.3.1 "选择"卷展栏

展开"选择"卷展栏，如图18-39所示。

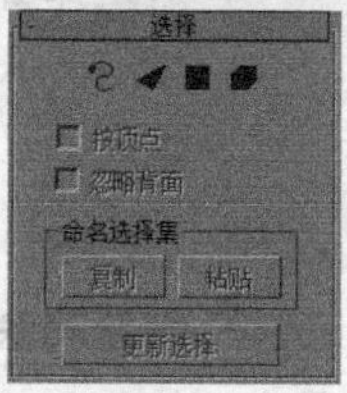

参数解析

• **导向**：访问"导向"子对象层级，该层级允许用户使用"设计"卷展栏中的工具编辑样式导向。单击"导向"之后，"设计"卷展栏上的"设计发型"按钮 设计发型 将自动启用。

图18-39

• **面**：访问"面"子对象层级，可选择光标下的三角形面。

• **多边形**：访问"多边形"子对象层级，可选择光标下的多边形。

• **元素**：访问"元素"子对象层级，该层级允许用户通过单击一次选择对象中的所有连续多边形。

• **按顶点**：启用该选项后，只需选择子对象使用的顶点，即可选择子对象。单击顶点时，将选择使用该选定顶点的所有子对象。

• **忽略背面**：启用此选项后，使用鼠标选择子对象只影响面对用户的面。

• **复制** 复制 ：将命名选择放置到复制缓冲区。

• **粘贴** 粘贴 ：从复制缓冲区中粘贴命名选择。

• **更新选择** 更新选择 ：根据当前子对象选择重新计算毛发生长的区域，然后刷新显示。

18.3.2 "工具"卷展栏

展开"工具"卷展栏，如图18-40所示。

参数解析

• **从样条线重梳** 从样条线重梳 ：用于使用样条线对象设置毛发的样式。单击此按钮，然后选择构成样条线曲线的对象，头发将该曲线转换为导向，并将最近的曲线的副本植入到选定生长网格的每个导向中。

① "样条线变形"组

图18-40

• **无** 无 ：单击此按钮以选择将用来使头发变形的样条线。

• **X按钮**：停止使用样条线变形。

• **重置其余按钮** 重置其余 ：单击此按钮可以使生长在网格上的毛发导向平均化。

• **重生毛发按钮** 重生毛发 ：忽略全部样式信息，将头发复位其默认状态。

② "预设值"组

• **加载按钮** 加载 ：单击此按钮可以打开"Hair 和Fur预设值"对话框，如图18-41所示。"Hair和Fur预设值"对话框内提供了多达13种预设毛发可供用户选择使用。

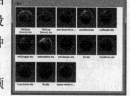

• **保存** 保存 ：保存新的预设值。

图18-41

③ "发型"组

• **复制** 复制 ：将所有毛发设置和样式信息复制

到粘贴缓冲区。

• **粘贴** **粘贴**：将所有毛发设置和样式信息粘贴到当前选择的对象上。

④ "实例节点"组

• **无** **无**：要指定毛发对象，可单击此按钮，然后选择要使用的对象，此后，该按钮显示拾取的对象的名称。

• **X按钮**：清除所使用的实例节点。

• **混合材质**：启用之后，将应用于生长对象的材质，以及应用于毛发对象的材质合并为"多维/子对象"材质，并应用于生长对象。关闭之后，生长对象的材质将应用于实例化的毛发。

⑤ "转换"组

• **导向–>样条线钮** **导向->样条线**：将所有导向复制为新的单一样条线对象。初始导向并未更改。

• **毛发–>样条线** **毛发->样条线**：将所有毛发复制为新的单一样条线对象。初始毛发并未更改。

• **毛发–>网格** **毛发->网格**：将所有毛发复制为新的单一网格对象。初始毛发并未更改。

• **渲染设置** **渲染设置...**：打开"效果"面板并添加"Hair 和 Fur"效果。

18.3.3 "设计"卷展栏

展开"设计"卷展栏，如图18-42所示。

参数解析

• **设计发型** **设计发型**：只有单击此按钮，才可激活"设计"卷展栏内的所有功能，同时"设计发型"按钮 **设计发型** 更改为"完成设计"按钮 **完成设计**。

① "选择"组

• **由头梢选择毛发**：允许用户可以只选择每根导向头发末端的顶点。

• **选择全部顶点**：选择导向头发中的任意顶点时，会选择该导向头发中的所有顶点。

• **选择导向顶点**：可以选择导向头发上的任意顶点。

• **由根选择导向**：可以只选择每根导向头发根处

的顶点，此操作将选择相应导向头发上的所有顶点。

• **反选**：反转顶点的选择。

• **轮流选**：旋转空间中的选择。

• **扩展选定对象**：通过递增的方式增大选择区域，从而扩展选择。

• **隐藏选定对象**：隐藏选定的导向头发。

• **显示隐藏对象**：取消隐藏任何隐藏的导向头发。

② "设计"组

• **发梳**：在这种样式模式下，拖动鼠标置换影响笔刷区域中的选定顶点。

• **剪毛发**：可以修剪头发。

• **选择**：在该模式下可以配合使用 3ds Max 所提供的各种选择工具。

• **距离褪光**：刷动效果朝着笔刷的边缘褪光，从而提供柔和效果。

• **忽略背面头发**：启用此选项时，背面的头发不受笔刷的影响。

• **笔刷大小**：通过拖动此滑块更改笔刷的大小。

• **平移**：按照鼠标的拖动方向移动选定的顶点。

• **站立**：向曲面的垂直方向推选定的导向。

• **蓬松发根**：向曲面的垂直方向推选定的导向头发。

• **丛**：强制选定的导向之间相互更加靠近。

• **旋转**：以光标位置为中心旋转导向头发顶点。

• **比例**：放大或缩小选定的毛发。

③ "实用程序"组

• **衰减**：根据底层多边形的曲面面积来缩放选定的导向。

• **选定弹出**：沿曲面的法线方向弹出选定头发。

• **弹出大小为零**：只能对长度为零的头发操作。

• **重梳**：使导向与曲面平行，使用导向的当前方向作为线索。

• **重置剩余**：使用生长网格的连接性执行头发导向平均化。

• **切换碰撞**：启用此选项，设计发型时将考虑头发碰撞。

• **切换Hair**：切换生成头发的视口显示。

• **锁定**：将选定的顶点相对于最近曲面的方向和距离锁定。锁定的顶点可以选择但不能移动。

• **解除锁定**：解除对锁定的所有导向头发的锁定。

图18–42

- 撤销 🔼: 后退至最近的操作。

④ "毛发组"组

- **拆分选定毛发组** 🔲: 将选定的导向拆分至一个组。

- **合并选定毛发组** 🔲: 重新合并选定的导向。

18.3.4 "常规参数"卷展栏

展开"常规参数"卷展栏,如图18-43所示。

图18-43

参数解析

- **毛发数量:** 由 Hair 生成的头发总数。在某些情况下,这是一个近似值,但是实际的数量通常和指定数量非常接近。图18-44和图18-45所示分别为"毛发数量"值是2000和10000的渲染结果。

图18-44　　　　　　　图18-45

- **毛发段:** 每根毛发的段数。

- **毛发过程数:** 用来设置毛发的透明度,图18-46和图18-47所示分别为"毛发过程数"是1和10的渲染结果。

图18-46　　　　　　　图18-47

- **密度:** 可以通过数值或者贴图来控制毛发的密度。
- **比例:** 设置毛发的整体缩放比例。
- **剪切长度:** 控制毛发整体长度的百分比。
- **随机比例:** 将随机比例引入到渲染的毛发中。
- **根厚度:** 控制发根的厚度。
- **梢厚度:** 控制发梢的厚度。

18.3.5 "材质参数"卷展栏

展开"材质参数"卷展栏,如图18-48所示。

参数解析

- **阻挡环境光:** 控制照明模型的环境或漫反射影响的偏差。

- **发梢褪光:** 启用此选项时,毛发朝向梢部淡出到透明。

- **松鼠:** 启用后,根颜色与梢颜色之间的渐变更加锐化,并且更多的梢颜色可见。

图18-48

- **梢颜色:** 距离生长对象曲面最远的毛发梢部的颜色。

- **根颜色:** 距离生长对象曲面最近的毛发根部的颜色。

- **色调变化:** 使毛发颜色变化的量,默认值可以产生看起来比较自然的毛发。

- **值变化:** 使毛发亮度变化的量,图18-49和图18-50所示分别为"值变化"是30和100的渲染结果。

图18-49　　　　　　　图18-50

- **变异颜色:** 变异毛发的颜色。

- **变异 %:** 接受变异颜色的毛发的百分比,图18-51和图18-52所示分别为"变异 %"的值为10和60的渲染结果。

图18-51　　　　　　　图18-52

- **高光:** 在毛发上高亮显示的亮度。

- **光泽度:** 毛发上高亮显示的相对大小。较小的高亮显示产生看起来比较光滑的毛发。

- **自身阴影:** 控制自身阴影的多少,即毛发在相同 "Hair 和 Fur" 修改器中对其他毛发投影的阴影。值为 0.0 将禁用自阴影,值为 100.0 产生的自阴影最大。默认值为 100.0。范围为 0.0 ~ 100.0。

- **几何体阴影:** 头发从场景中的几何体接收到的阴影效果的量。默认值为 100.0。范围为 0.0 ~ 100.0。

• 几何体材质 ID: 指定给几何体渲染头发的材质ID。默认值为1。

18.3.6　"mr参数"卷展栏

展开"mr参数"卷展栏,如图18-53所示。

图18-53

参数解析

• 应用mr明暗器: 启用此选项时,可以应用 mental ray 明暗器生成头发。

18.3.7　"海市蜃楼参数"卷展栏

展开"海市蜃楼参数"卷展栏,如图18-54所示。

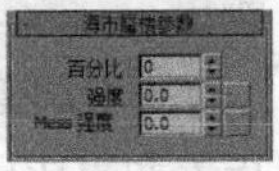

图18-54

参数解析

• 百分比: 设置要对其应用"强度"和"Mess 强度"值的毛发百分比。

• 强度: 强度指定海市蜃楼毛发伸出的长度。

• Mess强度: Mess强度将卷毛应用于海市蜃楼毛发。

18.3.8　"成束参数"卷展栏

展开"成束参数"卷展栏,如图18-55所示。

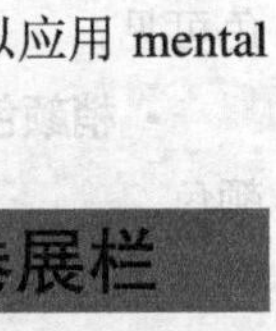

参数解析

• 束: 相对于总体毛发数量,设置毛发束数量。

图18-55

• 强度: "强度"越大,束中各个梢彼此之间的吸引越强,范围为0.0 ~ 1.0。

• 不整洁: 值越大,越不整洁地向内弯曲束,每个束的方向是随机的,范围为 0.0 ~ 400.0。

• 旋转: 扭曲每个束,范围为0.0 ~ 1.0。

• 旋转偏移: 从根部偏移束的梢,范围为 0.0 ~1.0。较高的"旋转"和"旋转偏移"值使束更卷曲。

• 颜色: 非零值可改变束中的颜色。

• 随机: 控制随机的比率。

• 平坦度: 在垂直于梳理方向的方向上挤压每个束。

18.3.9　"卷发参数"卷展栏

展开"卷发参数"卷展栏,如图18-56所示。

参数解析

• 卷发根: 控制头发在其根部的置换。默认设置为 15.5。范围为0.0~360.0。

• 卷发梢: 控制毛发在其梢部的置换。默认设置为 130.0。范围为0.0~360.0。

图18-56

• 卷发 X/Y/Z 频率: 控制3个轴中每个轴上的卷发频率效果。

• 卷发动画: 设置波浪运动的幅度。

• 动画速度: 此倍增控制动画噪波场通过空间的速度。

18.3.10　"纽结参数"卷展栏

展开"纽结参数"卷展栏,如图18-57所示。

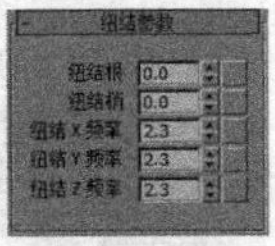

参数解析

• 纽结根: 控制毛发在其根部的纽结置换量。

图18-57

• 纽结梢: 控制毛发在其梢部的纽结置换量。

• 纽结 X/Y/Z 频率: 控制3个轴中每个轴上的纽结频率效果。

18.3.11　"多股参数"卷展栏

展开"多股参数"卷展栏,如图18-58所示。

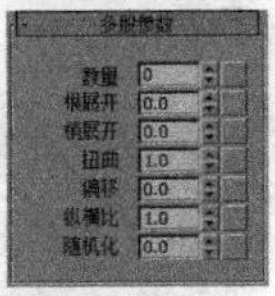

参数解析

• 数量: 每个聚集块的头发数量。

• 根展开: 为根部聚集块中的每根毛发提供随机补偿。

图18-58

• 梢展开: 为梢部聚集块中的每根毛发提供随机补偿。

• 扭曲: 使用每束的中心作为轴扭曲束。

• 偏移: 使束偏移其中心。离尖端越近,偏移越大。并且,将"扭曲"和"偏移"结合使用可以创建螺旋发束。

• 纵横比: 在垂直于梳理方向的方向上挤压每个束: 效果是缠结毛发,使其类似于诸如猫或熊等的毛。

• 随机化: 随机处理聚集块中的每根毛发的长度。

18.3.12 "动力学"卷展栏

展开"动力学"卷展栏，如图18-59所示。

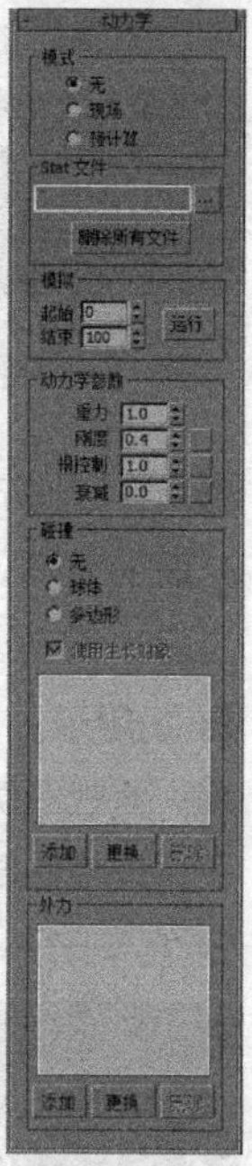

参数解析

① "模式"组

• **无:** 毛发不进行动力学计算。

• **现场:** 毛发在视口中以交互方式模拟动力学效果。

• **预计算:** 将设置了动力学动画的毛发生成Stat文件存储在硬盘中，以备渲染使用。

② "Stat文件"组

• **另存为:** 单击此按钮打开"另存为"对话框，用来设置Stat文件的存储路径。

• **删除所有文件** 删除所有文件 : 单击此按钮则删除存储在硬盘中的Stat文件。

③ "模拟"组

图18-59

• **起始:** 设置模拟毛发动力学的第一帧。

• **结束:** 设置模拟毛发动力学的最后一帧。

• **运行** 运行 : 单击此按钮开始进行毛发的动力学模拟计算。

④ "动力学参数"组

• **重力:** 用于指定在全局空间中垂直移动毛发的力。负值上拉毛发，正值下拉毛发。要使毛发不受重力影响，可将该值设置为0.0。

• **刚度:** 控制动力学效果的强弱。如果将刚度设置为1.0，动力学不会产生任何效果。默认值为0.4，范围为0.0~1.0。

• **根控制:** 与刚度类似，但只在头发根部产生影响，默认值为1.0，范围为0.0~1.0。

• **衰减:** 动态头发承载前进到下一帧的速度，增加衰减将增加这些速度减慢的量。因此，较高的衰减值意味着头发动态效果较为不活跃。

⑤ "碰撞"组

• **无:** 动态模拟期间不考虑碰撞。这将导致毛发穿透其生长对象以及其所开始接触的其他对象。

• **球体:** 毛发使用球体边界框来计算碰撞。此方法速度更快，其原因在于所需计算更少，但是结果不够精确。当从远距离查看时该方法最为有效。

• **多边形:** 毛发考虑碰撞对象中的每个多边形。这是速度最慢的方法，但也是最为精确的方法。

• **添加** 添加 : 要在动力学碰撞列表中添加对象，可单击此按钮然后在视口中单击对象。

• **更换** 更换 : 要在动力学碰撞列表中更换对象，应先在列表中高亮显示对象，再单击此按钮然后在视口中单击对象进行更换操作。

• **删除** 删除 : 要在动力学碰撞列表中删除对象，应先在列表中高亮显示对象，再单击此按钮完成删除操作。

⑥ "外力"组

• **添加** 添加 : 要在动力学外力列表中添加"空间扭曲"对象，可单击此按钮然后在视口中单击对应的"空间扭曲"对象。

• **更换** 更换 : 要在动力学外力列表中更换"空间扭曲"对象，应先在列表中高亮显示"空间扭曲"对象，再单击此按钮然后在视口中单击"空间扭曲"对象进行更换操作。

• **删除** 删除 : 要在动力学外力列表中删除"空间扭曲"对象，应先在列表中高亮显示"空间扭曲"对象，再单击此按钮完成删除操作。

18.3.13 "显示"卷展栏

展开"显示"卷展栏，如图18-60所示。

参数解析

① "显示导向"组

• **显示导向:** 勾选此选项，则在视口中显示出毛发的导向线，导向线的颜色由"导向颜色"所控制，如图18-61所示。

图18-60

② "显示毛发"组

• **显示毛发:** 此选项默认状态下为勾选状态，用来在几何体上显示出毛发的形态。

图18-61

• **百分比:** 在视口中显示的全部毛发的百分比。降低此值将改善视口中的实时性能。

• **最大毛发数:** 无论百分比值为多少，在视口中显示最大毛发数。

• **作为几何体:** 开启之后，将头发在视口中显示为要渲染的实际几何体，而不是默认的线条。

18.3.14 "随机化参数"卷展栏

"随机化参数"卷展栏展开如图
18-62所示。

图18-62

参数解析

• **种子**：通过设置此值来随机改变毛发的形态。

典型实例：制作竹炭牙刷

场景位置	场景文件>CH18>03.max
实例位置	实例文件>CH18>典型实例：制作竹炭牙刷.max
实用指数	★★★☆☆
学习目标	熟练使用Hair 和 Fur（WSM）修改器来制作牙刷刷毛的效果

在本案例中，通过制作一个简单的牙刷模型来学习"Hair 和 Fur（WSM）"修改器的基本使用方法，效果如图18-63所示。

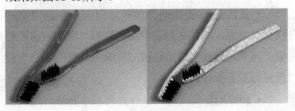

图18-63

01 打开"场景文件>CH18>03.max"文件，在场景中，只有一个牙刷的手柄部分，如图18-64所示。

02 将视图切换至顶视图，在"创建"面板中，单击"圆柱体"按钮 圆柱体 ，在场景中创建一个圆柱体，如图18-65所示。

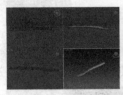

图18-64

图18-65

03 复制圆柱体模型，并将它们摆放在牙刷头的结构上，具体位置如图18-66所示。

04 选择所有的圆柱体模型，在"实用程序"面板上，单击"塌陷"按钮 塌陷 ，在展开的"塌陷"卷展栏内，单击"塌陷选定对象"按钮 塌陷选定对象 ，将所有的圆柱体合并为一个几何体对象，如图18-67所示。

图18-66

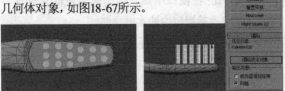

图18-67

05 在"修改"面板中，按4键进入"多边形"子层级，选择如图18-68所示的面，然后按Delete键将其删除，删除后的模型结果如图18-69所示。

图18-68

图18-69

06 在"修改器列表"中加载"法线"修改器，更改面的方向，然后加载"Hair 和 Fur（WSM）"修改器，即可看到生长在牙刷手柄上的牙刷毛，如图18-70所示。

07 将视图切换至前视图，单击"线"按钮 线 ，在场景中绘制出一条直线来确定牙刷毛的长度，如图18-71所示。

图18-70

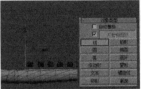

图18-71

08 选择牙刷毛，在"修改"面板中，展开"工具"卷展栏，单击"从样条线重梳"按钮 从样条线重梳 ，然后拾取场景中的直线，增加牙刷毛的长度，如图18-72所示。

09 展开"卷发参数"卷展栏，设置"卷发根"为10，"卷发梢"为20，控制牙刷毛产生轻微的随机弯曲，如图18-73所示。

图18-72

图18-73

10 单击展开"材质参数"卷展栏，设置"梢颜色"为（红:52，绿:52，蓝:52），"根颜色"为（红:0，绿:0，蓝:0），如图18-74所示。完成效果如图18-75所示。

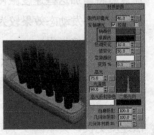

图18-74

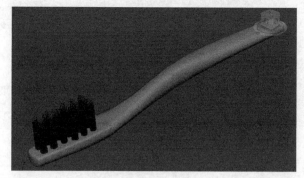

图18-75

典型实例：制作地毯

场景位置	场景文件>CH18>04.max
实例位置	实例文件>CH18>典型实例：制作地毯.max
实用指数	★★★☆☆
学习目标	熟练使用Hair 和 Fur(WSM)修改器来制作地毯效果

在本案例中，通过制作一个简单的地毯模型来学习"Hair 和 Fur（WSM）"修改器的基本使用方法，毛发开启前后的渲染结果如图18-76所示。

图18-76

01 打开"场景文件>CH18>04.max"文件，在场景中，已经设置好灯光及摄影机，并包含一个地板的模型和一个地毯的模型，如图18-77所示。

02 选择场景中的地毯模型，在修改器列表中加载"Hair 和 Fur（WSM）"修改器，即可看到生长在地毯上的毛发效果，如图18-78所示。

图18-77　　　　　　　　　图18-78

03 在"修改"面板中，展开"常规参数"卷展栏，设置"毛发数量"100000，"毛发段"为10，"剪切长度"为35.0，降低毛发的长度，如图18-79所示。

04 展开"卷发参数"卷展栏，设置"卷发根"为27.9，"卷发梢"为130.0，控制地毯毛的卷曲程度，如图18-80所示。

图18-79　　　　　　　　　图18-80

05 当毛发的生长对象带有材质时，毛发会自动继承生长对象本身所赋予的材质，所以在"Hair 和 Fur（WSM）"修改器中，无需另外设置"材质参数"卷展栏，直接渲染场景，即可得到带有毛发效果的地毯，如图18-81所示。

图18-81

典型实例：制作仙人掌

场景位置	场景文件>CH18>05.max
实例位置	实例文件>CH18>典型实例：制作仙人掌.max
实用指数	★★★☆☆
学习目标	熟练使用Hair 和 Fur(WSM)修改器来制作仙人掌的刺座效果

在案例中，通过给仙人掌模型添加毛刺来丰富模型的细节，毛发开启前后的渲染结果对比如图18-82所示。

图18-82

01 打开本书配套资源"场景文件>CH18>05.max"文件，在场景中，已经设置好灯光及摄影机，并包含一个仙人掌盆栽的模型，如图18-83所示。

02 选择场景中仙人掌茎上的刺座，在修改器列表中加载"Hair 和 Fur（WSM）"修改器，即可看到生长在刺座上的毛发效果，如图18-84所示。

图18-83　　　　　　　　　图18-84

03 在"修改"面板中，展开"常规参数"卷展栏，设置"毛发数量"为1000，降低仙人掌上刺的数量，如图18-85所示，渲染结果如图18-86所示。

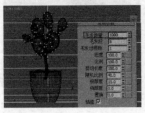 

图18-85　　　　　　　　　　**图18-86**

04 在"常规参数"卷展栏中，设置"比例"为30.0，缩短刺的长度，如图18-87所示。渲染结果如图18-88所示。

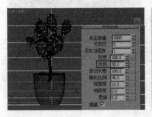 

图18-87　　　　　　　　　　**图18-88**

05 在"常规参数"卷展栏中，设置"根厚度"为1.0，降低刺的粗细，如图18-89所示。渲染结果如图18-90所示，最终效果如图18-91所示。

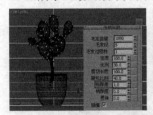 

图18-89　　　　　　　　　　**图18-90**

图18-91

即学即练：制作海葵

场景位置	场景文件>CH18>06.max
实例位置	实例文件>CH18>即学即练：制作海葵.max
实用指数	★★★☆☆
学习目标	熟练使用Hair 和 Fur(WSM)修改器来制作海葵效果

下面通过本节所讲解的知识点来尝试制作一片海葵，最终渲染结果如图18-92所示。

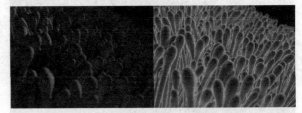

图18-92

18.4　知识小结

本章详细地讲解了"Hair和Fur（WSM）"修改器的参数设置及使用方法，并配以一定量的实例来讲述"Hair和Fur（WSM）"修改器在项目制作中的应用，请务必掌握。

18.5　课后拓展实例：制作毛笔

场景位置	场景文件>CH18>07.max
实例位置	实例文件>CH18>典课后拓展实例：制作毛笔.max
实用指数	★★★☆☆
学习目标	熟练使用Hair 和 Fur(WSM)修改器中的笔刷来梳理毛笔笔尖的造型

在本节中，通过一个毛笔的实例来帮助大家复习"Hair和Fur（WSM）"修改器的使用方法，最终完成效果如图18-93所示。

图18-93

01 打开"场景文件>CH18>07.max"文件，如图18-94所示，观察场景，有一支毛笔的模型和一个简单的书法背景，并且已经设置好灯光及摄影机。

02 选择场景中的毛笔前端部分，加载"Hair 和 Fur（WSM）"修改器，如图18-95所示。

 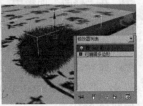

图18-94　　　　　　　　　　**图18-95**

03 在"修改"面板中，展开"Hair 和 Fur（WSM）"修改器的子层级，然后在"多边形"子层级中，选择毛笔模型前端用来生长毛发的面，即可控制毛发的生长位置，如图18-96所示。

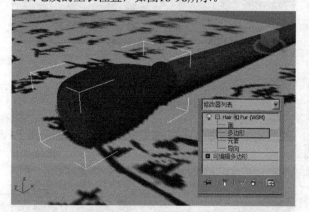

图18-96

04 进入顶视图，然后在场景中使用"线"按钮绘制出一根曲线，用来控制毛发的长度及初始弯曲形态，如图18-97所示。

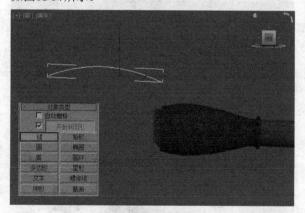

图18-97

05 在"修改"面板中，展开"工具"卷展栏，单击"从样条线重梳"按钮 从样条线重梳 ，然后单击场景中绘制好的曲线，得到毛笔形态，如图18-98所示。

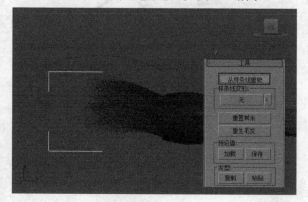

图18-98

06 展开"成束参数"卷展栏，设置"束"为1，"强度"为1.0，得到毛发紧凑的效果，如图18-99所示。

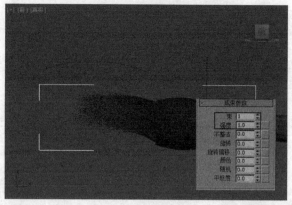

图18-99

07 展开"卷发参数"卷展栏，设置"卷发根"为10.0，"卷发梢"为10.0，如图18-100所示。

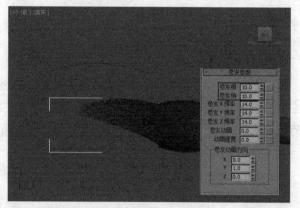

图18-100

08 毛笔笔尖的大致形态调整完成后，接下来开始设计笔尖的细节。在"修改"面板中，展开"设计"卷展栏，单击"设计发型"按钮 设计发型 ，鼠标变成笔刷图标效果，同时，观察场景，毛发上则显示出橙色的导向线，如图18-101所示。

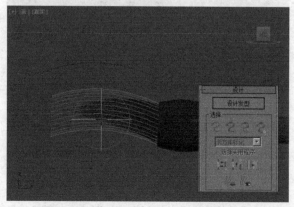

图18-101

09 在"设计"卷展栏内的"设计"组中，调整笔刷大小，如图18-102所示。

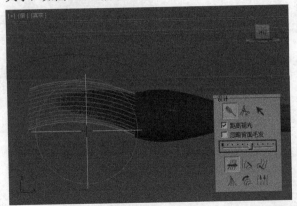

图18-102

10 在前视图和顶视图对毛发分别进行梳理，为毛笔的形态增添细节，如图18-103和图18-104所示。

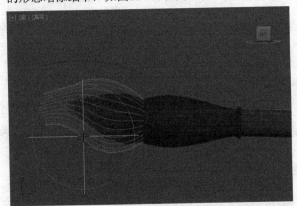

图18-103

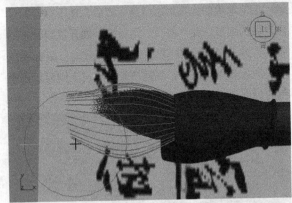

图18-104

11 梳理完成后，单击"设计"卷展栏内的"完成设计"按钮，结束梳理毛发的操作，如图18-105所示。

12 展开"常规参数"卷展栏，设置"毛发段"为20，完成毛笔笔尖毛发的制作，如图18-106所示。最

终渲染结果如图18-107所示。

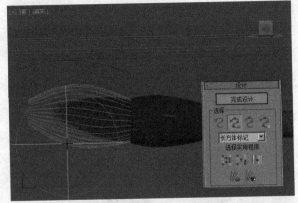

图18-105

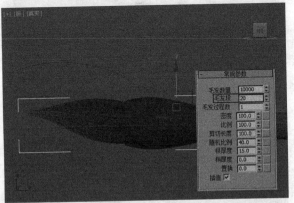

图18-106

图18-107

3ds Max

第 19 章 渲染与输出

本章知识索引

知识名称	作用	重要程度	所在页
默认扫描线渲染器	以从上至下的计算方式渲染图像	低	P431
NVIDIA mental ray渲染器	使用简单的全局照明操作即可得到优秀的渲染结果	中	P434

本章实例索引

实例名称	所在页
课前引导实例：山脉日景表现	P430
典型实例：制作焦散效果	P439
典型实例：制作全局照明灯光效果	P439
课后拓展实例：室外建筑表现	P440

19.1 渲染概述

本章将讲解在三维制作的最后一个流程——渲染。在制作项目时，常常要在计算机的渲染耗时与生成作品的质量之间寻找一个平衡点，尽可能让计算机在一个我们可以接受的渲染时间内完成图像的计算，这些均离不开渲染技术。使用3ds Max来制作作品时，常见的工作流程是"建模>灯光>材质>摄影机>渲染"，渲染并不仅仅是在完成整个三维作品后的最后一次渲染计算，而是在进行渲染计算之前的渲染参数设置，这一过程极其复杂。图19-1~图19-4所示为一些非常优秀的三维渲染作品。

图19-1

图19-2

图19-3

图19-4

19.1.1 选择渲染器

3ds Max提供了多种渲染器以供用户使用，并且还允许用户自行购买及安装由第三方软件生产商所提供的渲染器插件来进行渲染。单击"主工具栏"上的"渲染设置"按钮，即可打开3ds Max的"渲染设置"面板。在"公共"选项卡内，展开"指定渲染器"卷展栏，即可查看当前场景文件所使用的渲染器名称。在默认状态下，3ds Max所使用的渲染器为"默认扫描线渲染器"，如图19-5所示。

图19-5

下面，通过一个室内表现的案例来讲解"默认扫描线渲染器"的使用方法。

第1步：打开"场景文件>CH19>01.max"文件，如图19-6所示。

第2步：单击"主工具栏"上的"渲染设置"按钮，打开"渲染设置"面板，在"公共"选项卡内的"指定渲染器"卷展栏内，可以查看当前文件的渲染器为"默认扫描线渲染器"，如图19-7所示。

图19-6

图19-7

第3步：单击"渲染设置"面板下方的"渲染"按钮，即可对当前场景模型进行渲染，渲染过程中会弹出"渲染帧窗口"对话框和"渲染"对话框，"渲染帧窗口"对话框主要显示渲染的结果，"渲染"对话框显示渲染的进程，如图19-8所示。

第4步：在使用"默认扫描线渲染器"来进行渲染时，可以单击"渲染"面板上的"暂停"按钮来暂时停止3ds Max的渲染计算，如图19-9所示。

图19-8

图19-9

第5步：当"暂停"了渲染计算之后，则可以单击"渲染"面板上的"继续"按钮来继续之前暂停的渲染计算，如图19-10所示。

第6步：如在渲染过程中发现了模型材质或灯光设置等问题，通过单击"渲染"面板上的"取消"按钮可以结束未完成的渲染计算，如图19-11所示。

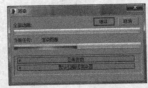
图19-10

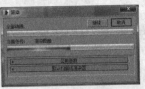
图19-11

第7步：当渲染计算完成后，"渲染"窗口则自动关闭。除了"默认扫描线渲染器"之外，3ds Max 2015还提供了其他的渲染器，单击"选择渲染器"按钮，在弹出的"选择渲染器"对话框中，可以查看并选择其他的渲染器来进行场景渲染,如图19-12所示。

第8步:渲染器不仅提供了快速的渲染计算方式,还提供了相应的材质及灯光命令。如当我们选择VIDIA mental ray渲染器,可以使用mental ray系列材质库,如图19-13所示。

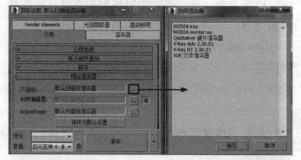

图19-12

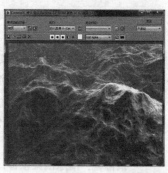

图19-15

图19-16

参数解析

• **要渲染的区域**:该下拉列表提供可用的"要渲染的区域"选项,有"视图""选定""区域""裁剪"或"放大"5个选项可选,如图19-17所示。

• **编辑区域**:启用对区域窗口的操纵,拖动控制柄可重新调整大小,通过在窗口中拖动可进行移动。当将"要渲染的区域"设置为"区域"时,用户可以在"渲染帧窗口"中,编辑该区域,如图19-18所示。

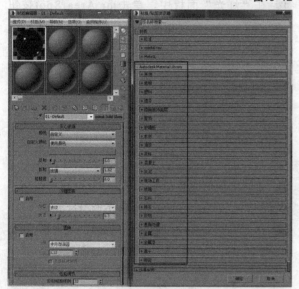

图19-13

19.1.2 渲染帧窗口

3ds Max 2015提供的有关渲染方面的工具位于整个"主工具栏"上的最右侧,从左至右分别为"渲染设置"按钮、"渲染帧窗口"按钮和"渲染产品"按钮,如图19-14所示。

图19-14

在"主工具栏"上单击"渲染产品"按钮即可弹出"渲染帧窗口",如图19-15所示。

"渲染帧窗口"的设置分为"渲染控制"和"工具栏"两大部分,"渲染控制"区域如图19-16所示。

图19-17

图19-18

• **选择的自动区域**:启用该选项之后,会将"区域""裁剪"和"放大"区域自动设置为当前选择。该自动区域会在渲染时计算,并且不会覆盖用户可编辑区域。

• **渲染设置**:打开"渲染设置"对话框。

• **环境和效果对话框(曝光控制)**:从"环境和效果"对话框打开"环境"面板。

"渲染帧窗口"的"工具栏"如图19-19所示。

图19-19

参数解析

• **保存图像**:用于保存在渲染帧窗口中显示的渲染图像。

• **复制图像**:将渲染图像可见部分的精确副本放置在 Windows 剪贴板上,以准备粘贴到绘制程序或位图编辑软件中。图像始终按当前显示状态复制,因此，如果启用了单色按钮，则复制的数据由8位灰度位图组成。

- **克隆渲染帧窗口**：创建另一个包含所显示图像的窗口，允许将另一个图像渲染到渲染帧窗口，然后将其与上一个克隆的图像进行比较。
- **打印图像**：将渲染图像发送至Windows中定义的默认打印机。
- **清除**：清除渲染帧窗口中的图像。
- **启用红色通道**：显示渲染图像的红色通道，禁用该选项后，红色通道将不会显示，如图19-20所示。
- **启用绿色通道**：显示渲染图像的绿色通道，禁用该选项后，绿色通道将不会显示，如图19-21所示。

图19-20　　　　　　　图19-21

- **启用蓝色通道**：显示渲染图像的蓝色通道，禁用该选项后，蓝色通道将不会显示，如图19-22所示。
- **显示 Alpha 通道**：显示图像的Alpha通道。
- **单色**：显示渲染图像的8位灰度。
- **色样**：存储上次右键单击像素的颜色值，如图19-23所示。

图19-22　　　　　　　图19-23

- **通道显示下拉列表**：列用用图像进行渲染的通道，当从列表中选择通道时，它将显示在渲染帧窗口中。
- **切换 UI 叠加**：启用时，如果"区域""裁剪"或"放大"区域中有一个选项处于活动状态，则会显示表示相应区域的帧。
- **切换 UI**：启用时，所有控件均可使用；禁用时，将不会显示对话框顶部的渲染控件以及对话框下部单独面板上的mental ray控件。

19.2　课前引导实例：山脉日景表现

场景位置	场景文件>CH19>02.max
实例位置	实例文件>CH19>课前引导实例：山脉日景表现.max
实用指数	★★★★☆
学习目标	使用默认扫描线渲染器来渲染场景

在本节中，通过对一个山脉的场景进行灯光及渲染设置，来详细讲解NVIDIA mental ray渲染器的使用方法，最终渲染效果如图19-24所示。

图19-24

01 打开"场景文件>CH19>02.max"文件，如图19-25所示。

02 在"灯光"面板中，单击mr Area Spot按钮，然后在顶视图中创建一盏mr Area Spot（mr区域聚光灯）用来模拟阳光，如图19-26所示。

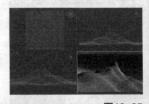 

图19-25　　　　　　　图19-26

03 将视图切换至前视图，移动灯光的位置，如图19-27所示，模拟阳光从山的斜上方照射过来。

04 在"修改"面板中，展开"常规参数"卷展栏，勾选"阴影"组内的"启用"选项，如图19-28所示。

图19-27　　　　　　　图19-28

05 展开"强度/颜色/衰减"卷展栏，设置灯光的颜色为浅黄色（红：202，绿：167，蓝：72），如图19-29所示。

06 单击"主工具栏"上的"渲染设置"按钮，打开"渲染设置"面板，然后在"公用"选项卡内，将"指定渲染器"卷展栏内的渲染器更换为NVIDIA mental ray，如图19-30所示。

07 在"全局照明"选项卡内的"最终聚集（FG）"卷展栏内，设置"最终聚集精度预设"为"低"，如图19-31所示。

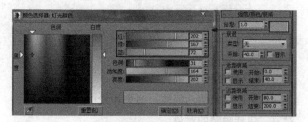

图19-29

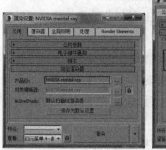

图19-30

图19-31

08 设置完成后，单击"主工具栏"上的"渲染产品"按钮 ，对该场景进行渲染，渲染结果如图19-32所示。

图19-32

09 在"渲染帧窗口"下方的NVIDIA mental ray渲染预设面板里，调整"图像精度（质量/噪波）"为"高：最小1.0，质量2.0"，如图19-33所示，再次渲染，最终的渲染结果如图19-34所示。

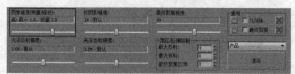

图19-33

图19-34

19.3 默认扫描线渲染器

本节知识概要

知识名称	作用	重要程度	所在页
"公共"选项卡	进行渲染图像序列及尺寸等常规设置	高	P431
"渲染器"选项卡	对渲染图像进行抗锯齿及模糊渲染等命令的设置	中	P433

"默认扫描线渲染器"是3ds Max渲染图像时所使用的默认渲染引擎，如图19-35所示。在追求高品质的图像时，使用"默认扫描线渲染器"来对场景进行渲染则有些吃力。

按F10键，可以打开"渲染设置"对话框，包含"公用""渲染器""Render Elements（渲染元素）""光线跟踪器"和"高级照明"5个选项卡，如图19-36所示。

图19-35

图19-36

19.3.1 "公共"选项卡

"公共"选项卡如图19-37所示，共有"公用参数""电子邮件通知""脚本"和"制定渲染器"4个卷展栏。

图19-37

1. "公用参数"卷展栏

展开"公用参数"卷展栏如图19-38所示。

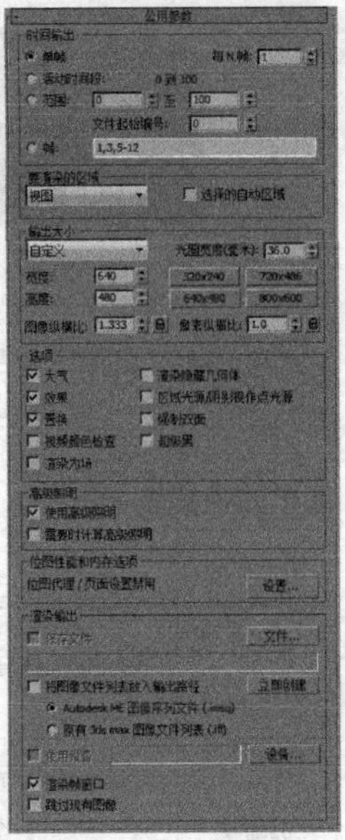

参数解析

①"时间输出"组

- **单帧**：仅当前帧。

- **每 N 帧**：帧的规则采样，只用于"活动时间段"和"范围"输出。

- **活动时间段**：活动时间段是如轨迹栏所示的帧的当前范围。

- **范围**：指定的两个数字（包括这两个数）之间的所有帧。

- **文件起始编号**：指定起始文件编号，从这个编号开始递增文件名，只用于"活动时间段"和"范围"输出。

- **帧**：可渲染用逗号隔开的非顺序帧。

②"输出大小"组

- **输出大小**：在此列表中，可以从多个符合行业标准的电影和视频纵横比中选择，如图19-39所示。

图19-38

图19-39

- **光圈宽度（毫米）**：指定用于创建渲染输出的摄影机光圈宽度。

- **宽度/高度**：以像素为单位指定图像的宽度和高度，从而设置输出图像的分辨率。

- **图像纵横比**：图像宽度与高度的比率。

- **像素纵横比**：设置显示在其他设备上的像素纵横比。图像可能会在显示上出现挤压效果，但将在具有不同形状像素的设备上正确显示。

③"选项"组

- **大气**：启用此选项后，可以渲染任何应用的大气效果，如体积雾。

- **效果**：启用此选项后，可以渲染任何应用的渲染效果，如模糊。

- **置换**：渲染任何应用的置换贴图。

- **视频颜色检查**：检查超出 NTSC 或 PAL 安全阈值的像素颜色，标记这些像素颜色并将其改为可接受的值。

- **渲染为场**：渲染为视频场而不是帧。

- **渲染隐藏的几何体**：渲染场景中所有的几何体对象，包括隐藏的对象。

- **区域光源/阴影视作点光源**：将所有的区域光源或阴影当作从点对象发出的进行渲染，这样可以加快渲染速度。

- **强制双面**：双面材质渲染可渲染所有曲面的两个面。

- **超级黑**：超级黑渲染限制用于视频组合的渲染几何体的暗度，除非确实需要此选项，否则将其禁用。

④"高级照明"组

- **使用高级照明**：启用此选项后，3ds Max 在渲染过程中提供光能传递解决方案或光跟踪。

- **需要时计算高级照明**：启用此选项后，当需要逐帧处理时，3ds Max 将计算光能传递。

⑤"渲染输出"组

- **保存文件**：启用此选项后，在进行渲染时，3ds Max 会将渲染后的图像或动画保存到磁盘。使用"文件"按钮 文件... 指定输出文件之后，"保存文件"才可用。

- **文件** 文件... ：单击此按钮，则打开"渲染输出文件"对话框，如图19-40所示。3ds Max 2015为用户提供了多种"保存类型"以供选择，如图19-41所示。

图19-40　　　　　图19-41

2. "指定渲染器"卷展栏

单击展开"指定渲染器"卷展栏，如图19-42所示。

图19-42

参数解析

- **产品级**：选择用于渲染图形输出的渲染器。
- **材质编辑器**：选择用于渲染"材质编辑器"中示例的渲染器。
- **ActiveShade**：选择用于预览场景中照明和材质更改效果的 ActiveShade 渲染器。
- **选择渲染器**：单击带有省略号的按钮可更改渲染器指定。
- **保存为默认设置** 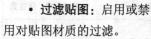：单击该按钮可将当前渲染器指定保存为默认设置，以便下次重新启动 3ds Max 时它们处于活动状态。

19.3.2 "渲染器"选项卡

"渲染器"选项卡展开如图19-43所示，仅有"默认扫描线渲染器"卷展栏。

参数解析

① "选项"组

- **贴图**：禁用该选项可忽略所有贴图信息，从而加速测试渲染，自动影响反射和环境贴图，同时也影响材质贴图。默认设置为启用。
- **自动反射/折射和镜像**：忽略自动反射/折射贴图以加速测试渲染。
- **阴影**：禁用该选项后，不渲染投射阴影，可以加速测试渲染，默认设置为启用。
- **强制线框**：将场景中的所有物体渲染为线框，并可以通过"连线粗细"来设置线框的粗细，默认设置为1，以像素为单位。
- **启用 SSE**：启用该选项后，渲染使用"流SIMD扩展"（SSE），（SIMD 代表"单指令、多数据"）取决于系统的 CPU，SSE可以缩短渲染时间。

② "抗锯齿"组

- **抗锯齿**：抗锯齿可以平滑渲染时产生的对角线或弯曲线条的锯齿状边缘，只有在渲染测试图像并且速度比图像质量更重要时才禁用该选项。
- **过滤器**：可用于选择高质量的过滤器，将其应用到渲染上，默认的"过滤器"为"区域"，如图

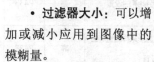

图19-43

19-44所示。

图19-44

- **过滤贴图**：启用或禁用对贴图材质的过滤。
- **过滤器大小**：可以增加或减小应用到图像中的模糊量。

③ "全局超级采样"组

- **禁用所有采样器**：禁用所有超级采样。
- **启用全局超级采样器**：启用该选项后，对所有的材质应用相同的超级采样器。

④ "对象运动模糊"组

- **应用**：为整个场景全局启用或禁用对象运动模糊。
- **持续时间（帧）**：值越大，模糊的程度越明显。
- **持续时间细分**：确定在持续时间内渲染的每个对象副本的数量。

⑤ "图像运动模糊"组

- **应用**：为整个场景全局启用或禁用图像运动模糊。
- **持续时间（帧）**：值越大，模糊的程度越明显。
- **应用于环境贴图**：设置该选项后，图像运动模糊既可以应用于环境贴图也可以应用于场景中的对象。
- **透明度**：启用该选项后，图像运动模糊对重叠的透明对象起作用，在透明对象上应用图像运动模糊会增加渲染时间。

⑥ "自动反射/折射贴图"组

- **渲染迭代次数**：设置对象间在非平面自动反射贴图上的反射次数。虽然增加该值有时可以改善图像质量，但是这样做也将增加反射的渲染时间。

⑦ "颜色范围限制"组

- **钳制**：使用"钳制"时，因为在处理过程中色调信息会丢失，所以非常亮的颜色渲染为白色。
- **缩放**：要保持所有颜色分量均在"缩放"范围内，则需要通过缩放所有3个颜色分量来保留非常亮的颜色的色调，这样最大分量的值就会为1。注意，这样将更改高光的外观。

⑧ "内存管理"组

- **节省内存**：启用该选项后，渲染使用更少的内存但会增加一点内存时间，可以节约 15% ~ 25% 的内存，时间大约增加 4%。

19.4 NVIDIA mental ray渲染器

本节知识概要

知识名称	作用	重要程度	所在页
"全局照明"选项卡	用来进行全局照明计算的设置	高	P435
"渲染器"选项卡	对渲染图像进行抗锯齿及采样质量等命令的设置	高	P438

NVIDIA mental ray渲染器是德国的Mental Image公司（Mental Image现已成为NVIDIA公司之全资子公司）最引以为荣的产品。使用NVIDIA mental ray，可以实现反射、折射、焦散和全局光照明等其他渲染器很难实现的效果。与默认 3ds Max 扫描线渲染器相比，mental ray 渲染器使我们不用"手工"或通过生成光能传递解决方案来模拟复杂的照明效果。mental ray 渲染器为使用多处理器进行了优化，并为动画的高效渲染而利用增量变化。

多年以来，mental ray已经在电影、视觉特效以及设计等诸多行业中成为了超逼真渲染的标准，图19-45所示为NVIDIA官方网站下mental ray产品的渲染画面展示。

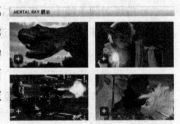

图19-45

图19-46~图19-49所示为使用NVIDIA mental ray渲染器渲染的一些优秀作品。

图19-46

图19-47

图19-48

图19-49

下面通过一个水下场景的表现来讲解NVIDIA mental ray渲染器的使用方法。

第1步：打开"场景文件>CH19>03.max"文件，如图19-50所示。

第2步：单击"主工具栏"上的"渲染产品"按钮，开始文件的渲染计算。NVIDIA mental ray 渲染器则以方块的形式对图像进行渲染计算，渲染的渲染块顺序可能会改变，具体情况取决于所选择的方法。默认情况下，NVIDIA mental ray使用"希尔伯特"方法，该方法会优先以消耗的最小数据传输来选择下一个渲染块进行渲染，如图19-51所示。渲染完成结果如图19-52所示。

图19-50

图19-51

图19-52

第3步：使用NVIDIA mental ray渲染器渲染时，在"渲染帧窗口"的下方可以看到NVIDIA mental ray的"渲染预设"面板。在这里可以控制"图像精度""软阴影精度""最终聚集精度""光泽反射精度"及"光泽折射精度"等参数滑块，如图19-53所示。

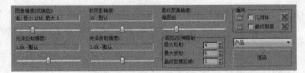

图19-53

第4步：将"图像精度"滑块设置为"中：最小1/4，

最大4"，将"最终聚集精度"滑块设置为"中"，如图
19-54所示。

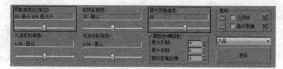

图19-54

第5步：单击"渲染"按钮 ，渲染结果
如图19-55所示，图像的质量较之前有明显提高，同
时，渲染所用的时间也显著增加。

图19-55

💡 **技巧与提示**

将场景的渲染器设置为NVIDIA mental ray渲染器，可以
在"渲染设置"对话框中进行。在"公共"选项卡中展开"指定渲
染器"卷展栏，单击"产品级"后面的"选择渲染器"按钮 ，在
弹出的对
话框中选择
"NVIDIA
mental ray"
即可，如图
19-56所示。

图19-56

设置完成NVIDIA mental
ray渲染器后，"渲染设置"对话
框包含"公用""渲染器""全局
照明""处理"和"Render Elements
（渲染元素）"5个选项卡，如图
19-57所示。

图19-57

19.4.1　"全局照明"选项卡

"全局照明"选项卡共有"天光和环境照明
（IBL）""最终聚集（FG）""焦散和光子贴图（GI）"
和"重用（最终聚集和全局照明磁盘缓存）"4个卷
展栏。

1."天光和环境照明（IBL）"卷展栏

展开"天光和环
境照明（IBL）"卷展
栏，如图19-58所示。

参数解析

图19-58

• **来自最终聚集(FG)的天光照明**：选中此选项
后，天光将从最终聚集生成。

• **来自IBL的天光照明**：选中此选项后，天光将
从当前的环境贴图生成。

• **阴影质量**：设置阴影的质量。值越低，阴影越
粗糙。高质量的阴影所需的渲染时间较长，范围为
0.0～10.0，默认值为0.5。

• **阴影模式**：选择阴影透明或不透明。

2."最终聚集（FG）"卷展栏

"最终聚集（FG）"
用于模拟指定点的全局照
明，对该点上半球方向进
行采样，或通过对附近最
终聚集点进行平均计，对
于漫反射场景，通常可以
提高全局照明解决方案
的质量。展开"最终聚集
（FG）"卷展栏，如图
19-59所示。

参数解析

图19-59

① "基本"组

• **启用最终聚集**：打开时，mental ray 渲染器使用最
终聚集来创建全局照明或提高其质量，默认设置为启用。

• **倍增**：调整这些设置可控制由最终聚集累积的
间接光的强度和颜色。

• **最终聚集精度预设**：为最终聚集提供
快速、轻松的解决方案。默认预设是"草图
级""低""中""高""很高"和"自定义"（默

认选项）。只有在"启用最终聚集"处于启用状态时，此选项才可用。图19-60和图19-61所示分别为"草图级"和"高"两种设置上的计算过程预览。

图19-60 图19-61

• **从摄影机位置中投影最终聚集(FG)点**（最适合用静▼）：可以避免或减小可能由静止或移动摄影机渲染动画所导致的闪烁，特别是在场景也包含移动光源或移动对象时。

> **技巧与提示**
>
> "从摄影机位置中投影最终聚集(FG)点"分布来自单个视口的最终聚集点，如果用于渲染动画的摄影机未移动，则使用此方法，以节省渲染时间；"沿摄影机路径的位置投影最终聚集点"跨多个视口分布最终聚集点，如果用于渲染动画的摄影机移动，则使用此方法。

• **按分段数细分摄影机路径**：从下拉列表中选择当使用"沿摄影机路径的位置投影最终聚集点"选项时要将摄影机路径细分为的分段数。

• **初始最终聚集点密度**：最终聚集点密度的倍增，增加此值会增加图像中最终聚集点的密度（以及数量）。

• **插值的最终聚集点数**：控制用于图像采样的最终聚集点数，它有助于解决噪音问题并获得更平滑的结果。

• **漫反射反弹次数**：设置 mental ray 为单个漫反射光线计算的漫反射光反弹的次数。默认值为 0。

②"高级"组

• **"噪波过滤(减少斑点)"下拉列表**：应用使用从同一点发射的相邻最终聚集光线的中间过滤器。此参数允许您从下拉列表中选择值，包含"无""标准""高""很高"和"极端高"。默认设置为"标准"。

• **草稿模式（无预先计算）**：启用此选项之后，最终聚集将跳过预先计算阶段，这将造成渲染不真实，但是可以更快速地开始进行渲染，因此非常适用于进行一系列试用渲染。

• **最大深度**：限制反射和折射的组合。

• **最大反射**：设置光线可以反射的次数。

• **最大折射**：设置光线可以折射的次数。

• **使用衰减（限制光线距离）**：启用该选项之

后，使用"开始"和"停止"值可以限制使用环境颜色前用于重新聚集的光线的长度。从而有助于加快重新聚集的时间，特别适用于未由几何体完全封闭的场景。

• **开始**：以 3ds Max 单位指定光线开始的距离。

• **停止**：以 3ds Max 单位指定光线的最大长度。

• **使用半径插值法（不使用最终聚集点数）**：启用此选项之后，将使此组中的其余控件可用。同时，还可以使"插值的最终聚集点数"复选框不可用，从而指示这些控件覆盖该设置。

• **半径**：启用此选项之后，将设置应用最终聚集的最大半径。减少此值虽然可以改善质量，但是以渲染时间为代价。

• **以像素表示半径**：启用该选项之后，将以像素来指定半径值。禁用此选项后，半径单位取决于"半径"切换的值。

• **最小半径**：启用时，设置必须在其中使用最终聚集的最小半径。减少此值虽然可以改善渲染质量，但是同时会延长渲染时间。

3．"焦散和光子贴图（GI）"卷展栏

"焦散和光子贴图（GI）"卷展栏内的参数主要用来进行渲染焦散特效设置。展开"焦散和光子贴图（GI）"卷展栏，如图19-62所示。

图19-62

参数解析

①"焦散"组

• **启用**：启用此选项后，mental ray 渲染器计算焦散效果，默认设置为禁用状态。

• **倍增**：可使用它们控制焦散累积的间接光的强度和颜色。

• **每采样最大光子数**：设置用于计算焦散强度的光子个数。增加此值使焦散产生较少噪波，但变得更模糊；减小此值使焦散产生较多噪波，但同时减轻了模糊效果；采样值越大，渲染时间越长。

• **过滤器**：设置用来锐化焦散的过滤器。可以为长方体、圆锥体或 Gauss。

• **当焦散启用时不透明阴影**：启用此选项后，阴影为不透明；禁用此选项后，阴影可以部分透明。

技巧与提示

使用NVIDIA mental ray渲染器来渲染焦散效果时，场景中必须要满足以下条件。

第1个：至少设置一个对象来生成焦散。默认情况下处于禁用状态。

第2个：至少设置一个对象来接收焦散。默认情况下处于启用状态。

第3个：至少设置一个灯光来产生焦散。默认情况下处于禁用状态。

②"光子贴图（GI）"组

• **启用**：启用此选项后，mental ray 渲染器计算全局照明。

• **倍增**：可使用它们控制全局照明累积的间接光的强度和颜色。

• **每采样最大光子数**：设置用于计算全局照明强度的光子个数。增加此值使全局照明产生较少噪波，但同时变得更模糊；减小此值使全局照明产生较多噪波，但同时减轻模糊效果；采样值越大，渲染时间越长。

• **最大采样半径**：启用时，该数值可设置光子大小。禁用此选项后，光子按整个场景半径的 1/10 计算。

• **合并附近光子（保存内存）**：启用此选项可以减少光子贴图的内存使用量。启用后，使用数值字段指定距离阈值，低于该阈值时 mental ray 会合并光子，可以得到一个较平滑、细节较少而且使用的内存也大大减少的光子贴图。

• **最终聚集的优化（较慢GI）**：如果在渲染场景之前启用该选项，则 mental ray 渲染器将计算信息，以加速重新聚集的进程。

③"体积"组：

• **每采样最大光子数**：设置用于着色体积的光子数。

• **最大采样半径**：启用时，该数值设置可确定光子大小。

④"跟踪深度"组：

• **最大深度**：限制反射和折射的组合。

• **最大反射**：设置光子可以反射的次数。

• **最大折射**：设置光子可以折射的次数。

⑤"灯光属性"组：

• **每个灯光的平均焦散光子数**：设置用于焦散的每束光线所产生的光子数量。用于焦散的光子贴图中使用的光子数量，增加此值可以增加焦散的精度，但同时增加内存消耗和渲染时间；减小此值可以减少内存消耗和渲染时间，用于预览焦散效果时非常有用。

• **每个灯光的平均全局照明光子数**：设置用于全局照明的每束光线产生的光子数量。用于全局照明的光子贴图中使用的光子数量，增加此值可以增加全局照明的精度，但同时增加内存消耗和渲染时间；减小此值可以减少内存消耗和渲染时间，用于预览全局照明效果时非常有用。

• **衰退**：当光子移离光源时，指定光子能量衰减的方式，常用值为0、1.0和2.0这3种，其中，0代表不衰退；1.0代表以线性速率衰减；默认是 2.0，即光子能量与离开光源的距离成平方反比。

⑥"几何体属性"组：

• **所有对象均生成并接收全局照明和焦散**：启用此选项后，渲染时，场景中的所有对象都产生并接收焦散和全局照明，不考虑其本地对象属性设置。

4."重用(最终聚集和全局照明磁盘缓存)"卷展栏

"重用（最终聚集和全局照明磁盘缓存）"卷展栏包含所有用于生成和使用"最终聚集贴图 (FGM)"和"光子贴图 (PMAP)"文件的控件，而且通过在最终聚集贴图文件之间插值，可减少或消除渲染动画的闪烁。展开"重用（最终聚集和全局照明磁盘缓存）"卷展栏，如图19-63所示。

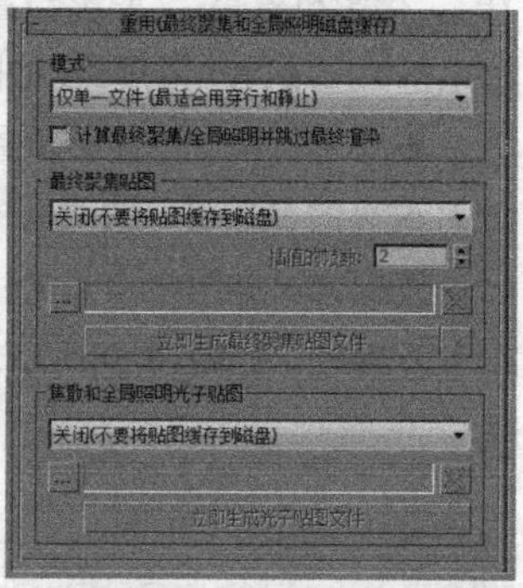

图19-63

参数解析

①"模式"组

• **"模式"下拉列表**：有"仅单一文件（最适合用穿行和静止）"和"每个帧一个文件（最适合用于动画对象）"两种方式可选。

• **计算最终聚集/全局照明并且跳过最终渲染**：启用时，可渲染场景，渲染场景时，mental ray 会计算最终聚集和全局照明解决方案，但不执行实际渲染。

②"最终聚集贴图"组

• **最终聚集贴图**：选择用于生成或使用最终聚集贴图文件的方法。

• **插值的帧数**：当前帧之前和之后的要用于插值的 FGM 文件数。

• **浏览**：单击可显示一个"文件选择器"对话

框，用于指定最终聚集贴图 (FGM) 文件的名称，以及保存该文件的文件夹。

- **删除文件**▧：单击可删除当前 FGM 文件。如果不存在任何文件，系统会显示通知；如果文件的确存在，系统会提示用户确认删除。

- **立即生成最终聚集贴图文件**：为所有动画帧处理最终聚集过程。

③ "焦散和全局照明光子贴图"组

- **焦散和全局照明光子贴图**：选择用于生成焦散和光子贴图文件的方法。

- **浏览**▭：单击以显示 "文件选择器" 对话框，此对话框使您可以为光子贴图 (PMAP) 文件指定名称和路径。

- **删除文件**▧：单击可删除当前 PMAP 文件。

- **立即生成光子贴图文件**：为所有动画帧处理光子贴图过程。

19.4.2 "渲染器"选项卡

"渲染器"选项卡共有"采样质量""渲染算法""摄影机效果""阴影与置换""全局调试参数"和"字符串选项"6个卷展栏，如图19-64所示。

本节重点讲解"采样质量"卷展栏内的参数，通过对这里的参数进行设置，可以控制mental ray渲染器为抗锯齿渲染图像执行采样的方式。展开"采样质量"卷展栏，如图19-65所示。

图19-64

图19-65

参数解析

① "采样模式"组

- **采样模式**：用于选择要执行的采样类型，不同的采样模式对应下方的参数均有不同。

- **统一/光线跟踪(推荐)**：针对锯齿和计算运动模糊使用相同的采样方法，以此来对场景进行光线跟踪。与"经典"方法相比，此方法可以大大加快渲染速度，设置此模式后参数如图19-66所示。

- **经典/光线跟踪**：使用"最小值/最大值"采样倍增，设置此模式后参数如图19-67所示。

图19-66

图19-67

- **光栅/扫描线**：与"经典/光线跟踪"模式类似，只是该模式禁用了光线跟踪，设置此模式后参数如图19-68所示。

② "选项"组

- **锁定采样**：启用此

图19-68

选项后，mental ray 渲染器对于动画的每一帧使用同样的采样模式。禁用此选项后，mental ray 渲染器在帧与帧之间的采样模式中引入了拟随机 (Monte Carlo) 变量。默认设置为禁用。

- **抖动**：在采样位置引入一个变量。

- **渲染块宽度**：确定每个渲染块的大小（以像素为单位），范围为 4 ~ 512 像素。默认值为 32 像素。

- **渲染块顺序**：允许您指定 mental ray 选择下一个渲染块的方法，有"希尔伯特（最佳）""螺旋""从左到右""从右到左""从上到下"和"从下到上"6个选项可用，如图19-69所示。图19-70~图19-75所示分别为这6种不同渲染块方法的渲染计算过程。

图19-69

图19-70

图19-71

图19-72

图19-73

图19-74　　　　　　　图19-75

- **帧缓冲区类型：** 允许您选择输出帧缓冲区的位深。

典型实例：制作焦散效果

场景位置	场景文件>CH19>04.max
实例位置	实例文件>CH19>典型实例：制作焦散效果.max
实用指数	★★☆☆☆
学习目标	熟练使用NVIDIA mental ray渲染器渲染焦散效果

01 打开"场景文件>CH19>04.max"文件，这是一个玻璃饰品的展示场景，如图19-76所示。

02 在场景中单击选择玻璃饰品模型，单击鼠标右键，在弹出的快捷菜单中选择"对象属性"命令，如图19-77所示。

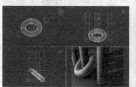 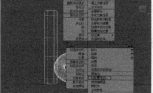

图19-76　　　　　　　图19-77

03 在弹出的"对象属性"对话框中，展开mental ray选项卡，勾选"焦散和全局照明（GI）"组内的"生成焦散"选项，如图19-78所示。

04 以同样的方式对场景中的灯光也进行同样的设置，以保证场景中至少有一个几何体对象产生焦散和有一个灯光对象产生焦散。

05 单击"主工具栏"上的"渲染设置"按钮，打开"渲染设置"面板，在"全局照明"选项卡中，展开"焦散和光子贴图（GI）"卷展栏，勾选"焦散"组内的"启用"选项，如图19-79所示。

图19-78　　　　　　　图19-79

06 渲染场景，得到如图19-80所示的焦散效果。

07 勾选"最大采样半径"选项，并设置"最大采样半径"的值为100.0cm，如图19-81所示。再次渲染场景，渲染结果如图19-82所示。

图19-80

图19-81　　　　　　　图19-82

08 设置"焦散"组内的"倍增"为6.0，提高焦散的强度，如图19-83所示。渲染结果如图19-84所示。

图19-83　　　　　　　图19-84

练习实例：制作全局照明灯光效果

场景位置	场景文件>CH19>05.max
实例位置	实例文件>CH19>练习实例：制作全局照明灯光效果.max
实用指数	★★☆☆☆
学习目标	熟练使用NVIDIA mental ray渲染器渲染室外全局照明效果

在练习中，通过对NVIDIA mental ray渲染器进行设置，渲染出全局灯光照明的效果，如图19-85所示。

图19-85

19.5 知识小结

本章详细为大家讲解了3ds Max渲染器的相关知识，并分别讲述默认扫描线渲染器和NVIDIA mental ray渲染器在实际项目中的应用设置。

439

19.6 课后拓展实例：室外建筑表现

场景位置	场景文件>CH19>06.max
实例位置	实例文件>CH19>课后拓展实例：室外建筑表现.max
实用指数	★★★☆☆
学习目标	熟练使用NVIDIA mental ray渲染器来渲染场景

在本节中，通过一个建筑表现的场景来学习灯光及渲染设置，并详细讲解NVIDIA mental ray渲染器的使用方法，最终渲染效果如图19-86所示。

图19-86

01 打开"场景文件>CH19>06.max"文件，如图19-87所示。

02 在"灯光"面板中，单击mr Area Spot按钮 mr Area Spot，然后在顶视图中创建一盏mr Area Spot（mr区域聚光灯）用来模拟阳光，如图19-88所示。

图19-87　　　　　　　　图19-88

03 将视图切换至前视图，调整灯光的位置，模拟阳光从建筑的斜上方照射过来。由于本实例有模拟黄昏时分的灯光效果，故调整灯光时，不宜过高，如图19-89所示。

图19-89

04 在"修改"面板中，展开"强度/颜色/衰减"卷展栏，设置灯光的颜色为浅黄色（红:255，绿:209，蓝:154），并设置灯光的"倍增"为1.2，如图19-90所示。

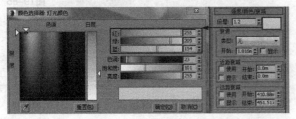

图19-90

05 单击"主工具栏"上的"渲染设置"按钮，打开"渲染设置"面板。在"公用"选项卡内，将"指定渲染器"卷展栏内的渲染器更换为NVIDIA mental ray，如图19-91所示。

06 在"全局照明"选项卡中，展开"天光和环境照明（IBL）"卷展栏，在"天光模式"组内勾选"来自最终聚集（FG）的天光照明"选项，如图19-92所示。

图19-91　　　　　　　　图19-92

07 展开"最终聚集（FG）"卷展栏，设置"初始最终聚集点密度"为0.7，"漫反射反弹次数"为2，如图19-93所示。

08 在"渲染器"选项卡中，展开"采样质量"卷展栏，设置"采样模式"为"经典/光线跟踪"，然后设置"每像素采样"组的"最小"为1/4，"最大"为16，如图19-94所示。

图19-93　　　　　　　　图19-94

09 单击"主工具栏"上的"渲染产品"按钮，对该场景进行渲染，如图19-95所示。

图19-95

第 20 章　VRay 渲染器——效果图表现

本章知识索引

知识名称	作用	重要程度	所在页
VRay材质	掌握VRay渲染器所提供的专业材质	高	P447
VRay灯光与摄影机	掌握VRay渲染器所提供的特有灯光及摄影机	高	P452
VRay渲染设置	掌握VRay渲染器的参数设置及使用方法	高	P459

本章实例索引

20.1 VRay 3.0渲染器概述

VRay渲染器是位于保加利亚的Chaos Group公司开发的一款高质量的渲染引擎，以插件的安装方式应用于3ds Max、Maya和SketchUp等三维软件中，其便捷的软件操作方式使设计师可以轻易地渲染出令人难以置信的高品质图像，从而赢得了众多优秀设计公司的广泛认可。

使用VRay渲染器制作出来的产品遍布于各个行业领域，如建筑表现、空间设计、工业产品、游戏宣传、影视广告和电影特效等，图20-1~图20-6分别所示为使用VRay渲染器所制作的图像产品。

图20-1

图20-2

图20-3

图20-4

图20-5

图20-6

安装好VRay渲染器后，可以在"主工具栏"上单击"渲染设置"按钮打开"渲染设置"面板。在"公共"选项卡中单击展开"指定渲染器"卷展栏，单击"产品级"后面的"选择渲染器"按钮，在弹出的"选择渲染器"对话框中即可将"默认扫描线渲染器"更换为VRay渲染器，如图20-7所示。

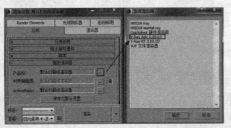
图20-7

> **技巧与提示**
> 注意，本书使用的VRay渲染器版本为VRay 3.00.03 for 3ds Max 2015，请务必安装同版本的VRay渲染器。

20.2 课前引导实例：会客室空间效果表现

场景位置	场景文件>CH20>01.max
实例位置	实例文件>CH20>课前引导实例：会客室空间效果表现.max
实用指数	★★★☆☆
学习目标	熟练使用VRay渲染器来渲染室内场景

在本实例中，通过制作一个会客室空间的表现效果来详细讲解在工作中，如何使用VRay的材质、灯光和摄影机来配合渲染参数进行制作效果图。本实例的最终渲染效果如图20-8所示，线框图如图20-9所示。

图20-8   图20-9

打开学习资源"场景文件>CH20>01.max"，观察场景，本场景为一个办公空间的表现设计，房间中仅放置了两组沙发用来与客户会谈及休息，沙发旁边放置了一些盆栽和花瓶来点缀空间，如图20-10所示。

图20-10

20.2.1 材质制作

本实例的材质主要包括地面材质、叶片材质、花盆材质、木桌材质、沙发材质和玻璃材质等。

1.制作地面材质

大理石地砖效果，如图20-11所示。

图20-11

01 打开"材质编辑器"对话框，选择一个空白的材质球设置为VRayMtl材质，将其重命名为"地砖"。

02 调整"漫反射"的颜色为土黄色（红:110，绿:92，蓝:75），设置"反射"的颜色为灰色（红:35，绿:35，蓝:35），设置"反射光泽度"的值为0.95，设置"细分"的值为16，如图20-12所示。

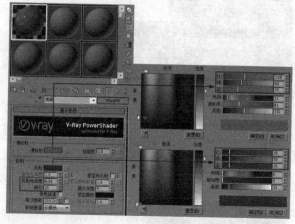

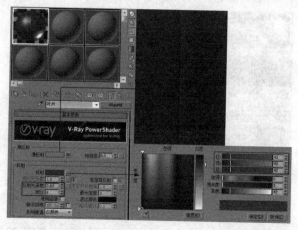

03 展开"贴图"卷展栏，在"凹凸"贴图通道中添加"平铺"贴图，设置"凹凸"的强度为5.0。在"平铺"贴图中，展开"高级控制"卷展栏，设置"平铺设置"组内的"纹理"颜色为白色（红:255，绿:255，蓝:255），设置"砖缝设置"组内的"纹理"颜色为黑色（红:0，绿:0，蓝:0），

设置"水平间距"和"垂直间距"的值均为0.2，如图20-13所示。

04 调试完成后的地面材质球效果如图20-14所示。

图20-12

03 展开"贴图"卷展栏，在"凹凸"贴图通道上加载一张Archmodels66_leaf_11_bump.jpg贴图，并设置"凹凸"的强度为60.0，如图20-17所示。

04 调试完成后的叶片材质球效果如图20-18所示。

图20-16

图20-13　　图20-14

2.制作叶片材质

叶片效果如图20-15所示。

01 打开"材质编辑器"对话框，选择一个空白的材质球设置为VRayMtl材质，将其重命名为"叶片"。

图20-15

02 在"漫反射"的贴图通道上加载一张Archmodels66_leaf_11.jpg贴图，设置"反射"的颜色为灰色（红:42，绿:42，蓝:42），设置"反射光泽度"为0.62，"细分"为8，如图20-156所示。

图20-17　　图20-18

3.制作花盆材质

盆栽的花盆材质效果如图20-19所示。

01 打开"材质编辑器"对话框，选择一个空白的材质球设置为VRayMtl材质，将其重命名为"花盆"。

图20-19

02 在"漫反射"的贴图通道上加载一张Archmodels66_pot_sandstone_4.jpg贴图，设置"反射"的颜色为灰色（红:39，绿:39，蓝:39），设置"反射光泽度"为0.6.0、"细分"为8，如图20-20所示。

03 单击展开"贴图"卷展栏，将"漫反射"贴图通道的贴图以拖曳的方式添加至"凹凸"通道中，并设置"凹凸"的强度为30.0，如图20-21所示。

04 调试完成后的花盆材质球效果如图20-22所示。

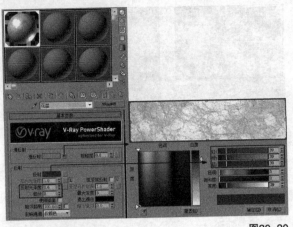

图20-20

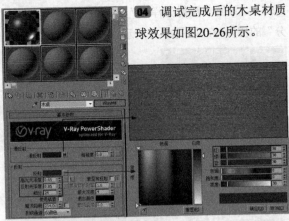

04 调试完成后的木桌材质
球效果如图20-26所示。

图20-24

图20-21

图20-22

图20-25

图20-26

4.制作木桌材质

木桌材质效果如图20-23
所示。

01 打开"材质编辑器"对话
框，选择一个空白的材质球设
置为VRayMtl材质，将其重命
名为"木桌"。

图20-23

02 在"漫反射"的贴图通道上加载一张arch25_
wood_B.jpg贴图文件，设置"反射"的颜色为灰色
（红:30，绿:30，蓝:30），设置"高光光泽度"为
0.65，"反射光泽度"为0.85，"细分"为24，如图
20-24所示。

03 单击展开"贴图"卷展栏，将"漫反射"贴图通
道的贴图以拖曳的方式添加至"凹凸"通道中，并设
置"凹凸"的强度为35.0，如图20-25所示。

5.制作沙发材质

沙发材质效果如图20-27
所示。

图20-27

01 打开"材质编辑器"对话
框，选择一个空白的材质球设置为VRayMtl材质，将
其重命名为"沙发"。

02 在"漫反射"的贴图通道上加载一张arch25_
fabric_A.jpg贴图，如图20-28所示。

03 展开"贴图"卷展栏，在"凹凸"贴图通道上加
载一张arch25_fabricbump.jpg贴图，并设置"凹凸"
的强度为30.0，如图20-29所示。

04 调试完成后的沙发材质球效果如图20-30
所示。

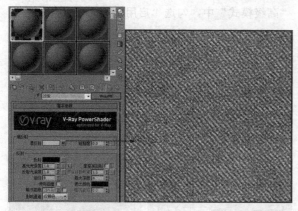

图20-28

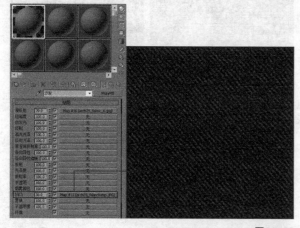

图20-29

图20-30

6.制作玻璃材质

玻璃材质效果如图20-31所示。

图20-31

01 打开"材质编辑器"对话框，选择一个空白的材质球设置为VRayMtl材质，将其重命名为"玻璃"。

02 在"反射"组中，调整"漫反射"的颜色为天蓝色（红:182，绿:235，蓝:254），设置"反射"的颜色为灰色（红:45，绿:45，蓝:45）。在"折射"组中，调整折射的颜色为白色（红:235，绿:235，蓝:235），设置"折射率"为1.2，并勾选"影响阴

影"选项，如图20-32所示。

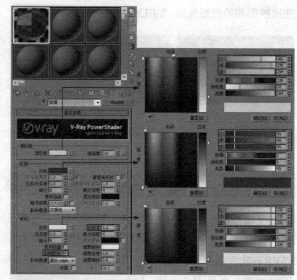

图20-32

03 调试完成后的玻璃材质球效果如图20-33所示。

图20-33

20.2.2 设置灯光

本实例模拟室内空间的日景照明效果，所以使用VRay渲染器所提供的"VRay太阳"来进行照明。

01 切换到前视图，在场景中创建一个"VRay太阳"灯光，并在弹出的"VRay太阳"对话框中单击"是"按钮，为场景自动添加VRay天空环境贴图，如图20-34所示。

图20-34

02 将视图切换至顶视图，调整"VRay太阳"灯光至如图20-35所示的位置，模拟阳光从室外斜上方的角度照射进室内。

03 在"修改"面板中，单击展开"VRay太阳参数"卷

445

展栏,设置"大小倍增"为5.0,这样可以使阳光在室内产生比较柔和的投影效果,如图20-36所示。

图20-35　　　　　　　　　　图20-36

20.2.3　设置摄影机

下面来设置场景中的摄影机。

01 在顶视图中,单击"VRay物理摄影机"按钮 VR-物理摄影机,在场景中创建一个VRay物理摄影机,如图20-37所示。

图20-37

02 按快捷键C将视图切换至摄影机视图,单击"平移摄影机"按钮 🖑,调整摄影机视图至如图20-38所示的视角。

03 按快捷键Shift+F,在摄影机视图中显示出"安全框",在"修改"面板中,设置"胶片规格(mm)"为49.563,控制摄影机的渲染范围,如图20-39所示。

图20-38　　　　　　　　　　图20-39

20.2.4　设置渲染

下面进行"渲染设置"面板的参数调整。

01 按F10键,打开"渲染设置"对话框,如图20-40所示。

02 在"公共"选项卡中,设置最终图像渲染的尺寸。在"输出大小"组内,将"宽度"调整为1100,将"高度"调整为1200,如图20-41所示。

03 在GI选项卡内,展开"全局照明"卷展栏,在

"高级模式"中,勾选"启用全局照明(GI)"选项,并设置"首次引擎"为"发光图","二次引擎"为"灯光缓存",并设置"饱和度"为0.3,如图20-42所示。

04 展开"发光图"卷展栏,在"基本模式"中,设置"当前预设"为"自定义","最小速率"为-2、"最大速率"的值为-2,如图20-43所示。

图20-40　　　　　　　　　　图20-41

图20-42　　　　　　　　　　图20-43

05 在VRay选项卡内,展开"图像采样器(抗锯齿)"卷展栏,设置"过滤器"为Catmull-Rom,可以得到更加清晰的图像渲染效果,如图20-44所示。

06 展开"全局确定性蒙特卡洛"卷展栏,设置"全局细分倍增"为3.0,提高图像的整体渲染质量,如图20-45所示。

07 设置完成后,渲染摄影机视图,如图20-46所示。

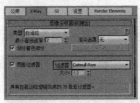

图20-44

图20-45　　　　　　　　　　图20-46

20.2.5　后期调整

VRay 3.0为用户提供了强大的Color corrections

（色彩校正）功能，可以很便捷地在VRay帧缓冲器内对渲染出来的图像进行后期处理。

01 单击Show corrections control（显示校正控制）按钮，打开Color corrections（色彩校正）对话框，如图20-47所示。

图20-47

02 在Color corrections（色彩校正）对话框中，勾选Exposure（曝光）选项，设置Exposure（曝光）为2.20，提高图像的明亮程度，然后设置Contrast（对比度）为0.12，加强图像的对比度，提高图像的层次感，如图20-48所示。

图20-48

03 勾选Color balance（色彩平衡）选项，调整Yellow/Blue（黄色/蓝色）为-0.07，使图像的色彩偏暖，如图20-49所示。

图20-49

04 设置完成后，图像的最终调整效果如图20-50所示。

图20-50

20.3 VRay材质

本节知识概要

知识名称	作用	重要程度	所在页
VRayMtl材质	可以用来模拟大部分常见材质	高	P447
VRay灯光材质	可以用来模拟灯光及背景环境	中	P449
VRay混合材质	用来模拟自然界中的复杂材质	中	P450
VRay双面材质	用来制作双面不同材质的表现效果	低	P450

使用VRay所提供的材质及贴图命令可以制作出令人惊讶的材质效果，使三维场景看起来更加逼真、自然。图20-51和图20-52所示分别为使用VRay材质前后所渲染出来的室内空间表现效果。

图20-51　　　　　　　　图20-52

20.3.1 VRayMtl材质

VRayMtl材质是几乎可以胜任任何风格的渲染作品，涉及工业产品表现、卡通动画制作及建筑空间展示等领域。下面通过一个小例子来详细讲解VRayMtl材质的基本参数。

第1步：打开"场景文件>CH20>02.max"文件，在场景中，有一个蜗牛的模型，并且已经设置好灯光及摄影机，如图20-53所示。

第2步：按M键，打开"材质编辑器"，选择一个空白的材质球，设置材质类型为VRayMtl，将材质的名称命名为"蜗牛"，并将其以拖曳的方式添加至场景中的蜗牛模型上，如图20-54所示。

第3步：在"基本参数"卷展栏中，"漫反射"组内共有"漫反射"和"粗糙度"两个参数。其中，"漫反射"用来决定物体的表面颜色，通过"漫反射"后面的方块按钮可以为物体表面指定贴图，如果未指定贴图，则可以通过漫反射的色块来为物体指定表面色彩；"粗糙度"的数值越大，粗糙程度越明显。将"漫反射"的颜色设置为红色（红:255，绿:0，蓝:0），如图20-55所示，渲染结果如图20-56所示。

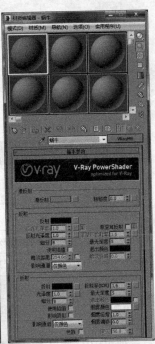

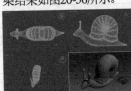

图20-53　　　　图20-54

图20-55

图20-56

第4步："反射"组内的参数可以根据色彩的灰度来计算材质的反射程度，颜色越白反射越强；颜色越黑反射越弱，当反射的颜色是其他颜色时，则控制物体表面的反射颜色。将"反射"的颜色设置为深灰色（红:20，绿:20，蓝:20），如图20-57所示。渲染结果如图20-58所示，蜗牛模型产生了一定的反射效果。

第5步："反射光泽度"可以用来控制材质反射的模糊程度，在真实世界中，物体有或多或少的反射光泽度，当"反射光泽度"为1时，代表该材质无反射模糊，"反射光泽度"的值越小，反射模糊的现象

越明显，计算也越慢。图20-59所示分别为"反射光泽度"的值为0.95和0.7的图像渲染结果对比。

图20-57

图20-58　　　　图20-59

第6步："折射"和"反射"的控制方法一样。颜色越白，物体越透明，折射程度越高。将"折射"的颜色设置为深灰色（红:20.0，绿:20.0，蓝:20.0）时，如图20-60所示。渲染场景，渲染结果如图20-61所示，蜗牛模型产生了一定的透明效果。

图20-60

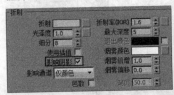

图20-61

第7步：勾选"影响阴影"选项，可以使"折射"对物体的投影产生影响，如图20-62所示。图20-63所示分别为"影响阴影"选项勾选前后的图像渲染结果对比。

图20-62　　　　图20-63

第8步："折射"组内的"光泽度"可以用来控制物体的模糊折射，这一效果常常被用来模拟磨砂

玻璃的渲染效果。设置"光泽度"的值为0.8，如图20-64所示，渲染结果如图20-65所示。

图20-64　　　　　　　图20-65

VRayMtl材质基本参数如图20-66所示。

参数解析

① "漫反射"组

• **漫反射**：物体的漫反射用来决定物体的表面颜色，通过"漫反射"后面的方块按钮可以为物体表面指定贴图，如果未指定贴图，则可以通过漫反射的色块来为物体指定表面色彩。

图20-66

• **粗糙度**：数值越大，粗糙程度越明显。

② "反射"组

• **反射**：用来控制材质的反射程度，根据色彩的灰度来计算。颜色越白反射越强；颜色越黑反射越弱。当反射的颜色是其他颜色时，则控制物体表面的反射颜色。

• **高光光泽度**：控制材质的高光大小。

• **反射光泽度**：控制材质反射的模糊程度，真实世界中的物体大多有着或多或少的反射光泽度，当"反射光泽度"为1时，代表该材质无反射模糊，"反射光泽度"的值越小，反射模糊的现象越明显，计算也越慢。

• **细分**：用来控制"反射光泽度"的计算品质。

• **使用插值**：勾选该参数后，VRay可以使用类似于"发光图"的缓存方式来加快反射模糊的计算。

• **菲涅耳反射**：当勾选该选项后，反射强度会与物体的入射角度有关系，入射角度越小，反射越强烈。当垂直入射时，反射强度最弱。菲涅耳现象是指反射/折射与视点角度之间的关系。举个例子，如果你站在湖边，低头看脚下的水，你会发现水是透明的，反射不是特别强烈；如果你看远处的湖面，你会发现水并不是透明的，反射非常强烈，这就是"菲涅耳效应"。

• **菲涅耳折射率**：在"菲涅耳反射"中，菲涅耳现象的强弱衰减可以使用该选项来调节。

• **最大深度**：控制反射的次数，数值越高，反射的计算耗时越长。

• **退出颜色**：当物体的反射次数达到最大次数时就会停止计算反射，这时由于反射次数不够造成的反射区域的颜色就用退出颜色来代替。

③ "折射"组

• **折射**：和反射的控制方法一样。颜色越白，物体越透明，折射程度越高。

• **光泽度**：用来控制物体的折射模糊程度。

• **细分**：用来控制折射模糊的品质。值越高，品质越好，渲染时间越长。

• **影响阴影**：此选项用来控制透明物体产生的通透的阴影效果。

• **折射率**：用来控制透明物体的折射率。

• **最大深度**：用来控制计算折射的次数。

• **烟雾颜色**：可以让光线通过透明物体后使光线减少，用来控制透明物体的颜色。

• **烟雾倍增**：用来控制透明物体颜色的强弱。

④ "半透明"组

• **类型**：半透明效果的类型共有"无""硬（蜡）模型""软（水）模型"和"混合模型"4种可选。

• **背面颜色**：用来控制半透明效果的颜色。

• **厚度**：用来控制光线在物体内部被追踪的深度，也可以理解为光线的最大穿透能力。

• **散布系数**：物体内部的散射总量。

• **正/背面系数**：控制光线在物体内部的散射方向。

• **灯光倍增**：设置光线穿透能力的倍增值，值越大，散射效果越强。

⑤ "自发光"组

• **自发光**：用来控制材质的发光属性，通过色块可以控制发光的颜色。

• **全局照明**：默认为开启状态，接受全局照明。

20.3.2 VRay灯光材质

"VRay灯光材质"可以用来制作灯光照明及室

449

外环境模拟，参数如图
20-67所示。

参数解析

• **颜色**：设置发光的颜色，并可以通过后面的微调器来设置发光的强度。

• **不透明度**：用贴图来控制发光材质的透明度。

• **背面发光**：勾选此复选框后，材质可以双面发光。

图20-67

20.3.3 VRay混合材质

"VRay混合材质"通过对多个材质的混合来模拟自然界中的复杂材质，参数面板如图20-68所示。

参数解析

• **基本材质**：作为混合材质的基础材质。

• **镀膜材质**：添加于基础材质上的镀膜材质。

• **混合数量**：控制镀膜材质影响基本材质的程度。

图20-68

20.3.4 VRay双面材质

"VRay双面材质"可以对对象的外侧面和内侧面分别添加材质来渲染计算，参数设置面板如图20-69所示。

参数解析

• **正面材质**：用来设置物体外表面的材质。

• **背面材质**：用来设置物体内表面的材质。

• **半透明**：后面的色块用来控制双面材质的透明

图20-69

度，白色表示全透明，黑色表示不透明。当不透明时，背面受光和影子投影将不可见，贴图通道则是以贴图的灰度值来控制透明的程度。

典型实例：制作玻璃材质

场景位置	场景文件>CH20>03.max
实例位置	实例文件>CH20>典型实例：制作玻璃材质.max
实用指数	★★☆☆☆
学习目标	熟练使用VRay材质制作玻璃材质

在本实例中，通过讲解玻璃材质的制作方法来学习VRayMtl材质的参数调节，玻璃材质的最终渲染结果如图20-70所示。

图20-70

01 打开"场景文件>CH20>03.max"文件，在场景中，已经设置好灯光及摄影机，如图20-71所示。

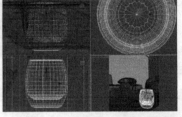

图20-71

02 选择一个空白的材质球，设置材质类型为"VRayMtl"材质，将材质的名称命名为"玻璃"，并将其以拖曳的方式添加至场景中的玻璃杯模型上，如图20-72所示。

03 玻璃的特性主要有通透、具有一定的反射及折射效果，所以在接下来的制作过程中应注意玻璃材质的这几个特征。设置"反射"的颜色为白色（红:255，绿:255，蓝:255），勾选"菲涅耳反射"选项，用来模拟玻璃的反射属性；设置"折射"的颜色为白色（红:255，绿:255，蓝:255），"折射率"为1.6，勾选"影响阴影"选项，如图20-73所示，渲染结果如图20-74所示。

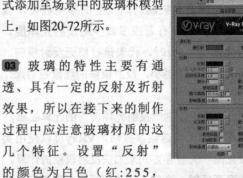

图20-72

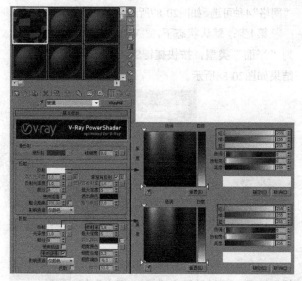

图20-73

04 为了表现出玻璃杯的模糊折射效果，设置折射的"光泽度"为0.95，如图20-75所示，最终效果如图20-76所示。

图20-74

图20-75　　　　　　　　图20-76

典型实例：制作金属材质

场景位置	场景文件>CH20>04.max
实例位置	实例文件>CH20>典型实例：制作金属材质.max
实用指数	★★☆☆☆
学习目标	熟练使用VRay材质制作金属材质

在本实例中，通过讲解金属材质的制作方法来学习VRayMtl材质的参数调节，最终渲染结果如图20-77所示。

01 打开"场景文件>CH20>04.max"文件，在本场景中，已经设置好灯光及摄

图20-77

影机，如图20-78所示。

02 选择一个空白的材质球，设置材质类型为VRayMtl材质，将材质的名称命名为"金属"，并将其以拖曳的方式添加至场景中的玻璃杯模型上，如图20-79所示。

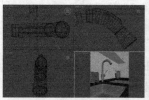

图20-78　　　　　　　图20-79

03 设置金属材质"反射"组内的"反射"颜色为白色（红:255，绿:255，蓝:255），设置"反射光泽度"为0.85，"细分"值为12，如图20-80所示。

图20-80

04 渲染场景，效果如图20-81所示。

图20-81

即学即练：制作陶瓷材质

场景位置	场景文件>CH20>05.max
实例位置	实例文件>CH20>即学即练：制作陶瓷材质.max
实用指数	★★☆☆☆
学习目标	熟练使用VRay材质制作陶瓷材质

在本实例中，尝试用本章所讲内容完成陶瓷材质的制作，最终完成结果如图20-82所示。

图20-82

20.4 VRay灯光与摄影机

本节知识概要

知识名称	作用	重要程度	所在页
VRay灯光	可以模拟灯泡、灯带、面光源以及任何形状的发光体	高	P452
VRayIES	可以用来模拟射灯、筒灯等光照	中	P454
VRay太阳	主要用来模拟真实的室内外阳光照明	高	P454
"VRay物理摄影机"	基于现实中真正的摄像机功能而研发相应参数的摄像机	高	P455

VRay所提供灯光及摄影机与3ds Max所提供的灯光及摄影机亦可相互配合使用，兼容性良好。图20-83和图20-84所示为使用VRay灯光及物理摄影机所渲染出来的精美作品。

图20-83　　　　　　　　　　图20-84

20.4.1 VRay灯光

"VRay灯光"是制作室内空间表现使用频率最高的灯光，可以模拟灯泡、灯带、面光源以及任何形状的发光体。下面通过一个实例来详细讲解"VRay灯光"的使用方法。

第1步：打开"场景文件>CH20>06.max"文件，在本场景中，已经设置好模型及摄影机的位置，如图20-85所示。

第2步：在"灯光"面板中，单击"VRay灯光"按钮 VR-灯光 ，在场景中创建一个"VRay灯光"，如图20-86所示。

图20-85　　　　　　　　　　图20-86

第3步：在"修改"面板的"参数"卷展栏中可以看到"VRay灯光"的"类型"有"平面""穹顶""球体"和

"网格"4种可选，如图20-87所示。

第4步：默认状态下，"VRay灯光"的"类型"为"平面"类型，按快捷键Shift+Q渲染场景，渲染结果如图20-88所示。

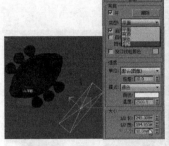

图20-87　　　　　　　　图20-88

第5步：勾选"常规"组内的"目标"选项，可以显示出"VRay灯光"的目标点，移动目标点的位置可以非常便捷地控制"VR-灯光"的照射方向，如图20-89所示。

图20-89

第6步：设置 "强度"组的"倍增"为10.0，适当降低"VRay灯光"的灯光强度，如图20-90所示。渲染结果如图20-91所示。

图20-90　　　　　　　　图20-91

第7步："VRay灯光"提供了"颜色"和"温度"这两种"模式"，可供用户设置灯光的色彩，如图20-92所示。

图20-92

第8步：当灯光的"模式"选择为"温度"时，即可激活"温度"参数，通过设置"温度"的数值来控制灯光颜色，如图20-93所示。图20-94所示分别为"温度"为2500.0和9500.0的渲染结果对比。

图20-93

图20-94

第9步：勾选"选项"组内的"双面"选项，当"VRay灯光"为"平面"类型时，可以向两个方向发射光线，对比效果如图20-95所示。

图20-95

第10步：勾选"选项"组内的"不可见"复选框，可以控制是否渲染出"VRay灯光"的形状，对比效果如图20-96所示。

图20-96

VRay灯光的主要参数如图20-97所示。

参数解析

① "常规"组

开：控制"VR-灯光"的开启与关闭。

- **"排除"按钮**：用来排除灯光对物体的影响。
- **类型**：设置VR-灯光的类型，有"平面""穿顶""球体"和"网格"4种类型可选。
- **平面**：默认的VR-灯光类型，其中包括"1/2长"和

"1/2宽"属性可以设置，是一个平面形状的光源。

- **穿顶**：将"VR-灯光"设置为穿顶形状，类似于3ds Max的"天光"灯光的照明效果。
- **球体**：将"VR-灯光"设置为球体，通常可以用来模拟灯泡之类的"泛光"效果。

图20-97

- **网格**：当"VR-灯光"设置为网格，可以通过拾取场景内任意几何体来根据其自身形状创建灯光，同时，"VR-灯光"的图标将消失，而所选择的几何体则在其"修改"面板上添加了"VR-灯光"修改器。

② "强度"组

- **单位**：用来设置"VR-灯光"的发光单位，有"默认（图像）""发光率（lm）""亮度（lm/m2/sr）""辐射率（w）"和"辐射（W/m2/sr）"5种单位可选。
- **默认（图像）**："VR-灯光"的默认单位。依靠灯光的颜色和亮度来控制灯光的强弱，如果忽略曝光类型等因素，那么灯光颜色为对象表面受光的最终色彩。
- **发光率（lm）**：当选择此单位时，灯光的亮度将和灯光的大小无关。（100W的亮度大约等于1500lm）
- **亮度（lm/m2/sr）**：当选择此单位时，灯光的亮度将和灯光的大小有关系。
- **辐射率（w）**：当选择此单位时，灯光的亮度将和灯光的大小无关，同时，此瓦特与物理上的瓦特有显著差别。
- **辐射（W/m2/sr）**：当选择此单位时，灯光的亮度将和灯光的大小有关系。
- **倍增**：控制"VR-灯光"的强度。
- **模式**：设置"VR-灯光"的颜色模式，有"颜色"和"温度"两种可选。当选择"颜色"时，"温度"为不可设置状态；当选择"温度"时，可激活"温度"参数并通过设置"温度"数值来控制"颜色"的色彩。

③ "选项"组

- **投射阴影**：控制是否对物体产生投影。
- **双面**：勾选此复选框后，当"VR-灯光"为"平面"类型时，可以向两个方向发射光线。
- **不可见**：此选项可以用来控制是否渲染出

"VR-灯光"的形状。

- **不衰减**：勾选此复选框后"VR-灯光"将不计算灯光的衰减程度。

- **天光入口**：此选项将"VR-灯光"转换为"天光"，当勾选"天光入口"复选框时，"VR-灯光"中的"投射阴影""双面""不可见"和"不衰减"这4个复选框将不可用。

- **存储发光图**：勾选此复选框，同时将"全局照明（GI）"里的"首次引擎"设置为"发光图"，"VR-灯光"的光照信息将保存在"发光图"中。在渲染光子的时候渲染速度将变得更慢，但是在渲染出图时，渲染速度可以提高很多。光子图渲染完成后，即可关闭此选项，渲染效果不会对结果产生影响。

- **影响漫反射**：此选项决定了"VR-灯光"是否影响物体材质属性的漫反射。

- **影响高光反射**：此选项决定了"VR-灯光"是否影响物体材质属性的高光。

- **影响反射**：勾选此复选框后，灯光将对物体的反射区进行光照，物体可以将光源进行反射。

④"采样"组

- **细分**：此参数控制"VR-灯光"光源的采样细分。当设置值较低时，虽然渲染速度快，但是图像会产生很多杂点；参数设置值较高时，虽然渲染速度慢，但是图像质量会有显著提升。

- **阴影偏移**：此参数用来控制物体与投影之间的偏移距离。

⑤"纹理"组

- **使用纹理**：控制是否使用纹理贴图作为光源。

- **分辨率**：设置纹理贴图的分辨率，最高可以设置到8192。

- **自适应**：设置数值后，系统会自动调节纹理贴图的分辨率。

20.4.2 VRayIES

VRayIES可以用来模拟射灯、筒灯等光源，与3ds Max所提供的"光度学"类型中的"目标灯光"类似。VRayIES灯光的主要参数如图20-98所示。

参数解析

- **启用**：控制是否开启VRay IES灯光。
- **启用视口着色**：控制是否在视口中显示灯光对

物体的影响。

- **目标**：控制VRay IES灯光是否具有目标点。

- **IES文件**：可以通过"IES文件"后面的按钮来选择硬盘中的IES文件，以设置灯光所产生的光照投影。

图20-98

- **X/Y/Z轴旋转**：分别控制VRay IES灯光沿着各个轴向的旋转照射方向。

- **阴影偏移**：此参数用来控制物体与投影之间的偏移距离。

- **投影阴影**：控制灯光对物体是否产生投影。

- **影响漫反射**：此选项决定了VRay IES灯光是否影响物体材质属性的漫反射。

- **影响高光**：此选项决定了VRay IES灯光是否影响物体材质属性的高光。

20.4.3 VRay太阳

"VRay太阳"主要用来模拟真实的室内外阳光照明，"VRay太阳"灯光的主要参数如图20-99所示。

参数解析

- **启用**：开启"VRay太阳"灯光的照明效果。

- **不可见**：勾选此复选项后，将不会渲染出太阳的形态。

- **影响漫反射**：此选项决定了"VRay太阳"灯光是否影响物体材质属性的漫反射，默认为开启状态。

图20-99

- **影响高光**：此选项决定了"VRay太阳"灯光是否影响物体材质属性的高光，默认为开启状态。

- **投射大气阴影**：开启此选项后，可以投射大气的阴影，得到更加自然的光照效果。

- **浊度**：控制大气的混浊度，影响"VRay太阳"以及"VRay天空"的颜色。

- **臭氧**：控制大气中臭氧的含量。

- **强度倍增**：设置"VRay太阳"光照的强度。

- **大小倍增**：设置渲染天空中太阳的大小，"大小倍增"的值越小，渲染出的太阳半径越小，同时地面上的阴影越实；"大小倍增"的值越大，渲染出的太阳半径越大，同时地面上的阴影越虚。
- **阴影细分**：用于控制渲染图像的阴影质量。
- **阴影偏移**：用于控制阴影和物体之间的偏移距离。
- **天空模型**：用于控制渲染的天空环境，有Preetham et al、"CIE清晰"和"CIE阴天"3种模式可选择。

20.4.4 VRay物理摄影机

"VRay物理摄影机"是基于现实中真正的摄像机功能而研发相应参数的摄像机，使用"VRay物理摄影机"不仅仅可以渲染出写实风格的效果，还可以直接制作出类似于经过后期处理软件校正色彩后的画面以及模拟摄像机拍摄画面时所出现的暗角效果，如图20-100所示。

图20-100

"VRay物理摄影机"所提供的参数与我们所使用的真实相机非常接近，如"胶片规格""曝光""白平衡""快门速度"和"延迟"等参数。下面通过一个实例来详细讲解"VRay物理摄影机"的使用方法。

第1步：打开"场景文件>CH20>07.max"文件，在场景中，已经设置好模型及灯光的位置，如图20-101所示。

第2步：将视图切换至"顶"视图后，在"摄影机"面板，将下拉列表切换至VRay，单击"VRay物理摄影机"按钮VR-物理摄影机，在场景中创建一架带有目标点的"VRay物理摄影机"，如图20-102所示。

图20-101

图20-102

第3步：按快捷键C，将视图切换为摄影机视图，调整摄影机的观察角度如图20-103所示。

第4步：在"修改"面板中，可以通过设置"胶片规格（mm）"的值来调整"VRay物理摄影机"的视野范围。在本实例中将"胶片规格（mm）"的值设置为75.0，摄影机视图的显示结果如图20-104所示。

图20-103　　　　　　　图20-104

第5步：勾选"基本参数"卷展栏内的"自动猜测垂直倾斜"选项，摄影机视图的显示结果如图20-105所示，渲染结果如图20-106所示。

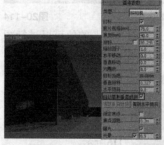

图20-105　　　　　　　图20-106

第6步："VRay物理摄影机"在默认状态下开启了"光晕"效果，如图20-107所示，常常用来模拟暗角特效。图20-108~图20-110所示分别为"光晕"值是0、0.8和1.2时的图像渲染结果。

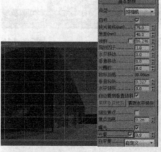

图20-107　　　　　　　图20-108

图20-109　　　　　　　图20-110

第7步："VRay物理摄影机"的"白平衡"属性可以用来控制图像的色彩，单击"白平衡"下拉列表，可以看到"VRay物理摄影机"提供了"中性""日光"、D75、D65、D55、D50和"温度"这

7种预设，如图20-111所示。

第8步：将"白平衡"设置为D75、D65和D50后，

渲染场景，渲染结果
如图20-112~图20-114
所示。

图20-111　　　　　　　　图20-112

图20-113　　　　　　　　图20-114

第9步：设置"快门速度（s^-1）"的值可以进行图像渲染的亮度调节，值越大，渲染出来的图像越暗；值越小，渲染出来的图像越亮。设置"快门速度（s^-1）"

为150.0，如图20-115所
示，渲染结果如图20-
116所示。

图20-115　　　　　　　　图20-116

技巧与提示

"VRay物理摄影机"的"光晕"属性可以用来模拟拍摄照片时产生的暗角现象。暗角一词属于摄影术语，当拍摄照片时，光线通过镜头后由于四周的光线受到部分遮挡有变暗的现象，叫作失光，俗称暗角。暗角对于任何镜头都不可避免，因为镜头是圆形，而成像的范围是矩形，增大摄像机的光圈就很容易出现此现象。

出现暗角现象的原因有很多，如大光圈全开、遮光罩问题以及广角镜头，如果使用了过多的滤色镜，等价于增长了镜筒，可能造成边角暗甚至黑角。暗角现象的产生可以说是摄像机器材所造成拍摄画面的一种负效果，这种效果在某些特定情况下又成了突出主体，强化镜头语言的一种手段，以至于很多影片故意在后期软件中对画面加强暗角效果，提高画面的层次感。

第10步：设置"胶片速度（ISO）"也可以控制渲染图像的亮度。不同的是，"胶片速度（ISO）"

的值越小，渲染出来的图像越暗；值越大，渲染出来的图像越亮。图20-117和图20-118所示分别是"胶片速度（ISO）"的值为40.0和80.0的图像渲染结果。

图20-117　　　　　　　　图20-118

"VRay物理摄影机"在"修改"面板中显示为5个卷展栏，分别是"基本参数"卷展栏、"散景特效"卷展栏、"采样"卷展栏、"失真"卷展栏和"其它"卷展栏，如图20-119所示。

图20-119

技巧与提示

"VRay物理摄影机"与3ds Max提供的"目标摄影机"最大的不同之处在于，使用"VRay物理摄影机"可以调整渲染图像的亮度。

1."基本参数"卷展栏

"基本参数"卷展栏展开如图20-120所示。

参数解析

• **类型**：在这里可以选择摄影机的类型，有"照相机""摄影机（电影）"和"摄像机（DV）"3种可选。其中，"照相机"可以用来模拟一台常规快门的静态画面照相机；"摄影机（电影）"可以用来模型一台圆形快门的电影摄影机；而"摄像机（DV）"可以用来模拟带CCD矩阵的快门摄像机。

• **目标**：勾选即为有目标点的摄影机，取消勾选则目标点消失。

图20-120

• **胶片规格（mm）**：控制摄影机可以看到景色范围，值越大，看到得越多。

• **焦距（mm）**：设置摄影机的焦长，同时也会影响到画面的感光强度。

- **视野**：勾选视野复选框后，可以通过该值来调整摄影机的视野范围。
- **缩放因子**：控制摄影机视图的缩放，值越大，摄影机视图拉得越近。
- **水平移动/垂直移动**：可以控制摄影机视图在水平方向和垂直方向上的偏移程度。
- **光圈数**：设置摄影机的光圈大小，以此用来控制摄影机渲染图像的最终亮度。值越小，图像越亮。
- **目标距离**：显示为摄影机到目标点之间的距离。
- **垂直倾斜/水平倾斜**：摄影机视图在垂直/水平方向上的变形，由三点透视转换至两点透视。
- **自动猜测垂直倾斜**：当该复选框勾选时，下面的"猜测垂直倾斜"按钮 猜测垂直倾斜 将不可点，同时"VRay物理摄影机"的视图无论何时更改角度，3ds Max都会自动换算至垂直方向上的亮点透视。
- **指定焦点**：开启这个选项后，可以手动控制焦点。
- **光晕**：默认为开启状态，渲染的图像上4个角会变暗，用来模拟相机拍摄出来的暗角效果。"光晕"后面的数值则可以控制暗角的程度。如果取消勾选，则渲染图像无暗角效果。
- **白平衡**：与真实的相机一样，用来控制图像的颜色。
- **自定义平衡**：可以通过设置色彩的方式改变渲染图像的偏色。将"自定义平衡"色彩为天蓝色，可以用来模拟黄昏的室外效果。将"自定义平衡"色彩设置为橙黄色，可以用来模拟清晨的室外效果。
- **快门速度（s^-1）**：模拟快门来控制进光的时间，值越小，进光时间长，图像越亮；值越大，进光时间短，图像越暗。
- **快门角度（度）**：当"VRay物理摄影机"的类型更换为摄影机（电影）时，可激活该参数。同样也是用来调整渲染画面的明暗度。
- **快门偏移（度）**：当"VRay物理摄影机"的类型更换为摄影机（电影）时，可激活该参数。主要用来控制快门角度的偏移。
- **延迟（秒）**：当"VRay物理摄影机"的类型更换为摄像机（DV）时，可激活该参数。同样也是用来调整渲染画面的明暗度。
- **胶片速度（ISO）**：控制渲染图像的明暗程度。值越大，图像越亮；值越小，图像越暗。

2."散景特效"卷展栏

"散景特效"卷展栏展开如图20-121所示，"散景特效"卷展栏中的参数主要用来控制渲染散景效果。

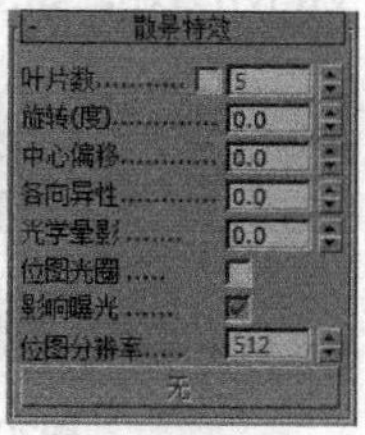

图20-121

参数解析

- **叶片数**：控制散景产生的小圆圈的边。勾选"叶片数"复选框，则在默认状态下，散景里小圆圈的边为五边形，如果取消"叶片数"复选框，渲染出的小圆圈为圆形。
- **旋转（度）**：散景中小圆圈的旋转角度。
- **中心偏移**：散景偏移原物体的距离。
- **各向异性**：通过调整该值，可以使渲染出来的小圆圈拉长称为椭圆形。

> **技巧与提示**
> 散景，表示在景深较浅的摄影成像中，落在景深以外的画面，会有逐渐产生松散模糊的效果。散景效果有可能因为摄影技巧或光圈孔形状的不同，而产生各有差异的结果，不同的镜头设计、光圈叶片形状以及不同的景深，也会创造出不同的散景效果，如图20-122所示。

图20-122

典型实例：制作室内布光

场景位置	场景文件>CH20>08.max
实例位置	实例文件>CH20>典型实例：制作室内布光.max
实用指数	★★☆☆☆
学习目标	熟练使用VRayIES灯光来模拟射灯照明

在本实例中，通过使用VRay渲染器所提供的VRayIES灯光来进行室内射灯的照明模拟，最终渲染结果如图20-123所示。

图20-123

01 打开"场景文件>CH20>08.max"文件，在场景中，已经设置好模型及摄影机的位置，如图20-124所示。

02 切换至前视图，单击"创建"面板上的VRayIES

按钮 ，在场景中创建一个带有目标点的VRayIES灯，如图20-125所示。

图20-124　　　　　　　图20-125

03 在"修改"面板中，展开"VRay IES参数"卷展栏，单击"IES文件"后的"无"按钮 无，为灯光添加IES文件，如图20-126所示。

04 通过勾选"启用视口着色"选项，可在"透视"视图中观察当前添加了IES文件后的VRayIES灯光效果，如图20-127所示。

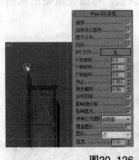 

图20-126　　　　　　　图20-127

05 通过设置"X轴旋转""Y轴旋转"和"Z轴旋转"等参数控制VRayIES灯光的照射方向，图20-128所示为"Y轴旋转"值为90.0时的视口显示结果。

06 按快捷键Shift+Q渲染摄影机视图，如图20-129所示。

图20-128　　　　　　　图20-129

典型实例：制作室外空间表现

场景位置	场景文件>CH20>09.max
实例位置	实例文件>CH20>典型实例：制作室外空间表现.max
实用指数	★★★☆☆
学习目标	熟练使用VRay太阳来模拟制作室外天空环境

在本实例中，通过使用VRay渲染器所提供的"VRay太阳"灯光来进行室外阳光的照明模拟，最终渲染结果如图20-130所示。

图20-130

01 打开"场景文件>CH20>09.max"文件。在本场景中，已经设置好模型及摄影机的位置，如图20-131所示。

图20-131

02 在前视图中的"灯光"面板中选择VRay选项，然后单击"VRay太阳"按钮 VR-太阳，在场景中创建出一个"VRay太阳"灯光，如图20-132。同时，系统会弹出"VRay太阳"对话框，以询问用户是否需要添加VR天空环境贴图？如图20-133所示。

图20-132　　　　　　　图20-133

03 按快捷键C，将视图切换为摄影机视图，调整"VRay太阳"的位置，如图20-134所示，渲染结果如图20-135所示。

图20-134　　　　　　　图20-135

04 在"修改"面板中，展开"VRay太阳参数"卷展栏，通过设置"浊度"的值来调整天气的空气质量状况，"浊度"的值越大，天气状况越低。将"浊度"的值设为20.0，如图20-136所示，渲染结果如图20-137所示。

图20-136　　　　　　　　图20-137

05 设置"大小倍增"可以控制太阳被渲染出来的大小，将"大小倍增"的值设置为6.0，如图20-138所示，渲染结果如图20-139所示。

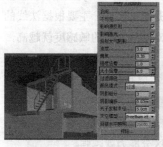

图20-138　　　　　　　　图20-139

06 设置"VRay太阳"灯光的"天空模型"为"CIE阴天"，用于模拟阴天的室外天空环境，如图20-140所示，渲染结果如图20-141所示。

图20-140　　　　　　　　图20-141

即学即练：制作床头灯效果表现

场景位置	场景文件>CH20>10.max
实例位置	实例文件>CH20>即学即练：制作床头灯效果表现.max
实用指数	★★★☆☆
学习目标	熟练使用VRay所提供的灯光来制作床头灯照明效果

在本实例中，尝试用本章所讲内容完成床头灯的光效模拟，如图20-142所示。

图20-142

20.5 VRay渲染设置

本节知识概要

知识名称	作用	重要程度	所在页
GI选项卡	控制场景在整个全局照明计算中所采用的计算引擎及引擎的计算精度设置	高	P459
VRay选项卡	用来设置图像渲染的亮度、计算精度、抗锯齿以及曝光控制	高	P462

VRay的"渲染设置"面板是VRay渲染器重要的核心结构，也是学习VRay渲染器重要的知识点之一。通过对VRay的"渲染设置"面板进行设置，可以渲染出全局照明、焦散、景深和运动模糊等特效结果。

20.5.1 GI选项卡

GI选项卡主要用来控制场景在整个全局照明计算中所采用的计算引擎及引擎的计算精度设置。

1."全局照明"卷展栏

"全局照明"卷展栏用来控制VRay采用何种计算引擎来渲染场景，如图20-143所示。

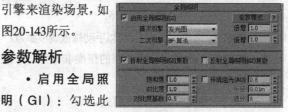

图20-143

参数解析

· **启用全局照明（GI）**：勾选此选项后，开启VRay的全局照明计算。

· **首次引擎**：设置VRay进行全局照明计算的首次使用引擎，有"发光图""光子图""BF算法"和"灯光缓存"4种方式可选。

· **倍增**：设置"首次引擎"计算的光线倍增，值越高，场景越亮。

· **二次引擎**：设置VRay进行全局照明计算的二次使用引擎，有"无""光子图""BF算法"和"灯光缓存"4种方式可选。

· **倍增**：设置"二次引擎"计算的光线倍增。

· **折射全局照明（GI）焦散**：控制是否开启折射焦散计算。

· **反射全局照明（GI）焦散**：控制是否开启反射焦散计算。

· **饱和度**：用来控制色彩溢出，适当降低"饱和

459

度"可以控制场景中相邻物体之间的色彩影响。

- **对比度**：控制色彩的对比度。
- **对比度基数**：控制"饱和度"和"对比度"的基数，数值越高，"饱和度"和"对比度"的效果越明显。
- **环境阻光（AO）**：是否开启环境阻光的计算。
- **半径**：设置环境阻光的半径。
- **细分**：设置环境阻光的细分值。

2. "发光图"卷展栏

"发光图"中的"发光"指三维空间中的任意一点以及全部可能照射到这一点上的光线，是"首次引擎"默认状态下的全局光引擎，只存在于"首次引擎"中，如图20-144所示。

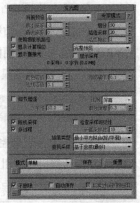

图20-144

参数解析

- **当前预设**：设置"发光图"的预设类型，共有"自定义""非常低""低""中""中-动画""高""高-动画"和"非常高"8种类型可以选择。
  - **自定义**：选择该模式后，可以手动修改调节参数。
  - **非常低**：此模式计算光照的精度非常低，一般用来测试场景。
  - **低**：一种比较低的精度模式。
  - **中**：中级品质的预设模式。
  - **中-动画**：用于渲染动画的中级品质预设模式。
  - **高**：一种高精度模式。
  - **高-动画**：用于渲染动画的高精度预设模式。
  - **非常高**：预设模式中的最高设置，一般用来渲染高品质的空间表现效果图。
- **最小速率**：控制场景中平坦区域的采样数量。
- **最大速率**：控制场景中物体边线、角落和阴影等细节的采样数量。
- **细分**：因为VRay采用的是几何光学，所以此值用来模拟光线的数量。"细分"值越大，样本精度越高，渲染的品质就越好。
- **插值采样**：此参数用来对样本进行模糊处理，较大的值可以得到比较模糊的效果。

- **显示计算相位**：在进行"发光图"渲染计算时，可以观察渲染图像的预览过程。
- **显示直接光**：在预计算的时候显示直接照明，方便用户观察直接光照的位置。
- **显示采样**：显示采样的分布以及分布的密度，帮助用户分析GI的光照精度。
- **颜色阈值**：此值主要是让VRay渲染器分辨哪些是平坦区域，哪些不是平坦区域，主要根据颜色的灰度来区分。值越小，对灰度的敏感度就越高，区分能力就越强。
- **法线阈值**：此值主要是让VRay渲染器分辨哪些是交叉区域，哪些不是交叉区域，主要根据法线的方向来区分。值越小，对法线方向的敏感度就越高，区分能力就越强。
- **距离阈值**：此值主要是让VRay渲染器分辨哪些是弯曲表面区域，哪些不是弯曲表面区域，主要根据表面距离和表面弧度的比较来区分。值越大，表示弯曲表面的样本越多，区分能力就越强。
- **细节增强**：勾选此选项可以开启"细节增强"功能。
- **比例**：控制"细节增强"的比例，有"屏幕"和"世界"两个选项可选。
- **半径**：表示细节部分有多大区域使用"细节增强"功能，"半径"值越大，效果越好，渲染时间越长。
- **细分倍增**：控制细部的细分。此值与"发光图"中的"细分"有关，默认值为0.3，代表"细分"的30%。值越高，细部就可以避免产生杂点，同时增加渲染时间。
- **随机采样**：控制"发光图"的样本是否随机分配。勾选此选项，则样本随机分配。
- **多过程**：勾选该选项后，VRay会根据"最小速率"和"最大速率"进行多次计算。默认为开启状态。
- **插值类型**：VRay提供了"权重平均值（好/强）""最小平方拟合（好/平滑）""Delone三角剖分（好/精确）"和"最小平方权重/泰森多边形权重"这4种方式可选。
- **查找采样**：主要控制哪些位置的采样点是适合用来作为基础插补的采样点，VRay提供了"平衡嵌块（好）""最近（草稿）""重叠（很好/快速）"和"基于密度（最好）"4种方式可选。
- **模式**：VRay提供了"发光图"的8种模式进行

计算，有"单帧""多帧增量""从文件""添加到当前贴图""增量添加到当前贴图""块模式""动画（预通过）"和"动画（渲染）"可供选择。

- **单帧：** 用来渲染静帧图像。

- **多帧增量：** 这个模式用于渲染仅有摄影机移动的动画。当VRay计算完第一帧的光子后，在后面的帧里根据第一帧里没有的光子信息进行新计算，从而节省渲染时间。

- **从文件：** 当渲染完光子后，是可以将其单独保存起来的。再次渲染可从保存的文件中读取，从而节省渲染的时间。

- **添加到当前贴图：** 当渲染完一个角度的时候，可以把摄影机转一个角度再全新计算新角度的光子，最后把这两次的光子叠加起来，这样的光子信息更丰富、更准确，并且可以进行多次叠加。

- **增量添加到当前贴图：** 此模式与"添加到当前贴图"类似，只不过它不是全新计算新角度的光子，而是只对没有计算过的区域进行新的计算。

- **块模式：** 把整个图分成块来计算，渲染完一个块再进行下一个块的计算。主要用于网络渲染，速度比其他方式快。

- **动画（预通过）：** 适合动画预览，使用这种模式要预先保存好光子贴图。

- **动画（渲染）：** 适合最终动画渲染，这种模式要预先保存好光子贴图。

- **"保存"按钮** 保存 **：** 将光子图保存至文件。

- **"重置"按钮** 重置 **：** 将光子图从内存中清除。

- **不删除：** 当光子渲染完成后，不将其从内存中删除掉。

- **自动保存：** 当光子渲染完成后，自动保存在预先设置好的路径里。

- **切换到保存的贴图：** 当勾选了"自动保存"选项以后，在渲染结束时，会自动进入"从文件"模式并调用光子图。

3. "BF算法计算全局照明（GI）"卷展栏

单击展开"BF算法计算全局照明（GI）"卷展栏，如图20-145所示。

图20-145

参数解析

- **细分：** 控制BF算法的样本数量，值越大，效果越好，渲染时间越长。

- **反弹：** 当"二次引擎"选择"BF算法"时，该参数参与计算。值的大小控制渲染场景的明暗，值越大，光线反弹越充分，场景越亮。

4. "灯光缓存"卷展栏

"灯光缓存"是一种近似模拟全局照明技术，最初由Chaos Group公司开发专门应用于其VRay渲染器产品。"灯光缓存"根据场景中的摄影机来建立光线追踪路径，与"光子图"非常相似，只是"灯光缓存"与"光子图"计算光线的跟踪路径是正好相反的。与"光子图"相比，"灯光缓存"对于场景中的角落及小物体附近的计算要更为准确，渲染时可以以直接可视化的预览来显示出未来的计算结果。

单击展开"灯光缓存"卷展栏，如图20-146所示。

图20-146

参数解析

- **细分：** 用来决定"灯光缓存"的样本数量。值越高，样本总量越多，渲染时间越长，渲染效果越好。

- **采样大小：** 用来控制"灯光缓存"的样本大小，比较小的样本可以得到更多的细节。

- **存储直接光：** 勾选该选项以后，"灯光缓存"将保存直接光照信息。当场景中有很多灯光时，使用这个选项会提高渲染速度。因为它已经把直接光照信息保存到"灯光缓存"里，在渲染出图时，不需要对直接光照再进行采样计算。

- **显示计算相位：** 勾选该选项之后，可以显示"灯光缓存"的计算过程，方便观察。

- **自适应跟踪：** 这个选项的作用在于记录场景中灯光的位置，并在光的位置上采用等多的样本，同时模糊特效也会处理得更快，但是会占用更多的内存资源。

- **仅使用方向：** 当勾选"自适应跟踪"后，可以激活该选项。它的作用在于只记录直接光照信息，而不考虑间接照明，可以加快渲染速度。

- **预滤器：** 勾选该复选框后，可以对"灯光缓存"样本进行提前过滤，它主要是查找样本边界，然后对其进行模糊处理，后面的值越高，对样本进行模糊处理的程度越深。

- **过滤器**：该选项是在渲染最后成图时，对样本进行过滤，其下拉列表共有"无""最近"和"固定"3项可选。
- **使用光泽光线**：开启此效果后，会使渲染结果更加平滑。
- **模式**：设置光子图的使用模式，共有"单帧""穿行""从文件"和"渐进路径跟踪"4项可选。
- **单帧**：一般用来渲染静帧图像。
- **穿行**：这个模式一般用来渲染动画时使用，将第一帧至最后一帧的所有样本融合在一起。
- **从文件**：使用此模式，可以从事先保存好的文件中读取数据以节省渲染时间。
- **渐进路径跟踪**：对计算样本不停计算，直至样本计算完毕为止。
- **"保存"按钮** 保存 ：将保存在内存中的光子贴图再次进行保存。
- **不删除**：当光子渲染计算完成后，不在内存中将其删除。
- **自动保存**：当光子渲染完成后，自动保存在预设的路径内。
- **切换到被保存的缓存**：当勾选"自动保存"复选框后，才可激活该选项。勾选此选项后，系统会自动使用最新渲染的光子图来渲染当前图像。

20.5.2 VRay选项卡

VRay选项卡可以用来设置图像渲染的亮度、计算精度、抗锯齿以及曝光控制。

1. "图像采样器（抗锯齿）"卷展栏

抗锯齿在渲染设置中是一个必须调整的参数。展开"图像采样器（抗锯齿）"卷展栏，如图20-147所示。

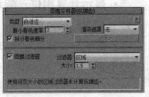

图20-147

参数解析

- **类型**：用来设置"图像采样器"的类型，有"固定""自适应""自适应细分"和"渐进"4种类型可选。
- **"固定"类型**：对每个像素使用一个固定的细

分值。该采样方式适合拥有大量的模糊效果或者具有高细节纹理贴图的场景。

- **"自适应"类型**：默认的设置类型，是最常用的一种采样器。采样方式可以根据每个像素以及与之相邻像素的明暗差异来使像素使用不同的样本数量。
- **"自适应细分"类型**：这个采样器具有负值采样的高级抗锯齿功能，适用于在没有或者有少量模糊效果的场景中。
- **"渐进"类型**：此采样器逐渐采样至整个图像。
- **图像过滤器**：勾选此选项可以开启使用过滤器来对场景进行抗锯齿处理。
- **区域**：用区域大小来计算抗锯齿，"大小"值越小，图像越清晰；反之越模糊。
- **清晰四方形**：来自Neslon Max算法的清晰9像素重组过滤器。
- **Catmull-Rom**：一种具有边缘增强的过滤器，可以产生较清晰的图像效果。
- **图版匹配/MAX R2**：使用3ds Max R2的方法将摄影机和场景或"天光/投影"元素与未过滤的背景图像相匹配。
- **四方形**：基于四方形样条线的9像素模糊过滤器，可以产生一定的模糊效果。
- **立方体**：基于立方体的像素过滤器，具有一定的模糊效果。
- **视频**：针对NTSC和PAL视频应用程序进行了优化的25像素模糊过滤器，适合于制作视频动画的一种抗锯齿过滤器。
- **柔化**：可以调整高斯模糊效果的一种抗锯齿过滤器，"大小"值越大，模糊程度越高。
- **Cook变量**：一种通用过滤器，1~2.5的"大小"值可以得到清晰的图像效果，更高的值将使图像变得模糊。
- **混合**：一种用混合值来确定图像清晰或模糊的抗锯齿过滤器。
- **Blackman**：一种没有边缘增强效果的抗锯齿过滤器。
- **Mitchell-Netravali**：常用过滤器，可以产生微弱的模糊效果。
- **VRayLanczosFilter**：可以很好地平衡渲染速度和渲染质量的过滤器，"大小"值越大，渲染结果越模糊。

- **VRaySincFilter**：可以很好地平衡渲染速度和渲染质量的过滤器，"大小"值越大，渲染结果的锐化现象越明显。

- **VRayBoxFilter**：执行VRay的长方体过滤器，"大小"值越大，渲染结果越模糊。

- **VRayTriangleFilter**：执行VRay的三角形过滤器来计算抗锯齿效果的过滤器。"大小"值越大，渲染结果越模糊。与"VRayBoxFilter"过滤器相比，相同数值下的模糊结果由于计算的方式不同而产生的模糊效果也不同。

2. "自适应图像采样器"卷展栏

"自适应图像采样器"是一种高级抗锯齿采样器，展开"自适应图像采样器"卷展栏，如图20-148所示。

参数解析

图20-148

- **最小细分**：定义每个像素使用样本的最小数量。
- **最大细分**：定义每个像素使用样本的最大数量。
- **使用确定性蒙特卡洛采样器阈值**：勾选该选项，则"颜色阈值"不可用，使用的是确定性蒙特卡洛采样器的阈值。
- **颜色阈值**：取消"使用确定性蒙特卡洛采样器阈值"复选框后，可以激活该参数。

3. "全局确定性蒙特卡洛"卷展栏

"全局确定性蒙特卡洛"卷展栏展开后，如图20-149所示。

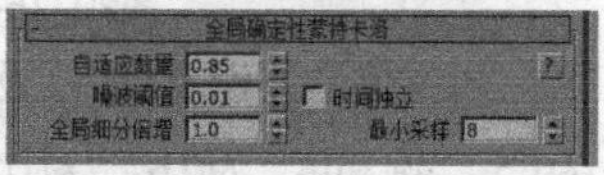

参数解析

图20-149

- **自适应数量**：控制采样数量的程度。值为1时，代表完全适应；值为0时，代表没有适应。
- **噪波阈值**：较小的噪波阈值意味着较少的噪波、更多的采样和更高的质量，当值为0时，表示自适应计算将不被执行。
- **时间独立**：勾选此选项后，采样模式将是相同帧动画中的帧。
- **全局细分倍增**：可以使用此值来快速控制采样的质量高低。"全局细分倍增"影响的范围非常广，包括发光图、区域灯光、区域阴影以及反射、折射等属性。

最小采样：确定采样在使用前提前终止算法的最小值。

4. "颜色贴图"卷展栏

"颜色贴图"卷展栏可以控制整个场景的明暗程度，使用颜色变换来应用到最终渲染的图像上，展开如图20-150所示。

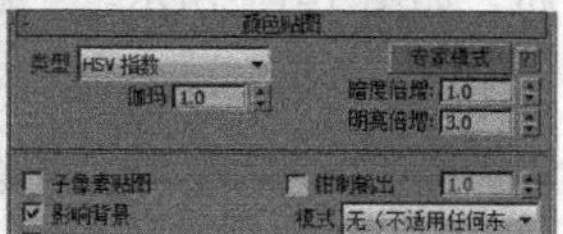

参数解析

图20-150

- **类型**：提供不同的色彩变换类型可供用户选择，有"线性倍增""指数""HSV指数""强度指数""伽马校正""强度伽马"和"莱因哈德"7种。

- **线性倍增**：这种模式基于最终色彩亮度来进行线性的倍增，可能会导致靠近光源的点过分曝光。

- **指数**：使用此模式可以有效控制渲染最终画面的曝光部分，但是图像可能会显得整体偏灰。

- **HSV指数**：与"指数"接近，不同点在于使用"HSV指数"可以使渲染出画面的色彩饱和度比"指数"有所提高。

- **强度指数**：此种方式是对上述两种方式的融合，既抑制了光源附近的曝光效果，又保持了场景中物体的色彩饱和度。

- **伽马校正**：采用伽马值来修正场景中的灯光衰减和贴图色彩。

- **强度伽马**：此种类型在"伽马校正"的基础上修正了场景中灯光的亮度。

- **莱因哈德**：这种类型可以将"线性倍增"和"指数"混合起来，是"颜色贴图"卷展栏的默认类型。

- **子像素贴图**：在实际渲染时，物体的高光区与非高光区的界限处会有明显的黑边，开启此选项可以缓解该状况。

- **影响背景**：控制是否让颜色贴图影响背景。

典型实例：卧室渲染表现

场景位置	场景文件>CH20>11.max
实例位置	实例文件>CH20>典型实例：卧室渲染表现.max
实用指数	★★★☆☆
学习目标	熟练使用VRay渲染器来渲染室内照明效果

下面通过一个实例来讲解GI选项卡中的主要参数设置，渲染结果如图20-151所示。

图20-151

01 打开"场景文件>CH20>11.max"文件，本场景为一个卧室空间，并且已经设置好灯光及摄影机，如图20-152所示。

图20-152

02 本场景已经设置为使用VRay渲染器进行渲染，如图20-153所示。按快捷键Shift+Q渲染场景，如图20-154所示。

图20-153　　　　　　　　　图20-154

03 按F10键打开"渲染设置"面板，切换到GI选项卡，单击展开"全局照明"卷展栏，勾选"启用全局照明"选项，并设置"首次引擎"为"发光图"，"二次引擎"为"灯光缓存"，如图20-155所示。

04 展开"发光图"卷展栏，设置"当前预设"为"自定义"，设置"最小速率"的为-2、"最大速率"为-2，如图20-156所示。

 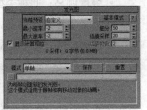

图20-155　　　　　　　　　图20-156

05 展开"灯光缓存"卷展栏，设置"细分"为800，如图20-157所示。

06 按快捷键F9渲染场景，如图20-158所示。

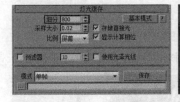 

图20-157　　　　　　　　　图20-158

07 在"全局照明"卷展栏中，单击"基本模式"按钮 基本模式 ，切换至"专家模式" 专家模式 ，如图20-159所示。在"专家模式"下，可以显示出"全局照明"卷展栏中的全部参数。

08 通过设置"饱和度"的值可以控制画面内物体之间的色彩影响。设置"饱和度"为0.2，如图20-160所示，渲染结果如图20-161所示。

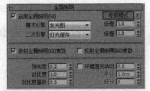

图20-159

 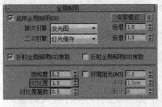

图20-160　　　　　　　　　图20-161

09 设置"对比度"的值为1.5，加强渲染画面的对比度，如图20-162所示，渲染结果如图20-163所示。

 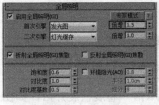

图20-162　　　　　　　　　图20-163

10 设置"首次引擎"的"倍增"值为1.5，增加图像的亮度，如图20-164所示，渲染结果如图20-165所示。

图20-164　　　　　　　　　图20-165

11 本案例最终设置如下。设置"首次引擎"的"倍增"为1.5，"饱和度"为0.6，"对比度"为1.2，"对比度基数"为0.6，如图20-166所示，渲染结果如图20-167所示。

图20-166　　　　　　　　　图20-167

典型实例：别墅渲染表现

场景位置	场景文件>CH20>12.max
实例位置	实例文件>CH20>典型实例：别墅渲染表现.max
实用指数	★★★☆☆
学习目标	熟练使用VRay渲染器来渲染室外照明效果

下面通过一个实例来讲解VRay选项卡中的主要参数设置，场景最终渲染结果如图20-168所示。

图20-168

01 打开"场景文件>CH20>12.max"文件，本场景为一个别墅，并且已经设置好灯光及摄影机，如图20-169所示。

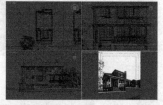

图20-169

02 按F10键打开"渲染设置"对话框，切换至VRay选项卡，展开"图像采样器（抗锯齿）"卷展栏，VRay为用户提供了多种不同的"过滤器"，如图20-170所示。

03 将"图像过滤器"设置为Catmull-Rom，渲染得到边缘增强的图像效果，如图20-171所示。

图20-170　　　　　　　　图20-171

04 展开"颜色贴图"卷展栏，VRay为用户提供了多种"类型"可供选择，将"颜色贴图"的"类型"设置为"HSV指数"，并设置"暗度倍增"为1，"明亮倍增"为3.0，如图20-172所示，渲染结果如图20-173所示。

图20-172　　　　　　　　图20-173

05 展开"全局确定性蒙特卡洛"卷展栏，设置"全局细分倍增"值为3.0，提高图像的品质，如图20-174所示。

06 按快捷键Shift+Q渲染场景，最终渲染结果如图20-175所示。

图20-174　　　　　　　　图20-175

即学即练：庭院景观表现

场景位置	场景文件>CH20>13.max
实例位置	实例文件>CH20>即学即练：庭院景观表现.max
实用指数	★★★☆☆
学习目标	熟练使用VRay渲染器来渲染室外照明效果

在本实例中，尝试用本章所讲内容来进行渲染设置，最终结果如图20-176所示。

图20-176

20.6　知识小结

VRay渲染器是一款非常易于学习的高端主流渲染产品，其用户数量正在逐年增加，并渗透至多个行业。本章内容详细讲解了VRay的基本参数及使用方法，并配以大量的实例及练习来帮助大家熟练掌握这款渲染器的实际应用操作。

20.7　课后拓展实例：日式庭院景观表现

场景位置	场景文件>CH20>14.max
实例位置	实例文件>CH20>课后拓展实例：日式庭院景观表现.max
实用指数	★★★☆☆
学习目标	熟练使用VRay渲染器进行渲染制作效果图

在本章中，通过制作一个日式的庭院景观来帮助大家复习如何使用VRay的材质、灯光和摄影机来配合渲染参数来进行制作效果图，最终渲染效果如图20-177所示。

图20-177

打开"场景文件>CH20>14.max"文件。观察场景，本场景为日式庭院中的代表风格——"枯山水"的效果表现。"枯山水"源于日本静谧、深邃的禅宗寺院，以细白沙来代表湖海、以石块来代表山峦、配以少量精心修剪过的树木，在特定的环境气氛中，以方寸之地幻化出千岩万壑，给人的心境以禅学般的神奇力量，如图20-178所示。

图20-178

20.7.1 材质制作

本实例的材质主要包括地板材质、玻璃材质、白沙材质和坐垫材质等。

1.制作地板材质

本实例中所表现的地板效果为长条的木板效果，如图20-179所示。

图20-179

01 打开"材质编辑器"对话框，选择一个空白的材质球设置为VRayMtl材质，将其重命名为"地板"。

02 在"漫反射"和"反射"的贴图通道上加载一张AI28_02_wood_planks.png贴图，设置"反射光泽度"为0.77，"细分"的值为16，如图20-180所示。

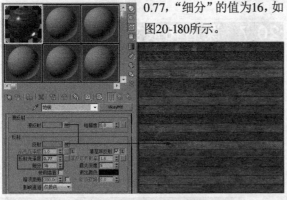

图20-180

03 展开"贴图"卷展栏，在"凹凸"贴图通道上加载一张AI28_02_wood_planks.png贴图，并设置"凹凸"的强度为5.0，如图20-181所示。

04 调试完成后的地板材质球效果如图20-182所示。

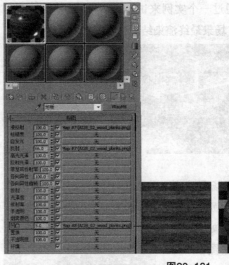

图20-181   图20-182

2.制作玻璃材质

本实例中所表现的玻璃效果为磨砂玻璃效果，如图20-183所示。

图20-183

01 打开"材质编辑器"对话框，选择一个空白的材质球设置为VRayMtl材质，将其重命名为"玻璃"。

02 在"反射"组中，设置"漫反射"的颜色为白色（红:242，绿:242，蓝:242），"反射"的颜色为灰色（红:50，绿:50，蓝:50），设置"反射光泽度"为0.72，"细分"为16。在"折射"组中，设置折射的颜色为浅灰色（红:150，绿:150，蓝:150），设置"折射率"为1.6，"光泽度"为0.67，并勾选"影响阴影"选项，如图20-184所示。

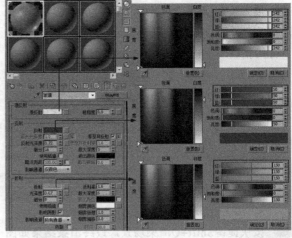

图20-184

03 调试完成后的玻璃材质球效果如图20-185所示。

图20-185

3.制作白沙材质

本实例中所表现的白沙为经过耙制而成的波浪纹理效果，如图20-186所示。

图20-186

01 打开"材质编辑器"对话框，选择一个空白的材质球设置为VRayMtl材质，将其重命名为"玻璃"。

02 在"漫反射"的贴图通道上加载一张"砂石.jpg"贴图，设置"反射光泽度"为0.9，如图20-187所示。

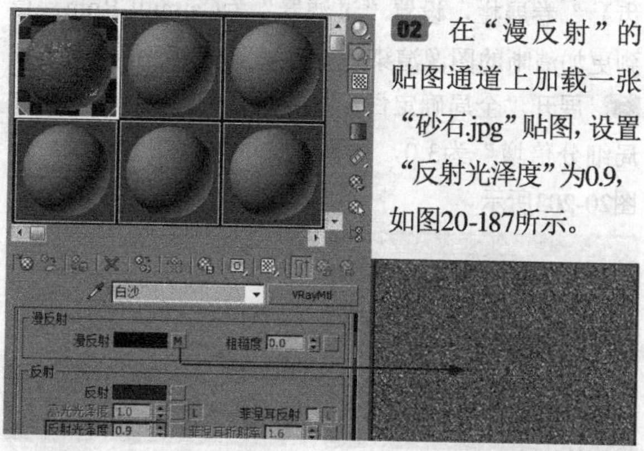

图20-187

03 单击展开"贴图"卷展栏，在"凹凸"和"置换"贴图通道上加载一张AI28_10_sand_color.jpg贴图，并设置"凹凸"的强度为100.0，"置换"的强度为5.0，如图20-188所示。

04 调试完成后的白沙材质球效果如图20-189所示。

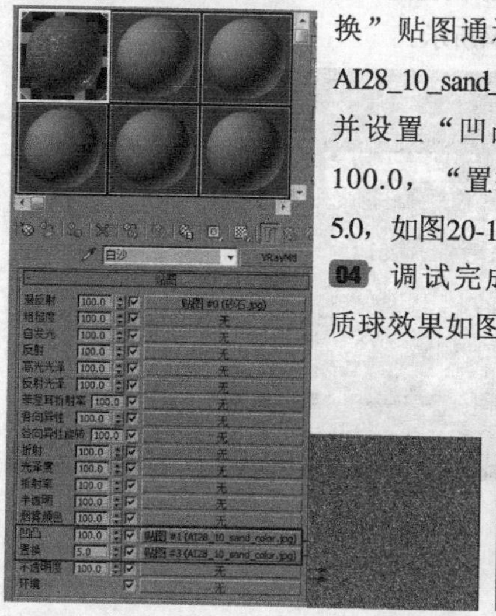

图20-188　　图20-189

4.制作坐垫材质

本实例中所表现的坐垫效果为麻布材质的布艺效果，如图20-190所示。

图20-190

01 打开"材质编辑器"对话框，选择一个空白的材质球设置为VRayMtl材质，将其重命名为"坐垫"。

02 在"漫反射"的贴图通道上加载一张AI28_02_fabric_pattern_2.png贴图，在"反射"的贴图通道上加载一张AI28_02_fabric_pattern_bump.png贴图，设置"反射光泽度"为0.8，"细分"为16，如图20-191所示。

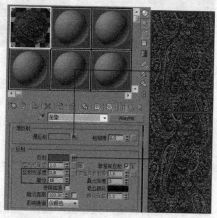

图20-191

03 展开"贴图"卷展栏，在"凹凸"贴图通道上加载"法线凹凸"程序贴图，进入"法线凹凸"参数面板，在"法线"的贴图通道上加载一张AI28_02_creases_normal.jpg贴图，在"附加凹凸"的贴图通道上加载一张AI28_02_fabric_pattern_bump.png贴图，并设置"凹凸"的强度为33，如图20-192所示。

04 调试完成后的白沙材质球效果如图20-193所示。

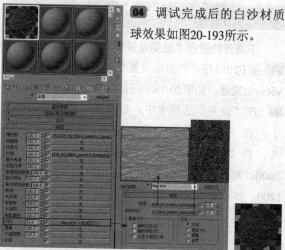

图20-192　图20-193

20.7.2 设置灯光

本实例模拟室外阳光的照明效果，所以使用VRay渲染器所提供的"VRay太阳"灯光来进行照明。

01 将视图切换为"前"视图，在场景中创建一个"VRay太阳"灯光，并在弹出的"VRay太阳"对话框中单击"是"按钮 ，为场景自动添加VRay天空环境贴图，如图20-194所示。

02 切换至前视图，调整灯光位置至如图20-195所示。

图20-194　　　　　　　　图20-195

20.7.3 创建摄影机

灯光设置完成后，下面创建场景中的摄影机。

01 在顶视图中，单击"VRay物理摄影机"按钮 ，在场景中创建一个"VRay物理摄影机"，如图20-196所示。

02 按C键切换至"摄影机"视图，按住鼠标滚轮拖曳摄像机视图，调整摄影机视图，如图20-197所示。

图20-196　　　　　　　　图20-197

20.7.4 渲染场景

下面开始进行"渲染设置"面板的参数调整。

01 按F10键打开"渲染设置"面板，确认渲染器为VRay渲染器，如图20-198所示。

02 在"公共"选项卡中，设置最终图像渲染的尺寸，在"输出大小"组内，将"宽度"调整为2000，将"高度"调整为1200，如图20-199所示。

图20-198　　　　　　　　图20-199

03 在GI选项卡内，展开"全局照明"卷展栏，勾选"启用全局照明（GI）"选项，并设置"首次引擎"为"发光图"，"二次引擎"为"灯光缓存"，如图20-200所示。

04 展开"发光图"卷展栏，在"基本模式"中，设置"当前预设"为"自定义"，"最小速率"为-2、"最大速率"的值为-2，如图20-201所示。

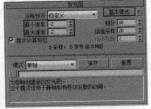

图20-200　　　　　　　　图20-201

05 在VRay选项卡内，展开"图像采样器（抗锯齿）"卷展栏，设置"过滤器"为Catmull-Rom，得到更加清晰的图像渲染效果，如图20-202所示。

06 展开"全局确定性蒙特卡洛"卷展栏，设置"全局细分倍增"为3.0，提高图像的整体渲染质量，如图20-203所示。

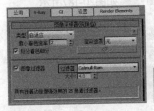

图20-202　　　　　　　　图20-203

07 切换至摄影机视图，按F9键渲染当前场景，渲染结果如图20-204所示。

图20-204